COURS

DE

GÉOMÉTRIE ANALYTIQUE

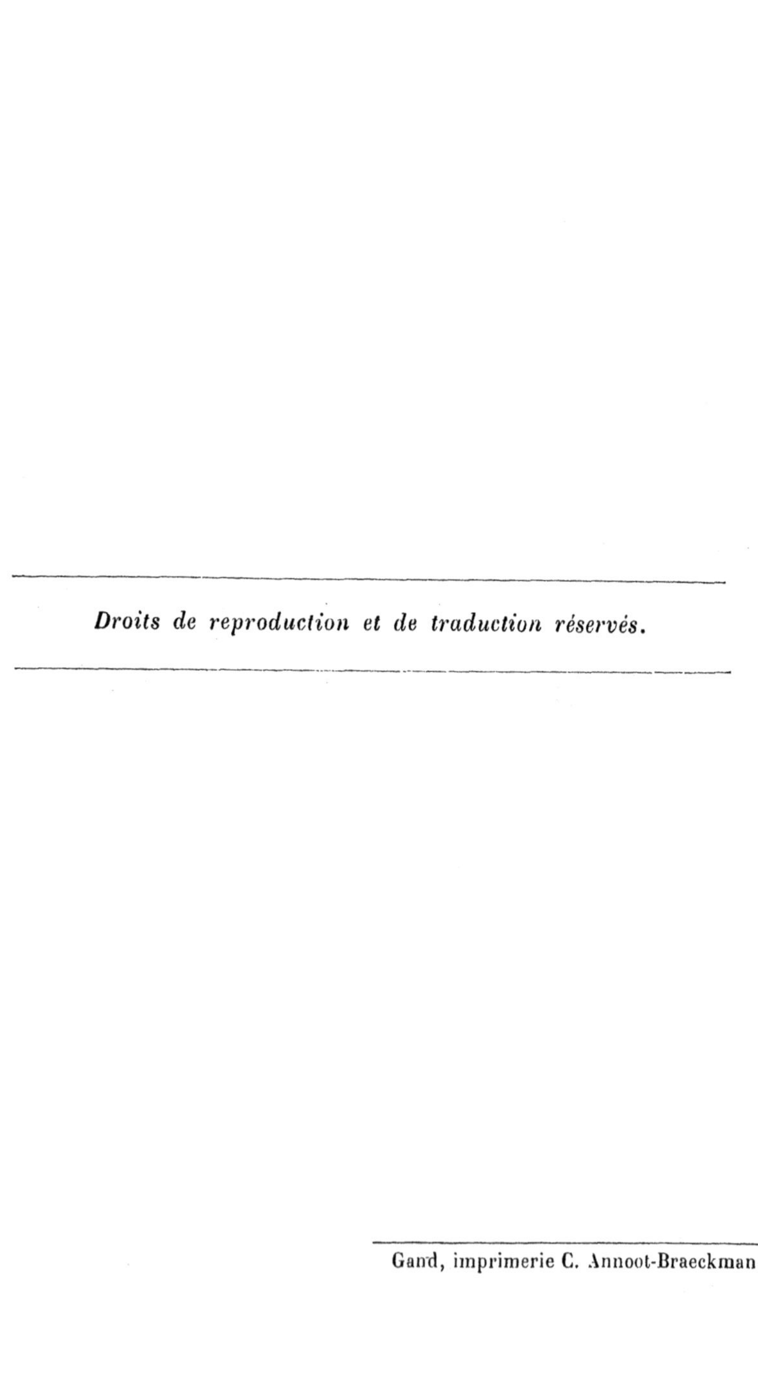

Gand, imprimerie C. Annoot-Braeckman.

COURS

DE

GÉOMÉTRIE ANALYTIQUE

PAR

JOSEPH CARNOY

DOCTEUR EN SCIENCES PHYSIQUES ET MATHÉMATIQUES
PROFESSEUR A LA FACULTÉ DES SCIENCES DE L'UNIVERSITÉ DE LOUVAIN
MEMBRE DE LA SOCIÉTÉ SCIENTIFIQUE DE BRUXELLES

GÉOMÉTRIE DE L'ESPACE

TROISIÈME ÉDITION

LOUVAIN
PEETERS-RUELENS, LIBRAIRE

PARIS
GAUTHIER-VILLARS, LIBRAIRE

1881

AVERTISSEMENT.

La géométrie analytique, jusqu'à ces derniers temps, a été réduite à l'emploi presque exclusif des coordonnées cartésiennes. On y a joint, depuis peu, les coordonnées trilatères et tétraédriques, mais sans les développer d'une manière systématique. La méthode analytique, qui résulte de l'usage de ces différents systèmes, suppose que les figures géométriques sont engendrées par le mouvement d'un point dont les coordonnées satisfont à une équation à deux ou à trois variables : c'est la méthode de Descartes. Aujourd'hui, on a imaginé une nouvelle géométrie analytique basée sur un procédé corrélatif pour engendrer les courbes et les surfaces : on considère les unes comme provenant du déplacement continu d'une droite dans un plan, et les autres comme résultant du déplacement analogue d'un plan dans l'espace. De là dérivent les coordonnées tangentielles qui servent à la détermination de la droite et du plan mobile. On a négligé, jusqu'ici, de s'occuper de ces nouvelles coordonnées dans les ouvrages élémentaires. Nous voulons, dans ce cours, combler cette lacune regrettable ; développer suffisamment les principes et les formules fondamentales de chaque système de coordonnées ; montrer ensuite comment, étant donné un certain ordre de propriétés connues et démontrées par la méthode de Descartes, on peut en déduire, avec les coordonnées tangentielles, un ordre correspondant de vérités géométriques différentes des premières. Tel a été notre but.

Nous commençons par traiter le plan et la ligne droite suivant les coordonnées cartésiennes qui servent de base à toutes les autres. Les questions qui s'y rattachent sont ensuite résolues d'après les autres systèmes ; ce qui nous conduit à quelques formules dignes d'être remarquées telles que les relations entre les coefficients directeurs d'une droite, l'expression de la distance de deux points, celle de la distance d'un point à un plan, etc. Avant d'aborder l'équation générale du second degré, nous donnons les équations de la sphère par rapport aux diverses coordonnées ainsi qu'un court exposé des propriétés d'un système de sphères. Nous arrivons ensuite à l'étude des surfaces du second ordre : elle comprend la détermination du centre et des plans principaux, l'examen des caractères particuliers de chacune d'elles tirés des équations réduites, la recherche des lignes focales et des propriétés des surfaces homofocales, la discussion de l'équation du second degré en coordonnées tétraédriques, une série d'exercices et de problèmes avec les solutions indiquées.

Les limites de ce cours ne nous permettent pas de nous occuper des courbes dans l'espace ou tracées sur une surface; cette théorie se rattache plus spécialement au calcul infinitésimal, et c'est, par les ressources de l'analyse, qu'il convient de la traiter. Nous préférons faire connaître, en terminant, les méthodes les plus connues pour la recherche des propriétés générales des surfaces du second ordre, et consacrer quelques chapitres à la génération des surfaces ainsi qu'à la démonstration de plusieurs théorèmes remarquables des surfaces réglées et des surfaces algébriques.

Nous avons consulté spécialement, pour rédiger ce cours, les ouvrages suivants : *Principes de géométrie analytique*, par M. Painvin; *Géométrie de direction*, par M. P. Serret ; *A treatise on the analytic geometrie of three dimensions*, par M. G. Salmon ; *Vorlesungen über analytische Geometrie des Raumes*, par M. Hesse ; etc. Puissent nos efforts faciliter l'accès de ces ouvrages remarquables aux jeunes gens qui étudient les mathématiques, et leur inspirer, pour la géométrie analytique, le goût et l'attention que mérite une science aussi attrayante que féconde en découvertes.

J. CARNOY.

TABLE DES MATIÈRES.

CHAPITRE I.

Introduction.

CHAPITRE II.

Ligne droite.

CHAPITRE III.

Plan.

CHAPITRE IV.

Plan et ligne droite.

(*Coordonnées tétraédriques.*)

CHAPITRE V.

Point et ligne droite.

(*Coordonnées tangentielles.*)

CHAPITRE VI.

Sphère.

CHAPITRE VII.

Sphère (*Suite*).

CHAPITRE VIII.

Surfaces du second ordre.

CHAPITRE IX.

Propriétés des surfaces à centre du second ordre.

CHAPITRE X.

Propriétés des surfaces dénuées de centre.

CHAPITRE XI.

Lignes focales et surfaces homofocales.

CHAPITRE XII.

Surfaces du second ordre.

(Coordonnées tétraédriques et tangentielles.)

CHAPITRE XIII.

Théorèmes et exercices sur les surfaces du second ordre.

CHAPITRE XIV.

Propriétés générales des surfaces du second ordre.

Méthode de la notation abrégée (coordonnées cartésiennes).

CHAPITRE XV.

Propriétés générales des surfaces du second ordre. (*Suite.*)

Méthode de la notation abrégée (coordonnées tangentielles).

CHAPITRE XVI.

Propriétés générales des surfaces du second ordre. (*Suite.*)

Méthodes de la transformation des figures.

CHAPITRE XVII.

Génération des surfaces.

CHAPITRE XVIII.

Surfaces algébriques.

FIN DE LA TABLE DES MATIÈRES.

SECONDE PARTIE.

GÉOMÉTRIE DE L'ESPACE.

CHAPITRE PREMIER.

INTRODUCTION.

SOMMAIRE. — *Projections.* — *Coordonnées cartésiennes ; coordonnées polaires et sphériques.* — *Transformation des coordonnées.* — *Interprétation des équations en* x, y, z ; *classification des surfaces.*

§ 1. PROJECTIONS.

1. Nous avons démontré, dans la géométrie plane, les formules relatives aux projections de droites sur un axe dans un plan; nous allons étendre ces formules au cas où les droites ne sont plus dans un même plan avec l'axe de projection.

Soit AB une droite de longueur donnée, et XX' l'axe de projection; menons par les points A et B des perpendiculaires sur XX' : la distance ab comprise entre les pieds de ces perpendiculaires est la *projection orthogonale* de la droite donnée sur l'axe XX'.

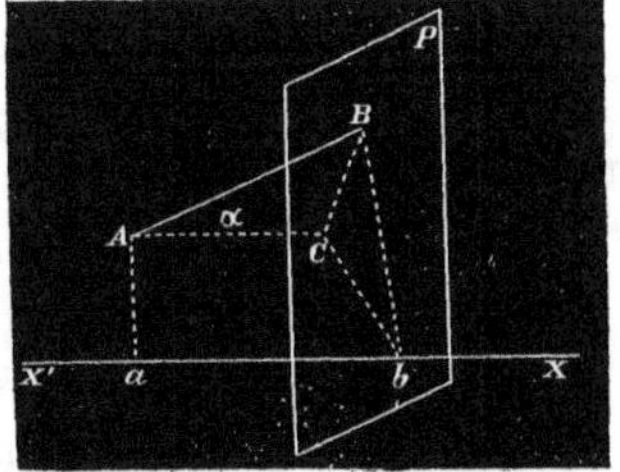

Fig. 1.

Si on mène par le point B un plan P perpendiculaire à l'axe, et par le point A une parallèle à XX' jusqu'à sa rencontre en C avec P, les droites CB et Cb

seront perpendiculaires à AC, et le triangle rectangle ACB donnera

$$AC = AB \cos BAC.$$

Posons : $p = AC = ab$; $AB = a$, et $BAC = \alpha$; on aura

$$(1) \qquad p = a \cos \alpha.$$

Donc, *la projection orthogonale d'une droite de l'espace sur un axe est égale au produit de cette droite par le cosinus de l'angle qu'elle fait avec l'axe.* Lorsqu'on parcoure la droite en allant de A vers B, il faut prendre, pour l'angle α, celui qu'elle fait avec une parallèle à l'axe menée par le point A dans le sens de l'axe positif; si la droite est parcourue de B vers A, il faut mener la parallèle par le point B dans le même sens; l'angle α est alors obtus et la projection est négative. Le produit $a \cos \alpha$ représentera toujours en valeur absolue et en signe la projection de la droite donnée.

On démontrera, comme en géométrie plane, que *la somme algébrique des projections orthogonales des côtés d'un polygone fermé sur un axe quelconque est nulle.* Lorsqu'on a plusieurs droites consécutives formant un contour polygonal, on appelle ligne *résultante*, celle qui ferme le contour. Soient a, b, c, etc., les côtés et l la résultante; α, β, γ.... λ les angles de ces lignes avec l'axe positif de projection; on aura pour le polygone fermé

$$a \cos \alpha + b \cos \beta + \cdots + l \cos \lambda = 0.$$

On en déduit

$$a \cos \alpha + b \cos \beta + \cdots = - l \cos \lambda.$$

Or, si on regarde l comme la résultante du contour, sa projection s'obtient en la parcourant dans le sens opposé à celui suivant lequel elle est parcourue, lorsqu'elle fait partie du polygone fermé; le produit $- l \cos \lambda$ représente la projection de la résultante, et le théorème précédent peut s'énoncer d'une autre manière souvent plus facile dans les applications : *La somme algébrique des projections de plusieurs droites consécutives sur un axe est égale à la projection de la ligne résultante.* Il s'ensuit que cette somme sera maximum, si l'axe de projection est parallèle à la résultante, et nulle, si l'axe est perpendiculaire à cette droite.

2. *La somme des carrés des projections d'une droite sur trois axes rectangulaires est égale au carré de cette droite.*

Soient trois droites rectangulaires OX, OY, OZ issues d'un même point O, et OM la droite donnée. Les projections de OM sur les axes seront les arêtes OA, OB, OC du parallélipipède obtenu, en menant par le point M des plans parallèles à ceux des droites fixes. On aura

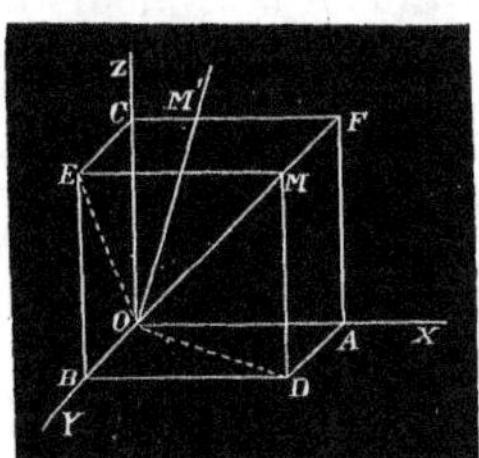

Fig. 2.

$$\overline{OM}^2 = \overline{OD}^2 + \overline{MD}^2 = \overline{OA}^2 + \overline{AD}^2 + \overline{MD}^2,$$

et, finalement,

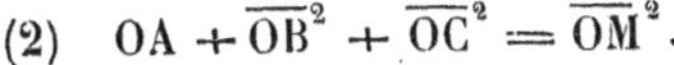

$$(2) \quad OA + \overline{OB}^2 + \overline{OC}^2 = \overline{OM}^2.$$

COROLLAIRE. *La somme des carrés des cosinus des angles d'une droite avec trois axes rectangulaires est égale à l'unité.* En effet, si on désigne par α, β, γ les angles MOX, MOY, MOZ, on a, d'après la formule (1),

$$OA = OM \cos \alpha, \quad OB = OM \cos \beta, \quad OC = OM \cos \gamma.$$

En substituant dans l'équation (2), et supprimant le facteur $\overline{OM}^2$, il vient

$$(3) \qquad \cos^2 \alpha + \cos^2 \beta + \cos^2 \gamma = 1.$$

La relation correspondante avec les sinus des angles serait

$$\sin^2 \alpha + \sin^2 \beta + \sin^2 \gamma = 2.$$

3. *La somme des carrés des projections d'une droite sur trois plans rectangulaires est égale au double du carré de cette droite.*

Les projections de OM sur les plans rectangulaires XOY, YOZ, XOZ sont les droites OD, OE, OF. Les triangles de la figure donnent les relations

$$\overline{OD}^2 = \overline{OM}^2 - \overline{MD}^2, \quad \overline{OF}^2 = \overline{OM}^2 - \overline{MF}^2, \quad \overline{OE}^2 = \overline{OM}^2 - \overline{ME}^2,$$

et, en ajoutant membre à membre, il vient

$$\overline{OD}^2 + \overline{OF}^2 + \overline{OE}^2 = 3\overline{OM}^2 - (\overline{MD}^2 + \overline{MF}^2 + \overline{ME}^2).$$

Mais,

$$\overline{MD}^2 + \overline{MF}^2 + \overline{ME}^2 = \overline{OC}^2 + \overline{OB}^2 + \overline{OA}^2 = \overline{OM}^2;$$

donc, l'équation précédente se réduit à

$$(4) \qquad \overline{OD}^2 + \overline{OF}^2 + \overline{OE}^2 = 2\overline{OM}^2.$$

Corollaire. *La somme des carrés des sinus des angles d'une droite avec trois plans rectangulaires est égale à l'unité.* Car, a, b, c, étant ces angles, on aura : OD = OM $\cos a$, OF = OM $\cos b$, OE = OM $\cos c$; en substituant ces valeurs dans la dernière relation, on trouve

$$\cos^2 a + \cos^2 b + \cos^2 c = 2,$$

ou bien,

$$(5) \qquad \sin^2 a + \sin^2 b + \sin^2 c = 1.$$

4. *Le cosinus de l'angle de deux droites est égal à la somme des produits deux à deux des cosinus des angles de ces droites avec trois axes rectangulaires.*

Soient OM et OM′ (*fig.* 2) deux droites qui font respectivement avec les axes les angles α, β, γ; α', β', γ'. Posons : p = OA, q = AD, r = DM, OM = l; projetons ensuite le contour $p + q + r$ avec sa résultante sur OM′. On aura

$$(k) \qquad l \cos \theta = p \cos \alpha' + q \cos \beta' + r \cos \gamma',$$

θ étant l'angle des droites. Mais, $p = l \cos \alpha$; $q = l \cos \beta$; $r = l \cos \gamma$: l'équation précédente deviendra après la substitution de ces valeurs

$$(6) \qquad \cos \theta = \cos \alpha \cos \alpha' + \cos \beta \cos \beta' + \cos \gamma \cos \gamma'.$$

Si les deux droites étaient perpendiculaires, on aurait

$$\cos \alpha \cos \alpha' + \cos \beta \cos \beta' + \cos \gamma \cos \gamma' = 0.$$

La relation (6) donne pour le sinus de l'angle des droites

$$\begin{aligned} \sin^2 \theta &= 1 - (\cos \alpha \cos \alpha' + \cos \beta \cos \beta' + \cos \gamma \cos \gamma')^2 \\ &= (\cos^2 \alpha + \cos^2 \beta + \cos^2 \gamma)(\cos^2 \alpha' + \cos^2 \beta' + \cos^2 \gamma') \\ &\quad - (\cos \alpha \cos \alpha' + \cos \beta \cos \beta' + \cos \gamma \cos \gamma')^2. \end{aligned}$$

D'où l'on déduit

$$\sin \theta = \sqrt{(\cos \alpha \cos \beta' - \cos \alpha' \cos \beta)^2 + (\cos \alpha \cos \gamma' - \cos \alpha' \cos \gamma)^2 + (\cos \beta \cos \gamma' - \cos \beta' \cos \gamma)^2}$$

Remarque. L'équation (k) est la traduction d'une règle très-utile : elle exprime que, pour obtenir la projection d'une droite l sur une autre, on peut d'abord la projeter sur trois axes rectangulaires, ce qui donne les projections p, q, r; on projette ensuite celles-ci sur la droite et on fait la somme algébrique de ces nouvelles projections : cette somme sera la projection de la droite l sur la seconde.

5. *Projections obliques.* Supposons, dans la *fig.* 2, que les axes soient obliques, et désignons par λ, μ, ν les angles YOZ, XOZ, XOY. La projection du contour $p+q+r$ avec sa résultante l sur les lignes OA, AD, DM, MO et OM′ conduit aux relations suivantes :

$$
\begin{aligned}
&(a) \qquad p+q\cos\nu+r\cos\mu=l\cos\alpha,\\
&(b) \qquad p\cos\nu+q+r\cos\lambda=l\cos\beta,\\
&(c) \qquad p\cos\mu+q\cos\lambda+r=l\cos\gamma,\\
&(d) \qquad p\cos\alpha+q\cos\beta+r\cos\gamma=l,\\
&(e) \qquad p\cos\alpha'+q\cos\beta'+r\cos\gamma'=l\cos\theta.
\end{aligned}
$$

En éliminant p, q, r, l entre les quatre premières égalités, on trouve

$$
\begin{vmatrix}
1, & \cos\nu, & \cos\mu, & \cos\alpha\\
\cos\nu, & 1, & \cos\lambda, & \cos\beta,\\
\cos\mu, & \cos\lambda, & 1, & \cos\gamma,\\
\cos\alpha, & \cos\beta, & \cos\gamma, & 1
\end{vmatrix} = 0,
$$

ou, en développant,

$$
\begin{aligned}
(1-\cos^2\lambda)\cos^2\alpha+(1-\cos^2\mu)\cos^2\beta+(1-\cos^2\nu)\cos^2\gamma-2(\cos\lambda-\cos\nu\cos\mu)\cos\beta\cos\gamma\\
-2(\cos\mu-\cos\nu\cos\lambda)\cos\alpha\cos\gamma-2(\cos\nu-\cos\mu\cos\lambda)\cos\alpha\cos\beta\\
=1-\cos^2\lambda-\cos^2\mu-\cos^2\nu+2\cos\lambda\cos\mu\cos\nu.
\end{aligned}
$$

Telle est la relation qui existe entre les cosinus des angles d'une droite avec trois axes obliques; elle se réduit à l'équation (3) si $\cos\lambda=\cos\mu=\cos\nu=0$.

Si on élimine p, q, r, l entre les équations (a), (b), (c), (e), il vient, pour déterminer l'angle des deux droites, la relation

$$
\begin{vmatrix}
1 & \cos\nu & \cos\mu & \cos\alpha\\
\cos\nu & 1 & \cos\lambda & \cos\beta\\
\cos\mu & \cos\lambda & 1 & \cos\gamma\\
\cos\alpha' & \cos\beta' & \cos\gamma' & \cos\theta
\end{vmatrix} = 0.
$$

On en déduit, en développant,

$$(1-\cos^2\lambda-\cos^2\mu-\cos^2\nu+2\cos\lambda\cos\mu\cos\nu)\cos\theta$$
$$=(1-\cos^2\lambda)\cos\alpha\cos\alpha'+(1-\cos^2\mu)\cos\beta\cos\beta'+(1-\cos^2\nu)\cos\gamma\cos\gamma'$$
$$-(\cos\lambda-\cos\nu\cos\mu)(\cos\beta\cos\gamma'+\cos\beta'\cos\gamma)$$
$$-(\cos\mu-\cos\lambda\cos\nu)(\cos\gamma\cos\alpha'+\cos\gamma'\cos\alpha)$$
$$-(\cos\nu-\cos\mu\cos\lambda)(\cos\alpha\cos\beta'+\cos\alpha'\cos\beta).$$

En posant $\cos\lambda=\cos\mu=\cos\nu=0$, on retrouve la formule (6) qui a lieu pour des axes rectangulaires.

Enfin, si dans l'équation (d) on remplace $\cos\alpha$, $\cos\beta$, $\cos\gamma$ par leurs valeurs tirées des trois premières égalités, on trouve

$$l^2=p^2+q^2+r^2+2\,qr\cos\lambda+2\,rp\cos\mu+2\,pq\cos\nu;$$

c'est la relation qui exprime l^2 en fonction des projections obliques de cette droite sur les axes.

6. *Projection d'une aire plane.* Considérons d'abord un triangle ACB à projeter sur un plan P. On peut toujours mener par l'un de ses sommets et dans le plan du triangle une droite parallèle au plan P ; elle le décomposera en deux autres ayant une base commune parallèle à ce plan. Il nous suffit donc, pour déterminer la projection d'un triangle quelconque sur un plan donné, de considérer un triangle dont la base est parallèle à ce plan. Soit ABC (*fig.* 3) un triangle dont la base AB est parallèle au plan P; abaissons des sommets des perpendiculaires sur le plan de projection : le triangle abc formé par les pieds des perpendiculaires sera la projection de l'aire donnée sur le plan P. Les triangles ABC et abc ayant des bases égales, sont entre eux comme les hauteurs CH et ch; mais, si on mène par le point H une parallèle à ch, elle sera perpendiculaire à AB, et fera avec CH un angle égal à celui des deux plans. En désignant cet angle par φ, on aura

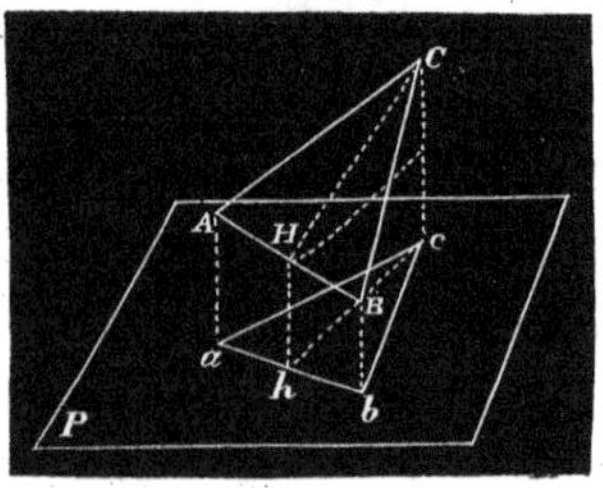

Fig. 3.

$$\frac{abc}{\mathrm{ABC}}=\frac{ch}{\mathrm{CH}}=\frac{\mathrm{CH}\cos\varphi}{\mathrm{CH}}=\cos\varphi;$$

d'où

$$abc=\mathrm{ABC}\cos\varphi.$$

Si l'aire donnée est polygonale, on peut la partager en différents triangles T, T', T''....., dont les projections seront données par les formules

$$t = T \cos \varphi, \qquad t' = T' \cos \varphi, \qquad t'' = T'' \cos \varphi, \ldots\ldots$$

et, par suite,

$$t + t' + t'' + \cdots = (T + T' + T'' + \cdots) \cos \varphi,$$

ou bien,

$$p = P \cos \varphi,$$

p est la projection, et P l'aire polygonale.

Enfin, si l'aire donnée est limitée par une ligne courbe, on lui inscrira un polygone pour lequel la formule précédente aura lieu quel que soit le nombre des côtés; elle sera encore vraie à la limite, c'est-à-dire pour la surface curviligne. Soit S celle-ci, et s sa projection; on aura $s = S \cos \varphi$. Donc, *la projection d'une aire plane quelconque sur un plan est égale à cette aire multipliée par le cosinus de l'angle qu'elle fait avec le plan de projection.*

Remarque I. Si on désigne par α, β, γ les angles d'une aire plane S avec trois plans rectangulaires, et par p, q, r ses projections, on aura

$$p = S \cos \alpha, \quad q = S \cos \beta, \quad r = S \cos \gamma.$$

En élevant au carré, et ajoutant, on trouve

$$p^2 + q^2 + r^2 = S^2;$$

car, $\cos^2 \alpha + \cos^2 \beta + \cos^2 \gamma = 1$, les angles α, β, γ étant les mêmes que ceux d'une perpendiculaire au plan avec trois droites rectangulaires.

Remarque II. Soit un plan P' faisant avec S un angle θ, et avec les trois plans rectangulaires, les angles α' β' γ'. L'angle θ est égal à celui des normales menées d'un point à ces plans; on peut écrire

$$\cos \theta = \cos \alpha \cos \alpha' + \cos \beta \cos \beta' + \cos \gamma \cos \gamma'.$$

Si on multiplie les deux membres par S, il vient

$$S \cos \theta = p \cos \alpha' + q \cos \beta' + r \cos \gamma'.$$

Donc, la projection de S sur le plan P' peut s'obtenir en projetant sur ce plan ses projections sur trois plans rectangulaires, et en faisant la somme de ces nouvelles projections.

§ 2. COORDONNÉES.

7. Dans un plan, chaque point est déterminé par ses distances parallèles ou orthogonales à deux droites fixes. Pour la détermination d'un point de l'espace, on prend préalablement trois plans fixes indéfinis qui se coupent en un certain point O, et qui se rencontrent deux à deux suivant trois droites XX′, YY′, ZZ′. Les *coordonnées cartésiennes* d'un point M de l'espace, sont ses distances aux plans fixes comptées parallèlement aux lignes XX′, YY′, ZZ′. Afin de les déterminer, menons par le point M des plans parallèles à XOY, XOZ, YOZ; ils formeront par leurs rencontres avec les premiers, un parallélipipède dans lequel les arêtes MP, MQ, MR sont les distances du point M aux plans fixes. Mais, d'après la figure, on a évidemment

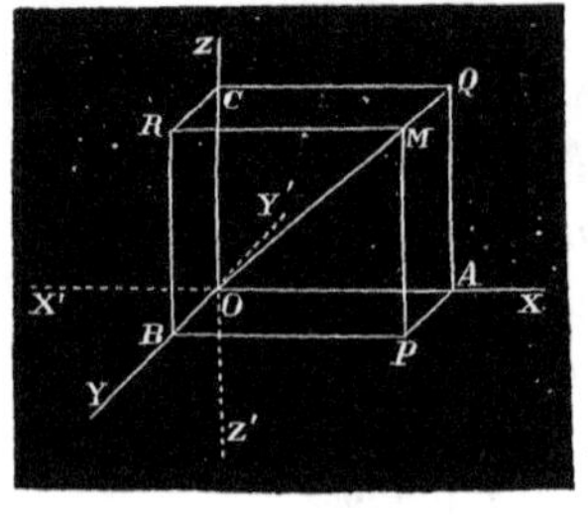

Fig. 4.

$$MR = PB = OA;$$

$$MQ = AP = OB;$$

$$MP = BR = OC;$$

ce sont ordinairement les longueurs OA, OB, OC situées sur les droites fixes que l'on prend pour les coordonnées du point. On les représente par les lettres x, y, z, et on écrit : $x = OA$, $y = OB$, $z = OC$.

Il résulte de cette définition, qu'un point de l'espace étant donné, ses coordonnées sont complétement déterminées; mais, si on donne trois longueurs OA, OB, OC comme étant les coordonnées d'un point, et si on veut trouver sa position, il faut porter sur les droites fixes à partir du point O les lignes OA, OB, OC, et, par leurs extrémités, mener des plans parallèles aux plans fixes. Or, comme rien n'indique dans quel sens il faut porter ces longueurs, le point correspondant pourrait se trouver indifféremment dans l'un des huit angles trièdres formés autour du point O par les plans fixes. Pour faire disparaître toute indétermination, on adopte la convention suivante : les coordonnées x, y, z sont regardées comme positives, lorsqu'elles sont comptées sur les axes OX, OY et OZ, et comme négatives, si elles sont comptées suivant les directions contraires OX′, OY′, OZ′. Cette règle indique dans quel sens il faut porter les coordonnées OA, OB, OC, et par suite, il n'y aura plus qu'un seul point de l'espace qui correspondra à un système de valeurs positives ou négatives des coordonnées x, y, z. En désignant par a, b, c les distances absolues OA, OB, OC, les signes des coordonnées du point M pour une position quelconque seront données par le tableau suivant :

Dans l'angle trièdre	OXYZ,	$x = +a$,	$y = +b$,	$z = +c$;
» »	OX'YZ,	$x = -a$,	$y = +b$,	$z = +c$;
» »	OXY'Z,	$x = +a$,	$y = -b$,	$z = +c$;
» »	OXYZ',	$x = +a$,	$y = +b$,	$z = -c$;
» »	OX'Y'Z,	$x = -a$,	$y = -b$,	$z = +c$;
» »	OX'YZ',	$x = -a$,	$y = +b$,	$z = -c$;
» »	OXY'Z',	$x = +a$,	$y = -b$,	$z = -c$;
» »	OX'Y'Z',	$x = -a$,	$y = -b$,	$z = -c$.

Le système de coordonnées que nous venons de définir est le système des coordonnées *obliques*. Lorsque les plans fixes sont perpendiculaires, les coordonnées sont dites *rectangulaires;* dans ce système, les coordonnées sont les distances orthogonales du point aux plans fixes, ou les projections orthogonales du rayon OM sur les droites fixes.

Les plans fixes XOY, XOZ, YOZ se nomment les *plans des coordonnées* ou simplement *plans coordonnés;* le premier est dit le plan des xy, le second le plan des xz, et le troisième le plan des yz. Les droites fixes XX', YY' ZZ' sont les *axes coordonnés;* la première est l'axe des x, la seconde l'axe des y, et la troisième l'axe des z. Le point O est l'origine des coordonnées ou simplement l'*origine*.

Remarque I. Les coordonnées x, y, z sont variables avec la position du point M; elles peuvent prendre toutes les valeurs comprises entre $-\infty$ et $+\infty$. Un point situé dans l'un des plans coordonnés a toujours une coordonnée qui est nulle. Ainsi (*fig.* 4)

Pour le point	P,	$x = a$,	$y = b$,	$z = 0$;
»	Q,	$x = a$,	$y = 0$,	$z = c$;
»	R,	$x = 0$,	$y = b$,	$z = c$.

Deux coordonnées sont égales à zéro pour un point appartenant à l'un des axes. Ainsi (*fig.* 4), on a

Pour le point	A,	$x = a$,	$y = 0$,	$z = 0$;
»	B,	$x = 0$,	$y = b$,	$z = 0$;
»	C,	$x = 0$,	$y = 0$,	$z = c$.

L'origine est le seul point de l'espace où les trois coordonnées sont nulles.

Remarque II. Pour obtenir le contour polygonal renfermant les coordonnées d'un point en grandeur et en signe, on mène (*fig.* 4) par ce point une parallèle à l'axe des z, et, par le point de rencontre P avec le plan des xy, une parallèle à l'axe des y; la ligne polygonale OAPM renfermera les trois coordonnées. D'après cette construction, il est visible que la coordonnée x sera positive ou négative, suivant que le point M est à droite ou à gauche du plan YOZ; la coordonnée y est positive ou négative, suivant que le point M est avant ou derrière le plan XOZ; enfin, la coordonnée z est positive ou négative, suivant que le point M est au-dessus ou au-dessous du plan XOY.

Remarque III. Les points P, Q, R sont les projections du point M sur les plans coordonnés; les coordonnées x et y sont les mêmes pour les points M et P; en général, un point de l'espace a toujours deux coordonnées communes avec sa projection sur l'un des plans coordonnés.

8. *Trouver les coordonnées du point qui divise un segment dans un rapport donné.*

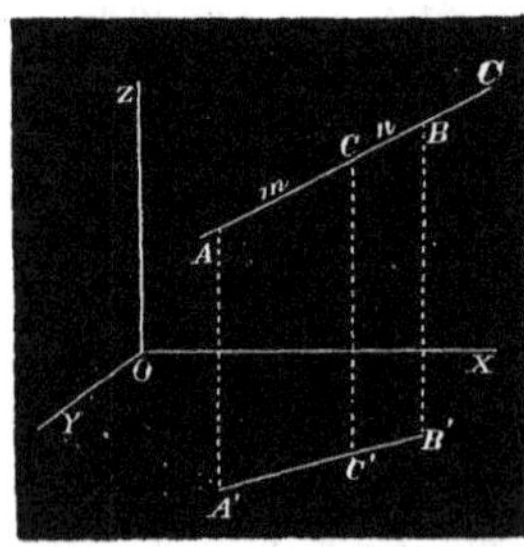

Fig. 5.

Soit AB un segment donné, et C un point tel que $\frac{AC}{CB} = \frac{m}{n}$.

Représentons par x', y', z'; x'', y'', z'' les coordonnées des points A et B, et par x, y, z celles du point C. Si on projette A, C, B sur le plan des xy suivant A', C', B', il est évident que l'on aura les égalités

$$\frac{AC}{CB} = \frac{A'C'}{C'B'} = \frac{m}{n}.$$

D'un autre côté, les coordonnées x et y du point C étant les mêmes que celles du point C', on doit avoir

$$x = \frac{mx'' + nx'}{m + n}, \quad y = \frac{my'' + ny'}{m + n}.$$

En projetant les points A, C, B sur le plan des yz, on trouverait aussi

$$y = \frac{my'' + ny'}{m + n}, \quad z = \frac{mz'' + nz'}{m + n}.$$

Posons $\lambda = \frac{m}{n}$; les coordonnées du point C seront

$$(1) \qquad x = \frac{x' + \lambda x''}{1 + \lambda}, \quad y = \frac{y' + \lambda y''}{1 + \lambda}, \quad z = \frac{z' + \lambda z''}{1 + \lambda}.$$

Dans le cas où le point de division serait sur le prolongement de AB, il faudrait changer le signe de λ dans ces formules. En regardant les segments comme positifs ou négatifs suivant qu'ils sont dirigés dans un sens ou dans le sens opposé, les formules (1) donneront les coordonnées du point de division où λ représente le rapport positif ou négatif des deux segments qu'il détermine. Pour le point milieu de AB, on aurait

$$x = \frac{x' + x''}{2}, \quad y = \frac{y' + y''}{2}, \quad z = \frac{z' + z''}{2}.$$

Ex. **1**. Trouver les coordonnées du point qui divise dans le rapport de 3 à 1, la droite qui réunit le sommet d'un tétraèdre au centre de gravité de la base opposée.

Soient $(x_1y_1z_1)$, $(x_2y_2z_2)$, $(x_3y_3z_3)$, $(x_4y_4z_4)$, les coordonnées des sommets d'un tétraèdre 1234. Les coordonnées du centre de gravité de la face 234 sont

$$x = \frac{x_2 + x_3 + x_4}{3}, \quad y = \frac{y_2 + y_3 + y_4}{3}, \quad z = \frac{z_2 + z_3 + z_4}{3}.$$

Celles du point demandé seront de la forme

$$(\alpha) \qquad x = \frac{x_1 + x_2 + x_3 + x_4}{4}, \quad y = \frac{y_1 + y_2 + y_3 + y_4}{4}, \quad z = \frac{z_1 + z_2 + z_3 + z_4}{4}.$$

Ex. **2**. Les droites qui joignent les milieux des arêtes opposées d'un tétraèdre se coupent en un point qui a pour coordonnées les expressions (α) de l'ex. 1.

Ex. **3**. On a un système de m points P_1, P_2, P_3.... dans l'espace; on divise la distance P_1P_2 en deux parties égales par le point A_1; on joint ce dernier au point P_3 et on divise la droite P_3A_1 en trois parties égales. Soit A_2 le point de division voisin du point A_1; on joint de nouveau ce point avec P_4 et on divise A_2P_4 en quatre parties égales, etc.; trouver les coordonnées du dernier point ainsi construit.

$$\text{R.} \quad x = \frac{x_1 + x_2 + \cdots + x_m}{m}, \quad y = \frac{y_1 + y_2 + \cdots + y_m}{m}, \quad z = \frac{z_1 + z_2 + \cdots + z_m}{m}.$$

Ex. **4**. Étant donné le même système de points, on prend sur P_1P_2 un point C tel que $\frac{P_1C}{CP_2} = \frac{m_2}{m_1}$; sur CP_3, un point C_1 tel que $\frac{CC_1}{C_1P_3} = \frac{m_3}{m_1 + m_2}$; sur C_1P_4, un point C_2 tel que $\frac{C_1C_2}{C_2P_4} = \frac{m_4}{m_1 + m_2 + m_3}$; et ainsi de suite. Les coordonnées du point ainsi obtenu seront

$$x = \frac{m_1x_1 + m_2x_2 + \cdots m_mx_m}{m_1 + m_2 + \cdots + m_m}, \quad y = \frac{m_1y_1 + \cdots m_my_m}{m_1 + \cdots + m_m}, \quad z = \frac{m_1z_1 + \cdots m_mz_m}{m_1 + \cdots + m_m}.$$

9. *Trouver l'expression de la distance de deux points donnés.*

Soient (*fig.* 6) M' $(x'y'z')$, M'' $(x''y''z'')$ les points donnés; menons par chacun d'eux des plans parallèles aux plans fixes; on formera un parallélipipède dont M'M'' est une diagonale, et en désignant par p, q, r les arêtes, on aura avec des axes rectangulaires

$$\overline{M'M''}^2 = p^2 + q^2 + r^2.$$

Mais, le côté p est la différence des distances des points au plan des yz, et, par suite, $p = x'' - x'$; de même, $q = y'' - y'$, $r = z'' - z'$. En posant M'M'' $= \delta$, il vient pour la formule cherchée

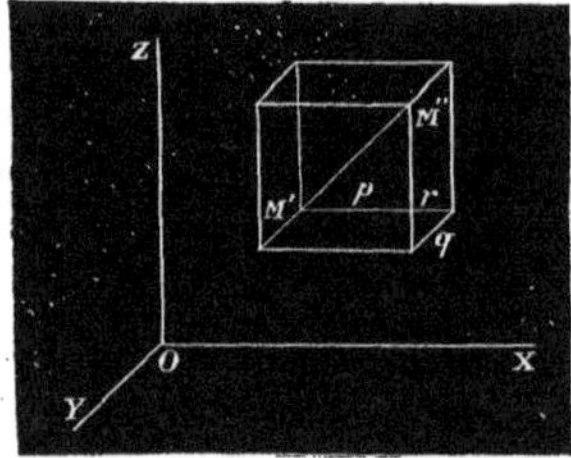

Fig. 6.

$$(2) \quad \delta^2 = (x'' - x')^2 + (y'' - y')^2 + (z'' - z')^2.$$

On en déduit pour la distance d'un point M' $(x'y'z')$ à l'origine

$$\delta^2 = x'^2 + y'^2 + z'^2.$$

Lorsque les axes sont obliques et font entre eux les angles λ, μ, ν, on doit prendre la formule

$$\overline{M'M''}^2 = p^2 + q^2 + r^2 + 2qr\cos\lambda + 2rp\cos\mu + 2pq\cos\nu$$

qui devient, en remplaçant p, q, r par les différences $x'' - x'$, $y'' - y'$, $z'' - z'$,

$$(3) \quad \delta^2 = (x'' - x')^2 + (y'' - y')^2 + (z'' - z')^2 + 2(y'' - y')(z'' - z')\cos\lambda$$
$$+ 2(x'' - x')(z'' - z')\cos\mu + 2(x'' - x')(y'' - y')\cos\nu.$$

En posant $x'' = y'' = z'' = 0$, on aura, pour la distance d'un point M' $(x'y'z')$ à l'origine,

$$\delta^2 = x'^2 + y'^2 + z'^2 + 2y'z'\cos\lambda + 2x'z'\cos\mu + 2x'y'\cos\nu.$$

Ex. **1**. Exprimer que le point M (x, y, z) est à une distance égale à 3 du point $(2, -1, 1)$.

R. $\quad (x-2)^2 + (y+1)^2 + (z-1)^2 = 9.$

Ex. **2**. Trouver le rayon de la sphère qui passe par les points $(0, 0, 0)$, $(0, 2, 0)$, $(1, 0, 0)$, $(0, 0, 3)$.

Il faut résoudre les équations

$$x^2 + y^2 + (z-3)^2 = (x-1)^2 + y^2 + z^2;$$
$$x^2 + y^2 + (z-3)^2 = x^2 + (y-2)^2 + z^2;$$
$$x^2 + y^2 + (z-3)^2 = x^2 + y^2 + z^2.$$

R. $\quad x = \frac{1}{2}, \quad y = 1, \quad z = \frac{3}{2}.$

Ex. 3. La distance du sommet d'un tétraèdre au point de concours des droites qui passent par les milieux des côtés, vaut les 3/4 de la distance de ce sommet au centre de gravité de la base.

En appelant δ et D ces distances, on a

$$\delta^2 = \left(x_1 - \frac{x_1 + x_2 + x_3 + x_4}{4}\right)^2 + \cdots\cdots = \frac{1}{4^2}(3x_1 - x_2 - x_3 - x_4)^2 + \cdots\cdots$$

$$D^2 = \left(x_1 - \frac{x_2 + x_3 + x_4}{3}\right)^2 + \cdots\cdots = \frac{1}{3^2}(3x_1 - x_2 - x_3 - x_4)^2 + \cdots\cdots$$

D'où l'on tire $\delta = \frac{3}{4}D$.

Ex. 4. Trouver les coordonnées d'un point situé à égale distance des points $(1, -1, 2)$, $(-1, 1, 3)$.

Il y a une infinité de points qui répondent à la question ; leurs coordonnées satisfont à l'équation $4x - 4y - 2z + 5 = 0$.

10. *Coordonnées polaires.* Un point quelconque M de l'espace est complétement déterminé, si on connaît sa distance $\rho = OM$ à l'origine, ainsi que les angles α, β, γ du rayon OM avec les axes. Les quantités ρ, α, β, γ sont les cordonnées polaires de ce point ; elles sont liées par la relation $\cos^2\alpha + \cos^2\beta + \cos^2\gamma = 1$, et, par suite, la valeur de l'un des angles est une conséquence des deux autres. En désignant par x, y, z les coordonnées rectangulaires du point M ou les projections du rayon vecteur sur les axes, on aura pour les formules de transformation

$$x = \rho \cos\alpha, \; y = \rho\cos\beta, \; z = \rho\cos\gamma.$$

La distance entre deux points donnés $(\rho' \alpha' \beta' \gamma')$, $(\rho'' \alpha'' \beta'' \gamma'')$ aura pour expression dans ce système de coordonnées

$$\delta^2 = \rho'^2 + \rho''^2 - 2\rho'\rho'' \cos(\rho'\rho'').$$

Elle se déduit de la formule (2) en posant $x' = \rho'\cos\alpha'$, $y' = \rho'\cos\beta'$, $z' = \rho'\cos\gamma'$, $x'' = \rho''\cos\alpha''$, etc., en se rappelant que l'angle des rayons vecteurs a pour valeur

$$\cos(\rho'\rho'') = \cos\alpha'\cos\alpha'' + \cos\beta'\cos\beta'' + \cos\gamma'\cos\gamma''.$$

11. *Coordonnées sphériques.* Dans ce système, on prend préalablement (*fig.* 7) un point fixe O, une droite ZZ' passant par ce point et un plan fixe ZOX mené par la droite ZZ'. Soit M un point de l'espace, ρ le rayon vecteur OM, θ l'angle MOZ et φ l'angle que fait un plan mené par OZ et le point M avec le plan ZOX. Les trois variables ρ, θ et φ sont les coordonnées sphériques du point M.

En supposant que la droite OX soit perpendiculaire à ZZ′, et la droite OY perpendiculaire au plan fixe ZOX, on aura un système d'axes rectangulaires ayant pour origine le point O. Menons les coordonnées x, y, z du point M ; la figure conduit aux relations

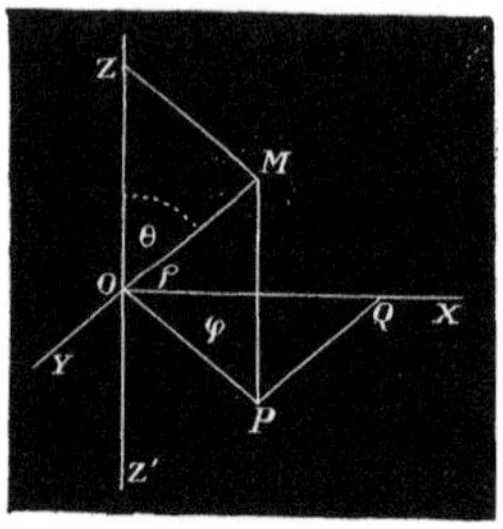

$$x = \text{OP} \cos\varphi, \quad y = \text{OP} \sin\varphi, \quad z = \rho\cos\theta,$$
$$\text{OP} = \rho\sin\theta.$$

Fig. 7.

Il s'ensuit que les coordonnées rectangulaires et sphériques d'un point de l'espace sont liées par les formules

$$x = \rho\sin\theta\cos\varphi, \quad y = \rho\sin\theta\sin\varphi, \quad z = \rho\cos\theta.$$

L'angle φ se compte à partir de OX en allant vers OY et varie entre les limites 0° et 360° ; l'angle θ peut prendre une valeur quelconque entre 0° et 180°. Ce système de coordonnées est surtout employé dans l'astronomie sphérique.

§ 3. TRANSFORMATION DES COORDONNÉES.

12. Le problème de la transformation des coordonnées consiste à exprimer les coordonnées x, y, z d'un point rapporté à trois axes OX, OY, OZ en fonction des cordonnées x', y', z' du même point par rapport à trois axes nouveaux. Nous allons examiner le cas où l'on change l'origine en conservant la même direction des axes, et celui où l'origine est la même, tandis que les directions des axes sont différentes.

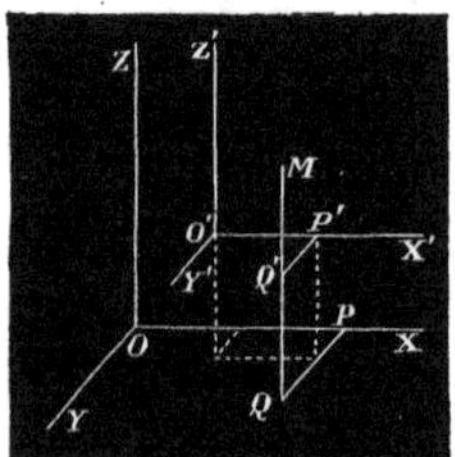

Fig. 8.

Supposons en premier lieu (*fig.* 8) que les axes nouveaux soient parallèles aux axes primitifs ; appelons p, q, r les coordonnées de la nouvelle origine. La figure conduit immédiatement aux relations

$$(1) \qquad x = p + x', \qquad y = q + y', \qquad z = r + z'.$$

Il est facile de vérifier que ces formules sont générales. On en déduit les formules inverses

$$x' = x - p, \qquad y' = y - q, \qquad z' = z - r,$$

qui serviront à passer du second système au premier.

Considérons, en second lieu, deux systèmes d'axes issus de la même origine et dont les directions sont différentes. Menons (*fig.* 9) les coordonnées d'un point M par rapport aux deux systèmes d'axes : on aura

$$x = \mathrm{OP}, \quad y = \mathrm{PQ}, \quad z = \mathrm{MQ}; \quad x' = \mathrm{OP}', \quad y' = \mathrm{P'Q'}, \quad z' = \mathrm{MQ'}.$$

Désignons par a, a', a'' les cosinus des angles de OX' avec OX, OY, OZ, et par b, b' b'', c, c', c'' les quantités analogues pour les axes OY', OZ'. Enfin, soient λ, μ, ν les angles des axes primitifs YOZ, XOZ, XOY, λ', μ', ν' ceux des axes nouveaux. On obtiendra immédiatement trois relations entre les coordonnées des deux systèmes, en projetant les contours OPQM, OP'Q'M, qui ont la même résultante OM, sur les axes OX, OY, OZ : ce qui donne les équations

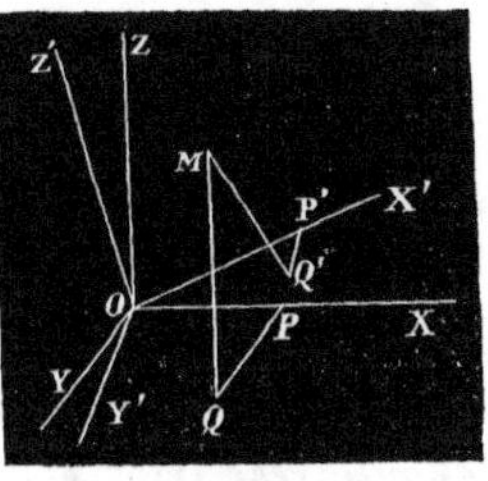

Fig. 9.

$$(2) \quad \begin{aligned} x + y\cos\nu + z\cos\mu &= ax' + by' + cz'; \\ x\cos\nu + y + z\cos\lambda &= a'x' + b'y' + c'z'; \\ x\cos\mu + y\cos\lambda + z &= a''x' + b''y' + c''z'. \end{aligned}$$

De même, en projetant les deux contours sur OX', OY', OZ', on aura aussi

$$(2') \quad \begin{aligned} x' + y'\cos\nu' + z'\cos\mu' &= ax + a'y + a''z; \\ x'\cos\nu' + y' + z'\cos\lambda' &= bx + b'y + b''z; \\ x'\cos\mu' + y'\cos\lambda' + z' &= cx + c'y + c''z. \end{aligned}$$

Les équations (2) résolues par rapport à x, y, z donneront les formules générales pour passer d'un système quelconque (λ, μ, ν) à un autre système quelconque (λ' μ' ν'); elles seront du premier degré en x' y' z'.

Si on tire des équations (2') les valeurs de x', y', z', on arrivera aux formules de la transformation inverse, celles qui conviennent au passage du système (λ' μ' ν') au système (λ, μ, ν). Ces formules sont rarement employées dans toute leur généralité ; nous allons en déduire d'autres d'un usage plus fréquent.

13. *Passage d'un système d'axes rectangulaires à un système d'axes obliques, et réciproquement.* Si les axes primitifs sont rectangulaires les quantités $\cos\lambda$, $\cos\mu$, $\cos\nu$ sont nulles, et les formules (2) prennent la forme

$$(3) \quad \begin{aligned} x &= ax' + by' + cz', \\ y &= a'x' + b'y' + c'z', \\ z &= a''x' + b''y' + c''z'. \end{aligned}$$

Les formules inverses (2') ne changent pas. Il existe en outre trois relations entre les constantes, savoir :

$$a^2 + a'^2 + a''^2 = 1,$$
$$b^2 + b'^2 + b''^2 = 1,$$
$$c^2 + c'^2 + c''^2 = 1;$$

chacune d'elles exprime que la somme des carrés des cosinus des angles de l'un des axes OX', OY' OZ' avec trois axes rectangulaires est égale à l'unité.

14. *Passage d'un système d'axes rectangulaires à un autre système d'axes rectangulaires.* Dans cette hypothèse, les cosinus des angles des axes sont nuls, et, par suite, les formules de transformation seront

$$(4) \qquad \begin{aligned} x &= ax' + by' + cz', \\ y &= a'x' + b'y' + c'z', \\ z &= a''x' + b''y' + c''z, \end{aligned}$$

avec les six relations

$$(\alpha) \quad \begin{aligned} a^2 + a'^2 + a''^2 &= 1, \\ b^2 + b'^2 + b''^2 &= 1, \\ c^2 + c'^2 + c''^2 &= 1, \end{aligned} \qquad (\beta) \quad \begin{aligned} ab + a'b' + a''b'' &= 0, \\ ac + a'c' + a''c'' &= 0, \\ bc + b'c' + b''c'' &= 0. \end{aligned}$$

Les formules inverses prennent la forme

$$(4') \qquad \begin{aligned} x' &= ax + a'y + a''z, \\ y' &= bx + b'y + b''z, \\ z' &= cx + c'y + c''z, \end{aligned}$$

et on a aussi les relations suivantes :

$$(\alpha') \quad \begin{aligned} a^2 + b^2 + c^2 &= 1, \\ a'^2 + b'^2 + c'^2 &= 1, \\ a''^2 + b''^2 + c''^2 &= 1, \end{aligned} \qquad (\beta') \quad \begin{aligned} aa' + bb' + cc' &= 0, \\ aa'' + bb'' + cc'' &= 0, \\ a'a'' + b'b'' + c'c'' &= 0; \end{aligned}$$

elles expriment la même chose que les équations (α) et (β), c'est-à-dire que les deux systèmes d'axes sont rectangulaires; l'un des deux systèmes d'équations étant donné, l'autre en découle nécessairement.

On peut déduire des équations précédentes, plusieurs autres relations entre les cosinus; nous allons en tirer quelques-unes qui sont utiles à connaître. Les deux premières équations (β) nous donnent

$$\frac{a}{b'c''-c'b''}=\frac{a'}{cb''-bc''}=\frac{a''}{bc'-cb'}=\pm\frac{\sqrt{a^2+a'^2+a''^2}}{\sqrt{(b'c''-c'b'')^2+(cb''-bc'')^2+(bc'-cb')^2}}.$$

Mais, la dernière fraction est égale à l'unité; car on sait que

$$(b'c''-c'b'')^2+(cb''-bc'')^2+(bc'-cb')^2=(b^2+b'^2+b''^2)(c^2+c'^2+c''^2)-(bc+b'c'+b''c'')^2=1.$$

Donc, on a les trois relations

$$a=\pm(b'c''-c'b''),\quad a'=\pm(cb''-bc''),\quad a''=\pm(bc'-cb').$$

Les mêmes équations (β) conduisent encore aux égalités

$$\frac{b}{a'c''-c'a''}=\frac{b'}{ca''-ac''}=\frac{b''}{ac'-ca'}=\pm\frac{\sqrt{b^2+b'^2+b''^2}}{\sqrt{(a'c''-c'a'')^2+(ca''-ac'')^2+(ac'-ca')^2}}$$

$$\frac{c}{a'b''-b'a''}=\frac{c'}{ba''-ab''}=\frac{c''}{ab'-ba'}=\pm\frac{\sqrt{c^2+c'^2+c''^2}}{\sqrt{(a'b''-b'a'')^2+(ba''-ab'')^2+(ab'-ba')^2}}$$

et, par suite, il vient

$$b=\pm(a'c''-c'a''),\quad b'=\pm(ca''-ac''),\quad b''=\pm(ac'-ca');$$
$$c=\pm(a'b''-b'a''),\quad c'=\pm(ba''-ab''),\quad c''=\pm(ab'-ba').$$

Il en résulte aussi que le déterminant

$$\begin{vmatrix} a, & b, & c \\ a' & b' & c' \\ a'' & b'' & c'' \end{vmatrix} = a(b'c''-c'b'')+a'(cb''-bc'')+a''(bc'-cb')$$

des équations (5) est égal à ± 1.

15. *Formules d'Euler.* Le passage d'un système d'axes rectangulaires à un autre exige l'emploi des formules (5) renfermant neuf constantes liées par six équations de condition, et il suffirait de connaître les valeurs de trois d'entre elles pour en déduire toutes les autres. Euler a donné des formules qui ne renferment que le nombre minimum de quantités nécessaires pour fixer la position des nouveaux axes. Ces quantités sont : 1° l'angle φ que fait l'axe primitif OX avec la trace OX_1 du plan $x'y'$ avec xy; 2° l'angle ψ de l'axe OX'

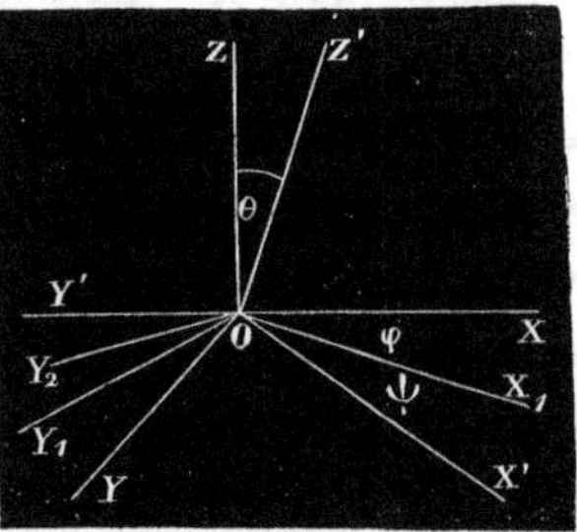

Fig. 10.

avec la trace OX_1; 3° l'angle d'inclinaison θ du plan $x'y'$ sur xy, ou l'angle ZOZ'. Ces trois constantes suffisent pour fixer les nouveaux axes; nous admettrons que les angles φ et ψ se comptent, le premier à partir de OX, le second à partir de OX_1, en allant vers l'axe OY.

Cela étant, nous allons passer du système primitif OXYZ au système OX'Y'Z' par trois rotations successives :

1° Faisons tourner l'axe OX d'un angle φ de manière qu'il vienne coïncider avec OX_1; l'axe OY tournera du même angle et viendra se placer quelque part en OY_1 dans le plan xy. D'après les formules de la géométrie plane, on doit avoir les relations

$$x = x_1 \cos\varphi - y_1 \sin\varphi, \quad y = x_1 \sin\varphi + y_1 \cos\varphi$$

x_1 et y_1 étant les coordonnées d'un point comptées sur OX_1 et OY_1;

2° Conservons le même axe OX_1 et faisons tourner l'axe OY_1 avec l'axe OZ d'un angle θ dans le plan Y_1OZ; l'axe OY_1 prendra, je suppose, la position OY_2 dans le plan $x'y'$, et l'axe OZ coïncidera avec OZ'. Ce changement donne lieu aux égalités

$$y_1 = y_2 \cos\theta - z' \sin\theta, \quad z = y_2 \sin\theta + z' \cos\theta$$

y_2 et z' sont les coordonnées relatives aux axes OY_2, OZ';

3° Enfin, si l'axe OX_1 tourne d'un angle ψ pour venir se placer sur OX', l'axe OY_2 ira coïncider avec OY', et, après cette dernière rotation, on arrive au système d'axes OX'Y'Z'. On aura encore les relations

$$x_1 = x' \cos\psi - y' \sin\psi, \quad y_2 = x' \sin\psi + y' \cos\psi.$$

L'élimination des quantités auxiliaires x_1, y_1, y_2, conduira aux formules d'Euler qui expriment les coordonnées x, y, z en fonction de x', y', z'. On obtient ainsi :

$$(5)\quad \begin{aligned} x &= x'(\cos\varphi\cos\psi - \sin\varphi\sin\psi\cos\theta) - y'(\cos\varphi\sin\psi + \sin\varphi\cos\psi\cos\theta) + z'\sin\theta\sin\varphi \\ y &= x'(\cos\psi\sin\varphi + \sin\psi\cos\varphi\cos\theta) + y'(\sin\varphi\sin\psi - \cos\varphi\cos\psi\cos\theta) - z'\cos\varphi\sin\theta \\ z &= x'\sin\psi\sin\theta + y'\cos\psi\sin\theta + z'\cos\theta. \end{aligned}$$

En comparant ces valeurs avec les équations (3), on en déduit pour les constantes a, b, c, a' etc., les expressions suivantes :

$$\begin{aligned} a &= \cos\varphi\cos\psi - \sin\varphi\sin\psi\cos\theta, & a' &= \cos\psi\sin\varphi + \sin\psi\cos\varphi\cos\theta \\ b &= -\cos\varphi\sin\psi - \sin\varphi\cos\psi\cos\theta, & b' &= -\sin\varphi\sin\psi + \cos\varphi\cos\psi\cos\theta \\ c &= \sin\varphi\sin\theta, & c' &= -\cos\varphi\sin\theta \end{aligned}$$

$$a'' = \sin\psi\sin\theta, \quad b'' = \cos\psi\sin\theta, \quad c'' = \cos\theta.$$

D'où, on tire encore

$$\text{tang}\,\varphi = -\frac{c}{c'}, \quad \text{tang}\,\psi = \frac{a''}{b''}.$$

Dans le cas particulier où l'axe des x' coïncide avec OX_1, $\psi = 0$, et les formules (5) deviennent

$$(6) \qquad \begin{aligned} x &= x' \cos\varphi - (y' \cos\theta - z' \sin\theta) \sin\varphi, \\ y &= x' \sin\varphi + (y' \cos\theta - z' \sin\theta) \cos\varphi, \\ z &= y' \sin\theta + z' \cos\theta. \end{aligned}$$

16. *Formules pour la détermination de l'intersection d'une surface par un plan.* Il est souvent utile en géométrie analytique de déterminer la nature de l'intersection d'une surface par un plan. On verra bientôt qu'une surface est représentée, en général, par une équation à trois coordonnées $f(x, y, z) = 0$. Cela étant, si on mène un plan sécant par l'origine, on peut rapporter la courbe d'intersection à deux axes OX', OY' choisis dans ce plan, le premier étant sa trace sur XY et le second une perpendiculaire à OX'. En y ajoutant un troisième axe OZ' perpendiculaire aux deux autres, l'équation de la surface pour le système OX'Y'Z' s'obtiendra en remplaçant x, y, z par les expressions (6). L'équation de la courbe d'intersection par le plan sécant, qui est ici le plan des $x'y'$, sera l'équation transformée où $z' = 0$; mais, il est visible qu'on arriverait au même résultat, en posant, avant la substitution, $z' = 0$ dans les formules (6). Donc, les formules cherchées seront :

$$(7) \qquad \begin{aligned} x &= x' \cos\varphi - y' \sin\varphi \cos\theta, \\ y &= x' \sin\varphi + y' \cos\varphi \cos\theta, \\ z &= y' \sin\theta ; \end{aligned}$$

c'est-à-dire, qu'étant donnée l'équation $f(x, y, z) = 0$, en y substituant les valeurs (7), on aura une équation en x', y' qui représentera la courbe d'intersection avec la surface d'un plan passant par l'origine, cette courbe étant rapportée à deux axes du plan sécant dont l'un OX' coïncide avec sa trace sur le plan des xy. Lorsque le plan sécant passe par l'axe des x, $\varphi = 0$, et les équations (7) se réduisent à

$$x = x', \quad y = y' \cos\theta, \quad z = y' \sin\theta.$$

Si le plan passe par l'axe des y, $\varphi = 90°$; il vient alors

$$x = -y' \cos\theta, \quad y = x', \quad z = y' \sin\theta.$$

§ IV. INTERPRÉTATION DES ÉQUATIONS EN x, y, z. CLASSIFICATION DES SURFACES.

17. Considérons, en premier lieu, une équation qui ne renferme qu'une coordonnée. Soit d'abord l'équation du premier degré

$$(1) \qquad Ax + D = 0, \quad \text{ou} \quad x = a,$$

en posant $a = -\frac{D}{A}$. Prenons sur l'axe des x (*fig.* 11) une longueur $OA = a$, et menons par ce point un plan P parallèle à yz. Le point A, ainsi qu'un point quelconque du plan P, est à une distance a du plan des yz, et répond à l'équation. D'un autre côté tout point en dehors du plan P a pour coordonnée x une valeur différente de a; donc l'équation proposée représente un plan parallèle à celui des yz mené à une distance a de l'origine.

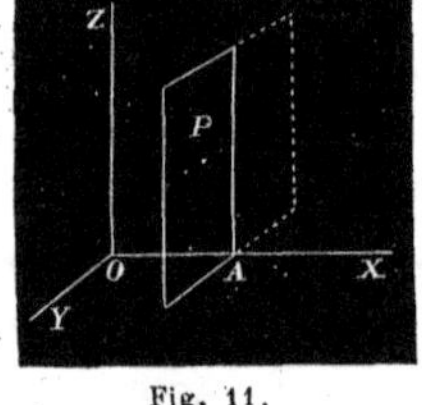

Fig. 11.

De même, l'équation

$$By + D = 0 \quad \text{ou} \quad y = b,$$

représentera un plan parallèle à xz, et l'équation

$$Cz + D = 0 \quad \text{ou} \quad z = c$$

un plan parallèle à xy.

Une équation du degré m en x, par exemple,

$$(1') \qquad x^m + A_1 x^{m-1} + \dots\dots + A_{m-1}x + A_m = 0,$$

peut se ramener à la forme

$$(x - a)(x - b)(x - c) \dots\dots (x - l) = 0;$$

et, par conséquent, elle est satisfaite en posant

$$x = a, \quad x = b, \quad x = c, \dots\dots x = l.$$

On doit donc regarder l'équation (1′) comme représentant un système de m plans réels ou imaginaires parallèles à YOZ.

Donc, *toute équation qui ne renferme qu'une coordonnée représente un ou plusieurs plans parallèles à celui des coordonnées qui n'entrent pas dans l'équation.*

Deux équations simultanées de la forme

$$x - a = 0, \qquad y - b = 0$$

représenteront une droite parallèle à l'axe des z, la droite d'intersection des plans qu'elles définissent prises isolément; car, ce sont les seuls points de l'espace dont les coordonnées peuvent satisfaire à la fois aux deux équations.

Enfin, si on prend simultanément les trois équations

$$x - a = 0, \quad y - b = 0, \quad z - c = 0,$$

il n'y a plus qu'un seul point de l'espace qui leur corresponde; c'est le point d'intersection des trois plans qu'elles représentent prises séparément.

18. Soit, en second lieu, une équation renfermant deux variables x et y

$$f(x, y) = 0.$$

Elle représente dans le plan où se comptent les coordonnées x et y (*fig.* 12) une certaine ligne HIQ; mais, si on mène par les différents points de cette ligne des parallèles à OZ, on formera une surface cylindrique dont tous les points répondent à l'équation; car tout point M de cette surface a le même x et le même y que le point Q de la courbe appartenant à la parallèle passant par le point M, et ses coordonnées satisferont à l'équation, quel que soit z. Il est visible que tout point de l'espace extérieur au cylindre ne saurait se projeter sur la courbe HIQ; par conséquent, l'x et l'y de ce point ne vérifieront pas l'équation; celle-ci représente donc un cylindre indéfini parallèle aux z.

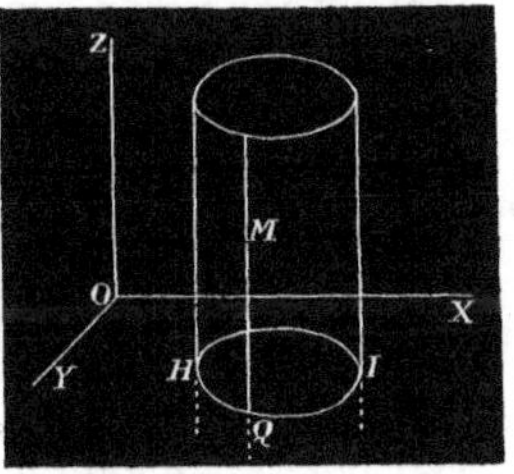

Fig. 12.

On verrait semblablement que le lieu des points de l'espace qui vérifient les équations prises isolément

$$f(x, z) = 0, \qquad f(y, z) = 0$$

forme une surface cylindrique indéfinie; la première est parallèle à l'axe des y, la seconde à l'axe des x.

Donc, *toute équation à deux coordonnées représente, en général, un cylindre indéfini parallèle à la coordonnée qui ne s'y trouve pas.*

Ex. **1**. Que signifient les équations

$$\frac{x^2}{a^2} + \frac{y^2}{b^2} = 1, \quad \frac{x^2}{c^2} - \frac{z^2}{c^2} = 1, \quad y^2 = 2pz\,?$$

Elles représentent trois surfaces cylindriques : la première est elliptique et parallèle aux z; la seconde, hyberbolique et parallèle aux y; la troisième, parabolique et parallèle aux x.

Ex. 2. Les équations

$$\frac{x}{a}+\frac{y}{b}=1,\quad \frac{x}{a}+\frac{z}{c}=1,\quad \frac{y}{b}+\frac{z}{c}=1$$

représentent trois plans respectivement parallèles à l'axe des z, des y et des x.

Ex. 3. Les équations

$$\frac{x}{a}+\frac{y}{b}=0,\quad \frac{x}{a}+\frac{z}{c}=0,\quad \frac{y}{b}+\frac{z}{c}=0$$

définissent trois plans passant respectivement par l'axe des z, des y et des x.

Ex. 4. Que représente l'équation homogène

$$y^m+a_1y^{m-1}x+a_2y^{m-2}x^2+\cdots\cdots+a_mx^m=0\,?$$

Un système de m plans passant par l'axe des z ; car, elle peut se ramener à la forme

$$(y-ax)(y-bx)\cdots\cdots(y-lx)=0.$$

19. Deux équations simultanées à deux variables, par exemple,

$$\mathrm{f}(x, y)=0,\quad \mathrm{F}(x, z)=0$$

sont satisfaites en même temps par les coordonnées des points communs aux cylindres qu'elles définissent isolément; elles représentent donc une courbe, la ligne d'intersection de ces surfaces cylindriques. L'élimination de la variable x donnerait une certaine équation $\varphi(y, z)=0$ qui doit être satisfaite en même temps que les précédentes; ce sera celle d'un cylindre parallèle aux x et passant par la courbe de l'espace.

Souvent, on fait abstraction des cylindres qui projettent la courbe sur les plans coordonnés pour ne considérer que leurs traces qui sont définies par les mêmes équations. On regarde donc une courbe de l'espace comme déterminée, si on connaît ses projections sur deux plans coordonnés. Il suffit, en effet, d'imaginer deux surfaces cylindriques ayant pour bases ces traces et parallèles à deux axes pour trouver la position et la forme de cette courbe dans l'espace.

Ainsi, les deux équations simultanées

$$ax+by=d,\qquad ax+cz=d$$

représentent une droite dans l'espace provenant de l'intersection des deux plans qu'elles déterminent. On peut aussi considérer ces équations prises séparément comme étant celles des projections de la droite sur les plans des xy et des xz.

20. Considérons, en dernier lieu, une équation à trois variables

$$f(x, y, z) = 0.$$

Si on donne aux coordonnées x et y les valeurs particulières x_1, y_1 qui correspondent à un point M_1 du plan xy, l'équation $f(x_1, y_1, z) = 0$ résolue par rapport à z donnera une ou plusieurs valeurs pour cette variable; en portant sur une parallèle à l'axe des z menée par le point M_1 des longueurs positives ou négatives égales aux racines réelles, on obtiendra généralement un ou plusieurs points qui répondent à l'équation donnée. Pour un autre système de valeurs x_2, y_2, on aurait de nouveau un ou plusieurs points sur une autre parallèle à l'axe des z; et ainsi de suite. Tous ces points ont des positions bien déterminées et doivent se suivre dans l'espace suivant une certaine loi; le lieu de ces points sera une surface dont la forme et la position dépendra de la nature de la fonction donnée.

Deux équations du second degré prises simultanément

$$f(x, y, z) = 0, \qquad F(x, y, z) = 0$$

représentent une certaine courbe dans l'espace, la ligne d'intersection des surfaces qu'elles déterminent prises isolément; car ce sont les seuls points dont les coordonnées peuvent satisfaire à la fois aux deux équations. En éliminant l'une des variables x, y, z, on obtiendrait l'équation de la projection de la courbe sur l'un des trois plans coordonnés.

Donc, *toute équation à trois variables représente, en général, une surface courbe, et un système de deux équations en x, y, z définit une certaine courbe dans l'espace.*

21. *Classification des surfaces.* Les surfaces algébriques, comme les courbes planes, se partagent en différents ordres suivant le degré de leurs équations. Ainsi une surface est dite de l'ordre m, si elle est définie analytiquement par une équation du degré m en x, y, z. Les formules de la transformation des coordonnées sont du premier degré par rapport aux coordonnées nouvelles, et une équation du degré m en x, y, z le sera aussi relativement à x', y', z'. Donc, l'ordre d'une surface est indépendant du choix des axes auxquels on la rapporte.

L'équation générale du degré m peut se mettre sous la forme

$$
\begin{array}{c}
f \\
+\ a_1x + a_2y + a_3z \\
+\ a_{11}x^2 + a_{22}y^2 + a_{33}z^2 + a_{12}xy + a_{13}xz + a_{23}yz \\
+\ a_{111}x^3 + a_{222}y^3 + a_{333}z^3 + a_{112}x^2y + a_{113}x^2z + a_{221}y^2x + a_{223}y^2z \\
+\ a_{331}z^2x + a_{332}zy^2 + a_{123}xyz \\
+\ \ldots\ldots\ldots\ldots\ldots\ldots\ldots\ldots \\
\ldots\ldots\ldots\ldots\ldots\ldots\ldots\ldots = 0
\end{array}
$$

La première ligne renferme un terme; la seconde, $\frac{2 \cdot 3}{2}$ termes; la troisième $\frac{3 \cdot 4}{2}$, la quatrième $\frac{4 \cdot 5}{2}$, et ainsi de suite. La somme des termes sera

$$\frac{1 \cdot 2}{2} + \frac{2 \cdot 3}{2} + \frac{3 \cdot 4}{2} + \frac{4 \cdot 5}{2} + \frac{5 \cdot 6}{2} + \ldots.$$

$$= \frac{1}{2}\left[1+2+3+\cdots+(m+1)+1^2+2^2+3^2+\cdots+(m+1)^2\right] = \frac{(m+1)(m+2)(m+3)}{6}.$$

Si, dans cette équation, on pose $z = 0$, il restera une équation en x et y au plus du degré m qui représentera la courbe d'intersection de la surface avec le plan des xy; comme ce dernier peut être un plan quelconque, il s'ensuit qu'*une surface de l'ordre m ne peut être rencontrée par un plan suivant une courbe d'ordre supérieur à m.*

En posant $y = z = 0$, l'équation en x qui en résulte sera au plus du degré m; les racines correspondent aux points de la surface situés sur l'axe des x; celui-ci pouvant être une droite quelconque, on en conclut qu'*une surface de l'ordre m ne peut être rencontrée par une droite en plus de m points.*

22. Les courbes de l'espace qui proviennent de l'intersection de deux surfaces sont appelées *gauches* lorsque tous leurs points ne sont pas dans un plan.

L'ordre de la courbe est déterminé par le nombre de points suivant lesquels elle peut être rencontrée par un plan quelconque. La courbe d'intersection de deux surfaces dont l'une est du degré m et l'autre du degré n, est en général de l'ordre mn; car un plan quelconque rencontre les surfaces suivant deux courbes qui ont en commun mn points puisqu'elles sont respectivement d'ordre m et n; ces mn points appartiennent à la ligne d'intersection des deux surfaces, et, par suite, celle-ci sera de l'ordre mn.

CHAPITRE II.

LIGNE DROITE.

SOMMAIRE. — *Équations de la ligne droite. — Problèmes. — Expressions diverses du volume d'un tétraèdre.*

§ 1. ÉQUATIONS DE LA LIGNE DROITE.

23. Toute ligne de l'espace est déterminée de forme et de position par ses projections sur deux plans coordonnés. Lorsque cette ligne est une droite AB (*fig.* 13), ses projections sur les plans des xz et des yz sont deux droites A'B', A''B'' dont les équations seront de la forme

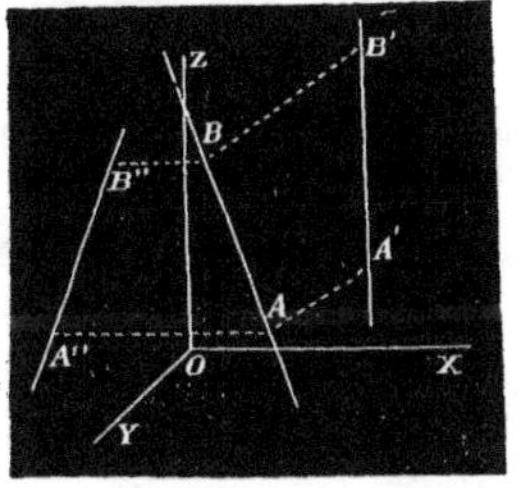

Fig. 13.

$$(1)\qquad \begin{aligned} x &= az + p, \\ y &= bz + q, \end{aligned}$$

Comme ces équations ne renferment que deux coordonnées, on peut dire aussi qu'elles représentent deux surfaces cylindriques qui se réduisent à deux plans, l'un parallèle aux y et l'autre parallèle aux x : ce sont les plans qui projettent la droite sur xz et sur yz. Ces plans déterminent complétement la droite, et les équations (1) seront celles d'une droite quelconque de l'espace, a, b, p, q étant quatre paramètres arbitraires.

Les équations (1) conduisent aux égalités

$$(1')\qquad \frac{x-p}{a} = \frac{y-q}{b} = \frac{z}{1}.$$

C'est une autre manière d'écrire les équations d'une droite; il suffit d'égaler les deux premiers rapports au dernier pour retrouver les équations précédentes, tandis qu'en égalant les deux premiers on aurait une équation en x et y qui représenterait la projection de la droite sur le plan des xy.

24. *Cas particuliers.* *a*) Lorsqu'une droite passe par l'origine, ses projections sur les plans coordonnés passent évidemment par le même point; il en résulte que les équations de la droite seront alors

$$x = az, \quad y = bz;$$

ou bien

$$\frac{x}{a} = \frac{y}{b} = \frac{z}{1}.$$

b) Si la droite est parallèle au plan des xy, les plans qui la projettent sur xz et yz se confondent, et les équations (1) se réduisent à une seule de la forme $z = c$, puisque tous les points de ce plan sont à une hauteur constante au-dessus du plan des xy. Pour que la droite soit complétement déterminée, il est nécessaire de considérer la troisième projection sur xy : les équations d'une droite parallèle à xy seront donc

$$z = c, \quad y = mx + b;$$

ou bien, sous une forme plus symétrique,

$$z = r, \quad \frac{x}{p} + \frac{y}{q} = 1.$$

De même, les équations

$$y = q, \quad \frac{x}{p} + \frac{z}{r} = 1$$

définissent une droite parallèle au plan des xz et

$$x = p, \quad \frac{y}{q} + \frac{z}{r} = 1,$$

une droite parallèle au plan des yz.

c) Enfin, si la droite de l'espace est parallèle à l'un des axes des coordonnées, par exemple, à l'axe des x, sa projection sur yz se réduit à un point, tandis que ses projections sur les autres plans coordonnés seront des droites parallèles à l'axe des x; donc, dans ce cas, la droite sera définie par des équations de la forme

$$y = q, \quad z = r.$$

Semblablement, les équations

$$x = p, \quad z = r$$

déterminent une droite parallèle à l'axe des y, et

$$x = p, \quad y = q,$$

une droite parallèle à l'axe des z.

En particulier, les équations

$$\begin{aligned} y = 0, \quad & z = 0, \\ z = 0, \quad & x = 0, \\ x = 0, \quad & y = 0, \end{aligned}$$

représentent respectivement l'axe des x, des y et des z.

25. *Traces d'une droite.* On appelle traces d'une droite les points où elle rencontre les plans coordonnés. On les détermine en égalant à zéro, dans les équations de la droite, la coordonnée qui n'appartient pas au plan que l'on considère. Posons d'abord $z = 0$ dans les équations

$$x = az + p, \quad y = bz + q;$$

on aura $x = p$, $y = q$ pour les coordonnées de la trace sur le plan des xy. En posant successivement $y = 0$ et $x = 0$, on trouvera pour les traces de la droite sur les autres plans coordonnés

$$z = -\frac{q}{b}, \quad x = \frac{bp - aq}{b};$$

$$z = -\frac{p}{a}, \quad y = \frac{aq - bp}{a}.$$

26. *Signification des constantes.* Les constantes p et q dans les équations d'une droite déterminent le point où elle rencontre le plan des xy; elles n'ont aucune influence sur sa direction. Afin de mettre en évidence la signification des paramètres a et b des équations (1), menons par l'origine une droite parallèle à la première ; ses équations seront

$$(2) \qquad x = az, \quad y = bz;$$

car, si deux droites sont parallèles dans l'espace, les plans projetants ainsi que les projections sur un même plan des coordonnées sont parallèles, et les constantes a et b doivent être les mêmes dans les équations (1) et (2). Prenons sur la droite passant par l'origine une longueur $OM = l$, et projetons-la sur les axes. Les coordonnées du point M seront $x = l \cos \alpha$ $y = l \cos \beta$, $z = l \cos \gamma$; α, β, γ sont les angles de la droite avec les trois axes rectangulaires. En substituant ces valeurs dans les équations (2), on trouve

$$a = \frac{\cos \alpha}{\cos \gamma}, \quad b = \frac{\cos \beta}{\cos \gamma};$$

d'où l'on tire les égalités

$$(K) \quad \frac{\cos \alpha}{a} = \frac{\cos \beta}{b} = \frac{\cos \gamma}{1} = \frac{\sqrt{\cos^2 \alpha + \cos^2 \beta + \cos^2 \gamma}}{\sqrt{a^2 + b^2 + 1}} = \frac{1}{\sqrt{a^2 + b^2 + 1}}.$$

Ainsi, les constantes a et b dépendent des cosinus des angles que la droite fait avec les axes ; on voit que ces cosinus sont proportionnels aux quantités a, b, 1 ; leurs valeurs sont déterminées par les équations (K). On les appelle *cosinus directeurs* de la droite. Lorsque les axes sont obliques, les coordonnées du point M satisfont aux égalités (N° 5).

$$\frac{x + y \cos \nu + z \cos \mu}{\cos \alpha} = \frac{x \cos \nu + y + z \cos \lambda}{\cos \beta} = \frac{x \cos \mu + y \cos \lambda + z}{\cos \gamma}.$$

En remplaçant x et y par az et bz, il viendra

$$\frac{a + b \cos \nu + \cos \mu}{\cos \alpha} = \frac{a \cos \nu + b + \cos \lambda}{\cos \beta} = \frac{a \cos \mu + b \cos \lambda + 1}{\cos \gamma}.$$

En y ajoutant la relation

$$\begin{vmatrix} 1, & \cos \nu, & \cos \mu, & \cos \alpha \\ \cos \nu, & 1, & \cos \lambda, & \cos \beta \\ \cos \mu, & \cos \lambda, & 1, & \cos \gamma \\ \cos \alpha, & \cos \beta, & \cos \gamma, & 1 \end{vmatrix} = 0,$$

on pourra trouver les valeurs de $\cos \alpha$, $\cos \beta$, $\cos \gamma$.

27. *Droite passant par un point donné.* Lorsqu'une droite de l'espace définie par les équations

$$x = az + p, \quad y = bz + q$$

est assujettie à satisfaire à une condition géométrique, on aura en général deux équations entre les paramètres a, b, p, q, et, par suite, deux conditions suffiront pour les déterminer complétement. Si elle est assujettie à passer par un point donné M (x', y', z'), on doit avoir les relations

$$x' = az' + p, \quad y' = bz' + q$$

dont on peut profiter pour éliminer deux paramètres; on y parvient immédiatement en retranchant les équations membre à membre; ce qui donne

$$(3) \qquad x - x' = a(z - z'), \quad y - y' = b(z - z');$$

ou bien,

$$(3') \qquad \frac{x - x'}{a} = \frac{y - y'}{b} = \frac{z - z'}{1}.$$

Ces équations qui ne renferment plus que deux paramètres a et b définissent toutes les droites passant par le point M $(x'\ y'\ z')$.

Les quantités a, b, 1 étant proportionnelles aux cosinus des angles de la droite avec trois axes rectangulaires, les équations d'une droite issue d'un point donné et faisant avec les axes les angles α, β, γ peuvent s'écrire

$$(3'') \qquad \frac{x - x'}{\cos\alpha} = \frac{y - y'}{\cos\beta} = \frac{z - z'}{\cos\gamma}.$$

Si on désigne par ρ la distance comptée sur la droite à partir du point M$(x'y'z')$ à un autre point variable P(x, y, z) de cette droite, on peut égaler chacun des rapports à ρ; car, on a

$$\frac{x - x'}{\cos\alpha} = \frac{y - y'}{\cos\beta} = \frac{z - z'}{\cos\gamma} = \frac{\sqrt{(x - x')^2 + (y - y')^2 + (z - z')^2}}{\sqrt{\cos^2\alpha + \cos^2\beta + \cos^2\gamma}} = \rho.$$

Les coordonnées d'un point quelconque de la droite pourront s'exprimer de la manière suivante :

$$(4) \qquad x = x' + \rho\cos\alpha, \quad y = y' + \rho\cos\beta, \quad z = z' + \rho\cos\gamma.$$

28. *Droite passant par deux points donnés.* Soient M$(x'y'z')$, M'$(x''y''z'')$ les points donnés. Toute droite issue du point M est renfermée dans l'équation

$$\frac{x - x'}{a} = \frac{y - y'}{b} = \frac{z - z'}{1}.$$

Si elle passe par le point M', les coordonnées x'', y'', z'' doivent vérifier ces égalités; ce qui donne

$$\frac{x'' - x'}{a} = \frac{y'' - y'}{b} = \frac{z'' - z'}{1}.$$

En divisant ces équations membre à membre pour éliminer les quantités a et b, on trouve

$$\frac{x - x'}{x'' - x'} = \frac{y - y'}{y'' - y'} = \frac{z - z'}{z'' - z'},$$

ou bien, sous la forme ordinaire

$$x - x' = \frac{x'' - x'}{z'' - z'}(z - z'), \quad y - y' = \frac{y'' - y'}{z'' - z'}(z - z').$$

Ces équations représentent la droite qui passe par les points donnés. Il est bon de remarquer que les cosinus directeurs d'une droite qui passe par deux points sont proportionnels aux différences $x'' - x'$, $y'' - y'$, $z'' - z'$.

29. *Point et droite imaginaires.* A chaque système de valeurs réelles attribuées aux coordonnées x, y, z, correspond un point réel de l'espace Par analogie, on dit qu'un point est imaginaire, si ses coordonnées sont de la forme

$$x = \alpha + \alpha'\sqrt{-1}, \quad y = \beta + \beta'\sqrt{-1}, \quad z = \gamma + \gamma'\sqrt{-1}.$$

Deux points imaginaires sont *conjugués*, lorsqu'ils sont définis par des coordonnées qui ne diffèrent que par le signe de $\sqrt{-1}$,

$$(\mathrm{M}') \quad x' = \alpha + \alpha'\sqrt{-1}, \quad y' = \beta + \beta'\sqrt{-1}, \quad z' = \gamma + \gamma'\sqrt{-1};$$

$$(\mathrm{M}'') \quad x'' = \alpha - \alpha'\sqrt{-1}, \quad y'' = \beta - \beta'\sqrt{-1}, \quad z'' = \gamma - \gamma'\sqrt{-1}.$$

Le milieu de ces points est réel, et ses coordonnées sont :

$$x = \frac{x' + x''}{2} = \alpha, \quad y = \beta, \quad z = \gamma.$$

La droite qui passe par deux points imaginaires conjugués est aussi réelle; car, en vertu du numéro précédent, elle a pour équations

$$\frac{x - \alpha - \alpha'\sqrt{-1}}{-2\alpha'\sqrt{-1}} = \frac{y - \beta - \beta'\sqrt{-1}}{-2\beta'\sqrt{-1}} = \frac{z - \gamma - \gamma'\sqrt{-1}}{-2\gamma'\sqrt{-1}},$$

ou bien

$$\frac{x - \alpha}{\alpha'} = \frac{y - \beta}{\beta'} = \frac{z - \gamma}{\gamma'}.$$

On dit qu'une droite est *imaginaire*, lorsqu'elle est définie par deux équations de la forme

$$x = (a + a'\sqrt{-1})z + p + p'\sqrt{-1}, \quad y = (b + b'\sqrt{-1})z + q + q'\sqrt{-1}.$$

Elles sont vérifiées par les valeurs réelles des coordonnées qui satisfont aux équations

$$x - az - p = 0, \quad a'z + p' = 0,$$
$$y - bz - q = 0, \quad b'z + q' = 0.$$

Or, comme il n'y a que trois inconnues, ces égalités ne peuvent pas être satisfaites en général par un même système de valeurs de x, y, z; donc, il n'existe aucun point réel sur une droite imaginaire de l'espace, à moins que l'on ait

$$\frac{p'}{a'} = \frac{q'}{b'};$$

car, dans ce cas, les deux dernières équations $a'z + p' = 0$, $b'z + q' = 0$ se réduisent à une seule, et le point réel déterminé par le système précédent appartiendra à la droite imaginaire.

Deux droites imaginaires sont dites *conjuguées*, quand leurs équations sont de la forme

$$x = (a + a'\sqrt{-1})z + p + p'\sqrt{-1}, \quad y = (b + b'\sqrt{-1})z + q + q'\sqrt{-1}$$
$$x = (a - a'\sqrt{-1})z + p - p'\sqrt{-1}, \quad y = (b - b'\sqrt{-1})z + q - q'\sqrt{-1}.$$

On verra plus tard que si deux droites imaginaires conjuguées se rencontrent, leur point d'intersection est réel, ainsi que le plan qui les renferme.

Exercices.

1. Étant donné un parallélipipède rectangle (01230'1'2'3'), trouver les équations des lignes qui réunissent les différents points de la figure, les longueurs des arrêtes étant $a = 01$, $b = 03$, $c = 02'$.

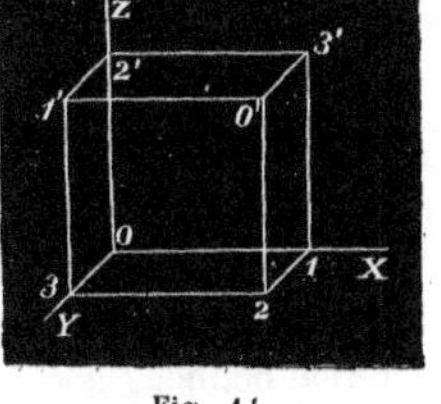

Fig. 14.

R. (00') $\frac{x}{a} = \frac{y}{b} = \frac{z}{c}$; (11') $\frac{x-a}{-a} = \frac{y}{b} = \frac{z}{c}$;

(22') $\frac{x-a}{-a} = \frac{y-b}{-b} = \frac{z}{c}$; (33') $\frac{x}{a} = \frac{y-b}{-b} = \frac{z}{c}$;

(01') $x = 0$, $\frac{y}{b} - \frac{z}{c} = 0$; (03') $y = 0$, $\frac{x}{a} - \frac{z}{c} = 0$;

(02) $z = 0$, $\frac{x}{a} - \frac{y}{b} = 0$; (02') $x = 0$, $y = 0$; (01) $y = 0$, $z = 0$; (03) $x = 0$, $z = 0$

(12) $z = 0$, $x = a$; (23) $z = 0$, $y = b$; (31') $x = 0$, $y = b$; (1'2') $x = 0$, $z = c$;

(2'3') $y = 0$, $z = c$; (0'3') $x = a$, $z = c$; (0'1') $z = c$, $y = b$; (0'2) $x = a$, $y = b$.

2. Trouver la troisième projection de la droite $x-3z+5=0$, $y+2z-2=0$.

R. $$2x+3y-4=0.$$

3. Traces des droites

$$(a)\quad \begin{matrix} x-2z-3=0, \\ y+z-1=0; \end{matrix} \qquad (b)\quad \begin{matrix} 2y-x+1=0, \\ y-z+2=0. \end{matrix}$$

R. (a) $(3, 1, 0)$, $(5, 0, 1)$, $\left(0, \frac{5}{2}, -\frac{3}{2}\right)$; (b) $(-3, -2, 0)$, $(1, 0, 2)$,

$$\left(0, -\frac{1}{2}, \frac{3}{2}\right).$$

4. Conditions pour que les équations

$$x-az-p=0, \quad y-bz-q=0, \quad rx+sy+h=0,$$

représentent les projections d'une même droite

R. $$\frac{r}{b}=\frac{s}{-a}=\frac{h}{aq-bp}.$$

5. Condition pour que les équations

$$a+mz-ny=0, \quad b+nx-lz=0, \quad c+ly-mx=0$$

représentent une même droite.

R. $$al+bm+cn=0.$$

6. Les équations

$$\frac{by+cz}{p}=\frac{cz+ax}{q}=\frac{ax+by}{r}$$

représentent une droite passant par l'origine et peuvent se ramener à la forme

$$\frac{ax}{q-p+r}=\frac{by}{p-q+r}=\frac{cz}{q+p-r}.$$

7. Soient ρ' et ρ'' les distances des deux points M $(x'y'z')$, N $(x''y''z'')$ à l'origine; la droite qui réunit ces points passe par l'origine, si on a

$$\rho'\rho''=x'x''+y'y''+z'z''$$

Car, la condition donnée revient à

$$(x'^2+y'^2+z'^2)(x''^2+y''^2+z''^2)-(x'x''+y'y''+z'z'')^2=0,$$

ou bien

$$(x'y''-y'x'')^2+(x'z''-z'x'')^2+(y'z''-z'y'')^2=0;$$

on en déduit

$$\frac{x'}{x''}=\frac{y'}{y''}=\frac{z'}{z''}.$$

8. Que représente l'équation

$$(x^2 + y^2 + z^2) - (x \cos \alpha + y \cos \beta + z \cos \gamma)^2 = 0 ?$$

Si on écrit

$$(x^2 + y^2 + z^2)(\cos^2 \alpha + \cos^2 \beta + \cos^2 \gamma) - (x \cos \alpha + y \cos \beta + z \cos \gamma)^2 = 0,$$

on pourra décomposer le premier membre sous la forme de trois carrés, et on verra que l'équation proposée représente la droite

$$\frac{x}{\cos \alpha} = \frac{y}{\cos \beta} = \frac{z}{\cos \gamma}.$$

9. Qui signifient les équations $x^2 = y^2 = z^2$?
Elles déterminent les quatre droites

$$(1) \begin{matrix} x = z, \\ y = z; \end{matrix} \qquad (2) \begin{matrix} x = z, \\ y = -z; \end{matrix} \qquad (3) \begin{matrix} x = -z, \\ y = z; \end{matrix} \qquad (4) \begin{matrix} x = -z, \\ y = -z. \end{matrix}$$

10. La droite imaginaire

$$x = (2 + \sqrt{-1})\, z + 3 - 2\sqrt{-1}, \quad y = (1 + \sqrt{-1})\, z + 1 - 2\sqrt{-1}$$

passe par le point réel (7, 3, 2).

11. Les équations

$$x = (a + a'\sqrt{-1})\, z + p, \quad y = (b + b'\sqrt{-1})\, z + q$$

déterminent des droites imaginaires qui passent par le point réel $(p, q, 0)$.

12. Trouver les angles d'une droite avec les plans coordonnés.

R. $$\sin l = \frac{a}{\sqrt{a^2 + b^2 + 1}}, \quad \sin m = \frac{b}{\sqrt{a^2 + b^2 + 1}}, \quad \sin n = \frac{1}{\sqrt{a^2 + b^2 + 1}}.$$

§ 2. PROBLÈMES.

30. *Trouver l'angle de deux droites données.*

Soient les équations de deux droites

$$\begin{cases} x = az + p, \\ y = bz + q, \end{cases} \qquad \begin{cases} x = a'z + p', \\ y = b'z + q'. \end{cases}$$

Si on désigne par (α, β, γ), $(\alpha', \beta', \gamma')$ les angles qu'elles font avec trois axes rectangulaires, et par φ celui qu'elles forment entre elles, on a (N° 4)

$$\cos \varphi = \cos \alpha \cos \alpha' + \cos \beta \cos \beta' + \cos \gamma \cos \gamma'.$$

D'un autre côté, les cosinus directeurs sont déterminés par les égalités (N° 26)

$$\frac{\cos\alpha}{a}=\frac{\cos\beta}{b}=\frac{\cos\gamma}{1}=\frac{1}{\sqrt{a^2+b^2+1}};$$

$$\frac{\cos\alpha'}{a'}=\frac{\cos\beta'}{b'}=\frac{\cos\gamma'}{1}=\frac{1}{\sqrt{a'^2+b'^2+1}}.$$

En combinant ces équations pour éliminer les cosinus, on trouve

$$\cos\varphi=\pm\frac{aa'+bb'+1}{\sqrt{a^2+b^2+1}\,\sqrt{a'^2+b'^2+1}}.$$

On en déduit facilement

$$\sin\varphi=\frac{\sqrt{(a-a')^2+(b-b')^2+(ab'-ba')^2}}{\sqrt{a^2+b^2+1}\,\sqrt{a'^2+b'^2+1}},$$

et, par suite,

$$\operatorname{tang}\varphi=\pm\frac{\sqrt{(a-a')^2+(b-b')^2+ab'-ba')^2}}{aa'+bb'+1}.$$

Le signe $\pm$ dans l'expression du cosinus et de la tangente se rapporte à l'angle aigu ou obtus des droites données.

La condition de perpendicularité des deux droites sera

$$aa'+bb'+1=0,$$

puisque, dans ce cas, $\operatorname{tang}\varphi=\infty$, et $\varphi=90°$. Deux droites ne se rencontrent pas généralement dans l'espace; la relation précédente exprime que si on mène par un point de l'une des droites une parallèle à l'autre, l'angle ainsi obtenu sera droit. En supposant que a et b soient donnés et a', b' inconnus, on pourra trouver une infinité de valeurs pour ces quantités satisfaisant à la condition précédente; à toutes ces valeurs correspondent les droites en nombre illimité que l'on peut mener perpendiculairement à une droite par l'un de ses points.

Ex. 1. Trouver le cosinus de l'angle des droites

a) $\begin{cases} x=p', \\ y=q' \end{cases}$ $\begin{cases} x=az+p, \\ y=bz+q, \end{cases}$

b) $\frac{x}{a}=\frac{y-b}{-b}=\frac{z}{c},\quad \frac{x-a}{-a}=\frac{y}{b}=\frac{z}{c};$

c) $\frac{x}{a}=\frac{y}{b}=\frac{z}{c},\quad \frac{x}{bc}=\frac{y}{ac}=\frac{z}{ab}.$

$$a)\quad \cos\varphi = \pm\frac{1}{\sqrt{a^2+b^2+1}};\qquad b)\quad \cos\varphi = \mp\frac{a^2+b^2-c^2}{a^2+b^2+c^2};$$

$$c)\quad \cos\varphi = \pm\frac{3abc}{\sqrt{a^2+b^2+c^2}\sqrt{b^2c^2+a^2c^2+a^2b^2}}.$$

Ex. 2. Trouver le lieu des perpendiculaires élevées au point $\left(\frac{a}{2}, \frac{b}{2}, \frac{c}{2}, \right)$ sur la droite

$$\frac{x}{a}=\frac{y}{b}=\frac{z}{c}.$$

Les équations d'une droite qui passe par le point donné sont de la forme

$$\frac{2x-a}{a'}=\frac{2y-b}{b'}=\frac{2z-c}{c'},$$

et la condition de perpendicularité est $aa'+bb'+cc'=0$. L'élimination de a', b', c' donne pour l'équation du lieu demandé

$$a(2x-a)+b(2y-b)+c(2z-c)=0,$$

ou bien

$$ax+by+cz-\frac{a^2+b^2+c^2}{2}=0.$$

On verra plus loin qu'elle représente un plan perpendiculaire à la droite.

Ex. 3. Trouver les cosinus directeurs des bissectrices des angles de deux droites.

Menons, par l'origine, deux droites $(\alpha', \beta', \gamma')$, $(\alpha'', \beta'', \gamma'')$ parallèles aux droites données, et sur chacune d'elles prenons des longueurs OM et OM' égales à l'unité. Les coordonnées des points M et M' seront $\cos\alpha$, $\cos\beta$, $\cos\gamma$; $\cos\alpha'$, $\cos\beta'$, $\cos\gamma'$. Les équations de la bissectrice de l'angle MOM' seront

$$\frac{x}{\cos\alpha'+\cos\alpha''}=\frac{y}{\cos\beta'+\cos\beta''}=\frac{z}{\cos\gamma'+\cos\gamma''}.$$

Les cosinus des bissectrices des droites données seront déterminés par les formules

$$\frac{\cos\alpha}{\cos\alpha'+\cos\alpha''}=\frac{\cos\beta}{\cos\beta'+\cos\beta''}=\frac{\cos\gamma}{\cos\gamma'+\cos\gamma''}=\frac{1}{2\cos\frac{\varphi}{2}};$$

$$\frac{\cos\alpha}{\cos\alpha'-\cos\alpha''}=\frac{\cos\beta}{\cos\beta'-\cos\beta''}=\frac{\cos\gamma}{\cos\gamma'-\cos\gamma''}=\frac{1}{2\sin\frac{\varphi}{2}};$$

φ est l'angle des droites.

31. ***Trouver la condition pour que deux droites soient dans un même plan.***

Deux droites étant définies par un système de quatre équations de la forme

$$\begin{cases} x = az+p, \\ y = bz+q, \end{cases}\qquad \begin{cases} x = a'z+p', \\ y = b'z+q', \end{cases}$$

elles ne se rencontrent pas dans l'espace, à moins qu'il n'y ait une relation entre les constantes telle que les équations précédentes ne forment plus que trois équations distinctes; celles-ci étant résolues par rapport à x, y, z donneront les coordonnées d'un point commun aux deux droites. En retranchant les équations membre à membre, il vient

$$0 = (a - a')z + p - p',$$
$$0 = (b - b')z + q - q'.$$

On en déduit deux valeurs pour la coordonnée z qui devront être égales, si les droites ont un point d'intersection. Il en résulte que l'équation

$$\frac{p-p'}{a-a'} = \frac{q-q'}{b-b'}$$

ou

$$(p-p')(b-b') - (a-a')(q-q') = 0$$

exprime que les droites se rencontrent. Comme elle est satisfaite si $a = a'$, $b = b'$, c'est-à-dire, si les droites données sont parallèles, c'est la condition générale pour que deux droites soient dans un même plan.

Ex. 1. Les droites

$$2x - z - 8 = 0, \qquad 3y - z - 9 = 0,$$
$$x + 2z - 4 = 0, \qquad y + 3z - 3 = 0,$$

se coupent dans le plan des xy au point ($x = 4$, $y = 3$).

Ex. 2. Les droites

$$\frac{x}{a} = \frac{y}{b} = \frac{z}{c}, \quad \frac{x-a}{-a} = \frac{y}{b} = \frac{z}{c}, \quad \frac{x-a}{-a} = \frac{y-b}{-b} = \frac{z}{c},$$

se rencontrent au point $\left(\frac{a}{2}, \frac{b}{2}, \frac{c}{2}\right)$.

Ex. 3. Condition de rencontre des droites

$$\left\{\begin{array}{l} z = r, \\ \frac{x}{p} + \frac{y}{q} = 1; \end{array}\right. \qquad \left\{\begin{array}{l} x = a'z + p', \\ y = b'z + q'. \end{array}\right.$$

R. $$\frac{a'r + p'}{p} + \frac{b'r + q'}{q} = 1.$$

Ex. 4. Même calcul pour les droites

$$\left\{\begin{array}{l} x = p, \\ z = r; \end{array}\right. \qquad \left\{\begin{array}{l} x = a'z + p', \\ y = b'z + q'. \end{array}\right.$$

R. $p = a'r + p'$.

Ex. 5. Le lieu des milieux des droites parallèles à un plan donné et rencontrant deux droites fixes est une ligne droite.

Prenons le plan donné pour le plan des xy et l'une des droites fixes pour axes des z; soient

$$x = az + p, \quad y = bz + q$$

les équations de la seconde droite fixe.

Une droite parallèle à xy qui rencontre les droites fixes aura des équations de la forme

$$z = \alpha, \quad y = \beta x$$

avec la condition

$$\beta(a\alpha + p) = b\alpha + q.$$

Les coordonnées des points d'intersection de cette droite avec les droites fixes étant

$$x = 0, \quad y = 0, \quad z = \alpha,$$

$$x = a\alpha + p, \quad y = b\alpha + q, \quad z = \alpha,$$

celles du milieu de ces points seront

$$x = \frac{a\alpha + p}{2}, \quad y = \frac{b\alpha + q}{2}, \quad z = \alpha.$$

En éliminant α, on trouve que les coordonnées du milieu de la droite satisfont aux équations

$$2x - az - p = 0, \quad 2y - bz - q = 0.$$

32. *Trouver les équations d'une droite passant par un point* M $(x'\ y'\ z')$ *et qui rencontre les droites données*

$$\begin{cases} x = az + p, \\ y = bz + q; \end{cases} \qquad \begin{cases} x = a'z + p', \\ y = b'z + q'. \end{cases}$$

Soient

$$x = Az + P, \quad y = Bz + Q$$

les équations de la droite cherchée. Les différentes constantes seront déterminées par les équations

$$x' = Az' + P, \quad y' = Bz' + Q,$$

$$\frac{P - p}{A - a} = \frac{Q - q}{B - b}, \quad \frac{P - p'}{A - a'} = \frac{Q - q'}{B - b'}.$$

Les deux premières donnent

$$P = x' - Az', \quad Q = y' - Bz',$$

et, par suite, les deux autres deviennent

$$\frac{x' - Az' - p}{A - a} = \frac{y' - Bz' - q}{B - b}, \quad \frac{x' - Az' - p'}{A - a'} = \frac{y' - Bz' - q'}{B - b'};$$

et, en faisant les réductions,

$$A(y'-bz'-q)-B(x'-az'-p)-a(y'-q)+b(x'-p)=0,$$
$$A(y'-b'z'-q')-B(x'-a'z'-p')-a'(y'-q')+b'(x'-p')=0.$$

Désignons par l, m et n les valeurs des premiers membres des équations des projections de la première droite pour les coordonnées x', y', z', c'est-à-dire, posons

$$l=y'-bz'-q,\quad m=x'-az'-p,\quad n=b(x'-p)-a(y'-q).$$

En appelant l', m', n' les expressions analogues pour la seconde droite, les équations précédentes donneront les égalités

$$\frac{A}{mn'-nm'}=\frac{B}{ln'-nl'}=\frac{1}{lm'-ml'}.$$

Les équations de la droite cherchée peuvent se mettre sous la forme

$$\frac{x-x'}{mn'-nm'}=\frac{y-y'}{ln'-nl'}=\frac{z-z'}{lm'-ml'}.$$

Ex. 1. Droite issue de l'origine et s'appuyant sur les droites

$$\begin{cases} x=az+p, \\ y=bz+p, \end{cases}\qquad \begin{cases} x=a'z+p', \\ y=b'z+q', \end{cases}$$

R. $$\frac{x}{p(b'p'-a'q')-p'(bp-aq)}=\frac{y}{q(b'p'-a'q')-q'(bp-aq)}=\frac{z}{qp'-pq'}.$$

Ex. 2. Droite issue de l'origine et rencontrant les droites

$$\begin{cases} x=a, \\ y=b; \end{cases}\qquad \begin{cases} x=a', \\ z=c', \end{cases}$$

R. $$\frac{x}{aa'}=\frac{y}{ba'}=\frac{z}{ac'}.$$

Ex. 3. Trouver l'équation d'une droite qui rencontre les droites

$$\begin{cases} x=a'z+p', \\ y=b'z+q', \end{cases}\qquad \begin{cases} x=a''z+p'', \\ y=b''z+q'' \end{cases}$$

et qui est parallèle à une troisième droite, $x=az+p$, $y=bz+q$.

La droite cherchée a des équations de la forme

$$x=az+P,\quad y=bz+Q$$

avec les conditions

$$\frac{P-p'}{a-a'}=\frac{Q-q'}{b-b'},\quad \frac{P-p''}{a-a''}=\frac{Q-q''}{b-b''},$$

ou bien

$$P(b-b')-Q(a-a')-p'(b-b')+q'(a-a')=0,$$
$$P(b-b'')-Q(a-a'')-p''(b-b'')+q''(a-a'')=0.$$

En posant

$$k_1=-p'(b-b')+q'(a-a'),\quad k_2=-p''(b-b'')+q''(a-a'')$$

les équations de la droite peuvent s'écrire

$$\frac{x-az}{k_1(a-a'')-k_2(a-a')}=\frac{y-bz}{k_1(b-b'')-k_2(b-b')}=-\frac{1}{(b-b')(a-a'')-(b-b'')(a-a')}.$$

33. *En général, on peut mener deux droites qui rencontrent quatre droites de l'espace non situées deux à deux dans un même plan.*

Soient (*fig.* 15) d_1, d_2, d_3 trois droites données; menons par chacune d'elles deux plans respectivement parallèles aux deux autres; les six plans ainsi obtenus formeront un parallélipipède dont trois arêtes seront dirigées suivant les droites d_1, d_2, d_3. Plaçons l'origine au centre du parallélipipède et prenons des axes parallèles aux arêtes. En représentant par $2a_1$, $2b_1$, $2c_1$ les longueurs des arêtes, les droites données auront pour équations

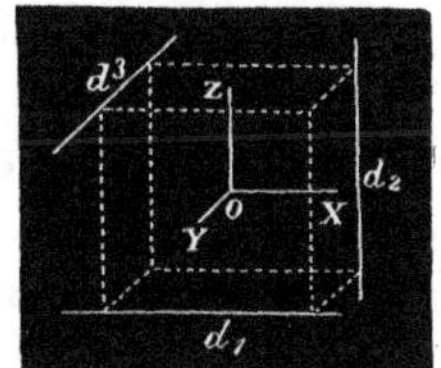

Fig. 15.

$$(d_1)\ \begin{cases} y=b_1,\\ z=-c_1;\end{cases}\qquad (d_2)\ \begin{cases} x=a_1,\\ y=-b_1;\end{cases}\qquad (d_3)\ \begin{cases} z=c_1,\\ x=-a_1.\end{cases}$$

Enfin, soient

$$(d_4)\quad x=az+p,\qquad y=bz+q$$

les équations de la quatrième droite fixe. On peut toujours représenter par

$$x=Az+P,\qquad y=Bz+Q$$

la droite inconnue. Les équations qui expriment qu'elle rencontre les précédentes seront :

$$(\alpha)\qquad b_1=-Bc_1+Q,$$

$$(\beta)\qquad \frac{P-a_1}{A}=\frac{Q+b_1}{B},$$

$$(\gamma)\qquad -a_1=Ac_1+P,$$

$$(\delta)\qquad \frac{P-p}{A-a}=\frac{Q-q}{B-b}.$$

Les égalités (α) et (γ) donnent

$$B = \frac{Q - b_1}{c_1}, \qquad A = -\frac{P + a_1}{c_1}.$$

Substituons ces valeurs dans les deux autres, il viendra après quelques simplifications

$$(\varepsilon) \qquad PQ + a_1 b_1 = 0,$$

$$(P - p)[Q - b_1 - bc_1] + (Q - q)[P + a_1 + ac_1] = 0.$$

En développant cette dernière égalité, et remplaçant PQ par $-a_1 b_1$, elle devient

$$(\mu) \quad P(b_1 + bc_1 + q) + Q(p - a_1 - ac_1) + 2a_1 b_1 + q(a_1 + ac_1) - p(b_1 + bc_1) = 0.$$

Les équations (ε) et (μ) étant résolues par rapport à P et Q donneront deux valeurs pour ces inconnues, et, par suite, il existera en général deux droites qui rencontrent les quatre droites données.

Si on considère seulement les trois droites d_1, d_2, d_3, il y aura une infinité de droites jouissant de la propriété de s'appuyer sur chacune d'elles; elles correspondent aux valeurs de P et de Q qui satisfont à l'équation

$$(\varepsilon) \qquad PQ + a_1 b_1 = 0.$$

Le lieu de toutes ces droites sera une certaine surface dont l'équation s'obtiendra en éliminant P et Q entre la relation précédente et les égalités

$$x = Az + P \qquad y = Bz + Q$$

qu'on peut écrire, en substituant à A et B leurs valeurs,

$$x = -\frac{P + a_1}{c_1} z + P, \qquad y = \frac{Q - b_1}{c_1} z + Q.$$

On en tire

$$P = -\frac{a_1 z + c_1 x}{z - c_1}, \qquad Q = \frac{b_1 z + c_1 y}{z + c_1};$$

si on remplace ensuite dans (ε) P et Q par ces valeurs, on trouve pour l'équation du lieu de toutes les droites qui rencontrent les trois autres

$$(a_1 z + c_1 x)(b_1 z + c_1 y) = a_1 b_1 (z - c_1)(z + c_1),$$

ou bien

$$a_1 yz + b_1 xz + c_1 xy + a_1 b_1 c_1 = 0.$$

Nous verrons plus tard qu'elle représente une surface du second ordre appelée *hyperboloïde à une nappe*.

Les équations

$$x = -\frac{P + a_1}{c_1}z, \quad y = \frac{Q - b_1}{c_1}z,$$

avec la condition $PQ + a_1b_1 = 0$, représenteraient un système de droites issues de l'origine et respectivement parallèles aux droites qui rencontrent les lignes d_1, d_2, d_3. Pour obtenir le lieu de ce second système, il faut éliminer P et Q entre les équations précédentes; ce qui donne

$$(c_1x + a_1z)(c_1y + b_1z) = a_1b_1z^2,$$

ou bien,

$$a_1yz + b_1xz + c_1xy = 0;$$

cette équation représente une surface conique ayant pour sommet l'origine.

34. *Trouver les équations de la perpendiculaire abaissée d'un point* M (x', y', z') *sur une droite donnée, ainsi que l'expression de la longueur de cette perpendiculaire.*

Soient

$$x - az - p = 0, \quad y - bz - q = 0, \quad b(x - p) - a(y - q) = 0$$

les trois projections de la droite donnée. La perpendiculaire devant passer par le point M aura des équations de la forme

$$x - x' = a'(z - z'), \quad y - y' = b'(z - z').$$

En exprimant qu'elle doit rencontrer la droite donnée, on obtient la relation

$$\frac{x' - a'z' - p}{a' - a} = \frac{y' - b'z' - q}{b' - b},$$

ou bien

$$a'(y' - bz' - q) - b'(x' - az' - p) + b(x' - p) - a(y' - q) = 0.$$

De plus, la condition de perpendicularité des droites est

$$aa' + bb' + 1 = 0.$$

Posons

$$l = y' - bz' - q, \quad m = x' - az' - p, \quad n = b(x' - p) - a(y' - q);$$

il viendra pour déterminer a' et b' les équations

$$a'l - b'm + n = 0,$$
$$aa' + bb' + 1 = 0.$$

On en tire

$$\frac{a'}{-(m + bn)} = \frac{b'}{an - l} = \frac{1}{bl + am}.$$

Les équations de la perpendiculaire seront donc de la forme

$$\frac{x - x'}{-(m + bn)} = \frac{y - y'}{an - l} = \frac{z - z'}{bl + am}.$$

Afin de déterminer la longueur de la perpendiculaire, écrivons les équations de la droite donnée sous la forme

$$x - x' - a(z - z') = az' + p - x',$$
$$y - y' - b(z - z') = bz' + q - y',$$
$$b(x - x') - a(y - y') = a(y' - q) - b(x' - p).$$

Les coordonnées du pied de la perpendiculaire doivent satisfaire à ces égalités. De plus, en vertu des équations de cette droite, on a

$$\frac{x - x'}{-(m + bn)} = \frac{y - y'}{an - l} = \frac{z - z'}{bl + am} = \frac{a(x - x') + b(y - y') + z - z'}{-a(m + bn) + b(an - l) + bl + am};$$

comme le dénominateur de la dernière fraction est nul, il faut que l'on ait aussi

$$a(x - x') + b(y - y') + z - z' = 0.$$

Si on ajoute les quatre équations précédentes après les avoir élevées au carré, les doubles produits des différences $x - x'$, $y - y'$, $z - z'$ disparaissent et il vient

$$[(x - x')^2 + (y - y')^2 + (z - z')^2](1 + a^2 + b^2) = (az' + p - x')^2 + (bz' + q - y')^2 + [b(x' - p) - a(y' - q)]^2.$$

Mais, en désignant par π la distance cherchée, on sait que

$$\pi = \sqrt{(x - x')^2 + (y - y')^2 + (z - z')^2}$$

où x, y, z sont les coordonnées du pied de la perpendiculaire. L'équation précédente nous donne immédiatement la valeur de π;

ce sera :

$$\pi = \frac{\sqrt{(x' - az' - p)^2 + (y' - bz' - q)^2 + [b(x' - p) - a(y' - q)]^2}}{\sqrt{1 + a^2 + b^2}}.$$

Il est utile de remarquer que la quantité sous le radical du numérateur est la somme des carrés des premiers membres des équations de la droite donnée, où x, y, z sont remplacés par les coordonnées du point M.

Ex. 1. Distance de l'origine à la droite $x - az - p = 0$, $y - bz - q = 0$.

$$\text{R.} \quad \frac{\sqrt{p^2 + q^2 + (bp - aq)^2}}{\sqrt{1 + a^2 + b^2}}.$$

Ex. 2. Distance des deux droites parallèles

$$\begin{cases} x = az + p, \\ y = bz + q; \end{cases} \qquad \begin{cases} x = az + p', \\ y = bz + q'. \end{cases}$$

Soient (x', y', z') un point de la seconde droite; on aura les égalités

$$x' - az' = p', \quad y' - bz' = q', \quad bx' - ay' = bp' - aq'.$$

La distance de ce point à la première droite sera

$$\pi = \frac{\sqrt{(p - p')^2 + (q - q')^2 + [b(p - p') - a(q - q')]^2}}{\sqrt{1 + a^2 + b^2}}.$$

Cette expression est indépendante du point choisi sur la seconde droite, comme cela doit être.

35. *Trouver les équations de la perpendiculaire commune de deux droites données, ainsi que l'expression de la plus courte distance de ces droites.*

Soient

$$(d_1) \quad \begin{matrix} x = az + p, \\ y = bz + q, \end{matrix} \qquad (d_2) \quad \begin{matrix} x = a'z + p', \\ y = b'z + q', \end{matrix}$$

les deux droites données. Désignons par (x', y', z'), (x'', y'', z'') les coordonnées inconnues où la droite cherchée rencontre (d_1) et (d_2). Les équations de la perpendiculaire commune peuvent s'écrire

$$(\text{D}) \quad x - x' = \text{A}(z - z'), \quad y - y' = \text{B}(z - z')$$

ou bien, en observant que $x' = az' + p$, $y' = bz' + q$,

$$(\text{D}') \quad x - p = \text{A}z + (a - \text{A})z', \quad y - q = \text{B}z + (b - \text{B})z'.$$

Pour que la droite (D) soit perpendiculaire aux deux autres, il faut les conditions

$$Aa + Bb + 1 = 0,$$
$$Aa' + Bb' + 1 = 0,$$

D'où on tire

$$\frac{A}{b - b'} = \frac{B}{a' - a} = \frac{1}{ab' - ba'}.$$

Posons pour abréger : $l = b - b'$, $m = a - a'$, $n = ab' - ba'$. Il viendra

$$A = \frac{l}{n}, \quad B = -\frac{m}{n};$$

et les équations de la perpendiculaire commune peuvent se mettre sous la forme

$$n(x - p) - lz = (an - l)z', \quad n(y - q) + mz = (bn + m)z'.$$

Il reste à déterminer la quantité inconnue z'. Or, les coordonnées x'', y'', z'' doivent satisfaire aux équations (D'), et, par suite,

$$x'' - p = Az'' + (a - A)z', \quad y'' - q = Bz'' + (b - B)z'.$$

En remplaçant x'' par $a'z'' + p'$, y'' par $b'z'' + q'$, et ordonnant les termes convenablement, les équations précédentes peuvent se ramener à la forme

$$(A - a)z' - (A - a')z'' - (p - p') = 0,$$
$$(B - b)z' - (B - b')z'' - (q - q') = 0.$$

On en déduit

$$\frac{z'}{(A - a')(q - q') - (B - b')(p - p')} = \frac{z''}{(A - a)(q - q') - (B - b)(p - p')} =$$
$$\frac{1}{(B - b)(A - a') - (B - b')(A - a)};$$

et, en substituant à A et B leurs valeurs,

$$\frac{z'}{(l - a'n)(q - q') + (m + b'n)(p - p')} = \frac{z''}{(l - an)(q - q') + (m + bn)(p - p')} =$$
$$- \frac{1}{l^2 + m^2 + n^2}.$$

En remplaçant z' par sa valeur, on trouve pour les équations de la perpendiculaire commune

$$(l^2+m^2+n^2)[n(x-p)-lz]=(l-an)[(p-p')(m+b'n)+(q-q')(l-a'n)],$$
$$(l^2+m^2+n^2)[n(y-q)+mz]=-(bn+m)[(p-p')(m+b'n)+(q-q')(l-a'n)].$$

Cherchons maintenant l'expression de la perpendiculaire commune. En la désignant par Δ, on a d'abord

$$\Delta=\sqrt{(x''-x')^2+(y''-y')^2+(z''-z')^2}.$$

Mais

$$x''-x'=\mathrm{A}(z''-z'),\quad y''-y'=\mathrm{B}(z''-z'),$$

et, par suite,

$$\Delta=(z''-z')\sqrt{1+\mathrm{A}^2+\mathrm{B}^2},$$

ou bien,

$$\Delta=\frac{(z''-z')\sqrt{l^2+m^2+n^2}}{n}.$$

Or, si on retranche membre à membre les équations qui déterminent z' et z'', il vient

$$\frac{z'-z''}{(an-a'n)(q-q')+(b'n-bn)(p-p')}=-\frac{1}{l^2+m^2+n^2}.$$

D'où on tire

$$z''-z'=\frac{[(a-a')(q-q')-(b-b')(p-p')]\,n}{l^2+m^2+n^2}.$$

Enfin, en substituant cette valeur dans l'expression Δ, on obtient pour la plus courte distance entre les droites données

$$\Delta=\pm\frac{(a-a')(q-q')-(b-b')(p-p')}{\sqrt{(a-a')^2+(b-b')^2+(ab'-ba')^2}}.$$

On peut donner à cette expression une autre forme en y introduisant les angles des droites avec les axes. Soient α, β, γ et α', β', γ' les angles des droites données avec les trois axes rectangulaires; on sait que

$$a=\frac{\cos\alpha}{\cos\gamma},\quad b=\frac{\cos\beta}{\cos\gamma},\quad a'=\frac{\cos\alpha'}{\cos\gamma'},\quad b'=\frac{\cos\beta'}{\cos\gamma'};$$

par suite, la valeur de Δ devient par la substitution

$$\Delta = \mp \frac{(p-p')(\cos\beta\cos\gamma' - \cos\beta'\cos\gamma) - (q-q')(\cos\alpha\cos\gamma' - \cos\alpha'\cos\gamma)}{\sqrt{(\cos\alpha\cos\gamma' - \cos\alpha'\cos\gamma)^2 + (\cos\beta\cos\gamma' - \cos\beta'\cos\gamma)^2 + (\cos\alpha\cos\beta' - \cos\alpha'\cos\beta)^2}}$$

et, en appelant φ l'angle des deux droites,

$$\Delta = \mp \frac{1}{\sin\varphi}[(p-p')(\cos\beta\cos\gamma' - \cos\beta'\cos\gamma) - (q-q')(\cos\alpha\cos\gamma' - \cos\alpha'\cos\gamma)],$$

ou encore, sous la forme d'un déterminant,

$$\Delta = \mp \frac{1}{\sin\varphi} \begin{vmatrix} p-p', & q-q', & 0 \\ \cos\alpha, & \cos\beta, & \cos\gamma \\ \cos\alpha', & \cos\beta', & \cos\gamma' \end{vmatrix}.$$

§ 3. EXPRESSIONS DIVERSES DU VOLUME D'UN TÉTRAÈDRE.

36. On a souvent besoin de considérer un tétraèdre dans la géométrie à trois dimensions; c'est pour ce motif que nous allons faire connaître, dans ce paragraphe, plusieurs expressions du volume de ce solide. En premier lieu, nous nous proposerons de résoudre la question suivante : *Étant données les arêtes d'un tétraèdre qui aboutissent à un sommet ainsi que les angles qu'elles forment entre elles, déterminer son volume.*

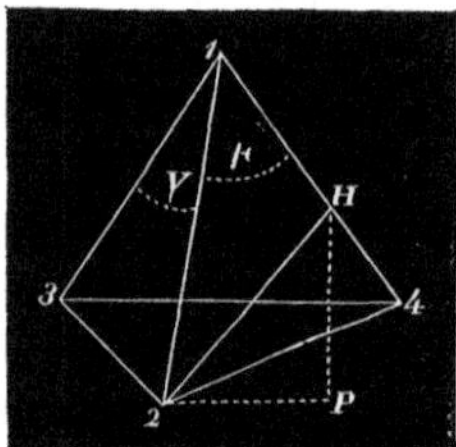

Fig. 16.

Soit (*fig.* 16) un tétraèdre 1234; d_{12}, d_{13}, d_{14} les arêtes qui aboutissent au sommet 1 ; λ, μ, ν les angles 314, 214, 213. Le triangle 134 a pour surface

$$\frac{1}{2} d_{13}\, d_{14} \sin\lambda.$$

Du point 2 abaissons la perpendiculaire $\overline{2P}$ sur la face 134; on aura, en désignant par V le volume du tétraèdre,

$$6V = d_{13} d_{14} \sin\lambda \cdot \overline{2P}.$$

Mais, si on mène $\overline{2H}$ perpendiculaire au côté 14, et si on joint les points H et P, l'angle 2HP mesure l'inclinaison des faces qui passent par l'arête 14 ; représentons cette angle par φ ; on aura

$$\overline{2P} = \overline{2H} \sin \varphi = d_{12} \sin \mu \sin \varphi ;$$

par suite,

$$6V = d_{12}\, d_{13}\, d_{14} \sin \lambda \sin \mu \cdot \sin \varphi.$$

Afin de déterminer l'angle φ, imaginons une sphère ayant pour centre le point 1 avec un rayon égal à l'unité ; les faces relatives à ce sommet vont rencontrer la sphère suivant un triangle sphérique dans lequel on aura

$$\cos \nu = \cos \lambda \cos \mu + \sin \lambda \sin \mu \cos \varphi.$$

On en déduit

$$\sin^2 \varphi = 1 - \cos^2 \varphi = 1 - \frac{(\cos \nu - \cos \lambda \cos \mu)^2}{\sin^2 \lambda \sin^2 \mu},$$

ou bien, en développant,

$$\sin^2 \varphi = \frac{1 - \cos^2 \lambda - \cos^2 \mu - \cos^2 \nu + 2 \cos \lambda \cos \mu \cos \nu}{\sin^2 \lambda \sin^2 \mu}.$$

En substituant plus haut cette valeur, il vient pour le volume cherché

$$(1) \quad 6V = d_{12} d_{13} d_{14} \sqrt{1 - \cos^2 \lambda - \cos^2 \mu - \cos^2 \nu + 2 \cos \lambda \cos \mu \cos \nu}.$$

On peut encore donner une autre forme au second membre, en remarquant que la quantité sous le radical est égale à

$$\sin^2 \lambda \sin^2 \mu - (\cos \nu - \cos \lambda \cos \mu)^2 = (\sin \lambda \sin \mu + \cos \nu - \cos \lambda \cos \mu)$$

$$(\sin \lambda \sin \mu - \cos \nu + \cos \lambda \cos \mu) = [\cos \nu - \cos (\lambda + \mu)] [\cos (\lambda - \mu) - \cos \nu]$$

$$= 4 \sin \frac{\lambda + \mu + \nu}{2} \sin \frac{\lambda + \mu - \nu}{2} \sin \frac{\lambda + \nu - \mu}{2} \sin \frac{\mu + \nu - \lambda}{2} ;$$

en posant $2p = \lambda + \mu + \nu$, cette expression se réduit à

$$4 \sin p \sin (p - \lambda) \sin (p - \mu) \sin (p - \nu).$$

Il en résulte que l'équation (1) peut s'écrire

$$3V = d_{12} d_{13} d_{14} \sqrt{\sin p \sin (p - \lambda) \sin (p - \mu) \sin (p - \nu)}.$$

Il est important de remarquer qu'en prenant sur les arêtes du sommet 1 trois points nouveaux 2′, 3′, 4′, on obtiendra un second tétraèdre équivalent au premier, pourvu que l'on ait $d_{12} d_{13} d_{14} = d_{12'} d_{13'} d_{14'}$.

37. *Trouver l'expression du volume d'un tétraèdre en fonction de ses arêtes.*

Désignons par d_{23}, d_{24}, d_{34} les côtés du triangle 234 (*fig.* 16) : il viendra pour les cosinus des angles λ, μ, ν les expressions

$$\cos\lambda = \frac{d_{13}^2 + d_{14}^2 - d_{34}^2}{2d_{13}d_{14}}, \quad \cos\mu = \frac{d_{14}^2 + d_{12}^2 - d_{24}^2}{2d_{12}d_{14}}, \quad \cos\nu = \frac{d_{13}^2 + d_{12}^2 - d_{23}^2}{2d_{13}d_{12}}.$$

Substituons ces valeurs dans l'équation (1) élevée au carré ; on aura

$$36V^2 = \frac{1}{4}[4d_{12}^2 d_{13}^2 d_{14}^2 - (d_{13}^2 + d_{14}^2 - d_{34}^2)^2 d_{12}^2 - (d_{14}^2 + d_{12}^2 - d_{24}^2)^2 d_{13}^2$$
$$- (d_{13}^2 + d_{12}^2 - d_{23}^2)^2 d_{14}^2 + (d_{13}^2 + d_{14}^2 - d_{34}^2)(d_{14}^2 + d_{12}^2 - d_{24}^2)(d_{13}^2 + d_{12}^2 - d_{23}^2)].$$

En développant, cette équation peut se ramener à la forme

$$(2) \quad -144V^2 = d_{34}^2(d_{12}^2 - d_{13}^2)(d_{12}^2 - d_{14}^2) + d_{24}^2(d_{13}^2 - d_{14}^2)(d_{13}^2 - d_{12}^2)$$
$$+ d_{23}^2(d_{14}^2 - d_{12}^2)(d_{14}^2 - d_{13}^2) + d_{12}^2 d_{34}^2(d_{34}^2 - d_{24}^2 - d_{23}^2) + d_{13}^2 d_{24}^2$$
$$(d_{24}^2 - d_{34}^2 - d_{23}^2) + d_{14}^2 d_{23}^2(d_{23}^2 - d_{34}^2 - d_{24}^2) + d_{23}^2 d_{24}^2 d_{34}^2.$$

C'est l'expression qui donne le volume V en fonction des arêtes.

38. On peut exprimer le volume d'un tétraèdre en fonction des arêtes sous la forme d'un déterminant que nous allons faire connaître. L'équation (1) élevée au carré peut s'écrire

$$36V^2 = d_{12}^2 d_{13}^2 d_{14}^2 \begin{vmatrix} 1 & \cos\nu & \cos\mu \\ \cos\nu & 1 & \cos\lambda \\ \cos\mu & \cos\lambda & 1 \end{vmatrix};$$

en remplaçant les cosinus par leurs valeurs, on aura le déterminant

$$36V^2 = d_{12}^2 d_{13}^2 d_{14}^2 \begin{vmatrix} 1 & \frac{d_{13}^2 + d_{12}^2 - d_{23}^2}{2d_{12}d_{13}} & \frac{d_{12}^2 + d_{14}^2 - d_{24}^2}{2d_{12}d_{14}} \\ \frac{d_{13}^2 + d_{12}^2 - d_{23}^2}{2d_{12}d_{13}} & 1 & \frac{d_{13}^2 + d_{14}^2 - d_{34}^2}{2d_{13}d_{14}} \\ \frac{d_{14}^2 + d_{12}^2 - d_{24}^2}{2d_{12}d_{14}} & \frac{d_{13}^2 + d_{14}^2 - d_{34}^2}{2d_{13}d_{14}} & 1 \end{vmatrix}.$$

Si on multiplie respectivement chaque colonne et chaque ligne par d_{12}, d_{13}, d_{14}, il vient

$$36V^2 = \begin{vmatrix} \dfrac{d_{12}^2 + d_{12}^2}{2}, & \dfrac{d_{13}^2 + d_{12}^2 - d_{23}^2}{2}, & \dfrac{d_{12}^2 + d_{14}^2 - d_{24}^2}{2} \\ \dfrac{d_{13}^2 + d_{12}^2 - d_{23}^2}{2}, & \dfrac{d_{13}^2 + d_{13}^2}{2}, & \dfrac{d_{13}^2 + d_{14}^2 - d_{34}^2}{2} \\ \dfrac{d_{14}^2 + d_{12}^2 - d_{24}^2}{2}, & \dfrac{d_{13}^2 + d_{14}^2 - d_{34}^2}{2}, & \dfrac{d_{14}^2 + d_{14}^2}{2} \end{vmatrix}.$$

On en déduit

$$288V^2 = \begin{vmatrix} d_{12}^2 + d_{12}^2, & d_{13}^2 + d_{12}^2 - d_{23}^2, & d_{12}^2 + d_{14}^2 - d_{24}^2 \\ d_{13}^2 + d_{12}^2 - d_{23}^2, & d_{13}^2 + d_{13}^2, & d_{13}^2 + d_{14}^2 - d_{34}^2 \\ d_{14}^2 + d_{12}^2 - d_{24}^2, & d_{13}^2 + d_{14}^2 - d_{34}^2, & d_{14}^2 + d_{14}^2 \end{vmatrix},$$

ou bien

$$288V^2 = \begin{vmatrix} 1 & 0, & 0, & 0 \\ -d_{12}^2, & d_{12}^2+d_{12}^2, & d_{13}^2+d_{12}^2-d_{23}^2, & d_{12}^2+d_{14}^2-d_{24}^2 \\ -d_{13}^2, & d_{13}^2+d_{12}^2-d_{23}^2, & d_{13}^2+d_{13}^2, & d_{13}^2+d_{14}^2-d_{34}^2 \\ -d_{14}^2, & d_{14}^2+d_{12}^2-d_{24}^2, & d_{13}^2+d_{14}^2-d_{34}^2, & d_{14}^2+d_{14}^2 \end{vmatrix}$$

$$= \begin{vmatrix} 1, & 1, & 1, & 1 \\ -d_{12}^2, & d_{12}^2, & d_{13}^2-d_{23}^2, & d_{14}^2-d_{24}^2 \\ -d_{13}^2, & d_{12}^2-d_{23}^2, & d_{13}^2, & d_{14}^2-d_{34}^2 \\ -d_{14}^2, & d_{12}^2-d_{24}^2, & d_{13}^2-d_{34}^2, & d_{14}^2 \end{vmatrix}$$

$$= \begin{vmatrix} 1, & 0, & -d_{12}^2, & -d_{13}^2, & -d_{14}^2 \\ 0, & 1, & 1, & 1, & 1, \\ 0, & -d_{12}^2, & d_{12}^2, & d_{13}^2-d_{23}^2, & d_{14}^2-d_{24}^2 \\ 0, & -d_{13}^2, & d_{12}^2-d_{23}^2, & d_{13}^2, & d_{14}^2-d_{34}^2 \\ 0, & -d_{14}^2, & d_{12}^2-d_{24}^2, & d_{13}^2-d_{34}^2, & d_{14}^2 \end{vmatrix} = \begin{vmatrix} 1, & 0, & -d_{12}^2, & -d_{13}^2, & -d_{14}^2 \\ 0, & 1, & 1, & 1, & 1 \\ 1, & -d_{12}^2, & 0, & -d_{23}^2, & -d_{24}^2 \\ 1, & -d_{13}^2, & -d_{23}^2, & 0, & -d_{34}^2 \\ 1, & -d_{14}^2, & -d_{24}^2, & -d_{34}^2, & 0 \end{vmatrix}$$

$$= - \begin{vmatrix} 0 & -d_{12}^2 & -d_{13}^2 & -d_{14}^2 & 1 \\ -d_{21}^2 & 0 & -d_{23}^2 & -d_{24}^2 & 1 \\ -d_{31}^2 & -d_{32}^2 & 0 & -d_{34}^2 & 1 \\ -d_{41}^2 & -d_{42}^2 & -d_{43}^2 & 0 & 1 \\ 1 & 1 & 1 & 1 & 0 \end{vmatrix} = - \begin{vmatrix} 0 & d_{12}^2 & d_{13}^2 & d_{14}^2 & 1 \\ d_{21}^2 & 0 & d_{23}^2 & d_{24}^2 & 1 \\ d_{31}^2 & d_{32}^2 & 0 & d_{34}^2 & 1 \\ d_{41}^2 & d_{42}^2 & d_{43}^2 & 0 & 1 \\ 1 & 1 & 1 & 1 & 0 \end{vmatrix}$$

Le dernier déterminant représente sous une forme symétrique la quantité $288V^2$.

39. *Trouver l'expression du volume d'un tétraèdre en fonction des coordonnées des sommets.*

Considérons d'abord un tétraèdre dont le sommet 4 est à l'origine d'un système d'axes rectangulaires, et dont la base 123 est parallèle au plan des xy. Soient $(x_1\, y_1\, z_1)$, $(x_2\, y_2\, z_2)$, $(x_3\, y_3\, z_3)$ les coordonnées des points 1, 2, 3. Le triangle 123 se projette sur xy suivant toute sa grandeur, et l'expression de sa surface est

$$\frac{1}{2}[(x_2y_3 - x_3y_2) + (x_3y_1 - x_1y_3) + (x_1y_2 - x_2y_1)].$$

Comme la hauteur du tétraèdre est $z_1 = z_2 = z_3$, on peut écrire

$$6V = (x_2y_3 - x_3y_2)\,z_1 + (x_3y_1 - x_1y_3)\,z_2 + (x_1y_2 - x_2y_1)\,z_3.$$

Cela étant, prenons sur les arêtes les points 1′, 2′, 3′ aux distances d'_1, d'_2, d'_3 de l'origine ; les points 1′ et 2′ sont quelconques, mais le troisième doit être choisi de manière à satisfaire à l'égalité $d_1d_2d_3 = d'_1d'_2d'_3$. Le volume du second tétraèdre est alors équivalent au premier ; de plus, en désignant par $(x'_1\, y'_1\, z'_1)$, $(x'_2\, y'_2\, z'_2)$, $(x'_3\, y'_3\, z'_3)$ les coordonnées des points 1′, 2′, 3′, on a les relations

$$x_1 = \frac{d_1}{d'_1}x'_1,\quad y_1 = \frac{d_1}{d'_1}y'_1,\quad z_1 = \frac{d_1}{d'_1}z'_1,$$

$$x_2 = \frac{d_2}{d'_2}x'_2,\quad y_2 = \frac{d_2}{d'_2}y'_2,\quad z_2 = \frac{d_2}{d'_2}z'_2,$$

$$x_3 = \frac{d_3}{d'_3}x'_3,\quad y_3 = \frac{d_3}{d'_3}y'_3,\quad z_3 = \frac{d_3}{d'_3}z'_3.$$

En substituant ces valeurs dans l'expression précédente et supprimant le facteur commun $d_1d_2d_3 = d'_1d'_2d'_3$, il viendra

$$6V = (x'_2y'_3 - x'_3y'_2)\,z'_1 + (x'_3y'_1 - x'_1y'_3)\,z'_2 + (x'_1y'_2 - x'_2y'_1)\,z'_3,$$

ou bien

$$6V = \begin{vmatrix} x'_1 & y'_1 & z'_1 \\ x'_2 & y'_2 & z'_2 \\ x'_3 & y'_3 & z'_3 \end{vmatrix}.$$

C'est l'expression du volume d'un tétraèdre dont un sommet est à l'origine, la base étant un triangle dont le plan n'est plus parallèle à xy.

Enfin, supposons un tétraèdre dans une position quelconque par rapport aux axes des coordonnées. Soient $(x'y'z')$, $(x''y''z'')$, $(x'''y'''z''')$, $(x^{\text{IV}}y^{\text{IV}}z^{\text{IV}})$, ses sommets. Transportons l'origine au point $(x^{\text{IV}}y^{\text{IV}}z^{\text{IV}})$ en conservant les axes parallèles à eux-mêmes. Le volume du tétraèdre sera donné par l'expression précédente où $x'_1\ y'_1$, etc., représentent les coordonnées des sommets par rapport aux axes nouveaux. Mais, d'après les formules de la transformation des coordonnées, on doit avoir

$$\begin{array}{lll} x'_1 = x' - x^{\text{IV}}, & y'_1 = y' - y^{\text{IV}}, & z'_1 = z' - z^{\text{IV}}; \\ x'_2 = x'' - x^{\text{IV}}, & y'_2 = y'' - y^{\text{IV}}, & z'_2 = z'' - z^{\text{IV}}; \\ x'_4 = x''' - x^{\text{IV}}, & y'_3 = y''' - y^{\text{IV}}, & z'_3 = z''' - z^{\text{IV}}. \end{array}$$

Il s'ensuit que le volume du tétraèdre quelconque sera déterminé par l'équation

$$6\text{V} = \begin{vmatrix} x' - x^{\text{IV}} & y' - y^{\text{IV}} & z' - z^{\text{IV}} \\ x'' - x^{\text{IV}} & y'' - y^{\text{IV}} & z'' - z^{\text{IV}} \\ x''' - x^{\text{IV}} & y''' - y^{\text{IV}} & z''' - z^{\text{IV}} \end{vmatrix}.$$

En remarquant que le second membre est égal à

$$-\begin{vmatrix} 0 & x' - x^{\text{IV}} & y' - y^{\text{IV}} & z' - z^{\text{IV}} \\ 0 & x'' - x^{\text{IV}} & y'' - y^{\text{IV}} & z'' - z^{\text{IV}} \\ 0 & x''' - x^{\text{IV}} & y''' - y^{\text{IV}} & z''' - z^{\text{IV}} \\ 1 & x^{\text{IV}} & y^{\text{IV}} & z^{\text{IV}} \end{vmatrix} = -\begin{vmatrix} 1 & x' & y' & z' \\ 1 & x'' & y'' & z'' \\ 1 & x''' & y''' & z''' \\ 1 & x^{\text{IV}} & y^{\text{IV}} & z^{\text{IV}} \end{vmatrix},$$

il viendra finalement

$$(3) \qquad 6\text{V} = \begin{vmatrix} x' & y' & z' & 1 \\ x'' & y'' & z'' & 1 \\ x''' & y''' & z''' & 1 \\ x^{\text{IV}} & y^{\text{IV}} & z^{\text{IV}} & 1 \end{vmatrix}.$$

40. *Le volume d'un tétraèdre est égal au sixième du produit de deux arêtes opposées par le sinus de l'angle de ces arêtes et leur plus courte distance.*

Nous avons trouvé précédemment pour la plus courte distance entre les droites

$$(d_1) \quad \begin{array}{l} x = az + p, \\ y = bz + q, \end{array} \qquad (d_2) \quad \begin{array}{l} x = a'z + p', \\ y = b'z + q', \end{array}$$

l'expression

$$\Delta = \frac{1}{\sin\varphi}\begin{vmatrix} p'-p, & q'-q, & 0 \\ \cos\alpha & \cos\beta & \cos\gamma \\ \cos\alpha' & \cos\beta' & \cos\gamma' \end{vmatrix}.$$

Prenons sur la droite (d_1) un point $(p''\ q''\ r'')$ à une distance l_1 de sa trace $(p, q, 0)$ sur xy, sur la droite (d_2) un point $(p'''\ q'''\ r''')$ à une distance l_2 du point $(p', q'\ 0)$. On aura les relations

$$p''-p = l_1 \cos\alpha, \quad q''-q = l_1\cos\beta, \quad r'' = l_1\cos\gamma;$$
$$p'''-p' = l_2\cos\alpha', \quad q'''-q' = l_2\cos\beta', \quad r''' = l_2\cos\gamma'.$$

Par la substitution des cosinus donnés par ces égalités dans l'expression de Δ, il viendra

$$\Delta = \frac{1}{\sin\varphi}\cdot\frac{1}{l_1 l_2}\begin{vmatrix} p'-p, & q'-q, & 0 \\ p''-p, & q''-q, & r'' \\ p'''-p', & q'''-q', & r''' \end{vmatrix}.$$

d'où on tire en multipliant par $l_1 l_2 \sin\varphi$, et ajoutant dans le déterminant la première ligne horizontale à la dernière,

$$\Delta l_1\, l_2 \sin\varphi = \begin{vmatrix} p'-p, & q'-q, & 0 \\ p''-p, & q''-q, & r'' \\ p'''-p, & q'''-q, & r''' \end{vmatrix}.$$

Or, le second membre représente six fois le volume du tétraèdre qui a pour sommets les points $(p, q, 0)$, $(p', q', 0)$, (p'', q'', r''), (p''', q''', r'''), et dans lequel l_1 et l_2 sont deux arêtes opposées; donc l'expression

$$\frac{\Delta\, l_1\, l_2 \sin\varphi}{6}$$

représente le volume de ce tétraèdre. Cette propriété s'applique évidemment à un tétraèdre quelconque.

CHAPITRE III.

PLAN.

SOMMAIRE. — *Équation du premier degré en x, y, z; formes diverses de l'équation d'un plan. — Problèmes sur le plan. — Problèmes sur la ligne droite et le plan.*

§ 1. ÉQUATION DU PREMIER DEGRÉ.

41. L'équation générale du premier degré en x, y, z est de la forme

$$(1) \qquad Ax + By + Cz + D = 0.$$

Nous allons d'abord démontrer qu'elle représente toujours un plan dont la position par rapport à un système d'axes dépend des constantes arbitraires A, B, C, D. Nous savons déjà que, si une équation du premier degré renferme une ou deux variables, elle représente un plan parallèle à l'un des plans coordonnés ou à l'un des axes. Il nous reste à considérer une équation à trois variables.

Soit, en premier lieu, à déterminer la nature de la surface définie par l'équation

$$(2) \qquad Ax + By + Cz = 0.$$

Elle est satisfaite par les coordonnées de l'origine ; celle-ci est donc un point du lieu. Si on pose $z = 0$, il vient

$$(\text{OS}) \qquad Ax + By = 0,$$

équation qui représente une droite OS dans le plan des xy et appartenant à la surface. De même, la trace du lieu sur xz sera une certaine droite OR définie par l'équation

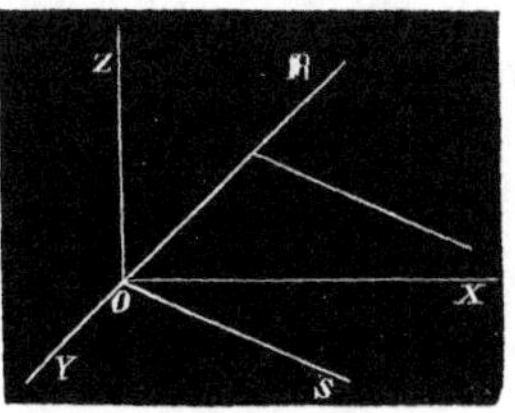

Fig. 17.

$$(\text{OR}) \qquad Ax + Cz = 0$$

obtenue en posant $y = 0$.

D'un autre côté, les points de l'espace dont les coordonnées satisfont à la fois aux équations

$$z = h, \qquad Ax + By + Ch = 0,$$

appartiennent à la surface cherchée. Or, ces deux équations simultanées représentent une ligne droite dans l'espace qui rencontre OR quel que soit h; car, ses traces sur xz ont pour coordonnées

$$z = h, \qquad y = 0, \qquad x = -\frac{C}{A}h:$$

valeurs qui satisfont à l'égalité (OR); de plus, cette droite est toujours parallèle à OS. Ainsi, le lieu représenté par l'équation (2) est la surface engendrée par une droite mobile qui rencontre constamment OR et qui reste parallèle à OS; c'est donc un plan passant par l'origine.

Enfin, considérons l'équation complète du premier degré

$$Ax + By + Cz + D = 0,$$

et résolvons-la par rapport à z; on aura

$$z = -\frac{A}{C}x - \frac{B}{C}y - \frac{D}{C},$$

tandis que l'équation (2) donnerait

$$z = -\frac{A}{C}x - \frac{B}{C}y.$$

En comparant ces équations, on voit que pour un même système de valeurs attribuées à x et y, les valeurs correspondantes de z ne diffèrent que d'une quantité constante; il s'en suit que le lieu représenté par l'équation complète sera un plan parallèle à celui de l'équation (2). Ainsi, nous pouvons conclure que *toute équation du premier degré représente un plan.*

42. Réciproquement, *un plan quelconque est toujours représenté par une équation du premier degré.*

En effet, si le plan est parallèle à l'un des plans coordonnés tous ses points sont à la même distance de ce plan, et son équation sera de la forme

$$x = a, \quad y = b, \text{ ou } z = c.$$

Si le plan est parallèle à l'un des axes, par exemple à l'axe des x, il rencontrera le plan des yz suivant une droite représentée par une équation de la forme

$$By + Cz + D = 0.$$

Comme les coordonnées y et z d'un point quelconque du plan sont les mêmes que celles de sa projection sur la droite, il s'ensuit que l'équation précédente représente le plan lui-même dans l'espace; car, elle est satisfaite par les coordonnées d'un point quelconque de ce plan.

Si le plan passe par l'origine, il rencontrera le plan des xz et des xy suivant deux droites dont les équations sont de la forme

$$Ax + Cz = 0, \qquad Ax + By = 0;$$

on peut considérer le plan comme engendré par une droite qui se meut en s'appuyant sur la première, et en restant parallèle à la seconde. Les équations d'une telle droite peuvent s'écrire

$$z = h, \qquad Ax + By + k = 0,$$

avec la condition

$$-k + Ch = 0,$$

qui exprime qu'elle rencontre la droite située dans xz. En éliminant h et k entre ces trois égalités, il vient pour l'équation du plan passant par l'origine

$$Ax + By + Cz = 0.$$

Enfin, si le plan rencontre les axes, on pourra toujours lui mener par l'origine un plan parallèle et dont l'équation sera de la forme

$$Ax + By + Cz = 0;$$

d'où on tire

$$z = -\frac{A}{C}x - \frac{B}{C}y.$$

Or, les valeurs de z pour les points des deux plans situés sur une parallèle à l'axe des z ne diffèrent que d'une quantité constante; soit $-\frac{D}{C}$ cette quantité : l'équation du plan donné sera de la forme

$$z = -\frac{A}{C}x - \frac{B}{C}y - \frac{D}{C},$$

ou bien

$$Ax + By + Cz + D = 0.$$

43. *Équation d'un plan qui rencontre les axes aux distances* a, b, c, *de l'origine*. Supposons que l'équation générale

$$(1) \qquad Ax + By + Cz + D = 0$$

représente un plan qui rencontre les axes aux points A, B, C, de telle sorte que $a = OA$, $b = OB$, $c = OC$. Si on exprime que les coordonnées de ces points satisfont à l'équation, on aura les relations

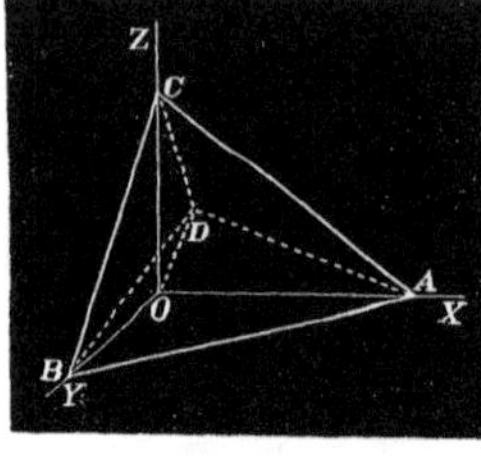

Fig. 18.

$$Aa + D = 0, \quad Bb + D = 0, \quad Cc + D = 0.$$

On en déduit

$$A = -\frac{D}{a}, \quad B = -\frac{D}{b}, \quad C = -\frac{D}{c}.$$

En substituant dans l'équation générale, et en supprimant le facteur commun D, on trouve

$$(3) \qquad \frac{x}{a} + \frac{y}{b} + \frac{z}{c} = 1 ;$$

c'est une autre forme de l'équation d'un plan dans laquelle les constantes a, b, c ont la signification indiquée précédemment.

Lorsque, dans l'équation (1), les constantes A, B, C, sont nulles, les quantités a, b, c deviennent infinies, et, par suite, le plan correspondant est transporté à l'infini. Il en résulte que l'équation

$$0 \cdot x + 0 \cdot y + 0 \cdot z + D = 0, \quad \text{ou} \quad D = 0,$$

doit être interprétée comme représentant un plan à l'infini, indéterminé de situation.

44. Menons par l'origine (*fig.* 18) une droite OD, perpendiculaire au plan, et joignons le point D avec A, B, C; α, β, γ étant les angles de la normale au plan avec les axes, on aura, en posant $p = OD$,

$$p = a \cos \alpha = b \cos \beta = c \cos \gamma.$$

On en déduit

$$a = \frac{p}{\cos \alpha}, \quad b = \frac{p}{\cos \beta}, \quad c = \frac{p}{\cos \gamma};$$

et, par suite, l'équation (3) peut s'écrire

$$(4) \qquad x \cos \alpha + y \cos \beta + z \cos \gamma = p :$$

c'est une autre forme de l'équation d'un plan; elle a lieu, comme la précédente, pour des axes obliques ou rectangulaires. Les coefficients des variables sont les cosinus des angles de la perpendiculaire abaissée de l'origine sur le plan, et p est la longueur de cette perpendiculaire.

Si l'on identifie les équations (4) et (1), il vient les égalités

$$\frac{\cos\alpha}{p} = -\frac{A}{D}, \quad \frac{\cos\beta}{p} = -\frac{B}{D}, \quad \frac{\cos\gamma}{p} = -\frac{C}{D};$$

d'où

$$\text{(K)} \qquad \frac{\cos\alpha}{A} = \frac{\cos\beta}{B} = \frac{\cos\gamma}{C} = \frac{1}{\sqrt{A^2 + B^2 + C^2}},$$

et

$$p = \mp \frac{D}{\sqrt{A^2 + B^2 + C^2}}.$$

Ainsi, quand un plan est représenté par l'équation (1), les cosinus directeurs de la perpendiculaire abaissée de l'origine sur ce plan sont proportionnels aux coefficients des variables x, y, z, et leurs valeurs seront déterminées par les équations (K); de plus, en divisant le coefficient D par $\sqrt{A^2 + B^2 + C^2}$, on obtient la longueur de cette perpendiculaire.

45. *Plan imaginaire.* Lorsque l'équation du premier degré renferme des constantes imaginaires et se présente sous la forme

$$(a + a'\sqrt{-1})\,x + (b + b'\sqrt{-1})\,y + (c + c'\sqrt{-1})\,z + d + d'\sqrt{-1} = 0,$$

on dit qu'elle représente un plan imaginaire. Un tel plan renferme toujours une droite réelle; car l'équation précédente peut s'écrire

$$ax + by + cz + d + (a'x + b'y + c'z + d')\sqrt{-1} = 0,$$

et il est visible qu'elle est satisfaite par les coordonnées des points de la droite d'intersection des plans réels

$$ax + by + cz + d = 0, \quad a'x + b'y + c'z + d' = 0.$$

On dit que deux plans imaginaires sont *conjugués*, si leurs équations sont de la forme

$$(a + a'\sqrt{-1})\,x + (b + b'\sqrt{-1})\,y + (c + c'\sqrt{-1})\,z + d + d'\sqrt{-1} = 0.$$
$$(a - a'\sqrt{-1})\,x + (b - b'\sqrt{-1})\,y + (c - c'\sqrt{-1})\,z + d - d'\sqrt{-1} = 0,$$

Comme elles sont vérifiées en même temps par les points d'intersection des plans réels

$$ax + by + cz + d = 0, \quad a'x + b'y + c'z + d' = 0,$$

deux plans imaginaires conjugués se coupent suivant une droite réelle.

46. L'équation générale (1) étant divisée par D ne renferme que trois constantes arbitraires, les rapports $\frac{A}{D}$, $\frac{B}{D}$, $\frac{C}{D}$; il en est de même des équations (3) et (4); car, dans celle-ci, les constantes sont liées par la relation $\cos^2\alpha + \cos^2\beta + \cos^2\gamma = 1$. Ainsi, l'équation d'un plan quelconque ne renferme que trois coefficients indéterminés; trois conditions géométriques donnant lieu chacune à une relation entre les paramètres suffisent pour les déterminer, ainsi que le plan représenté par l'équation.

Exercices.

Ex. 1. Ramener les équations

$$2x - 3y - z = 6, \quad x - 4y + 2z - 4 = 0, \quad 3x - 2y - 4z = 12$$

à la forme $\frac{x}{a} + \frac{y}{b} + \frac{z}{c} = 1$.

R. $$\frac{x}{3} - \frac{y}{2} - \frac{z}{6} = 1, \quad \frac{x}{4} - \frac{y}{1} + \frac{z}{2} = 1, \quad \frac{x}{4} - \frac{y}{6} - \frac{z}{3} = 1.$$

Ex. 2. Distances à l'origine des plans de l'exemple précédent.

R. $$p = \frac{6}{\sqrt{14}}, \quad p' = \frac{4}{\sqrt{21}}, \quad p'' = \frac{12}{\sqrt{29}}.$$

Ex. 3. Distances à l'origine des plans projetants de la droite

$$x - az - r = 0, \quad y - bz - s = 0, \quad b(x - r) - a(y - s) = 0.$$

R. $$p = \frac{r}{\sqrt{1 + a^2}}, \quad p' = \frac{s}{\sqrt{1 + b^2}}, \quad p'' = \frac{as - rb}{\sqrt{a^2 + b^2}}.$$

Ex. 4. Trouver l'équation de la surface engendrée par une droite qui tourne autour d'un point fixe en s'appuyant constamment sur une droite donnée.

Prenons, pour plan des yz, un plan passant par la droite donnée, et, pour axe des x, une droite passant par le point fixe.

Les équations de la droite fixe et de la droite mobile seront de la forme

$$x=0, \quad \frac{y}{b}+\frac{z}{c}=1,$$

$$\frac{x-a}{\lambda}=\frac{y}{\mu}=\frac{z}{\nu}.$$

La condition de rencontre est

$$bc\lambda+ac\mu+ab\nu=0,$$

et l'équation de la surface s'obtient en éliminant λ, μ, ν ; on trouvera

$$bc(x-a)+acy+abz=0,$$

ou

$$bcx+acy+abz-abc=0.$$

Ex. 5. Trouver le lieu des points de l'espace à égale distance de deux points fixes.

Plaçons l'origine à l'un des points donnés ; soient a, b, c les cordonnées du second point, et x, y, z, celles d'un point du lieu ; on aura

$$x^2+y^2+z^2=(x-a)^2+(y-b)^2+(z-c)^2,$$

ou bien

$$ax+by+cz-\frac{a^2+b^2+c^2}{2}=0.$$

Ex. 6. Exprimer les coordonnées d'un point quelconque d'un plan au moyen des coordonnées de trois de ses points A $(x'\,y'\,z')$, B $(x''\,y''\,z'')$, C $(x'''\,y'''\,z''')$.

Soit D le point qui divise la distance AB en deux segments dont le rapport est égal à $l:m$; ses coordonnées seront

$$x=\frac{lx'+mx''}{l+m}, \quad y=\frac{ly'+my''}{l+m}, \quad z=\frac{lz'+mz''}{l+m}.$$

En regardant l et m comme des constantes variables, ces formules déterminent les coordonnées d'un point quelconque de la droite AB. Joignons le point D au troisième point C, et divisons CD dans le rapport de n à $l+m$; les coordonnées du point de division seront

$$x=\frac{lx'+mx''+nx'''}{l+m+n}, \quad y=\frac{ly'+my''+ny'''}{l+m+n}, \quad z=\frac{lz'+mz''+nz'''}{l+m+n};$$

ce sont les coordonnées d'un point quelconque du plan, l, m, n étant des coefficients indéterminés.

§ 2. PROBLÈMES SUR LE PLAN.

47. *Trouver l'angle des deux plans donnés*

$$Ax + By + Cz + D = 0, \qquad A'x + B'y + C'z + D' = 0.$$

Menons, par l'origine, des perpendiculaires aux plans donnés; soient $\alpha\beta\gamma$, $\alpha'\beta'\gamma'$ les angles qu'elles font avec les axes, et φ l'angle cherché. L'angle des plans étant égal à celui des normales, on aura

$$\cos\varphi = \cos\alpha\cos\alpha' + \cos\beta\cos\beta' + \cos\gamma\cos\gamma'.$$

De plus, les cosinus directeurs des perpendiculaires sont déterminés par les formules

$$\frac{\cos\alpha}{A} = \frac{\cos\beta}{B} = \frac{\cos\gamma}{C} = \frac{1}{\sqrt{A^2 + B^2 + C^2}},$$

$$\frac{\cos\alpha'}{A'} = \frac{\cos\beta'}{B'} = \frac{\cos\gamma'}{C'} = \frac{1}{\sqrt{A'^2 + B'^2 + C'^2}}.$$

En substituant aux cosinus leurs valeurs, il viendra

$$\cos\varphi = \pm\frac{AA' + BB' + CC'}{\sqrt{A^2 + B^2 + C^2}\sqrt{A'^2 + B'^2 + C'^2}}.$$

On en déduit

$$\sin\varphi = \frac{\sqrt{(AB' - BA')^2 + (AC' - CA')^2 + (BC' - CB')^2}}{\sqrt{A^2 + B^2 + C^2}\sqrt{A'^2 + B'^2 + C'^2}},$$

$$\tang\varphi = \frac{\sqrt{(AB' - BA')^2 + (AC' - CA')^2 + (BC' - CB')^2}}{AA' + BB' + CC'}.$$

La condition nécessaire et suffisante pour que les plans soient perpendiculaires sera

$$AA' + BB' + CC' = 0.$$

Si les plans sont parallèles, on doit avoir $\tang\varphi = 0$, et, par suite, les égalités

$$AB' - BA' = 0, \quad AC' - CA' = 0, \quad BC' - CB' = 0,$$

ou bien

$$\frac{A}{A'} = \frac{B}{B'} = \frac{C}{C'}$$

seront les conditions du parallélisme des plans donnés. Désignons par $\frac{1}{K}$ la valeur commune des rapports précédents : il viendra

$$A' = KA, \quad B' = KB, \quad C' = KC,$$

et l'équation du second plan peut s'écrire

$$K(Ax + By + Cz) + D' = 0.$$

Enfin, en posant $\lambda = \frac{D'}{K'}$, l'équation

$$Ax + By + Cz + \lambda = 0$$

ou λ est un paramètre arbitraire, représentera un plan quelconque parallèle au premier.

Ex. 1. Angles des plans

$$a) \quad \frac{y}{b} - \frac{z}{c} = 0, \quad \frac{x}{a} - \frac{z}{c} = 0;$$

$$b) \quad x - az - p = 0, \quad y - bz - q = 0.$$

R. $\quad a) \quad \cos\varphi = \pm \frac{ab}{\sqrt{b^2 + c^2}\sqrt{a^2 + c^2}}$; $\quad b) \quad \cos\varphi = \pm \frac{ab}{\sqrt{1 + a^2}\sqrt{1 + b^2}}$.

Ex. 2. Plan passant par le point (x', y', z') et parallèle au plan $Ax + By + Cz + D = 0$

R. $\quad A(x - x') + B(y - y') + C(z - z') = 0.$

Ex. 3. Plan passant par l'origine, le point $(x' \; y' \; z')$, et perpendiculaire à

$$ax + by + cz + d = 0.$$

Il faut éliminer A, B et C entre les équations

$$Ax + By + Cz = 0,$$
$$Ax' + By' + Cz' = 0,$$
$$Aa + Bb + Cc = 0.$$

On trouvera

$$\begin{vmatrix} x, & y, & z \\ x', & y', & z' \\ a & b & c \end{vmatrix} = 0,$$

ou bien,

$$(cy' - bz')\,x + (az' - cx')\,y + (bx' - ay')\,z = 0.$$

Ex. **1.** Plan mené par les points $(x'\ y'\ z')$, $(x''\ y''\ z'')$ perpendiculairement au plan $ax + by + cz + d = 0$.

On a les conditions

$$A\,(x - x') + B\,(y - y' + C\,(z - z') = 0,$$
$$A\,(x'' - x') + B\,(y'' - y') + C\,(z'' - z') = 0,$$
$$Aa + Bb + Cc = 0.$$

L'équation demandée sera donc

$$\begin{vmatrix} x - x' & y - y', & z - z' \\ x'' - x', & y'' - y', & z'' - z' \\ a, & b, & c \end{vmatrix} = 0.$$

18. *Trouver l'équation générale des plans que l'on peut mener par l'intersection des plans*

$$Ax + By + Cz + D = 0, \quad A'x + B'y + C'z + D' = 0.$$

Soit λ un paramètre arbitraire : l'équation

$$(k)\quad Ax + By + Cz + D + \lambda\,(A'x + B'y + C'z + D') = 0$$

étant du premier degré, représente une infinité de plans ; elle est satisfaite par les coordonnées d'un point quelconque de l'intersection des plans donnés, puisque pour ce point les deux polynômes du premier membre s'annulent. D'un autre côté, on ne peut plus assujettir un plan qui passe par une droite qu'à une seule condition : donc, l'équation précédente qui renferme un paramètre arbitraire représentera un plan quelconque passant par l'intersection des deux plans donnés.

On peut déduire immédiatement de l'égalité (k) les équations des projections, sur les plans coordonnés, de la droite d'intersection des plans donnés ; il suffit d'attribuer à λ une valeur qui annule successivement les coefficients des variables, c'est-à-dire,

$$\lambda = \frac{A}{A'}, \quad \lambda = \frac{B}{B'}, \quad \lambda = \frac{C}{C'}.$$

Les équations des plans projetants ou des projections de l'intersection seront

$$(AB' - BA')\,y + (AC' - CA')\,z + AD' - DA' = 0,$$
$$(AB' - BA')\,x + (CB' - BC')\,z + DB' - BD' = 0,$$
$$(AC' - CA')\,x + (BC' - CB')\,y + DC' - CD' = 0.$$

Ex. 1. Que représente l'équation

$$ax + by + c - \lambda z = 0?$$

Un système de plans qui passent par la droite du plan des xy : $z=0, ax+by+c=0$.

Ex. 2. Plan passant par l'origine et l'intersection de deux plans donnés.

R. $(AD' - DA')x + (BD' - DB')y + (CD' - DC')z = 0.$

Ex. 3. Plan mené par l'intersection de deux autres et le point (x', y', z').

R. $$\frac{Ax + By + Cz + D}{Ax' + By' + Cz' + D} = \frac{A'x + B'y + C'z + D'}{A'x' + B'y' + C'z' + D'}.$$

Ex. 4. Condition pour que deux plans se coupent suivant une parallèle au plan des xy.

On doit avoir

$$A - \lambda A' = 0, \quad B - \lambda B' = 0; \quad \text{d'où} \quad \frac{A}{A'} = \frac{B}{B'}.$$

Ex. 5. Plans menés par l'intersection de deux autres et respectivement perpendiculaires à chacun d'eux.

On a ici les conditions

$$(A - \lambda A')A + (B - \lambda B')B + (C - \lambda C')C = 0,$$
$$(A - \lambda A')A' + (B - \lambda B')B' + (C - \lambda C')C' = 0.$$

On trouvera pour les plans cherchés

$$(Ax + By + Cz + D)(AA' + BB' + CC') = (A^2 + B^2 + C^2)(A'x + B'y + C'z + D'),$$
$$(Ax + By + Cz + D)(A'^2 + B'^2 + C'^2) = (AA' + BB' + CC')(A'x + B'y + C'z + D').$$

Ex. 6. Condition pour que les plans

$$x - cy - bz = 0, \quad y - az - cx = 0, \quad z - bx - ay = 0$$

passent par une même droite.

En identifiant les équations

$$x - cy - bz + \lambda(y - az - cx) = 0, \quad z - bx - ay = 0,$$

on trouve la condition

$$a^2 + b^2 + c^2 + 2abc = 1.$$

49. *Trouver les coordonnées du point d'intersection des plans*

$$Ax+By+Cz+D=0, \ A'x+B'y+C'z+D'=0, \ A''x+B''y+C''z+D''=0.$$

Le point commun aux trois plans correspond aux coordonnées qui satisfont à la fois à ces équations: il suffit donc de les résoudre pour obtenir les coordonnées cherchées. Le dénominateur commun des valeurs de x, y, z est le déterminant

$$\begin{vmatrix} A & B & C \\ A' & B' & C' \\ A'' & B'' & C'' \end{vmatrix};$$

s'il est plus grand ou plus petit que zéro, le point d'intersection est situé à une distance finie; s'il est nul, le point commun aux plans est à l'infini : ce qui arrive, lorsque la droite d'intersection de deux plans est parallèle au troisième.

Désignons par L, M, N les premiers membres des équations données; il peut se faire que les plans passent par une même droite et qu'il y ait une infinité de points d'intersection. Dans ce cas, il est toujours possible de trouver trois constantes λ, μ, ν de manière à avoir l'identité

$$\lambda L + \mu M + \nu N \equiv 0.$$

En effet, l'équation $\lambda L + \mu M = 0$ représente un système de plans qui passent par l'intersection de L et M; le troisième plan passant par la même droite est l'un des plans du système; par conséquent, on peut, par une détermination convenable de λ et de μ, rendre le premier membre $\lambda L + \mu M$ identique à $-\nu N$, et, par suite, écrire l'identité précédente.

Réciproquement, si trois plans $L = 0$, $M = 0$, $N = 0$ donnent lieu à la relation identique

$$\lambda L + \mu M + \nu N \equiv 0,$$

ils passent par une même droite; car, les valeurs des coordonnées qui annulent L et M, doivent aussi satifaire à l'équation $N = 0$, et le troisième plan doit renfermer la ligne d'intersection des deux autres.

Ex. 1. Les plans

$$3x + 4y - 16z = 0, \quad 5x - 8y + 10z = 0, \quad 2x - 6y + 7z + 8 = 0$$

se coupent au point (4, 5, 2).

Ex. 2. Les plans

$$2x + y - z = 5 \quad -x + 3y + 2z = 1, \quad 3x + 5y = 11$$

passent par une même droite.

On a l'identité

$$2(2x + y - z - 5) + (-x + 3y + 2z - 1) - (3x + 5y - 11) \equiv 0$$

Ex. 3. Que signifie la relation

$$b(x-az-p)-a(y-bz-q)-[b(x-p)-a(y-q)]\equiv 0\ ?$$

Elle montre que les plans

$$x-az-p=0,\quad y-bz-q=0,\quad b(x-p)-a(y-q)=0$$

passent par une même droite.

Ex. 4. On a trois plans qui se coupent en un point; par la droite d'intersection de deux d'entre eux, on mène un plan perpendiculaire au troisième; prouver que les trois plans ainsi obtenus passent par une même droite.

Les équations des plans sont de la forme

$$(Ax+By+Cz+D)(A'A''+B'B''+C'C'')-(A'x+B'y+C'z+D')(AA''+BB''+CC'')=0,$$
$$(A'x+B'y+C'z+D')(AA''+BB''+CC'')-(A''x+B''y+C''z+D'')(AA'+BB'+CC')=0,$$
$$(A''x+B''y+C''z+D'')(AA'+BB'+CC')-(Ax+By+Cz+D)(A'A''+B'B''+C'C'')=0.$$

En ajoutant membre à membre, il vient $0=0$; donc, ces plans se rencontrent suivant une droite.

50. *Chercher la condition pour que quatre plans donnés se coupent en un même point.*

Soient

$$Ax+By+Cz+D=0,\quad A'x+B'y+C'z+D'=0,$$
$$A''x+B''y+C''z+D''=0,\quad A'''x+B'''y+C'''z+D'''=0,$$

les équations de quatre plans. S'ils ont un point commun, on peut satisfaire aux égalités précédentes par un même système de valeurs des variables x, y, z; ce qui exige que le déterminant de ces équations soit nul. La condition demandée sera

$$\begin{vmatrix} A & B & C & D \\ A' & B' & C' & D' \\ A'' & B'' & C'' & D'' \\ A''' & B''' & C''' & D''' \end{vmatrix}=0.$$

Autrement, pour que les plans proposés passent par un même point, il faut et il suffit que l'on ait l'identité

$$\lambda L+\mu M+\nu N+\pi P\equiv 0,$$

L, M, N, P, étant les premiers membres des équations données; car, les coordonnées du point d'intersection des plans L, M, N annulent ces polynômes, et en vertu de la relation identique, elles devront aussi satisfaire à l'équation $P=0$; les quatre plans ont donc un même point commun.

Réciproquement, si les quatre plans L, M, N, P passent par un même point, on pourra toujours trouver des constantes λ, μ, ν, π de manière à avoir l'identité précédente. En effet, l'équation $\lambda L + \mu M + \nu N = 0$ représente un système de plans qui ont en commun le point d'intersection des plans L, M, N; le plan P appartient à ce système, et, par suite la quantité $\lambda L + \mu M + \nu N$ pourra s'identifier avec le premier membre de l'équation $P=0$, c'est-à-dire qu'il existera une relation entre les polynômes L, M, P, Q, qui sera satisfaite quelles que soient les valeurs de x, y, z.

51. *Trouver l'équation du plan qui passe par trois points donnés* (x', y', z'), $(x'' y'' z'')$, $(x''' y''' z''')$.

Soit

$$Ax + By + Cz + D = 0,$$

le plan cherché. On a les conditions

$$\begin{aligned} Ax' + By' + Cz' + D &= 0, \\ Ax'' + By'' + Cz'' + D &= 0, \\ Ax''' + By''' + Cz''' + D &= 0. \end{aligned}$$

On en déduit pour l'équation demandée

$$\begin{vmatrix} x & y & z & 1 \\ x' & y' & z' & 1 \\ x'' & y'' & z'' & 1 \\ x''' & y''' & z''' & 1 \end{vmatrix} = 0,$$

ou bien, en développant,

$$x \begin{vmatrix} y' & z' & 1 \\ y'' & z'' & 1 \\ y''' & z''' & 1 \end{vmatrix} + y \begin{vmatrix} z' & x' & 1 \\ z'' & x'' & 1 \\ z''' & x''' & 1 \end{vmatrix} + z \begin{vmatrix} x' & y' & 1 \\ x'' & y'' & 1 \\ x''' & y''' & 1 \end{vmatrix} = \begin{vmatrix} x' & y' & z' \\ x'' & y'' & z'' \\ x''' & y''' & z''' \end{vmatrix}$$

Le second membre de cette équation représente 6 fois le volume du tétraèdre ayant pour sommet l'origine et pour base le triangle des points donnés. Soient (x_1, y_1, z_1) un point du plan de ce triangle ; les quantités

$$x_1 \begin{vmatrix} y' & z' & 1 \\ y'' & z'' & 1 \\ y''' & z''' & 1 \end{vmatrix}, \quad y_1 \begin{vmatrix} z' & x' & 1 \\ z'' & x'' & 1 \\ z''' & x''' & 1 \end{vmatrix}, \quad z_1 \begin{vmatrix} x' & y' & 1 \\ x'' & y'' & 1 \\ x''' & y''' & 1 \end{vmatrix},$$

représentent respectivement 6 fois les volumes des tétraèdres qui ont pour sommet commun le point $(x_1\ y_1\ z_1)$, et pour bases les projections du triangle des points donnés sur les plans coordonnés. L'équation du plan qui passe par trois points est donc l'expression du théorème suivant : *Une pyramide, qui a son sommet à l'origine et pour base un triangle de l'espace, est équivalente à trois pyramides qui ont un sommet commun dans ce triangle, et pour bases les projections de ce dernier sur les plans coordonnés.*

Ex. 1. Plan passant par les points $(0, b, c)$, $(a, 0, c)$, $(a, b, 0)$.

$$\text{R.} \qquad \frac{x}{a} + \frac{y}{b} + \frac{z}{c} = 2.$$

Ex. 2. Plan qui passe par les points (a, b, c), $(a, 0, 0)$, $(0, b, 0)$.

$$\text{R.} \qquad \frac{x}{a} + \frac{y}{b} + \frac{z}{c} = 1.$$

Ex. 3. Plan mené par l'origine et les points $(x'y'z')$, $(x''y''z'')$.

$$\text{R.} \qquad x(y'z'' - z'y'') + y(z'x'' - x'z'') + z(x'y'' - y'x'') = 0.$$

Ex. 4. Plan mené par les points $(x'y'z')$, $(x''y''z'')$ et le point d'intersection des plans $L = 0$, $M = 0$, $N = 0$.

Désignons par $L'M'N'$, $L''M''N''$ les valeurs des polynômes L, M, N pour les coordonnées des points donnés. L'équation demandée sera le résultat de l'élimination des paramètres entre les égalités

$$\lambda L + \mu M + \nu N = 0,$$
$$\lambda L' + \mu M' + \nu N' = 0,$$
$$\lambda L'' + \mu M'' + \nu N'' = 0,$$

c'est-à-dire

$$\begin{vmatrix} L, & M, & N, \\ L' & M' & N' \\ L'' & M'' & N'' \end{vmatrix} = 0.$$

52. *Trouver l'expression de la distance d'un point* M $(x'y'z')$ *au plan* $Ax + By + Cz + D = 0$.

Nous savons déjà que la perpendiculaire abaissée de l'origine sur le plan est donnée par la formule

$$p = \pm \frac{D}{\sqrt{A^2 + B^2 + C^2}}.$$

Transportons les axes parallèlement à eux-mêmes au point M; l'équation du plan par rapport à la nouvelle origine sera

$$A(x + x') + B(y + y') + C(z + z') + D = 0,$$

ou bien

$$Ax + By + Cz + Ax' + By' + Cz' + D = 0.$$

La distance de l'origine à ce plan, c'est-à-dire, la distance cherchée, aura pour expression

$$P = \pm \frac{Ax' + By' + Cz' + D}{\sqrt{A^2 + B^2 + C^2}}.$$

On en déduit la règle suivante : *La distance d'un point quelconque de l'espace* $N(x, y, z)$ *au plan* $Ax + By + Cz + D = 0$ *s'obtient en divisant le premier membre de l'équation par* $\sqrt{A^2 + B^2 + C^2}$.

Si le plan donné était représenté par une équation de la forme

$$x \cos \alpha + y \cos \beta + z \cos \gamma - p = 0,$$

l'application de la formule précédente donnerait

$$P = \pm \frac{x' \cos \alpha + y' \cos \beta + z' \cos \gamma - p}{\sqrt{\cos^2 \alpha + \cos^2 \beta + \cos^2 \gamma}},$$

ou bien

$$P = \pm (x' \cos \alpha + y' \cos \beta + z' \cos \gamma - p).$$

Donc, *le premier membre de l'équation* $x \cos \alpha + y \cos \beta + z \cos \gamma - p = 0$ *représente la distance d'un point quelconque* $N(x, y, z)$ *de l'espace au plan qu'elle détermine.*

Lorsque le point donné est l'origine des coordonnées, $x' = y' = z' = 0$, et P se réduit à $-p$, en prenant le signe supérieur dans la formule précédente. On peut regarder comme négative la perpendiculaire abaissée de l'origine sur le plan; il faudra attribuer le même signe aux perpendiculaires menées des points de l'espace qui se trouvent du même côté du plan que l'origine, puisque le polynôme $x\cos\alpha + y\cos\beta + z\cos\gamma - p$ conserve le même signe dans cette région de l'espace; il ne peut s'annuler que si le point (x', y', z') appartient au plan, et alors $P = 0$; il devient ensuite positif, si le point passe de l'autre côté du plan.

Ex. 1. Distance de l'origine au plan $\frac{x}{a} + \frac{y}{b} + \frac{z}{c} = 2$.

R. $$p = \frac{2abc}{\sqrt{b^2c^2 + a^2c^2 + a^2b^2}}.$$

Ex. 2. Distance du point $(0, 0, c)$ au plan $\frac{x}{a} + \frac{y}{b} - \frac{z}{c} = 1$.

R. $$P = \frac{2abc}{\sqrt{b^2c^2 + a^2c^2 + a^2b^2}}.$$

Ex. 3. Distance des deux plans parallèles $Ax+By+Cz+D=0$, $Ax+By+Cz+D'=0$.

Lorsque le point (x', y', z') appartient au second plan parallèle au premier, on a $Ax'+By'+Cz' = -D'$; la formule (P) devient

$$P = \pm\frac{D - D'}{\sqrt{A^2 + B^2 + C^2}}.$$

Ex. 4. Trouver les équations des plans bissecteurs de deux plans donnés.

Soient

$$Ax + By + Cz + D = 0, \quad A'x + B'y + C'z + D' = 0$$

les deux plans; les équations cherchées seront

$$\frac{Ax + By + Cz + D}{\sqrt{A^2 + B^2 + C^2}} = + \frac{A'x + B'y + C'z + D'}{\sqrt{A'^2 + B'^2 + C'^2}},$$

$$\frac{Ax + By + Cz + D}{\sqrt{A^2 + B^2 + C^2}} = - \frac{A'x + B'y + C'z + D'}{\sqrt{A'^2 + B'^2 + C'^2}}.$$

Elles expriment que les perpendiculaires abaissées d'un point du lieu sur les plans donnés sont égales et de même signe ou égales et de signes contraires.

Si les plans donnés ont des équations de la forme

$$x\cos\alpha + y\cos\beta + z\cos\gamma - p = 0, \quad x\cos\alpha' + y\cos\beta' + z\cos\gamma' - p = 0,$$

les plans bissecteurs seront définis par

$$x\cos\alpha+y\cos\beta+z\cos\gamma-p-(x\cos\alpha'+y\cos\beta'+z\cos\gamma'-p')=0,$$

$$x\cos\alpha+y\cos\beta+z\cos\gamma-p+(x\cos\alpha'+y\cos\beta'+z\cos\gamma'-p')=0,$$

Il est facile de vérifier que ces plans sont perpendiculaires.

Ex. 5. Les plans bissecteurs d'un angle trièdre passent par une même droite.

Les équations des trois plans bissecteurs peuvent s'écrire

$$L-M=0,\quad M-N=0,\quad N-L=0,$$

L, M, N étant des polynômes de la forme $x\cos\alpha+y\cos\beta+z\cos\gamma-p$, et $L=0$, $M=0$, $N=0$ les équations des faces du trièdre. En ajoutant membre à membre, on trouve $0=0$; donc, etc.

Ex. 6. Distances à l'origine des plans bissecteurs de deux plans donnés.

R. $\dfrac{p+p'}{2\cos\frac{1}{2}\varphi}$, $\dfrac{p-p'}{2\sin\frac{1}{2}\varphi}$; φ est l'angle des deux plans.

Ex. 7. Trouver, en coordonnées obliques, la distance d'un point M $(x'\,y'\,z')$ au plan $Ax+By+Cz+D=0$.

Des égalités

$$\frac{p}{D}=\frac{\cos\alpha}{A}=\frac{\cos\beta}{B}=\frac{\cos\gamma}{C},$$

on tire

$$\frac{p^2}{D^2}=\frac{(1-\cos^2\lambda)\cos^2\alpha+(1-\cos^2\mu)\cos^2\beta+(1-\cos^2\nu)\cos^2\gamma-2(\cos\lambda-\cos\nu\cos\mu)\cos\beta\cos\gamma-\ldots\ldots}{(1-\cos^2\lambda)A^2+(1-\cos^2\mu)B^2+(1-\cos^2\nu)C^2-2(\cos\lambda-\cos\nu\cos\mu)BC-\ldots\ldots}.$$

Le numérateur (N° 5) est égal à

$$1-\cos^2\lambda-\cos^2\mu-\cos^2\nu+2\cos\lambda\cos\mu\cos\nu;$$

de sorte qu'en représentant par H le dénominateur, on aura

$$p=\pm\frac{D}{\sqrt{H}}(1-\cos^2\lambda-\cos^2\mu-\cos^2\nu+2\cos\lambda\cos\mu\cos\nu)^{\frac{1}{2}}.$$

Par une transformation de coordonnées, on trouvera finalement pour la distance cherchée

$$P=\pm\frac{Ax'+By'+Cz'+D}{\sqrt{H}}(1-\cos^2\lambda-\cos^2\mu-\cos^2\nu+2\cos\lambda\cos\mu\cos\nu)^{\frac{1}{2}}.$$

§ III. PROBLÈMES SUR LE PLAN ET LA LIGNE DROITE.

53. *Déterminer le point d'intersection d'une droite et d'un plan représentés par les équations*

$$x = az + p, \qquad y = bz + q,$$
$$Ax + By + Cz + D = 0.$$

Les coordonnées du point d'intersection sont les valeurs de x, y, z qui satisfont à la fois aux équations données. Pour les déterminer, éliminons x et y : il viendra

$$A(az + p) + B(bz + q) + Cz + D = 0;$$

d'où

$$z = -\frac{Ap + Bq + D}{Aa + Bb + C},$$

et, par suite,

$$x = -\frac{a(Ap + Bq + D)}{Aa + Bb + C} + p, \qquad y = -\frac{b(Ap + Bq + D)}{Aa + Bb + C} + q.$$

Lorsque le dénominateur $Aa + Bb + C$ est nul, ces valeurs sont infinies; la condition nécessaire et suffisante pour que la droite soit parallèle au plan sera donc

$$(k) \qquad Aa + Bb + C = 0.$$

Si l'on avait à la fois

$$(h) \qquad Aa + Bb + C = 0, \qquad Ap + Bq + D = 0,$$

le point d'intersection serait indéterminé; ce qui veut dire que la droite est située dans le plan, car chacun de ses points doit être regardé comme un point d'intersection du plan avec la droite.

On peut profiter des relations précédentes pour éliminer une ou deux constantes de l'équation du plan donné. De l'égalité (k) on tire, $C = -(Aa + Bb)$; par suite, l'équation du plan devient

$$Ax + By - (Aa + Bb)z + D = 0,$$

ou

$$A(x - az) + B(y - bz) + D = 0:$$

elle définit un système de plans parallèles à la droite. Si, de plus, la droite est dans le plan, on a $D = -(Ap + Bq)$, et, par suite, l'équation précédente peut se mettre sous la forme

$$A(x - az - p) + B(y - bz - q) = 0,$$

ou bien, en posant $\lambda = \frac{B}{A}$,

$$x - ax - p + \lambda(y - bz - q) = 0:$$

ce sera l'équation générale des plans passant par la droite. Elle ne renferme plus qu'un paramètre arbitraire; ce qui doit être, puisqu'on ne peut plus assujettir le plan qu'à une seule condition.

Ex. **1**. Intersection de la droite et du plan représentés par

$$\frac{x}{a} + \frac{z}{c} = 1, \qquad \frac{y}{b} + \frac{z}{c} = 1;$$

$$\frac{x}{a} + \frac{y}{b} + \frac{z}{c} = 2.$$

R. $\qquad (a, b, 0).$

Ex. **2**. Lieu des droites menées par un point $(x'y'z')$ parallèlement au plan $Ax + By + Cz + D = 0$.

En éliminant a et b entre les équations

$$x - x' = a(z - z'), \qquad y - y' = b(z - z'), \qquad Aa + Bb + C = 0,$$

on trouve

$$A(x - x') + B(y - y') + C(z - z') = 0.$$

Ex. **3**. Plan mené par les points $(x'\,y'\,z')$, $(x''\,y''\,z'')$ et parallèle à la droite $x - az - p = 0$, $y - bz - q = 0$.

R. $$\begin{vmatrix} x - az, & y - bz, & 1 \\ x' - az', & y' - bz', & 1 \\ x'' - az'', & y'' - bz'', & 1 \end{vmatrix} = 0.$$

Ex. **4**. Plan mené par un point $(x'y'z')$ parallèlement aux droites

$$\begin{cases} x - az - p = 0, \\ y - bz - q = 0, \end{cases} \qquad \begin{cases} x - a'z - p' = 0, \\ y - b'z - q' = 0. \end{cases}$$

R. $\begin{vmatrix} x - x', & y - y', & z - z' \\ a & b & 1 \\ a' & b' & 1 \end{vmatrix} = 0.$

Ex. 5. Plan mené par le point $(x'y'z')$ parallèlement à la droite $\frac{x}{a} = \frac{y}{b} = \frac{z}{c}$, et perpendiculaire au plan $lx + my + nz + p = 0$.

R. $\begin{vmatrix} x - x', & y - y', & z - z' \\ l & m & n \\ a & b & c \end{vmatrix} = 0.$

54. *Trouver l'équation du plan qui passe par un point et une droite donnés.*

Nous avons montré, précédemment, qu'un plan mené par une droite

$$x = az + p, \qquad y = bz + q$$

est défini par l'équation

$$x - az - p + \lambda(y - bz - q) = 0.$$

Si x', y', z' sont les coordonnées du point donné, on a la condition

$$x' - az' - p + \lambda(y' - bz' - q) = 0.$$

L'élimination du paramètre λ donne pour l'équation demandée

$$\frac{x - az - p}{x' - az' - p} = \frac{y - bz - q}{y' - bz' - q}.$$

Ex. 1. Plan passant par le point (1, 2, — 1) et la droite $2x - z + 1 = 0$, $3y + 2z - 2 = 0$.

R. $2x - 6y - 5z + 5 = 0$.

Ex. 2. Plan mené par l'origine et la droite $x - az - p = 0$, $y - bz - q = 0$.

R. $qx - py + (bp - aq)z = 0$.

Ex. 3. Plans menés par les axes et le point (a, b, c).

R. $cy - bz = 0$, $az - cx = 0$, $bx - ay = 0$.

Ex. 4. Plan qui passe par le point $(x'y'z')$ et la droite d'intersection des plans $Ax + By + Cz + D = 0$, $A'x + B'y + C'z + D' = 0$.

R. $\frac{Ax + By + Cz + D}{Ax' + By' + Cz' + D} = \frac{A'x + B'y + C'z + D'}{A'x' + B'y' + C'z' + D'}$.

55. *Trouver l'équation du plan mené par une droite parallèlement à une autre droite donnée.*

Soient

$$(d)\quad \begin{aligned} x &= az + p, \\ y &= bz + q, \end{aligned} \qquad (d')\quad \begin{aligned} x &= a'z + p', \\ y &= b'z + q', \end{aligned}$$

les droites données. Un plan quelconque passant par la première est représenté par

$$x - az - p + \lambda(y - bz - q) = 0,$$

ou bien

$$x + \lambda y - (\lambda b + a)z - (\lambda q + p) = 0.$$

Ce plan sera parallèle à la seconde droite avec la condition

$$a' + \lambda b' - (\lambda b + a) = 0.$$

On en déduit

$$\lambda = -\frac{a - a'}{b - b'},$$

et, par suite, l'équation du plan cherché sera

$$(b - b')(x - az - p) = (a - a')(y - bz - q).$$

Si, avec la condition précédente, on avait aussi

$$p' + \lambda q' - (\lambda q + p) = 0,$$

le plan mené par la première droite renfermerait aussi la seconde : c'est le cas où les droites données se rencontrent; car en égalant les valeurs de λ, il vient

$$\frac{a - a'}{b - b'} = \frac{p - p'}{q - q'}.$$

Lorsque les droites sont parallèles, la valeur de λ devient indéterminée : tout plan passant par la première, satisfera à la condition d'être parallèle à la seconde. Le plan des deux parallèles sera

$$(q - q')(x - az - p) = (p - p')(y - bz - q).$$

Ex. **1**. Plans passant par les axes et parallèles à la droite $x - az - p = 0$, $y - bz - q = 0$.

R. $y - bz = 0, \quad x - az = 0, \quad bx - ay = 0.$

x. 2. Que représente l'équation

$$x - az - p + \lambda(y - bz - q) = 0,$$

pour les valeurs $\lambda = 0$, $\lambda = \infty$, $\lambda = -\frac{a}{b}$?

R. Les plans projetants de la droite.

Ex. 3. Plan mené par les droites

$$\frac{x-a}{m} = \frac{y-b}{n} = \frac{z-c}{1}, \quad \frac{x-a}{m'} = \frac{y-b}{n'} = \frac{z-c}{1}.$$

R. $(n - n')(x - a) - (m - m')(y - b) + (mn' - nm')(z - c) = 0.$

Ex. 4. Le plan qui passe par deux droites imaginaires conjuguées qui se rencontrent est réel.

Soient

$$\begin{cases} x = (a + a'\sqrt{-1})z + p + p'\sqrt{-1}, \\ y = (b + b'\sqrt{-1})z + q + q'\sqrt{-1}, \end{cases} \quad \begin{cases} x = (a - a'\sqrt{-1})z + p - p'\sqrt{-1}, \\ y = (b - b'\sqrt{-1})z + q - q'\sqrt{-1}, \end{cases}$$

deux droites imaginaires conjuguées, avec la condition

$$\frac{a'}{b'} = \frac{p'}{q'}$$

qui exprime qu'elles se rencontrent.

L'équation d'un plan qui passe par la première droite peut s'écrire

$$x - (a + a'\sqrt{-1})z - (p + p'\sqrt{-1}) = \lambda[y - (b + b'\sqrt{-1})z - (q + q'\sqrt{-1})].$$

En exprimant qu'il renferme la seconde, on trouve les relations

$$\lambda b' - a' = 0, \quad \lambda q' - p' = 0;$$

d'où on déduit $\lambda = \frac{a'}{b'} = \frac{p'}{q'}$. En substituant, il viendra pour le plan cherché

$$b'x - a'y + (ba' - ab')z + (a'q - b'p) = 0;$$

c'est l'équation d'un plan réel.

56. *Déterminer l'angle d'une droite et d'un plan.*

Soient

$$\begin{matrix} x = az + p, \\ y = bz + q, \end{matrix} \quad Ax + By + Cz + D = 0,$$

la droite et le plan donnés. On sait que l'angle d'une droite avec un plan est le complément de l'angle formé par cette droite avec la normale au plan. Désignons par $\alpha\beta\gamma$, $\alpha'\beta'\gamma'$ les angles directeurs de la droite donnée et de la perpendiculaire au plan; φ' étant l'angle cherché, on aura

$$\sin\varphi' = \cos\alpha\cos\alpha' + \cos\beta\cos\beta' + \cos\gamma\cos\gamma'.$$

D'un autre côté, les cosinus sont donnés par les formules

$$\frac{\cos\alpha}{a} = \frac{\cos\beta}{b} = \frac{\cos\gamma}{1} = \pm\frac{1}{\sqrt{a^2+b^2+1}},$$

$$\frac{\cos\alpha'}{A} = \frac{\cos\beta'}{B} = \frac{\cos\gamma'}{C} = \pm\frac{1}{\sqrt{A^2+B^2+C^2}}.$$

En substituant, il viendra pour déterminer l'angle φ'

$$\sin\varphi' = \pm\frac{Aa + Bb + C}{\sqrt{A^2+B^2+C^2}\sqrt{a^2+b^2+1}}.$$

On en déduit pour la condition du parallélisme de la droite et du plan

$$Aa + Bb + C = 0,$$

et pour la condition de perpendicularité

$$(A^2+B^2+C^2)(a^2+b^2+1) - (Aa+Bb+C)^2 = 0,$$

ou bien

$$(Ab - Ba)^2 + (A - Ca)^2 + (B - Cb)^2 = 0.$$

Elle est satifaite en posant : $A - Ca = 0$, $B - Cb = 0$; d'où on tire

$$\frac{A}{a} = \frac{B}{b} = \frac{C}{1}.$$

Enfin, remarquons encore qu'un plan quelconque perpendiculaire à la droite sera représenté par une équation de la forme

$$ax + by + z + \lambda = 0.$$

Ex. 1. Angles d'une droite avec les plans coordonnés.

R. $\sin\varphi_1 = \dfrac{a}{\sqrt{a^2+b^2+1}}$, $\sin\varphi_2 = \dfrac{b}{\sqrt{a^2+b^2+1}}$, $\sin\varphi_3 = \dfrac{1}{\sqrt{a^2+b^2+1}}$.

Ils satisfont à la relation : $\sin^2 \varphi_1 + \sin^2 \varphi_2 + \sin^2 \varphi_3 = 1$.

Ex. **2**. Montrer que les droites

$$\frac{x}{\cos \alpha} = \frac{y}{\cos \beta} = \frac{z}{\cos \gamma}, \quad \frac{x}{\cos \alpha'} = \frac{y}{\cos \beta'} = \frac{z}{\cos \gamma'},$$

font des angles égaux avec le plan

$$(\cos \alpha - \cos \alpha')\, x + (\cos \beta - \cos \beta')\, y + (\cos \gamma - \cos \gamma')\, z = 0.$$

Ex. **3**. Conditions pour que la droite $\frac{x}{l} = \frac{y}{m} = \frac{z}{n}$ soit perpendiculaire au plan $\frac{x}{a} + \frac{y}{b} + \frac{z}{c} = 1$.

R. $al = bm = cn.$

Ex. **4**. Lieu des droites issues de l'origine et également inclinées sur le plan $Ax + By + Cz + D = 0$.

Il faut éliminer a et b entre les égalités

$$x = az,\ y = bz,\ \frac{Aa + Bb + C}{\sqrt{A^2 + B^2 + C^2}\sqrt{a^2 + b^2 + 1}} = m \text{ (const.)}.$$

On trouvera

$$(Ax + By + Cz)^2 = m^2 (A^2 + B^2 + C^2)(x^2 + y^2 + z^2).$$

Nous verrons plus tard que cette équation représente un cône.

57. *Trouver l'équation du plan mené par une droite perpendiculairement à un plan* $Ax + By + Cz + D = 0$.

Un plan quelconque passant par la droite

$$x = az + p, \quad y = bz + q,$$

est représenté par une équation de la forme

$$x - az - p + \lambda(y - bz - q) = 0,$$

ou bien

$$x + \lambda y - (\lambda b + a)\, z - (\lambda q + p) = 0.$$

La condition pour que ce plan soit perpendiculaire au plan donné sera

$$A + \lambda B - (\lambda b + a)\, C = 0;$$

d'où

$$\lambda = -\frac{A - aC}{B - bC}.$$

On en déduit pour l'équation du plan cherché

$$\frac{x - az - p}{A - aC} = \frac{y - bz - q}{B - bC}.$$

Ex. 1. Plans menés par les axes perpendiculairement au plan $Ax + By + Cz + D = 0$.

R. $Cy - Bz = 0, \quad Ay - Bx = 0, \quad Cx - Az = 0.$

Ex. 2. Plan passant par la droite d'intersection des plans $Ax + By + Cz + D = 0$, $A'x + B'y + C'z + D' = 0$ et perpendiculaire au plan $ax + by + cz + d = 0$.

R. $$\frac{Ax + By + Cz + D}{Aa + Bb + Cc} = \frac{A'x + B'y + C'z + D'}{A'a + B'b + C'c}.$$

Ex. 3. On a deux droites dans l'espace

$$(d) \quad \begin{array}{l} x = az + p, \\ y = bz + q, \end{array} \qquad (d') \quad \begin{array}{l} x = a'z + p', \\ y = b'z + q'; \end{array}$$

un plan P mené par la première parallèlement à la seconde et dont l'équation est

$$(P) \qquad (b - b')(x - az - p) = (a - a')(y - bz - q);$$

trouver les équations de deux plans qui passent par ces droites et qui sont perpendiculaires au plan P.

On trouvera

$$(a - a')(x - az - p) + (b - b')(y - bz - q) + (ab' - ba')[b(x - p) - a(y - q)] = 0,$$
$$(a - a')(x - a'z - p') + (b - b')(y - b'z - q') + (ab' - ba')[b'(x - p') - a'(y - q')] = 0.$$

Ces plans se rencontrent suivant la perpendiculaire commune des droites données. En se rappelant que la plus courte distance des deux droites est égale à la perpendiculaire abaissée d'un point de la seconde droite sur le plan P, on obtiendra immédiatement cette longueur par la formule qui donne la distance d'un point à un plan ; afin de simplifier, prenons pour le point de départ de la perpendiculaire la trace $(p', q', 0)$ de la seconde droite sur xy. On trouvera de cette manière pour la plus courte distance

$$\Delta = \pm \frac{(b - b')(p - p') - (a - a')(q - q')}{\sqrt{(a - a')^2 + (b - b')^2 + (ab' - ba')^2}}.$$

58. *Trouver l'équation de la perpendiculaire abaissée d'un point sur le plan* $Ax + By + Cz + D = 0$.

Soit $(x'\, y'\, z')$ le point donné : les équations de la droite demandée seront de la forme

$$\frac{x - x'}{a} = \frac{y - y'}{b} = \frac{z - z'}{1}.$$

Comme elle doit être perpendiculaire au plan donné, on doit avoir les égalités

$$\frac{a}{A}=\frac{b}{B}=\frac{1}{C}.$$

L'élimination des coefficients a et b nous donne pour les équations de la perpendiculaire

$$\frac{x-x'}{A}=\frac{y-y'}{B}=\frac{z-z'}{C}.$$

On peut facilement en déduire les coordonnées du pied de cette droite. Soient x_1, y_1, z_1 les coordonnées de ce point: on aura

$$\frac{x_1-x'}{A}=\frac{y_1-y'}{B}=\frac{z_1-z'}{C}=\frac{A(x_1-x')+B(y_1-y')+C(z_1-z')}{A^2+B^2+C^2}.$$

Mais, le point (x_1, y_1, z_1) étant dans le plan donné, on a la relation $Ax_1+By_1+Cz_1=-D$. En substituant et résolvant les égalités précédentes par rapport à x_1-x', y_1-y', z_1-z', on trouvera

$$x_1-x'=-\frac{A(Ax'+By'+Cz'+D)}{A^2+B^2+C^2},$$

$$y_1-y'=-\frac{B(Ax'+By'+Cz'+D)}{A^2+B^2+C^2},$$

$$z_1-z'=-\frac{C(Ax'+By'+Cz'+D)}{A^2+B^2+C^2}.$$

Si on ajoute ces équations membre à membre après les avoir élevées au carré, on retrouve l'expression de la perpendiculaire P donnée précédemment (N° 52).

Dans le cas où les axes sont obliques, les coefficients a et b satisfont aux relations (N° 26)

$$\frac{a+b\cos\nu+\cos\mu}{\cos\alpha}=\frac{a\cos\nu+b+\cos\lambda}{\cos\beta}=\frac{a\cos\mu+b\cos\lambda+1}{\cos\gamma},$$

α, β, γ étant les angles de la droite cherchée avec les axes. De plus, on a aussi (N° 44).

$$\frac{\cos\alpha}{A}=\frac{\cos\beta}{B}=\frac{\cos\gamma}{C}.$$

On en déduit

$$\frac{a + b\cos\nu + \cos\mu}{A} = \frac{a\cos\nu + b + \cos\lambda}{B} = \frac{a\cos\mu + b\cos\lambda + 1}{C}.$$

En éliminant a et b, il viendra pour les équations de la perpendiculaire en coordonnées obliques

$$\frac{x - x' + (y - y')\cos\nu + (z - z')\cos\mu}{A} = \frac{(x - x')\cos\nu + (y - y') + (z - z')\cos\lambda}{B}$$

$$= \frac{(x - x')\cos\mu + (y - y')\cos\lambda + z - z'}{C}.$$

Ex. 1. Droites issues de l'origine et perpendiculaires aux plans $x - az - p = 0$, $y - bz - q = 0$.

R. $y = 0,\quad ax + z = 0;\quad x = 0,\quad by + z = 0.$

Ex. 2. Droite menée du point $(x'\ y'\ z')$ perpendiculairement au plan $\frac{x}{a} + \frac{y}{b} + \frac{z}{c} = 1$.

R. $a(x - x') = b(y - y') = c(z - z')$.

Ex. 3. Trouver les équations de la perpendiculaire abaissée du point $(x'\ y'\ z')$ sur le plan $x\cos\alpha + y\cos\beta + z\cos\gamma - p = 0$, ainsi que les coordonnées du pied de cette droite.

R. $\frac{x - x'}{\cos\alpha} = \frac{y - y'}{\cos\beta} = \frac{z - z'}{\cos\gamma}$; $x = x' + \cos\alpha\,(p - x'\cos\alpha - y'\cos\beta - z'\cos\gamma)$,

$y = y' + \cos\beta\,(p - x'\cos\alpha - y'\cos\beta - z'\cos\gamma)$, $z = z' + \cos\gamma\,(p - x'\cos\alpha - y'\cos\beta - z'\cos\gamma)$.

Ex. 4. Lieu des perpendiculaires abaissées du point $(x'\ y'\ z')$ sur les plans définis par l'équation $Ax + By + Cz + D - \lambda(A'x + B'y + C'z + D') = 0$.

On a les relations

$$\frac{a}{A - \lambda A'} = \frac{b}{B - \lambda B'} = \frac{1}{C - \lambda C'};$$

d'où on déduit par l'élimination de λ

$$a(BC' - CB') + b(CA' - AC') + (AB' - BA') = 0.$$

Le lieu cherché sera le plan représenté par l'équation

$$(BC' - CB')(x - x') + (CA' - AC')(y - y') + (AB' - BA')(z - z') = 0.$$

C'est un plan perpendiculaire à la droite d'intersection des plans donnés.

59. *Trouver l'équation d'un plan passant par un point* $(x'\,y'\,z')$ *et perpendiculaire à la droite*

$$x = az + p, \qquad y = bz + q.$$

Un plan quelconque perpendiculaire à la droite donnée a une équation de la forme (N° 56)

$$ax + by + z + \lambda = 0.$$

Puisqu'il doit passer par le point $(x'y'z')$, on a la relation

$$ax' + by' + z' + \lambda = 0.$$

En retranchant ces équations membre à membre, il vient pour le plan demandé

$$a(x - x') + b(y - y') + z - z' = 0.$$

Afin de calculer les coordonnées du point où ce plan rencontre la droite donnée, écrivons les équations de celle-ci sous la forme

$$x - x' = a(z - z') - (x' - az' - p),$$
$$y - y' = b(z - z') - (y' - bz' - q).$$

Les trois dernières égalités conduisent aux valeurs suivantes :

$$z = \frac{a(x' - p) + b(y' - q) + z'}{a^2 + b^2 + 1},$$

$$y = b\,\frac{a(x' - p) + b(y' - q) + z'}{a^2 + b^2 + 1} + p,$$

$$x = a\,\frac{a(x' - p) + b(y' - q) + z'}{a^2 + b^2 + 1} + p.$$

Ex. **1**. Plan mené par l'origine perpendiculairement à la droite

$$\frac{x - a}{l} = \frac{y - b}{m} = \frac{z - c}{n}.$$

R. $\qquad lx + my + nz = 0.$

Ex. **2**. Plan mené par le point $(x'y'z')$ et perpendiculaire à l'intersection des plans $Ax + By + Cz + D = 0$, $A'x + B'y + C'z + D' = 0$.

R. $\quad (x - x')\,(CB' - BC') + (y - y')\,(AC' - CA') + (z - z')\,(BA' - AB') = 0.$

Ex. 3. Équations de la perpendiculaire abaissée du point $(x'\,y'\,z')$ sur la droite $x - az - p = 0$, $y - bz - q = 0$.

La droite cherchée est l'intersection de deux plans : l'un passant par le point et la droite donnée, l'autre passant par le point et perpendiculaire à la même droite ; ses équations seront donc

$$\frac{x - az - p}{x' - az' - p} = \frac{y - bz - q}{y' - bz' - q},$$

$$a(x - x') + b(y - y') + z - z' = 0.$$

Ex. 4. Etant donné un triangle ayant pour sommets les points $(x'y'z')$, $(x''y''z'')$, $(x'''\,y'''\,z''')$, montrer que les plans perpendiculaires aux côtés et passant par leurs milieux se coupent suivant une même droite.

Un plan quelconque perpendiculaire à la droite

$$\frac{x - x'}{x'' - x'} = \frac{y - y'}{y'' - y'} = \frac{z - z'}{z'' - z'},$$

a pour équation

$$(x'' - x')\,x + (y'' - y')\,y + (z'' - z')\,z + \lambda = 0.$$

En substituant à x, y, z les coordonnées du milieu des points $(x'y'z')$, $(x''y''z'')$, il vient

$$\frac{x''^2 - x'^2}{2} + \frac{y''^2 - y'^2}{2} + \frac{z''^2 - z'^2}{2} + \lambda = 0.$$

L'un des plans cherchés sera donc

$$(x'' - x')\,x + (y'' - y')\,y + (z'' - z')\,z - \frac{x''^2 - x'^2 + y''^2 - y'^2 + z''^2 - z'^2}{2} = 0.$$

On trouvera également pour les équations des deux autres

$$(x''' - x'')x + (y''' - y'')y + (z''' - z'')z - \frac{x'''^2 - x''^2 + y'''^2 - y''^2 + z'''^2 - z''^2}{2} = 0,$$

$$(x' - x''')x + (y' - y''')y + (z' - z''')z - \frac{x'^2 - x'''^2 + y'^2 - y'''^2 + z'^2 - z'''^2}{2} = 0.$$

En ajoutant ces trois équations membre à membre, il vient $0 = 0$; donc, les plans passent par une même droite.

CHAPITRE IV.

PLAN ET LIGNE DROITE.

Coordonnées tétraédriques.

SOMMAIRE. — *Définition des coordonnées tétraédriques. — Relation fondamentale. — Distance de deux points. — Equation du plan; relation entre les perpendiculaires abaissées des sommets du tétraèdre de référence sur un plan. — Représentation de la ligne droite; coefficients directeurs. — Problèmes.*

§ 1. DÉFINITIONS. ÉQUATION DU PLAN ET DE LA LIGNE DROITE.

60. Considérons un tétraèdre 1234 (*fig.* 19) dont les faces opposées aux sommets 1, 2, 3, 4 sont représentées par les équations

$$(1)\quad A = x\cos\alpha_1 + y\cos\beta_1 + z\cos\gamma_1 - \pi_1 = 0,$$

$$(2)\quad B = x\cos\alpha_2 + y\cos\beta_2 + z\cos\gamma_2 - \pi_2 = 0,$$

$$(3)\quad C = x\cos\alpha_3 + y\cos\beta_3 + z\cos\gamma_3 - \pi_3 = 0,$$

$$(4)\quad D = x\cos\alpha_4 + y\cos\beta_4 + z\cos\gamma_4 - \pi_4 = 0.$$

Nous supposons que le tétraèdre est rapporté à un système d'axes rectangulaires, l'origine étant dans l'intérieur de ce solide. On appelle *coordonnées tétraédriques* d'un point M, ses distances positives ou négatives aux faces du tétraèdre.

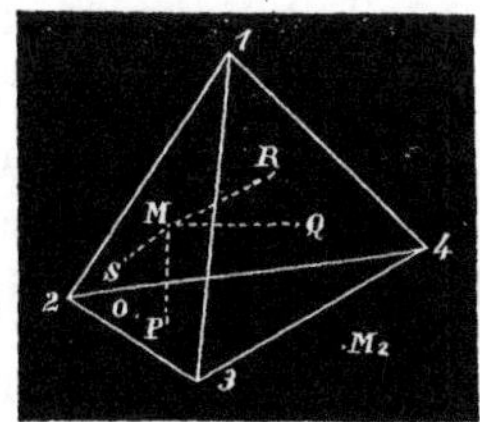

Fig. 19.

Si on regarde comme négative la perpendiculaire abaissée de l'origine sur l'une des faces, il faudra attribuer le même signe à la coordonnée relative à cette face, si le point M est dans la même région de l'espace que l'origine; pour un point situé de l'autre côté de la même face, la coordonnée sera positive. La position du point M est complétement déterminée, lorsque l'on connaît en grandeur et en signe trois de ses distances aux faces du tétraèdre; car, si on donne, par exemple, les distances MP, MQ, MR (*fig.* 19), on élèvera des perpendiculaires aux plans A, B, C, sur lesquelles on prendra des longueurs égales aux coordonnées dans le sens indiqué par leurs signes; si on mène ensuite par leurs extrémités des plans respectivement parallèles aux faces A, B, C, ils se rencontreront suivant un seul point qui répond aux coordonnées données.

D'après la signification du premier membre des équations des faces, un point dont les coordonnées cartésiennes sont x_1, y_1, z_1 aura pour coordonnées tétraédriques les nombres positifs ou négatifs

$$A_1 = x_1 \cos \alpha_1 + y_1 \cos \beta_1 + z_1 \cos \gamma_1 - \pi_1,$$
$$B_1 = x_1 \cos \alpha_2 + y_1 \cos \beta_2 + z_1 \cos \gamma_2 - \pi_2,$$
$$C_1 = x_1 \cos \alpha_3 + y_1 \cos \beta_3 + z_1 \cos \gamma_3 - \pi_3,$$
$$D_1 = x_1 \cos \alpha_4 + y_1 \cos \beta_4 + z_1 \cos \gamma_4 - \pi_4.$$

On peut donc regarder les coordonnées tétraédriques d'un point comme étant des fonctions des coordonnées cartésiennes définies par les équations (1), (2), (3), (4). Nous représenterons ces coordonnées par les lettres A, B, C, D. Le tétraèdre fixe 1234 se nomme le tétraèdre de *référence*.

Puisqu'un point de l'espace est déterminé par trois coordonnées, la quatrième est une conséquence des autres, et il doit exister une relation entre les coordonnées tétraédriques, telle qu'on puisse calculer l'une d'elles, lorsque les trois autres sont données. Afin de l'obtenir, joignons le point M aux sommets 1, 2, 3, 4, et exprimons que la somme des volumes des tétraèdres qui ont leur sommet commun en M est égale au volume du tétraèdre de référence. Soient a, b, c, d les aires des faces A, B, C, D, et V le volume du tétraèdre fixe. En remarquant que les hauteurs des tétraèdres intérieurs sont les coordonnées tétraédriques — A, — B, — C, — D de ce point, on aura l'égalité

$$(5) \qquad -aA - bB - cC - dD = 3V.$$

Il est facile de vérifier que cette relation a lieu quelle que soit la position du point M dans l'espace. Ainsi, par exemple, pour le point M_2, la coordonnée A est positive; mais, dans ce cas, il faut retrancher le tétraèdre qui a pour hauteur A de la somme des trois autres pour obtenir le tétraèdre de référence; donc, A_2, B_2, C_2, D_2 étant les coordonnées du point M_2, on aura encore

$$-aA_2 - bB_2 - cC_2 - dD_2 = 3V.$$

En vertu de la relation fondamentale, il suffit de connaître des quantités proportionnelles aux coordonnées tétraédriques, pour en déduire leurs valeurs. Supposons que les coordonnées d'un point soient proportionnelles à f, g, h, i; on écrira

$$\frac{A}{f} = \frac{B}{g} = \frac{C}{h} = \frac{D}{i} = \frac{Aa + Bb + Cc + Dd}{fa + gb + hc + id} = -\frac{3V}{af + bg + ch + di};$$

d'où

$$A = -\frac{3fV}{af + bg + ch + di}, \quad B = -\frac{3gV}{af + bg + ch + di},$$

$$C = -\frac{3hV}{af + bg + ch + di}, \quad D = -\frac{3iV}{af + bg + ch + di}.$$

61. Plus généralement, on nomme *coordonnées tétraédriques* d'un point, les produits de ses distances aux faces du tétraèdre par des constantes l, m, n, p différentes de zéro, positives ou négatives; en les représentant par X, Y, Z, T, on aura, par définition,

$$X = lA, \quad Y = mB, \quad Z = nC, \quad T = pD.$$

Les constantes l, m, n, p se nomment les paramètres de référence. Il est évident qu'à chaque système de valeurs de X, Y, Z, T, correspond un seul système de valeurs pour A, B, C, D, et, par suite, un seul point dans l'espace. Enfin, ces coordonnées seront liées entre elles par la relation

$$\frac{aX}{l} + \frac{bY}{m} + \frac{cZ}{n} + \frac{dT}{p} = -3V.$$

Lorsque les faces d'un tétraèdre sont représentées par des équations de la forme $ax + by + cz + d = 0$, on peut prendre pour les coordonnées tétraédriques, les nombres positifs ou négatifs

$$X = a_1 x + b_1 y + c_1 z + d_1,$$
$$Y = a_2 x + b_2 y + c_2 z + d_2,$$
$$Z = a_3 x + b_3 y + c_3 z + d_3,$$
$$T = a_4 x + b_4 y + c_4 z + d_4\,;$$

les paramètres de référence ont alors pour valeurs

$$l = \sqrt{a_1^2 + b_1^2 + c_1^2}, \quad m = \sqrt{a_2^2 + b_2^2 + c_2^2}, \quad n = \sqrt{a_3^2 + b_3^2 + c_3^2}, \quad p = \sqrt{a_4^2 + b_4^2 + c_4^2}.$$

Si on pose

$$l = \frac{a}{3}, \quad m = \frac{b}{3}, \quad n = \frac{c}{3}, \quad p = \frac{d}{3}\,;$$

il vient

$$X = \frac{aA}{3}, \quad Y = \frac{bB}{3}, \quad Z = \frac{cC}{3}, \quad T = \frac{dD}{3}\,;$$

ce sont les volumes des quatre tétraèdres partiels; on les appelle *coordonnées volumes;* en les désignant par v_1, v_2, v_3, v_4, on aura l'égalité

$$v_1 + v_2 + v_3 + v_4 = -V.$$

Enfin, si on prend pour les coordonnées d'un point les rapports $\frac{v_1}{V}, \frac{v_2}{V}, \frac{v_3}{V}, \frac{v_4}{V}$, la relation fondamentale devient

$$\xi + \eta + \zeta + \tau = -1,$$

où ξ, η, ζ, τ représentent ces rapports.

Les coordonnées ξ, η, ζ, τ se nomment *barycentriques* ou *rapports coordonnés.*

Remarque. Nous voulons dès à présent avertir le lecteur que nous supposerons toujours, dans cet ouvrage, que les paramètres de référence sont égaux à l'unité; de sorte que les coordonnées tétraédriques d'un point seront ses distances aux faces du tétraèdre fondamental. On les appelle aussi quelquefois les *coordonnées-distances* d'un point.

62. *Trouver les coordonnées d'un point M qui divise la distance de deux points donnés P (A'B'C'D'), Q (A''B''C''D'') en deux segments dont le rapport est égal à* $\frac{l}{m}$.

Soit (A, B, C, D) les coordonnées du point M. Abaissons des points P, M, Q des perpendiculaires sur la face A, et menons ensuite PK et MH perpendiculairement à OR. On aura

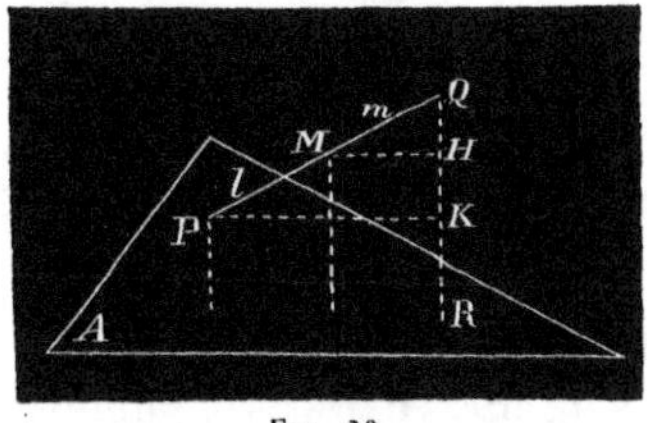

Fig. 20.

$$\frac{KH}{HQ} = \frac{PM}{MQ} = \frac{l}{m},$$

ou bien

$$\frac{A - A'}{A'' - A} = \frac{l}{m}.$$

D'où on tire

$$A = \frac{lA'' + mA'}{l + m}.$$

On trouverait semblablement pour les autres coordonnées

$$B = \frac{lB'' + mB'}{l + m}, \quad C = \frac{lC'' + mC'}{l + m}, \quad D = \frac{lD'' + mD'}{l + m}.$$

En particulier, pour le point milieu de PQ, on aura

$$A = \frac{A' + A''}{2}, \quad B = \frac{B' + B''}{2}, \quad C = \frac{C' + C''}{2}, \quad D = \frac{D' + D''}{2}.$$

63. *Trouver l'expression de la distance de deux points donnés* P (A'B'C'D'), Q (A''B''C''D'').

D'après la relation fondamentale, on a d'abord les égalités

$$aA' + bB' + cC' + dD' = -3V, \quad aA'' + bB'' + cC'' + dD'' = -3V.$$

En retranchant ces équations membre à membre, et posant $p = A'' - A'$ $q = B'' - B'$, $r = C'' - C'$, $s = D'' - D'$, il viendra l'équation

$$(k) \qquad ap + bq + cr + ds = 0.$$

Désignons par h_1, h_2, h_3, h_4 les hauteurs du tétraèdre ou les perpendiculaires abaissées des sommets 1, 2, 3, 4 sur les faces opposées; par

$\alpha, \beta, \gamma, \delta$ les angles de la droite PQ avec ces hauteurs; par Δ la distance cherchée. Si nous projetons successivement la longueur PQ sur les hauteurs, nous aurons les égalités

$$p = \Delta \cos\alpha, \quad q = \Delta \cos\beta, \quad r = \Delta \cos\gamma, \quad s = \Delta \cos\delta.$$

Mais, d'après la théorie des projections (N° 5), les angles d'une droite avec trois axes obliques satisfont à une relation de la forme

$$H_1 = \alpha_{11}\cos^2\alpha + \alpha_{22}\cos^2\beta + \alpha_{33}\cos^2\gamma + \alpha_{12}\cos\alpha\cos\beta + \alpha_{13}\cos\alpha\cos\gamma + \alpha_{14}\cos\beta\cos\gamma,$$

où les coefficients H_1, α_{11}, α_{12} etc. sont des quantités qui dépendent des angles des droites fixes. Appliquons cette formule au cas où les droites fixes sont les hauteurs h_1, h_2, h_3, et remplaçons $\cos\alpha$, $\cos\beta$, $\cos\gamma$ par leurs valeurs $\frac{p}{\Delta}$, $\frac{q}{\Delta}$, $\frac{r}{\Delta}$; on arrivera à l'égalité

$$H_1\Delta^2 = \alpha_{11}p^2 + \alpha_{22}q^2 + \alpha_{33}r^2 + \alpha_{12}pq + \alpha_{13}pr + \alpha_{14}qr.$$

De plus, de la relation (k) on tire

$$ap^2 = -bpq - cpr - dps,$$

$$bq^2 = -apq - cqr - dqs,$$

$$cr^2 = -apr - bqr - drs.$$

La combinaison de ces équations permet d'éliminer les carrés p^2, q^2, r^2, et d'arriver à une équation de la forme

$$\Delta^2 = k_{12}pq + k_{13}pr + k_{14}ps + k_{23}qr + k_{24}qs + k_{34}rs.$$

Les coefficients k_{12}, k_{13} etc. pourraient se calculer par les équations précédentes; mais il est plus facile de déterminer leurs valeurs, en faisant coïncider les points donnés successivement avec les sommets du tétraèdre. Remplaçons d'abord p, q, r, s par leurs valeurs; la formule précédente deviendra

$$\Delta^2 = k_{12}(A''-A')(B''-B') + k_{13}(A''-A')(C''-C') + k_{14}(A''-A')(D''-D')$$
$$+ k_{23}(B''-B')(C''-C') + k_{24}(B''-B')(D''-D') + k_{34}(C''-C')(D''-D').$$

Soient $d_{12}, d_{13}, d_{14}, d_{23}, d_{24}, d_{34}$ les arêtes du tétraèdre; les coordonnées des sommets étant 1 $(-h_1, 0,0,0)$, 2 $(0, -h_2, 0,0,)$, 3 $(0,0,-h_3, 0)$,

$4(0, 0, 0, -h_4)$, on doit avoir les relations

$$d_{12}^2 = -k_{12}h_1h_2, \quad d_{13}^2 = -k_{13}h_1h_3, \quad d_{14}^2 = -k_{14}h_1h_4,$$

$$d_{23}^2 = -k_{23}h_2h_3, \quad d_{24}^2 = -k_{24}h_2h_4, \quad d_{34}^2 = -k_{34}h_4h_3.$$

D'où l'on tire

$$\text{(I)} \quad \begin{aligned} k_{12} &= -\frac{d_{12}^2}{h_1h_2}, & k_{13} &= -\frac{d_{13}^2}{h_1h_3}, & k_{14} &= -\frac{d_{14}^2}{h_1h_4}, \\ k_{23} &= -\frac{d_{23}^2}{h_2h_3}, & k_{24} &= -\frac{d_{24}^2}{h_2h_4}, & k_{34} &= -\frac{d_{34}^2}{h_3h_4}. \end{aligned}$$

L'expression de la distance des deux points sera finalement

$$\Delta^2 = -\left[\frac{d_{12}^2}{h_1h_2}(A''-A')(B''-B') + \frac{d_{13}^2}{h_1h_3}(A''-A')(C''-C') + \frac{d_{14}^2}{h_1h_4}(A''-A')(D''-D') \right.$$
$$\left. + \frac{d_{23}^2}{h_2h_3}(B''-B')(C''-C') + \frac{d_{24}^2}{h_2h_4}(B''-B')(D''-D') + \frac{d_{34}^2}{h_3h_4}(C''-C')(D''-D')\right];$$

Pour simplifier l'écriture, posons

$$\text{(II)} \quad \begin{aligned} \varphi(AB) &= -\left[\frac{d_{12}^2}{h_1h_2}AB + \frac{d_{13}^2}{h_1h_3}AC + \frac{d_{14}^2}{h_1h_4}AD + \frac{d_{23}^2}{h_2h_3}BC + \frac{d_{24}^2}{h_2h_4}BD + \frac{d_{34}^2}{h_3h_4}CD\right]; \\ \varphi(AB'+BA') &= -\left[\frac{d_{12}^2}{h_1h_2}(AB'+BA') + \frac{d_{13}^2}{h_1h_3}(AC'+CA') + \frac{d_{14}^2}{h_1h_4}(AD'+DA') \right. \\ &\quad \left. + \frac{d_{23}^2}{h_2h_3}(BC'+CB') + \frac{d_{24}^2}{h_2h_4}(BD'+DB') + \frac{d_{34}^2}{h_3h_4}(CD'+DC')\right]. \end{aligned}$$

La formule qui donne la distance de deux points (A, B, C, D), (A', B', C', D') sera de la forme

$$\text{(III)} \quad \Delta^2 = \varphi(AB) + \varphi(A'B') - \varphi(AB' + BA').$$

64. *Distances d'un point aux sommets du tétraèdre de référence.* Supposons que le second point (A'B'C'D') coïncide avec le sommet $1\ (-h_1\ 0,\ 0,\ 0)$ du tétraèdre. On aura

$$\varphi(A'B') = 0, \quad \varphi(AB' + BA') = \frac{d_{12}^2}{h_2}B + \frac{d_{13}^2}{h_3}C + \frac{d_{14}^2}{h_4}D;$$

par suite, la distance Δ_1 d'un point (A,B,C,D) de l'espace au sommet 1 sera déterminée par la formule

$$\text{(IV)} \quad \Delta_1^2 = \varphi(AB) - \left[\frac{d_{12}^2}{h_2}B + \frac{d_{13}^2}{h_3}C + \frac{d_{24}^2}{h_4}D\right].$$

On trouve de la même manière pour les distances de ce point aux autres sommets

$$\Delta_2^2 = \varphi(AB) - \left[\frac{d_{12}^2}{h_1}A + \frac{d_{23}^2}{h_3}C + \frac{d_{24}^2}{h_4}D\right],$$

$$\Delta_3^2 = \varphi(AB) - \left[\frac{d_{13}^2}{h_1}A + \frac{d_{23}^2}{h_2}B + \frac{d_{34}^2}{h_4}D\right],$$

$$\Delta_4^2 = \varphi(AB) - \left[\frac{d_{14}^2}{h_1}A + \frac{d_{24}^2}{h_2}B + \frac{d_{34}^2}{h_3}C\right].$$

Si on introduit les hauteurs du tétraèdre dans la relation fondamentale $aA + bB + cC + dD = -3V$, on peut la mettre sous la forme : $\frac{A}{h_1} + \frac{B}{h_2} + \frac{C}{h_3} + \frac{D}{h_4} = -1$. Cela étant, multiplions respectivement les équations précédentes par $\frac{A}{h_1}$, $\frac{B}{h_2}$, $\frac{C}{h_3}$, $\frac{D}{h_4}$ et ajoutons-les membre à membre. Il viendra

$$\frac{A\Delta_1^2}{h_1} + \frac{B\Delta_2^2}{h_2} + \frac{C\Delta_3^2}{h_3} + \frac{D\Delta_4^2}{h_4} = 2\varphi(AB) - \varphi(AB).$$

Il en résulte que les distances d'un point de l'espace aux sommets du tétraèdre sont liées par la relation

$$\text{(V)} \quad \frac{\Delta_1^2}{h_1}A + \frac{\Delta_2^2}{h_2}B + \frac{\Delta_3^2}{h_3}C + \frac{\Delta_4^2}{h_4}D = \varphi(AB).$$

65. *Equation homogène du premier degré.* L'équation homogène du premier degré entre les coordonnées tétraédriques

$$(6) \quad lA + mB + nC + pD = 0,$$

est aussi du premier degré en x, y, z, si on remplace A, B, C, D par leurs valeurs : elle représente donc un plan qui peut être quelconque vu l'indétermination des constantes l, m, n, p.

Toute équation à deux termes de la forme

$$(7) \qquad lA + mB = 0,$$

définit un plan passant par l'arête $\overline{34}$ du tétraèdre; car, elle est satisfaite par tous les points communs aux faces A et B. On en tire

$$\frac{A}{B} = -\frac{m}{l}:$$

équation qui exprime que le rapport des perpendiculaires abaissées d'un point du plan qu'elle représente sur les faces A et B est constant. En particulier, pour les plans bissecteurs du dièdre $\widehat{AB}$, on aura

$$\frac{A}{B} = +1, \qquad \frac{A}{B} = -1,$$

ou bien

$$A - B = 0, \qquad A + B = 0.$$

Il sera facile de vérifier qu'en général toute équation du premier degré à deux termes représente un plan passant par l'une des arêtes du tétraèdre.

Considérons, enfin, l'équation homogène à trois termes

$$(8) \qquad lA + mB + nC = 0.$$

Elle est satisfaite par le point commun aux faces A, B, C: elle définit donc un plan qui passe par le sommet 4 du tétraèdre, quelles que soient les valeurs des constantes l, m, n. En général, une équation à trois termes représente un plan mené par l'un des sommets du tétraèdre de référence.

66. *Signification des constantes de l'équation du premier degré.* Si dans l'équation (6) on introduit les coordonnées cartésiennes, on trouve

$$(l\cos\alpha_1 + m\cos\alpha_2 + n\cos\alpha_3 + p\cos\alpha_4)\,x + (l\cos\beta_1 + m\cos\beta_2 + n\cos\beta_3 + p\cos\beta_4)\,y$$
$$+ (l\cos\gamma_1 + m\cos\gamma_2 + n\cos\gamma_3 + p\cos\gamma_4)\,z - (l\pi_1 + m\pi_2 + n\pi_3 + p\pi_4) = 0.$$

Soit p_1 la perpendiculaire abaissée du sommet 1 du tétraèdre sur ce plan; en remarquant que les coordonnées cartésiennes de ce point annulent B, C, D, tandis que A prend la valeur $-h_1$ pour ces mêmes coordonnées, il viendra

$$p_1 = \frac{-lh_1}{\sqrt{P^2 + Q^2 + R^2}},$$

où P, Q, R sont les coefficients de x, y, z dans l'équation du plan. En développant, on trouve facilement que la quantité sous le radical du dénominateur se réduit à

$$\begin{gathered} l^2 + m^2 + n^2 + p^2 - 2lm\cos(ab) - 2ln\cos(ac) - 2lp\cos(ad) \\ - 2mn\cos(bc) - 2mp\cos(bd) - 2np\cos(cd); \end{gathered}$$

cos (ab) désigne le cosinus de l'angle des faces A et B, et il faut attribuer une signification analogue aux expressions cos (ad), cos (ac) etc. Afin d'abréger, nous représenterons la quantité précédente par la notation

$$\{ l, m, n, p \}^2.$$

Cela étant, l'expression de la perpendiculaire p_1 peut s'écrire

$$p_1 = \frac{-lh_1}{\{ l, m, n, p \}}.$$

On trouverait de la même manière pour les perpendiculaires p_2, p_3, p_4 abaissées des sommets 2, 3, 4 sur le plan (6)

$$p_2 = \frac{-mh_2}{\{ l, m, n, p \}}, \quad p_3 = \frac{-nh_3}{\{ l, m, n, p \}}, \quad p_4 = \frac{-ph_4}{\{ l, m, n, p \}}.$$

On en déduit les égalités

$$\frac{l}{\frac{p_1}{h_1}} = \frac{m}{\frac{p_2}{h_2}} = \frac{n}{\frac{p_3}{h_3}} = \frac{p}{\frac{p_4}{h_4}},$$

ou bien, en remplaçant h_1 par $\frac{3V}{a}$ etc.,

$$\frac{l}{ap_1} = \frac{m}{bp_2} = \frac{n}{cp_3} = \frac{p}{dp_4}.$$

L'équation homogène du premier degré peut donc se mettre sous la forme

$$(9) \qquad \frac{p_1}{h_1}A + \frac{p_2}{h_2}B + \frac{p_3}{h_3}C + \frac{p_4}{h_4}D = 0,$$

ou

$$(10) \qquad ap_1A + bp_2B + cp_3C + dp_4D = 0.$$

Les quantités p_1, p_2, p_3, p_4 doivent satisfaire à une certaine relation en vertu de laquelle l'une d'elles est déterminée lorsqu'on donne les trois autres; car, la position du plan ne dépend que de trois perpendiculaires. Des égalités précédentes, on tire

$$\frac{l^2}{\frac{p_1^2}{h_1^2}} = \frac{m^2}{\frac{p_2^2}{h_2^2}} = \frac{n^2}{\frac{p_3^2}{h_3^2}} = \frac{p^2}{\frac{p_4^2}{h_4^2}} = \{l, m, n, p\}^2 = \frac{\{l, m, n, p\}^2}{\left\{\frac{p_1}{h_1}, \frac{p_2}{h_2}, \frac{p_3}{h_3}, \frac{p_4}{h_4}\right\}^2},$$

et, par suite,

$$\text{(VI)} \quad \frac{p_1^2}{h_1^2} + \frac{p_2^2}{h_2^2} + \frac{p_3^2}{h_3^2} + \frac{p_4^2}{h_4^2} - 2\frac{p_1 p_2}{h_1 h_2}\cos(ab) - 2\frac{p_1 p_3}{h_1 h_3}\cos(ac) - 2\frac{p_1 p_4}{h_1 h_4}\cos(ad)$$
$$- 2\frac{p_2 p_3}{h_2 h_3}\cos(bc) - 2\frac{p_3 p_4}{h_2 h_4}\cos(bd) - 2\frac{p_3 p_4}{h_2 h_4}\cos(cd) = 1;$$

ou bien

$$\text{(VII)} \quad a^2p_1^2 + b^2p_2^2 + c^2p_3^2 + d^2p_4^2 - 2p_1p_2ab\cos(ab) - 2p_1p_3ac\cos(ac)$$
$$-2p_1p_4ad\cos(ad) - 2p_2p_3bc\cos(bc) - 2p_2p_4bd\cos(bd) - 2p_3p_4cd\cos(cd) = 9V^2.$$

67. *Plan à l'infini.* Si, dans l'équation homogène du premier degré, on pose $l = a$, $m = b$, $n = c$, $p = d$, il vient l'égalité

$$(11) \qquad aA + bB + cC + dD = 0,$$

qui, d'après la relation fondamentale, équivaut à $3V = 0$, ou à une constante égalée à zéro. Pour le plan qu'elle définit on doit avoir

$$\frac{a}{ap_1} = \frac{b}{bp_2} = \frac{c}{cp_3} = \frac{d}{dp_4},$$

c'est-à-dire que les perpendiculaires p_1, p_2, p_3, p_4 doivent être égales;

ce qui est impossible à moins qu'elles ne soient infiniment grandes. Donc, l'équation (11) doit être interprétée comme représentant un plan à l'infini dont la situation est indéterminée.

Étant donné un plan $lA + mB + nC + pD = 0$, l'équation

$$(12) \quad lA + mB + nC + pD - k(aA + bB + cC + dD) = 0,$$

représentera un plan quelconque parallèle au premier, si k est un paramètre arbitraire; car, les points communs au plan (12) et au plan donné sont situés dans le plan à l'infini $aA + bB + cC + dD = 0$.

68. *Représentation de la ligne droite.* Deux équations simultanées du premier degré de la forme

$$lA + mB + nC + pD = 0, \quad l'A + m'B + n'C + p'D = 0,$$

sont satisfaites par les coordonnées des points communs aux plans qu'elles représentent; elles déterminent donc une droite dans l'espace, l'intersection de ces plans.

Lorsqu'une droite de l'espace est définie par deux points $P(A'B'C'D')$, $Q(A''B''C''D'')$, les coordonnées de l'un quelconque de ses points sont données par les formules

$$A = \frac{lA'' + mA'}{l + m}, \quad B = \frac{lB'' + mB'}{l + m}, \quad C = \frac{lC'' + mC'}{l + m}, \quad C = \frac{lD'' + mD'}{l + m},$$

où l et m sont des paramètres variables.

Enfin, supposons qu'une droite soit définie analytiquement par les équations

$$lA + mB + nC + pD = 0, \quad l'A + m'B + n'C + p'D = 0,$$

et assujettie à passer par un point donné $(A'B'C'D')$. On aura d'abord les relations

$$lA' + mB' + nC' + pD' = 0, \quad l'A' + m'B' + n'C' + p'D' = 0,$$

$$aA' + bB' + cC' + dD' = -3V, \quad aA + bB + cC + dD = -3V.$$

Si on les combine par soustraction avec les précédentes, on trouve que les coordonnées d'un point quelconque de la droite doivent satisfaire aux équations

$$l(A - A') + m(B - B') + n(C - C') + p(D - D') = 0,$$
$$l'(A - A') + m'(B - B') + n'(C - C') + p'(D - D') = 0,$$
$$a(A - A') + b(B - B') + c(C - C') + d(D - D') = 0.$$

En les résolvant par rapport aux différences $A - A'$, $B - B'$, $C - C'$, $D - D'$, on arrivera à mettre les équations d'une droite qui passe par un point sous la forme

$$\frac{A - A'}{\lambda_1} = \frac{B - B'}{\lambda_2} = \frac{C - C'}{\lambda_3} = \frac{D - D'}{\lambda_4};$$

les constantes λ_1, λ_2, λ_3, λ_4 sont proportionnelles aux déterminants

$$\begin{vmatrix} m & n & p \\ m' & n' & p' \\ b & c & d \end{vmatrix}, \quad -\begin{vmatrix} l & n & p \\ l' & n' & p' \\ a & c & d \end{vmatrix}, \quad \begin{vmatrix} l & m & p \\ l' & m' & p' \\ a & b & d \end{vmatrix}, \quad -\begin{vmatrix} l & m & n \\ l' & m' & n' \\ a & b & c \end{vmatrix},$$

c'est-à-dire, qu'elles satisfont aux équations

$$l\lambda_1 + m\lambda_2 + n\lambda_3 + p\lambda_4 = 0,$$
$$l'\lambda_1 + m'\lambda_2 + n'\lambda_3 + p'\lambda_4 = 0,$$
$$a\lambda_1 + b\lambda_2 + c\lambda_3 + d\lambda_4 = 0.$$

Mais, si on projette la distance ρ d'un point variable (A, B, C, D) de la droite au point (A' B' C' D') successivement sur les hauteurs du tétraèdre, on aura

$$A - A' = \rho\cos\alpha, \quad B - B' = \rho\cos\beta, \quad C - C' = \rho\cos\gamma, \quad D - D' = \rho\cos\delta;$$

$\alpha, \beta, \gamma, \delta$ désignent les angles de la droite avec les hauteurs h_1, h_2, h_3, h_4 du tétraèdre. On en déduit

$$\frac{A - A'}{\cos\alpha} = \frac{B - B'}{\cos\beta} = \frac{C - C'}{\cos\gamma} = \frac{D - D'}{\cos\delta} = \rho.$$

Posons $\lambda_1 = \cos\alpha$, $\lambda_2 = \cos\beta$, $\lambda_3 = \cos\gamma$, $\lambda_4 = \cos\delta$. Les équations d'une droite issue du point (A' B' C' D') seront finalement

$$\frac{A - A'}{\lambda_1} = \frac{B - B'}{\lambda_2} = \frac{C - C'}{\lambda_3} = \frac{D - D'}{\lambda_4} = \rho,$$

où les constantes $\lambda_1, \lambda_2, \lambda_3, \lambda_4$ représentent les cosinus de la droite avec les hauteurs du tétraèdre; on les appelle *coefficients directeurs*. Comme deux de ces quantités suffisent pour déterminer la direction de la droite, il doit exister entre elles deux relations distinctes. Nous prendrons pour l'une d'elles, l'équation

$$\text{(VIII)} \qquad a\lambda_1 + b\lambda_2 + c\lambda_3 + d\lambda_4 = 0,$$

ou bien

$$\frac{\lambda_1}{h_1} + \frac{\lambda_2}{h_2} + \frac{\lambda_3}{h_3} + \frac{\lambda_4}{h_4} = 0.$$

Afin d'en trouver une autre, substituons dans la formule (N° 63) qui donne la distance de deux points, aux différences des coordonnées leurs valeurs tirées des équations de la droite, c'est-à-dire, $A - A' = \lambda_1\rho$, $B - B' = \lambda_2\rho$, $C - C' = \lambda_3\rho$, $D - D' = \lambda_4\rho$. On trouvera ainsi la relation

$$-\left[\frac{d_{12}^2}{h_1h_2}\lambda_1\lambda_2 + \frac{d_{13}^2}{h_1h_3}\lambda_1\lambda_3 + \frac{d_{14}^2}{h_1h_4}\lambda_1\lambda_4 + \frac{d_{23}^2}{h_2h_3}\lambda_2\lambda_3 + \frac{d_{24}^2}{h_2h_4}\lambda_2\lambda_4 + \frac{d_{34}^2}{h_3h_4}\lambda_3\lambda_4\right] = 1$$

ou bien

$$-[abd_{12}^2\lambda_1\lambda_2 + acd_{13}^2\lambda_1\lambda_3 + add_{14}^2\lambda_1\lambda_4 + bcd_{23}^2\lambda_2\lambda_3 + bdd_{24}^2\lambda_2\lambda_4 + cdd_{34}^2\lambda_3\lambda_4] = 9V^2.$$

Afin d'abréger, nous écrirons simplement pour cette relation

$$\text{(IX)} \qquad \varphi(\lambda_1\lambda_2) = 1.$$

§ 2. PROBLÈMES.

69. *Trouver les conditions pour que deux plans soient parallèles.* Soient

$$lA + mB + nC + pD = 0, \quad l'A + m'B + n'C + p'D = 0,$$

les équations de deux plans. Nous avons vu (N° 67) que tout plan parallèle au premier est défini par une équation de la forme

$$lA + mB + nC + pD - k(aA + bB + cC + dD) = 0,$$

ou bien

$$(l - ka)A + (m - kb)B + (n - kc)C + (p - kd)D = 0.$$

Pour que le second plan coïncide avec ce dernier, on doit avoir

$$l - ka = \mu l', \quad m - kb = \mu m', \quad n - kc = \mu n', \quad p - kd = \mu p',$$

μ étant une constante. Si on prend successivement trois de ces équations pour éliminer k et μ, on trouvera pour les conditions du parallélisme des deux plans

$$\begin{vmatrix} l & m & n \\ l' & m' & n' \\ a & b & c \end{vmatrix} = 0, \quad \begin{vmatrix} m & n & p \\ m' & n' & p' \\ b & c & d \end{vmatrix} = 0, \quad \begin{vmatrix} n & p & l \\ n' & p' & l' \\ c & d & a \end{vmatrix} = 0, \quad \begin{vmatrix} p & l & m \\ p' & l' & m' \\ d & a & b \end{vmatrix} = 0.$$

70. *Déterminer le point d'intersection d'une droite et d'un plan.*

Supposons d'abord que la droite soit définie par deux équations de la forme

$$lA + mB + nC + pD = 0, \quad l'A + m'B + n'C + p'D = 0,$$

et soit

$$\lambda A + \mu B + \nu C + \pi D = 0,$$

celle du plan donné. Les coordonnées cherchées doivent satisfaire à la fois à ces équations ainsi qu'à la relation fondamentale

$$aA + bB + cC + dD = -3V;$$

il suffira donc de les résoudre pour obtenir ces coordonnées.

Pour que la droite soit parallèle au plan, il faudra que le dénominateur des valeurs obtenues soit nul, et, par suite, on doit avoir la relation

$$\begin{vmatrix} l & m & n & p \\ l' & m' & n' & p' \\ \lambda & \mu & \nu & \pi \\ a & b & c & d \end{vmatrix} = 0.$$

Lorsque la droite est représentée par des équations de la forme

$$\frac{A - A'}{\lambda_1} = \frac{B - B'}{\lambda_2} = \frac{C - C'}{\lambda_3} = \frac{D - D'}{\lambda_4} = \rho,$$

on en tire $A = A' + \lambda_1\rho$, $B = B' + \lambda_2\rho$, $C = C' + \lambda_3\rho$, $D = D' + \lambda_4\rho$.

Substituons ces valeurs dans l'équation du plan donné : il viendra

$$\lambda(A' + \lambda_1\rho) + \mu(B' + \lambda_2\rho) + \nu(C' + \lambda_3\rho) + \pi(D' + \lambda_4\rho) = 0.$$

On en déduit pour la distance du point d'intersection de la droite et du plan au point $(A' B' C' D')$

$$\rho = -\frac{\lambda A' + \mu B' + \nu C' + \pi D'}{\lambda\lambda_1 + \mu\lambda_2 + \nu\lambda_3 + \pi\lambda_4}.$$

La condition du parallélisme de la droite et du plan sera

$$\lambda\lambda_1 + \mu\lambda_2 + \nu\lambda_3 + \pi\lambda_4 = 0.$$

Si on avait à la fois

$$\lambda A' + \mu B' + \nu C' + \pi D' = 0,$$
$$\lambda\lambda_1 + \mu\lambda_2 + \nu\lambda_3 + \pi\lambda_4 = 0,$$

la droite serait complétement dans le plan donné.

71. *Trouver l'équation du plan qui passe par les points* $(A_1B_1C_1D_1)$, $(A_2B_2C_2D_2)$, $(A_3B_3C_3D_3)$.

Soit

$$lA + mB + nC + pD = 0$$

l'équation du plan demandé. Comme il doit renfermer les points donnés on a les relations

$$lA_1 + mB_1 + nC_1 + pD_1 = 0,$$
$$lA_2 + mB_2 + nC_2 + pD_2 = 0,$$
$$lA_3 + mB_3 + nC_3 + pD_3 = 0.$$

L'élimination des paramètres donnera pour l'équation du plan cherché

$$\begin{vmatrix} A & B & C & D \\ A_1 & B_1 & C_1 & D_1 \\ A_2 & B_2 & C_2 & D_2 \\ A_3 & B_3 & C_3 & D_3 \end{vmatrix} = 0.$$

72. *Trouver l'équation du plan passant par un point et une droite donnés.*

Soient (A' B' C' D') le point donné et

$$lA + mB + nC + pD = 0, \quad l'A + m'B + n'C + p'D = 0,$$

les équations de la droite. Un plan quelconque mené par cette droite est représenté par une équation de la forme

$$lA + mB + nC + pD = k\,(l'A + m'B + n'C + p'D),$$

où k est un paramètre arbitraire. De plus, le plan passant par le point (A'B'C'D'), on doit avoir

$$lA' + mB' + nC' + pD' = k\,(l'A' + m'B' + n'C' + p'D').$$

En divisant ces équations membre à membre, on trouve pour l'équation demandée

$$\frac{lA + mB + nC + pD}{lA' + mB' + nC' + pD'} = \frac{l'A + m'B + n'C + p'D}{l'A' + m'B' + n'C' + p'D'}.$$

Si la droite était définie par des équations de la forme

$$A = A_1 + \lambda_1\rho, \quad B = B_1 + \lambda_2\rho, \quad C = C_1 + \lambda_3\rho, \quad D = D_1 + \lambda_4\rho,$$

en supposant que le plan demandé soit $\lambda A + \mu B + \nu C + \pi D = 0$, on aurait les conditions

$$\lambda A_1 + \mu B_1 + \nu C_1 + \pi D_1 = 0,$$
$$\lambda\lambda_1 + \mu\lambda_2 + \nu\lambda_3 + \pi\lambda_4 = 0,$$
$$\lambda A' + \mu B' + \nu C' + \pi D' = 0.$$

L'équation du plan mené par le point et la droite serait

$$\begin{vmatrix} A & B & C & D \\ A_1 & B_1 & C_1 & D_1 \\ A' & B' & C' & D' \\ \lambda_1 & \lambda_2 & \lambda_3 & \lambda_4 \end{vmatrix} = 0.$$

73. *Trouver l'angle de deux droites données.*

Soient $\lambda_1\lambda_2\lambda_3\lambda_4$, $\mu_1\mu_2\mu_3\mu_4$ les coefficients directeurs des droites. Par un point quelconque de l'espace $O\,(A_1B_1C_1D_1)$ menons deux droites parallèles aux précédentes, et prenons sur chacune d'elles deux points P et Q à une distance égale à l'unité du point O. Désignons par $A_2B_2C_2D_2$, $A_3B_3C_3D_3$ les coordonnées des points P et Q : on aura

$$A_2 = A_1 + \lambda_1, \quad B_2 = B_1 + \lambda_2, \quad C_2 = C_1 + \lambda_3, \quad D_2 = D_1 + \lambda_4;$$

$$A_3 = A_1 + \mu_1, \quad B_3 = B_1 + \mu_2, \quad C_3 = C_1 + \mu_3, \quad D_3 = D_1 + \mu_4.$$

De plus, le triangle OPQ donne

$$2 - 2\cos\varphi = \overline{PQ}^2,$$

ou bien, en remplaçant PQ par la formule qui donne la distance de ces points (N° 63)

$$2 - \cos\varphi = -\left[\frac{d_{12}^2}{h_1h_2}(\lambda_1-\mu_1)(\lambda_2-\mu_2) + \frac{d_{13}^2}{h_1h_3}(\lambda_1-\mu_1)(\lambda_3-\mu_3) + \frac{d_{14}^2}{h_1h_4}(\lambda_1-\mu_1)(\lambda_4-\mu_4\right.$$

$$\left. + \frac{d_{23}^2}{h_2h_3}(\lambda_2-\mu_2)(\lambda_3-\mu_3) + \frac{d_{24}^2}{h_2h_4}(\lambda_2-\mu_2)(\lambda_4-\mu_4) + \frac{d_{34}^2}{h_3h_4}(\lambda_3-\mu_3)(\lambda_4-\mu_4)\right].$$

Si on développe le second membre, il viendra, eu égard aux relations $\varphi(\lambda_1\lambda_2) = 1$, $\varphi(\mu_1\mu_2) = 1$,

$$2 - 2\cos\varphi = 2 - \varphi(\lambda_1\mu_2 + \mu_1\lambda_2),$$

et, par suite,

$$\cos\varphi = \frac{1}{2}\varphi(\lambda_1\mu_2 + \mu_1\lambda_2).$$

Ainsi, l'angle des deux droites données sera déterminé par la formule

$$\cos\varphi = -\frac{1}{2}\left[\frac{d_{12}^2}{h_1h_2}(\lambda_1\mu_2 + \mu_1\lambda_2) + \frac{d_{13}^2}{h_1h_3}(\lambda_1\mu_3 + \mu_1\lambda_3) + \frac{d_{14}^2}{h_1h_4}(\lambda_1\mu_4 + \mu_1\lambda_4)\right.$$

$$\left. + \frac{d_{23}^2}{h_2h_3}(\lambda_2\mu_3 + \mu_2\lambda_3) + \frac{d_{24}^2}{h_2h_4}(\lambda_2\mu_4 + \mu_2\lambda_4) + \frac{d_{34}^2}{h_3h_4}(\lambda_3\mu_4 + \mu_3\lambda_4)\right].$$

On en déduit pour la condition de perpendicularité des deux droites

$$\frac{d_{12}^2}{h_1h_2}(\lambda_1\mu_2 + \mu_1\lambda_2) + \frac{d_{13}^2}{h_1h_3}(\lambda_1\mu_2 + \mu_1\lambda_2) + \frac{d_{14}^2}{h_1h_4}(\lambda_1\mu_4 + \mu_1\lambda_4)$$

$$+ \frac{d_{23}^2}{h_2h_3}(\lambda_2\mu_3 + \mu_2\lambda_3) + \frac{d_{24}^2}{h_2h_4}(\lambda_2\mu_4 + \mu_2\lambda_4) + \frac{d_{34}^2}{h_3h_4}(\lambda_3\mu_4 + \mu_3\lambda_4) = 0.$$

Supposons maintenant que les droites soient définies par les équations

$$(d)\ \begin{matrix} lA + mB + nC + pD = 0. \\ l'A + m'B + n'C + p'D = 0. \end{matrix} \qquad (d_1)\ \begin{matrix} l_1A + m_1B + n_1C + p_1D = 0. \\ l'_1A + m'_1B + n'_1C + p'_1D = 0. \end{matrix}$$

On sait que les coefficients directeurs de la première sont proportionnels aux déterminants

$$\begin{vmatrix} m & n & p \\ m' & n' & p' \\ b & c & d \end{vmatrix}, \quad -\begin{vmatrix} l & n & p \\ l' & n' & p' \\ a & c & d \end{vmatrix}, \quad \begin{vmatrix} l & m & p \\ l' & m' & p' \\ a & b & d \end{vmatrix}, \quad -\begin{vmatrix} l & m & n \\ l' & m' & n' \\ a & b & c \end{vmatrix}.$$

Afin d'abréger, représentons-les respectivement par L, M, N, P. Il viendra, pour déterminer les coefficients directeurs, les égalités

$$\frac{\lambda_1}{L} = \frac{\lambda_2}{M} = \frac{\lambda_3}{N} = \frac{\lambda_4}{P} = \frac{[\varphi(\lambda_1\lambda_2)]^{\frac{1}{2}}}{[\varphi(LM)]^{\frac{1}{2}}} = \frac{1}{[\varphi(LM)]^{\frac{1}{2}}}.$$

On aurait aussi pour la seconde droite

$$\frac{\mu_1}{L_1} = \frac{\mu_2}{M_1} = \frac{\mu_3}{N_1} = \frac{\mu_4}{P_1} = \frac{1}{[\varphi(L_1M_1)]^{\frac{1}{2}}}.$$

En substituant, dans l'expression de cos φ, aux coefficients directeurs leurs valeurs tirées des égalités précédentes, il viendra

$$\cos\varphi = -\frac{1}{2[\varphi(LM)]^{\frac{1}{2}}[\varphi(L_1M_1)]^{\frac{1}{2}}}\left[\frac{d_{12}^2}{h_1h_2}(LM_1 + ML_1) + \frac{d_{13}^2}{h_1h_2}(LN_1+NL_1) + \frac{d_{14}^2}{h_1h_4}(LP_1+PL_1)\right.$$
$$\left. + \frac{d_{23}^2}{h_2h_3}(MN_1 + NM_1) + \frac{d_{24}^2}{h_2h_4}(MP_1 + PM_1) + \frac{d_{34}^2}{h_3h_4}(NP_1 + PN_1)\right].$$

74. *Trouver l'équation d'un plan renfermant les coefficients directeurs de la normale à ce plan.*

Supposons qu'un plan soit représenté par une équation de la forme

$$apA_1 + bp_2B + cp_3C + dp_4D = 0.$$

Désignons par λ_1, λ_2, λ_3, λ_4 les coefficients directeurs de la perpendiculaire au plan, élevée en l'un de ses points O(A'B'C'D'). Nous pouvons considérer cette surface comme engendrée par le déplacement d'une droite $(\mu_1\,\mu_2\,\mu_3\,\mu_4)$ passant par le pied de la normale et restant perpendiculaire à cette ligne. On sait que la condition de perpendicularité de ces deux directions est (N° 73)

$$\varphi(\lambda_1\mu_2 + \mu_1\lambda_2) = 0.$$

Cette équation peut se mettre sous la forme

$$\mu_1\left(\frac{d_{12}^2}{h_1h_2}\lambda_2 + \frac{d_{13}^2}{h_1h_3}\lambda_3 + \frac{d_{14}^2}{h_1h_4}\lambda_4\right) + \mu_2\left(\frac{d_{12}^2}{h_1h_2}\lambda_1 + \frac{d_{23}^2}{h_2h_3}\lambda_3 + \frac{d_{24}^2}{h_2h_4}\lambda_4\right)$$

$$+ \mu_3\left(\frac{d_{13}^2}{h_1h_3}\lambda_1 + \frac{d_{23}^2}{h_2h_3}\lambda_2 + \frac{d_{34}^2}{h_3h_4}\lambda_4\right) + \mu_4\left(\frac{d_{14}^2}{h_1h_4}\lambda_1 + \frac{d_{24}^2}{h_2h_4}\lambda_2 + \frac{d_{34}^2}{h_3h_4}\lambda_3\right) = 0.$$

Pour abréger, désignons par φ_1, φ_2, φ_3, φ_4 les dérivées de la fonction (IX) du N° 68, prises respectivement par rapport à λ_1, λ_2, λ_3, λ_4 ; elles seront liées par la relation

$$\lambda_1\varphi_1 + \lambda_2\varphi_2 + \lambda_3\varphi_3 + \lambda_4\varphi_4 = 2.$$

Cela étant, la condition de perpendicularité devient

$$(k) \quad \mu_1\varphi_1 + \mu_2\varphi_2 + \mu_3\varphi_3 + \mu_4\varphi_4 = 0.$$

D'un autre côté, la droite $(\mu_1\,\mu_2\,\mu_3\,\mu_4)$ menée par le point $(A'B'C'D')$ est représentée par

$$\frac{A - A'}{\mu_1} = \frac{B - B'}{\mu_2} = \frac{C - C'}{\mu_3} = \frac{D - D'}{\mu_4} = \rho.$$

Si on élimine les coefficients directeurs entre ces égalités et la relation (k), on obtiendra l'équation de la surface engendrée ; on trouve ainsi

$$(A - A')\varphi_1 + (B - B')\varphi_2 + (C - C')\varphi_3 + (D - D')\varphi_4 = 0.$$

Posons $f = A'\varphi_1 + B'\varphi_2 + C'\varphi_3 + D'\varphi_4$; elle deviendra

$$A\varphi_1 + B\varphi_2 + C\varphi_3 + D\varphi_4 - f = 0.$$

C'est une forme nouvelle de l'équation d'un plan où les coefficients des variables sont des fonctions des coefficients directeurs de la normale. On peut la rendre homogène par la relation fondamentale

$$\frac{A}{h_1} + \frac{B}{h_2} + \frac{C}{h_3} + \frac{D}{h_4} = -1,$$

et écrire

$$A\varphi_1 + B\varphi_2 + C\varphi_3 + D\varphi_4 + f\left(\frac{A}{h_1} + \frac{B}{h_2} + \frac{C}{h_3} + \frac{D}{h_4}\right) = 0,$$

ou bien

$$A\left(\varphi_1 + \frac{f}{h_1}\right) + B\left(\varphi_2 + \frac{f}{h_2}\right) + C\left(\varphi_3 + \frac{f}{h_3}\right) + D\left(\varphi_4 + \frac{f}{h_4}\right) = 0.$$

75. *Trouver les cosinus directeurs de la normale à un plan donné.* Supposons d'abord que le plan soit représenté par l'équation

$$\frac{p_1}{h_1}A + \frac{p_2}{h_2}B + \frac{p_3}{h_3}C + \frac{p_4}{h_4}D = 0.$$

On sait que les quantités p_1, p_2, p_3, p_4 satisfont à la relation (N° 66, VI)

$$\left\{\frac{p_1}{h_1},\ \frac{p_2}{h_2},\ \frac{p_3}{h_3},\ \frac{p_4}{h_4}\right\}^2 = 1.$$

Désignons le premier membre par $F(p)$, et par F_1, F_2, F_3, F_4 ses dérivées prises respectivement par rapport à p_1, p_2, p_3, p_4. L'équation précédente peut encore s'écrire sous la forme

$$(h) \qquad \frac{1}{2}p_1F_1 + \frac{1}{2}p_2F_2 + \frac{1}{2}p_3F_3 + \frac{1}{2}p_4F_4 = 1.$$

Si on représente par A_1, B_1, C_1, D_1 les coordonnées du pied de la perpendiculaire p_1, par $\lambda_1, \lambda_2, \lambda_3, \lambda_4$ les coefficients directeurs de la normale au plan, on aura (N° 68)

$$\lambda_1 = \frac{A_1 + h_1}{p_1}, \quad \lambda_2 = \frac{B_1}{p_1}, \quad \lambda_3 = \frac{C_1}{p_1}, \quad \lambda_4 = \frac{D_1}{p_1};$$

d'où

$$A_1 = \lambda_1 p_1 - h_1, \quad B_1 = p_1\lambda_2, \quad C_1 = p_1\lambda_3, \quad D_1 = p_1\lambda_4.$$

D'un autre côté, l'équation du plan peut se mettre sous la forme

$$A\varphi_1 + B\varphi_2 + C\varphi_3 + D\varphi_4 - f = 0,$$

et comme le point $(A_1\, B_1\, C_1\, D_1)$ appartient à cette surface, on aura, en substituant,

$$-h_1\varphi_1 + p_1(\lambda_1\varphi_1 + \lambda_2\varphi_2 + \lambda_3\varphi_3 + \lambda_4\varphi_4) - f = 0.$$

D'où on déduit

$$2p_1 = + h_1\varphi_1 + f,$$

On trouverait semblablement

$$2p_2 = + h_2\varphi_2 + f,$$
$$2p_3 = + h_3\varphi_3 + f,$$
$$2p_4 = + h_4\varphi_4 + f.$$

Multiplions ces égalités respectivement par $\frac{\lambda_1}{h_1}$, $\frac{\lambda_2}{h_2}$, $\frac{\lambda_3}{h_3}$, $\frac{\lambda_4}{h_4}$; il viendra, eu égard à la relation $\frac{\lambda_1}{h_1} + \frac{\lambda_2}{h_2} + \frac{\lambda_3}{h_3} + \frac{\lambda_4}{h_4} = 0$,

$$2\left(\frac{\lambda_1 p_1}{h_1} + \frac{\lambda_2 p_2}{h_2} + \frac{\lambda_3 p_3}{h_3} + \frac{\lambda_4 p_4}{h_4}\right) = + (\lambda_1\varphi_1 + \lambda_2\varphi_2 + \lambda_3\varphi_3 + \lambda_4\varphi_4),$$

ou bien

$$(h') \qquad \frac{\lambda_1 p_1}{h_1} + \frac{\lambda_2 p_2}{h_2} + \frac{\lambda_3 p_3}{h_3} + \frac{\lambda_4 p_4}{h_4} = + 1.$$

Il s'ensuit que pour tous les plans parallèles au plan donné, c'est-à-dire, pour les plans qui admettent les mêmes valeurs de $\lambda_1, \lambda_2, \lambda_3, \lambda_4$, les équations (h) et (h') seront satisfaites quelles que soient p_1, p_2, p_3, p_4; on doit donc avoir

$$\frac{\lambda_1}{h_1} = + \frac{1}{2}F_1, \quad \frac{\lambda_2}{h_2} = + \frac{1}{2}F_2, \quad \frac{\lambda_3}{h_3} = + \frac{1}{2}F_3, \quad \frac{\lambda_4}{h_4} = + \frac{1}{2}F_4.$$

On peut donc prendre pour les coefficients directeurs

$$\lambda_1 = \pm \frac{1}{2}h_1F_1, \quad \lambda_2 = \pm \frac{1}{2}h_2F_2, \quad \lambda_3 = \pm \frac{1}{2}h_3F_3, \quad \lambda_4 = \pm \frac{1}{2}h_4F_4$$

suivant les deux directions opposées de la normale,

ou bien, en remplaçant les dérivées par leurs valeurs,

$$\lambda_1 = \frac{p_1}{h_1} - \frac{p_2}{h_2}\cos(ab) - \frac{p_3}{h_3}\cos(ac) - \frac{p_4}{h_4}\cos(ad),$$

$$\lambda_2 = \frac{p_2}{h_2} - \frac{p_1}{h_1}\cos(ab) - \frac{p_3}{h_3}\cos(bc) - \frac{p_4}{h_4}\cos(bd),$$

$$\lambda_3 = \frac{p_3}{h_3} - \frac{p_1}{h_1}\cos(ac) - \frac{p_2}{h_2}\cos(bc) - \frac{p_4}{h_4}\cos(cd).$$

$$\lambda_4 = \frac{p_4}{h_4} - \frac{p_1}{h_1}\cos(ad) - \frac{p_2}{h_2}\cos(bd) - \frac{p_3}{h_3}\cos(cd).$$

Si l'équation du plan donné est de la forme

$$ap_1A + bp_2B + cp_3C + dp_4D = 0,$$

on trouvera pour les coefficients directeurs de la normale, en remplaçant h_1 par $\frac{3V}{a}$ etc.,

$$\lambda_1 = \frac{1}{3V}[ap_1 - bp_2\cos(ab) - cp_3\cos(ac) - dp_4\cos(ad)],$$

$$\lambda_2 = \frac{1}{3V}[bp_2 - ap_1\cos(ab) - cp_3\cos(bc) - dp_4\cos(bd)],$$

$$\lambda_3 = \frac{1}{3V}[cp_3 - ap_1\cos(ac) - bp_2\cos(bc) - dp_4\cos(cd)],$$

$$\lambda_4 = \frac{1}{3V}[dp_4 - ap_1\cos(ad) - bp_2\cos(bd) - cp_3\cos(cd)].$$

Enfin, lorsque l'équation du plan est $lA + mB + nC + pD = 0$, on sait que

$$\frac{p_1}{h_1} = \alpha l,\quad \frac{p_2}{h_2} = \alpha m,\quad \frac{p_3}{h_3} = \alpha n,\quad \frac{p_4}{h_4} = \alpha p,$$

ou α est une constante. Substituons ces valeurs dans la relation

$$\left\{\frac{p_1}{h_1},\ \frac{p_2}{h_2},\ \frac{p_3}{h_3},\ \frac{p_4}{h_4}\right\}^2 = 1;$$

il viendra

$$\alpha^2 \{ l, m, n, p \}^2 = 1,$$

et, par suite,

$$\alpha = \frac{1}{\{ l, m, n, p \}}.$$

Les coefficients directeurs de la normale auront pour expressions

$$\lambda_1 = \frac{l - m \cos(ab) - n \cos(ac) - p \cos(ad)}{\{ l, m, n, p \}},$$

$$\lambda_2 = \frac{m - l \cos(ab) - n \cos(bc) - p \cos(bd)}{\{ l, m, n, p \}},$$

$$\lambda_3 = \frac{n - l \cos(ac) - m \cos(bc) - p \cos(cd)}{\{ l, m, n, p \}},$$

$$\lambda_4 = \frac{p - l \cos(ad) - m \cos(bd) - n \cos(cd)}{\{ l, m, n, p \}}.$$

76. *Trouver l'angle de deux plans donnés.*

Supposons que les plans soient définis par les équations

$$\frac{p_1}{h_1} A + \frac{p_2}{h_2} B + \frac{p_3}{h_3} C + \frac{p_4}{h_4} D = 0,$$

$$\frac{q_1}{h_1} A + \frac{q_2}{h_2} B + \frac{q_3}{h_3} C + \frac{q_4}{h_4} D = 0.$$

Soient $\lambda_1 \lambda_2 \lambda_3 \lambda_4$, $\mu_1 \mu_2 \mu_3 \mu_4$ les coefficients directeurs des normales à ces plans; on aura (N° 75)

$$\cos \varphi = \frac{1}{2} \varphi (\lambda_1 \mu_2 + \mu_1 \lambda_2),$$

ou bien

$$\cos \varphi = \frac{1}{2} \mu_1 \varphi_1 + \frac{1}{2} \mu_2 \varphi_2 + \frac{1}{2} \mu_3 \varphi_3 + \frac{1}{2} \mu_4 \varphi_4.$$

Or, d'après les relations du n° 75, on a les égalités

$$\frac{1}{2}\varphi_1 = \frac{p_1}{h_1} - \frac{f}{2h_1}, \quad \frac{1}{2}\varphi_2 = \frac{p_2}{h_2} - \frac{f}{2h_2}, \quad \frac{1}{2}\varphi_3 = \frac{p_3}{h_3} - \frac{f}{2h_3}, \quad \frac{1}{2}\varphi_4 = \frac{p_4}{h_4} - \frac{f}{2h_4}.$$

Substituons ces valeurs dans l'expression de $\cos\varphi$; en tenant compte de la relation

$$\frac{\mu_1}{h_1} + \frac{\mu_2}{h_2} + \frac{\mu_3}{h_3} + \frac{\mu_4}{h_4} = 0,$$

on trouve

$$\cos\varphi = \left(\frac{p_1}{h_1}\mu_1 + \frac{p_2}{h_2}\mu_2 + \frac{p_3}{h_3}\mu_3 + \frac{p_4}{h_4}\mu_4\right).$$

Enfin, si on remplace $\mu_1, \mu_2, \mu_3, \mu_4$ par leurs valeurs, il viendra

$$\begin{aligned}\cos\varphi = {} & \frac{p_1}{h_1}\left[\frac{q_1}{h_1} - \frac{q_2}{h_2}\cos(ab) - \frac{q_3}{h_3}\cos(ac) - \frac{q_4}{h_4}\cos(ad)\right] \\ & + \frac{p_2}{h_2}\left[\frac{q_2}{h_2} - \frac{q_1}{h_1}\cos(ab) - \frac{q_3}{h_3}\cos(bc) - \frac{q_4}{h_4}\cos(bd)\right] \\ & + \frac{p_3}{h_3}\left[\frac{q_3}{h_3} - \frac{q_1}{h_1}\cos(ac) - \frac{q_2}{h_2}\cos(bc) - \frac{q_4}{h_4}\cos(cd)\right] \\ & + \frac{p_4}{h_4}\left[\frac{q_4}{h_4} - \frac{q_1}{h_1}\cos(ad) - \frac{q_2}{h_2}\cos(bd) - \frac{q_3}{h_3}\cos(cd)\right]\end{aligned}$$

ou bien

$$\begin{aligned}\cos\varphi = {} & \frac{p_1q_1}{h_1^2} + \frac{p_2q_2}{h_2^2} + \frac{p_3q_3}{h_3^2} + \frac{p_4q_4}{h_4^2} - \left(\frac{p_1q_2 + q_1p_2}{h_1h_2}\right)\cos(ad) - \left(\frac{p_1q_3 + q_1p_3}{h_1h_3}\right)\cos(ac) \\ & - \left(\frac{p_1q_4 + q_1p_4}{h_1h_4}\right)\cos(ad) - \left(\frac{p_2q_3 + q_2p_3}{h_2h_3}\right)\cos(bc) - \left(\frac{p_2q_4 + q_2p_4}{h_2h_4}\right)\cos(bd) \\ & - \left(\frac{p_3q_4 + q_3p_4}{h_3h_4}\right)\cos(cd).\end{aligned}$$

Lorsque les équations des plans sont de la forme

$$lA + mB + nC + pD = 0, \quad l'A + m'B + n'C + p'D = 0,$$

on a les relations

$$\frac{p_1}{h_1} = \frac{\mp l}{\{l, m, n, p\}} \text{etc.}, \qquad \frac{q_1}{h_1} = \frac{\mp l'}{\{l', m', n', p'\}} \text{etc.}$$

En substituant, l'expression du cosinus de l'angle de ces plans devient

$$\cos\varphi = \mp \frac{1}{\{l\,m\,n\,p\}\ \{l'\,m'\,n'\,p'\}} [ll' + mm' + nn' + pp' - (lm' + ml')$$

$$\cos(ab) - (ln' + nl')\cos(ac) - (lp' + pl')\cos(ad) - (mn' + nm')\cos(bc)$$
$$- (np' + pm')\cos(bd) - (np' + pn')\cos(cd)].$$

La condition de perpendicularité des deux plans se présente sous la forme

$$ll' + mm' + nn' + pp'$$

$$- (lm' + ml')\cos(ab) - (ln' + nl')\cos(ac) - (lp' + pl')\cos(ad)$$
$$- (mn' + nm')\cos(bc) - (mp' + pm')\cos(bd) - (np' + pn')\cos(cd) = 0.$$

77. *Déterminer l'expression de la distance d'un point à un plan.*

Considérons d'abord un plan représenté par l'équation

$$\frac{p_1}{h_1}A + \frac{p_2}{h_2}B + \frac{p_3}{h_3}C + \frac{p_4}{h_4}D = 0,$$

et soit (A′ B′ C′ D′) le point donné. Si on désigne par P la distance cherchée, un plan mené par le point (A′ B′ C′ D′) parallèlement au plan donné aura pour équation

$$\left(\frac{p_1 \pm P}{h_1}\right)A + \left(\frac{p_2 \pm P}{h_2}\right)B + \left(\frac{p_3 \pm P}{h_3}\right)C + \left(\frac{p_4 \pm P}{h_4}\right)D = 0.$$

Mais, comme il renferme le point donné, on doit avoir

$$\left(\frac{p_1 \pm P}{h_1}\right)A' + \left(\frac{p_2 \pm P}{h_2}\right)B' + \left(\frac{p_3 \pm P}{h_3}\right)C' + \left(\frac{p_4 \pm P}{h_4}\right)D' = 0,$$

ou bien, en vertu de la relation $\frac{A'}{h_1} + \frac{B'}{h_2} + \frac{C'}{h_3} + \frac{D'}{h_4} = -1$,

$$\frac{p_1}{h_1}A' + \frac{p_2}{h_2}B' + \frac{p_3}{h_3}C' + \frac{p_4}{h_4}D' \mp P = 0.$$

On en déduit pour la distance cherchée

$$P = \pm \left(\frac{p_1}{h_1} A' + \frac{p_2}{h_2} B' + \frac{p_3}{h_3} C' + \frac{p_4}{h_4} D'\right).$$

Ainsi, si on substitue dans le premier membre de l'équation

$$\frac{p_1}{h_1} A + \frac{p_2}{h_2} B + \frac{p_3}{h_3} C + \frac{p_4}{h_4} D = 0,$$

les coordonnées d'un point, on obtient un nombre positif ou négatif qui mesure la distance de ce point au plan qu'elle représente.

Lorsque le plan est défini par l'équation

$$ap_1A + bp_2B + cp_3C + dp_4D = 0,$$

l'expression de P prend la forme

$$P = \mp \frac{ap_1A' + bp_2B' + cp_3C' + dp_4D'}{3V}.$$

Enfin, pour le plan représenté par l'équation

$$lA + mB + nC + pD = 0,$$

on sait que

$$p_1 = \frac{-lh_1}{\{l, m, n, p\}} = \frac{-3Vl}{a\{l, m, n, p\}}, \quad p_2 = \frac{-3Vm}{b\{l, m, n, p\}},$$

$$p_3 = \frac{-3Vn}{c\{l, m, n, p\}}, \quad p_4 = \frac{-3Vp}{d\{l, m, n, p\}};$$

en substituant ces valeurs dans l'expression de P, on aura finalement

$$P = \mp \frac{lA' + mB' + nC' + pD'}{\{l, m, n, p\}}.$$

78. *Trouver les équations d'une droite menée du point* (A′ B′ C′ D′) *perpendiculairement au plan* $lA + mB + nC + pD = 0$.

La droite cherchée a des équations de la forme

$$\frac{A-A'}{\lambda_1}=\frac{B-B'}{\lambda_2}=\frac{C-C'}{\lambda_3}=\frac{D-D'}{\lambda_4}.$$

Si on remplace les coefficients directeurs par leurs expressions données précédemment (N° 75), il viendra pour les équations demandées

$$\frac{A-A'}{l-m\cos(ab)-n\cos(ac)-p\cos(ad)}=\frac{B-B'}{m-l\cos(ab)-n\cos(bc)-p\cos(bd)}$$

$$=\frac{C-C'}{n-l\cos(ac)-m\cos(bc)-p\cos(cd)}=\frac{D-D'}{p-l\cos(ad)-m\cos(bd)-n\cos(cd)}.$$

Chacun de ces rapports est égal à ρ divisé par $\{l, m, n, p\}$; en les multipliant respectivement par l, m, n, p, et ajoutant, on retrouverait l'expression précédente de la distance du point $(A'B'C'D')$ au plan donné.

Exercices.

Ex. 1. Plans menés par les sommets du tétraèdre parallèlement aux faces opposées.

R. (1) $bB+cC+dD=0$, (2) $aA+cC+dD=0$,

(3) $aA+bB+dD=0$, (4) $aA+bB+cC=0$.

Ex. 2. Plans passant par un point (A′B′C′D′) et les arêtes du tétraèdre.

R. $\frac{B}{B'}-\frac{C}{C'}=0$, $\frac{B}{B'}-\frac{D}{D'}=0$, $\frac{B}{B'}-\frac{A}{A'}=0$,

$\frac{C}{C'}-\frac{D}{D'}=0$, $\frac{C}{C'}-\frac{A}{A'}=0$, $\frac{D}{D'}-\frac{A}{A'}=0$.

Ex. 3. Plans bissecteurs des dièdres des angles solides 1, 2, 3, 4.

R. (1) $B-C=0$, $C-D=0$, $D-B=0$;

(2) $A-C=0$, $C-D=0$, $D-A=0$;

(3) $A-B=0$, $B-D=0$, $D-A=0$;

(4) $A-B=0$, $B-C=0$, $C-A=0$.

Ils passent trois à trois par une même droite et ils ne forment que six plans distincts passant par un même point.

Ex. 4. Conditions pour que le plan $lA + mB + nC + pD = 0$ soit perpendiculaire aux faces du tétraèdre.

R.
$$(1)\quad l - m\cos(ab) - n\cos(ac) - p\cos(ad) = 0,$$
$$(2)\quad m - l\cos(ab) - n\cos(bc) - p\cos(bd) = 0,$$
$$(3)\quad n - l\cos(ac) - m\cos(bc) - p\cos(cd) = 0,$$
$$(4)\quad p - l\cos(ad) - m\cos(bd) - n\cos(cd) = 0.$$

Ex. 5. Plans menés par les arêtes du sommet 1 perpendiculairement à la face opposée.

R. $$\frac{C}{\cos(ac)} - \frac{B}{\cos(ab)} = 0, \qquad \frac{B}{\cos(ab)} - \frac{D}{\cos(ad)} = 0, \qquad \frac{D}{\cos(ad)} - \frac{C}{\cos(ac)} = 0.$$

Ils se coupent suivant une même droite.

Ex. 6. Les droites d'intersection des plans bissecteurs des dièdres extérieurs du sommet 1 avec les faces opposées sont dans un même plan.

En effet, les plans bissecteurs étant

$$B + C = 0, \quad C + D = 0, \quad D + B = 0,$$

ils rencontrent respectivement les faces D, B, C suivant des droites qui appartiennent au plan $B + C + D = 0$.

Ex. 7. Interpréter les équations

$$(\alpha)\quad B - C + D = 0,$$
$$(\beta)\quad -B + C + D = 0,$$
$$(\gamma)\quad B + C - D = 0.$$

La première exprime que les plans

$$B - C = 0, \quad C - D = 0, \quad B + D = 0,$$

rencontrent les faces D, B, C suivant des droites qui appartiennent au plan qu'elle représente.

De même les plans

$$B - C = 0, \quad C + D = 0, \quad D - B = 0,$$
$$B + C = 0, \quad C - D = 0, \quad D - B = 0,$$

rencontrent les mêmes faces suivant des droites situées dans les plans (β) et (γ). En ajoutant aux équations données celle de l'exemple précédent : $B + C + D = 0$, on aura un système de quatre plans qui se coupent en un même point.

Ex. 8. Plans menés par une arête et le milieu de l'arête opposée. Pour les plans passant par les arêtes du sommet 1, on trouvera

$$\frac{B}{h_2}-\frac{C}{h_3}=0,\qquad \frac{C}{h_3}-\frac{D}{h_4}=0,\qquad \frac{D}{h_4}-\frac{B}{h_2}=0;$$

ces plans se coupent suivant une même droite.

Ex. 9. Plans menés par les milieux des arêtes d'un même sommet.

R. (1) $$\frac{A}{h_1}-\frac{B}{h_2}-\frac{C}{h_3}-\frac{D}{h_4}=0,$$

(2) $$-\frac{A}{h_1}+\frac{B}{h_2}-\frac{C}{h_3}-\frac{D}{h_4}=0.$$

(3) $$-\frac{A}{h_1}-\frac{B}{h_2}+\frac{C}{h_3}-\frac{D}{h_4}=0,$$

(4) $$-\frac{A}{h_1}-\frac{B}{h_2}-\frac{C}{h_3}+\frac{D}{h_4}=0.$$

Ex. 10. Plan passant par un point $(A'B'C'D')$ et perpendiculaire à la droite $(\lambda_1\lambda_2\lambda_3\lambda_4)$.

R. $$(A-A')\varphi_1+(B-B')\varphi_2+(C-C')\varphi_3+(D-D')\varphi_4=0.$$

Ex. 11. Plans bissecteurs des plans

$$lA+mB+nD+pD=0,\qquad l'A+m'B+n'C+p'D=0.$$

R. $$\frac{lA+mB+nC+pD}{\{l,m,n,p\}}=\pm\frac{l'A+m'B+n'C+p'D}{\{l',m',n',p'\{}.$$

Ex. 12. Plan mené par la droite

$$lA+mB+nC+pD=0,\qquad l'A+m'B+n'C+p'D=0,$$

et parallèle à une autre droite $(\mu_1\mu_2\mu_3\mu_4)$.

R. $$\frac{lA+mB+nC+pD}{l\mu_1+m\mu_2+n\mu_3+p\mu_4}=\frac{l'A+m'B+n'C+p'D}{l'\mu_1+m'\mu_2+n'\mu_3+p'\mu_4}.$$

Ex. 13. Condition de rencontre des droites

$$(d)\quad \begin{matrix} lA+mB+nC+pD=0,\\ l'A+m'B+n'C+p'D=0.\end{matrix}\qquad (d')\quad \begin{matrix} l''A+m''B+n''C+p''D=0,\\ l'''A+m'''B+n'''C+p'''D=0.\end{matrix}$$

R. $$\begin{vmatrix} l & m & n & p \\ l' & m' & n' & p' \\ l'' & m'' & n'' & p'' \\ l''' & m''' & n''' & p''' \end{vmatrix} = 0.$$

Ex. **14.** Plan passant par la droite

$$\frac{A - A'}{\lambda_1} = \frac{B - B'}{\lambda_2} = \frac{C - C'}{\lambda_3} = \frac{D - D'}{\lambda_4},$$

et parallèle à une autre droite $(\mu_1 \mu_2 \mu_3 \mu_4)$.

R. $$\begin{vmatrix} A & B & C & D \\ A' & B' & C' & D' \\ \lambda_1 & \lambda_2 & \lambda_3 & \lambda_4 \\ \mu_1 & \mu_2 & \mu_3 & \mu_4 \end{vmatrix} = 0.$$

Ex. **15.** Trouver les équations des hauteurs du tétraèdre et les coefficients directeurs de ces droites.

R. (1) $$\frac{A + h_1}{1} = \frac{B}{\cos(ab)} = \frac{C}{\cos(ac)} = \frac{D}{\cos(ad)};$$

(2) $$\frac{A}{\cos(ab)} = \frac{B + h_2}{1} = \frac{C}{\cos(bc)} = \frac{D}{\cos(bd)};$$

(3) $$\frac{A}{\cos(ac)} = \frac{B}{\cos(bc)} = \frac{C + h_3}{1} = \frac{D}{\cos(cd)};$$

(4) $$\frac{A}{\cos(ad)} = \frac{B}{\cos(bd)} = \frac{C}{\cos(cd)} = \frac{D + h_4}{1}.$$

Si on pose (N° 68) : $\varphi = -abd_{12}^2\lambda_1\lambda_2 - acd_{13}^2\lambda_1\lambda_3 \cdots\cdots - 9V^2$, on sait que les coefficients directeurs de la première de ces droites satisfont aux équations

$$a\lambda_1 + b\lambda_2 + c\lambda_3 + d\lambda_4 = 0$$

$$\lambda_1\varphi_1 + \lambda_2\varphi_2 + \lambda_3\varphi_3 + \lambda_4\varphi_4 = +18V^2.$$

Mais, pour la hauteur h_1, $\lambda_1 = 1$, et la dernière équation peut s'écrire

$$\lambda_1(\varphi_1 - 18V^2) + \lambda_2\varphi_2 + \lambda_3\varphi_3 + \lambda_4\varphi_4 = 0.$$

En vertu de la première, on satisfait à cette équation en posant

$$\varphi_1 - 18V^2 = -ka, \quad \varphi_2 = -kb, \quad \varphi_3 = -kc, \quad \varphi_4 = -kd;$$

ou bien, en y remplaçant φ_1, φ_2, φ_3, φ_4 par leurs valeurs

$$a(bd_{12}^2\lambda_2 + cd_{13}^2\lambda_3 + dd_{14}^2\lambda_4) = ka - 18V^2$$

$$ad_{12}^2\lambda_1 + cd_{23}^2\lambda_3 + dd_{24}^2\lambda_4 = k$$

$$ad_{13}^2\lambda_1 + bd_{23}^2\lambda_2 + dd_{34}^2\lambda_4 = k$$

$$ad_{14}^2\lambda_1 + bd_{24}^2\lambda_2 + cd_{34}^2\lambda_3 = k.$$

En y ajoutant la relation $a\lambda_1 + b\lambda_2 + c\lambda_3 + d\lambda_4 = 0$, on a un nombre d'équations suffisantes pour déterminer $k, \lambda_1, \lambda_2, \lambda_3, \lambda_4$, en fonction des arêtes du tétraèdre.

Ex. **16.** Trouver l'expression du volume d'un tétraèdre dont les sommets sont $(A_1B_1C_1D_1)$, $(A_2B_2C_2D_2)$, $(A_3B_3C_3D_3)$, $(A_4B_4C_4D_4)$.

Si on désigne par $(x_1y_1z_1)$, $(x_2y_2z_2)$, $(x_3y_3z_3)$, $(x_4y_4z_4)$ les coordonnées cartésiennes des mêmes sommets, et par v le volume cherché, on sait que

$$6v = \begin{vmatrix} x_1 & y_1 & z_1 & 1 \\ x_2 & y_2 & z_2 & 1 \\ x_3 & y_3 & z_3 & 1 \\ x_4 & y_4 & z_4 & 1 \end{vmatrix}.$$

De plus, les différentes coordonnées tétraédriques sont les valeurs des premiers membres des équations des faces pour les coordonnées cartésiennes $x_1\, y_1\, z_1$, etc. Il s'ensuit, d'après la règle de multiplication des déterminants, qu'on aura l'équation

$$\begin{vmatrix} A_1 & B_1 & C_1 & D_1 \\ A_2 & B_2 & C_2 & D_2 \\ A_3 & B_3 & C_3 & D_3 \\ A_4 & B_4 & C_4 & D_4 \end{vmatrix} = \begin{vmatrix} x_1 & y_1 & z_1 & 1 \\ x_2 & y_2 & z_2 & 1 \\ x_3 & y_3 & z_3 & 1 \\ x_4 & y_4 & z_4 & 1 \end{vmatrix} . \begin{vmatrix} \cos\alpha_1 & \cos\beta_1 & \cos\gamma_1 & \pi_1 \\ \cos\alpha_2 & \cos\beta_2 & \cos\gamma_2 & \pi_2 \\ \cos\alpha_3 & \cos\beta_3 & \cos\gamma_3 & \pi_3 \\ \cos\alpha_4 & \cos\beta_4 & \cos\gamma_4 & \pi_4 \end{vmatrix}.$$

Désignons par L le second déterminant. Afin de trouver sa valeur, substituons dans la relation fondamentale $aA + bB + cC + dD = -3V$, aux lettres A, B, C, D, les polynômes en x, y, z; comme elle doit avoir lieu quelles que soient ces variables, les coefficients de x, y, z doivent être nuls et la quantité indépendante des variables sera égale à $-3V$. On aura donc

$$a\cos\alpha_1 + b\cos\alpha_2 + c\cos\alpha_3 + d\cos\alpha_4 = 0,$$

$$a\cos\beta_1 + b\cos\beta_2 + c\cos\beta_3 + d\cos\beta_4 = 0,$$

$$a\cos\gamma_1 + b\cos\gamma_2 + c\cos\gamma_3 + d\cos\gamma_4 = 0.$$

$$a\pi_1 + b\pi_2 + c\pi_3 + d\pi_4 = +3V.$$

Les trois premières donnent

$$\frac{a}{\begin{vmatrix} \alpha_2 \cos\alpha_3 \cos\alpha_4 \\ \beta_2 \cos\beta_3 \cos\beta_4 \\ \gamma_2 \cos\gamma_3 \cos\gamma_4 \end{vmatrix}} = -\frac{b}{\begin{vmatrix} \cos\alpha_1 & \cos\alpha_3 & \cos\alpha_4 \\ \cos\beta_1 & \cos\beta_3 & \cos\beta_4 \\ \cos\gamma_1 & \cos\gamma_3 & \cos\gamma_4 \end{vmatrix}} = \frac{c}{\begin{vmatrix} \cos\alpha_1 & \cos\alpha_2 & \cos\alpha_4 \\ \cos\beta_1 & \cos\beta_2 & \cos\beta_4 \\ \cos\gamma_1 & \cos\gamma_2 & \cos\gamma_4 \end{vmatrix}} = -\frac{d}{\begin{vmatrix} \cos\alpha_1 & \cos\alpha_2 & \cos\alpha_3 \\ \cos\beta_1 & \cos\beta_2 & \cos\beta_3 \\ \cos\gamma_1 & \cos\gamma_2 & \cos\gamma_3 \end{vmatrix}}$$

$$= \frac{a\pi_1 + b\pi_2 + c\pi_3 + d\pi_4}{L} = \frac{+3V}{L}.$$

Soit k la valeur commune de ces rapports; on aura : $L = \frac{+3V}{k}$, et, par suite,

$$v = \frac{k}{18V} \begin{vmatrix} A_1 & B_1 & C_1 & D_1 \\ A_2 & B_2 & C_2 & D_2 \\ A_3 & B_3 & C_3 & D_3 \\ A_4 & B_4 & C_4 & D_4 \end{vmatrix}.$$

Pour calculer la valeur de k, faisons coïncider le tétraèdre donné avec le tétraèdre de référence. On trouve ainsi : $k = \frac{2abcd}{9V^2}$. Donc, il vient finalement pour l'expression du volume cherché.

$$v = \frac{abcd}{81V^3} \begin{vmatrix} A_1 & B_1 & C_1 & D_1 \\ A_2 & B_2 & C_2 & D_2 \\ A_3 & B_3 & C_3 & D_3 \\ A_4 & B_4 & C_4 & D_4 \end{vmatrix}.$$

On peut encore remplacer $\frac{abcd}{81V^3}$ par $\frac{V}{h_1 h_2 h_3 h_4}$.

CHAPITRE V.

POINT ET LIGNE DROITE.

Coordonnées tangentielles.

SOMMAIRE — *Coordonnées d'un plan; équation du point; problèmes. — Coordonnées tétraédriques tangentielles; équation du point; problèmes. — Rapport anharmonique et harmonique de quatre points ou de quatre plans. — Involution. — Divisions homographiques.*

§ 1. COORDONNÉES DU PLAN; ÉQUATION DU POINT; PROBLÈMES.

79. Considérons l'équation du premier degré en x, y, z sous la forme

$$(1) \qquad ux + vy + wz - 1 = 0,$$

où u, v et w sont trois paramètres arbitraires. A chaque système de valeurs attribuées aux coefficients, elle représente un plan complétement déterminé de direction et de position dans l'espace. Il en résulte que l'on peut regarder les variables u, v et w comme étant les *coordonnées* du plan défini par l'équation, puisqu'elles suffisent à sa détermination.

Si on désigne par a, b, c les segments que le plan détermine sur les axes à partir de l'origine, son équation peut s'écrire

$$(1') \qquad \frac{x}{a} + \frac{y}{b} + \frac{z}{c} - 1 = 0.$$

En comparant (1) et (1'), il vient

$$u = \frac{1}{a}, \quad v = \frac{1}{b}, \quad w = \frac{1}{c}.$$

De même, si on identifie l'équation (1) avec $x \cos \alpha + y \cos \beta + z \cos \gamma - p = 0$, on trouve aussi les relations

$$\cos \alpha = pu, \qquad \cos \beta = pv, \qquad \cos \gamma = pw;$$

et, par suite,

$$u^2 + v^2 + w^2 = \frac{1}{p^2}.$$

Nous verrons plus tard que, si les variables u, v et w satisfont à une certaine relation $f(u, v, w) = 0$, le plan de l'équation (1) se déplace suivant une loi déterminée, et engendre par ses intersections successives une surface à laquelle il reste tangent dans toutes ses positions. L'équation $f(u, v, w) = 0$ qui détermine les coordonnées d'un plan tangent quelconque, se nomme l'*équation tangentielle* de la surface. Les variables u, v et w ont reçu le nom de *coordonnées tangentielles*.

80. *Équation du point.* L'équation du premier degré par rapport aux coordonnées u, v et w peut s'écrire

$$(2) \qquad lu + mv + nw - 1 = 0,$$

où l, m, n sont des constantes. Eliminons la variable w entre (1) et (2); il viendra

$$(nx - lz)\, u + (ny - mz)\, v - n + z = 0:$$

équation en x, y, z qui renferme deux coefficients indéterminés; elle représente une infinité de plans qui ont en commun le point d'intersection des plans

$$nx - lz = 0, \qquad ny - mz = 0, \qquad n - z = 0,$$

c'est-à-dire, le point dont les coordonnées cartésiennes sont : $x = l$, $y = m$, $z = n$. Ainsi, lorsque les variables u, v et w satisfont à une relation du premier degré de la forme (2), le plan mobile (1) passe par un point fixe. Il s'ensuit que l'équation (2) peut être considérée comme étant la définition analytique d'un point de l'espace dont les coordonnées cartésiennes sont les coefficients des variables u, v et w.

L'équation

$$(3) \quad Au + Bv + Cw + D = 0$$

se ramène à la forme (2), en divisant les deux membres par $-D$; elle représentera un point défini en coordonnées cartésiennes par les valeurs

$$x = -\frac{A}{D}, \quad y = -\frac{B}{D}, \quad z = -\frac{C}{D}.$$

Les équations

$$Au + Bv + D = 0, \qquad Au + Cw + D = 0, \qquad Bv + Cw + D = 0$$

déterminent : la première, un point dans le plan des xy; la seconde, un point dans le plan des xz; la troisième, un point dans le plan des yz.

De même, un point situé sur l'un des axes coordonnés sera défini par une équation de la forme

$$Au + D = 0, \qquad Bv + D = 0, \qquad Cw + D = 0.$$

Les coordonnées du point représenté par l'équation (3) sont

$$x = \frac{A}{0}, \quad y = \frac{B}{0}, \quad z = \frac{C}{0},$$

lorsque le coefficient D est nul, et, par suite, l'équation

$$Au + Bv + Cw = 0,$$

doit être regardée comme représentant un point à l'infini sur la droite

$$\frac{x}{A} = \frac{y}{B} = \frac{z}{C}.$$

Enfin, l'équation

$$D = 0 \text{ ou } 0 \cdot u + 0 \cdot v + 0 \cdot w + D = 0$$

définit le point : $x = \frac{0}{D}$, $y = \frac{0}{D}$, $z = \frac{0}{D}$, c'est-à-dire, l'origine des coordonnées.

81. *Point situé sur une droite passant par l'origine.* Désignons par x_0, y_0, z_0 les coordonnées cartésiennes d'un point d'une droite issue de l'origine et faisant les angles α, β, γ avec trois axes rectangulaires. L'équation de ce point sera

$$x_0 u + y_0 v + z_0 w - 1 = 0.$$

Mais, ρ étant la distance de ce point à l'origine, on a :

$$x_0 = \rho \cos \alpha, \qquad y_0 = \rho \cos \beta, \qquad z_0 = \rho \cos \gamma.$$

En substituant, l'équation précédente devient

$$u \cos \alpha + v \cos \beta + w \cos \gamma - \frac{1}{\rho} = 0.$$

Réciproquement, toute équation de la forme

$$u \cos \alpha + v \cos \beta + w \cos \gamma - p = 0$$

représente un point dont les coordonnées cartésiennes sont :

$$x = \frac{\cos \alpha}{p}, \quad y = \frac{\cos \beta}{p}, \quad z = \frac{\cos \gamma}{p},$$

et, par suite, il est situé sur une droite issue de l'origine ayant pour équations

$$\frac{x}{\cos \alpha} = \frac{y}{\cos \beta} = \frac{z}{\cos \gamma}.$$

82. *Point situé dans un plan donné* (u_0, v_0, w_0). L'équation d'un point quelconque

$$Au + Bv + Cw + D = 0$$

est satisfaite par les coordonnées de tous les plans qui passent par ce point, et la relation

$$Au_0 + Bv_0 + Cw_0 + D = 0$$

exprimera que le plan donné renferme le point qu'elle représente.

Retranchons ces équations membre à membre pour éliminer la constante D; il viendra

$$A(u - u_0) + B(v - v_0) + C(w - w_0) = 0 :$$

équation qui est satisfaite par les coordonnées du plan donné quelles que soient les valeurs de A, B et C; elle définit donc un point quelconque de ce plan.

Supposons que le plan donné soit défini par les trois points

$$x_0u + y_0v + z_0w - 1 = 0, \quad x_1u + y_1v + z_1w - 1 = 0, \quad x_2u + y_2v + z_2w - 1 = 0$$

et soient k_0, k_1, k_2 trois constantes arbitraires. Un point quelconque de ce plan sera donné par l'équation

$$k_0(x_0u + y_0v + z_0w - 1) + k_1(x_1u + y_1v + z_1w - 1) + k_2(x_2u + y_2v + z_2w - 1) = 0$$

En effet, elle est du premier degré en u, v et w; de plus, elle est satisfaite par les coordonnées du plan des trois points, car celles-ci annulent les polynômes qui multiplient k_0, k_1, k_2; donc, quelles que soient les valeurs des constantes, le point défini par l'équation appartient au plan donné. Les coordonnées cartésiennes de ce point seront

$$x = \frac{k_0x_0 + k_1x_1 + k_2x_2}{k_0 + k_1 + k_2}, \quad y = \frac{k_0y_0 + k_1y_1 + k_2y_2}{k_0 + k_1 + k_2}, \quad z = \frac{k_0z_0 + k_1z_1 + k_2z_2}{k_0 + k_1 + k_2}.$$

83. *Représentation de la ligne droite.* Une droite est complétement déterminée par deux points; il s'ensuit que deux équations simultanées du premier degré de la forme

$$lu + mv + nw - 1 = 0, \quad l'u + m'v + n'w - 1 = 0$$

peuvent être regardées comme la définition analytique de la droite qui réunit les points qu'elles représentent prises séparément. Les coordonnées cartésiennes de ces points étant $l\,m\,n$, $l'\,m'\,n'$, il viendra, en désignant par d leur distance,

$$d = \pm\sqrt{(l - l')^2 + (m - m')^2 + (n - n')^2},$$

tandis que les cosinus directeurs auront pour expressions

$$\cos\alpha = \frac{l - l'}{d}, \quad \cos\beta = \frac{m - m'}{d}, \quad \cos\gamma = \frac{n - n'}{d}.$$

Si on prend pour déterminer une droite, ses traces sur les plans xz et yz, ses équations peuvent s'écrire

$$u = aw + p, \qquad v = bw + q.$$

Les coordonnées cartésiennes des traces sont;

$$x = \frac{1}{p}, \quad y = 0, \quad z = -\frac{a}{p}$$

$$x = 0, \quad y = \frac{1}{q}, \quad z = -\frac{b}{q}.$$

On en déduit

$$d = \pm \frac{1}{pq}\sqrt{p^2 + q^2 + (bp - aq)^2},$$

$$\cos\alpha = \frac{1}{pd}, \quad \cos\beta = -\frac{1}{qd}, \quad \cos\gamma = \frac{bp - aq}{pqd}.$$

Enfin, si on regarde la droite comme déterminée par l'intersection de deux plans donnés $(u_1 v_1 w_1)$, $(u_2 v_2 w_2)$, on aura d'abord les relations

$$u_1 = aw_1 + p, \qquad v_1 = bw_1 + q.$$

En retranchant ces équations des précédentes, il viendra

$$u - u_1 = a(w - w_1), \qquad v - v_1 = b(w - w_1).$$

De plus, le plan $(u_2 v_2 w_2)$ passant par ces points, on doit aussi avoir

$$u_2 - u_1 = a(w_2 - w_1), \qquad v_2 - v_1 = b(w_2 - w_1).$$

L'élimination des coefficients a et b donnera pour les équations de la droite

$$\frac{u - u_1}{u_2 - u_1} = \frac{w - w_1}{w_2 - w_1}, \qquad \frac{v - v_1}{v_2 - v_1} = \frac{w - w_1}{w_2 - w_1},$$

ou bien

$$(w_2 - w_1)u - (u_2 - u_1)w + w_1 u_2 - u_1 w_2 = 0,$$

$$(w_2 - w_1)v - (v_2 - v_1)w + w_1 v_2 - v_1 w_2 = 0.$$

Si on pose: $\Delta = \pm \sqrt{(v_2w_1 - v_1w_2)^2 + (u_1w_2 - w_1u_2)^2 + (v_1u_2 - u_1v_2)^2}$, on aura pour les cosinus directeurs

$$\cos\alpha = \frac{w_1v_2 - v_1w_2}{\Delta}, \quad \cos\beta = \frac{u_1w_2 - w_1u_2}{\Delta}, \quad \cos\gamma = \frac{v_1u_2 - u_1v_2}{\Delta}.$$

84. *Trouver l'angle de deux droites données.*

Soient

$$\begin{cases} lu + mv + nw - 1 = 0, \\ l'u + m'v + n'w - 1 = 0, \end{cases} \qquad \begin{cases} pu + qv + rw - 1 = 0, \\ p'u + q'v + r'w - 1 = 0, \end{cases}$$

les équations des droites données. D'après le numéro précédent, on aura

$$\cos\alpha = \frac{l - l'}{d}, \quad \cos\beta = \frac{m - m'}{d}, \quad \cos\gamma = \frac{n - n'}{d},$$

$$\cos\alpha' = \frac{p - p'}{d'}, \quad \cos\beta' = \frac{q - q'}{d'}, \quad \cos\gamma' = \frac{r - r'}{d'},$$

où les quantités d et d' sont déterminées par les formules

$$d = \pm \sqrt{(l - l')^2 + (m - m')^2 + (n - n')^2},$$

$$d' = \pm \sqrt{(p - p')^2 + (q - q')^2 + (r - r')^2}.$$

En substituant ces valeurs dans l'expression

$$\cos\varphi = \cos\alpha\cos\alpha' + \cos\beta\cos\beta' + \cos\gamma\cos\gamma',$$

il viendra pour calculer l'angle cherché

$$\cos\varphi = \pm \frac{(l - l')(p - p') + (m - m')(q - q') + (n - n')(r - r')}{\sqrt{(l - l')^2 + (m - m')^2 + (n - n')^2}\sqrt{(p - p')^2 + (q - q')^2 + (r - r')^2}}.$$

On en tire, pour la condition de perpendicularité des droites,

$$(l - l')(p - p') + (m - m')(q - q') + (n - n')(r - r') = 0;$$

et, pour celle du parallélisme,

$$[(l - l')^2 + (m - m')^2 + (n - n')^2][(p - p')^2 + (q - q')^2 + (r - r')^2]$$
$$- [(l - l')(p - p') + (m - m')(q - q') + (n - n')(r - r')]^2 = 0,$$

ou bien

$$[(l-l')(q-q')-(m-m')(p-p')]^2+[(l-l')(r-r')-(n-n')(p-p')]^2 + [(m-m')(r-r')-(n-n')(q-q')]^2=0.$$

Cette équation exige que l'on ait les relations

$$\frac{l-l'}{p-p'}=\frac{m-m'}{q-q'}=\frac{n-n'}{r-r'}.$$

Lorsque les droites données ont des équations de la forme

$$\begin{cases} u=aw+p, \\ v=bw+q, \end{cases} \qquad \begin{cases} u=a'w+p', \\ v=b'w+q', \end{cases}$$

on trouve facilement pour cos φ l'expression

$$\cos\varphi=\frac{pp'+qq'+(aq-bp)(a'q'-b'p')}{\sqrt{p^2+q^2+(aq-bp)^2}\sqrt{p'^2+q'^2+(a'q'-b'p')^2}}.$$

Dans ce cas, il vient pour la condition de perpendicularité,

$$pp'+qq'+(aq-bp)(a'q'-b'p')=0.$$

85. *Déterminer l'angle d'une droite avec un plan donné* (u_1, v_1, w_1). Une droite définie par des équations de la forme

$$lu+mv+nw-1=0, \qquad l'u+m'v+n'w-1=0$$

fait avec les axes rectangulaires des angles qui satisfont aux relations

$$\frac{\cos\alpha}{l-l'}=\frac{\cos\beta}{m-m'}=\frac{\cos\gamma}{n-n'}=\frac{1}{d}=\frac{1}{\sqrt{(l-l')^2+(m-m')^2+(n-n')^2}}.$$

D'un autre côté, les angles α', β', γ' d'une normale au plan

$$u_1x+v_1y+w_1z-1=0,$$

sont déterminés par les égalités

$$\frac{\cos\alpha'}{u_1}=\frac{\cos\beta'}{v_1}=\frac{\cos\gamma'}{w_1}=\frac{1}{\sqrt{u_1^2+v_1^2+w_1^2}}.$$

L'angle φ que fait la droite avec le plan étant complémentaire de l'angle de cette droite avec la normale, on aura

$$\sin\varphi=\cos\alpha\cos\alpha'+\cos\beta\cos\beta'+\cos\gamma\cos\gamma'.$$

En substituant, on trouve, pour déterminer l'angle cherché,

$$\sin\varphi=\mp\frac{(l-l')u_1+(m-m')v_1+(n-n')w_1}{\sqrt{(l-l')^2+(m-m')^2+(n-n')^2}\sqrt{u_1^2+v_1^2+w_1^2}}.$$

Il en résulte que la condition du parallélisme de la droite et du plan sera

$$(l-l')u_1+(m-m')v_1+(n-n')w_1=0;$$

et, pour que la droite soit perpendiculaire au plan, il faut et il suffit que l'on ait

$$\begin{gathered}[(l-l')^2+(m-m')^2+(n-n')^2][u_1^2+v_1^2+w_1^2]\\-[(l-l')u_1+(m-m')v_1+(n-n')w_1]^2=0,\end{gathered}$$

ou bien,

$$\begin{gathered}[(l-l')v_1-(m-m')u_1]^2+[l-l')w_1-(n-n')u_1]^2\\+[(m-m')w_1-(n-n')v_1]^2=0:\end{gathered}$$

équation qui sera satisfaite, si on a

$$\frac{l-l'}{u_1}=\frac{m-m'}{v_1}=\frac{n-n'}{w_1}.$$

Quand la droite est représentée par des équations de la forme

$$u-aw-p=0,\qquad v-bw-q=0,$$

la condition du parallélisme devient

$$qu_1-pv_1+(bp-aq)w_1=0,$$

et celle de la perpendicularité

$$\frac{q}{u_1} = -\frac{p}{v_1} = \frac{bp - aq}{w_1}.$$

86. *Trouver l'expression de la distance d'un point* $lu + mv + nw - 1 = 0$ *à un plan donné* $(u_1 v_1 w_1)$.

Les coordonnées cartésiennes du point donné étant

$$x = l, \quad y = m, \quad z = n.$$

Sa distance au plan représenté par l'équation

$$u_1 x + v_1 y + w_1 z - 1 = 0,$$

aura pour expression

$$P = \pm \frac{lu_1 + mv_1 + nw_1 - 1}{\sqrt{u_1^2 + v_1^2 + w_1^2}}.$$

On en déduit cette règle importante : *Si on divise le premier membre de l'équation* $lu + mv + nw - 1 = 0$ *par* $\sqrt{u^2 + v^2 + w^2}$, *on obtient une quantité positive ou négative qui mesure la distance du point représenté par l'équation au plan* (u, v, w).

87. *Trouver l'équation du point d'intersection de trois plans donnés* $(u_1 v_1 w_1)$, $(u_2 v_2 w_2)$, $(u_3 v_3 w_3)$.

Soit

$$Au + Bv + Cw + D = 0$$

l'équation du point cherché. Comme les plans donnés renferment ce point, leurs coordonnées doivent satisfaire à l'équation, et on aura les relations

$$Au_1 + Bv_1 + Cw_1 + D = 0,$$

$$Au_2 + Bv_2 + Cw_2 + D = 0,$$

$$Au_3 + Bv_3 + Cw_3 + D = 0.$$

L'élimination des paramètres donne pour l'équation cherchée

$$\begin{vmatrix} u & v & w & 1 \\ u_1 & v_1 & w_1 & 1 \\ u_2 & v_2 & w_2 & 1 \\ u_3 & v_3 & w_3 & 1 \end{vmatrix} = 0.$$

Il en résulte que la condition nécessaire et suffisante pour que quatre plans se coupent en un même point sera

$$\begin{vmatrix} u_0 & v_0 & w_0 & 1 \\ u_1 & v_1 & w_1 & 1 \\ u_2 & v_2 & w_2 & 1 \\ u_3 & v_3 & w_3 & 1 \end{vmatrix} = 0.$$

88. *Trouver la condition pour que les points*

$$U = Au + Bv + Cw + D = 0,$$
$$V = A'u + B'v + C'w + D' = 0,$$
$$W = A''u + B''v + C''w + D'' = 0,$$

soient en ligne droite.

Les points donnés seront sur une même droite, si on peut trouver trois constantes λ, μ, ν de manière à avoir l'identité

$$(\alpha) \qquad \lambda U + \mu V + \nu W \equiv 0.$$

En effet, les coordonnées d'un plan quelconque qui passe par les deux premiers points annulent U et V, et comme cette relation a lieu quelles que soient les valeurs des variables, elles devront aussi annuler le polynôme W; les plans qui renferment les deux premiers points passent par le dernier, et les trois points seront en ligne droite.

Réciproquement, si trois points sont en ligne droite, il sera toujours possible de trouver des constantes, λ, μ, ν qui donnent la relation identique (α). En effet, l'équation $\lambda U + \mu V = 0$ représente un point quelconque situé sur la droite des points $U = 0$, $V = 0$; mais, le troisième point étant en ligne droite avec les deux autres, on pourra déterminer λ et μ de manière à ce que la fonction $\lambda U + \mu V$ soit identique à $-\nu W$, et, par suite, on aura l'identité (α).

89. *Trouver la condition pour que quatre points appartiennent à un même plan.*

Soient

$$U = 0, \qquad V = 0, \qquad W = 0, \qquad T = 0,$$

les équations de quatre points, U, V, W et T étant des polynômes du premier degré en u, v et w; ils seront dans un même plan si on a l'identité

$$(\beta) \qquad \lambda U + \mu V + \nu W + \rho T \equiv 0.$$

Car, les coordonnées du plan passant par les trois premiers points annulent U, V et W, et, en vertu de cette relation identique, elles doivent aussi satisfaire à l'équation $T = 0$: donc, ces points sont dans un même plan, le plan déterminé par les points U, V et W. Réciproquement, si quatre points appartiennent à un plan, on peut toujours déterminer des constantes telles que l'on ait l'identité (β). En effet, l'équation

$$\lambda U + \mu V + \nu W = 0$$

représente un point quelconque du plan déterminé par les points U, V et W; comme ce dernier passe par le point $T = 0$, le premier membre doit pouvoir devenir identique à T par des valeurs convenables de λ, μ, ν, c'est-à-dire, que l'on pourra écrire une relation identique à (β).

90. *Transformation des coordonnées.* Supposons d'abord que l'on transporte les axes parallèlement à eux-mêmes au point

$$pu + qv + rw - 1 = 0.$$

L'équation

$$ux + vy + wz - 1 = 0$$

pour la nouvelle origine deviendra

$$u(x' + p) + v(y' + q) + w(z' + r) - 1 = 0,$$

ou bien,

$$ux' + vy' + wz' - (1 - pu - qv - rw) = 0.$$

Si on désigne par u', v', w' les coordonnées du plan par rapport aux axes nouveaux, on aura les relations

$$u' = \frac{u}{1 - pu - qv - rw},$$

$$v' = \frac{v}{1 - pu - qv - rw},$$

$$w' = \frac{w}{1 - pu - qv - rw}.$$

Lorsqu'on change la direction des axes en conservant la même origine, l'équation $ux + vy + wz - 1 = 0$ devient, en supposant les axes rectangulaires,

$$u(ax' + by' + cz') + v(a'x' + b'y' + c'z') + w(a''x' + b''y' + c''z') - 1 = 0,$$

ou bien

$$(au + a'v + a''w)x' + (bu + b'v + b''w)y' + (cu + c'v + c''w)z' - 1 = 0.$$

Il en résulte que les formules de la transformation des coordonnées seront

$$u' = au + a'v + a''w,$$

$$v' = bu + b'v + b''w,$$

$$w' = cu + c'v + c''w.$$

§ 2. COORDONNÉES TÉTRAÉDRIQUES TANGENTIELLES; ÉQUATION DU POINT; PROBLÈMES.

91. Considérons quatre points fixes de l'espace représentés par les équations

$$(1) \qquad U = x_0u + y_0v + z_0w - 1 = 0,$$

$$(2) \qquad V = x_1u + y_1v + z_1w - 1 = 0,$$

$$(3) \qquad W = x_2u + y_2v + z_2w - 1 = 0,$$

$$(4) \qquad T = x_3u + y_3v + z_3w - 1 = 0.$$

Un plan quelconque peut être déterminé de position dans l'espace par ses distances aux points fixes. Si on les désigne par A, B, C, D, on aura (N° 86)

$$A = \pm \frac{U}{\sqrt{u^2 + v^2 + w^2}}, \quad B = \pm \frac{V}{\sqrt{u^2 + v^2 + w^2}},$$

$$C = \pm \frac{W}{\sqrt{u^2 + v^2 + w^2}}, \quad D = \pm \frac{T}{\sqrt{u^2 + v^2 + w^2}}.$$

De plus, ces distances sont liées par la relation (N° 66)

$$a^2A^2 + b^2B^2 + c^2C^2 + d^2D^2 - 2ab\,AB\cos(ab) - 2ac\,AC\cos(ac) - 2ad\,AD\cos(ad)$$
$$- 2bc\,BC\cos(bc) - 2bd\,BD\cos(bd) - 2cd\,CD\cos(cd) = 9V^2$$

que nous écrirons pour abréger

$$\{aA, bB, cC, dD\}^2 = 9V^2;$$

a, b, c, d sont les aires des faces du tétraèdre qui a pour sommets les points fixes; V désigne le volume de ce solide; cos (ab) représente le cosinus de l'angle des faces a et b, etc. Il suffit donc de connaître les rapports de trois de ces distances à la quatrième pour en déduire leurs véritables valeurs.

Toute équation homogène, telle que F (A, B, C, D) = 0, équivaut à la relation homogène F (U, V, W, T) = 0, c'est-à-dire à une certaine équation entre les coordonnées du plan u, v, w. Si on fait varier A, B, C, D de manière à satisfaire à la relation précédente, les plans correspondants détermineront par leurs intersections successives une certaine surface. L'équation

$$F(A, B, C, D) = 0$$

sera, en coordonnées tétraédriques, *l'équation tangentielle* de cette surface, tandis que les variables A, B, C, D seront les *coordonnées tétraédriques tangentielles* du plan mobile. Ces nouvelles coordonnées du plan ne sont qu'une généralisation des coordonnées u, v et w, de même que les coordonnées tétraédriques d'un point sont une généralisation des coordonnées cartésiennes x, y, z.

Nous représentons les coordonnées tangentielles par les mêmes lettres que les coordonnées tétraédriques d'un point, afin d'avoir plus d'uniformité dans les équations. Le signe des quantités A, B, C, D se détermine suivant la direction des perpendiculaires à partir des points fixes ou points de *référence*.

92. L'équation homogène du premier degré

$$(1) \quad lA + mB + nC + pD = 0$$

sera aussi du premier degré par rapport à u, v et w, si on remplace A, B, C, D par leurs valeurs : elle définit donc un certain point de l'espace.

Désignons par A_0, B_0, C_0, D_0 les coordonnées distances de ce point par rapport au tétraèdre qui a pour sommets les points de référence. Nous savons que l'équation d'un plan en coordonnées tétraédriques peut se mettre sous la forme

$$ap_1A + bp_2B + cp_3C + dp_4D = 0,$$

p_1, p_2, p_3, p_4 étant les perpendiculaires abaissées des sommets du tétraèdre sur ce plan, c'est-à-dire, ses coordonnées tangentielles. Exprimons que le point $(A_0 B_0 C_0 D_0)$ appartient à ce plan : il viendra

$$ap_1A_0 + bp_2B_0 + cp_3C_0 + dp_4D_0 = 0.$$

Cette relation sera satisfaite par les coordonnées tangentielles d'un plan quelconque passant par le point $(A_0 B_0 C_0 D_0)$; c'est l'équation tangentielle de ce point où (p_1, p_2, p_3, p_4) désignent la même chose que A, B, C, D dans l'équation (1). En identifiant les deux égalités, on arrive aux relations

$$\frac{aA_0}{l} = \frac{bB_0}{m} = \frac{cC_0}{n} = \frac{dD_0}{p};$$

en vertu d'une propriété des fractions égales, chacun de ces rapports est égal à

$$\frac{aA_0 + bB_0 + cC_0 + dD_0}{l + m + n + p} = -\frac{3V}{l + m + n + p}.$$

D'où on tire, pour les coordonnées tétraédriques du point représenté par l'équation (1),

$$A_0 = -\frac{3Vl}{a(l+m+n+p)} = -\frac{lh_1}{l+m+n+p},$$

$$B_0 = -\frac{3Vm}{b(l+m+n+p)} = -\frac{mh_2}{l+m+n+p},$$

$$C_0 = -\frac{3Vn}{c(l+m+n+p)} = -\frac{nh_3}{l+m+n+p},$$

$$D_0 = -\frac{3Vp}{d(l+m+n+p)} = -\frac{ph_4}{l+m+n+p}.$$

Ces valeurs conduisent aux égalités

$$\frac{l}{\frac{A_0}{h_1}} = \frac{m}{\frac{B_0}{h_2}} = \frac{n}{\frac{C_0}{h_3}} = \frac{p}{\frac{D_0}{h_4}},$$

et, par suite, l'équation (1) peut s'écrire sous la forme

$$\frac{A_0}{h_1}A + \frac{B_0}{h_2}B + \frac{C_0}{h_3}C + \frac{D_0}{h_4}D = 0.$$

Cas particuliers. Si $p = 0$ dans l'équation (1), elle se réduit à

$$lA + mB + nC = 0,$$

ou bien

$$lU + mV + nW = 0,$$

et représente un point situé dans la face 123 du tétraèdre de référence. En général, toute équation à trois termes définit un point appartenant à l'une des faces du tétraèdre.

Soit l'équation à deux termes

$$lA + mB = 0 \quad \text{ou} \quad lU + mV = 0.$$

Elle est satisfaite en posant $U = 0$, $V = 0$; ce qui a lieu pour tous les plans passant par l'arête $\overline{12}$, et, par conséquent, elle représente un point situé sur cette arête.

On en tire

$$\frac{A}{B} = -\frac{m}{l} = \text{constante.}$$

Il en résulte que le rapport des perpendiculaires abaissées des points 1 et 2 sur un plan quelconque passant par le point que l'équation représente sera constant ; ce rapport est négatif, si le point est situé entre les points 1 et 2, et positif dans le cas contraire. En particulier, les équations

$$\frac{A}{B} = -1, \quad \frac{A}{B} = +1,$$

ou bien

$$A + B = 0, \quad A - B = 0,$$

représentent : la première, le point milieu de l'arête $\overline{12}$; la seconde, le point à l'infini de cette droite.

Il est facile de vérifier, qu'en général, toute équation à deux termes représente un point situé sur l'une des arêtes du tétraèdre de référence.

93. *Trouver l'équation du point d'intersection de trois plans donnés.*

Soient $A_1B_1C_1D_1$, $A_2B_2C_2D_2$, $A_3B_3C_3D_3$ les coordonnées tangentielles des plans donnés, et

$$lA + mB + nC + pD = 0$$

l'équation du point demandé. On a les conditions

$$lA_1 + mB_1 + nC_1 + pD_1 = 0,$$
$$lA_2 + mB_2 + nC_2 + pD_2 = 0,$$
$$lA_3 + mB_3 + nC_3 + pD_3 = 0.$$

L'élimination des coefficients l, m, n, p donnera pour l'équation du point d'intersection des plans

$$\begin{vmatrix} A & B & C & D \\ A_1 & B_1 & C_1 & D_1 \\ A_2 & B_2 & C_2 & D_2 \\ A_3 & B_3 & C_3 & D_3 \end{vmatrix} = 0.$$

Il en résulte que la condition pour que quatre plans se coupent en un même point sera

$$\begin{vmatrix} A_0 & B_0 & C_0 & D_0 \\ A_1 & B_1 & C_1 & D_1 \\ A_2 & B_2 & C_2 & D_2 \\ A_3 & B_3 & C_3 & D_3 \end{vmatrix} = 0.$$

94. *Trouver les cosinus directeurs de la droite définie par les points*

$$lA + mB + nC + pD = 0, \qquad l'A + m'B + n'C + p'D = 0.$$

Soient $A_1B_1C_1D_1$, $A_2B_2C_2D_2$ les coordonnées tétraédriques des deux points donnés, et λ_1, λ_2, λ_3, λ_4, les cosinus qu'il s'agit de déterminer.

On a

$$\lambda_1 = \frac{A_2 - A_1}{d}, \quad \lambda_2 = \frac{B_2 - B_1}{d}, \quad \lambda_3 = \frac{C_2 - C_1}{d}, \quad \lambda_4 = \frac{D_2 - D_1}{d},$$

d étant la distance des deux points. Or, les coordonnées tétraédriques peuvent se calculer d'après les coefficients des équations données (N° 92), et la distance d, par la formule (III) du N° 63; donc, on peut considérer la question comme résolue.

Lorsqu'on connaît les cosinus directeurs de deux droites, on peut en déduire l'expression du cosinus de l'angle qu'elles forment entre elles ainsi que la condition de perpendicularité de ces droites.

95. *Trouver l'expression de la distance du point*

$$\frac{A_0}{h_1}A + \frac{B_0}{h_2}B + \frac{C_0}{h_3}C + \frac{D_0}{h_4}D = 0$$

à un plan donné (A'B'C'D').

Soit P la distance cherchée; menons par le point un plan parallèle au plan donné : ses coordonnées seront

$$A' \pm P, \quad B' \pm P, \quad C' \pm P, \quad D' \pm P,$$

et, par suite on aura la relation

$$(A' \pm P)\frac{A_0}{h_1} + (B' \pm P)\frac{B_0}{h_2} + (C' \pm P)\frac{C_0}{h_3} + (D' \pm P)\frac{D_0}{h_4} = 0.$$

En se rappelant la relation $\frac{A_0}{h_1} + \frac{B_0}{h_2} + \frac{C_0}{h_3} + \frac{D_0}{h_4} = -1$, on en déduit pour la distance cherchée

$$P = \pm\left(\frac{A_0}{h_1}A' + \frac{B_0}{h_2}B' + \frac{C_0}{h_3}C' + \frac{D_0}{h_4}D'\right).$$

Lorsque le point est représenté par une équation de la forme

$$lA + mB + nC + pD = 0,$$

il faut remplacer dans l'expression précédente $\frac{A_0}{h_1}, \frac{B_0}{h_2}, \frac{C_0}{h_3}, \frac{D_0}{h_4}$, par leurs valeurs (N° 92); on trouvera ainsi pour la distance de ce point au plan donné

$$P = \mp\frac{lA' + mB' + nC' + pD'}{l + m + n + p}.$$

§ 5. RAPPORT ANHARMONIQUE ET HARMONIQUE; POLE D'UN PLAN PAR RAPPORT A DEUX POINTS; PLAN POLAIRE D'UN POINT PAR RAPPORT A DEUX PLANS.

96. Le rapport anharmonique de quatre points a, b, p, q situés sur une même droite est l'expression

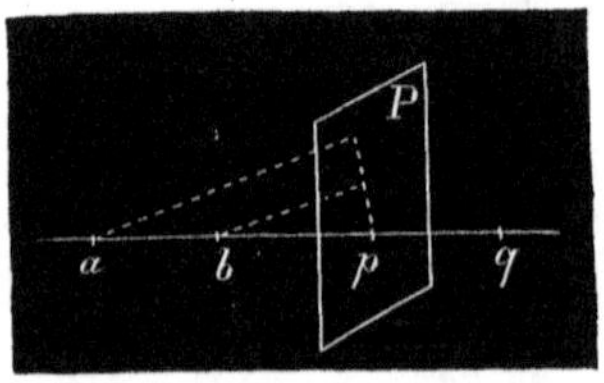

$$\frac{ap}{aq} : \frac{bp}{bq}$$

lorsqu'on considère a et b, p et q comme associés ou conjugués.

Fig. 21.

Soient

$$(1)\quad \begin{array}{ll} (a)\ \ A = 0, & (b)\ \ B = 0, \\ (p)\ \ A - \lambda B = 0, & (q)\ \ A - \mu B = 0, \end{array}$$

les équations de ces points; A et B sont des polynômes du premier degré en u, v et w de la forme $lu + mv + nw - 1$. Le coefficient λ représente le rapport des perpendiculaires abaissées des points a et b sur un plan quelconque passant par le point p; mais ce rapport est égal et de même signe à celui des segments ap et bp, positif si le point p est sur le prolongement de ab, négatif dans le cas contraire. On aura donc

$$\lambda = \frac{ap}{bp}.$$

De même, $\mu = \frac{aq}{bq}$; par suite,

$$\frac{\lambda}{\mu} = \frac{ap}{bp} : \frac{aq}{bq} = \frac{ap}{aq} : \frac{bp}{bq}.$$

Ainsi, le rapport anharmonique de quatre points définis par des équations de la forme (1) est égal à $\frac{\lambda}{\mu}$.

Supposons que les points soient représentés par les équations

$$(2)\quad \begin{array}{ll} (a)\ \ A - \lambda B = 0, & (b)\ \ A - \mu B = 0, \\ (p)\ \ A - \lambda' B = 0, & (q)\ \ A - \mu' B = 0. \end{array}$$

On peut les ramener à la forme précédente, en posant $A - \lambda B = A'$, $A - \mu B = B'$. En exprimant A et B en fonction de A′ et B′ les équations (2) peuvent s'écrire

$$(a)\ \ A' = 0, \qquad (b)\ \ B' = 0,$$

$$(p)\ \ A' - \frac{\lambda - \lambda'}{\mu - \lambda'} B' = 0, \qquad (q)\ \ A' - \frac{\lambda - \mu'}{\mu - \mu'} B' = 0.$$

Il en résulte que le rapport anharmonique du système (2) aura pour valeur

$$\frac{\lambda-\lambda'}{\mu-\lambda'}:\frac{\lambda-\mu'}{\mu-\mu'}.$$

97. Lorsque les lettres A et B sont des fonctions du premier degré en x, y, z de la forme $x\cos\alpha+y\cos\beta+z\cos\gamma-\pi$, les équations (1) représentent un système de quatre plans passant par une même droite.

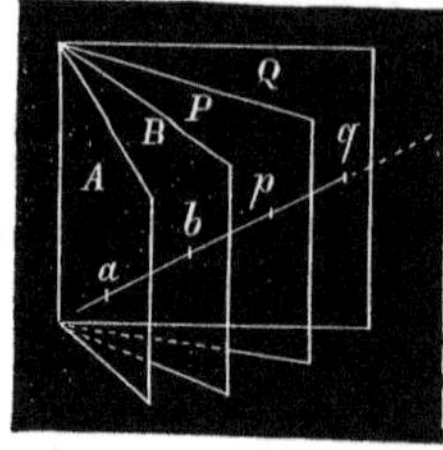

Fig. 22.

Nous les désignerons (*Fig.* 22) par A, B, P, Q. Menons une transversale qui les rencontre aux points a, b, p, q : le rapport anharmonique des points d'intersection sera constant quelle que soit la direction de la sécante. En effet, la constante λ représente le rapport des perpendiculaires abaissées d'un point quelconque du plan P sur les deux autres A et B ; ce rapport est égal à celui des sinus des angles du plan P avec A et B. Il en résulte qu'en appelant α et β les perpendiculaires issues du point p, on aura

$$\lambda=\frac{\alpha}{\beta}=\frac{\sin(A, P)}{\sin(B, P)}.$$

De même, si on représente par α' et β' les perpendiculaires abaissées du point q sur A et B, on aura aussi

$$\mu=\frac{\alpha'}{\beta'}=\frac{\sin(A, Q)}{\sin(B, Q)}.$$

On en déduit

$$\frac{\lambda}{\mu}=\frac{\alpha}{\alpha'}:\frac{\beta}{\beta'}=\frac{\sin(A, P)}{\sin(A, Q)}:\frac{\sin(B, P)}{\sin(B, Q)}.$$

Il est facile de voir qu'au rapport des perpendiculaires, on peut substituer celui des segments et écrire

$$\frac{\lambda}{\mu}=\frac{ap}{aq}:\frac{bp}{bq}=\frac{\sin(A, P)}{\sin(A, Q)}:\frac{\sin(B, P)}{\sin(B, Q)}.$$

Le rapport des sinus étant constant, il en sera de même du rapport anharmonique des points d'intersection. C'est pour ce motif que l'on prend pour le rapport anharmonique d'un faisceau de quatre plans, celui des points où ils sont rencontrés par une transversale quelconque.

Il suit de ce qui précède que $\frac{\lambda}{\mu}$ représente le rapport anharmonique du système de plans définis par des équations de la forme (1). Pour le faisceau de quatre plans représentés par les équations (2), le rapport anharmonique aurait pour valeur

$$\frac{\lambda - \lambda'}{\mu - \lambda'} : \frac{\lambda - \mu'}{\mu - \mu'}.$$

98. *Rapport harmonique.* On dit que quatre points d'une droite forment un système harmonique, lorsque leur rapport anharmonique est égal à -1. Les points

$$(1) \quad \begin{array}{llll} (a) & A = 0, & (b) & B = 0, \\ (p) & A - \lambda B = 0, & (q) & A - \mu B = 0 \end{array}$$

jouiront de cette propriété, avec la condition

$$\frac{\lambda}{\mu} = -1 \quad \text{ou} \quad \lambda + \mu = 0.$$

Si on remplace λ et μ par les rapports des segments qu'ils représentent, la relation précédente devient

$$\frac{ap}{bp} + \frac{aq}{bq} = 0.$$

L'un des points p ou q devra se trouver entre a et b, afin que l'un des rapports soit négatif; si le point p occupe le milieu de ab, le premier rapport est égal à -1, et, par suite, le point q sera à l'infini. Ainsi, deux points quelconques, leur milieu, et le point à l'infini forment toujours un système harmonique.

Lorsque les points sont définis par des équations de la forme

$$(2) \quad \begin{array}{llll} (a) & A - \lambda B = 0, & (b) & A - \mu B = 0, \\ (p) & A - \lambda' B = 0, & (q) & A - \mu' B = 0, \end{array}$$

ils forment un système harmonique, si on a la relation

$$\frac{\lambda-\lambda'}{\mu-\lambda'}:\frac{\lambda-\mu'}{\mu-\mu'}=-1,$$

ou bien

$$\lambda\mu-\frac{1}{2}(\lambda+\mu)(\lambda'+\mu')+\lambda'\mu'=0.$$

99. Un faisceau de quatre plans est dit *harmonique*, lorsque leur rapport anharmonique a pour valeur -1. La condition nécessaire et suffisante pour un système harmonique de quatre plans passant par une même droite sera

$$\lambda+\mu=0,$$

ou

$$\lambda\mu-\frac{1}{2}(\lambda+\mu)(\lambda'+\mu')+\lambda'\mu'=0,$$

suivant que leurs équations sont de la forme (1) ou de la forme (2).

La première équation revient à

$$\frac{\sin(A, P)}{\sin(B, P)}+\frac{\sin(A, Q)}{\sin(B, Q)}=0;$$

elle exige que l'un des plans P ou Q soit dans l'angle dièdre $\widehat{AB}$. Lorsque le plan P est bissecteur de l'angle $\widehat{AB}$, le premier rapport a pour valeur -1; par suite, le second doit être égal à $+1$, et le plan Q sera bissecteur de l'angle adjacent. Ainsi, les faces d'un dièdre et ses plans bissecteurs forment toujours un faisceau harmonique. Toute transversale rencontrera les plans du faisceau en quatre points harmoniques; dans le cas particulier d'une sécante parallèle au plan Q, le segment intercepté par les plans A et B sera divisé en deux parties égales par le plan P, puisque le quatrième point harmonique est à l'infini.

100. *Pôle d'un plan par rapport à deux points fixes.* Soient a et b deux points (Fig. 23) et P un plan fixe qui rencontre la droite ab au point p.

Menons la droite quelconque D dans le plan P, et désignons par A et B les plans passant par D et les points a et b. Enfin soit Q le quatrième plan harmonique des trois plans A, B, P. Si la droite D se déplace dans le plan fixe P, le plan Q conjugué harmonique de P tournera autour d'un point fixe q de la droite ab; car, les plans formant toujours un faisceau harmonique quelle que soit D, la transversale ab rencontre les plans suivant un système de points harmoniques, et comme a, b, p sont des points fixes, il en sera de même du point q. Ce dernier se nomme le *pôle* du plan P par rapport aux points donnés.

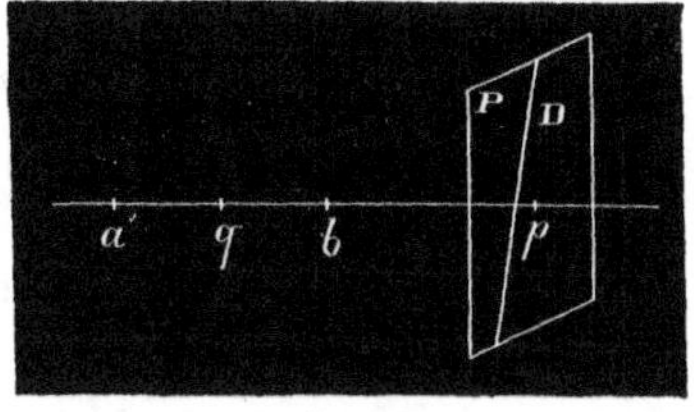

Fig. 23.

Supposons que les points a et b soient définis par les équations

$$(a)\quad A = 0, \qquad (b)\quad B = 0.$$

Appelons A_1 B_1, les valeurs des polynômes A et B quand on y substitue les coordonnées du plan fixe; l'équation du point p sera

$$A - \lambda B = 0,$$

avec la condition $A_1 - \lambda B_1 = 0$. En éliminant λ, le point p sera représenté par

$$(p) \qquad \frac{A}{A_1} - \frac{B}{B_1} = 0.$$

L'équation du pôle q se présentera sous la forme

$$(q) \qquad \frac{A}{A_1} + \frac{B}{B_1} = 0$$

puisqu'il est le conjugué harmonique du point p.

101. *Plan polaire d'un point par rapport à deux plans.* Considérons deux plans A et B (*Fig.* 24), et un point fixe p. Menons par ce dernier une transversale qui rencontre les plans aux points a et b. Soit q le quatrième point harmonique du système a, b, p : le lieu du point q conjugué de p lorsque la sécante tourne autour du point fixe sera un plan Q passant par la droite d'intersection des plans A et B. En effet, soit P le plan mené par la droite d et le point p. Les trois plans A, B, P avec le plan Q mené par le point q et la droite d formeront un faisceau harmonique, quelle que soit la direction de la transversale ; les trois premiers étant fixes, le point q décrira le plan Q passant par la ligne d'intersection des autres. Ce plan s'appelle le *plan polaire* du point p par rapport à A et B.

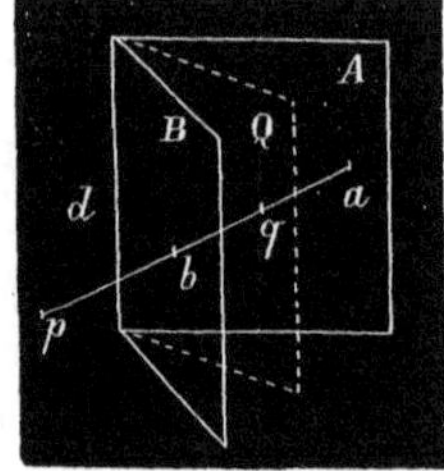

Fig. 24.

Si

$$A = 0, \quad B = 0,$$

sont les équations des plans A et B, celle du plan P sera de la forme

$$\frac{A}{A_1} - \frac{B}{B_1} = 0;$$

A_1 et B_1 sont les valeurs des polynômes A et B pour les coordonnées cartésiennes du point fixe p. Le plan polaire étant le conjugué harmonique de P aura pour équation

$$\frac{A}{A_1} + \frac{B}{B_1} = 0.$$

Il est facile de vérifier qu'un point quelconque du plan P a le même plan polaire que le point p. Soit, par exemple, p' $(x_2\, y_2\, z_2)$ un point du plan P pour lequel les fonctions A et B prennent les valeurs A_2 et B_2. Le plan polaire de ce point est représenté par

$$\frac{A}{A_2} + \frac{B}{B_2} = 0.$$

Mais, le point p' appartenant au plan P, on doit avoir

$$\frac{A_2}{A_1} - \frac{B_2}{B_1} = 0,$$

et, par suite, l'équation précédente peut s'écrire

$$\frac{A}{A_1} + \frac{B}{B_1} = 0;$$

c'est précisément celle du plan Q.

Réciproquement, un point quelconque du plan Q aura pour plan polaire par rapport à A et B le plan P. Soit $q'(x'\ y'\ z')$ un point du plan Q; le plan polaire de ce point est défini par l'équation

$$\frac{A}{A'}+\frac{B}{B'}=0.$$

A′ et B′ étant les valeurs de A et B quand on y substitue les coordonnées x', y', z'. Le point q' étant dans le plan Q, on a la relation

$$\frac{A'}{A_1}+\frac{B'}{B_1}=0.$$

Il s'ensuit que l'équation précédente équivaut à

$$\frac{A}{A_1}-\frac{B}{B_1}=0$$

qui représente le plan P.

Exemples.

Ex. 1. Appliquons les principes qui précèdent au tétraèdre dont les sommets sont représentés par les équations

(1) $A=0$, (2) $B=0$, (3) $C=0$, (4) $D=0$.

Soient A_1, B_1, C_1, D_1 les coordonnées d'un plan fixe; les équations des pôles de ce plan sur les différentes arêtes ainsi que celles des points où il rencontre ces droites seront de la forme

(12) (α) $\frac{A}{A_1}+\frac{B}{B_1}=0$, (α′) $\frac{A}{A_1}-\frac{B}{B_1}=0$;

(13) (β) $\frac{A}{A_1}+\frac{C}{C_1}=0$, (β′) $\frac{A}{A_1}-\frac{C}{C_1}=0$;

(14) (γ) $\frac{A}{A_1}+\frac{D}{D_1}=0$, (γ′) $\frac{A}{A_1}-\frac{D}{D_1}=0$;

(23) (δ) $\frac{B}{B_1}+\frac{C}{C_1}=0$, (δ′) $\frac{B}{B_1}-\frac{C}{C_1}=0$;

$$(24) \qquad (\varepsilon) \quad \frac{B}{B_1}+\frac{D}{D_1}=0, \qquad (\varepsilon') \quad \frac{B}{B_1}-\frac{D}{D_1}=0;$$

$$(34) \qquad (\mu) \quad \frac{C}{C_1}+\frac{D}{D_1}=0, \qquad (\mu') \quad \frac{C}{C_1}-\frac{D}{D_1}=0.$$

Ces équations conduisent à plusieurs propriétés : 1° Les droites qui réunissent les pôles situés sur les arêtes d'une face du tétraèdre aux sommets opposés de cette face se coupent en un même point. Ainsi, les quatre systèmes de droites

$$\begin{array}{lll} 2\mu, & 3\varepsilon, & 4\delta, \\ 1\mu, & 3\gamma, & 4\beta, \\ 1\varepsilon, & 2\gamma, & 4\alpha, \\ 1\delta, & 2\beta, & 3\alpha, \end{array}$$

concourent respectivement aux points

$$\frac{B}{B_1}+\frac{C}{C_1}+\frac{D}{D_1}=0,$$

$$\frac{A}{A_1}+\frac{C}{C_1}+\frac{D}{D_1}=0,$$

$$\frac{A}{A_1}+\frac{B}{B_1}+\frac{D}{D_1}=0,$$

$$\frac{A}{A_1}+\frac{B}{B_1}+\frac{C}{C_1}=0.$$

2° Les droites qui réunissent les pôles sur les arêtes opposées se rencontrent au point

$$\frac{A}{A_1}+\frac{B}{B_1}+\frac{C}{C_1}+\frac{D}{D_1}=0.$$

3° Les lignes qui joignent les points de rencontre du plan fixe avec les arêtes d'un sommet aux pôles appartenant aux arêtes respectivement opposées concourent en un même point. Ainsi, les quatre groupes de droites

$$\begin{array}{lll} \delta\gamma', & \varepsilon\beta', & \mu\alpha', \\ \beta\varepsilon', & \gamma\delta', & \mu\alpha', \\ \alpha\mu', & \gamma\delta', & \varepsilon\beta', \\ \alpha\mu', & \beta\varepsilon', & \delta\gamma' \end{array}$$

se coupent respectivement aux points représentés par les équations

$$-\frac{A}{A_1}+\frac{B}{B_1}+\frac{C}{C_1}+\frac{D}{D_1}=0,$$
$$\frac{A}{A_1}-\frac{B}{B_1}+\frac{C}{C_1}+\frac{D}{D_1}=0,$$
$$\frac{A}{A_1}+\frac{B}{B_1}-\frac{C}{C_1}+\frac{D}{D_1}=0,$$
$$\frac{A}{A_1}+\frac{B}{B_1}+\frac{C}{C_1}-\frac{D}{D_1}=0,$$

4° La droite qui joint les pôles sur deux arêtes opposées passe par le point d'intersection des droites qui réunissent les points où le plan fixe rencontre les autres arêtes opposées. On obtient ainsi les trois systèmes de droites

$$\alpha\mu, \quad \beta'\varepsilon', \quad \gamma'\delta'$$
$$\beta\varepsilon, \quad \alpha'\mu', \quad \gamma'\delta'$$
$$\gamma\delta, \quad \alpha'\mu', \quad \beta'\varepsilon'$$

dont les points de concours sont représentés par

$$\frac{A}{A_1}+\frac{B}{B_1}-\frac{C}{C_1}-\frac{D}{D_1}=0,$$
$$\frac{A}{A_1}-\frac{B}{B_1}+\frac{C}{C_1}-\frac{D}{D_1}=0,$$
$$\frac{A}{A_1}-\frac{B}{B_1}-\frac{C}{C_1}+\frac{D}{D_1}=0,$$

5° Les pôles sur les arêtes d'un sommet et les points de rencontre du plan fixe avec les autres arêtes sont dans un même plan. Car, en retranchant membre à membre les équations (α), (β), (γ), on retrouve les équations μ', ε', δ'. On trouve ainsi les quatre groupes de six points

$$\alpha, \ \beta, \ \gamma, \quad \delta', \ \varepsilon', \ \mu'$$
$$\alpha, \ \delta, \ \varepsilon, \quad \beta', \ \gamma', \ \mu'$$
$$\beta, \ \delta, \ \mu, \quad \alpha', \ \gamma', \ \varepsilon'$$
$$\gamma, \ \varepsilon, \ \mu, \quad \alpha', \ \beta', \ \delta'$$

qui sont respectivement dans un même plan.

Ex. 2. Considérons un tétraèdre ayant pour sommets les points 1, 2, 3, 4, et soient

$$(1)\ A=0,\quad (2)\ B=0,\quad (3)\ C=0,\quad (4)\ D=0,$$

les équations des faces respectivement opposées aux points 1, 2, 3, 4.

Les équations des plans polaires d'un point donné $(A_1 B_1 C_1 D_1)$ par rapport aux dièdres du tétraèdre ainsi que celles des plans qui complètent le faisceau harmonique de chaque arête seront de la forme

$$\begin{array}{llll}
(12) & (\alpha)\ \frac{A}{A_1}+\frac{B}{B_1}=0, & (\alpha')\ \frac{A}{A_1}-\frac{B}{B_1}=0; \\
(13) & (\beta)\ \frac{A}{A_1}+\frac{C}{C_1}=0, & (\beta')\ \frac{A}{A_1}-\frac{C}{C_1}=0; \\
(14) & (\gamma)\ \frac{A}{A_1}+\frac{D}{D_1}=0, & (\gamma')\ \frac{A}{A_1}-\frac{D}{D_1}=0; \\
(23) & (\delta)\ \frac{B}{B_1}+\frac{C}{C_1}=0, & (\delta')\ \frac{B}{B_1}-\frac{C}{C_1}=0; \\
(24) & (\varepsilon)\ \frac{B}{B_1}+\frac{D}{D_1}=0, & (\varepsilon')\ \frac{B}{B_1}-\frac{D}{D_1}=0; \\
(34) & (\mu)\ \frac{C}{C_1}+\frac{D}{D_1}=0, & (\mu')\ \frac{C}{C_1}-\frac{D}{D_1}=0.
\end{array}$$

Les équations (α'), (β') etc., représentent les plans menés par les arêtes et le point donné.

On en déduit les propriétés suivantes: 1° Les plans polaires par rapport aux dièdres d'un sommet rencontrent les faces opposées de ce dièdre suivant trois droites situées dans un même plan. Ainsi, les quatre systèmes de droites

$$\begin{array}{lll}
\mu B, & \varepsilon C, & \delta D, \\
\mu A, & \gamma C, & \beta D, \\
\varepsilon A, & \gamma B, & \alpha D, \\
\delta A, & \beta B, & \alpha C,
\end{array}$$

où μB désigne la droite d'intersection des plans (μ) et B, etc., appartiennent respectivement aux plans définis par les équations

$$\frac{B}{B_1}+\frac{C}{C_1}+\frac{D}{D_1}=0,$$

$$\frac{A}{A_1}+\frac{C}{C_1}+\frac{D}{D_1}=0.$$

$$\frac{A}{A_1}+\frac{B}{B_1}+\frac{D}{D_1}=0,$$

$$\frac{A}{A_1}+\frac{B}{B_1}+\frac{C}{C_1}=0,$$

2° Les plans polaires par rapport aux dièdres opposés du tétraèdre se coupent suivant trois droites situées dans le plan

$$\frac{A}{A_1}+\frac{B}{B_1}+\frac{C}{C_1}+\frac{D}{D_1}=0.$$

3° Les plans menés par le point fixe et les arêtes d'une face rencontrent les plans polaires par rapport aux dièdres des arêtes respectivement opposés en trois droites situées dans un même plan. Ces plans ont pour équations

$$-\frac{A}{A_1}+\frac{B}{B_1}+\frac{C}{C_1}+\frac{D}{D_1}=0,$$

$$\frac{A}{A_1}-\frac{B}{B_1}+\frac{C}{C_1}+\frac{D}{D_1}=0,$$

$$\frac{A}{A_1}+\frac{B}{B_1}-\frac{C}{C_1}+\frac{D}{D_1}=0,$$

$$\frac{A}{A_1}+\frac{B}{B_1}+\frac{C}{C_1}-\frac{D}{D_1}=0.$$

4° La droite d'intersection des plans polaires relativement à deux dièdres opposés et les droites d'intersection des plans passant par le point fixe et les autres arêtes opposées sont dans un même plan. Ces plans sont représentés par les équations

$$\frac{A}{A_1}+\frac{B}{B_1}-\frac{C}{C_1}-\frac{D}{D_1}=0,$$

$$\frac{A}{A_1}-\frac{B}{B_1}+\frac{C}{C_1}-\frac{D}{D_1}=0,$$

$$\frac{A}{A_1}-\frac{B}{B_1}-\frac{C}{C_1}+\frac{D}{D_1}=0.$$

5° Les plans polaires par rapport aux dièdres des arêtes d'une face ainsi que les plans menés par le point fixe et les autres arêtes se recontrent en un même point. Il est visible, en effet, que les équations (δ'), (ε'), (μ') proviennent par soustraction des équations (α), (β), (γ).

§ 4. INVOLUTION. DIVISIONS HOMOGRAPHIQUES.

102. Six points a et a', b et b', c et c' situés sur une même droite et associés deux à deux sont dits en involution, lorsque le rapport anharmonique de quatre d'entre eux pris dans les trois groupes est égal à celui de leurs conjugués.

Considérons le système de six points définis par des équations de la forme

$$(1) \quad \begin{array}{llllll} (a) & A = 0, & (b) & A - \lambda A' = 0, & (c) & A - \mu A' = 0, \\ (a') & A' = 0, & (b') & A - \lambda' A' = 0, & (c') & A - \mu' A' = 0. \end{array}$$

Si on prend d'abord les quatre points a, a', b', c' dont le rapport anharmonique a pour valeur $\frac{\lambda'}{\mu'}$, leurs conjugués respectifs seront a', a, b, c dont les équations peuvent s'écrire

$$A' = 0, \quad A = 0, \quad A' - \frac{1}{\lambda} A = 0, \quad A' - \frac{1}{\mu} A = 0.$$

Le rapport anharmonique de ces derniers est égal à $\frac{\mu}{\lambda}$. Pour que les points soient en involution, on doit avoir l'égalité

$$(v) \quad \frac{\lambda'}{\mu'} = \frac{\mu}{\lambda} \quad \text{ou} \quad \lambda\lambda' - \mu\mu' = 0.$$

Posons $\mu = k\lambda$, $\mu' = \frac{\lambda'}{k}$; les équations des six points deviennent

$$A = 0, \quad A - \lambda A' = 0, \quad A - k\lambda A' = 0,$$

$$A' = 0, \quad A - \lambda' A' = 0, \quad A - \frac{\lambda'}{k} A' = 0.$$

Il est facile de vérifier, qu'avec la condition (v), le rapport anharmonique de quatre points choisis à volonté dans les trois groupes sera toujours égal à celui de leurs associés; donc, la relation (v) sera la condition nécessaire et suffisante pour que les six points représentés par les équations (1) forment une involution.

103. *Lorsque six points d'une même droite ayant pour équations*

$$A = 0, \qquad B \equiv A - \lambda A' = 0, \qquad C \equiv A - \mu A' = 0,$$
$$A' = 0, \qquad B' \equiv A - \lambda' A' = 0, \qquad C' \equiv A - \mu' A' = 0,$$

sont en involution, on peut toujours déterminer des constantes l, m, n de manière à avoir l'identité

$$(i) \qquad lAA' + mBB' + nCC' \equiv 0.$$

En effet, si on substitue aux lettres B, B′, C, C′ leurs valeurs, on trouve que les conditions nécessaires et suffisantes pour que l'identité précédente ait lieu sont :

$$m + n = 0,$$
$$(r) \qquad l - (\lambda + \lambda')\, m - (\mu + \mu')\, n = 0,$$
$$m\lambda\lambda' + n\mu\mu' = 0.$$

Or, les points étant en involution, on a $\lambda\lambda' = \mu\mu'$; la dernière équation est équivalente à la première. Il reste deux équations distinctes qui suffisent pour déterminer les rapports $\frac{l}{n}$, $\frac{m}{n}$ donnant lieu à l'identité (i).

Réciproquement, si on a l'identité (i) entre six points d'une droite définis par les équations (1), ils seront en involution; car si on élimine les coefficients l, m, n entre les relations (r), on retrouve la condition de l'involution $\lambda\lambda' - \mu\mu' = 0$.

104. *Trouver la condition de l'involution pour le système de points définis par les équations*

$$(2) \qquad \begin{matrix} A - \lambda A' = 0, & A - \mu A' = 0, & A - \nu A' = 0, \\ A - \lambda' A' = 0, & A - \mu' A' = 0, & A - \nu' A' = 0. \end{matrix}$$

Ces points formeront une involution, si on a l'identité

$$l(A - \lambda A')(A - \lambda' A') + m(A - \mu A')(A - \mu' A') + n(A - \nu A')(A - \nu' A') \equiv 0:$$

par suite, les quantités l, m, n doivent satisfaire aux relations

$$l + m + n = 0,$$
$$l(\lambda + \lambda') + m(\mu + \mu') + n(\nu + \nu') = 0,$$
$$l\lambda\lambda' + m\mu\mu' + n\nu\nu' = 0.$$

L'élimination des constantes l, m, n donnera pour la condition cherchée

$$\begin{vmatrix} 1 & 1 & 1 \\ \lambda + \lambda' & \mu + \mu' & \nu + \nu' \\ \lambda\lambda' & \mu\mu' & \nu\nu' \end{vmatrix} = 0.$$

Dans le cas particulier où $\mu = \mu'$, $\nu = \nu'$, cette équation se réduit à

$$\begin{vmatrix} 1 & 1 & 1 \\ \lambda + \lambda' & 2\mu & 2\nu \\ \lambda\lambda' & \mu^2 & \nu^2 \end{vmatrix} = 0 \text{ ou } \lambda\lambda' - \frac{1}{2}(\lambda + \lambda')(\mu + \nu) + \mu\nu = 0.$$

C'est la condition pour que les points

$$A - \lambda A' = 0, \quad A - \lambda' A' = 0, \quad A - \mu A' = 0, \quad A - \nu A' = 0$$

forment un système harmonique. Les deux derniers remplacent chacun deux points dans l'involution : on les appelle *points doubles.* Ces points jouissent de la propriété de diviser harmoniquement la distance des deux autres points.

105. *Trois couples de points harmoniquement conjugués à un même système de points fixes* $A = 0$, $A' = 0$ *sont en involution.*

En effet, les équations des trois couples de points sont de la forme

$$A + \lambda A' = 0, \quad A + \mu A' = 0, \quad A + \nu A' = 0,$$
$$A - \lambda A' = 0, \quad A - \mu A' = 0, \quad A - \nu A' = 0.$$

On en déduit l'identité

$$(\nu^2-\mu^2)(A^2-\lambda^2A'^2)+(\lambda^2-\nu^2)(A^2-\mu^2A'^2)+(\mu^2-\lambda^2)(A^2-\nu^2A'^2)\equiv 0,$$

et, par conséquent, ils sont en involution. Les points $A=0$, $A'=0$, comptés chacun pour deux, forment avec les points de chaque couple une involution de six points : ce sont les *points doubles* de l'involution.

Réciproquement, lorsque trois couples de points sont en involution, on peut trouver deux points qui forment un système harmonique avec les points de chaque couple. Soient, en effet, les équations de six points

$$A-\lambda A'=0,\qquad A-\mu A'=0,\qquad A-\nu A'=0,$$
$$A-\lambda' A'=0,\qquad A-\mu' A'=0,\qquad A-\nu' A'=0$$

donnant lieu à la relation de l'involution

$$\begin{vmatrix} 1 & 1 & 1 \\ \lambda+\lambda' & \mu+\mu' & \nu+\nu' \\ \lambda\lambda' & \mu\mu' & \nu\nu' \end{vmatrix}=0.$$

Exprimons que deux points définis par les équations

$$A-\lambda_0A'=0,\qquad A-\mu_0A'=0$$

sont conjugués harmoniques par rapport à chaque couple des points donnés. Il viendra

$$\lambda_0\mu_0-\frac{1}{2}(\lambda_0+\mu_0)(\lambda+\lambda')+\lambda\lambda'=0,$$

$$\lambda_0\mu_0-\frac{1}{2}(\lambda_0+\mu_0)(\mu+\mu')+\mu\mu'=0,$$

$$\lambda_0\mu_0-\frac{1}{2}(\lambda_0+\mu_0)(\nu+\nu')+\nu\nu'=0.$$

Ces égalités permettent de calculer les valeurs des quantités $\lambda_0\mu_0$, $\lambda_0+\mu_0$ regardées comme les inconnues; car, en vertu de la relation de l'involution elles ne forment que deux équations distinctes.

20

On trouvera ainsi

$$\lambda_0 + \mu_0 = p, \qquad \lambda_0\mu_0 = q,$$

p et q étant des quantités connues. Il s'ensuit que λ_0 et μ_0 seront les racines de l'équation du second degré

$$x^2 - px + q = 0.$$

Donc, il y aura toujours deux points réels ou imaginaires qui jouiront de la propriété de diviser harmoniquement les trois segments formés par les points associés de l'involution.

106. *Six points d'une droite définis par des équations de la forme*

$$(3) \quad \begin{matrix} (a) & A = 0, & (b) & B = 0, & (c) & C = 0, \\ (a') & mB - nC = 0, & (b') & nC - lA = 0, & (c') & lA - mB = 0 \end{matrix}$$

sont en involution.

En effet, ces équations donnent lieu à l'identité

$$lA\,(mB - nC) + mB\,(nC - lA) + nC\,(lA - mB) \equiv 0.$$

D'après le N° 105, les six points doivent former une involution.

107. Les différentes propriétés que l'on a démontrées précédemment peuvent servir à définir de plusieurs manières l'involution de six points. On peut encore introduire dans les conditions trouvées, les segments que ces points déterminent sur la droite. Soient a et a', b et b', c et c' les points représentés par les équations (1). On aura

$$\lambda = \frac{ab}{a'b}, \quad \lambda' = \frac{ab'}{a'b'}, \quad \mu = \frac{ac}{a'c}, \quad \mu' = \frac{ac'}{a'c'},$$

et la condition $\lambda\lambda' = \mu\mu'$ deviendra par la substitution de ces valeurs

$$\frac{ab \cdot ab'}{a'b \cdot a'b'} = \frac{ac \cdot ac'}{a'c \cdot a'c'},$$

ou bien

$$\frac{ab \cdot ab'}{ac \cdot ac'} = \frac{a'b' \cdot a'b}{a'c' \cdot a'c}.$$

On obtient une nouvelle relation entre les segments de six points en involution au moyen des équations du N° 106. On en déduit les égalités

$$\frac{n}{m}=\frac{a'b}{a'c}, \quad \frac{l}{n}=\frac{b'c}{b'a}, \quad \frac{m}{l}=\frac{c'a}{c'b}.$$

En multipliant membre à membre, on trouve l'équation

$$\frac{a'b \cdot b'c \cdot c'a}{a'c \cdot b'a \cdot c'b}=1,$$

ou bien

$$\frac{ac' \cdot ba' \cdot cb'}{ab' \cdot bc' \cdot ca'}=1.$$

108. *Faisceau en involution.* Considérons le système de six plans passant par une même droite et représentés par les équations

$$(1') \qquad \begin{array}{lll} A=0, & A-\lambda A'=0, & A-\mu A'=0, \\ A'=0, & A-\lambda' A'=0, & A-\mu' A'=0. \end{array}$$

Les lettres A et A′ désignent des polynômes de la forme

$$x \cos\alpha + y\cos\beta + z\cos\gamma - \pi.$$

On dit que ces plans forment un faisceau en involution, lorsque le rapport anharmonique de quatre plans appartenant à trois couples est égal à celui de leurs conjugués.

Pour abréger, nous désignerons par A, B, C, A′, B′, C′ les plans donnés; A et A′, B et B′, C et C′ étant les plans respectivement conjugués.

On démontrera comme pour un système de six points:

1° Que la condition nécessaire et suffisante pour que les plans définis par les équations (1′) forment un faisceau en involution est

$$\lambda\lambda' = \mu\mu',$$

ou bien, en remplaçant les coefficients par les rapports des sinus qu'ils représentent

$$\frac{\sin(AB)\cdot\sin(AB')}{\sin(A'B)\cdot\sin(A'B')}=\frac{\sin(AC)\cdot\sin(AC')}{\sin(A'C)\cdot\sin(A'C')}.$$

2° Lorsque six plans

$$\begin{array}{lll} A=0, & B\equiv A-\lambda A'=0, & C\equiv A-\mu A'=0, \\ A'=0, & B'\equiv A-\lambda' A'=0, & C'\equiv A-\mu' A'=0 \end{array}$$

forment un faisceau en involution, il existe des constantes l, m, n qui donnent la relation identique

$$lAA'+mBB'+nCC'\equiv 0;$$

réciproquement, si les équations de six plans passant par une droite conduisent à cette identité, ils formeront un faisceau en involution.

3° Les plans

$$\begin{array}{lll} A-\lambda A'=0, & A-\mu A'=0, & A-\nu A'=0, \\ A-\lambda' A'=0, & A-\mu' A'=0, & A-\nu' A'=0 \end{array}$$

sont en involution, si on a la condition

$$\begin{vmatrix} 1 & 1 & 1 \\ \lambda+\lambda' & \mu+\mu' & \nu+\nu' \\ \lambda\lambda' & \mu\mu' & \nu\nu' \end{vmatrix}=0.$$

4° Six plans passant par une même droite et représentés par des équations de la forme

$$\begin{array}{ccc} A=0, & B=0, & C=0, \\ mB-nC=0, & nC-lA=0, & lA-mB=0, \end{array}$$

forment un faisceau en involution. On en déduit

$$\frac{n}{m}=\frac{\sin(A'B)}{\sin(A'C)},\quad \frac{l}{n}=\frac{\sin(B'C)}{\sin(B'A)},\quad \frac{m}{l}=\frac{\sin(C'A)}{\sin(C'B)},$$

et, par suite,

$$\frac{\sin(AC')\cdot\sin(BA')\cdot\sin(CB')}{\sin(AB')\cdot\sin(BC')\cdot\sin(CA')}=1.$$

109. *Divisions homographiques.* On dit que deux droites sont divisées homographiquement aux points $a, b, c, d \ldots\ldots, a', b', c', d' \ldots\ldots$, lorsque le rapport anharmonique de quatre points de la première est égal au rapport anharmonique des points correspondants de la seconde.

Soient

$$A = 0, \qquad B = 0,$$

les équations de deux points a et b, et

$$A' = 0, \qquad B' = 0,$$

celles de deux autres points a' et b'. Les équations

$$A - \lambda B = 0, \qquad A' - k\lambda B' = 0,$$

où λ est un paramètre arbitraire, représenteront deux séries de points homographiques sur les droites ab et $a'b'$, les points homologues correspondant à une même valeur de λ; car, il est visible que le rapport anharmonique de quatre points répondant aux valeurs λ_1, λ_2, λ_3, λ_4 n'est pas altéré par la constante k. Si $\lambda = 1$, la première se réduit à $A - B = 0$, et représente le point à l'infini sur la droite ab; le point homologue de la seconde division est défini par

$$(I') \qquad A' - kB' = 0.$$

Si $\lambda = \frac{1}{k}$, la seconde équation se réduit à $A' - B' = 0$, et représente le point à l'infini de $a'b'$; il aura pour correspondant sur la première droite le point

$$(I) \qquad A - \frac{1}{k} B = 0.$$

Supposons que les droites ab et $a'b'$ coïncident : on obtiendra deux divisions homographiques appartenant à une même droite. Dans cette hypothèse, les points $A' = 0$, $B' = 0$ se trouvant sur la droite ab, on peut poser

$$A' \equiv A - mB, \qquad B' \equiv A - nB;$$

par suite, la seconde équation deviendra

$$A - mB - k\lambda (A - nB) = 0,$$

ou bien

$$(1 - k\lambda) A - (m - k\lambda n) B = 0.$$

Cherchons s'il existe des points qui se correspondent à eux-mêmes dans les deux divisions. Pour qu'il en soit ainsi, il faut et il suffit que l'on ait

$$A - \lambda B \equiv \alpha [(1 - k\lambda) A - (m - k\lambda n) B],$$

et, par conséquent,

$$1 = \alpha (1 - k\lambda),$$
$$\lambda = \alpha (m - k\lambda n).$$

En éliminant α, on trouve l'équation du second degré

$$k\lambda^2 - (1 + kn) \lambda + m = 0$$

qui donnera deux valeurs réelles ou imaginaires pour λ. Donc il existe, en général, deux points qui sont à eux-mêmes leurs correspondants : on les appelle *points doubles*.

Les équations

$$A - \lambda B = 0, \quad A - k\lambda B = 0$$

représentent, sur une même droite, deux séries de points homographiques dont les points doubles sont les points $A = 0$, $B = 0$ qui correspondent aux valeurs $\lambda = 0$, $\lambda = \infty$.

110. *Divisions homographiques en involution.* Deux équations de la forme

$$A - \lambda B = 0, \quad A - \frac{k}{\lambda} B = 0,$$

donnent deux séries de points homographiques situés sur une même droite; on vérifiera facilement que le rapport anharmonique de quatre points

$$A - \lambda_1 B = 0, \quad A - \lambda_2 B = 0, \quad A - \lambda_3 B = 0, \quad A - \lambda_4 B = 0$$

est égal à celui de leurs correspondants déterminés par la seconde équation. De plus, les points

$$A = 0, \quad A - \lambda_1 B = 0, \quad A - \lambda_2 B = 0,$$

$$B = 0, \quad A - \frac{k}{\lambda_1} B = 0, \quad A - \frac{k}{\lambda_2} B = 0,$$

satisfont à la condition de l'involution; ainsi deux couples de points homologues quelconques forment une involution de six points avec les points $A = 0$, $B = 0$. Deux divisions homographiques qui jouissent de cette propriété sont dites en *involution*.

Le point à l'infini de la première division a pour correspondant le point

$$A - kB = 0.$$

Ce même point est aussi le correspondant du point à l'infini de la seconde division. Donc, dans deux divisions homographiques en involution, les points homologues des points à l'infini coïncident; ce qui n'a pas lieu pour les divisions homographiques simples.

Pour les points doubles, on doit avoir $\lambda = \frac{k}{\lambda}$; par suite, $\lambda = \pm \sqrt{k}$, et ils seront représentés par les équations

$$A - \sqrt{k}\, B = 0,$$

$$A + \sqrt{k}\, B = 0.$$

Ils divisent harmoniquement la distance des points A et B; de plus, ils forment un système harmonique avec les points

$$A - \lambda B = 0, \quad A - \frac{k}{\lambda} B = 0,$$

quelle que soit la valeur de λ. Donc, les points doubles divisent harmoniquement le segment de deux points correspondants quelconques dans les deux séries de points homographiques. Il en résulte que si $A=0$, $B=0$ sont les équations des points doubles, celles de deux points homologues peuvent s'écrire

$$A-\lambda B=0, \qquad A+\lambda B=0.$$

111. Lorsque dans les équations

$$A-\lambda B=0, \qquad A'-k\lambda B'=0,$$

A, B, A', B' représentent des fonctions du premier degré en x, y, z, elles définissent deux systèmes de plans passant respectivement par la droite d'intersection des plans A et B, A′ et B′ ; ils sont tels que le rapport anharmonique de quatre plans du premier faisceau est égal à celui de leurs correspondants. Ces deux systèmes de plans forment deux *faisceaux homographiques*. Les équations

$$A-\lambda B=0, \qquad A-k\lambda B=0$$

déterminent deux faisceaux homographiques de plans passant par une même droite ; les plans $A=0$, $B=0$ qui répondent aux valeurs $\lambda=0$, $\lambda=\infty$ sont à eux-mêmes leurs correspondants ; ce sont les plans doubles des deux faisceaux.

Enfin, les faisceaux homographiques définis par les équations

$$A-\lambda B=0, \qquad A-\frac{k}{\lambda}B=0$$

sont dits en involution ; les plans doubles ont pour équations

$$A-\sqrt{k}B=0, \qquad A+\sqrt{k}B=0,$$

et forment avec deux plans homologues quelconques un faisceau harmonique. Si $A=0$, $B=0$ sont les équations des plans doubles, celles de deux plans homologues quelconques peuvent se mettre sous la forme

$$A-\lambda B=0, \qquad A+\lambda B=0.$$

CHAPITRE VI.

SPHÈRE.

SOMMAIRE. — *Equation de la sphère en coordonnées cartésiennes; sphères assujetties à certaines conditions. — Cône circonscrit; plan tangent et plan polaire. — Équation de la sphère en coordonnées tétraédriques et tangentielles.*

§ 1. ÉQUATION DE LA SPHÈRE EN COORDONNÉES CARTÉSIENNES.

112. L'équation de la sphère s'obtient immédiatement en exprimant que le carré de la distance de l'un de ses points au centre est égal au carré du rayon. Soient a_0, b_0, c_0, r_0 les coordonnées du centre et le rayon d'une sphère rapportée à trois axes rectangulaires : l'égalité

$$(1) \qquad (x - a_0)^2 + (y - b_0)^2 + (z - c_0)^2 = r_0^2$$

sera vérifiée par les coordonnées d'un point quelconque de la surface, et, par conséquent, ce sera l'équation de la sphère en coordonnées cartésiennes.

En développant, et posant

$$(\alpha) \qquad \begin{gathered} G = -a_0, \quad H = -b_0, \quad K = -c_0, \\ L = a_0^2 + b_0^2 + c_0^2 - r_0^2, \end{gathered}$$

l'égalité (1) peut s'écrire

$$(2) \qquad x^2 + y^2 + z^2 + 2Gx + 2Hy + 2Kz + L = 0.$$

Ainsi l'équation la plus générale de la sphère en coordonnées rectangulaires est du second degré; elle ne renferme pas les rectangles des coordonnées, et les coefficients des carrés des variables sont égaux. Lorsqu'une sphère est définie par une équation de la forme (2), le calcul des coordonnées du centre et du rayon se fait par les relations (a) : les quantités a_0, b_0, c_0 sont les demi-coefficients de x, y, z changés de signe, tandis que le rayon a pour valeur

$$r_0 = \pm\sqrt{G^2 + H^2 + K^2 - L}.$$

L'équation de la sphère n'est qu'un cas particulier de l'équation générale du second degré

$$(3) \quad Ax^2+A'y^2+A''z^2+2Byz+2B'xz+2B''xy+2Cx+2C'y+2C''z+F=0,$$

celui où l'on a

$$(\beta) \qquad A = A' = A'', \qquad B = B' = B'' = 0;$$

car, dans cette hypothèse, l'équation précédente se réduit à

$$A(x^2 + y^2 + z^2) + 2Cx + 2C'y + 2C''z + F = 0$$

qui est de la forme (2) en divisant les deux membres par A. Il s'ensuit que les relations (β) sont les conditions nécessaires et suffisantes pour que l'équation générale du second degré représente une sphère.

Enfin, nous ferons remarquer que si l'origine des coordonnées est sur la surface, l'équation de la sphère est de la forme

$$x^2 + y^2 + z^2 - 2(a_0x + b_0y + c_0z) = 0,$$

et, si l'origine coïncide avec le centre,

$$x^2 + y^2 + z^2 = r_0^2.$$

113. Considérons maintenant une sphère de centre $C(a_0\,b_0\,c_0)$ et de rayon r_0 rapportée à des axes obliques : son équation sera

$$(4) \quad (x-a_0)^2+(y-b_0)^2+(z-c_0)^2+2(y-b_0)(z-c_0)\cos\lambda+2(z-c_0)(x-a_0)\cos\mu$$
$$+ 2(x-a_0)(y-b_0)\cos\nu = r_0^2.$$

Développons le premier membre, et posons

$$M = -(a_0 + b_0\cos\nu + c_0\cos\mu),$$
$$N = -(b_0 + c_0\cos\lambda + a_0\cos\nu),$$
$$P = -(c_0 + a_0\cos\mu + b_0\cos\lambda),$$
$$Q = a_0^2 + b_0^2 + c_0^2 + 2b_0c_0\cos\lambda + 2c_0a_0\cos\mu + 2a_0b_0\cos\nu - r_0^2.$$

L'équation (4) prendra la forme

$$(5)\qquad x^2+y^2+z^2+2yz\cos\lambda+2zx\cos\mu+2xy\cos\nu$$
$$+2\text{M}x+2\text{N}y+2\text{P}z+\text{Q}=0.$$

Ainsi l'équation de la sphère en coordonnées obliques est du second degré; les coefficients des carrés des variables sont égaux à l'unité tandis que les coefficients des rectangles des coordonnées sont les cosinus des angles des axes multipliés par 2.

En comparant l'équation (4) avec l'équation générale du second degré, on voit que celle-ci définit une sphère en coordonnées obliques avec les conditions

$$\text{A}=\text{A}'=\text{A}''\quad \text{B}=\text{A}\cos\lambda,\quad \text{B}'=\text{A}\cos\mu\quad \text{B}''=\text{A}\cos\nu;$$

car elle se ramène alors à la forme

$$\text{A}(x^2+y^2+z^2+2\,yz\cos\lambda+2\,zx\cos\mu+2\,xy\cos\nu)$$
$$+2\,\text{C}x+2\,\text{C}'y+2\,\text{C}''z+\text{F}=0$$

ou à la forme (4), après avoir divisé le premier membre par le coefficient A.

Lorsqu'une sphère est définie par l'équation (5), les coordonnées du centre satisfont aux équations

$$x+y\cos\nu+z\cos\mu=-\text{M},$$
$$y+z\cos\lambda+x\cos\nu=-\text{N},$$
$$z+x\cos\mu+y\cos\lambda=-\text{P},$$

qui représentent trois plans dont le point d'intersection est le centre de la sphère. Ils rencontrent respectivement l'axe des x, des y et des z aux distances $-$ M, $-$ N, $-$ P de l'origine. De plus, les traces du premier sur les plans des xy et des xz sont les droites

$$x+y\cos\nu=-\text{M},\qquad x+z\cos\mu=-\text{M}$$

perpendiculaires à l'axe des x, et, par suite, le premier plan est perpendiculaire à cet axe. On verrait de même que les deux autres sont respectivement perpendiculaires à l'axe des y et des z. Donc, le centre d'une sphère définie par une équation de la forme (5) est le point d'intersection de trois plans perpendiculaires aux axes, menés aux distances $-$ M, $-$ N, $-$ P de l'origine.

114. *Signification du premier membre de l'équation de la sphère.* Soient x, y, z les coordonnées d'un point M de l'espace, et

$$(x - a_0)^2 + (y - b_0)^2 + (z - c_0)^2 - r_0^2 = 0$$

l'équation d'une sphère en coordonnées rectangulaires ayant pour centre le point $C(a_0 b_0 c_0)$. Menons par le point M une tangente à la sphère ; T étant le point de contact, le triangle rectangle MTC donnera la relation

$$\overline{MT}^2 = \overline{MC}^2 - r_0^2.$$

Mais la distance du point M au centre a pour expression

$$\overline{MC}^2 = (x - a_0)^2 + (y - b_0)^2 + (z - c_0)^2 ;$$

par conséquent,

$$MT^2 = (x - a_0)^2 + (y - b_0)^2 + (z - c_0)^2 - r_0^2.$$

Si les axes sont obliques, on aurait aussi

$$\overline{MT}^2 = \overline{MC}^2 - r_0^2 = (x - a_0)^2 + (y - b_0)^2 + (z - c_0)^2 + 2(y - b_0)(z - c_0)\cos\lambda$$
$$+ 2(z - c_0)(x - a_0)\cos\mu + 2(x - a_0)(y - b_0)\cos\nu - r_0^2.$$

Ainsi le premier membre de l'équation d'une sphère où x, y, z sont les coordonnées d'un point de l'espace représente le carré de la tangente menée de ce point à la sphère. Le carré de la tangente MT se nomme quelquefois *la puissance* du point M par rapport à la sphère. En particulier, la puissance de l'origine est représentée par

$$L = a_0^2 + b_0^2 + c_0^2 - r_0^2,$$

ou bien par

$$Q = a_0^2 + b_0^2 + c_0^2 + 2b_0 c_0 \cos\lambda + 2c_0 a_0 \cos\mu + 2a_0 b_0 \cos\nu - r_0^2,$$

suivant que les axes sont rectangulaires ou obliques.

115. L'équation générale d'une sphère renferme quatre paramètres arbitraires; il faut donc, en général, quatre conditions géométriques simples donnant lieu chacune à une relation entre les paramètres pour que la surface soit complétement déterminée. Assujettir la sphère définie par l'équation (2) à passer par un point M $(x_1y_1z_1)$ donne lieu à la relation

$$x_1^2 + y_1^2 + z_1^2 + 2Gx_1 + 2Hy_1 + 2Kz_1 + L = 0;$$

quatre équations analogues détermineront un seul système de valeurs pour les coefficients inconnus G, H, K, L. Donc, par quatre points de l'espace, on peut, en général, mener une sphère et une seule.

Assujettir une sphère à avoir pour centre un point donné équivaut à trois conditions simples ; car, si, dans l'équation

$$(x - a_0)^2 + (y - b_0)^2 + (z - c_0)^2 = r_0^2,$$

on connaît les quantités a_0, b_0, c_0, il ne reste plus qu'un seul paramètre arbitraire. Cette équation représente alors toutes les sphères en nombre infini qui ont pour centre le point fixe $(a_0b_0c_0)$.

Lorsqu'une sphère est seulement assujettie à satisfaire à un nombre de conditions inférieur à quatre, il ne sera pas possible d'éliminer de l'équation générale tous les paramètres. Il y aura une infinité de sphères qui peuvent satisfaire aux conditions données, et l'équation qui les représente devra encore renfermer au moins un coefficient indéterminé. Nous allons donner quelques exemples de sphères assujetties à certaines conditions.

116. *Équation générale des sphères passant par deux points donnés* Une sphère quelconque est représentée en coordonnées rectangulaires par l'équation

$$x^2 + y^2 + z^2 + 2Gx + 2Hy + 2Kz + L = 0,$$

et, pour ses points de rencontre avec les axes, on aura

$$x^2 + 2Gx + L = 0,$$
$$y^2 + 2Hy + L = 0,$$
$$z^2 + 2Kz + L = 0.$$

Cela étant, si les points donnés sont sur l'axe des x, aux distances a et a' de l'origine, on peut poser

$$x^2 + 2Gx + L = (x - a)(x - a');$$

d'où $G = -(a + a')$, $L = aa'$, et l'équation

$$x^2 + y^2 + z^2 - (a + a')x + 2Hy + 2Kz + aa' = 0$$

représentera une sphère quelconque passant par deux points de l'axe des x.

De même, les équations

$$x^2 + y^2 + z^2 + 2Gx - (b + b')y + 2Kz + bb' = 0,$$
$$x^2 + y^2 + z^2 + 2Gx + 2Hy - (c + c')z + cc' = 0$$

définissent : la première, des sphères menées par les points $(0, b, 0)$, $(0, b', 0)$ de l'axe des y; la seconde, des sphères passant par deux points de l'axe des z, aux distances c et c' de l'origine.

Enfin, si les points donnés ne sont pas sur les axes, et ont pour coordonnées $x_1y_1z_1$, $x_2y_2z_2$, l'équation

$$\begin{aligned}(x - x_1)(x - x_2) + (y - y_1)(y - y_2) + (z - z_1)(z - z_2) + [(x - x_1)(y - y_2)\\ - (x - x_2)(y - y_1)] + l[(x - x_1)(z - z_2) - (x - x_2)(z - z_1)]\\ + m[(y - y_1)(z - z_2) - (y - y_2)(z - z_1)] = 0\end{aligned}$$

représentera une sphère quelconque passant par les deux points $(x_1y_1z_1)$ $(x_2y_2z_2)$. En effet, si on effectue les multiplications, elle se ramène à la forme (2); de plus, elle est satisfaite par les coordonnées des points donnés, et, comme elle renferme deux constantes arbitraires l et m, elle définit une sphère quelconque qui passe par ces points.

En développant, l'équation précédente peut s'écrire

$$\begin{aligned}x^2 + y^2 + z^2 - [x_1 + x_2 + y_2 - y_1 + l(z_2 - z_1)]x - [y_1 + y_2 + x_1 - x_2\\ + m(z_2 - z_1)]y - [z_1 + z_2 + l(x_1 - x_2) + m(y_1 - y_2)]z + x_1x_2 + y_1y_2\\ + z_1z_2 + (x_1y_2 - x_2y_1) + l(x_1z_2 - x_2z_1) + m(y_1z_2 - y_2z_1) = 0.\end{aligned}$$

Les coordonnées du centre satisfont aux égalités

$$2x = x_1 + x_2 + y_2 - y_1 + l(z_2 - z_1),$$
$$2y = y_1 + y_2 + x_1 - x_2 + m(z_2 - z_1),$$
$$2z = z_1 + z_2 + m(y_1 - y_2) + l(x_1 - x_2).$$

Pour obtenir le lieu des centres, il suffit d'éliminer les paramètres l et m; on trouve ainsi l'équation

$$\left(x - \frac{x_1 + x_2}{2}\right)(x_2 - x_1) + \left(y - \frac{y_1 + y_2}{2}\right)(y_2 - y_1) + \left(z - \frac{z_1 + z_2}{2}\right)(z_2 - z_1) = 0$$

qui représente un plan perpendiculaire à la droite des points $(x_1y_1z_1)$, $(x_2y_2z_2)$ et passant par leur milieu.

117. *Sphère tangente aux plans coordonnés.* Si, dans l'équation

$$x^2 + y^2 + z^2 + 2Gx + 2Hy + 2Kz + L = 0,$$

on pose successivement $z = 0$. $y = 0$, $x = 0$, il vient

$$x^2 + y^2 + 2Gx + 2Hy + L = 0,$$
$$x^2 + z^2 + 2Gx + 2Kz + L = 0,$$
$$y^2 + z^2 + 2Hy + 2Kz + L = 0;$$

ces équations représentent les cercles d'intersection de la sphère avec les plans coordonnés. Or, si la surface est tangente à ces plans, chacun d'eux doit se réduire à un point. En exprimant que les rayons des cercles sont nuls, on arrive aux égalités

$$L = G^2 + H^2 = G^2 + K^2 = K^2 + H^2;$$

d'où on tire $G = H = K$, $L = 2G^2$. Le rayon R de la sphère sera déterminé par la formule

$$R = \pm\sqrt{G^2 + H^2 + K^2 - L} = \pm G.$$

Il en résulte que la sphère tangente aux plans coordonnés aura pour équation

$$x^2 + y^2 + z^2 \pm 2R(x + y + z) + 2R^2 = 0.$$

Lorsque les axes sont obliques, le rayon mené au point de contact étant perpendiculaire au plan tangent, il est facile de vérifier que les coordonnées du centre a_0, b_0, c_0 ont pour valeurs

$$a_0 = \frac{R}{\sin a}, \quad b_0 = \frac{R}{\sin b}, \quad c_0 = \frac{R}{\sin c},$$

a, b, c étant les angles des axes OX, OY, OZ avec les plans ZOY, ZOX, XOY. L'équation de la sphère tangente sera donc

$$\left(x - \frac{R}{\sin a}\right)^2 + \left(y - \frac{R}{\sin b}\right)^2 + \left(z - \frac{R}{\sin c}\right)^2 + 2\left(y - \frac{R}{\sin b}\right)\left(z - \frac{R}{\sin c}\right)\cos\lambda$$
$$+ 2\left(z - \frac{R}{\sin c}\right)\left(x - \frac{R}{\sin a}\right)\cos\mu + 2\left(x - \frac{R}{\sin a}\right)\left(y - \frac{R}{\sin b}\right) - R^2 = 0,$$

118. *Sphère passant par quatre points.* Soient $(x_1y_1z_1)$, $(x_2y_2z_2)$, $(x_3y_3z_3)$, $(x_4y_4z_4)$ quatre points de l'espace. Si la sphère définie par l'équation

$$x^2 + y^2 + z^2 + 2Gx + 2Hy + 2Kz + L = 0$$

doit renfermer ces points, on a les conditions

$$\begin{aligned}
x_1^2 + y_1^2 + z_1^2 + 2Gx_1 + 2Hy_1 + 2Kz_1 + L = 0,\\
x_2^2 + y_2^2 + z_2^2 + 2Gx_2 + 2Hy_2 + 2Kz_2 + L = 0,\\
x_3^2 + y_3^2 + z_3^2 + 2Gx_3 + 2Hy_3 + 2Kz_3 + L = 0,\\
x_4^2 + y_4^2 + z_4^2 + 2Gx_4 + 2Hy_4 + 2Kz_4 + L = 0.
\end{aligned}$$

L'élimination des paramètres entre les équations précédentes donnera pour l'équation cherchée

$$\begin{vmatrix}
x^2 + y^2 + z^2 & x & y & z & 1\\
x_1^2 + y_1^2 + z_1^2 & x_1 & y_1 & z_1 & 1\\
x_2^2 + y_2^2 + z_2^2 & x_2 & y_2 & z_2 & 1\\
x_3^2 + y_3^2 + z_3^2 & x_3 & y_3 & z_3 & 1\\
x_4^2 + y_4^2 + z_4^2 & x_4 & y_4 & z_4 & 1
\end{vmatrix} = 0.$$

Soient x, y, z les coordonnées du centre. On sait que $x = -G$, $y = -H$, $z = -K$, et, par suite, ces coordonnées satisfont aux équations

$$\begin{aligned}
x_1^2 + y_1^2 + z_1^2 - 2xx_1 - 2yy_1 - 2zz_1 + L = 0,\\
x_2^2 + y_2^2 + z_2^2 - 2xx_2 - 2yy_2 - 2zz_2 + L = 0,\\
x_3^2 + y_3^2 + z_3^2 - 2xx_3 - 2yy_3 - 2zz_3 + L = 0,\\
x_4^2 + y_4^2 + z_4^2 - 2xx_4 - 2yy_4 - 2zz_4 + L = 0.
\end{aligned}$$

En retranchant ces équations membre à membre, on trouverait six équations de la forme

$$2(x_1 - x_2)x + 2(y_1 - y_2)y + 2(z_1 - z_2)z + x_2^2 - x_1^2 + y_2^2 - y_1^2 + z_2^2 - z_1^2 = 0$$

qui représentent six plans passant par le centre de la sphère ; celle-ci est satisfaite par les coordonnées

$$x = \frac{x_1 + x_2}{2}, \quad y = \frac{y_1 + y_2}{2}, \quad z = \frac{z_1 + z_2}{2},$$

et les cosinus directeurs de la normale au plan étant proportionnels à $x_1 - x_2$, $y_1 - y_2$, $z_1 - z_2$, il sera perpendiculaire à la droite des points $(x_1y_1z_1)$, $(x_2y_2z_2)$. Les autres équations donneront lieu à des remarques semblables et on arrivera à ce résultat : que les plans perpendiculaires aux arêtes du tétraèdre des points donnés et passant par les milieux de ces droites se coupent en un même point qui sera le centre de la sphère circonscrite.

§ 3. CONE CIRCONSCRIT A LA SPHÈRE ; PLAN TANGENT ET PLAN POLAIRE.

119. *Cône circonscrit.* Une droite est dite tangente à la sphère, lorsqu'elle rencontre cette surface en deux points qui coïncident. Soit S $(x'y'z')$ un point donné ; proposons-nous de trouver le lieu des tangentes à la sphère

$$x^2 + y^2 + z^2 = r_0^2$$

issues de ce point. Menons par ce dernier une droite quelconque, et soient x'', y'', z'' les coordonnées d'un second point de cette ligne. Celles d'un point variable (x, y, z) de la droite sont données par les formules

$$x = \frac{x' + \lambda x''}{1 + \lambda}, \quad y = \frac{y' + \lambda y''}{1 + \lambda}, \quad z = \frac{z' + \lambda z''}{1 + \lambda}.$$

Substituons ces valeurs dans l'équation de la sphère ; il viendra, en développant,

$$(x''^2 + y''^2 + z''^2 - r_0^2)\lambda^2 + 2\lambda(x'x'' + y'y'' + z'z'' - r_0^2) + x'^2 + y'^2 + z'^2 - r_0^2 = 0.$$

Posons, pour abréger,

$$C = x^2 + y^2 + z^2 - r_0^2, \qquad P' = x'x'' + y'y'' + z'z'' - r_0^2,$$

et désignons par C′, C″ les valeurs de C pour les coordonnées des deux points $(x'y'z')$, $(x''y''z'')$. L'équation précédente peut s'écrire

$$(k) \qquad C''\lambda^2 + 2P'\lambda + C' = 0.$$

Elle détermine les valeurs de λ pour les points de rencontre de la droite avec la sphère. Mais, si la sécante issue du point $(x'y'z')$ est tangente à la surface, l'équation doit avoir des racines égales, et, par suite,

$$P'^2 - C'C'' = 0.$$

Cette relation sera satisfaite par les coordonnées x'', y'', z'' d'un point choisi à volonté sur une tangente quelconque issue du point S. Il en résulte que le lieu de toutes les tangentes ou le cône circonscrit ayant pour sommet le point $(x'y'z')$ sera représenté par l'équation

$$(1)\quad (xx'+yy'+zz'-r_0^2)^2-(x'^2+y'^2+z'^2-r_0^2)(x^2+y^2+z^2-r_0^2)=0.$$

Si on applique la même méthode à la sphère définie par l'équation

$$(x-a_0)^2+(y-b_0)^2+(z-c_0)^2-r_0^2=0,$$

on trouvera semblablement pour le cône circonscrit

$$(2)\quad [(x-a_0)(x'-a_0)+(y-b_0)(y'-b_0)+(z-c_0)(z'-c_0)-r_0^2]^2 \\ -[(x'-a_0)^2+(y'-b_0)^2+(z'-c_0)^2-r_0^2][(x-a_0)^2+(y-b_0)^2 \\ +(z-c_0)^2-r_0^2]=0.$$

On peut transformer les équations précédentes au moyen de l'égalité

$$(x-x')^2+(y-y')^2+(z-z')^2=x^2+y^2+z^2-r_0^2 \\ +x'^2+y'^2+z'^2-r_0^2-2(xx'+yy'+zz'-r_0^2).$$

On en tire

$$xx'+yy'+zz'-r_0^2=\frac{1}{2}[C+C'-(x-x')^2-(y-y')^2-(z-z')^2],$$

et, en subtituant, l'équation du cône circonscrit prendra la forme

$$(3)\quad [C+C'-(x-x')^2-(y-y')^2-(z-z')^2]^2-4CC'=0.$$

Elle a lieu aussi lorsque la sphère est représentée par l'équation $(x-a_0)^2+(y-b_0)^2+(z-c_0)^2-r_0^2=0$, en supposant que C et C' désignent les polynômes

$$(x-a_0)^2+(y-b_6)^2+(z-c_0)^2-r_0^2,\quad (x'-a_0)^2+(y'-b_0)^2+(z'-c_0)^2-r_0^2;$$

car, de l'égalité

$$[x-a_0-(x'-a_0)]^2+[y-b_0-(y'-b_0)]^2+[z-c_0-(z'-c_0)]^2 \\ =(x-x')^2+(y-y')^2+(z-z')^2=C+C'-2[(x-a_0)(x'-a_0) \\ +(y-b_0)(y'-b_0)+(z-c_0)(z'-c_0)-r_0^2],$$

on tire

$$(x - a_0)(x' - a_0) + (y - b_0)(y' - b_0) + (z - c_0)(z' - c_0) - r_0^2$$

$$= \frac{1}{2}[C + C' - (x - x')^2 - (y - y')^2 - (z - z')^2].$$

Cette relation permet de mettre l'équation (2) sous la forme (3).

120. *Plan tangent.* Le plan tangent à la sphère en un point $(x'y'z')$ est le lieu de toutes les tangentes à la surface passant par ce point. On trouve immédiatement l'équation de ce lieu, en appliquant celle du cône circonscrit (1) au cas où le sommet est sur la sphère. Dans cette hypothèse, $x'^2 + y'^2 + z'^2 - r_0^2 = 0$, et, on aura, pour le lieu des tangentes menées par le point $(x'y'z')$ à la sphère $x^2 + y^2 + z^2 - r_0^2 = 0$, l'équation

$$(4) \qquad xx' + yy' + zz' - r_0^2 = 0.$$

On y arrive aussi directement par la méthode suivante. Menons par le point $(x'y'z')$ une droite quelconque définie par les égalités

$$x = x' + \lambda\rho, \quad y = y' + \mu\rho, \quad z = z' + \nu\rho.$$

Substituons ces expressions dans l'équation de la sphère

$$x^2 + y^2 + z^2 - r_0^2 = 0.$$

Il viendra, en développant,

$$(\lambda^2 + \mu^2 + \nu^2)\rho^2 + 2\rho(\lambda x' + \mu y' + \nu z') + x'^2 + y'^2 + z'^2 - r_0^2 = 0;$$

équation qui détermine les distances des points d'intersection de la droite avec la sphère au point $(x'y'z')$. Mais, ce dernier étant sur la surface, $x'^2 + y'^2 + z'^2 - r_0^2 = 0$, et l'équation a une racine nulle ; de plus, si la droite est tangente à la sphère, les points d'intersection coïncident et la seconde racine sera égale à zéro ; ce qui exige que l'on ait :

$$\lambda x' + \mu y' + \nu z' = 0.$$

En éliminant λ, μ, ν au moyen des équations de la droite, on trouve pour le lieu des tangentes ou le plan tangent à la sphère au point $(x'y'z')$, l'équation

$$(x - x')x' + (y - y')y' + (z - z')z' = 0,$$

c'est-à-dire,

$$xx' + yy' + zz' - r_0^2 = 0,$$

eu égard à la relation $x'^2 + y'^2 + z'^2 = r_0^2$.

Lorsque la sphère est représentée par l'équation

$$(x - a_0)^2 + (y - b_0)^2 + (z - c_0)^2 - r_0^2 = 0,$$

celle du plan tangent sera de la forme

$$(5)\quad (x - a_0)(x' - a_0) + (y - b_0)(y' - b_0) + (z - c_0)(z' - c_0) - r_0^2 = 0.$$

Enfin, d'après la transformation du numéro précédent, on peut remplacer les équations (4) et (5) par la suivante :

$$C + C' - (x - x')^2 - (y - y')^2 - (z - z')^2 = 0.$$

121. *Plan polaire.* Le cône circonscrit représenté par l'équation

$$(xx' + yy' + zz' - r_0^2)^2 - (x'^2 + y'^2 + z'^2 - r_0^2)(x^2 + y^2 + z^2 - r_0^2) = 0,$$

touche la sphère suivant une courbe située dans le plan

$$(\mathrm{P})\qquad xx' + yy' + zz' - r_0^2 = 0;$$

car les coordonnées d'un point de cette courbe annulent le polynôme $x^2 + y^2 + z^2 - r_0^2$, et, par conséquent, elles doivent vérifier la relation précédente. Le plan (P) qui passe par la courbe de contact du cône avec la sphère se nomme le *plan polaire* du point $(x'y'z')$, et ce dernier, le *pôle* de ce plan par rapport à la sphère.

Quelles que soient les valeurs de x', y', z' aussi longtemps qu'elles sont réelles, l'équation (P) représente un plan déterminé et réel. Le plan polaire d'un point de l'espace existe donc toujours quelle que soit la position de ce point, même s'il se trouve à l'intérieur de la sphère et si le cône circonscrit est imaginaire. Lorsque le point $(x'y'z')$ est sur la sphère, l'équation (P) représente le plan tangent en ce point à la surface, et réciproquement, un plan tangent aura pour pôle son point de contact.

Étant donnée l'équation d'un plan

$$Ax + By + Cz = D,$$

on déterminera le pôle correspondant par rapport à la sphère

$x^2+y^2+z^2-r_0^2=0$, en identifiant cette équation avec celle du plan (P). On arrivera aux relations

$$\frac{x'}{r_0^2}=\frac{A}{D},\quad \frac{y'}{r_0^2}=\frac{B}{D},\quad \frac{z'}{r_0^2}=\frac{C}{D};$$

d'où

$$x'=\frac{Ar_0^2}{D},\quad y'=\frac{Br_0^2}{D},\quad z'=\frac{Cr_0^2}{D}.$$

Les coordonnées du pôle sont infinies, si $D=0$; elles sont nulles, si $A=B=C=0$. Ainsi, le pôle d'un plan passant par le centre est à l'infini, tandis que celui du plan à l'infini coïncide avec le centre de la sphère.

122. *Construction du plan polaire.* Soit p le point qui a pour coordonnées x', y', z' et O le centre de la sphère

$$x^2+y^2+z^2=r_0^2.$$

La droite qui réunit le centre au point p est déterminée par les équations

$$\frac{x}{x'}=\frac{y}{y'}=\frac{z}{z'},$$

et, par suite, elle est perpendiculaire au plan polaire représenté par

$$(P)\qquad xx'+yy'+zz'-r_0^2=0.$$

Soient p' le point où le plan P rencontre la droite Op; la longueur Op' sera la distance à l'origine du plan polaire, et on aura la relation

$$Op'=\frac{r_0^2}{\sqrt{x'^2+y'^2+z'^2}}=\frac{r_0^2}{Op};$$

d'où

$$Op\cdot Op'=r_0^2.$$

Donc, le rectangle construit sur les distances du centre de la sphère au pôle et au plan polaire est constant. Il résulte de ce qui précède, qu'étant donné un point p, le plan polaire correspondant s'obtiendra en menant à une distance $Op'=\frac{r_0^2}{Op}$ du centre un plan perpendiculaire à la droite Op. Cette construction indique que le plan polaire d'un point à l'infini sur une droite issue du centre sera le plan mené par ce dernier perpendiculairement à la droite.

123. *Le plan polaire est le lieu du conjugué harmonique du pôle par rapport aux points d'intersection avec la sphère d'une sécante variable issue de ce point.*

En effet, menons par le point $(x'y'z')$ une sécante quelconque, et cherchons les points où elle rencontre la sphère. On aura

$$x = \frac{x' + \lambda x''}{1 + \lambda}, \quad y = \frac{y' + \lambda y''}{1 + \lambda}, \quad z = \frac{z' + \lambda z''}{1 + \lambda}$$

où λ est l'une des racines de l'équation (N° 119)

$$C''\lambda^2 + 2P'\lambda + C' = 0.$$

Supposons que le point $(x''y''z'')$ coïncide avec le conjugué harmonique du point $(x'y'z')$ par rapport aux points d'intersection de la sécante et de la sphère. Dans cette hypothèse, l'équation précédente doit avoir des racines égales et de signes contraires ; par suite,

$$P' = 0, \quad \text{ou} \quad x'x'' + y'y'' + z'z'' - r_0^2 = 0.$$

Cette relation devra être satisfaite par les coordonnées du conjugué harmonique du point $(x'y'z')$ quelle que soit la direction de la sécante. Il en résulte que le lieu de ce point sera représenté par l'équation

$$xx' + yy' + zz' - r_0^2 = 0$$

obtenue en supprimant les accents des coordonnées x'', y'', z''. C'est précisément le plan polaire du point $(x'y'z')$.

124. Si on mène un plan Q par le pôle d'un plan P représenté par l'équation

$$(\text{P}) \qquad xx' + yy' + zz' - r_0^2 = 0,$$

son pôle $(x''y''z'')$ se trouvera dans le plan P. Car le plan Q a pour équation

$$(\text{Q}) \qquad xx'' + yy'' + zz'' - r_0^2 = 0,$$

avec la condition

$$x'x'' + y'y'' + z'z'' - r_0^2 = 0 :$$

relation qui exprime aussi que le point $(x''y''z'')$ appartient au plan P.

Cette propriété peut encore s'énoncer ainsi : le plan polaire d'un point p situé dans un plan Q passe par le pôle de ce dernier. Lorsque le plan P tourne autour d'une droite D, son pôle décrit une autre droite D'. En effet, soient p et p' deux points de la ligne D ; les plans polaires correspondants P et P' se couperont suivant une certaine droite D' ; tout plan mené par la droite D passant par les point p et p' doit avoir pour pôle un point situé à la fois dans les plans P et P', c'est-à-dire qu'il se trouvera sur la droite D'. Réciproquement, si le pôle décrit une droite D', le plan polaire tourne autour d'une droite D ; car, p et p' étant les pôles des plans P et P' passant par D', le plan polaire d'un point quelconque de cette droite renfermera les points p et p', et, par conséquent, il passera par la droite D. Deux droites, telles que D et D', qui jouissent de la propriété d'être chacune le lieu géométrique des pôles des plans passant par l'autre, se nomment *droites conjuguées* par rapport à la sphère ; chacune d'elles est la corde des contacts des plans tangents à la sphère menés par l'autre, puisque les points de contact ou les pôles de ces plans doivent appartenir à la conjuguée de leur droite d'intersection.

Enfin, il est utile de remarquer que le plan polaire du point d'intersection de trois plans sera le plan déterminé par leurs pôles ; réciproquement, trois points quelconques d'un plan ont des plans polaires qui se coupent au pôle de ce plan.

125. *Étant donnés deux points p et q ainsi que leurs plans polaires* P *et* Q *par rapport à une sphère de centre* O, *si on abaisse des points p et q les perpendiculaires pr, qs sur les plans* Q *et* P, *on aura la relation*

$$\frac{Op}{pr} = \frac{Oq}{qs}.$$

Pour le démontrer, soient $x'y'z'$, $x''y''z''$ les coordonnées des points p et q ; les plans polaires P et Q sont définis par les équations

$$(P) \qquad xx' + yy' + zz' - r_0^2 = 0,$$

$$(Q) \qquad xx'' + yy'' + zz'' - r_0^2 = 0.$$

Cela étant, la longueur de la perpendiculaire abaissée du point $p\,(x'y'z')$ sur le plan Q aura pour expression

$$pr = \frac{x'x'' + y'y'' + z'z'' - r_0^2}{\sqrt{x''^2 + y''^2 + z''^2}} = \frac{x'x'' + y'y'' + z'z'' - r_0^2}{\mathrm{O}q}.$$

De même, il viendra pour l'autre perpendiculaire qs

$$qs = \frac{x'x'' + y'y'' + z'z'' - r_0^2}{\sqrt{x'^2 + y'^2 + z'^2}} = \frac{x'x'' + y'y'' + z'z'' - r_0^2}{\mathrm{O}p}.$$

On en déduit

$$pr \cdot \mathrm{O}q = qs \cdot \mathrm{O}p,$$

et, par suite,

$$\frac{\mathrm{O}p}{pr} = \frac{\mathrm{O}q}{qs}.$$

126. Nous avons considéré jusqu'ici le plan polaire d'un point par rapport à la sphère

$$x^2 + y^2 + z^2 - r_0^2 = 0;$$

il est évident, d'après les développements qui précèdent, que le plan polaire d'un point $(x'\,y'\,z')$ par rapport à la sphère

$$(x - a_0)^2 + (y - b_0)^2 + (z - c_0)^2 - r_0^2 = 0$$

sera représenté par une équation de la forme

$$(x - a_0)(x' - a_0) + (y - b_0)(y' - b_0) + (z - c_0)(z' - c_0) - r_0^2 = 0,$$

ou bien, en désignant par C le premier membre de l'équation de la sphère,

$$\mathrm{C} + \mathrm{C}' - (x - x')^2 - (y - y')^2 - (z - z')^2 = 0.$$

On pourrait démontrer aussi les différentes propriétés du plan polaire au moyen de ces équations.

Le plan polaire de l'origine sera

$$a_0 x + b_0 y + c_0 z - a_0^2 - b_0^2 - c_0^2 + r_0^2 = 0,$$

ou bien,

$$\mathrm{C} + a_0^2 + b_0^2 + c_0^2 - x^2 - y^2 - z^2 - r_0^2 = 0.$$

§ 3. ÉQUATION DE LA SPHÈRE EN COORDONNÉES TÉTRAÉDRIQUES.

127. Considérons une sphère de rayon R rapportée à un tétraèdre 1234. Soient O(A′B′C′D′) le centre, et M(ABCD) un point de la surface. D'après la formule (N° 63) qui donne la distance de deux points, il viendra pour l'équation de la sphère en coordonnées tétraédriques

$$\varphi(AB) + \varphi(A'B') - \varphi(AB' + BA') = R^2,$$

ou bien,

$$(1) \qquad \varphi(AB) - \varphi(AB' + BA') + \varphi(A'B') - R^2 = 0.$$

Afin de rendre l'équation homogène, multiplions le second terme par l'expression

$$-\left(\frac{A}{h_1} + \frac{B}{h_2} + \frac{C}{h_3} + \frac{D}{h_4}\right) = 1,$$

et les deux derniers par le carré de cette quantité. L'équation se présentera sous la forme

$$(1) \qquad \varphi(AB) + \left(\frac{A}{h_1} + \frac{B}{h_2} + \frac{C}{h_3} + \frac{D}{h_4}\right)[\varphi(AB' + BA') + \left(\frac{A}{h_1} + \frac{B}{h_2} + \frac{C}{h_3} + \frac{D}{h_4}\right)[\varphi(A'B') - R^2)] = 0.$$

La quantité entre crochets est une certaine fonction homogène du premier degré par rapport à A, B, C, D. Posons

$$(I) \quad \varphi(AB' + BA') + \left(\frac{A}{h_1} + \frac{B}{h_2} + \frac{C}{h_3} + \frac{D}{h_4}\right)(\varphi(A'B') - R^2) \equiv -(lA + mB + nC + pD).$$

Il viendra finalement pour l'équation homogène de la sphère en coordonnées tétraédriques

$$(2) \qquad \varphi(AB) - \left(\frac{A}{h_1} + \frac{B}{h_2} + \frac{C}{h_3} + \frac{D}{h_4}\right)(lA + mB + nC + pD) = 0.$$

ou bien, en remplaçant φ (AB) par sa valeur (N° 63),

$$(3)\quad \frac{d_{12}^2}{h_1h_2}AB + \frac{d_{13}^2}{h_1h_3}AC + \frac{d_{14}^2}{h_1h_4}AD + \frac{d_{23}^2}{h_2h_3}BC + \frac{d_{24}^2}{h_2h_4}BD + \frac{d_{34}^2}{h_3h_4}CD$$
$$+ \left(\frac{A}{h_1} + \frac{B}{h_2} + \frac{C}{h_3} + \frac{D}{h_4}\right)(lA + mB + nC + pD) = 0.$$

Elle renferme quatre paramètres variables l, m, n, p qui, d'après l'identité (I), sont des fonctions des coordonnées du centre et du rayon de la sphère. La première partie de cette équation, c'est-à-dire φ(AB), est indépendante des quantités A', B', C', D' R; elle sera la même pour toutes les sphères. Nous verrons bientôt que la fonction φ(AB) égalée à zéro représente la sphère circonscrite au tétraèdre; il en résulte qu'une sphère quelconque définie par l'équation (3) est rencontrée par le plan à l'infini suivant un cercle imaginaire ayant pour équations

$$\varphi(AB) = 0, \quad \frac{A}{h_1} + \frac{B}{h_2} + \frac{C}{h_3} + \frac{D}{h_4} = 0.$$

Donc toutes les sphères passent par un même cercle imaginaire à l'infini.

Réciproquement, toute équation de la forme (3) représentera une sphère. En effet, connaissant le second membre de l'identité (I), on exprimera que les coefficients des variables sont égaux; on aura ainsi quatre équations qui ajoutées à la relation fondamentale

$$\frac{A}{h_1} + \frac{B}{h_2} + \frac{C}{h_3} + \frac{D}{h_4} = -1$$

suffisent pour déterminer les valeurs de A', B', C', D' et R. On pourra ainsi ramener l'équation (3) à la forme (1') ou à la forme (1) qui exprime la propriété caractéristique d'une surface sphérique.

128. *Trouver les conditions pour que l'équation générale du second degré représente une sphère.*

L'équation générale du second degré en coordonnées tétraédriques est de la forme

$$(\alpha)\quad a_{11}A^2 + a_{22}B^2 + a_{33}C^2 + a_{44}D^2 + 2a_{12}AB + 2a_{13}AC + 2a_{14}AD$$
$$+ 2a_{23}BC + 2a_{24}BD + 2a_{34}CD = 0.$$

Pour qu'elle représente une sphère, il faut et il suffit qu'elle puisse se ramener à la forme

$$(\alpha') \quad k\left(\frac{d_{12}^2}{h_1h_2}AB + \frac{d_{13}^2}{h_1h_3}AC + \frac{d_{14}^2}{h_1h_4}AD + \frac{d_{23}^2}{h_2h_3}BC + \frac{d_{24}^2}{h_2h_4}BD + \frac{d_{34}^2}{h_3h_4}CD\right)$$

$$+ (a_{11}h_1A + a_{22}h_2B + a_{33}h_3C + a_{44}h_4D)\left(\frac{A}{h_1} + \frac{B}{h_2} + \frac{C}{h_3} + \frac{D}{h_4}\right) = 0.$$

Comparons cette équation avec la précédente, et égalons les coefficients des rectangles. Il viendra les égalités

$$2a_{12} = k\frac{d_{12}^2}{h_1h_2} + \frac{a_{11}h_1}{h_2} + \frac{a_{22}h_2}{h_1}, \quad 2a_{13} = k\frac{d_{13}^2}{h_1h_3} + \frac{a_{11}h_1}{h_3} + \frac{a_{33}h_3}{h_1},$$

$$2a_{14} = k\frac{d_{14}^2}{h_1h_4} + \frac{a_{11}h_1}{h_4} + \frac{a_{44}h_4}{h_1}, \quad 2a_{23} = k\frac{d_{23}^3}{h_2h_3} + \frac{a_{22}h_2}{h_3} + \frac{a_{33}h_3}{h_2},$$

$$2a_{24} = k\frac{d_{24}^2}{h_2h_4} + \frac{a_{22}h_2}{h_4} + \frac{a_{44}h_4}{h_2}, \quad 2a_{34} = k\frac{d_{34}^2}{h_3h_4} + \frac{a_{33}h_3}{h_4} + \frac{a_{44}h_4}{h_3}.$$

Si ces relations ont lieu, les équations (α) et (α') sont identiques, puisque les coefficients des carrés des variables sont égaux. On obtiendra les conditions demandées, en égalant les valeurs de k tirées de ces égalités : on trouve ainsi

$$\frac{a_{11}h_1^2 + a_{22}h_2^2 - 2a_{12}h_1h_2}{d_{12}^2} = \frac{a_{11}h_1^2 + a_{33}h_3^2 - 2a_{13}h_1h_3}{d_{13}^2} = \frac{a_{11}h_1^2 + a_{44}h_4^2 - 2a_{14}h_1h_4}{d_{14}^2}$$

$$= \frac{a_{22}h_2^2 + a_{33}h_3^2 - 2a_{23}h_2h_3}{d_{23}^2} = \frac{a_{22}h_2^2 + a_{44}h_4^2 - 2a_{24}h_2h_4}{d_{24}^2} = \frac{a_{33}h_3^2 + a_{44}h_4^2 - 2a_{34}h_3h_4}{d_{34}^2}.$$

Il faut remarquer que l'équation (α') exprime que la section de la surface par le plan à l'infini est un cercle imaginaire ; de sorte que toute surface du second ordre qui passe par le cercle imaginaire de l'infini est une sphère.

129. *Trouver l'équation de la sphère circonscrite au tétraèdre de référence.*

Si on exprime que la sphère définie par l'équation (3) passe par le sommet 1 $(-h_1, 0, 0, 0)$ du tétraèdre, il vient $lh_1 = 0$, et, par suite, $l = 0$. De même, si elle passe par les autres sommets, il faudra que les coefficients m, n, p soient nuls. Il en résulte que l'équation de la sphère circonscrite au tétraèdre sera de la forme

$$(4)\quad \frac{d_{12}^2}{h_1h_2}AB + \frac{d_{13}^2}{h_1h_3}AC + \frac{d_{14}^2}{h_1h_4}AD + \frac{d_{23}^2}{h_2h_3}BC + \frac{d_{24}^2}{h_2h_4}BD + \frac{d_{34}^2}{h_3h_4}CD = 0.$$

Soient A', B', C', D', R les coordonnées du centre et le rayon de cette sphère. Les formules qui donnent les distances d'un point de l'espace aux sommets du tétraèdre (N° 64) conduisent aux égalités

$$(h)\quad \begin{cases} \varphi(A'B') - \left(\dfrac{d_{12}^2}{h_2}B' + \dfrac{d_{13}^2}{h_3}C' + \dfrac{d_{14}^2}{h_4}D'\right) = R^2, \\[2ex] \varphi(A'B') - \left(\dfrac{d_{12}^2}{h_1}A' + \dfrac{d_{23}^2}{h_3}C' + \dfrac{d_{24}^2}{h_4}D'\right) = R^2, \\[2ex] \varphi(A'B') - \left(\dfrac{d_{13}^2}{h_1}A' + \dfrac{d_{23}^2}{h_2}B' + \dfrac{d_{34}^2}{h_4}D'\right) = R^2, \\[2ex] \varphi(A'B') - \left(\dfrac{d_{14}^2}{h_1}A' + \dfrac{d_{24}^2}{h_2}B' + \dfrac{d_{34}^2}{h_3}C'\right) = R^2. \end{cases}$$

Mais, d'après la relation (V) (N° 64), on a

$$\varphi(A'B' = R^2\left(\frac{A'}{h_1} + \frac{B'}{h_2} + \frac{C'}{h_3} + \frac{D'}{h_4}\right) = -R^2.$$

En substituant, la première des équations (h) devient

$$\frac{d_{12}^2}{h_2}B' + \frac{d_{13}^2}{h_3}C' + \frac{d_{14}^2}{h_4}D' = -2R^2$$

ou bien,

$$-\left(\frac{d_{12}^2}{h_2}B' + \frac{d_{13}^2}{h_3}C' + \frac{d_{14}^2}{h_4}D'\right) + 2R^2\left(\frac{A'}{h_1} + \frac{B'}{h_2} + \frac{C'}{h_3} + \frac{D'}{h_4}\right) = 0.$$

Si on transforme semblablement les autres égalités (h), on pourra les écrire sous la forme

$$2R^2\frac{A'}{h_1} + (2R^2 - d_{12}^2)\frac{B'}{h_2} + (2R^2 - d_{13}^2)\frac{C'}{h_3} + (2R^2 - d_{14}^2)\frac{D'}{h_4} = 0,$$

$$(2R^2 - d_{12}^2)\frac{A'}{h_1} + 2R^2\frac{B'}{h_2} + (2R^2 - d_{23}^2)\frac{C'}{h_3} + (2R^2 - d_{24}^2)\frac{D'}{h_4} = 0,$$

$$(2R^2 - d_{13}^2)\frac{A'}{h_1} + (2R^2 - d_{23}^2)\frac{B'}{h_2} + 2R^2\frac{C'}{h_3} + (2R^2 - d_{34}^2)\frac{D'}{h_4} = 0,$$

$$(2R^2 - d_{14}^2)\frac{A'}{h_1} + (2R^2 - d_{24}^2)\frac{B'}{h_2} + (2R^2 - d_{34}^2)\frac{C'}{h_3} + 2R^2\frac{D'}{h_4} = 0.$$

Ces équations permettent de déterminer les coordonnées du centre et le rayon R. L'élimination de A', B', C', D' donne, pour calculer R, l'équation

$$\begin{vmatrix} 2R^2 & 2R^2 - d_{12}^2 & 2R^2 - d_{13}^2 & 2R^2 - d_{14}^2 \\ 2R^2 - d_{12}^2 & 2R^2 & 2R^2 - d_{23}^2 & 2R^2 - d_{24}^2 \\ 2R^2 - d_{13}^2 & 2R^2 - d_{23}^2 & 2R^2 & 2R^2 - d_{34}^2 \\ 2R^2 - d_{14}^2 & 2R^2 - d_{24}^2 & 2R^2 - d_{34}^2 & 2R^2 \end{vmatrix} = 0,$$

ou bien, en retranchant la première colonne de celles qui suivent,

$$\begin{vmatrix} 2R^2 & -d_{12}^2 & -d_{13}^2 & -d_{14}^2 \\ 2R^2 - d_{12}^2 & d_{12}^2 & d_{12}^2 - d_{23}^2 & d_{12}^2 - d_{24}^2 \\ 2R^2 - d_{13}^2 & d_{13}^2 - d_{23}^2 & d_{13}^2 & d_{13}^2 - d_{34}^2 \\ 2R^2 - d_{14}^2 & d_{14}^2 - d_{24}^2 & d_{14}^2 - d_{34}^2 & d_{14}^2 \end{vmatrix} = 0.$$

D'où on déduit

$$(f)\quad 2R^2\begin{vmatrix} 1 & -d_{12}^2 & -d_{13}^2 & -d_{14}^2 \\ 1 & d_{12}^2 & d_{12}^2 - d_{23}^2 & d_{12}^2 - d_{24}^2 \\ 1 & d_{13}^2 - d_{23}^2 & d_{13}^2 & d_{13}^2 - d_{34}^2 \\ 1 & d_{14}^2 - d_{24}^2 & d_{14}^2 - d_{34}^2 & d_{14}^2 \end{vmatrix} + \begin{vmatrix} 0 & -d_{12}^2 & -d_{13}^2 & -d_{14}^2 \\ -d_{12}^2 & d_{12}^2 & d_{12}^2 - d_{23}^2 & d_{12}^2 - d_{24}^2 \\ -d_{13}^2 & d_{13}^2 - d_{23}^2 & d_{13}^2 & d_{13}^2 - d_{34}^2 \\ -d_{14}^2 & d_{14}^2 - d_{24}^2 & d_{14}^2 - d_{34}^2 & d_{14}^2 \end{vmatrix} = 0.$$

Or, on sait que le volume du tétraèdre est déterminé par la relation

$$288V^2 = \begin{vmatrix} 0 & d_{12}^2 & d_{13}^2 & d_{14}^2 & 1 \\ d_{21}^2 & 0 & d_{23}^2 & d_{24}^2 & 1 \\ d_{31}^2 & d_{32}^2 & 0 & d_{34}^2 & 1 \\ d_{41}^2 & d_{42}^2 & d_{43}^2 & 0 & 1 \\ 1 & 1 & 1 & 1 & 0 \end{vmatrix} = \begin{vmatrix} 0 & d_{12}^2 & d_{13}^3 & d_{14}^2 & 1 \\ d_{21}^2 & -d_{21}^2 & d_{23}^2 - d_{21}^2 & d_{24}^2 - d_{21}^2 & 1 \\ d_{31}^2 & d_{32}^2 - d_{31}^2 & -d_{31}^2 & d_{34}^2 - d_{31}^2 & 1 \\ d_{41}^2 & d_{42}^2 - d_{41}^2 & d_{43}^2 - d_{41}^2 & -d_{41}^2 & 1 \\ 1 & 0 & 0 & 0 & 0 \end{vmatrix}$$

$$= \begin{vmatrix} d_{12}^2 & d_{13}^2 & d_{14}^2 & 1 \\ -d_{12}^2 & d_{23}^2 - d_{21}^2 & d_{24}^2 - d_{21}^2 & 1 \\ d_{32}^2 - d_{31}^2 & -d_{31}^2 & d_{34}^2 - d_{31}^2 & 1 \\ d_{42}^2 - d_{41}^2 & d_{43}^2 - d_{41}^2 & -d_{41}^2 & 1 \end{vmatrix}$$

Ce dernier déterminant est égal au coefficient de $2R^2$ dans l'équation (f). D'un autre côté, on a aussi

$$\begin{vmatrix} 0 & -d_{12}^2 & -d_{13}^2 & -d_{14}^2 \\ -d_{12}^2 & d_{12}^2 & d_{12}^2-d_{23}^2 & d_{12}^2-d_{24}^2 \\ -d_{13}^2 & d_{13}^2-d_{23}^2 & d_{13}^2 & d_{13}^2-d_{34}^2 \\ -d_{14}^2 & d_{14}^2-d_{24}^2 & d_{14}^2-d_{34}^2 & d_{14}^2 \end{vmatrix} = \begin{vmatrix} 0 & d_{12}^2 & d_{13}^2 & d_{14}^2 \\ d_{12}^2 & 0 & d_{23}^2 & d_{24}^2 \\ d_{13}^2 & d_{23}^2 & 0 & d_{34}^2 \\ d_{14}^2 & d_{24}^2 & d_{34}^2 & 0 \end{vmatrix},$$

si on ajoute la première colonne aux suivantes.

En substituant, il vient finalement pour l'expression du rayon de la sphère circonscrite au tétraèdre.

$$576V^2R^2 = -\begin{vmatrix} 0 & d_{12}^2 & d_{13}^2 & d_{14}^2 \\ d_{21}^2 & 0 & d_{23}^2 & d_{24}^2 \\ d_{31}^2 & d_{32}^2 & 0 & d_{34}^2 \\ d_{41}^2 & d_{42}^2 & d_{43}^2 & 0 \end{vmatrix}.$$

130. *Trouver l'équation du plan tangent à la sphère circonscrite au tétraèdre.*

Reprenons l'équation de cette sphère

$$\varphi(AB) = \frac{d_{12}^2}{h_1h_2}AB + \frac{d_{13}^2}{h_1h_3}AC + \frac{d_{14}^2}{h_1h_4}AD + \frac{d_{23}^2}{h_2h_3}BC + \frac{d_{24}^2}{h_2h_4}BD + \frac{d_{34}^2}{h_3h_4}CD = 0,$$

et soit $(A'B'C'D')$ un point de la surface. Une droite quelconque menée par ce point est définie par des équations de la forme

$$A = A' + \lambda_1\rho, \qquad B = B' + \lambda_2\rho, \qquad C = C' + \lambda_3\rho, \qquad D = D' + \lambda_4\rho.$$

Substituons ces valeurs dans l'équation de la sphère : il viendra

$$\varphi(A'B') + \rho(\lambda_1\varphi'_{A'} + \lambda_2\varphi'_{B'} + \lambda_3\varphi'_{C'} + \lambda_4\varphi'_{D'}) + \rho^2\varphi(\lambda_1\lambda_2) = 0,$$

$\varphi'_{A'}, \varphi'_{B'}, \varphi'_{C'}, \varphi'_{D'}$, sont les valeurs des dérivées partielles de la fonction $\varphi(AB)$ pour les coordonnées A', B', C', D'. Mais le point $(A'B'C'D')$ étant sur la surface, $\varphi(A'B') = 0$; de plus, pour que la droite soit tangente, il faut que la seconde racine de l'inconnue ρ soit nulle; donc les coefficients directeurs d'une tangente à la sphère satisfont à la relation

$$\lambda_1\varphi'_{A'} + \lambda_2\varphi'_{B'} + \lambda_3\varphi'_{C'} + \lambda_4\varphi'_{D'} = 0.$$

En éliminant λ_1, λ_2, λ_3, λ_4, il viendra pour l'équation du plan tangent au point (A'B'C'D')

$$(A - A')\varphi'_{A'} + (B - B')\varphi'_{B'} + (C - C')\varphi'_{C'} + (D - D')\varphi'_{D'} = 0,$$

ou bien

$$A\varphi'_{A'} + B\varphi'_{B'} + C\varphi'_{C'} + D\varphi'_{D'} = 0,$$

car, la fonction φ étant homogène, on a l'égalité

$$A'\varphi'_{A'} + B'\varphi'_{B'} + C'\varphi'_{C'} + D'\varphi'_{D'} = 2\varphi(A', B', C', D') = 0.$$

En substituant aux dérivées leurs valeurs, l'équation du plan tangent à la sphère circonscrite peut se mettre sous la forme

$$\frac{d_{12}^2}{h_1h_2}(AB' + BA') + \frac{d_{13}^2}{h_1h_3}(AC' + CA') + \frac{d_{14}^2}{h_1h_4}(AD' + DA') + \frac{d_{23}^2}{h_2h_3}(BC' + CB')$$
$$+ \frac{d_{24}^2}{h_2h_4}(BD' + DB') + \frac{d_{34}^2}{h_3h_4}(CD' + DC') = 0.$$

En particulier, les plans tangents aux sommets du tétraèdre seront

$$\frac{d_{12}^2}{h_2}B + \frac{d_{13}^2}{h_3}C + \frac{d_{14}^2}{h_4}D = 0.$$

$$\frac{d_{12}^2}{h_1}A + \frac{d_{23}^2}{h_3}C + \frac{d_{24}^2}{h_4}D = 0,$$

$$\frac{d_{13}^2}{h_1}A + \frac{d_{23}^2}{h_2}B + \frac{d_{34}^2}{h_4}D = 0,$$

$$\frac{d_{14}^2}{h_1}A + \frac{d_{24}^2}{h_2}B + \frac{d_{34}^2}{h_3}C = 0.$$

131. *Sphère conjuguée au tétraèdre.* Cherchons les valeurs qu'il faut attribuer aux coefficients l, m, n, p, pour que l'équation (3) ne renferme plus que les carrés des coordonnées. Si on égale à zéro les coefficients des rectangles des variables, on trouve les relations

$$\frac{d_{12}^2}{h_1h_2} + \frac{l}{h_2} + \frac{m}{h_1} = 0, \quad \frac{d_{13}^2}{h_1h_3} + \frac{l}{h_3} + \frac{n}{h_1} = 0, \quad \frac{d_{14}^2}{h_1h_4} + \frac{l}{h_4} + \frac{p}{h_1} = 0,$$
$$\frac{d_{23}^2}{h_2h_3} + \frac{m}{h_3} + \frac{n}{h_2} = 0, \quad \frac{d_{24}^2}{h_2h_4} + \frac{m}{h_4} + \frac{p}{h_2} = 0, \quad \frac{d_{34}^2}{h_3h_4} + \frac{n}{h_4} + \frac{p}{h_3} = 0.$$

Ainsi les paramètres l, m, n, p doivent satisfaire à six équations distinctes; donc, en général, il n'est pas possible de faire disparaître les rectangles. Si on avait, entre les éléments du tétraèdre de référence, les relations

$$\frac{d_{12}^2}{h_1h_2}=\frac{d_{34}^2}{h_3h_4}, \quad \frac{d_{13}^2}{h_1h_3}=\frac{d_{24}^2}{h_2h_4}, \quad \frac{d_{14}^2}{h_1h_4}=\frac{d_{23}^2}{h_2h_3},$$

les équations précédentes donneraient les égalités

$$\frac{l}{h_2}+\frac{m}{h_1}=\frac{n}{h_4}+\frac{p}{h_3},$$

$$\frac{l}{h_3}+\frac{n}{h_1}=\frac{m}{h_4}+\frac{p}{h_2},$$

$$\frac{l}{h_4}+\frac{p}{h_1}=\frac{m}{h_3}+\frac{n}{h_2}.$$

En substituant dans l'équation (3) les rapports $\frac{l}{p}$, $\frac{m}{p}$, $\frac{n}{p}$, déterminés par ces égalités, elle se réduirait à la forme

$$(5) \qquad a_{11}A^2+a_{22}B^2+a_{33}C^2+a_{44}D^2=0.$$

Or, si on applique la méthode du numéro précédent pour trouver le plan tangent en un point (A'B'C'D'), on obtiendra

$$AF'_{A_\prime}+BF'_{B_\prime}+CF'_{C_\prime}+DF'_{D_\prime}=0,$$

F désignant le premier membre de l'équation précédente, $F'_{A_\prime}$, $F'_{B_\prime}$, $F'_{C_\prime}$, $F'_{D_\prime}$, les valeurs des dérivées partielles de F quand on y substitue les coordonnées du point de contact. En remplaçant les dérivées par leurs valeurs, le plan tangent sera représenté par

$$a_{11}AA'+a_{22}BB'+a_{33}CC'+a_{44}DD'=0.$$

Cette équation définit aussi le plan polaire du point (A'B'C'D'), lorsque ce dernier est un point quelconque de l'espace. Supposons que ce point soit le sommet 1 du tétraèdre; on aura $B'=C'=D'=0$, et, par suite, le plan polaire correspondant sera $a_{11}AA'=0$, ou $A=0$. On verrait semblablement que le plan polaire des sommets 2, 3, 4 sont respectivement les faces $B=0$, $C=0$, $D=0$. Donc, la sphère représentée par l'équation (5) est telle que les sommets du tétraèdre sont les pôles des faces opposées. On dit alors que la sphère est *conjuguée* au tétraèdre.

Comme il n'est pas toujours possible de ramener l'équation d'une sphère à la forme (5), il n'existe pas en général de sphère qui soit conjuguée à un tétraèdre donné. On sait que le pôle d'un plan se trouve sur le diamètre perpendiculaire à ce plan, de sorte que, si un tétraèdre et une sphère sont conjugués, les hauteurs du tétraèdre doivent se couper en un point, centre de la sphère.

§ 4. ÉQUATION DE LA SPHÈRE EN COORDONNÉES TANGENTIELLES.

132. Soit une sphère de rayon r rapportée à des axes rectangulaires; u, v et w les coordonnées d'un plan tangent à la surface; a, b, c les coordonnées cartésiennes du centre. L'équation de ce dernier point étant

$$au + bv + cw - 1 = 0,$$

on sait que l'expression

$$\frac{au + bv + cw - 1}{\sqrt{u^2 + v^2 + w^2}}$$

mesure la distance du point défini par l'équation à un plan quelconque (u, v, w). Or, un plan tangent à la sphère étant toujours à la distance r du centre, ses coordonnées satisferont à l'équation

$$\frac{au + bv + cw - 1}{\sqrt{u^2 + v^2 + w^2}} = r.$$

En élevant au carré et transposant, elle peut s'écrire sous la forme

$$(1) \qquad (au + bv + cw - 1)^2 - r^2(u^2 + v^2 + w^2) = 0,$$

ou bien

$$(1') \qquad (a^2 - r^2)u^2 + (b^2 - r^2)v^2 + (c^2 - r^2)w^2 + 2abuv + 2acuw + 2bcvw - 2(au + bv + cw) + 1 = 0.$$

C'est l'équation tangentielle de la sphère.

Comparons l'équation générale du second degré en u, v et w

$$Au^2 + A'v^2 + A''w^2 + 2Buv + 2B'uw + 2B''vw + 2Cu + 2C'v + 2C''w + F = 0,$$

avec la précédente : il viendra, en égalant les coefficients des mêmes puissances,

$$a^2-r^2=\frac{A}{F},\quad b^2-r^2=\frac{A'}{F},\quad c^2-r^2=\frac{A''}{F},\quad ab=\frac{B}{F},\quad ac=\frac{B'}{F},\quad bc=\frac{B''}{F},$$

$$a=-\frac{C}{F},\quad b=-\frac{C'}{F},\quad c=-\frac{C''}{F}.$$

En éliminant les quantités a, b, c, r, on trouve les égalités

$$(h)\qquad \begin{aligned} &C^2-AF=C'^2-A'F=C''^2-A''F;\\ &CC'=BF,\quad CC''=B'F,\quad C'C''=B''F. \end{aligned}$$

Telles sont les conditions nécessaires et suffisantes pour que l'équation du second degré soit identique à celle de la sphère, et, par suite, les conditions pour qu'elle représente une surface sphérique. En admettant que les relations (h) soient satisfaites, il viendra pour les coordonnées du centre et le rayon

$$a=-\frac{C}{F},\quad b=-\frac{C'}{F},\quad c=-\frac{C''}{F};$$

$$r^2=\frac{C^2-AF}{F^2}=\frac{C'^2-A'F}{F^2}=\frac{C''^2-A''F}{F^2}.$$

Si la sphère est tangente aux plans coordonnés, les quantités a, b, c sont égales au rayon, et l'équation (1') se réduit à la forme

$$2r^2(uv+vw+wu)-2r(u+v+w)+1=0.$$

Enfin, si l'origine est au centre de la sphère, on aura simplement

$$r^2(u^2+v^2+w^2)-1=0.$$

133. *Trouver l'équation du point de contact d'un plan tangent à la sphère* $r^2(u^2+v^2+w^2)-1=0$.

Soient $(u'v'w')$, $(u''v''w'')$ deux plans quelconques se coupant suivant une droite D. Ils sont définis en coordonnées cartésiennes par les équations

$$u'x+v'y+w'z-1=0,\qquad u''x+v''y+w''z-1=0.$$

Un plan quelconque mené par D et représenté par l'équation

$$u'x+v'y+w'z-1+\lambda(u''x+v''y+w''z-1)=0$$

aura des coordonnées de la forme

$$u = \frac{u' + \lambda u''}{1 + \lambda}, \quad v = \frac{v' + \lambda v''}{1 + \lambda}, \quad w = \frac{w' + \lambda w''}{1 + \lambda}.$$

Exprimons que ces valeurs satisfont à l'équation de la sphère. Il viendra, en développant, l'équation du second degré en λ

$$C''\lambda^2 + 2P'\lambda + C' = 0,$$

où

$$C'' = r^2(u''^2 + v''^2 + w''^2) - 1, \quad C' = r^2(u'^2 + v'^2 + w'^2) - 1,$$
$$P' = r^2(u'u'' + v'v'' + w'w'') - 1.$$

Elle donnera deux racines pour λ, et, par suite, on peut par la droite D mener deux plans tangents à la sphère. Cependant, si on a la condition

$$P'^2 - C'C'' = 0,$$

les racines sont égales et les deux plans tangents se confondent en un seul : ce qui exige que la droite D soit tangente à la sphère en un point du cercle d'intersection du plan $(u'v'w')$ avec la surface. Remplaçons u'', v'', w'' par les variables u, v, w; la relation précédente pourra s'écrire

$$(k) \quad [r^2(uu' + vv' + ww') - 1]^2 - [r^2(u^2 + v^2 + w^2) - 1]$$
$$[r^2(u'^2 + v'^2 + w'^2) - 1] = 0.$$

Cette équation sera satisfaite par les coordonnées d'un plan quelconque passant par une tangente au cercle d'intersection du plan $(u'v'w')$. Mais, si ce dernier est un plan tangent, on a

$$r^2(u'^2 + v'^2 + w'^2) - 1 = 0,$$

et l'égalité précédente se réduit à

$$r^2(uu' + vv' + ww') - 1 = 0 :$$

équation qui sera vérifiée pour les coordonnées d'un plan quelconque rencontrant $(u'v'w')$ suivant une tangente à la sphère, c'est-à-dire, pour les plans passant par le point de contact de ce plan. C'est l'équation demandée.

Si on applique la même méthode à la sphère définie par l'équation

$$(au + bv + cw - 1)^2 - r^2(u^2 + v^2 + w^2) = 0,$$

on trouvera, pour celle du point de contact d'un plan tangent $(u'v'w')$,

$$(au + bv + cw - 1)(au' + bv' + cw' - 1) - r^2(uu' + vv' + ww') = 0.$$

134. *Trouver l'équation du pôle d'un plan $(u'v'w')$ par rapport à la sphère $r^2(u^2 + v^2 + w^2) - 1 = 0$.*

La relation (k) est vérifiée par les coordonnées des plans passant par une tangente quelconque du cercle suivant lequel le plan $(u'v'w')$ rencontre la sphère ; parmi ces plans, ceux qui sont tangents à la sphère ont des coordonnées qui annulent le polynome $r^2(u^2 + v^2 + w^2) - 1$; elles satisfont par conséquent à l'équation

$$r^2(uu' + vv' + ww') - 1 = 0$$

qui représentera un point commun à tous les plans tangents à la sphère suivant le cercle d'intersection du plan $(u'v'w')$ ou le sommet du cône circonscrit qui touche la sphère suivant ce cercle ; c'est le pôle du plan $(u'v'w')$.

135. *Équation en coordonnées tétraédriques tangentielles.* Considérons maintenant une sphère de rayon R rapportée à un tétraèdre dont les sommets sont : $U = 0$, $V = 0$, $W = 0$, $T = 0$. Soient A, B, C, D les coordonnées d'un plan tangent, et

$$lA + mB + nC + pD = 0,$$

l'équation du centre de la sphère. La distance de ce point à un plan (A, B, C, D) est exprimée par la fraction (N° 95)

$$\frac{lA + mB + nC + pD}{l + m + n + p},$$

et, par suite, en égalant cette quantité à R, il viendra pour l'équation tangentielle de la sphère

$$\frac{lA + mB + nC + pD}{l + m + n + p} = R.$$

Élevons les deux membres au carré, et rendons l'équation homogène par la relation fondamentale entre les coordonnées tétraédriques (N° 90); on aura

$$(2) \qquad \{aA, bB, cC, dD\}^2 = \frac{9V^2}{R^2}\left(\frac{lA + mB + nC + pD}{l + m + n + p}\right)^2.$$

Afin de simplifier, posons

$$\frac{l}{l+m+n+p}=\frac{\lambda R}{3V},\quad \frac{m}{l+m+n+p}=\frac{\mu R}{3V}$$

$$\frac{n}{l+m+n+p}=\frac{\nu R}{3V},\quad \frac{p}{l+m+n+p}=\frac{\pi R}{3V}.$$

L'équation de la sphère en coordonnées tangentielles prendra la forme

$$(2') \qquad \{aA,\, bB,\, cC,\, dD\}^2=(\lambda A+\mu B+\nu C+pD)^2;$$

celle du centre sera

$$\lambda A+\mu B+\nu C+\pi D=0,$$

tandis que le rayon R aura pour expression

$$R=\frac{3V}{\lambda+\mu+\nu+\pi}.$$

136. *Sphère inscrite au tétraèdre.* Lorsque la sphère touche la face du tétraèdre qui renferme les points V, W, T, l'équation précédente doit être satisfaite en posant $B=C=D=0$; ce qui exige que l'on ait $a^2A^2=\lambda^2A^2$, ou $\lambda=a$. En exprimant que les coordonnées des autres faces satisfont à l'équation, on trouvera aussi $\mu=b$, $\nu=c$, $\pi=d$. Il en résulte que la sphère inscrite au tétraèdre aura pour équation

$$\{aA,\, bB,\, cC,\, dD\}^2=(aA+bB+cC+dD)^2.$$

Si on développe cette égalité, on verra que les carrés des coordonnées vont disparaître de l'équation; de plus, le coefficient du rectangle AB sera

$$-2ab\,[\cos(ab)+1]=-4ab\cos^2\frac{(ab)}{2};$$

ceux des autres produits AC, AD etc. se trouvent de la même manière.

L'équation précédente pourra se mettre sous la forme

$$abAB\cos^2\frac{(ab)}{2}+acAC\cos^2\frac{(ac)}{2}+adAD\cos^2\frac{(ad)}{2}+bcBC\cos^2\frac{(bc)}{2}$$

$$+bdBD\cos^2\frac{(bd)}{2}+cdCD\cos^2\frac{(cd)}{2}=0.$$

Le centre sera le point $aA + bB + cC + dD = 0$, et le rayon aura pour valeur

$$R = \frac{3V}{a + b + c + d}.$$

137. *Sphère conjuguée au tétraèdre.* Après avoir développé l'équation (2'), on verra facilement que les rectangles disparaissent avec les conditions

$$\lambda\mu = - ab \cos(ab), \quad \lambda\nu = - ac \cos(ac), \quad \lambda\pi = - ad \cos(ad),$$

$$\mu\nu = - bc \cos(bc), \quad \mu\pi = - bd \cos(bd), \quad \nu\pi = - cd \cos(cd).$$

En général, il ne sera pas possible de déterminer les paramètres λ, μ, ν, π de manière à ce que l'équation (2') ne renferme plus que les carrés des coordonnées. Avec les conditions

$$k = \cos(ab)\cos(cd) = \cos(ac)\cos(bd) = \cos(ad)\cos(bc),$$

on aurait pour les paramètres les valeurs

$$\lambda^2 = - \frac{a^2 \cos(ab)\cos(ac)\cos(ad)}{k}, \quad \mu^2 = - \frac{b^2 \cos(ab)\cos(bc)\cos(bd)}{k},$$

$$\nu^2 = - \frac{c^2 \cos(ac)\cos(bc)\cos(cd)}{k}, \quad \pi^2 = - \frac{d^2 \cos(ad)\cos(bd)\cos(cd)}{k}.$$

Dans cette hypothèse, l'équation (2') pourrait se ramener à la forme

$$(\alpha) \qquad a_{11}A^2 + a_{22}B^2 + a_{33}C^2 + a_{44}D^2 = 0,$$

et représenterait une sphère conjuguée au tétraèdre.

Pour le démontrer, cherchons l'équation du point de contact d'un plan tangent (A'B'C'D'). Soient A''B''C''D'' les coordonnées d'un plan quelconque; les équations des deux plans (A'B'C'D'), (A''B''C''D'') seront (N° 66)

$$aA'A + bB'B + cC'C + dD'D = 0, \quad aA''A + bB''B + cC''C + dD''D = 0.$$

Celle d'un plan quelconque mené par leur ligne d'intersection peut s'écrire

$$a(A' + \lambda A'')A + b(B' + \lambda B'')B + c(C' + \lambda C'')C + d(D' + \lambda D'')D = 0,$$

et, par suite, nous pouvons prendre pour les coordonnées tangentielles de l'un quelconque de ces plans

$$A = A' + \lambda A'', \quad B = B' + \lambda B'', \quad C = C' + \lambda C'', \quad D = D' + \lambda D''.$$

Substituons ces valeurs dans l'équation de la sphère. Il viendra

$$a_{11}A'^2 + a_{22}B'^2 + a_{33}C'^2 + a_{44}D'^2 + 2\lambda(a_{11}A'A'' + a_{22}B'B'' + a_{33}C'C'' + a_{44}D'D'')$$
$$+ \lambda^2(a_{11}A''^2 + a_{22}B''^2 + a_{33}C''^2 + a_{44}D''^2) = 0:$$

équation dont les racines correspondent aux deux plans tangents que l'on peut mener à la sphère par la droite d, intersection de deux plans quelconques (A'B'C'D'), (A''B''C''D''). Si le premier est tangent à la surface, on a $a_{11}A'^2 + a_{22}B'^2 + a_{33}C'^2 + a_{44}D'^2 = 0$; l'équation admet une racine nulle, et, l'un des deux plans tangents coïncide avec le plan (A'B'C'D'). Les deux racines sont égales à zéro avec la condition

$$a_{11}A'A'' + a_{22}B'B'' + a_{33}C'C'' + a_{44}D'D'' = 0,$$

et les deux plans tangents passant par la droite d coïncident avec le plan (A'B'C'D'); ce qui exige que le plan (A''B''C''D'') passe le point de contact et rencontre (A'B'C'D') suivant une droite tangente à la surface. En supprimant les accents aux lettres A'', B'', C'', D'', il viendra l'équation

$$a_{11}AA' + a_{22}BB' + a_{33}CC' + a_{44}DD' = 0$$

qui sera vérifiée par les coordonnées d'un plan quelconque passant par le point de contact du plan (A'B'C'D'); c'est donc l'équation de ce point. Lorsque A', B', C', D' représentent les coordonnées d'un plan quelconque de l'espace, l'équation précédente définit (N° 134) le pôle de ce plan par rapport à la sphère. Or, si on a $B' = C' = D' = 0$, elle se réduit à $a_{11}AA' = 0$, ou $A = 0$; de sorte que le sommet $A = 0$ est le pôle de la face opposée ou du plan passant par les points $B = 0$, $C = 0$, $D = 0$. On verrait de même que les autres sommets sont les pôles des autres faces par rapport à la sphère. Donc l'équation (α) représente une sphère conjuguée au tétraèdre de référence.

CHAPITRE VII.

SPHÈRE (SUITE).

SOMMAIRE. — *Système de deux sphères; plan radical. Sphères ayant même plan radical. Centres de similitude. — Système de trois sphères; axe radical; centres de similitude. — Système de quatre sphères; centre radical. Sphère tangente à quatre sphères données.*

§ 1. SYSTÈME DE DEUX SPHÈRES.

138. Considérons les deux sphères définies par les équations

$$(0) \qquad (x - a_0)^2 + (y - b_0)^2 + (z - c_0)^2 - r_0^2 = 0,$$
$$(1) \qquad (x - a_1)^2 + (y - b_1)^2 + (z - c_1)^2 - r_1^2 = 0,$$

que nous écrirons, pour abréger,

$$(0) \qquad C_0 = 0,$$
$$(1) \qquad C_1 = 0.$$

Si on retranche membre à membre ces égalités, on trouve l'équation du premier degré

$$(2) \qquad C_0 - C_1 = 0,$$

ou bien

$$(2) \quad (a_1 - a_0)x + (b_1 - b_0)y + (c_1 - c_0)z + \frac{a_0^2 + b_0^2 - a_1^2 - b_1^2 - r_0^2 + r_1^2}{2} = 0;$$

elle représentera un plan qui renferme les points communs aux deux sphères. D'après la signification du premier membre des équations (0) et (1), chaque point de ce plan a la même puissance par rapport à ces surfaces, c'est-à-dire que les tangentes menées d'un point du plan aux sphères sont égales. Le plan qui jouit de cette propriété s'appelle le *plan radical* des deux sphères.

La droite des centres ayant pour équations

$$\frac{x-a_0}{a_1-a_0}=\frac{y-b_0}{b_1-b_0}=\frac{z-c_0}{c_1-c_0},$$

on voit que le plan (2) est perpendiculaire à cette droite. Lorsque les sphères se rencontrent, le plan radical est celui qui passe par leur cercle d'intersection; si elles se touchent, c'est le plan tangent à l'une et à l'autre au point de contact; enfin, si elles ne se rencontrent pas, le plan radical existe toujours et passe par les milieux des tangentes communes. Dans le cas particulier de deux sphères concentriques, on a $a_0=a_1$, $b_0=b_1$, $c_0=c_1$, et l'équation (2) se réduit à une constante égalée à zéro ; le plan radical est alors à l'infini.

139. *Sphères de même plan radical.* L'équation

$$(3) \qquad C_0-\lambda C_1=0$$

peut se ramener à la forme de celle d'une sphère en coordonnées rectangulaires; elle est satisfaite par les points d'intersection des sphères (0) et (1), quelle que soit la valeur du paramètre λ; elle définit donc un système de sphères ayant le même plan radical, le plan du petit cercle commun aux sphères $C_0=0$, $C_1=0$. Les coordonnées du centre de l'une des sphères du système (3) seront

$$x=\frac{a_0-\lambda a_1}{1-\lambda},\quad y=\frac{b_0-\lambda b_1}{1-\lambda},\quad z=\frac{c_0-\lambda c_1}{1-\lambda}.$$

L'élimination de λ entre ces égalités conduit aux équations

$$\frac{x-a_0}{a_1-a_0}=\frac{y-b_0}{b_1-b_0}=\frac{z-c_0}{c_1-c_0};$$

donc les centres des sphères (3) sont situés sur la droite des centres des sphères (0) et (1).

Afin de simplifier, prenons le plan radical pour celui des yz, et la droite des centres pour axe des x. Une sphère quelconque du système sera définie par une équation de la forme

$$(4) \qquad (x-\mu)^2+y^2+z^2-r^2=0.$$

Développons, et posons $m^2 = \mu^2 - r^2$; on aura

$$(5) \qquad x^2 + y^2 + z^2 - 2\mu x + m^2 = 0,$$

où μ désigne la distance du centre à l'origine. Le premier membre de cette équation se réduit à m^2 pour les coordonnées de l'origine : la quantité m^2 sera une constante qui représente la puissance de l'origine par rapport à une sphère quelconque de la série. Lorsque les sphères se coupent, la différence $\mu^2 - r^2$ est négative, et il faut attribuer le signe négatif à m^2 dans le premier membre de l'équation; dans le cas contraire, la quantité m^2 doit être affectée du signe positif. Dans la première hypothèse, la grandeur $m = \sqrt{\mu^2 - r^2}$ est imaginaire, tandis que dans la seconde elle est réelle.

Dans le cas particulier où $\mu = \pm m$, le rayon r est nul; les sphères correspondantes se réduisent à deux points de l'axe des x situés à égale distance du plan des yz ou du plan radical. Ce sont les *sphères limites* du système; elles sont réelles, si les sphères ne se rencontrent pas, et imaginaires, si elles se coupent suivant un cercle.

140. *Les plans polaires d'un point fixe par rapport à un système de sphères de même plan radical passent par une même droite.*

En effet, le plan polaire d'un point $(x'y'z')$ par rapport à une sphère quelconque de la série est représenté par l'équation

$$(x - \mu)(x' - \mu) + yy' + zz' - r^2 = 0,$$

ou bien

$$xx' + yy' + zz' - \mu(x + x') + m^2 = 0.$$

Quelle que soit la valeur du paramètre μ, ce plan renferme la droite d'intersection des deux plans

$$xx' + yy' + zz' + m^2 = 0, \qquad x + x' = 0;$$

donc les plans polaires passent par une droite fixe. Si le point $(x'y'z')$ appartient au plan radical, la coordonnée x' est nulle, et les plans polaires se rencontrent suivant une droite dans ce plan. Pour le point limite $(m, 0, 0)$, les équations précédentes se réduisent à une seule $x + m = 0$; de même pour le point $(-m, 0, 0)$, on aura $x - m = 0$. Ainsi, *le plan polaire d'un point limite est invariable et passe par l'autre point limite.*

141. Si d'un point du plan radical on mène des tangentes aux sphères de même plan radical définies par l'équation

$$C_0 - \lambda C_1 = 0,$$

le carré de l'une d'elles aura pour valeur

$$\frac{C_0 - \lambda C_1}{1 - \lambda} = C_1 ;$$

car les coordonnées d'un point du plan radical satisfont à l'égalité $C_0 = C_1$. Il en résulte que toutes les tangentes ont même longueur et leurs points de contact appartiennent à une sphère dont le centre est le point considéré, et le rayon, la longueur commune des tangentes; cette sphère passera par les points limites, car les droites qui joignent ces derniers au centre doivent être regardées comme tangentes à ces sphères évanouissantes. On doit donc considérer le plan radical, comme le lieu des centres d'un nouveau système de sphères jouissant de la même propriété et passant par deux points fixes de l'espace.

142. *Centres de similitude.* Soient deux sphères $C_0 = 0$, $C_1 = 0$ dont les centres sont les points représentés par les équations

$$A_0 = a_0 u + b_0 v + c_0 w - 1 = 0, \qquad A_1 = a_1 u + b_1 v + c_1 w - 1 = 0;$$

les cônes circonscrits communs, l'un extérieur et l'autre intérieur, ont leurs sommets S et *s* sur la ligne des centres. Plaçons l'origine des axes coordonnés au point S, et prenons la droite des centres pour axes des *x*. Le plan des *xz* rencontrera les sphères suivant deux cercles ayant pour centre extérieur de similitude le point S; on aura entre deux points homologues A et *a*, la relation

$$\frac{\overline{SA}}{Sa} = \frac{r_0}{r_1} = k ;$$

d'où

$$(\alpha) \qquad \overline{SA} = k \cdot Sa,$$

k étant le rapport de similitude des cercles. Mais, le plan des *xz* est quelconque et doit seulement passer par la droite des centres; la relation précédente aura donc lieu pour deux points quelconques A et *a* des deux sphères situés sur une droite issue du point S, et, par conséquent, elle permet de passer de l'une à l'autre quand on connaît la valeur de la constante k. Le point S se nomme le *centre extérieur de similitude* des deux sphères; le point s, qui jouit des mêmes propriétés, est le *centre intérieur de similitude*.

Il résulte de la similitude de deux cercles dans un plan, que les points S et s divisent harmoniquement la distance des centres; de plus, les rayons qui aboutissent aux points homologues sont parallèles. Le centre extérieur de similitude s'obtiendra en menant deux rayons parallèles et dirigés dans le même sens, et en joignant leurs extrémités par une droite qui rencontrera la ligne des centres suivant le point S; le centre intérieur de similitude se construit de la même manière avec deux rayons parallèles et dirigés en sens opposé. Il s'ensuit que les points S et s existent toujours, même si les sphères sont intérieures et si les cônes circonscrits communs sont imaginaires.

143. *Trouver les coordonnées des centres de similitude des sphères* $C_0 = 0$, $C_1 = 0$.

Nous savons que ces points divisent harmoniquement la distance des centres définis par les équations

$$A_0 = 0, \qquad A_1 = 0;$$

par suite, ils seront représentés par des équations de la forme

$$(S) \qquad A_0 - kA_1 = 0, \qquad\qquad (s) \qquad A_0 + kA_1 = 0.$$

Le paramètre k est égal au rapport des distances du point S aux centres des sphères; comme ce dernier équivaut à $\frac{r_0}{r_1}$, on aura pour les équations des centres de similitude

$$(S) \qquad \frac{A_0}{r_0} - \frac{A_1}{r_1} = 0, \qquad\qquad (s) \qquad \frac{A_0}{r_0} + \frac{A_1}{r_1} = 0.$$

On en déduit pour les coordonnées rectangulaires de ces points

$$x = \frac{\frac{a_0}{r_0} - \frac{a_1}{r_1}}{\frac{1}{r_0} - \frac{1}{r_1}}, \quad y = \frac{\frac{b_0}{r_0} - \frac{b_1}{r_1}}{\frac{1}{r_0} - \frac{1}{r_1}}, \quad z = \frac{\frac{c_0}{r_0} - \frac{c_1}{r_1}}{\frac{1}{r_0} - \frac{1}{r_1}};$$

$$x = \frac{\frac{a_0}{r_0} + \frac{a_1}{r_1}}{\frac{1}{r_0} + \frac{1}{r_1}}, \quad y = \frac{\frac{b_0}{r_0} + \frac{b_1}{r_1}}{\frac{1}{r_0} + \frac{1}{r_1}}, \quad z = \frac{\frac{c_0}{r_0} + \frac{c_1}{r_1}}{\frac{1}{r_0} + \frac{1}{r_1}};$$

ou bien

$$(S) \quad x = \frac{a_0 r_1 - a_1 r_0}{r_1 - r_0}, \quad y = \frac{b_0 r_1 - b_1 r_0}{r_1 - r_0}, \quad z = \frac{c_0 r_1 - c_1 r_0}{r_1 - r_0},$$

$$(s) \quad x = \frac{a_0 r_1 + a_1 r_0}{r_1 + r_0}, \quad y = \frac{b_0 r_1 + b_1 r_0}{r_1 + r_0}, \quad z = \frac{c_0 r_1 + c_1 r_0}{r_1 + r_0}.$$

144. *Trouver les équations des cônes circonscrits communs aux sphères* $C_0 = 0$, $C_1 = 0$.

Si on désigne par x', y', z' les coordonnées du sommet d'un cône circonscrit à la sphère $C_0 = 0$, son équation est de la forme

$$[(x - a_0)(x' - a_0) + (y - b_0)(y' - b_0) + (z - c_0)(z' - c_0) - r_0^2]^2$$
$$- C_0 [(x' - a_0)^2 + (y' - b_0)^2 + (z' - c_0)^2 - r_0^2] = 0.$$

Remplaçons x', y', z' par les coordonnées du point S; il viendra

$$[(x - a_0)(a_0 - a_1) + (y - b_0)(b_0 - b_1) + (z - c_0)(c_0 - c_1) - r_0(r_1 - r_0)]^2$$
$$- C_0 [\overline{01}^2 - (r_1 - r_0)^2] = 0,$$

$\overline{01}$ désigne la distance des centres des sphères. On peut transformer cette équation, eu égard à la relation

$$\frac{1}{2}(C_1 - C_0) = (a_0 - a_1)x + (b_0 - b_1)y + (c_0 - c_1)z$$
$$+ \frac{a_1^2 + b_1^2 + c_1^2 - a_0^2 - b_0^2 - c_0^2 - r_1^2 + r_0^2}{2};$$

car, en développant la quantité élevée au carré dans l'équation, on trouve qu'elle est égale à

$$(a_0 - a_1)x + (b_0 - b_1)y + (c_0 - c_1)z - a_0^2 + a_0 a_1 - b_0^2 + b_0 b_1 - c_0^2$$
$$+ c_0 c_1 - r_0 r_1 + r_0^2 = \frac{1}{2}[C_1 - C_0 - \overline{01}^2 + (r_1 - r_0)^2];$$

par suite, l'équation du cône circonscrit qui a son sommet au centre extérieur de similitude sera de la forme

$$[C_1 - C_0 - \overline{01}^2 + (r_1 - r_0)^2]^2 - 4C_0 [\overline{01}^2 - (r_1 - r_0)^2] = 0.$$

On trouverait semblablement pour le cône qui a son sommet au centre intérieur de similitude

$$[C_1 - C_0 - \overline{01}^2 + (r_0 + r_1)^2]^2 - 4C_0[\overline{01}^2 - (r_1 + r_0)^2] = 0.$$

145. *Trouver les équations des plans polaires des centres de similitude par rapport aux deux sphères* $C_0 = 0$, $C_1 = 0$.

Le plan polaire d'un point $(x'y'z')$ relativement à la sphère $C_0 = 0$ est représenté par

$$(x - a_0)(x' - a_0) + (y - b_0)(y' - b_0) + (z - c_0)(z' - c_0) - r_0^2 = 0.$$

Remplaçons x', y', z', par les coordonnées du point S. D'après la transformation précédente, l'équation du plan polaire du point S par rapport à C_0 pourra se mettre sous la forme

$$C_1 - C_0 - [\overline{01}^2 - (r_1 - r_0)^2] = 0.$$

Celle du plan polaire du même point par rapport à la sphère $C_1 = 0$ sera

$$(x - a_1)(x' - a_1) + (y - b_1)(y' - b_1) + (z - c_1)(z' - c_1) - r_1^2 = 0,$$

ou bien

$$C_1 - C_0 + [\overline{01}^2 - (r_1 - r_0)^2] = 0.$$

On trouvera également, pour les plans polaires du centre intérieur de similitude par rapport aux deux sphères, les équations

$$C_1 - C_0 - [\overline{01}^2 - (r_0 + r_1)^2] = 0,$$
$$C_1 - C_0 + [\overline{01}^2 - (r_0 + r_1)^2] = 0.$$

§ 2. SYSTÈME DE TROIS SPHÈRES.

146. Considérons les sphères représentées par les équations

$$(0)\ C_0 = 0, \qquad (1)\ C_1 = 0, \qquad (2)\ C_2 = 0,$$

et dont les centres sont les points

$$A_0 = a_0u + b_0v + c_0w - 1 = 0,$$
$$A_1 = a_1u + b_1v + c_1w - 1 = 0,$$
$$A_2 = a_2u + b_2v + c_2w - 1 = 0.$$

Les plans radicaux de ces sphères prises deux à deux ont pour équations

$$C_0 - C_1 = 0, \qquad C_1 - C_2 = 0, \qquad C_2 - C_0 = 0 :$$

la dernière étant une conséquence des deux autres, les plans radicaux passent par une même droite. Cette droite se nomme l'*axe radical* des trois sphères (0), (1), (2). Les coordonnées d'un point quelconque de l'axe radical vérifient les égalités

$$C_0 = C_1 = C_2,$$

et, par suite, les tangentes menées de ce point ont la même longueur. Donc, l'axe radical est le lieu des points de l'espace qui ont la même puissance par rapport aux trois sphères. Comme les plans radicaux sont respectivement perpendiculaires aux droites qui joignent les centres, l'axe radical sera perpendiculaire au plan des centres. Supposons que la sphère $C_2 = 0$ soit variable de grandeur et de position dans l'espace; elle rencontrera les deux autres suivant des cercles dont les plans se couperont toujours dans le plan radical des sphères (0) et (1). Dans le cas particulier où elle serait tangente aux sphères (0) et (1), les plans tangents communs jouiront de la même propriété.

147. L'équation

$$(4) \qquad C_0 + \lambda C_1 + \mu C_2 = 0$$

définit un système de sphères qui ont le même axe radical que les sphères C_0, C_1, C_2; car, si d'un point quelconque de la droite ayant pour équations

$$C_0 = C_1 = C_2,$$

on mène une tangente à l'une des sphères (4), l'expression

$$\frac{C_0 + \lambda C_1 + \mu C_2}{1 + \lambda + \mu}$$

qui représente le carré de cette tangente se réduit à

$$\frac{C_0(1 + \lambda + \mu)}{1 + \lambda + \mu} = C_0.$$

Il en résulte que la longueur de cette droite est indépendante des valeurs attribuées aux coefficients arbitraires λ et μ, et tous les points de l'axe radical $C_0 = C_1 = C_2$ auront même puissance par rapport à toutes les sphères du système.

Les coordonnées du centre de l'une des sphères (4) ont pour expressions

$$x = \frac{a_0 + \lambda a_1 + \mu a_2}{1 + \lambda + \mu}, \quad y = \frac{b_0 + \lambda b_1 + \mu b_2}{1 + \lambda + \mu}, \quad z = \frac{c_0 + \lambda c_1 + \mu c_2}{1 + \lambda + \mu}.$$

On en déduit en chassant les dénominateurs

$$(x - a_0) + \lambda (x - a_1) + \mu (x - a_2) = 0,$$
$$(y - b_0) + \lambda (y - b_1) + \mu (y - b_2) = 0,$$
$$(z - c_0) + \lambda (z - c_1) + \mu (z - c_2) = 0.$$

L'élimination des paramètres λ et μ donnera, pour le lieu des centres, l'équation

$$\begin{vmatrix} x - a_0 & x - a_1 & x - a_2 \\ y - b_0 & y - b_1 & y - b_2 \\ z - c_0 & z - c_1 & z - c_2 \end{vmatrix} = 0,$$

ou bien

$$\begin{vmatrix} x & y & z & 1 \\ a_0 & a_1 & a_2 & 1 \\ b_0 & b_1 & b_2 & 1 \\ c_0 & c_1 & c_2 & 1 \end{vmatrix} = 0,$$

c'est le plan des centres des sphères (0), (1), (2). Il rencontre celles-ci suivant trois grands cercles dont les axes radicaux vont concourir au pied de l'axe radical des sphères.

148. *Les plans polaires d'un point fixe par rapport aux sphères de même axe radical passent par un autre point fixe.*

Soient x', y', z' les coordonnées d'un point donné ; les plans polaires par rapport aux sphères (0), (1), (2) sont représentés par les équations

$$P_0 = (x - a_0)(x' - a_0) + (y - b_0)(y' - b_0) + (z - c_0)(z' - c_0) - r_0^2 = 0,$$
$$P_1 = (x - a_1)(x' - a_1) + (y - b_1)(y' - b_1) + (z - c_1)(z' - c_1) - r_1^2 = 0,$$
$$P_2 = (x - a_2)(x' - a_2) + (y - b_2)(y' - b_2) + (z - c_2)(z' - c_2) - r_2^2 = 0.$$

Or, si on forme l'équation du plan polaire du même point relativement à une sphère (4), on trouvera

$$P_0 + \lambda P_1 + \mu P_2 = 0$$

qui est vérifiée par les coordonnées du point d'intersection des plans P_0, P_1, P_2 quelles que soient les valeurs des paramètres λ et μ ; donc tous les plans qu'elle représente passent par ce point. Ce dernier est réciproque du point donné, c'est-à-dire que ses plans polaires relativement aux sphères du système passeront par la point $(x'y'z')$.

Un point de l'axe radical a pour réciproque un point de cet axe. En effet, les équations des plans polaires peuvent se mettre sous la forme (N° 126)

$$C_0 + C_0' - (x - x')^2 - (y - y')^2 - (z - z')^2 = 0,$$
$$C_1 + C_1' - (x - x')^2 - (y - y')^2 - (z - z')^2 = 0,$$
$$C_2 + C_2' - (x - x')^2 - (y - y')^2 - (z - z')^2 = 0.$$

Mais, si le point $(x'y'z')$ est sur l'axe radical, on doit avoir

$$C_0' = C_1' = C_2' ;$$

par suite, son réciproque, ou le point d'intersection des plans qui précèdent, satisfera aux égalités

$$C_0 = C_1 = C_2$$

et appartiendra aussi à l'axe radical

149. *Centres de similitude.* Les trois sphères $C_0 = 0$, $C_1 = 0$, $C_2 = 0$, prises deux à deux donnent six centres de similitude situés respectivement sur les côtés du triangle 012 ; les équations de ces points seront de la forme

$$(S_0) \quad \frac{A_1}{r_1} - \frac{A_2}{r_2} = 0, \qquad (S_1) \quad \frac{A_2}{r_2} - \frac{A_0}{r_0} = 0, \qquad (S_2) \quad \frac{A_0}{r_0} - \frac{A_1}{r_1} = 0,$$

$$(s_0) \quad \frac{A_1}{r_1} + \frac{A_2}{r_2} = 0, \qquad (s_1) \quad \frac{A_2}{r_2} + \frac{A_0}{r_0} = 0, \qquad (s_2) \quad \frac{A_0}{r_0} + \frac{A_1}{r_1} = 0.$$

Les trois premières conduisent à l'identité

$$\left(\frac{A_1}{r_1} - \frac{A_2}{r_2}\right) + \left(\frac{A_2}{r_2} - \frac{A_0}{r_0}\right) + \left(\frac{A_0}{r_0} - \frac{A_1}{r_1}\right) \equiv 0,$$

et, par suite, les centres extérieurs de similitude sont en ligne droite. De plus, on en déduit encore

$$\left(\frac{A_0}{r_0}+\frac{A_1}{r_1}\right)-\left(\frac{A_1}{r_1}+\frac{A_2}{r_2}\right)+\left(\frac{A_2}{r_2}-\frac{A_0}{r_0}\right)\equiv 0,$$

$$\left(\frac{A_0}{r_0}+\frac{A_1}{r_1}\right)-\left(\frac{A_2}{r_2}+\frac{A_0}{r_0}\right)-\left(\frac{A_1}{r_1}-\frac{A_2}{r_2}\right)\equiv 0,$$

$$\left(\frac{A_1}{r_1}+\frac{A_2}{r_2}\right)-\left(\frac{A_2}{r_2}+\frac{A_0}{r_0}\right)+\left(\frac{A_0}{r_0}-\frac{A_1}{r_1}\right)\equiv 0.$$

Donc, deux centres intérieurs de similitude sont en ligne droite avec l'un des trois centres extérieurs. Ainsi les six centres de similitude d'un système de trois sphères sont situés trois à trois sur quatre droites appelées *axes de similitude*. Ces droites appartiennent évidemment au plan des centres des sphères.

Les équations précédentes permettent d'écrire immédiatement les coordonnées rectangulaires des centres de similitude. En particulier, celles des points S_0 et S_1 seront

$$x_0=\frac{a_1r_2-a_2r_1}{r_2-r_1},\qquad y_0=\frac{b_1r_2-b_2r_1}{r_2-r_1},\qquad z_0=\frac{c_1r_2-c_2r_1}{r_2-r_1};$$

$$x_1=\frac{a_2r_0-a_0r_2}{r_0-r_2},\qquad y_1=\frac{b_2r_0-b_0r_2}{r_0-r_2},\qquad z_1=\frac{c_2r_0-c_0r_2}{r_0-r_2}.$$

On sait que les cosinus directeurs d'une droite qui passe par deux points sont proportionnels aux différences x_1-x_0, y_1-y_0, z_1-z_0; il résulte des expressions précédentes, que les cosinus directeurs de l'axe extérieur de similitude seront respectivement proportionnels aux quantités

$$r_0(a_1-a_2)+r_1(a_2-a_0)+r_2(a_0-a_1),$$

$$r_0(b_1-b_2)+r_1(b_2-b_0)+r_2(b_0-b_1),$$

$$r_0(c_1-c_2)+r_1(c_2-c_0)+r_2(c_0-c_1).$$

Enfin, nous ferons encore observer, que les coefficients des variables x, y et z dans l'équation du premier degré

$$r_0(C_1-C_2)+r_1(C_2-C_0)+r_2(C_0-C_1)=0$$

sont précisément les mêmes quantités, et, par suite, elle représentera un plan passant par l'axe radical et perpendiculaire à l'axe extérieur de similitude.

150. *Trouver les équations des droites conjuguées de l'axe extérieur de similitude par rapport aux sphères* $C_0 = 0$, $C_1 = 0$, $C_2 = 0$.

Nous avons trouvé (N° 145) pour le plan polaire du point

$$(S_2) \quad \frac{A_0}{r_0} - \frac{A_1}{r_1} = 0$$

par rapport à la sphère $C_0 = 0$, l'équation

$$(\alpha_2) \quad C_0 - C_1 + [\overline{01}^2 - (r_0 - r_1)^2] = 0.$$

Le plan polaire du point

$$(S_1) \quad \frac{A_2}{r_2} - \frac{A_0}{r_0} = 0,$$

par rapport à la même sphère, sera

$$(\alpha_1) \quad C_0 - C_2 + [\overline{02}^2 - (r_0 - r_2)^2] = 0.$$

Les équations (α_2) et (α_1) prises ensemble représentent la droite conjuguée de l'axe extérieur de similitude par rapport à la sphère $C_0 = 0$; car les plans polaires de deux points d'une droite se coupent suivant la conjuguée de cette droite. On aurait des équations analogues pour les droites conjuguées relativement aux autres sphères.

On sait que la droite conjuguée est la corde des contacts des plans tangents à la sphère menés par la droite donnée; donc, si on joint aux équations (α_1), (α_2) celle de la sphère $C_0 = 0$, on aura un système de trois équations qui permettent de calculer les points où les plans tangents menés par l'axe extérieur de similitude touchent la sphère $C_0 = 0$.

§ 3. SYSTÈME DE QUATRE SPHÈRES.

151. Soient les équations de quatre sphères quelconques

$$C_0 = 0, \quad C_1 = 0, \quad C_2 = 0, \quad C_3 = 0.$$

Les axes radicaux de ces sphères prises trois à trois sont représentés par les équations

$$(0, 1, 2) \quad C_0 - C_1 = 0, \quad C_1 - C_2 = 0, \quad C_2 - C_0 = 0;$$

$$(1,\ 2,\ 3)\qquad C_1 - C_2 = 0,\qquad C_2 - C_3 = 0,\qquad C_3 - C_1 = 0;$$

$$(2,\ 3,\ 0)\qquad C_2 - C_3 = 0,\qquad C_3 - C_0 = 0,\qquad C_0 - C_2 = 0;$$

$$(3,\ 0,\ 1)\qquad C_3 - C_0 = 0,\qquad C_0 - C_1 = 0,\qquad C_1 - C_3 = 0.$$

Il est visible que ces droites concourent en un même point, celui qui répond aux égalités

$$C_0 = C_1 = C_2 = C_3.$$

Ce point s'apelle le *centre radical* des sphères données; il jouira de la propriété d'avoir la même puissance par rapport à chacune d'elles, c'est-à-dire que les tangentes aux sphères issues de ce point seront égales; ce sera le centre d'une sphère qui passera par les points de contact de ces tangentes et ayant pour rayon leur commune longueur. Le centre de cette sphère est déterminé par les égalités précédentes tandis que le rayon est la valeur de l'une des fonctions C_0, C_1, C_2, C_3, lorsqu'on y substitue les coordonnées du centre.

Supposons que la quatrième sphère C_3 soit variable, et soit D l'axe radical des sphères restantes. Quelle que soit la position du centre, la sphère C_3 rencontrera les autres suivant trois cercles dont les plans iront se rencontrer sur la droite D; dans le cas particulier d'une sphère tangente aux trois autres, les plans tangents communs formeront un angle trièdre dont le sommet sera sur la même droite.

152. *Centres de similitude*. Si on combine les sphères deux à deux, on obtiendra deux centres de similitude situés sur chaque arête du tétraèdre qui a pour sommets les centres des sphères; ces douze points seront représentés par les équations

$$(\alpha)\qquad \frac{A_0}{r_0} - \frac{A_1}{r_1} = 0,\qquad \frac{A_0}{r_0} - \frac{A_2}{r_2} = 0,\qquad \frac{A_0}{r_0} - \frac{A_3}{r_3} = 0,$$

$$(\alpha')\qquad \frac{A_1}{r_1} - \frac{A_2}{r_2} = 0,\qquad \frac{A_1}{r_1} - \frac{A_3}{r_3} = 0,\qquad \frac{A_2}{r_2} - \frac{A_3}{r_3} = 0,$$

$$(\beta)\qquad \frac{A_0}{r_0} + \frac{A_1}{r_1} = 0,\qquad \frac{A_0}{r_0} + \frac{A_2}{r_2} = 0,\qquad \frac{A_0}{r_0} + \frac{A_3}{r_3} = 0,$$

$$(\beta')\qquad \frac{A_1}{r_1} + \frac{A_2}{r_2} = 0,\qquad \frac{A_1}{r_1} + \frac{A_3}{r_3} = 0,\qquad \frac{A_2}{r_2} + \frac{A_3}{r_3} = 0,$$

les centres des sphères proposées étant définis par

$$A_0 = 0, \quad A_1 = 0, \quad A_2 = 0, \quad A_3 = 0.$$

Les trois équations (α') sont une conséquence des équations (α) ; il s'ensuit que les six premiers centres de similitude se trouvent dans un même plan. De même, il est facile de vérifier qu'en retranchant membre à membre trois équations faisant partie des systèmes (β) et (β'), on retrouve trois équations appartenant aux systèmes (α) et (α'). Donc, trois centres de similitude de la seconde espèce sont dans un même plan avec trois centres de similitude de la première espèce. Pour chaque système de trois sphères on a quatre axes de similitude, de sorte que les douze centres de similitude seront situés trois par trois sur seize droites ou *axes* de similitude. De plus, ils seront six par six dans un même plan appelé *plan de similitude;* il y aura huit plans semblables s'entrecoupant suivant les axes de similitude.

153. *Trouver le pôle d'un plan de similitude par rapport à la sphère* $C_0 = 0$.

Cherchons, par exemple, le pôle du plan de similitude qui renferme les points (α) et (α'). Nous désignerons ce plan par π, et nous l'appelerons plan extérieur de similitude pour le distinguer des autres. Nous avons vu précédemment que le plan polaire du point (N° 150)

$$(S_2) \qquad \frac{A_0}{r_0} - \frac{A_1}{r_1} = 0,$$

par rapport à $C_0 = 0$, est représenté par l'équation

$$C_0 - C_1 + \overline{01}^2 - (r_0 - r_1)^2 = 0.$$

De même, les plans polaires des points

$$\frac{A_0}{r_0} - \frac{A_2}{r_2} = 0, \qquad \frac{A_0}{r_0} - \frac{A_3}{r_3} = 0$$

par rapport à la même sphère seront définis par les équations

$$C_0 - C_2 + \overline{02}^2 - (r_0 - r_2)^2 = 0,$$

$$C_0 - C_3 + \overline{03}^2 - (r_0 - r_3)^2 = 0.$$

Le pôle du plan π est l'intersection de ces trois plans, et par suite, ses coordonnées s'obtiendront en résolvant ces équations par rapport à x, y, z.

On trouverait facilement les équations analogues qui déterminent le pôle du même plan par rapport aux autres sphères, ainsi que celles du pôle d'un autre plan de similitude relativement à l'une des sphères données.

154. *Sphère tangente à quatre sphères.* Soient

$$(1) \qquad C_0 = 0, \quad C_1 = 0, \quad C_2 = 0, \quad C_3 = 0$$

les équations de quatre sphères données, les coordonnées rectangulaires du centre et le rayon de chacune d'elles étant respectivement

$$\begin{matrix} a_0, & b_0, & c_0, & r_0; \\ a_1, & b_1, & c_1, & r_1; \\ a_2, & b_2, & c_2, & r_2; \\ a_3, & b_3, & c_3, & r_3. \end{matrix}$$

Désignons par s le centre d'une sphère qui touche les autres intérieurement, et par r le rayon. Le contact de deux sphères ayant lieu sur la droite qui réunit leurs centres, on doit avoir les égalités

$$(2) \quad \overline{s0}^2 = (r + r_0)^2, \quad \overline{s1}^2 = (r + r_1)^2, \quad \overline{s2}^2 = (r + r_2)^2, \quad \overline{s3}^2 = (r + r_3)^2;$$

0, 1, 2, 3 sont les centres des sphères données. Mais on sait que la distance $s0$ a pour expression

$$\overline{s0}^2 = (x - a_0)^2 + (y - b_0)^2 + (z - c_0) = C_0 + r_0^2$$

où x, y, z représentent les coordonnées du point s. Les égalités précédentes peuvent donc se mettre sous la forme

$$(2') \quad C_0 + r_0^2 = (r + r_0)^2, \quad C_1 + r_1^2 = (r + r_1)^2, \quad C_2 + r_2^2 = (r + r_2)^2,$$
$$C_3 + r_3^2 = (r + r_3)^2.$$

Ces quatre équations renferment la solution analytique du problème; elles permettent de déterminer les coordonnées du centre et le rayon d'une sphère tangente aux sphères données. Nous avons supposé que la sphère touchait intérieurement les autres pour écrire les égalités (2); dans le cas d'une sphère tangente extérieurement, il faudrait attribuer le signe négatif aux rayons r_0, r_1, r_2, r_3. Enfin, quelle que soit la sphère tangente aux sphères données, on pourra toujours écrire quatre équations de la forme (2) ou (2′), en ayant soin de donner le signe — aux rayons des sphères touchées extérieurement. En énumérant toutes les combinaisons différentes que l'on peut former, on trouve que le problème proposé admet en général seize solutions; le nombre de solutions réelles dépend de la position des sphères données.

Nous nous occuperons spécialement de la sphère touchant toutes les autres intérieurement ou extérieurement, et nous allons déduire des équations précédentes le moyen de construire l'une de ces sphères.

155. Si on retranche membre à membre les équations (2′), on trouve les égalités

$$(3)\quad C_0 - C_1 = 2r(r_0 - r_1),\quad C_0 - C_2 = 2r(r_0 - r_2),\quad C_0 - C_3 = 2r(r_0 - r_3)$$

$$(4)\quad C_1 - C_2 = 2r(r_1 - r_2),\quad C_1 - C_3 = 2r(r_1 - r_3),\quad C_2 - C_3 = 2r(r_2 - r_3);$$

elles ne forment que trois équations distinctes, car les trois dernières se déduisent des précédentes par soustraction. Eliminons r entre les égalités (3) ; il viendra

$$(r_0 - r_3)(C_0 - C_1) - (r_0 - r_1)(C_0 - C_3) = 0,$$

$$(r_0 - r_3)(C_0 - C_2) - (r_0 - r_2)(C_0 - C_3) = 0,$$

ou bien

$$(5)\quad r_0(C_3 - C_1) + r_1(C_0 - C_3) + r_3(C_1 - C_0) = 0,$$

$$(6)\quad r_0(C_3 - C_2) + r_2(C_0 - C_3) + r_3(C_2 - C_0) = 0.$$

Ces équations restent invariables, si on change le signe des quantités r_0, r_1, r_2, r_3; comme elles découlent des égalités (2′), elles seront satisfaites par les coordonnées du centre d'une sphère qui touche intérieurement les sphères données ou extérieurement. Les différences $C_3 - C_1$, etc. étant du premier degré en x, y, z, les équations (5) et (6) définissent deux plans passant par le centre radical et se coupant suivant une droite qui renferme les centres des deux sphères tangentes. Or, la première représente (N° 149) un plan perpendiculaire à l'axe extérieur de similitude des sphères 0, 1, 3; la seconde, un plan perpendiculaire à l'axe extérieur de similitude des sphères 0, 2, 3 ; donc le plan π qui renferme les six points

$$\frac{A_3}{r_3}-\frac{A_1}{r_1}=0,\quad \frac{A_1}{r_1}-\frac{A_0}{r_0}=0,\quad \frac{A_0}{r_0}-\frac{A_3}{r_3}=0,$$

$$\frac{A_3}{r_3}-\frac{A_2}{r_2}=0,\quad \frac{A_2}{r_2}-\frac{A_0}{r_0}=0,\quad \frac{A_1}{r_1}-\frac{A_2}{r_2}=0,$$

est à la fois perpendiculaire aux plans (5) et (6) ainsi qu'à leur intersection.

Donc, *les centres des deux sphères tangentes intérieurement et extérieurement aux sphères données sont situés sur la perpendiculaire abaissée du centre radical sur le plan extérieur de similitude.*

Par une transformation semblable des équations (2') lorsque les rayons r_0, r_1, r_2, r_3 ne sont pas tous de même signe, on arriverait à cette proposition générale :

Le centre des seize sphères tangentes à quatre sphères données sont situés deux par deux sur les perpendiculaires abaissées du centre radical sur les huit plans de similitude.

156. Désignons par S la sphère qui touche les autres intérieurement, et cherchons les coordonnées x', y', z' du point où elle est tangente à la sphère $C_0=0$. Ce point divise la distance $\overline{s0}$ en deux segments dont le rapport est égal à $\frac{r_0}{r_1}$; on aura donc

$$x'=\frac{r_0x+ra_0}{r+r_0},\quad y'=\frac{r_0y+rb_0}{r+r_0},\quad z'=\frac{r_0z+rc_0}{r+r_0};$$

d'où l'on déduit

$$x=\frac{(r+r_0)\,x'-ra_0}{r_0},\quad y=\frac{(r+r_0)\,y'-rb_0}{r_0},\quad z=\frac{(r+r_0)\,z'-rc_0}{r_0}.$$

Comme x, y, z sont les coordonnées du centre s, ces valeurs doivent satisfaire aux équations (5). Avant d'y faire la substitution, il faut remarquer, qu'en remplaçant dans un polynôme du premier degré de la forme $ax+by+cz+d$ les variables par les expressions précédentes, on trouve

$$\frac{r+r_0}{r_0}(ax'+by'+cz'+d)-\frac{r}{r_0}(aa_0+bb_0+cc_0+d);$$

c'est-à-dire que le résultat est égal au polynôme proposé, où x, y, z, sont remplacés par x', y', z', multiplié par $\frac{r+r_0}{r_0}$, moins le produit de $\frac{r}{r_0}$ par la valeur du polynôme pour les coordonnées a_0, b_0, c_0. En vertu de cette règle, la première des équations (3) deviendra, après la substitution,

$$\frac{r+r_0}{r_0}(C_0'-C_1')-\frac{r}{r_0}[2(a_1-a_0)a_0+2(b_1-b_0)b_0+2(c_1-c_0)c_0+a_0^2$$
$$+b_0^2+c_0^2-r_0^2-a_1^2-b_1^2-c_1^2+r_1^2]=2r(r_0-r_1),$$

ou bien

$$\left(\frac{r+r_0}{r_0}\right)(C_0'-C_1')+\frac{r}{r_0}(\overline{01}^2+r_0^2-r_1^2)=2r(r_0-r_1).$$

En simplifiant, cette équation peut se mettre sous la forme

$$C_0'-C_1'+\frac{r}{r+r_0}[\overline{01}^2-(r_0-r_1)^2]=0.$$

On trouvera aussi pour les deux autres équations (3), après la même substitution,

$$C_0'-C_2'+\frac{r}{r+r_0}[\overline{02}^2-(r_0-r_2)^2]=0,$$

$$C_0'-C_3'+\frac{r}{r+r_0}[\overline{03}^2-(r_0-r_3)^2]=0.$$

Il en résulte, en supprimant les accents, que les coordonnées du point de contact de la sphère S sur C_0 satisferont aux équations

$$(7)\qquad \begin{cases} \dfrac{C_0-C_1}{\overline{01}^2-(r_0-r_1)^2}+\dfrac{r}{r+r_0}=0, \\ \dfrac{C_0-C_2}{\overline{02}^2-(r_0-r_2)^2}+\dfrac{r}{r+r_0}=0, \\ \dfrac{C_0-C_3}{\overline{03}^2-(r_0-r_3)^2}+\dfrac{r}{r+r_0}=0. \end{cases}$$

On en déduit par soustraction

$$(8)\qquad \frac{C_0-C_1}{\overline{01}^2-(r_0-r_1)^2}-\frac{C_0-C_3}{\overline{03}^2-(r_0-r_3)^2}=0,$$

$$(9) \qquad \frac{C_0 - C_2}{\overline{02}^2 - (r_0 - r_2)^2} - \frac{C_0 - C_3}{\overline{03}^2 - (r_0 - r_3)^2} = 0.$$

Ces équations représentent deux plans qui renferment le centre radical et le point de contact de S sur la sphère $C_0 = 0$; prises simultanément, elles déterminent la droite qui joint ces deux points. De plus, elles ne changent pas, si on remplace r_0, r_1, r_2, r_3, par $-r_0, -r_1, -r_2, -r_3$; donc, la droite qu'elles représentent passe aussi par le point de contact sur $C_0 = 0$ de la sphère tangente extérieurement. Or, si on retranche membre à membre les équations (N° 153) qui déterminent le pôle du plan extérieur de similitude, on retrouve les égalités (8) et (9). Donc, la droite qui joint le centre radical au pôle du plan π par rapport à C_0, renferme les points de contact des deux sphères tangentes intérieurement et extérieurement aux sphères données. On arrivera évidemment à une conclusion semblable pour les autres sphères C_1, C_2, C_3. Ainsi, *les droites qui joignent le centre radical aux pôles du plan extérieur de similitude déterminent, par leurs intersections avec les sphères données, les points de contact des deux sphères, l'une tangente intérieurement, l'autre tangente extérieurement aux proposées.*

En généralisant ce résultat, on aura la proposition suivante :

Étant choisi à volonté un plan de similitude d'un système de quatre sphères, les droites menées du centre radical aux pôles de ce plan par rapport à chacune d'elles les rencontrent en huit points qui seront les points de contact de deux sphères tangentes à la fois aux proposées.

CHAPITRE VIII.

SURFACES DU SECOND ORDRE.

(Coordonnées cartésiennes).

SOMMAIRE. — *Équation générale des surfaces du second ordre. Centre. — Plan diamétral et diamètre. Simplification de l'équation générale. — Plans principaux. Équations aux axes. Surface de révolution. — Plan tangent et plan polaire.*

157. L'équation générale du second degré par rapport aux coordonnées cartésiennes est de la forme

$$(1)\qquad \begin{aligned} &Ax^2 + A'y^2 + A''z^2 + 2Byz + 2B'zx + 2B''xy \\ &\quad + 2Cx + 2C'y + 2C''z + F = 0. \end{aligned}$$

Après avoir divisé le premier membre par l'une des constantes A, A' etc., elle renfermera neuf paramètres arbitraires. Ainsi, en général, une surface du second ordre est complétement déterminée par neuf conditions géométriques, chacune d'elles donnant lieu à une relation unique entre les paramètres; par exemple, si la surface était assujettie à passer par neuf points donnés, l'un d'eux étant $(x'y'z')$, on aurait neuf équations de la forme

$$\begin{aligned} &Ax'^2 + A'y'^2 + A''z'^2 + 2By'z' + 2B'z'x' + 2B''x'y' \\ &\quad + 2Cx' + 2C'y' + 2C''z' + F = 0, \end{aligned}$$

qui donneraient un seul système de valeurs pour les coefficients inconnus. Neuf points quelconques de l'espace déterminent donc une surface du second ordre et une seule.

La nature de la surface représentée par l'équation (1) dépend des valeurs attribuées aux paramètres. Au lieu de suivre la méthode de discussion employée en géométrie plane, pour mettre en évidence la forme et le nombre de surfaces distinctes qu'elle définit analytiquement, il est avantageux d'exposer d'abord les propriétés du centre et du plan diamétral afin de ramener l'équation à des termes plus simples.

Il importe de remarquer qu'on rend l'équation (1) homogène, en remplaçant les variables par les rapports $\frac{x}{t}$, $\frac{y}{t}$, $\frac{z}{t}$ et en chassant ensuite le dénominateur ; elle devient ainsi

$$(2)\qquad \begin{aligned} &Ax^2 + A'y^2 + A''z^2 + 2Byz + 2B'zx + 2B''xy \\ &+ Cxt + 2C'yt + 2C''zt + Ft^2 = 0. \end{aligned}$$

Il suffit de poser $t = 1$ pour retrouver la première.

On peut encore employer une notation plus symétrique et écrire pour l'équation homogène du second degré

$$(3)\qquad \begin{aligned} &a_{11}x^2 + a_{22}y^2 + a_{33}z^2 + a_{44}t^2 + 2a_{12}xy + 2a_{13}xz + 2a_{14}xt \\ &+ 2a_{23}yz + 2a_{24}yt + 2a_{34}zt = 0. \end{aligned}$$

§ 1. CENTRE.

158. *Le centre d'une surface est un point fixe divisant en deux parties égales toute droite qui le traverse et qui est terminée à la surface.*

Soit C le centre d'une surface représentée par l'équation (1) ; menons par ce point une droite qui rencontre la surface en deux points $M_1(x_1y_1z_1)$, $M_2(x_2y_2z_2)$; les coordonnées du milieu de la corde M_1M_2 ou du point C seront

$$\frac{x_1 + x_2}{2}, \quad \frac{y_1 + y_2}{2}, \quad \frac{z_1 + z_2}{2}.$$

Si on suppose l'origine au centre, ces valeurs doivent être nulles, et, par suite, $x_2 = -x_1$, $y_2 = -y_1$, $z_2 = -z_1$. Ainsi, toute droite menée par l'origine rencontrera la surface en deux points dont les coordonnées sont égales et de signes contraires. L'équation (1) devra être satisfaite à la fois par les valeurs (x_1, y_1, z_1) et $(-x_1, -y_1, -z_1)$;

par conséquent, les termes du premier degré ne peuvent pas se trouver dans l'équation et les coefficients C, C′, C″ seront nuls. Donc, *lorsque l'origine des coordonnées est au centre d'une surface du second ordre, l'équation qui la représente ne renferme pas les termes du premier degré.*

Cette propriété va nous conduire aux équations qui déterminent le centre.

159. Désignons par x_1, y_1, z_1 les coordonnées inconnues du centre de la surface définie par l'équation (1), et transportons l'origine en ce point en conservant la même direction pour les axes. L'équation de la surface rapportée aux axes nouveaux s'obtiendra en substituant à x, y, z, les valeurs $x_1 + x'$, $y_1 + y'$ $z_1 + z'$. En développant, l'équation nouvelle peut se ramener à la forme

$$\begin{gathered}Ax'^2 + A'y'^2 + A''z'^2 + 2By'z' + 2B'z'x' + 2B''x'y' + 2(Ax_1 + B''y_1 \\ + B'z_1 + C)x' + 2(B''x_1 + A'y_1 + Bz_1 + C')y' + 2(B'x_1 + By_1 + A''z_1 \\ + C'')z' + Ax_1^2 + A'y_1^2 + A''z_1^2 + 2By_1z_1 + 2B'z_1x_1 + 2B''x_1y_1 + 2Cx_1 \\ + 2C'y_1 + 2C''z_1 + F = 0.\end{gathered}$$

Représentons par $f(x, y, z)$ le premier membre de l'équation (1), et par f'_x, f'_y, f'_z les dérivées partielles de cette fonction prises par rapport à x, y, z : l'équation précédente pourra s'écrire, en supprimant les accents,

$$(4) \qquad \begin{gathered}Ax^2 + A'y^2 + A''z^2 + 2Byz + 2B'zx + 2B''xy \\ + xf'_{x_1} + yf'_{y_1} + zf'_{z_1} + f(x_1, y_1, z_1) = 0.\end{gathered}$$

Or, l'origine étant au centre, les coefficients du premier degré doivent être nuls; ce qui exige que les coordonnées de ce point vérifient les équations

$$f'_x = 0, \quad f'_y = 0, \quad f'_z = 0.$$

En remplaçant les dérivées par leurs valeurs, les équations qui déterminent le centre d'une surface du second ordre seront :

$$(5) \qquad \begin{aligned}Ax + B''y + B'z + C &= 0, \\ B''x + A'y + Bz + C' &= 0, \\ B'x + By + A''z + C'' &= 0.\end{aligned}$$

Le dénominateur commun des inconnues aura pour expression

$$\Delta = \begin{vmatrix} A & B'' & B' \\ B'' & A' & B \\ B' & B & A'' \end{vmatrix},$$

ou bien

$$\Delta = -AB^2 - A'B'^2 - A''B''^2 + AA'A'' + 2BB'B''.$$

Si $\Delta \lessgtr 0$, la surface aura un centre unique; si $\Delta = 0$, le centre sera à l'infini ou indéterminé. Dans le cas particulier où les trois équations précédentes ne forment que deux équations distinctes, il y aura une infinité de centres situés sur la droite qu'elles déterminent; si les trois équations se confondent, la surface admettra une infinité de centres situés dans un plan.

160. Lorsqu'une surface du second ordre admet un centre $(x_1 y_1 z_1)$, l'équation (1) se ramène à la forme

$$Ax^2 + A'y^2 + A''z^2 + 2Byz + 2B'zx + 2B''xy + K = 0$$

en y plaçant l'origine; le coefficient K est le résultat de la substitution des coordonnées du centre dans le polynôme $f(x, y, z)$. On peut en déduire une expression plus simple des équations

$$(\alpha) \qquad \begin{aligned} Ax_1 + B''y_1 + B'z_1 + C &= 0, \\ B''x_1 + A'y_1 + Bz_1 + C' &= 0, \\ B'x_1 + By_1 + A''z_1 + C'' &= 0. \end{aligned}$$

Si on les multiplie respectivement par x_1, y_1, z_1 et si on les ajoute ensuite membre à membre, il viendra

$$Ax_1^2 + A'y_1^2 + A''z_1^2 + 2By_1z_1 + 2B'z_1x_1 + 2B''x_1y_1 \\ + Cx_1 + C'y_1 + C''z_1 = 0,$$

ou bien

$$f(x_1, y_1, z_1) - F = Cx_1 + C'y_1 + C''z_1.$$

On aura donc, pour déterminer K, l'équation

$$(\beta) \qquad Cx_1 + C'y_1 + C''z_1 + F - K = 0.$$

Enfin, si on joint cette égalité au système (α), on arrivera, par l'élimination de x_1, y_1, z_1, à la relation

$$\begin{vmatrix} A & B'' & B' & C \\ B'' & A' & B & C' \\ B' & B & A'' & C'' \\ C & C' & C'' & F-K \end{vmatrix} = 0.$$

D'où on tire

$$K = \frac{\begin{vmatrix} A & B'' & B' & C \\ B'' & A' & B & C' \\ B' & B & A'' & C'' \\ C & C' & C'' & F \end{vmatrix}}{\begin{vmatrix} A & B'' & B' \\ B'' & A' & B \\ B' & B & A'' \end{vmatrix}}.$$

C'est une autre valeur du coefficient K en fonction des constantes de l'équation de la surface.

161. Lorsqu'en transportant l'origine au centre, la quantité K est nulle, l'équation transformée devient homogène par rapport à x, y, z et de la forme

$$Ax^2 + A'y^2 + A''z^2 + 2Byz + 2B'zx + 2B''xy = 0.$$

Nous allons montrer qu'elle définit alors une surface conique. En effet, soient

$$x = \lambda z, \quad y = \mu z,$$

les équations d'une droite passant par l'origine ; combinons ces égalités avec la précédente pour éliminer x et y. On trouvera ainsi la relation

$$A\lambda^2 + A'\mu^2 + A'' + 2B\mu + 2B'\lambda + 2B''\lambda\mu = 0$$

qui doit être satisfaite pour que la droite soit située sur la surface. Or, comme elle renferme deux paramètres, on peut y satisfaire par une infinité de valeurs de λ et de μ ; la surface qui est le lieu de toutes les droites correspondantes sera un cône ayant pour sommet l'origine.

La condition $K=0$ ou $f(x_1,y_1,z_1)=0$ exprime que le centre est un point de la surface. D'après la valeur de K trouvée précédemment, la condition pour que l'équation générale du second degré représente une surface conique sera

$$\begin{vmatrix} A & B'' & B' & C \\ B'' & A' & B & C' \\ B' & B & A'' & C'' \\ C & C' & C'' & F \end{vmatrix} = 0.$$

De même, lorsque l'équation homogène (3) définit un cône, les coordonnées du centre vérifieront les équations (α) et (β) du numéro précédent, c'est-à-dire

$$f'_x=0, \quad f'_y=0, \quad f'_z=0, \quad f'_t=0.$$

Par l'élimination des variables, il viendra la condition

$$\begin{vmatrix} a_{11} & a_{12} & a_{13} & a_{14} \\ a_{21} & a_{22} & a_{23} & a_{24} \\ a_{31} & a_{32} & a_{33} & a_{34} \\ a_{41} & a_{42} & a_{43} & a_{44} \end{vmatrix} = 0.$$

Exemples.

Ex. **1**. Déterminer le centre et les équations simplifiées des surfaces représentées par les équations

1°) $x^2+3y^2+4z^2+2yz+4zx+6xy-26x-24y-32z-26=0,$

2°) $xy+xz+yz-2x-y-3z+1=0,$

3°) $x^2+2y^2+3z^2+2(xy+yz+xz)+x+y+z=1.$

R 1°) $x=1, \quad y=2, \quad z=3; \quad x^2+3y^2+4z^2+2yz+4zx+6xy=111.$

2°) $x=1, \quad y=2, \quad z=0; \quad xy+xz+yz=1.$

3°) $x=-\frac{1}{2}, \quad y=0, \quad z=0; \quad x^2+2y^2+3z^2+3(xy+yz+zx)=\frac{5}{4}.$

Ex. **2**. L'équation

$$8xy-16xz+8yz-8x+8y-16z-7=0$$

représente une surface conique dont le sommet est le point $\left(-\frac{3}{4}, \ \frac{1}{2}, \ -\frac{1}{4}\right)$.

Ex. 3. La surface

$$x^2 - y^2 - z^2 + 2yz + x + y - z = 5$$

a une infinité de centres situés sur la droite d'intersection des plans

$$2x + 1 = 0, \quad 2y - 2z - 1 = 0.$$

Ex. 4. Trouver le centre de la surface

$$(\alpha y + \beta x - c\gamma)^2 - \alpha\beta(xy - z^2) = 0.$$

R. $$x = \frac{2c\gamma}{3\beta}, \quad y = \frac{2c\gamma}{3\alpha}, \quad z = 0.$$

Ex. 5. Lieu des centres des surfaces définies par l'équation

$$x^2 + y^2 - z^2 + 2\lambda xz + 2\mu yz - 2ax - 2by + 2cz = 0,$$

où λ et μ sont deux paramètres arbitraires.

Il faut éliminer les coefficients indéterminés entre les équations

$$x + \lambda z - a = 0, \quad y + \mu z - b = 0, \quad -z + \lambda x + \mu y + c = 0.$$

On trouvera

$$x^2 + y^2 + z^2 - (ax + by + cz) = 0.$$

Ex. 6. Que représente l'équation

$$\begin{aligned} &Ax^2 + A'y^2 + A''z^2 + 2Byz + 2B'zx + 2B''xy - 2(Aa + B''b + B'c)x \\ &\quad - 2(B''a + A'b + Bc)y - 2(B'a + Bb + A''c)z + F = 0 ? \end{aligned}$$

Des surfaces qui ont pour centre le point (a, b, c).

Ex. 7. L'équation

$$(ax + by + cz)^2 + (a'x + b'y + c'z)^2 + (a''x + b''y + c''z)^2 + 2Cx + 2C'y + 2C''z + F = 0$$

représente une surface à centre unique, si les plans

$$ax + by + cz = 0, \quad a'x + b'y + c'z = 0, \quad a''x + b''y + c''z = 0$$

se coupent en un seul point.

Les plans se coupent en un point si le déterminant

$$D = \begin{vmatrix} a & a' & a'' \\ b & b' & b'' \\ c & c' & c'' \end{vmatrix}$$

est différent de zéro. Or, les équations du centre sont

$$\begin{aligned} &(a^2 + a'^2 + a''^2)x + (ab + a'b' + a''b'')y + (ac + a'c' + a''c'')z + C = 0, \\ &(ab + a'b' + a''b'')x + (b^2 + b'^2 + b''^2)y + (bc + b'c' + b''c'')z + C' = 0, \\ &(ac + a'c' + a''c'')x + (bc + b'c' + b''c'')y + (c^2 + c'^2 + c''^2)z + C'' = 0. \end{aligned}$$

Le dénominateur des valeurs des inconnues x, y, z est le carré du déterminant D; donc, elles seront finies et déterminées, et la surface n'aura qu'un centre.

Ex. **8**. Déterminer les plans du centre de la surface representée par l'équation

$$M^2 + N^2 + 2Cx + 2C'y + 2C''z + F = 0,$$

où

$$M = ax + by + cz, \qquad N = a'x + b'y + c'z.$$

Ces plans seront

$$aM + a'N + C = 0, \quad bM + b'N + C' = 0, \quad cM + c'N + C'' = 0;$$

ils sont parallèles à la droite d'intersection des plans $M = 0$, $N = 0$.

Ex. **9**. Trouver les équations du centre de la surface

$$M^2 + 2Cx + 2C'y + 2C''z + F = 0.$$

Ce sont :

$$aM + C = 0, \quad bM + C' = 0, \quad cM + C'' = 0;$$

ils sont parallèles au plan $M = 0$.

Ex. **10**. Trouver la condition pour que le cône représenté par l'équation

$$Ax^2 + A'y^2 + A''z^2 + 2Byz + 2B'zx + 2B''xy = 0$$

ait trois génératrices rectangulaires.

Soient

$$\frac{x}{l} = \frac{y}{m} = \frac{z}{n},$$

$$\frac{x}{l'} = \frac{y}{m'} = \frac{z}{n'},$$

$$\frac{x}{l''} = \frac{y}{m''} = \frac{z}{n''},$$

les équations de trois droites rectangulaires issues de l'origine. Exprimons qu'elles appartiennent à la surface ; il viendra

$$Al^2 + A'm^2 + A''n^2 + 2Bmn + 2B'nl + 2B''lm = 0,$$
$$Al'^2 + A'm'^2 + A''n'^2 + 2Bm'n' + 2B'n'l' + 2B''l'm' = 0;$$
$$Al''^2 + A'm''^2 + A''n''^2 + 2Bm''n'' + 2B'n''l'' + 2B''l''m'' = 0.$$

En ajoutant ces équations membre à membre et en tenant compte des relations qui existent entre les cosinus directeurs de trois droites rectangulaires, on trouvera pour la condition cherchée

$$A + A' + A'' = 0.$$

§ 2. PLAN DIAMÉTRAL. DIAMÈTRE.

162. On appelle *surface diamétrale* le lieu des milieux des cordes d'une surface donnée parallèles à une même droite. Proposons-nous de chercher l'équation de la surface diamétrale, lorsque la surface donnée est une surface du second ordre définie par l'équation générale du second degré $f(x, y, z) = 0$.

Soient

$$\frac{x}{\lambda} = \frac{y}{\mu} = \frac{z}{\nu}$$

les équations d'une droite passant par l'origine; menons dans la surface une corde MN parallèle à cette droite, et désignons par x_1, y_1, z_1 les coordonnées du milieu de MN. Si on transporte les axes parallèlement à eux-mêmes au point $(x_1 y_1 z_1)$, l'équation de la surface pour les axes nouveaux est de la forme (N° 159)

$$\begin{aligned} Ax'^2 + A'y'^2 + A''z'^2 + 2By'z' + 2B'z'x' + 2B''x'y' + x'f'_{x1} \\ + y'f'_{y1} + z'f'_{z1} + f(x_1, y_1, z_1) = 0. \end{aligned}$$

De plus, la droite MN issue de la nouvelle origine aura des équations de la forme

$$\frac{x'}{\lambda} = \frac{y'}{\mu} = \frac{z'}{\nu}.$$

Eliminons x' et y' entre les égalités précédentes; il viendra l'équation du second degré en z'

$$(\alpha) \quad \begin{aligned} \left(A\frac{\lambda^2}{\nu^2} + A'\frac{\mu^2}{\nu^2} + A'' + 2B\frac{\mu}{\nu} + 2B'\frac{\lambda}{\nu} + 2B''\frac{\lambda\mu}{\nu^2}\right)z'^2 \\ + \left(\frac{\lambda}{\nu}f'_{x1} + \frac{\mu}{\nu}f'_{y1} + f'_{z1}\right)z' + f(x_1, y_1, z_1) = 0, \end{aligned}$$

dont les racines correspondent aux points où la droite rencontre la surface. Or, l'origine étant le milieu de la corde, les deux valeurs de z' doivent être égales et de signes contraires; par suite, les coordonnées x_1, y_1, z_1, vérifient la relation

$$\frac{\lambda}{\nu} f'_x + \frac{\mu}{\nu} f'_y + f'_z = 0,$$

ou bien

$$(1) \qquad \lambda f'_x + \mu f'_y + \nu f'_z = 0.$$

Comme nous avons considéré une corde quelconque, l'équation précédente sera satisfaite par les coordonnées des milieux de toutes les cordes parallèles à la direction (λ, μ, ν) ; elle représente donc la surface diamétrale. En substituant aux dérivées leurs valeurs, l'équation (1) devient

$$(2) \qquad \begin{aligned} &\lambda(\mathrm{A}x + \mathrm{B}''y + \mathrm{B}'z + \mathrm{C}) + \mu(\mathrm{B}''x + \mathrm{A}'y + \mathrm{B}z + \mathrm{C}') \\ &\qquad + \nu(\mathrm{B}'x + \mathrm{B}y + \mathrm{A}''z + \mathrm{C}'') = 0, \end{aligned}$$

ou bien

$$(3) \qquad \begin{aligned} &(\mathrm{A}\lambda + \mathrm{B}''\mu + \mathrm{B}'\nu)x + (\mathrm{B}''\lambda + \mathrm{A}'\mu + \mathrm{B}\nu)y + (\mathrm{B}'\lambda + \mathrm{B}\mu + \mathrm{A}''\nu)z \\ &\qquad + \mathrm{C}\lambda + \mathrm{C}'\mu + \mathrm{C}''\nu = 0 ; \end{aligned}$$

elle est du premier degré et représente un plan passant par le centre, car les coordonnées de ce point annulent les dérivées partielles f'_x, f'_y, f'_z. Ainsi, *dans une surface du second ordre, la surface diamétrale est un plan qui passe par le centre*. La droite $\frac{x}{\lambda} = \frac{y}{\mu} = \frac{z}{\nu}$ s'appelle la *direction conjuguée* du plan diamétral.

Réciproquement, un plan quelconque mené par le centre de la surface sera un plan diamétral. En effet, en supposant l'origine au centre, l'équation (3) se réduit à

$$(\mathrm{A}\lambda + \mathrm{B}''\mu + \mathrm{B}'\nu)x + (\mathrm{B}''\lambda + \mathrm{A}'\mu + \mathrm{B}\nu)y + (\mathrm{B}'\lambda + \mathrm{B}\mu + \mathrm{A}''\nu)z = 0,$$

et, si on identifie cette équation avec celle d'un plan donné

$$lx + my + nz = 0$$

passant par l'origine, on aura les égalités

$$\frac{\mathrm{A}\lambda + \mathrm{B}''\mu + \mathrm{B}'\nu}{l} = \frac{\mathrm{B}''\lambda + \mathrm{A}'\mu + \mathrm{B}\nu}{m} = \frac{\mathrm{B}'\lambda + \mathrm{B}\mu + \mathrm{A}''\nu}{n}$$

qui suffisent pour déterminer les rapports $\frac{\lambda}{\nu}$, $\frac{\mu}{\nu}$ de la direction conjuguée du plan donné.

163. *Cas singuliers.* Le plan diamétral varie avec la direction conjuguée. Dans le cas particulier où les coefficients directeurs λ, μ, ν satisfont à la relation

$$(\beta) \qquad A\lambda^2 + A'\mu^2 + A''\nu^2 + 2B\mu\nu + 2B'\nu\lambda + 2B''\lambda\mu = 0,$$

l'équation (α) admet une racine infinie, et les cordes parallèles ne rencontrent plus la surface qu'en un point à une distance finie. Le plan diamétral est alors parallèle aux cordes, car on a la relation

$$\lambda(A\lambda + B''\mu + B'\nu) + \mu(B''\lambda + A'\mu + B\nu) + \nu(B'\lambda + B\mu + A''\nu)$$
$$= A\lambda^2 + A'\mu^2 + A''\nu^2 + 2B\mu\nu + 2B'\nu\lambda + 2B''\lambda\mu = 0.$$

De plus, cette même équation exprime aussi qu'une droite menée par un point ($x_0y_0z_0$) du plan diamétral et ayant pour équations

$$x = x_0 + \lambda\rho \quad y = y_0 + \mu\rho \quad z = z_0 + \nu\rho,$$

se trouve dans ce plan; or, pour une telle droite, le coefficient de z' est nul dans l'équation (α), et, par suite, ses intersections avec la surface sont deux points à l'infini; donc, si les coefficients directeurs d'une droite satisfont à la relation (β), le plan diamétral correspondant est le lieu des droites qui, parallèles à la direction donnée, rencontrent la surface en deux points à l'infini.

Lorsque les coefficients λ, μ, ν vérifient les relations

$$A\lambda + B''\mu + B'\nu = 0, \quad B''\lambda + A'\mu + B\nu = 0, \quad B'\lambda + B\mu + A''\nu = 0,$$

l'équation (3) se réduit à une constante égalée à zéro, et le plan qu'elle représente est à l'infini. Cette circonstance ne peut se présenter que pour les surfaces dénuées de centre, car en éliminant λ, μ et ν, il vient

$$\begin{vmatrix} A & B'' & B' \\ B'' & A' & B \\ B' & B & A'' \end{vmatrix} = 0.$$

Si la droite conjuguée

$$x = \frac{\lambda}{\nu} z, \qquad y = \frac{\mu}{\nu} z$$

coïncide avec l'axe des z, les constantes λ et μ sont nulles; dans cette hypothèse, le plan diamétral correspondant sera $f'_z = 0$. De même

$f'_x = 0$, $f'_y = 0$ représentent des plans passant par les milieux des cordes parallèles à l'axe des x et des y. Ainsi les trois plans du centre sont les plans diamétraux conjugués aux axes des coordonnées.

164. Lorsque la surface du second ordre admet un centre unique, tous les plans diamétraux passent par ce point. Réciproquement, si les plans diamétraux se coupent en un point fixe, la surface aura ce point pour centre, puisque les trois plans $f'_x = 0$, $f'_y = 0$, $f'_z = 0$ doivent aussi passer par le même point.

Quand la surface admet une infinité de centres en ligne droite, l'une des équations du centre est une conséquence des deux autres, et on peut poser

$$f'_z = lf'_x + mf'_y;$$

le plan diamétral sera défini par une équation de la forme

$$(\lambda + \nu l) f'_x + (\mu + \nu m) f'_y = 0,$$

et, quelles que soient les valeurs de λ, μ, ν, il passera par la droite des centres qui est l'intersection des plans $f'_x = 0$, $f'_y = 0$.

Il peut encore arriver qu'une surface du second ordre ait une infinité de centres situés dans un plan; dans ce cas, les polynômes f'_x, f'_y, f'_z ne peuvent différer que par un facteur constant; par suite, l'équation du plan diamétral sera de la forme $k \cdot f'_x = 0$; il coïncidera avec le plan des centres.

Lorsque le centre d'une surface du second ordre est à l'infini, les plans du centre sont parallèles, ou deux d'entre eux se coupent suivant une droite parallèle au troisième. Dans le premier cas, on peut poser

$$f'_x = f'_z + p, \quad f'_y = f'_z + q,$$

et l'équation du plan diamétral deviendra

$$(\lambda + \mu + \nu) f'_z + \lambda p + \mu q = 0;$$

elle définit un plan parallèle aux plans du centre. Si les plans $f'_x = 0$, $f'_y = 0$ se rencontrent suivant une droite parallèle à $f'_z = 0$, l'équation $lf'_x + mf'_y = 0$ représentant un plan quelconque passant par cette droite, on pourra toujours écrire l'identité

$$f'_z = lf'_x + mf'_y + p$$

par suite, le plan diamétral sera représenté par l'équation

$$(\lambda + \nu l) f_x' + (\mu + \nu m) f_y' + \nu p = 0$$

qui définit un plan parallèle à la droite d'intersection des plans $f_x' = 0$, $f_y' = 0$. Ainsi, *dans les surfaces dénuées de centre les plans diamétraux sont parallèles entre eux ou parallèles à une même droite.*

165. *Diamètre.* On nomme *diamètre* d'une surface du second ordre, la droite d'intersection de deux plans diamétraux. Afin de trouver les équations d'une telle droite, considérons les plans diamétraux respectivement conjugués aux directions (λ, μ, ν), (λ', μ', ν'). Les équations qui les représentent

$$\lambda f_x' + \mu f_y' + \nu f_z' = 0,$$
$$\lambda' f_x' + \mu' f_y' + \nu' f_z' = 0$$

étant résolues par rapport à f_x', f_y', f_z', donnent lieu aux égalités

$$\frac{f_x'}{\mu\nu' - \nu\mu'} = \frac{f_y'}{\nu\lambda' - \lambda\nu'} = \frac{f_z'}{\lambda\mu' - \mu\lambda'}.$$

Elles seront vérifiées par les coordonnées d'un point quelconque de la droite d'intersection des plans diamétraux, et, par conséquent, elles définissent un diamètre de la surface. Les constantes $\lambda, \mu, \nu, \lambda', \mu', \nu'$ étant quelconques, on peut écrire pour les équations d'un diamètre

$$\frac{f_x'}{p} = \frac{f_y'}{q} = \frac{f_z'}{r},$$

p, q, r étant des coefficients arbitraires. Quelles que soient les valeurs des paramètres, ces équations représentent une droite qui passe par le centre.

On peut aussi regarder un diamètre comme le lieu des centres des sections faites par des plans parallèles dans la surface. Considérons un plan quelconque qui rencontre la surface suivant une conique ; prenons le plan sécant pour celui des xy, et soit, dans cette hypothèse, $f(x, y, z) = 0$ l'équation de la surface. Un plan parallèle à xy, et ayant pour équation $z = c$, coupe la surface suivant une courbe dont la projection sur le plan des xy sera représentée par $f(x, y, c) = 0$. Le centre de cette conique est déterminé par les équations

$$f_x'(x, y, c) = 0, \quad f_y'(x, y, c) = 0.$$

Or, ce point est évidemment la projection sur xy du centre de la courbe de l'espace dont les coordonnées devront vérifier les égalités

$$z = c, \quad f'_x(x, y, c) = 0, \quad f'_y(x, y, c) = 0.$$

Le lieu des centres s'obtiendra en éliminant le paramètre c qui varie avec la distance du plan sécant à l'origine ; ce sera la droite d'intersection des plans diamétraux

$$f'_x(x, y, z) = 0. \quad f'_y(x, y, z) = 0.$$

166. *Diamètres conjugués.* On dit que trois diamètres forment un système de *diamètres conjugués*, lorsque chacun d'eux est le conjugué du plan des deux autres ; les plans qu'ils déterminent forment un système de trois *plans diamétraux conjugués;* chacun d'eux est le plan diamétral conjugué de l'intersection des deux autres.

Considérons une surface du second ordre rapportée à son centre et définie par l'équation

$$Ax^2 + A'y^2 + A''z^2 + 2Byz + 2B'zx + 2B''xy + K = 0.$$

Soient $\lambda_1\mu_1\nu_1$, $\lambda_2\mu_2\nu_2$, $\lambda_3\mu_3\nu_3$ les coefficients directeurs de trois diamètres conjugués ; les plans diamétraux conjugués de ces trois directions auront pour équations

$$(A\lambda_1 + B''\mu_1 + B'\nu_1)x + (B''\lambda_1 + A'\mu_1 + B\nu_1)y + (B'\lambda_1 + B\mu_1 + A''\nu_1)z = 0,$$
$$(A\lambda_2 + B''\mu_2 + B'\nu_2)x + (B''\lambda_2 + A'\mu_2 + B\nu_2)y + (B'\lambda_2 + B\mu_2 + A''\nu_2)z = 0,$$
$$(A\lambda_3 + B''\mu_3 + B'\nu_3)x + (B''\lambda_3 + A'\mu_3 + B\nu_3)y + (B'\lambda_3 + B\mu_3 + A''\nu_3)z = 0,$$

tandis que les diamètres sont définis par

$$\frac{x}{\lambda_1} = \frac{y}{\mu_1} = \frac{z}{\nu_1},$$

$$\frac{x}{\lambda_2} = \frac{y}{\mu_2} = \frac{z}{\nu_2},$$

$$\frac{x}{\lambda_3} = \frac{y}{\mu_3} = \frac{z}{\nu_3}.$$

Si on exprime que chaque plan diamétral conjugué de l'une de ces droites renferme les deux autres, on arrive aux équations

$$A\lambda_1\lambda_2+A'\mu_1\mu_2+A''\nu_1\nu_2+B(\nu_1\mu_2+\mu_1\nu_2)+B'(\nu_1\lambda_2+\lambda_1\nu_2)+B''(\mu_1\lambda_2+\lambda_1\mu_2)=0,$$
$$A\lambda_1\lambda_3+A'\mu_1\mu_3+A''\nu_1\nu_3+B(\nu_1\mu_3+\mu_1\nu_3)+B'(\nu_1\lambda_3+\lambda_1\nu_3)+B''(\mu_1\lambda_3+\lambda_1\mu_3)=0,$$
$$A\lambda_2\lambda_3+A'\mu_2\mu_3+A''\nu_2\nu_3+B(\nu_2\mu_3+\mu_2\nu_3)+B'(\nu_2\lambda_3+\lambda_2\nu_3)+B''(\mu_2\lambda_3+\lambda_2\mu_3)=0.$$

Ce sont les relations qui existent entre les coefficients directeurs de trois diamètres conjugués. Etant pris à volonté l'un de ces diamètres, par exemple $(\lambda_1\mu_1\nu_1)$, il existera une infinité de diamètres formant avec lui un système de trois diamètres conjugués; car, on a seulement trois relations entre les quatre rapports $\frac{\lambda_2}{\nu_2}$, $\frac{\mu_2}{\nu_2}$, $\frac{\lambda_3}{\nu_3}$, $\frac{\mu_3}{\nu_3}$.

167. *Simplification de l'équation générale.* Soit (λ, μ, ν) une direction à laquelle correspond un plan diamétral situé à une distance finie; prenons ce dernier pour le plan des xy, et, pour axe des z, une droite parallèle à (λ, μ, ν). L'équation de la surface rapportée à ce système d'axes sera nécessairement de la forme

$$Nz^2+Ax^2+A'y^2+2B''xy+2Cx+2C'y+F=0.$$

En effet, le plan des xy divise en deux parties égales toutes les cordes parallèles à l'axe des z, et l'équation doit donner, pour la variable z, deux valeurs égales et de signes contraires, lorsqu'on attribue à x et y des valeurs quelconques; donc, elle ne renfermera pas de termes du premier degré en z.

Si on pose $z=0$, il vient l'équation

$$Ax^2+A'y^2+2B''xy+2Cx+2C'y+F=0,$$

qui représente la conique d'intersection de la surface avec le plan des xy. Or, nous savons que dans un plan, on peut toujours trouver deux axes ox et oy pour lesquels l'équation précédente se ramène à l'une des formes

$$Lx^2+My^2-H=0, \qquad My^2-2Qx=0.$$

Donc, en joignant à ox et oy un troisième axe oz parallèle à (λ, μ, ν), on aura un système particulier de trois axes, tels que l'équation générale du second degré se réduira à l'un des types suivants :

$$Lx^2+My^2+Nz^2=H, \qquad My^2+Nz^2=2Qx.$$

La première équation définit des surfaces qui ont pour centre l'origine des coordonnées; car les équations qui déterminent ce point sont

$$2Lx = 0, \quad 2My = 0, \quad 2Nz = 0\,;$$

elles sont vérifiées par les coordonnées de l'origine. La seconde représente des surfaces dépourvues de centre, puisque les équations

$$2My = 0, \quad 2Nz = 0, \quad Q = 0,$$

sont impossibles aussi longtemps que le coefficient Q est différent de zéro.

168. *Classification des surfaces du second ordre.* L'équation des surfaces à centre du second ordre

$$Lx^2 + My^2 + Nz^2 = H$$

ne renfermant que les carrés des variables donnera deux valeurs égales et de signes contraires pour l'une d'elles, lorsqu'on attribue aux deux autres des valeurs déterminées. Les plans coordonnés forment un système de trois plans diamétraux conjugués, et les trois axes, un système de trois diamètres conjugués de la surface. Les constantes L, M, N, H peuvent être positives, négatives on nulles; en admettant que la constante H soit rendue positive dans le second membre, il y aura à distinguer les trois cas suivants :

1° Les coefficients L, M, N sont de même signe;

2° Un seul coefficient est négatif dans le premier membre;

3° Deux coefficients sont négatifs.

Dans le premier cas, l'équation représente une surface appelée *ellipsoïde;* elle est réelle ou imaginaire suivant que les coefficients du premier membre sont positifs ou négatifs; elle se réduit à un point, si $H = 0$.

La surface qui répond au second cas se nomme *hyperboloïde à une nappe;* elle se réduit à un cône, si le coefficient H est nul.

Enfin, dans le troisième cas, on a une surface appelée *hyperboloïde à deux nappes* qui se réduit aussi à un cône lorsque $H = 0$.

L'équation des surfaces dénuées de centre

$$My^2 + Nz^2 = 2Qx$$

nous montre que le plan des xz est conjugué de l'axe des y, et le plan des xy, de l'axe des z. Si on suppose le coefficient Q positif au second membre, il n'y aura que deux cas distincts à considérer :

1° Les coefficients M et N sont de même signe;

2° Ces coefficients sont de signe différent.

Dans le premier cas, l'équation représente une surface appelée *paraboloïde elliptique;* elle se réduit à une droite, l'axe des x, si $Q = 0$. Dans le second cas, on a une surface appelée *paraboloïde hyperbolique.*

Cet examen nous démontre l'existence de cinq genres de surfaces du second ordre : trois surfaces à centre et deux surfaces dénuées de centre. Nous étudierons plus tard la nature et la forme de chacune d'elles, ainsi que tous les cas particuliers qu'elles peuvent présenter. Il nous suffit maintenant d'avoir montré qu'il est possible de ramener l'équation générale du second degré à deux formes plus simples, et d'avoir indiqué les surfaces différentes du second ordre qui correspondent aux hypothèses que l'on peut faire sur les signes des coefficients des équations réduites.

Exemples.

Ex. **1**. Trouver l'équation du plan diamétral dans la surface

$$xy + yz + zx = a^2.$$

R. $$(\mu + \nu)\,x + (\lambda + \nu)\,y + (\lambda + \mu)\,z = 0.$$

Ex. **2**. Même recherche pour la surface

$$(ay - bx)^2 + (cx - az)^2 + (bz - cy)^2 = f.$$

R. $$x[\lambda(b^2+c^2) - \mu ab - \nu ac] + y[\mu(a^2+c^2) - \lambda ab - \nu bc] + z[\nu(a^2+b^2) - \mu bc - \lambda ac] = 0.$$

Ex. **3**. La surface définie par l'équation

$$Ax^2 + A'y^2 + A''z^2 + 2Byz + 2B'zx + 2B''xy + K = 0,$$

et le cône

$$Ax^2 + A'y^2 + A''z^2 + 2Byz + 2B'zx + 2B''xy = 0$$

ont les mêmes plans diamétraux.

Ex. **4**. Trouver les équations du diamètre conjugué du plan donné

$$lx + my + nz + d = 0.$$

Les coefficients directeurs de la droite conjuguée de ce plan satisfont aux égalités

$$\frac{A\lambda + B''\mu + B'\nu}{l} = \frac{B''\lambda + A'\mu + B\nu}{m} = \frac{B'\lambda + B\mu + A''\nu}{n}.$$

Mais on a aussi

$$\frac{x}{\lambda} = \quad = \frac{z}{\nu},$$

de sorte que les équations de la droite conjuguée du plan peuvent s'écrire

$$\frac{Ax + B''y + B'z}{l} = \frac{B''x + A'y + Bz}{m} = \frac{B'x + By + A''z}{n},$$

ou bien

$$\frac{f_x' - C}{l} = \frac{f_y' - C}{m} = \frac{f_z' - C}{n}.$$

Il s'ensuit que les équations

$$\frac{f_x'}{l} = \frac{f_y'}{m} = \frac{f_z'}{n},$$

représenteront une droite parallèle à la précédente et passant par le centre; ce sera le diamètre conjugué du plan donné.

Ex. **5**. Si le plan diamétral conjugué de la droite (λ, μ, ν) est parallèle à une autre droite (λ', μ', ν'), le plan diamétral conjugué de celle-ci sera parallèle à la première.

La condition du parallélisme du plan diamétral avec la droite (λ', μ', ν') est de la forme

$$A\lambda\lambda' + A'\mu\mu' + A''\nu\nu' + B(\mu\nu' + \nu\mu') + B'(\nu\lambda' + \lambda\nu') + B''(\mu\lambda' + \lambda\mu') = 0;$$

cette équation exprime aussi que le plan diamétral conjugué de la droite (λ', μ', ν') est parallèle à la première.

Ex. **6**. La droite

$$\frac{x}{\lambda} = \frac{y}{\mu} = \frac{z}{\nu}$$

se déplace dans un plan fixe $ax + by + cz = 0$; montrer que les plans diamétraux correspondants passent par une droite fixe.

Les coefficients λ, μ, ν sont liés par les relations

$$a\lambda + b\mu + c\nu = 0,$$

$$\lambda f_x' + \mu f_y' + \nu f_z' = 0.$$

Il s'ensuit que la droite

$$\frac{f_x'}{a} = \frac{f_y'}{b} = \frac{f_z'}{c}$$

se trouve dans le plan diamétral, quelles que soient les valeurs de λ, μ, ν; c'est le diamètre conjugué du plan donné.

Ex. **7**. Si un plan tourne autour d'une droite fixe, son diamètre conjugué décrit un plan, le plan conjugué de la droite fixe.

Soit $ax + by + cz = 0$ un plan variable passant par la droite fixe

$$\frac{x}{\lambda} = \frac{y}{\mu} = \frac{z}{\nu}.$$

On a les conditions

$$a\lambda + b\mu + c\nu = 0,$$

$$\frac{f_x'}{a} = \frac{f_y'}{b} = \frac{f_z'}{c};$$

quels que soient a, b, c, le diamètre représenté par les dernières égalités se trouve dans le plan

$$\lambda f_x' + \mu f_y' + \nu f_z' = 0.$$

Ex. 8. Trouver le lieu des milieux des cordes passant par un point fixe.

Soit P $(x_0 y_0 z_0)$ le point fixe, et I $(x'y'z')$ le milieu d'une corde menée par ce point ; les coordonnées d'un point quelconque de cette corde seront données par les formules

$$x = x' + \lambda\rho, \quad y = y' + \mu\rho, \quad z = z' + \nu\rho$$

où les coefficients λ, μ, ν ont pour valeurs

$$\lambda = \frac{x_0 - x'}{\rho_0}, \quad \mu = \frac{y_0 - y'}{\rho_0}, \quad \nu = \frac{z_0 - z'}{\rho_0},$$

ρ_0 étant la distance IP. Substituons ces coordonnées dans l'équation de la surface $f(x, y, z) = 0$. On trouvera, en développant,

$$f(x', y', z') + \rho(\lambda f'_{x'} + \mu f'_{y'} + \nu f'_{z'}) + \rho^2(A\lambda^2 + A'\mu^2 + A''\nu^2 + 2B\mu\nu + 2B'\nu\lambda + 2B''\lambda\mu) = 0.$$

Pour les points extrêmes de la corde, les valeurs de ρ sont égales et de signes contraires ; donc, les coordonnées x', y', z' du milieu I doivent vérifier la relation

$$\lambda f'_{x'} + \mu f'_{y'} + \nu f'_{z'} = 0,$$

ou bien

$$(x_0 - x') f'_{x'} + (y_0 - y') f'_{y'} + (z_0 - z') f'_{z'} = 0.$$

En supprimant les accents, il viendra pour le lieu cherché

$$(x_0 - x) f_x' + (y_0 - y) f_y' + (z_0 - z) f_z' = 0 :$$

équation qui représente une surface du second ordre.

Ex. 9. Trouver le lieu des centres des sections faites dans la surface par un plan passant par un point fixe.

Un plan quelconque passant par un point fixe $(x_0 y_0 z_0)$ a pour équation

$$a(x - x_0) + b(y - y_0) + c(z - z_0) = 0.$$

Le centre de la conique d'intersection se trouve à la fois dans le plan sécant, et sur le diamètre conjugué de ce plan; ses coordonnées satisferont aux équations

$$a(x-x_0)+b(y-y_0)+c(z-z_0)=0$$

$$\frac{f'_x}{a}=\frac{f'_y}{b}=\frac{f'_z}{c}.$$

En éliminant les paramètres a, b, c, on trouve que le lieu des centres est représenté par l'équation

$$(x-x_0)f'_x+(y-y_0)f'_y+(z-z_0)f'_z=0.$$

C'est une surface du second degré.

Ex. **10.** Lieu des centres des sections faites par un plan tournant autour d'une droite fixe.

Soient $(x_0y_0z_0)$, $(x_1y_1z_1)$ deux points de la droite fixe; les centres des sections faites par des plans passant respectivement par ces points sont deux surfaces du second ordre représentées par les équations

$$(x-x_0)f'_x+(y-y_0)f'_y+(z-z_0)f'_z=0,$$
$$(x-x_1)f'_x+(y-y_1)f'_y+(z-z_1)f'_z=0.$$

Le lieu cherché sera la courbe d'intersection de ses surfaces. Or, si on retranche membre à membre ces égalités, il vient l'équation

$$(x_0-x_1)f'_x+(y_0-y_1)f'_y+(z_0-z_1)f'_z=0$$

qui représente un plan passant par les points communs aux deux surfaces. Le lieu des centres sera une conique située dans le plan diamétral conjugué de la droite fixe, puisque les différences x_0-x_1, y_0-y_1, z_0-z_1 sont proportionnelles aux coefficients directeurs de cette droite.

§ III. PLANS PRINCIPAUX. EQUATIONS RÉDUITES. CONDITIONS POUR QUE LA SURFACE SOIT DE RÉVOLUTION.

168. On appelle *plan principal* d'une surface du second ordre, tout plan diamétral perpendiculaire aux cordes qu'il divise en deux parties égales, et le diamètre conjugué d'un tel plan est un *axe* de la surface. Nous nous proposons, dans ce paragraphe, de déterminer les plans principaux d'une surface du second ordre représentée par l'équation générale $f(x, y, z)=0$, et de faire connaître les coefficients qui entrent dans l'équation de la surface rapportée aux axes. Dans cette recherche, nous supposerons les axes des coordonnées rectangulaires.

Nous avons vu précédemment que le plan diamétral conjugué de la direction

$$\frac{x}{\lambda}=\frac{y}{\mu}=\frac{z}{\nu},$$

est représenté par l'équation

$$(1)\quad (A\lambda+B''\mu+B'\nu)x+(B''\lambda+A'\mu+B\nu)y+(B'\lambda+B\mu+A''\nu)z \\ +C\lambda+C'\mu+C''\nu=0;$$

λ, μ et ν désignent les cosinus directeurs de la droite. Exprimons que ce plan est perpendiculaire aux cordes : il viendra les égalités

$$(2)\quad \frac{A\lambda+B''\mu+B'\nu}{\lambda}=\frac{B''\lambda+A'\mu+B\nu}{\mu}=\frac{B'\lambda+B\mu+A''\nu}{\nu}.$$

Si on y ajoute la relation

$$\lambda^2+\mu^2+\nu^2=1,$$

on aura le système d'équations qu'il faut résoudre pour trouver les directions principales. Afin de faciliter le problème, on introduit une inconnue auxiliaire, en égalant chacun des rapports (2) à une même quantité S. On obtient ainsi les trois équations

$$(3)\quad \begin{aligned} A\lambda+B''\mu+B'\nu&=S\lambda,\\ B''\lambda+A'\mu+B\nu&=S\mu,\\ B'\lambda+B\mu+A''\nu&=S\nu,\end{aligned}$$

ou

$$(4)\quad \begin{aligned} (A-S)\lambda+B''\mu+B'\nu&=0,\\ B''\lambda+(A'-S)\mu+B\nu&=0,\\ B'\lambda+B\mu+(A''-S)\nu&=0;\end{aligned}$$

et l'équation du plan diamétral se présente alors sous la forme

$$(5)\quad S(\lambda x+\mu y+\nu z)+C\lambda+C'\mu+C''\nu=0.$$

Eliminons λ, μ, ν entre les équations (4) pour arriver à une équation qui ne renferme plus que l'inconnue S; ce sera :

$$(6)\quad \begin{vmatrix} A-S & B'' & B' \\ B'' & A'-S & B \\ B' & B & A''-S \end{vmatrix}=0.$$

En développant, elle peut se ramener à la forme

$$(7)\quad (A - S)(A' - S)(A'' - S) - B^2(A - S) - B'^2(A' - S) - B''^2(A'' - S) + 2BB'B'' = 0,$$

ou bien

$$(8)\quad S^3 - (A + A' + A'')S^2 + (AA' + AA'' + A'A'' - B^2 - B'^2 - B''^2)S + AB^2 + A'B'^2 + A''B''^2 - AA'A'' - 2BB'B'' = 0.$$

Cette équation du troisième degré ne dépend que des coefficients des termes du second degré de l'équation générale, et admet toujours trois racines réelles, comme on le verra plus loin. Soient S_1, S_2, S_3 les racines; en les substituant successivement dans les équations (4), on trouvera des valeurs réelles pour les rapports $\frac{\lambda}{\nu}$, $\frac{\mu}{\nu}$. Ainsi, *il existe toujours au moins trois directions principales.*

Il est facile de vérifier qu'elles sont perpendiculaires entre elles; car si on désigne par $\lambda_1\mu_1\nu_1$, $\lambda_2\mu_2\nu_2$ les cosinus directeurs qui correspondent aux racines S_1, S_2, on aura les égalités

$$\begin{aligned} A\lambda_1 + B''\mu_1 + B'\nu_1 &= S_1\lambda_1, & A\lambda_2 + B''\mu_2 + B'\nu_2 &= S_2\lambda_2, \\ B''\lambda_1 + A'\mu_1 + B\nu_1 &= S_1\mu_1, & B''\lambda_2 + A'\mu_2 + B\nu_2 &= S_2\mu_2, \\ B'\lambda_1 + B\mu_1 + A''\nu_1 &= S_1\nu_1, & B'\lambda_2 + B\mu_2 + A''\nu_2 &= S_2\nu_2. \end{aligned}$$

Multiplions les premières par λ_2, μ_2, ν_2, et ajoutons-les membre à membre; multiplions les autres repectivement par λ_1, μ_1, ν_1, et ajoutons-les membre à membre; si on retranche ensuite les sommes ainsi obtenues, on trouve

$$(S_1 - S_2)(\lambda_1\lambda_2 + \mu_1\mu_2 + \nu_1\nu_2) = 0;$$

donc, en supposant les racines différentes, les deux directions principales sont perpendiculaires.

Quoiqu'il existe au moins trois directions principales, on ne peut pas affirmer que toute surface du second ordre admet trois plans principaux situés à une distance finie; l'équation (5) nous montre, en effet, que le plan qu'elle représente est à l'infini, si l'une des racines de l'équation du troisième degré est nulle. Cette circonstance se présente pour les surfaces dépourvues de centre, puisque la quantité (N° 159)

$$AB^2 + A'B'^2 + A''B''^2 - AA'A'' - 2BB'B''$$

est nulle, et l'équation (8) admet une racine égale à zéro. Si on avait les relations

$$A + A' + A'' = 0,$$

$$AA' + AA'' + A'A'' - B^2 - B'^2 - B''^2 = 0,$$

$$AB^2 + A'B'^2 + A''B''^2 - AA'A'' - 2BB'B'' = 0,$$

les trois racines de l'équation du troisième degré seraient nulles. Or, en élevant la première au carré et en y ajoutant la seconde multipliée par -2, on trouve

$$A^2 + A'^2 + A''^2 + 2B^2 + 2B'^2 + 2B''^2 = 0;$$

ce qui exige que l'on ait : $A = A' = A'' = B = B' = B'' = 0$, de sorte que l'équation de la surface ne serait plus du second degré. Il est donc impossible que les trois racines S_1, S_2, S_3 soient nulles en même temps, et, par suite, *dans toute surface du second ordre, il existe toujours au moins un plan principal à une distance finie.*

169. *Les racines de l'équation du troisième degré sont inversement proportionnelles aux carrés des longueurs des axes de la surface.*

Supposons que la surface soit rapportée à son centre et définie par l'équation

$$Ax^2 + A'y^2 + A''z^2 + 2Byz + 2B'zx + 2B''xy = H.$$

Menons par le centre la direction principale $(\lambda_1\mu_1\nu_1)$ qui répond à la racine S_1, et soient x_1, y_1, z_1 les coordonnées du point où elle rencontre la surface. On aura

$$x_1 = a\lambda_1, \quad y_1 = a\mu_1, \quad z_1 = a\nu_1,$$

a étant la partie du diamètre principal comprise entre le point $(x_1y_1z_1)$ et le centre. Substituons ces valeurs dans l'équation précédente : il viendra

$$a^2(A\lambda_1^2 + A'\mu_1^2 + A''\nu_1^2 + 2B\mu_1\nu_1 + 2B'\nu_1\lambda_1 + 2B''\lambda_1\mu_1) = H.$$

Mais, si on multiplie les équations

$$A\lambda_1 + B''\mu_1 + B'\nu_1 = S_1\lambda_1,$$

$$B''\lambda_1 + A'\mu_1 + B\nu_1 = S_1\mu_1,$$

$$B'\lambda_1 + B\mu_1 + A''\nu_1 = S_1\nu_1,$$

respectivement par λ_1, μ_1, ν_1, et si on fait leur somme, on trouve

$$S_1 = A\lambda_1^2 + A'\mu_1^2 + A''\nu_1^2 + 2B\mu_1\nu_1 + 2B'\nu_1\lambda_1 + 2B''\lambda_1\mu_1.$$

On aura donc, par la substitution,

$$a^2 S_1 = H.$$

De même, b et c étant les segments interceptés par la surface sur les deux autres diamètres principaux, on aura aussi

$$b^2 S_2 = H. \qquad c^2 S_3 = H.$$

D'où l'on déduit

$$S_1 = \frac{H}{a^2}, \quad S_2 = \frac{H}{b^2}, \quad S_3 = \frac{H}{c^2}.$$

Les quantités $2a, 2b, 2c$ représentent les longueurs des axes de la surface.

170. *L'équation du troisième degré en* S *a toujours ses trois racines réelles.*

Pour le démontrer plus facilement, nous allons mettre l'équation en S sous une forme nouvelle en transformant les équations (4). Remarquons d'abord que la première peut s'écrire

$$\frac{\mu}{B'} + \frac{\nu}{B''} = \frac{\lambda}{B'B''}(S - A).$$

Si on ajoute $\frac{\lambda}{B}$ aux deux membres, et si on fait subir un changement analogue aux deux autres équations, il viendra

$$\frac{\lambda}{B} + \frac{\mu}{B'} + \frac{\nu}{B''} = \frac{\lambda}{B'B''}\left(S - A + \frac{B'B''}{B}\right),$$

$$\frac{\lambda}{B} + \frac{\mu}{B'} + \frac{\nu}{B''} = \frac{\mu}{BB''}\left(S - A' + \frac{BB''}{B'}\right),$$

$$\frac{\lambda}{B} + \frac{\mu}{B'} + \frac{\nu}{B''} = \frac{\nu}{BB'}\left(S - A'' + \frac{BB'}{B''}\right).$$

Posons

$$k = \frac{\lambda}{B} + \frac{\mu}{B'} + \frac{\nu}{B''},$$

$$a = A - \frac{B'B''}{B}, \quad a' = A' - \frac{BB''}{B'}, \quad a'' = A'' - \frac{BB'}{B''}.$$

Les équations précédentes conduisent aux valeurs

$$(9) \qquad \lambda = \frac{kB'B''}{S-a}, \quad \mu = \frac{kBB''}{S-a'}, \quad \nu = \frac{kBB'}{S-a''}.$$

Divisons ces égalités respectivement par B, B′, B″, et ajoutons-les membre à membre : il viendra, en supprimant le facteur commun k,

$$\frac{B'B''}{B(S-a)} + \frac{BB''}{B'(S-a')} + \frac{BB'}{B''(S-a'')} = 1$$

ou bien

$$\frac{1}{B^2(S-a)} + \frac{1}{B'^2(S-a')} + \frac{1}{B''^2(S-a'')} - \frac{1}{BB'B''} = 0.$$

Il en résulte que l'équation en S peut se mettre sous la forme

$$(10) \quad \frac{(S-a)(S-a')(S-a'')}{BB'B''} - \frac{(S-a')(S-a'')}{B^2} - \frac{(S-a)(S-a'')}{B'^2} - \frac{(S-a)(S-a')}{B''^2} = 0.$$

Les quantités a, a', a'' ont entre elles un certain ordre de grandeur; nous supposerons $a < a' < a''$. De plus le produit BB′B″ peut être positif ou négatif. Admettons d'abord $BB'B'' < 0$, et substituons dans l'équation les nombres $-\infty$, a, a', a''. Les résultats correspondants seront

$$+, \quad -\frac{(a-a')(a-a'')}{B^2}, \quad -\frac{(a'-a)(a'-a'')}{B'^2}, \quad -\frac{(a''-a)(a''-a')}{B''^2};$$

les signes de ces quantités étant respectivement

$$+, \quad -, \quad +, \quad -,$$

l'équation admet trois racines réelles comprises entre les nombres $-\infty$ et a, a et a', a' et a''.

Si le produit BB′B″ est positif, on substituera dans l'équation les quantités a, a', a'', $+\infty$; on verra facilement que les signes des résultats se suivent dans l'ordre $-$, $+$, $-$, $+$; et, par suite, les trois racines sont encore réelles.

Pour mettre l'équation du troisième degré sous la forme (10), nous avons admis implicitement que les coefficients B, B', B'' étaient différents de zéro. Supposons que l'un d'eux soit nul, par exemple B''; il faut alors reprendre l'équation (7) qui se réduit à

$$(A - S)(A' - S)(A'' - S) - B^2(A - S) - B'^2(A' - S) = 0.$$

En admettant $A' > A$, et en substituant les quantités $-\infty$, A, A', $+\infty$ on trouve encore des résultats qui sont alternativement positifs et négatifs; donc, les racines sont réelles et comprises entre ces nombres.

Enfin, si $B' = 0$, $B'' = 0$, l'équation précédente devient

$$(A - S)[(A' - S)(A'' - S) - B^2] = 0.$$

L'une des racines est égale à A, et les deux autres sont données par une équation du second degré qui a toujours des racines réelles, comme il est facile de le vérifier.

Donc, dans tous les cas, l'équation du troisième degré a ses trois racines réelles.

171. *Équations aux axes des surfaces à centre.* Lorsque l'équation générale représente une surface à centre unique, toutes les racines de l'équation en S sont différentes de zéro. De plus, nous savons qu'en plaçant l'origine au centre, l'équation de la surface est de la forme

$$Ax^2 + A'y^2 + A''z^2 + 2Byz + 2B'zx + 2B''xy = H,$$

le coefficient H est égal à la quantité $-K$ du N° 160. Soient $(\lambda_1\mu_1\nu_1)$, $(\lambda_2\mu_2\nu_2)$, $(\lambda_3\mu_3\nu_3)$ les directions principales que nous prendrons pour les nouveaux axes des coordonnées. Les formules de transformation seront

$$x = \lambda_1 x' + \lambda_2 y' + \lambda_3 z',$$
$$y = \mu_1 x' + \mu_2 y' + \mu_3 z',$$
$$z = \nu_1 x' + \nu_2 y' + \nu_3 z'.$$

Substituons ces valeurs dans l'équation de la surface; en développant, on trouve, pour le coefficient de x'^2 dans la nouvelle équation, l'expression

$$A\lambda_1^2 + A'\mu_1^2 + A''\nu_1^2 + 2B\mu_1\nu_1 + 2B'\nu_1\lambda_1 + 2B''\lambda_1\mu_1$$

qui est égale à S_1 (N° 169); les coefficients de y'^2, z'^2 seront aussi les deux autres racines S_2, S_3. Celui du rectangle $y'z'$ a pour valeur

$$A\lambda_2\lambda_3 + A'\mu_2\mu_3 + A''\nu_2\nu_3 + 2B(\mu_2\nu_3 + \nu_2\mu_3) + 2B'(\lambda_2\nu_3 + \nu_2\lambda_3) + 2B''(\lambda_2\mu_3 + \mu_2\lambda_3).$$

Or, si on reprend les équations

$$\begin{aligned} A\lambda_2 + B''\mu_2 + B'\nu_2 &= S_2\lambda_2, \\ B''\lambda_2 + A'\mu_2 + B\nu_2 &= S_2\mu_2, \\ B'\lambda_2 + B\mu_2 + A''\nu_2 &= S_2\nu_2, \end{aligned}$$

et si on les multiplie respectivement par λ_3, μ_3, ν_3, il viendra, en ajoutant,

$$\begin{aligned} A\lambda_2\lambda_3 + A'\mu_2\mu_3 + A''\nu_2\nu_3 + 2B(\nu_2\mu_3 + \mu_2\nu_3) + 2B'(\lambda_2\nu_3 + \nu_2\lambda_3) \\ + 2B''(\mu_2\lambda_3 + \lambda_2\mu_3) = S_2(\lambda_2\lambda_3 + \mu_2\mu_3 + \nu_2\nu_3) = 0. \end{aligned}$$

On verrait de même que les coefficients des produits $x'z'$, $x'y'$ sont nuls. Il en résulte que l'équation de la surface rapportée à ses axes sera

$$S_1x'^2 + S_2y'^2 + S_3z'^2 = H.$$

La transformation que nous venons d'effectuer est toujours possible, si les trois racines sont différentes. Supposons que l'équation du troisième degré en S ait deux racines égales. Nous avons démontré précédemment que les racines sont toujours comprises entre les nombres $-\infty$, a, a', a'', ou bien entre les quantités a, a', a'', ∞, suivant que le produit BB'B'' est négatif ou positif. Mais, si deux racines deviennent égales, il faut nécessairement que la racine double coïncide avec l'une des limites a, a', a''. En admettant que a soit cette racine, le premier membre devra renfermer le facteur $(S - a)^2$, ce qui exige que l'on ait $a = a' = a''$. Réciproquement, si les quantités a, a' a'' sont égales, le premier membre renfermera $(S - a)^2$ comme facteur, et a sera une racine double. Ainsi, les conditions nécessaires et suffisantes pour que l'équation en S ait deux racines égales seront

$$A - \frac{B'B''}{B} = A' - \frac{BB''}{B'} = A'' - \frac{BB'}{B''}.$$

La racine double S_1 étant l'une de ces quantités, on aura

$$A - S_1 = \frac{B'B''}{B}, \quad A' - S_1 = \frac{BB''}{B'}, \quad A'' - S_1 = \frac{BB'}{B''};$$

en substituant, les équations (4) se réduisent à une seule, savoir :

$$B'B''\lambda + BB''\mu + BB'\nu = 0.$$

Il y a donc une infinité de directions principales qui correspondent à la racine double ; elles sont toujours perpendiculaires à la droite $(\lambda_3\mu_3\nu_3)$ déterminée par la troisième racine, et situées dans le plan

$$B'B''x + BB''y + BB'z = 0.$$

Si on prend, dans ce dernier, deux diamètres perpendiculaires $(\lambda_1\mu_1\nu_1)$, $(\lambda_2\mu_2\nu_2)$ et si on leur joint la direction $(\lambda_3\mu_3\nu_3)$, on aura un système de trois axes rectangulaires qui permettra d'opérer la transformation précédente. L'équation de la surface se présentera sous la forme

$$S_1(x'^2 + y'^2) + S_3z'^2 = H.$$

Enfin, si l'équation (7) admet une racine triple, on doit avoir

$$B = B' = B'' = 0, \qquad A = A' = A'';$$

les équations (4) deviennent des identités et toutes les droites menées par le centre sont des directions principales. Si on prend pour axes trois diamètres rectangulaires, l'équation de la surface pourra se ramener à la forme

$$S_1(x'^2 + y'^2 + z'^2) = H.$$

172. *Équation réduite dans le cas où l'une des racines est nulle.* Lorsque l'équation générale représente une surface dénuée de centre, l'équation (8) admet une racine nulle. Soit $S_1 = 0$; en rapportant la surface à trois axes parallèles aux directions principales, l'équation générale deviendra

$$(k) \quad S_2y'^2 + S_3z'^2 + 2x'(C\lambda_1 + C'\mu_1 + C''\nu_1) + 2y'(C\lambda_2 + C'\mu_2 + C''\nu_2)$$
$$+ 2z'(C\lambda_3 + C'\mu_3 + C''\nu_3) + F = 0.$$

Si on transporte maintenant les axes parallèlement à eux-mêmes en un point (x_0, y_0, z_0) en posant $x'' = x_0 + x'$, $y'' = y_0 + y'$, $z'' = z_0 + z'$, il sera généralement possible de déterminer les coordonnées de la nouvelle origine, de manière à faire disparaître les coefficients de y'', z'', ainsi que le terme indépendant dans l'équation en x'', y'', z'' ; par suite, celle-ci se réduira à la forme

$$S_2y''^2 + S_3z''^2 + 2x''(C\lambda_1 + C'\mu_1 + C''\nu_1) = 0.$$

Cette équation représentera un paraboloïde elliptique ou hyperbolique suivant le signe des racines.

Nous avons supposé que la quantité $C\lambda_1 + C'\mu_1 + C''\nu_1$ est différente de zéro, c'est-à-dire, que le plan diamétral

$$0 \cdot (\lambda_1 x + \mu_1 y + \nu_1 z) + C\lambda_1 + C'\mu_1 + C''\nu_1 = 0$$

qui correspond à la racine nulle est à l'infini; si on avait

$$C\lambda_1 + C'\mu_1 + C'\nu'_1 = 0,$$

ce plan serait indéterminé, et l'équation (k) ne renfermant plus la variable x', on pourrait transporter les axes des y' et des z' parallèlement à eux-mêmes de manière à faire disparaître les termes en y'' et z''. Il en résulte que l'équation réduite sera de la forme

$$S_2 y''^2 + S_3 z''^2 + H = 0,$$

et représentera un cylindre parallèle à la droite $(\lambda_1\mu_1\nu_1)$.

Lorsque deux racines sont égales à zéro, on a les relations

$$A - \frac{B'B''}{B} = A' - \frac{BB''}{B'} = A'' - \frac{BB'}{B''},$$

et, par suite, une infinité de directions principales situées dans un plan perpendiculaire à la droite $(\lambda_3\mu_3\nu_3)$ qui correspond à la troisième racine. Avec trois axes parallèles à trois directions principales perpendiculaires entre elles, l'équation de la surface sera

$$S_3 z'^2 + 2x' (C\lambda_1 + C'\mu_1 + C''\nu_1) + 2y' (C\lambda_2 + C'\mu_2 + C''\nu_2)$$
$$+ 2z' (C\lambda_3 + C'\mu_3 + C''\nu_3) + F = 0.$$

On peut toujours supposer que l'on ait choisi la direction $(\lambda_2\mu_2\nu_2)$ de manière à satisfaire à la relation $C\lambda_2 + C'\mu_2 + C''\nu_2 = 0$; dans ce cas, l'équation devient

$$S_3 z'^2 + 2x' (C\lambda_1 + C'\mu_1 + C''\nu_1) + 2z' (C\lambda_3 + C'\mu_3 + C''\nu_3) + F = 0,$$

si le coefficient de x' n'est pas nul, ou bien

$$S_3 z'^2 + 2z' (C\lambda_3 + C'\mu_3 + C''\nu_3) + F = 0,$$

si ce coefficient est égal à zéro. Enfin, en transportant les axes parallèlement à eux-mêmes, ces équations pourront se réduire à l'une des formes

$$S_3 z''^2 + 2x'' (C\lambda_1 + C'\mu_1 + C''\nu_1) = 0,$$
$$S_3 z''^2 + K = 0.$$

La première représentera un cylindre parabolique; la seconde, deux plans parallèles.

173. *Conditions pour que la surface soit de révolution.* Une surface du second ordre est dite *de révolution* autour d'une droite, lorsque tout plan perpendiculaire à la droite la rencontre suivant un cercle dont le centre appartient à cette droite; celle-ci se nomme *axe de révolution* de la surface. L'équation générale du second degré définit en coordonnées rectangulaires une surface de révolution, si elle peut se ramener à la forme

$$\text{(R)} \qquad \alpha x^2 + \beta y^2 + \gamma z^2 + 2lx + 2my + 2nz + f = 0,$$

où deux coefficients des carrés des variables sont égaux. En effet, supposons $\alpha = \beta$, et coupons la surface par un plan $z = k$ perpendiculaire à l'axe des z: l'intersection va se projeter sur xy suivant toute sa grandeur, et l'équation de cette projection sera

$$\alpha(x^2 + y^2) + 2lx + 2my + 2nk + \gamma k^2 + f = 0.$$

C'est un cercle dont les coordonnées du centre $-\frac{l}{\alpha}$, $-\frac{m}{\alpha}$ sont des quantités indépendantes de k. Il en résulte que les courbes d'intersection de la surface, avec un plan qui se déplace parallèlement à xy, sont des cercles ayant leurs centres sur une droite fixe parallèle à l'axe des z. Donc, la surface est de révolution autour de cette droite.

Réciproquement, si l'équation générale représente une surface de révolution, elle pourra toujours se ramener à la forme (R) où deux coefficients des termes du second degré sont égaux. En effet, prenons pour axe des z, une parallèle à l'axe de révolution, et pour les deux autres axes, des droites perpendiculaires. Soit, dans cette hypothèse,

$$\alpha x^2 + \beta y^2 + \gamma z^2 + 2byz + 2b'zx + 2b''xy + 2cx + 2c'y + 2c''z + f = 0$$

l'équation de la surface. La projection de la courbe d'intersection d'un plan $z = k$ sur le plan des xy sera représentée par

$$\alpha x^2 + \beta y^2 + 2b''xy + 2b'kx + 2bky + 2cx + 2c'y + 2c''k + \gamma k^2 + f = 0;$$

pour qu'elle soit un cercle, on doit avoir

$$\alpha = \beta, \qquad b'' = 0.$$

De plus, si k est variable, l'équation précédente doit définir des cercles qui ont leurs centres sur une droite fixe; mais, les coordonnées du centre sont

$$-\frac{b'k + c}{\alpha}, \quad -\frac{bk + c'}{\alpha}$$

et, par suite, les coefficients b' et b doivent être nuls. L'équation du second degré est privée des termes en xy, yz, zx, et les coefficients de x^2 et y^2 sont égaux; donc, elle est de la forme (R) où $\alpha = \beta$.

Cela étant, nous avons démontré que l'équation générale se ramène toujours à la forme (R), où deux coefficients des termes du second degré ont la même valeur, si l'équation du troisième degré en S admet une racine double. Donc, les conditions nécessaires et suffisantes pour que l'équation générale représente une surface de révolution seront

$$(r) \qquad A - \frac{B'B''}{B} = A' - \frac{BB''}{B'} = A'' - \frac{BB'}{B''}.$$

Si on suppose $S_1 = S_2$, l'axe de révolution de la surface sera une parallèle à la direction principale $(\lambda_3 \mu_3 \nu_3)$, ou une droite perpendiculaire au plan représenté par l'équation

$$S_3(\lambda_3 x + \mu_3 y + \nu_3 z) + C\lambda_3 + C'\mu_3 + C''\nu_3 = 0$$

qu'on peut encore écrire, en remplaçant les cosinus directeurs par les expressions (9),

$$S_3(B'B''x + BB''y + BB'z) + CB'B'' + C'BB'' + C''BB' = 0,$$

ou

$$\frac{x}{B} + \frac{y}{B'} + \frac{z}{B''} + \frac{1}{S_3}\left(\frac{C}{B} + \frac{C'}{B'} + \frac{C''}{B''}\right) = 0.$$

Lorsque la surface admet un centre, les coordonnées de ce point vérifient les équations

$$\begin{aligned} Ax + B''y + B'z + C &= 0, \\ B''x + A'y + Bz + C' &= 0, \\ B'x + By + A''z + C'' &= 0. \end{aligned}$$

Or, on a les égalités

$$A - S_1 = \frac{B'B''}{B}, \quad A' - S_1 = \frac{BB''}{B'}, \quad A'' - S_1 = \frac{BB'}{B''};$$

et, en substituant à A, A', A'' leurs valeurs, les équations précédentes deviennent

$$B'B''x + BB''y + BB'z + B(S_1 x + C) = 0.$$

$$B'B''x + BB''y + BB'z + B'(S_1y + C') = 0,$$

$$B'B''x + BB''y + BB'z + B''(S_1z + C'') = 0.$$

Il en résulte que les coordonnées du centre vérifieront les équations

$$B(S_1x + C) = B'(S_1y + C') = B''(S_1z + C'')$$

qui définissent une droite passant par ce point et perpendiculaire au plan diamétral conjugué de la direction $(\lambda_3\mu_3\nu_3)$; ce sont les équations de l'axe de révolution.

Les conditions (r) sont impossibles, lorsque l'un des coefficients B, B', B'' est égal à zéro. Mais, si deux de ces constantes sont nulles, par exemple $B' = 0$, $B'' = 0$, l'équation (7) se réduit à

$$(A - S)[(A' - S)(A'' - S) - B^2] = 0.$$

Elle admet une racine égale à A, et si cette quantité satisfait à l'équation du second degré

$$(A' - S)(A'' - S) - B^2 = 0,$$

ce sera une racine double. Donc, la surface serait encore de révolution, si on avait les conditions

$$B' = 0, \quad B'' = 0, \quad B^2 = (A - A')(A - A'').$$

La seconde racine de l'équation du second degré sera $A' + A'' - A$; en la substituant dans les équations (4), on trouve pour les cosinus directeurs de l'axe de révolution

$$\lambda = 0, \qquad \frac{\mu}{A - A'} + \frac{\nu}{B} = 0.$$

174. Lorsqu'une surface est de révolution, tout plan perpendiculaire à l'axe la rencontre suivant un cercle; si on mène dans le cercle une corde quelconque, le plan passant par son milieu et l'axe lui est perpendiculaire; on peut donc regarder tout plan mené par l'axe comme un plan principal. Cette remarque conduit immédiatement aux conditions (r) en exprimant que les équations (4) sont identiques, puisqu'il y a une infinité de directions principales; on doit donc avoir

$$\frac{A - S}{B''} = \frac{B''}{A' - S} = \frac{B'}{B}, \quad \frac{A - S}{B'} = \frac{B''}{B} = \frac{B'}{A'' - S}.$$

On en déduit les conditions précédentes

$$A - S = \frac{B'B''}{B}, \quad A' - S = \frac{BB''}{B'}, \quad A'' - S = \frac{BB'}{B''};$$

et

$$A - \frac{B'B''}{B} = A' - \frac{BB''}{B'} = A'' - \frac{BB'}{B''}.$$

Exercices.

Ex. 1. Déterminer l'équation du troisième degré et indiquer le genre des surfaces définies par les équations

1° $x^2 + 2y^2 + 2z^2 + 2xy - 2x - 4y - 4z + 2 = 0,$

2° $2xy - xz + yz - 2x + 2y - 3z - 2 = 0,$

3° $y^2 - 4xy + 4x^2 - 6x + 3z = 0,$

4° $4y^2 - 9x^2 + 2xy + 36x - 8y - 4z - 32 = 0,$

5° $x^2 + 6yz + 8xz - 4xy + 2x + 4y - 14z - 3 = 0,$

6° $x^2 + 2y^2 + 2z^2 + 2xy - 2x - 4y - 4z + 6 = 0.$

R. 1° L'équation du troisième degré est

$$(S - 2)(S^2 - 3S + 1) = 0;$$

elle a pour racines les nombres positifs

$$2, \quad \frac{3 + \sqrt{5}}{2}, \quad \frac{3 - \sqrt{5}}{2}.$$

L'équation aux axes sera

$$4x^2 + (3 + \sqrt{5})\,y^2 + (3 - \sqrt{5})\,z^2 = 4;$$

elle représente un ellipsoïde.

2° L'équation en S

$$S^3 - \frac{3}{2}S + \frac{1}{2} = 0$$

a pour racines

$$1, \quad \frac{-1 + \sqrt{3}}{2}, \quad \frac{-1 - \sqrt{3}}{2}.$$

La surface rapportée à son centre $\left(-\frac{3}{2}, \frac{3}{2}, 1\right)$ et à ses axes a pour équation

$$2x^2 + (\sqrt{3} - 1)\,y^2 - (1 + \sqrt{3})\,z^2 = 2;$$

c'est un hyperboloïde à une nappe.

3° L'équation du troisième degré admet deux racines nulles et une autre égale à 3. La surface est un cylindre parabolique.

4° On a, dans cet exemple,

$$S_1 = 0,\quad S_2 = \frac{-3 + \sqrt{173}}{2},\quad S_3 = \frac{-3 - \sqrt{173}}{2}.$$

Les deux racines différentes de zéro ayant des signes contraires, la surface est un paraboloïde hyperbolique.

5° Un cône.

6° Un ellipsoïde imaginaire.

Ex. 2. Que représentent les équations

1° $xy + yz + zx = a^2$,

2° $x^2 + y^2 + z^2 + 2k(xy + yz + zx) = a^2$,

3° $x^2 - yz = k$,

4° $2ayz - bx = 0$,

5° $a(x^2 + 2yz) + b(y^2 + 2xz) + c(z^2 + 2xy) = 1$,

6° $z = Ay^2 + 2Bxy + Cx^2 + 2Dy + 2Ex + F$?

R. 1° On trouvera pour l'équation en S

$$S^3 - \frac{3}{4}S - \frac{1}{4} = 0,$$

dont les racines sont : $1, -\frac{1}{2}, -\frac{1}{2}$. La surface est un hyperboloïde de révolution à deux nappes dont l'équation aux axes est

$$2x^2 - (y^2 + z^2) = a^2.$$

2° L'équation du 3e degré admet une racine double égale à $1 - k$; quel que soit le paramètre k, la surface est de révolution autour de la droite $x = y = z$.

3° Un hyperboloïde à une nappe ou à deux nappes suivant le signe de k ; l'équation réduite est

$$x^2 + \frac{1}{2}y^2 - \frac{1}{2}z^2 = k.$$

4° On trouve $S = 0$, $S = \pm a$; la surface est un paraboloïde hyperbolique.

5° L'équation du troisième degré est de la forme

$$S^3 - (a + b + c)S^2 + (ab + bc + ca - a^2 - b^2 - c^2)S + a^3 + b^3 + c^3 - 3abc = 0.$$

Posons

$$\alpha = a + b + c$$

$$\beta^2 = a^2 + b^2 + c^2 - ab - bc - ca = \frac{1}{2}[(a - b)^2 + (b - c)^2 + (c - a)^2].$$

Le terme indépendant de S est égal à $\alpha\beta^2$, et, par suite, l'équation en S devient

$$S^3 - \alpha S^2 - \beta^2 S + \alpha\beta^2 = 0\,;$$

ses racines étant α, $+\beta$, $-\beta$, la surface rapportée aux axes sera représentée par

$$\alpha x^2 + \beta y^2 - \beta z^2 = 1.$$

Cette équation représente un hyperboloïde à une nappe, un hyperboloïde à deux nappes ou un cylindre hyperbolique, suivant que α est positif, négatif ou nul. Si $\alpha^2 = \beta^2$, l'équation en S a deux racines égales, et

$$ab + bc + ca = 0$$

sera la condition pour que la surface soit de révolution.

6° On a

$$S = 0, \quad S = \frac{1}{2}[A + C \pm \sqrt{(A+C)^2 + 4(B^2 - AC)}].$$

La surface est un paraboloïde elliptique, si $B^2 - AC < 0$; un paraboloïde hyperbolique, si $B^2 - AC > 0$; un cylindre parabolique, si $B^2 - AC = 0$.

Ex. **3**. L'équation du troisième degré en S ne peut pas avoir deux racines imaginaires conjuguées de la forme

$$S_1 = \alpha_1 + \beta_1\sqrt{-1}. \quad S_2 = \alpha_1 - \beta_1\sqrt{-1}.$$

En effet, les équations (4) donneraient, pour les cosinus directeurs, des valeurs de la forme

$$\lambda_1 = a_1 + b_1\sqrt{-1}, \quad \mu_1 = c_1 + d_1\sqrt{-1}, \quad \nu_1 = e_1 + f_1\sqrt{-1};$$

$$\lambda_2 = a_1 - b_1\sqrt{-1}, \quad \mu_2 = c_2 - d_2\sqrt{-1}, \quad \nu_2 = e_2 - f_2\sqrt{-1}.$$

Or, la condition $\lambda_1\lambda_2 + \mu_1\mu_2 + \nu_1\nu_2 = 0$ ne serait satisfaite qu'en posant

$$a_1 = b_1 = c_1 = d_1 = e_1 = f_1 = 0\,;$$

mais, dans ce cas, la relation $\lambda_1^2 + \mu_1^2 + \nu_1^2 = 1$ ne peut pas être vérifiée ; donc, il est impossible que l'équation ait pour racines $\alpha_1 + \beta_1\sqrt{-1}$, $\alpha_1 - \beta_1\sqrt{-1}$. Comme les coefficients qu'elle renferme sont réels, il en résulte qu'elle n'a pas de racines imaginaires.

Ex. **4**. Si on désigne par k et h les racines de l'équation du second degré

$$(A' - S)(A'' - S) - B^2 = 0,$$

celles de l'équation en S seront comprises entre les nombres $-\infty$, k, h, $+\infty$; la quantité k est supposée plus petite que h.

Ex. **5**. Montrer que les coefficients de l'équation en S sont invariables pour tous les systèmes d'axes rectangulaires.

Soient

$$Ax^2 + A'y^2 + A''z^2 + 2Byz + 2B'zx + 2B''xy + 2Cx + 2C'y + 2C''z + F = 0,$$
$$ax^2 + a'y^2 + a''z^2 + 2byz + 2b'zx + 2b''xy + 2cx + 2c'y + 2c''z + f = 0,$$

les équations d'une même surface du second ordre rapportée à deux systèmes d'axes rectangulaires différents; celles qui déterminent les plans principaux seront

$$S^3-(A+A'+A'')S^2+(AA'+AA''+A'A''-B^2-B'^2-B''^2)S+AB^2+A'B'^2+A''B''^2-AA'A''-2BB'B''=0$$
$$S^3-(a+a'+a'')S^2+(aa'+aa''+a'a''-b^2-b'^2-b''^2)S+ab^2+a'b'^2+a''b''^2-aa'a''+2bb'b''=0$$

Supposons que l'on transporte parallèlement à eux-mêmes les deux systèmes d'axes au centre; les termes du second degré restent les mêmes dans les équations de la surface; de plus, le terme indépendant dans la première sera égal au terme analogue dans la seconde, car ce terme a la même valeur pour tous les systèmes d'axes rectangulaires issus du centre. La surface rapportée à ses axes sera réprésentée par

$$S_1x^2 + S_2y^2 + S_3z^2 = H,$$
$$s_1x^2 + s_2y^2 + s_3z^2 = H,$$

où S_1, S_2, S_3, s_1, s_2, s_3 sont les racines des deux équations du troisième degré; ces équations montrent que les racines sont égales, et, par suite, on aura les relations

$$a + a' + a'' = A + A' + A'',$$
$$aa' + aa'' + a'a'' - b^2 - b'^2 - b''^2 = AA' + AA'' + A'A'' - B^2 - B'^2 - B''^2,$$
$$ab^2 + a'b'^2 + a''b''^2 - aa'a'' - 2bb'b'' = AB^2 + A'B'^2 + A''B''^2 - AA'A'' - 2BB'B''.$$

Ex. 6. Trouver l'équation qui détermine les longueurs des axes de la surface représentée par l'équation

$$Ax^2 + A'y^2 + A''z^2 + 2Byz + 2B'zx + 2B''xy = H.$$

Désignons par $2r$ l'un des axes; nous avons vu que $S = \frac{H}{r^2}$; donc, l'équation aux carrés des longueurs des axes de la surface sera

$$\left(A-\frac{H}{r^2}\right)\left(A'-\frac{H}{r^2}\right)\left(A''-\frac{H}{r^2}\right)-B^2\left(A-\frac{H}{r^2}\right)-B'^2\left(A'-\frac{H}{r^2}\right)-B''^2\left(A''-\frac{H}{r^2}\right)+2BB'B''=$$

§ 4. PLAN TANGENT; CONE CIRCONSCRIT; PLAN POLAIRE.

175. *Plan tangent.* Soit M $(x'y'z')$ un point d'une surface du second ordre représentée par l'équaton générale $f(x, y, z) = 0$. Menons, par ce point, une droite qui rencontre la surface en un second point M', et supposons que la sécante tourne autour du point M jusqu'à ce que le point M' vienne se confondre avec lui : à cette limite, on dit que la droite est tangente à la surface. Nous allons chercher l'équation du lieu de toutes les tangentes que l'on peut mener par le point M à la surface, les axes étant rectangulaires.

Les équations de la sécante peuvent s'écrire

$$x = x' + \lambda\rho, \qquad y = y' + \mu\rho, \qquad z = z' + \nu\rho.$$

Si on substitue ces valeurs dans $f(x, y, z) = 0$, on trouve, en développant et en ordonnant par rapport à ρ, l'équation

$$f(x', y', z') + \rho(\lambda f'_{x'} + \mu f'_{y'} + \nu f'_{z'}) + \rho^2(A\lambda^2 + A'\mu^2 + A''\nu^2 + 2B\mu\nu + 2B'\nu\lambda + 2B''\lambda\mu) = 0;$$

elle détermine les valeurs de ρ pour les points de rencontre de la surface et de la droite. Mais, le point M (x', y', z') appartient à la surface, et, par suite, $f(x', y', z') = 0$; de plus, à la limite, quand les points M et M$'$ se confondent, la seconde valeur de ρ est nulle; donc, les coefficients directeurs d'une tangente à la surface vérifient la relation

$$\lambda f'_{x'} + \mu f'_{y'} + \nu f'_{z'} = 0.$$

Si on remplace λ, μ, ν par leurs valeurs tirées des équations de la droite, il viendra, pour l'équation du lieu des tangentes en M $(x'y'z')$ à la surface,

$$(x - x')f'_{x'} + (y - y')f'_{y'} + (z - z')f'_{z'} = 0.$$

Comme elle est du premier degré en x, y, z, elle définit un plan qui s'appelle le *plan tangent* à la surface au point M.

Il est facile de vérifier, au moyen de l'équation $f(x', y', z') = 0$, l'égalité

$$x'f'_{x'} + y'f'_{y'} + z'f'_{z'} = -2(Cx' + C'y' + C''z' + F),$$

de sorte que l'équation du plan tangent est de la forme

$$x(Ax' + B''y' + B'z' + C) + y(B''x' + A'y' + Bz' + C') + z(B'x' + By' + A''z' + C'') + Cx' + C'y' + C''z' + F = 0;$$

ou bien, si on ordonne les termes par rapport à x', y', z',

$$x'(Ax + B''y + B'z + C) + y'(B''x + A'y + Bz + C') + z'(B'x + By + A''z + C'') + Cx + C'y + C''z + F = 0.$$

Lorsqu'on rend l'équation de la surface homogène (N° 156), les équations précédentes peuvent s'écrire

$$xf'_{x'} + yf'_{y'} + zf'_{z'} + tf'_{t'} = 0.$$
$$x'f'_x + y'f'_y + z'f'_z + t'f'_t = 0.$$

On passe de celles-ci aux précédentes, en posant $t = t' = 1$.

On appelle *normale* à la surface au point M, la perpendiculaire élevée en M au plan tangent en ce point. Il résulte immédiatement de cette définition, que les équations de la normale au point M $(x'y'z')$ seront

$$\frac{x - x'}{f'_{x'}} = \frac{y - y'}{f'_{y'}} = \frac{z - z'}{f'_{z'}}.$$

176. *Trouver la condition pour que le plan* $lx + my + nz + p = 0$ *soit tangent à la surface* $f(x, y, z, t) = 0$.

Si on identifie l'équation du plan donné rendue homogène

$$lx + my + nz + pt = 0$$

avec celle du plan tangent au point $(x'\ y'\ z'\ t')$

$$xf'_{x'} + yf'_{y'} + zf'_{z'} + tf'_{t'} = 0,$$

on a les relations

$$f'_{x'} = kl,\ f'_{y'} = km,\ f'_{z'} = kn,\ f'_{t'} = kp,$$

k étant une constante. De plus, si on exprime que le point de contact se trouve dans le plan donné, on aura

$$lx' + my' + nz' + pt' = 0.$$

En remplaçant les dérivées par leurs valeurs, les équations précédentes peuvent s'écrire

$$\begin{aligned}
&Ax' + B''y' + B'z' + Ct' - lk = 0,\\
&B''x' + A'y' + Bz' + C't' - mk = 0,\\
&B'x' + By' + A''z' + C''t' - nk = 0,\\
&Cx' + C'y' + C''z' + Ft' - pk = 0.
\end{aligned}$$

Il suffit d'éliminer entre ces égalités les quantités x', y', z', t', k, pour arriver à la condition demandée : ce sera

$$\begin{vmatrix} A & B'' & B' & C & l \\ B'' & A' & B & C' & m \\ B' & B & A'' & C'' & n \\ C & C' & C'' & F & p \\ l & m & n & p & 0 \end{vmatrix} = 0.$$

177. *Cône circonscrit.* Etant donné un point $M(x'y'z')$ de l'espace, proposons-nous de trouver le lieu de toutes les tangentes à la surface $f(x, y, z) = 0$ menées par ce point. Considérons une droite quelconque issue du point M, et soient x'', y'', z'', les coordonnées d'un second point de cette ligne : on aura pour un point quelconque de la droite,

$$x = \frac{x' + \lambda x''}{1 + \lambda}, \quad y = \frac{y' + \lambda y''}{1 + \lambda}, \quad z = \frac{z' + \lambda z''}{1 + \lambda}.$$

Substituons ces expressions dans l'équation de la surface ; après avoir effectué les multiplications, l'équation nouvelle peut se ramener à la forme

$$(\alpha) \qquad f(x', y', z') + P''\lambda + \lambda^2 f(x'', y'', z'',) = 0,$$

dans laquelle P'' représente la valeur du premier membre de l'équation du plan tangent pour les coordonnées x'', y'', z'', c'est-à-dire, l'expression

$$x''f'_{x'} + y''f'_{y'} + z''f'_{z'} + 2(Cx' + C'y' + C''z' + F).$$

Les racines de l'équation (α) correspondent aux points de rencontre de la droite avec la surface. Lorsque les points d'intersection se rapprochent de plus en plus pour venir se confondre, à la limite, les racines étant égales, on doit avoir

$$P''^2 - 4f(x', y', z').f(x'', y'', z'') = 0.$$

Ainsi, les coordonnées d'un point (x'', y'', z''), choisi à volonté sur une tangente quelconque issue du point M, vérifient la relation précédente. Il s'ensuit que le lieu cherché aura pour équation

$$[xf'_{x'} + yf'_{y'} + zf'_{z'} + 2(Cx' + C'y' + C''z' + F)]^2 \\ - 4f(x, y, z) \cdot f(x', y', z') = 0,$$

qui se déduit de la précédente en supprimant les accents aux coordonnées x'', y'', z''. Elle est du second degré ; elle représentera une surface conique circonscrite à $f(x, y, z) = 0$, et ayant pour sommet le point $M(x'y'z')$.

En coordonnées homogènes, l'équation précédente peut s'écrire

$$(xf'_{x'} + yf'_{y'} + zf'_{z'} + tf'_{t'})^2 - 4f(x, y, z, t).f(x', y', z', t') = 0.$$

178. *Plan polaire.* Les points de la courbe de contact du cône circonscrit à la surface $f(x, y, z, t) = 0$ satisfont à la fois aux équations

$$xf'_{x'} + yf'_{y'} + zf'_{z'} + tf'_{t'} = 0, \quad f(x, y, z, t) = 0;$$

comme la première est du premier degré en x, y, z, tous les points de contact des deux surfaces se trouvent dans un plan. Ce plan s'appelle *le plan polaire* du point (x', y', z') par rapport à la surface du second ordre $f(x, y, z) = 0$.

On peut aussi regarder le plan polaire d'un point $M(x'y'z')$, comme étant le lieu de son conjugué harmonique, par rapport aux points d'intersection avec la surface d'une sécante variable issue de ce point. En effet, si, dans le calcul du N° précédent, on fait coïncider le point $(x''y''z'')$ avec le conjugué harmonique du point M, l'équation en λ doit donner des racines égales et de signes contraires, ce qui exige que les coordonnées x'', y'', z'' vérifient la relation

$$xf'_{x'} + yf'_{y'} + zf'_{z'} + tf'_{t'} = 0,$$

afin que le terme du premier degré disparaisse de l'équation.

Donc, lorsque la sécante tourne autour du point M, le conjugué harmonique décrit un plan qui est le plan polaire de ce point.

179. On démontrera, comme pour la sphère (N° 124), les propriétés suivantes :

1° *Le pôle d'un plan passant par un point se trouve dans le plan polaire de ce point.*

2° *Un plan passant par deux points aura son pôle situé sur l'intersection des plans polaires de ces points.*

3° *Lorsqu'un plan tourne autour d'une droite* D, *son pôle décrit une droite d.* Les droites D et d sont telles que tout plan mené par l'une d'elles a son pôle sur l'autre : on les appelle *droites conjuguées* par rapport à la surface. L'équation du plan polaire représente le plan tangent, si le point (x', y', z') est sur la surface ; de sorte que le plan polaire d'un point de la surface est le plan tangent en ce point. Donc, si on mène par la droite D des plans tangents à la surface, leurs points de contact appartiendront à la droite conjuguée d qui sera la corde des contacts de ces plans tangents. Ainsi, la droite d'intersection de deux plans tangents et la droite des contacts sont toujours conjuguées par rapport à la surface.

Si on mène une droite qui rencontre la surface en m et m', et les droites conjuguées en a et a', les points a, a', m, m' formeront un système harmonique ; car, le plan polaire du point a passe par le point a' et ce dernier doit être le conjugué harmonique de a par rapport aux points où la droite rencontre la surface.

Enfin, nous ferons remarquer que le plan polaire du point à l'infini sur la droite

$$\frac{x}{\lambda} = \frac{y}{\mu} = \frac{z}{\nu} = \rho,$$

coïncide avec le plan diamétral conjugué de cette direction ; car, si les coordonnées x', y', z' vérifient ces égalités, l'équation du plan polaire peut s'écrire

$$\lambda f_x' + \mu f_y' + \nu f_z' + \frac{2}{\rho}(Cx + C'y + C''z + F) = 0,$$

et, si $\rho = \infty$, elle se réduit à

$$\lambda f_x' + \mu f_y' + \nu f_z' = 0,$$

qui représente le plan diamétral conjugué de la droite (λ, μ, ν).

180. *Points et plans conjugués.* Deux points sont dits *conjugués* par rapport à une surface du second ordre, quand le plan polaire de l'un passe par l'autre. Soient $(x'y'z't')$, $(x''y''z''t'')$ deux points de l'espace ; leurs plans polaires sont représentés par les équations

$$x f_{x'}' + y f_{y'}' + z f_{z'}' + t f_{t'}' = 0,$$
$$x f_{x''}' + y f_{y''}' + z f_{z''}' + t f_{t''}' = 0.$$

Si on exprime que l'un de ces plans passe par le pôle de l'autre, on trouve la condition unique

$$x' f_{x''}' + y' f_{y''}' + z' f_{z''}' + t' f_{t''}' = 0$$

qui devra être satisfaite pour que les points soient conjugués.

Deux plans sont *conjugués* par rapport à une surface du second ordre, lorsque le pôle de l'un se trouve dans l'autre. Soient

$$lx + my + nz + pt = 0,$$
$$l'x + m'y + n'z + p't = 0,$$

les équations de deux plans, et $(x'y'z't')$ le pôle du premier. Si on exprime que les équations

$$lx + my + nz + pt = 0,$$
$$xf'_{x'} + yf'_{y'} + zf'_{z'} + tf'_{t'} = 0$$

définissent un même plan, on aura les égalités

$$\frac{f'_{x'}}{l} = \frac{f'_{y'}}{m} = \frac{f'_{z'}}{n} = \frac{f'_{t'}}{p} = k.$$

On en déduit les équations

$$\begin{aligned}
&Ax' + B''y' + B'z' + Ct' - kl = 0,\\
&B''x' + A'y' + Bz' + C't' - km = 0,\\
&B'x' + By' + A''z' + C''t' - kn = 0,\\
&Cx' + C'y' + C''z' + Ft' - kp = 0.
\end{aligned}$$

De plus, on a aussi la relation

$$l'x' + m'y' + n'z' + p't' = 0$$

qui exprime que le pôle du premier plan se trouve dans l'autre. Par l'élimination de x', y', z', t', k, il vient

$$\begin{vmatrix}
A & B'' & B' & C & l \\
B'' & A' & B & C' & m \\
B' & B & A'' & C'' & n \\
C & C' & C'' & F & p \\
l' & m' & n' & p' & 0
\end{vmatrix} = 0.$$

Cette équation est symétrique et exprime que le pôle de l'un des plans se trouve dans l'autre, et, par suite, que les plans donnés sont conjugués par rapport à la surface.

CHAPITRE IX.

PROPRIÉTÉS DES SURFACES A CENTRE DU SECOND ORDRE.

SOMMAIRE. — *Ellipsoïde : équation aux axes; sections planes; sections circulaires; propriétés du plan tangent, de la normale et des diamètres. — Propriétés analogues pour l'hyperboloïde à une nappe et l'hyperboloïde à deux nappes.*

181. Nous avons démontré qu'une surface à centre du second ordre *rapportée à ses axes* est représentée par une équation de la forme

$$Lx^2 + My^2 + Nz^2 = H,$$

et nous avons appris à calculer les coefficients qu'elle renferme. En admettant que le second membre soit rendu positif, l'équation précédente donne lieu à trois genres de surfaces suivant le signe des coefficients du premier membre. Elle définit un *ellipsoïde* (N° 167), si les coefficients L, M et N sont de même signe; un *hyperboloïde à une nappe*, si l'un d'eux est négatif et les deux autres positifs; un *hyperboloïde à deux nappes*, lorsqu'un seul coefficient est positif dans le premier membre.

Nous nous proposons, dans ce chapitre, de faire connaître la forme particulière de ces surfaces, par l'examen des sections principales, des sections parallèles aux plans principaux, des sections faites par un plan quelconque. Nous démontrerons ensuite plusieurs propriétés relatives au plan tangent, à la normale et aux diamètres. Souvent, il arrive qu'une propriété est commune aux surfaces à centre; dans ce cas, il nous suffira d'en donner une démonstration pour l'ellipsoïde; on l'appliquera facilement aux autres surfaces.

§ 1. ELLIPSOÏDE.

182. L'équation

$$(1) \qquad Lx^2 + My^2 + Nz^2 = H$$

représente une surface imaginaire si les coefficients L, M, N sont négatifs; car il est impossible de satisfaire à l'équation par des valeurs réelles de x, y, z. Si $H = 0$, on a l'équation

$$Lx^2 + My^2 + Nz^2 = 0;$$

elle définit un ellipsoïde qui se réduit à un point, l'origine des coordonnées, car on ne peut y satisfaire qu'en posant $x = y = z = 0$.

Enfin, supposons que les coefficients soient positifs et différents de zéro. L'équation (1) pourra s'écrire sous la forme

$$\frac{x^2}{\frac{H}{L}} + \frac{y^2}{\frac{H}{M}} + \frac{z^2}{\frac{H}{N}} = 1.$$

Posons

$$a = \pm\sqrt{\frac{H}{L}}, \quad b = \pm\sqrt{\frac{H}{M}}, \quad c = \pm\sqrt{\frac{H}{N}};$$

les quantités a, b, c sont réelles et désignent les distances à l'origine des points de rencontre de la surface avec les axes des coordonnées, de sorte que $2a$, $2b$, $2c$ sont les longueurs des axes de la surface. En vertu de ces égalités, l'équation de l'ellipsoïde rapporté à son centre et à ses axes peut se mettre sous la forme

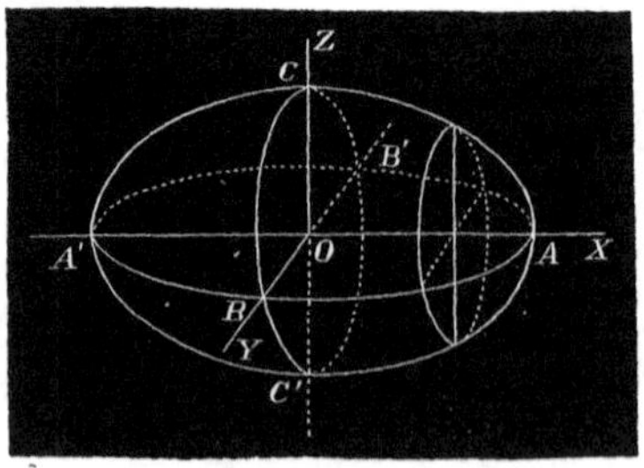

$$(2) \qquad \frac{x^2}{a^2} + \frac{y^2}{b^2} + \frac{z^2}{c^2} = 1,$$

ou bien, en chassant les dénominateurs,

$$(2') \qquad b^2c^2x^2 + c^2a^2y^2 + a^2b^2z^2 = a^2b^2c^2.$$

Fig. 25.

Si on porte, sur les axes et de chaque côté de l'origine, des longueurs égales à a, b, c, on obtiendra les six points A et A', B et B', C et C' qui se nomment les *sommets* de la surface; en admettant $a > b > c$, la distance $2a = AA'$ est l'*axe majeur*, $2b = BB'$ l'*axe moyen*, $2c = CC'$ l'*axe mineur*.

Pour trouver les équations de l'ellipsoïde rapporté à l'un de ses sommets A', B', C', il faudrait changer successivement x en $x - a$, y en $y - b$, z en $z - c$: on trouve ainsi les équations

$$\frac{x^2}{a^2} + \frac{y^2}{b^2} + \frac{z^2}{c^2} - \frac{2x}{a} = 0,$$

$$\frac{x^2}{a^2} + \frac{y^2}{b^2} + \frac{z^2}{c^2} - \frac{2y}{b} = 0,$$

$$\frac{x^2}{a^2} + \frac{y^2}{b^2} + \frac{z^2}{c^2} - \frac{2z}{c} = 0.$$

183. *Sections planes.* Les intersections de l'ellipsoïde (2) avec les plans principaux sont représentées par les équations

$$z = 0, \quad \frac{x^2}{a^2} + \frac{y^2}{b^2} = 1;$$

$$y = 0, \quad \frac{x^2}{a^2} + \frac{z^2}{c^2} = 1;$$

$$x = 0, \quad \frac{y^2}{b^2} + \frac{z^2}{c^2} = 1.$$

Ce sont des ellipses qui passent par les sommets de l'ellipsoïde dans le plan où elles se trouvent.

Un plan parallèle à yz rencontre la surface suivant une ellipse définie par les équations

$$x = \alpha, \quad \frac{y^2}{b^2} + \frac{z^2}{c^2} = 1 - \frac{\alpha^2}{a^2},$$

et dont les demi-axes seront

$$b\sqrt{1 - \frac{\alpha^2}{a^2}}, \quad c\sqrt{1 - \frac{\alpha^2}{a^2}},$$

puisque la projection sur yz de la courbe d'intersection est égale en grandeur à cette courbe ; l'ellipse est réelle, et diminue de plus en plus à mesure que α s'approche de a, c'est-à-dire, à mesure que le plan sécant s'éloigne de l'origine pour aller vers le sommet A; si $\alpha = a$, l'intersection se réduit à un point, ou à une ellipse dont les axes sont nuls; si $\alpha > a$, elle est imaginaire. On arrivera aux mêmes résultats lorsque α est négatif, c'est-à-dire, lorsque le plan sécant est à gauche de l'origine. Ainsi, la surface ne s'étend pas au-delà des points A et A'. En considérant les sections faites par des plans parallèles aux autres plans coordonnés, on verra qu'elles sont elliptiques et réelles aussi longtemps que le plan sécant se trouve entre le centre et les sommets de la surface.

Enfin, soit $z = mx + ny + p$ un plan quelconque; éliminons la variable z entre cette équation et celle de l'ellipsoïde (2). On aura

$$(\alpha) \qquad \frac{x^2}{a^2} + \frac{y^2}{b^2} + \frac{(mx + ny + p)^2}{c^2} = 1.$$

En développant, on trouve, pour la valeur du binôme $B^2 - AC$, l'expression

$$-\left(\frac{m^2}{b^2c^2} + \frac{n^2}{a^2c^2} + \frac{1}{a^2b^2}\right)$$

qui est toujours négative; donc l'équation (α) représente une ellipse dans le plan des xy, quelles que soient les valeurs des coefficients m, n, p. Mais, cette ellipse est la projection sur xy de la courbe d'intersection; par suite, tout plan rencontre la surface suivant une ellipse.

Il est important de remarquer que les sections parallèles sont des courbes semblables. En effet, si les coefficients m et n sont constants et p variable, l'équation $z = mx + ny + p$ définit des plans parallèles; or, les termes du second degré dans l'équation (α) sont indépendants du paramètre p; donc les courbes qu'elle représente, lorsqu'on fait varier p, seront semblables. Cette propriété est vraie pour toutes les surfaces du second ordre.

Si on veut déterminer la nature de la section par un plan quelconque, il suffira de considérer la section d'un plan mené par le centre parallèlement au premier. Nous allons faire usage de cette remarque pour déterminer les plans des sections circulaires.

184. *Sections circulaires; ombilics.* Considérons un plan mené par le centre de l'ellipsoïde et coupant cette surface suivant un cercle de rayon r; ce dernier appartiendra à une sphère ayant pour centre l'origine, et représentée par l'équation

$$x^2 + y^2 + z^2 = r^2,$$

ou bien,

$$\frac{x^2}{r^2} + \frac{y^2}{r^2} + \frac{z^2}{r^2} = 1.$$

Si on retranche membre à membre les équations de l'ellipsoïde (2) et de la sphère, on aura

$$(\beta) \qquad x^2\left(\frac{1}{a^2} - \frac{1}{r^2}\right) + y^2\left(\frac{1}{b^2} - \frac{1}{r^2}\right) + z^2\left(\frac{1}{c^2} - \frac{1}{r^2}\right) = 0.$$

Cette équation est satisfaite en même temps que celles des deux surfaces; comme elle est homogène et du second degré, elle représente un cône dont le sommet est à l'origine et qui passe par la courbe d'intersection de la sphère et de l'ellipsoïde. Or, pour que ces surfaces aient en commun une section centrale circulaire, il faut et il suffit que leur intersection se réduise à deux courbes planes dont les plans passent par le centre. On obtiendra donc les plans des sections circulaires appelés *plans cycliques*, en déterminant r de manière à ce que le cône se réduise à l'ensemble de deux plans; ce qui exige que l'un des termes disparaisse de l'équation (β). Si nous posons successivement $r = a$, $r = b$, $r = c$, il viendra pour les équations des plans cycliques

$$y^2\left(\frac{1}{b^2} - \frac{1}{a^2}\right) + z^2\left(\frac{1}{c^2} - \frac{1}{a^2}\right) = 0,$$

$$x^2\left(\frac{1}{a^2} - \frac{1}{b^2}\right) + z^2\left(\frac{1}{c^2} - \frac{1}{b^2}\right) = 0,$$

$$x^2\left(\frac{1}{a^2} - \frac{1}{c^2}\right) + y^2\left(\frac{1}{b^2} - \frac{1}{c^2}\right) = 0.$$

En admettant $a > b > c$, la première et la troisième représentent des plans imaginaires; la seconde peut se ramener à la forme

$$\frac{x}{a} = \pm\frac{z}{c}\sqrt{\frac{b^2 - c^2}{a^2 - b^2}},$$

et définit deux plans réels passant par l'axe moyen de la surface.

Si on désigne par θ l'angle d'inclinaison de ces plans sur xy, on aura

$$\cos\theta = \pm\frac{a}{b}\sqrt{\frac{b^2-c^2}{a^2-c^2}}, \qquad \sin\theta = \pm\frac{c}{b}\sqrt{\frac{a^2-b^2}{a^2-c^2}},$$

et, par suite,

$$\operatorname{tang}\theta = \pm\frac{c}{a}\sqrt{\frac{a^2-b^2}{b^2-c^2}}.$$

Donc l'*ellipsoïde admet deux séries de sections circulaires parallèles à l'axe moyen de la surface.*

Les sections parallèles dans une surface du second ordre étant semblables, on doit considérer le plan tangent parallèle aux plans cycliques comme coupant l'ellipsoïde suivant un cercle infiniment petit; le point de contact de ce plan tangent particulier se nomme *ombilic*. Menons par le centre, et dans l'ellipse principale du plan des xz, un diamètre égal à $2b$; le plan passant par ce diamètre et l'axe moyen sera un plan cyclique. Désignons par x', z' les coordonnées de l'extrémité du conjugué du diamètre $2b$ dans l'ellipse

$$\frac{x^2}{a^2}+\frac{z^2}{c^2}=1.$$

Nous verrons plus loin que le plan tangent au point $(x', 0, z')$ est parallèle au plan cyclique, c'est-à-dire, au plan diamétral conjugué du diamètre qui passe par ce point. Or, on sait que

$$b^2 = a^2 - e^2x'^2 = a^2 - \frac{a^2-c^2}{a^2}x'^2; \qquad \text{d'où}$$

$$x' = \pm a\sqrt{\frac{a^2-b^2}{a^2-c^2}}; \qquad \text{par suite,} \qquad z' = \pm c\sqrt{\frac{b^2-c^2}{a^2-c^2}}.$$

En y ajoutant $y'=0$, on aura les coordonnées des ombilics de l'ellipsoïde.

185. Il résulte de la discussion précédente, que le genre ellipsoïde comprend les surfaces du second ordre fermées dans tous les sens et à trois axes inégaux; elles ne peuvent être rencontrées par un plan que suivant une ellipse; elles admettent deux séries de sections circulaires parallèles à l'axe moyen de la surface. Nous allons maintenant faire connaître quelques cas particuliers.

Si, dans l'équation (1), deux coefficients sont égaux dans le premier membre, par exemple si $L = M$, il vient

$$L(x^2 + y^2) + Nz^2 = H,$$

ou bien,

$$\frac{x^2 + y^2}{a^2} + \frac{z^2}{c^2} = 1;$$

tout plan parallèle à xy coupe la surface suivant un cercle dont le centre est sur l'axe des z, et l'ellipsoïde est *de révolution* autour de cet axe. Si $L = M = N$, l'ellipsoïde devient une sphère.

Lorsque l'un des coefficients L, M, N est égal à zéro, l'équation (1) se présente sous la forme

$$My^2 + Nz^2 = H$$

ou

$$\frac{y^2}{b^2} + \frac{z^2}{c^2} = 1,$$

et l'ellipsoïde se réduit à un cylindre elliptique.

Enfin, si $L = 0$, $M = 0$, il vient l'équation

$$Lx^2 = H$$

qui définit deux plans parallèles.

Ainsi le genre ellipsoïde comprend comme variétés, l'ellipsoïde de révolution, la sphère, le cylindre elliptique, deux plans parallèles, et le point.

186. Les coordonnées d'un point de l'ellipsoïde

$$\frac{x^2}{a^2} + \frac{y^2}{b^2} + \frac{z^2}{c^2} = 1$$

sont toujours comprises entre les quantités $\pm a$, $\pm b$, $\pm c$, et on peut poser

$$x = a\cos\lambda, \quad y = b\cos\mu, \quad z = c\cos\nu,$$

λ, μ, ν étant trois coefficients variables avec la position du point sur la surface. Substituons ces expressions dans l'équation précédente; on aura

$$\cos^2\lambda + \cos^2\mu + \cos^2\nu = 1.$$

Il en résulte que les paramètres λ, μ, ν désignent les angles d'une certaine droite issue de l'origine avec les axes de l'ellipsoïde. A chaque point de la surface correspond une droite (λ, μ, ν), et réciproquement. Pour le sommet A où $x = a$, $y = 0$, $z = 0$, on aura $\cos \lambda = 1$, $\cos \mu = 0$, $\cos \nu = 0$: la droite (λ, μ, ν) est dirigée suivant l'axe $2a$; mais, cette circonstance est exceptionnelle, et, en général, la droite (λ, μ, ν) ne passe pas par le point correspondant de la surface.

Si on mène par le centre deux droites perpendiculaires $(\lambda'\mu'\nu')$, $(\lambda''\mu''\nu'')$, on a la relation

$$\cos \lambda' \cos \lambda'' + \cos \mu' \cos \mu'' + \cos \nu' \cos \nu'' = 0;$$

les points correspondants $(x'y'z')$, $(x''y''z'')$ satisferont à l'équation

$$\frac{x'x''}{a^2} + \frac{y'y''}{b^2} + \frac{z'z''}{c^2} = 0.$$

Réciproquement, lorsque deux points vérifient la dernière égalité, les droites correspondantes, donnant lieu à la première, seront perpendiculaires entre elles.

La longueur d'un diamètre qui passe par le point $(x'y'z')$, aura pour expression

$$d^2 = x'^2 + y'^2 + z'^2 = a^2 \cos^2\lambda' + b^2 \cos^2\mu' + c^2 \cos^2\nu'.$$

On donne quelquefois le nom de *coordonnées angulaires* aux quantités λ, μ, ν. Nous ferons souvent usage de ces coordonnées pour faciliter la démonstration de plusieurs théorèmes.

187. *Plan tangent.* Soit $(x'y'z')$ un point de l'ellipsoïde rapporté à son centre et à ses axes. L'équation du plan tangent en ce point sera de la forme (N° 175)

$$(x - x')\frac{x'}{a^2} + (y - y')\frac{y'}{b^2} + (z - z')\frac{z'}{c^2} = 0,$$

ou bien,

$$\frac{xx'}{a^2} + \frac{yy'}{b^2} + \frac{zz'}{c^2} = 1,$$

eu égard à l'égalité $\dfrac{x'^2}{a^2} + \dfrac{y'^2}{b^2} + \dfrac{z'^2}{c^2} = 1$. Avec les coordonnées angulaires, cette équation serait

$$\frac{x}{a}\cos\lambda' + \frac{y}{b}\cos\mu' + \frac{z}{c}\cos\nu' = 1.$$

Désignons par P la perpendiculaire abaissée du centre sur le plan tangent, et par α, β, γ les angles qu'elle fait avec les axes. L'équation du plan tangent peut encore s'écrire

$$x\cos\alpha + y\cos\beta + z\cos\gamma = \mathrm{P}.$$

Identifions cette dernière avec les précédentes ; il viendra les égalités

$$\frac{x'}{a^2} = \frac{\cos\alpha}{\mathrm{P}}, \quad \frac{y'}{b^2} = \frac{\cos\beta}{\mathrm{P}}, \quad \frac{z'}{c^2} = \frac{\cos\gamma}{\mathrm{P}};$$

$$\frac{\cos\lambda'}{a} = \frac{\cos\alpha}{\mathrm{P}}, \quad \frac{\cos\mu'}{b} = \frac{\cos\beta}{\mathrm{P}}, \quad \frac{\cos\nu'}{c} = \frac{\cos\gamma}{\mathrm{P}}.$$

On en déduit différentes expressions pour la longueur de la perpendiculaire, savoir :

$$\frac{1}{\mathrm{P}^2} = \frac{x'^2}{a^4} + \frac{y'^2}{b^4} + \frac{z'^2}{c^4}, \quad \frac{1}{\mathrm{P}^2} = \frac{\cos^2\lambda'}{a^2} + \frac{\cos^2\mu'}{b^2} + \frac{\cos^2\nu'}{c^2},$$

$$\mathrm{P}^2 = a^2\cos^2\alpha + b^2\cos^2\beta + c^2\cos^2\gamma.$$

188. *La somme des carrés des perpendiculaires abaissées du centre sur trois plans tangents rectangulaires est constante.*

Soient $\alpha_1\beta_1\gamma_1$, $\alpha_2\beta_2\gamma_2$, $\alpha_3\beta_3\gamma_3$ les angles directeurs des droites menées du centre perpendiculairement à trois plans tangents rectangulaires. On aura

$$\mathrm{P}_1^2 = a^2\cos^2\alpha_1 + b^2\cos^2\beta_1 + c^2\cos^2\gamma_1,$$

$$\mathrm{P}_2^2 = a^2\cos^2\alpha_2 + b^2\cos^2\beta_2 + c^2\cos^2\gamma_2,$$

$$\mathrm{P}_3^2 = a^2\cos^2\alpha_3 + b^2\cos^2\beta_3 + c^2\cos^2\gamma_3.$$

De plus, les cosinus vérifient les relations $\cos^2\alpha_1 + \cos^2\alpha_2 + \cos^2\alpha_3 = 1$, etc.; de sorte qu'en additionnant les équations précédentes, il viendra

$$\mathrm{P}_1^2 + \mathrm{P}_2^2 + \mathrm{P}_3^2 = a^2 + b^2 + c^2.$$

189. *Le lieu du sommet d'un trièdre trirectangle circonscrit à une surface du second ordre est une sphère* (Monge).

Les équations de trois plans tangents à l'ellipsoïde peuvent s'écrire sous la forme

$$x\cos\alpha_1 + y\cos\beta_1 + z\cos\gamma_1 = \sqrt{a^2\cos^2\alpha_1 + b^2\cos^2\beta_1 + c^2\cos^2\gamma_1},$$

$$x\cos\alpha_2 + y\cos\beta_2 + z\cos\gamma_2 = \sqrt{a^2\cos^2\alpha_2 + b^2\cos^2\beta_2 + c^2\cos^2\gamma_2},$$

$$x\cos\alpha_3 + y\cos\beta_3 + z\cos\gamma_3 = \sqrt{a^2\cos^2\alpha_3 + b^2\cos^2\beta_3 + c^2\cos^2\gamma_3}.$$

Si ces plans sont rectangulaires, on a les relations

$$\cos^2\alpha_1 + \cos^2\alpha_2 + \cos^2\alpha_3 = 1, \ldots\ldots,$$

$$\cos\alpha_1\cos\beta_1 + \cos\alpha_2\cos\beta_2 + \cos\alpha_3\cos\beta_3 = 0, \ldots\ldots,$$

et, en ajoutant les équations des plans tangents après les avoir élevées au carré, on trouve

$$x^2 + y^2 + z^2 = a^2 + b^2 + c^2.$$

Donc le point d'intersection des plans décrit une sphère ayant pour rayon $\sqrt{a^2 + b^2 + c^2}$.

190. *Normale.* La normale au point $(x'y'z')$ de l'ellipsoïde est représentée par les équations (N° 175)

$$\frac{x - x'}{\frac{x'}{a^2}} = \frac{y - y'}{\frac{y'}{b^2}} = \frac{z - z'}{\frac{z'}{c^2}},$$

ou bien,

$$\frac{a^2}{x'}(x - x') = \frac{b^2}{y'}(y - y') = \frac{c^2}{z'}(z - z').$$

Proposons-nous de déterminer le nombre de normales que l'on peut mener à la surface par un point de l'espace (α, β, γ). Les coordonnées x', y', z' du pied de l'une de ces normales satisfont aux équations

$$(\varepsilon) \qquad \frac{\alpha - x}{\frac{x}{a^2}} = \frac{\beta - y}{\frac{y}{b^2}} = \frac{\gamma - z}{\frac{z}{c^2}}, \quad \frac{x^2}{a^2} + \frac{y^2}{b^2} + \frac{z^2}{c^2} = 1.$$

Soit k la valeur commune des rapports précédents ; en égalant chacun d'eux à k, et résolvant les égalités ainsi obtenues par rapport aux coordonnées, on trouve

$$x = \frac{a^2\alpha}{k + a^2}, \quad y = \frac{b^2\beta}{k + b^2}, \quad z = \frac{c^2\gamma}{k + c^2}.$$

Substituons ces valeurs dans l'équation de l'ellipsoïde ; il viendra

$$\frac{a^2\alpha^2}{(k + a^2)^2} + \frac{b^2\beta^2}{(k + b^2)^2} + \frac{c^2\gamma^2}{(k + c^2)^2} = 1,$$

ou bien

$$(k + a^2)^2 (k + b^2)^2 (k + c^2)^2 - a^2\alpha^2 (k + b^2)^2 (k + c^2)^2$$
$$- b^2\beta^2 (k + a^2)^2 (k + c^2)^2 - c^2\gamma^2 (k + a^2)^2 (k + b^2)^2 = 0.$$

Cette équation est du sixième degré en k ; elle admet toujours deux racines réelles, car si on remplace k par les quantités $-\infty$, $-a^2$, $+\infty$ dans le premier membre, on trouve, pour les signes des résultats, $+$, $-$, $+$.

Transportons l'origine au point (α, β, γ) et appelons ξ, η, ζ les nouvelles coordonnées ; les égalités (ε) deviennent

$$\frac{\xi}{\dfrac{\xi + \alpha}{a^2}} = \frac{\eta}{\dfrac{\eta + \beta}{b^2}} = \frac{\zeta}{\dfrac{\zeta + \gamma}{c^2}}.$$

On en tire

$$\frac{\eta(\zeta + \gamma)}{c^2} = \frac{\zeta(\eta + \beta)}{b^2}, \quad \frac{\zeta(\xi + \alpha)}{a^2} = \frac{\xi(\zeta + \gamma)}{c^2}, \quad \frac{\xi(\eta + \beta)}{b^2} = \frac{\eta(\xi + \alpha)}{a^2},$$

et, en chassant les dénominateurs,

$$(b^2 - c^2)\,\eta\zeta = c^2\beta\zeta - b^2\gamma\eta,$$
$$(c^2 - a^2)\,\zeta\xi = a^2\gamma\xi - c^2\alpha\zeta,$$
$$(a^2 - b^2)\,\xi\eta = b^2\alpha\eta - a^2\beta\xi.$$

Multiplions-les respectivement par α, β, γ et faisons leur somme. On aura

$$\alpha(b^2 - c^2)\,\eta\zeta + \beta(c^2 - a^2)\,\zeta\xi + \gamma(a^2 - b^2)\,\xi\eta = 0 :$$

équation homogène du second degré qui représente un cône passant par les normales issues du point (α, β, γ). Ainsi, *par un point de l'espace, on peut mener en général six normales à une surface du second ordre dont deux sont toujours réelles, et ces normales sont sur un même cône du second ordre* (Chasles).

191. *Plan diamétral et diamètre.* Le plan diamétral conjugué du diamètre (λ, μ, ν) aura pour équation (N° 161)

$$\frac{\lambda x}{a^2}+\frac{\mu y}{b^2}+\frac{\nu z}{c^2}=0.$$

Si on désigne par x', y', z' les coordonnées du point où la direction (λ, μ, ν) rencontre la surface, on a les relations

$$\frac{x'}{\lambda}=\frac{y'}{\mu}=\frac{z'}{\nu},$$

et l'équation précédente devient

$$\frac{xx'}{a^2}+\frac{yy'}{b^2}+\frac{zz'}{c^2}=0.$$

Donc, *le plan diamétral conjugué d'un diamètre qui passe par un point* ($x'y'z'$) *est parallèle au plan tangent en ce point à la surface.*

Lorsque le point ($x'y'z'$) est dans le plan des xy, on a $z'=0$, et l'équation précédente devient

$$\frac{xx'}{a^2}+\frac{yy'}{b^2}=0;$$

elle représente un plan passant par l'axe des z. En général, *le plan diamétral conjugué d'un diamètre situé dans un plan principal renferme l'axe de la surface perpendiculaire à ce plan.*

Si on représente par d' le demi-diamètre qui passe par le point (x', y', z'), on aura

$$x'=d'\cos\alpha',\qquad y'=d'\cos\beta',\qquad z'=d'\cos\gamma',$$

α', β', γ' étant les angles du diamètre avec les axes. Par la substitution de ces valeurs dans l'équation de l'ellipsoïde, on arrive à l'expression

$$\frac{1}{d'^2}=\frac{\cos^2\alpha'}{a^2}+\frac{\cos^2\beta'}{b^2}+\frac{\cos^2\gamma'}{c^2}.$$

Supposons que l'on mène par le centre trois demi-diamètres d', d'', d'''

perpendiculaires ; en ajoutant l'équation précédente aux deux suivantes :

$$\frac{1}{d''^2}=\frac{\cos^2\alpha''}{a^2}+\frac{\cos^2\beta''}{b^2}+\frac{\cos^2\gamma''}{c^2},$$

$$\frac{1}{d'''^2}=\frac{\cos^2\alpha'''}{a^2}+\frac{\cos^2\beta'''}{b^2}+\frac{\cos^2\gamma'''}{c^2},$$

on obtient

$$\frac{1}{d'^2}+\frac{1}{d''^2}+\frac{1}{d'''^2}=\frac{1}{a^2}+\frac{1}{b^2}+\frac{1}{c^2}.$$

Ainsi, *la somme des carrés des inverses de trois diamètres rectangulaires est constante.*

192. *Diamètres conjugués.* Soient $2a'$, $2b'$, $2c'$ les longueurs de trois diamètres conjugués de l'ellipsoïde et $(x'y'z')$, $(x''y''z'')$, $(x'''y'''z''')$ les points où ils rencontrent la surface. Si on exprime que le plan diamétral conjugué du premier

$$\frac{xx'}{a^2}+\frac{yy'}{b^2}+\frac{zz'}{c^2}=0,$$

renferme les deux autres, on arrive aux relations

$$\frac{x'x''}{a^2}+\frac{y'y''}{b^2}+\frac{z'z''}{c^2}=0,$$

$$\frac{x'x'''}{a^2}+\frac{y'y'''}{b^2}+\frac{z'z'''}{c^2}=0.$$

De même, le plan diamétral conjugué du second diamètre et représenté par l'équation

$$\frac{xx''}{a^2}+\frac{yy''}{b^2}+\frac{zz''}{c^2}=0$$

passe par le troisième, et on aura aussi

$$\frac{x''x'''}{a^2}+\frac{y''y'''}{b^2}+\frac{z''z'''}{c^2}=0.$$

Avec les coordonnées angulaires, les trois équations précédentes, qui expriment que les diamètres sont conjugués, deviendraient

$$\cos\lambda'\cos\lambda'' + \cos\mu'\cos\mu'' + \cos\nu'\cos\nu'' = 0,$$

$$\cos\lambda'\cos\lambda''' + \cos\mu'\cos\mu''' + \cos\nu'\cos\nu''' = 0,$$

$$\cos\lambda''\cos\lambda''' + \cos\mu''\cos\mu''' + \cos\nu''\cos\nu''' = 0;$$

de sorte que les directions (λ, μ, ν) qui correspondent aux extrémités de trois diamètres conjugués sont perpendiculaires entre elles, et l'on aura aussi les égalités

$$\cos^2\lambda' + \cos^2\mu' + \cos^2\nu' = 1,$$

$$\cos^2\lambda'' + \cos^2\mu'' + \cos^2\nu'' = 1,$$

$$\cos^2\lambda''' + \cos^2\mu''' + \cos^2\nu''' = 1,$$

ainsi que les relations inverses $\cos^2\lambda' + \cos^2\lambda'' + \cos^2\lambda''' = 1$, etc. qui sont toujours vérifiées par les cosinus directeurs de trois droites perpendiculaires issues de l'origine.

193. *Équation de l'ellipsoïde rapporté à trois diamètres conjugués.* Nous avons vu (N° 167) que la surface rapportée à trois diamètres conjugués est représentée par une équation de la forme

$$Lx^2 + My^2 + Nz^2 = H,$$

ou bien,

$$\frac{x^2}{\frac{H}{L}} + \frac{y^2}{\frac{H}{M}} + \frac{z^2}{\frac{H}{N}} = 1.$$

Mais, si a', b', c' sont les longueurs des demi-diamètres, on a

$$a' = \pm\sqrt{\frac{H}{L}},\quad b' = \pm\sqrt{\frac{H}{M}},\quad c' = \pm\sqrt{\frac{H}{N}},$$

et l'équation précédente peut s'écrire

$$\frac{x^2}{a'^2} + \frac{y^2}{b'^2} + \frac{z^2}{c'^2} = 1.$$

Comme il y a une infinité de diamètres conjugués, il y aura une infinité d'axes obliques pour lesquels l'équation de l'ellipsoïde peut se ramener à la forme précédente. Le plan $x = a'$ est parallèle à yz, et sera le plan tangent à la surface à l'extrémité du diamètre $2a'$; il rencontre l'ellipsoïde suivant deux droites imaginaires ayant pour équations

$$x = a' \qquad \frac{y^2}{b'^2} + \frac{z^2}{c'^2} = 0.$$

Puisque le diamètre $2a'$ peut passer par un point quelconque de la surface, on voit que *le plan tangent à l'ellipsoïde rencontre toujours la surface suivant deux droites imaginaires.*

194. *La somme des carrés de trois diamètres conjugués est constante et égale à la somme des carrés des axes.*

En effet, si on ajoute membre à membre les égalités

$$a'^2 = a^2 \cos^2 \lambda' + b^2 \cos^2 \mu' + c^2 \cos^2 \nu',$$

$$b'^2 = a^2 \cos^2 \lambda'' + b^2 \cos^2 \mu'' + c^2 \cos^2 \nu'',$$

$$c'^2 = a^2 \cos^2 \lambda''' + b^2 \cos^2 \mu''' + c^2 \cos^2 \nu''',$$

il viendra

$$a'^2 + b'^2 + c'^2 = a^2 + b^2 + c^2,$$

car les directions (λ, μ, ν) sont rectangulaires.

195. *Le volume du parallélipipède construit sur trois diamètres conjugués est constant et égal au parallélipipède construit sur les axes.*

En effet, le parallélipipède construit sur a', b', c' est égal à six fois le volume de la pyramide triangulaire formée avec ces demi-diamètres. On aura donc (N° 39) pour le volume du parallélipipède

$$V = \begin{vmatrix} x' & y' & z' \\ x'' & y'' & z'' \\ x''' & y''' & z''' \end{vmatrix} = abc \begin{vmatrix} \cos \lambda' & \cos \mu' & \cos \nu' \\ \cos \lambda'' & \cos \mu'' & \cos \nu'' \\ \cos \lambda''' & \cos \mu''' & \cos \nu''' \end{vmatrix}.$$

Mais on sait que ce dernier déterminant, en tenant compte des relations qui existent entre les quantités λ, μ, ν, a pour valeur l'unité (N° 14) ; donc $V = abc$.

196. *Diamètres conjugués égaux.* Pour qu'un système de trois diamètres de l'ellipsoïde soient conjugués et égaux, on doit avoir les relations

$$\cos\lambda'\cos\lambda'' + \cos\mu'\cos\mu'' + \cos\nu'\cos\nu'' = 0, \quad \cos^2\lambda' + \cos^2\mu' + \cos^2\nu' =$$

$$\cos\lambda'\cos\lambda''' + \cos\mu'\cos\mu''' + \cos\nu'\cos\nu''' = 0, \quad \cos^2\lambda'' + \cos^2\mu'' + \cos^2\nu'' =$$

$$\cos\lambda''\cos\lambda''' + \cos\mu''\cos\mu''' + \cos\nu''\cos\nu''' = 0; \quad \cos^2\lambda''' + \cos^2\mu''' + \cos^2\nu''' =$$

$$a^2\cos^2\lambda' + b^2\cos^2\mu' + c^2\cos^2\nu' = a^2\cos^2\lambda'' + b^2\cos^2\mu'' + c^2\cos^2\nu''$$
$$= a^2\cos^2\lambda''' + b^2\cos^2\mu''' + c^2\cos^2\nu'''.$$

On a ainsi huit équations entre neuf inconnues; par suite, il existe une infinité de diamètres conjugués égaux. Soit a' la longueur de l'un d'eux; on aura $3a'^2 = a^2 + b^2 + c^2$, et, par conséquent, les extrémités des diamètres conjugués égaux se trouvent sur l'intersection de l'ellipsoïde avec la sphère représentée par l'équation

$$x^2 + y^2 + z^2 = \frac{a^2 + b^2 + c^2}{3}.$$

197. *Trouver les axes d'une section centrale.* Considérons un plan mené par le centre et qui rencontre la surface suivant une ellipse dont nous désignerons les axes par $2p$ et $2q$. Soit $2c'$ le diamètre perpendiculaire au plan sécant; les demi-diamètres p, q, c' étant rectangulaires, on aura

$$\frac{1}{p^2} + \frac{1}{q^2} + \frac{1}{c'^2} = \frac{1}{a^2} + \frac{1}{b^2} + \frac{1}{c^2}.$$

Mais α, β, γ étant les angles du diamètre $2c'$ avec les axes, on a aussi

$$\frac{1}{c'^2} = \frac{\cos^2\alpha}{a^2} + \frac{\cos^2\beta}{b^2} + \frac{\cos^2\gamma}{c^2}.$$

Par la combinaison de ces égalités, il viendra

$$\frac{1}{p^2} + \frac{1}{q^2} = \frac{1}{a^2} + \frac{1}{b^2} + \frac{1}{c^2} - \left(\frac{\cos^2\alpha}{a^2} + \frac{\cos^2\beta}{b^2} + \frac{\cos^2\gamma}{c^2}\right),$$

ou bien,

$$\frac{1}{p^2} + \frac{1}{q^2} = \frac{\sin^2\alpha}{a^2} + \frac{\sin^2\beta}{b^2} + \frac{\sin^2\gamma}{c^2}.$$

Menons un plan tangent parallèle au plan de la section; soit P la perpendiculaire abaissée du centre sur le plan tangent et c'' le demi-diamètre du point de contact. Le parallélipipède construit sur les diamètres conjugués p, q, c'' a pour mesure $\mathrm{P}pq$; par suite,

$$\mathrm{P}pq = abc;$$

d'où

$$\frac{1}{p^2q^2} = \frac{\cos^2\alpha}{b^2c^2} + \frac{\cos^2\beta}{a^2c^2} + \frac{\cos^2\gamma}{a^2b^2}.$$

D'après les relations précédentes, les carrés des axes de la section centrale seront les racines de l'équation

$$\frac{1}{\rho^4} - \frac{1}{\rho^2}\left(\frac{\sin^2\alpha}{a^2} + \frac{\sin^2\beta}{b^2} + \frac{\sin^2\gamma}{c^2}\right) + \frac{\cos^2\alpha}{b^2c^2} + \frac{\cos^2\beta}{a^2c^2} + \frac{\cos^2\gamma}{a^2b^2} = 0.$$

Elle peut encore se mettre sous une autre forme; en chassant d'abord les dénominateurs, il viendra

$$\rho^4(a^2\cos^2\alpha + b^2\cos^2\beta + c^2\cos^2\gamma) - \rho^2[b^2c^2(1-\cos^2\alpha) \\ + a^2c^2(1-\cos^2\beta) + a^2b^2(1-\cos^2\gamma)] + a^2b^2c^2 = 0,$$

ou bien,

$$\rho^4(a^2\cos^2\alpha + b^2\cos^2\beta + c^2\cos^2\gamma) + \rho^2(b^2c^2\cos^2\alpha + a^2c^2\cos^2\beta + a^2b^2\cos^2\gamma) \\ + [a^2b^2c^2 - \rho^2(b^2c^2 + a^2c^2 + a^2b^2)](\cos^2\alpha + \cos^2\beta + \cos^2\gamma) = 0.$$

En réunissant les termes qui multiplient respectivement $\cos^2\alpha$, $\cos^2\beta$, $\cos^2\gamma$, l'équation précédente peut s'écrire

$$\cos^2\alpha[a^2\rho^4 - a^2\rho^2(b^2+c^2) + a^2b^2c^2] + \cos^2\beta[b^2\rho^4 - b^2\rho^2(a^2+c^2) \\ + a^2b^2c^2] + \cos^2\gamma[c^2\rho^4 - c^2\rho^2(a^2+b^2) + a^2b^2c^2] = 0,$$

ou

$$a^2\cos^2\alpha(\rho^2-b^2)(\rho^2-c^2) + b^2\cos^2\beta(\rho^2-a^2)(\rho^2-c^2) \\ + c^2\cos^2\gamma(\rho^2-a^2)(\rho^2-b^2) = 0.$$

Si on divise par le produit $(\rho^2-a^2)(\rho^2-b^2)(\rho^2-c^2)$, on aura finalement

$$\frac{a^2\cos^2\alpha}{\rho^2-a^2} + \frac{b^2\cos^2\beta}{\rho^2-b^2} + \frac{c^2\cos^2\gamma}{\rho^2-c^2} = 0.$$

§ 2. HYPERBOLOÏDE A UNE NAPPE.

198. L'équation

$$(1) \qquad Lx^2 + My^2 + Nz^2 = H$$

définit une surface appelée hyperboloïde à une nappe, si l'un des coefficients du premier membre est négatif. Supposons que la constante N soit affectée du signe —; nous aurons à considérer l'équation

$$(2) \qquad Lx^2 + My^2 - Nz^2 = H.$$

La surface rencontre les axes rectangulaires aux points dont les coordonnées seront :

$$y = 0, \quad z = 0, \quad x = \pm\sqrt{\frac{H}{L}};$$

$$z = 0, \quad x = 0, \quad y = \pm\sqrt{\frac{H}{M}};$$

$$x = 0, \quad y = 0, \quad z = \pm\sqrt{\frac{-H}{N}};$$

ce qui montre qu'elle ne rencontre pas l'axe des z. Posons

$$a = \pm\sqrt{\frac{H}{L}}, \quad b = \pm\sqrt{\frac{H}{M}}, \quad c = \pm\sqrt{\frac{H}{N}};$$

les quantités $2a$, $2b$ seront les longueurs des axes réels de la surface; on regarde aussi $2c$ comme étant celle de l'axe imaginaire. Par l'introduction de a, b, c dans l'équation (2), on trouve que l'hyperboloïde à une nappe rapporté à son centre et à ses axes est représenté par l'équation

$$(3) \qquad \frac{x^2}{a^2} + \frac{y^2}{b^2} - \frac{z^2}{c^2} = 1,$$

ou bien,

$$b^2c^2x^2 + a^2c^2y^2 - a^2b^2z^2 = a^2b^2c^2.$$

Il en résulte que les sections principales seront définies par des équations de la forme

$$z = 0, \quad \frac{x^2}{a^2} + \frac{y^2}{b^2} = 1\,;$$

$$y = 0, \quad \frac{x^2}{a^2} - \frac{z^2}{c^2} = 1\,;$$

$$x = 0, \quad \frac{y^2}{b^2} - \frac{z^2}{c^2} = 1.$$

Si A et A′, B et B′ (Fig. 26) désignent les points de rencontre de la surface avec les axes, la section dans le plan des xy est une ellipse qui renferme ces points; elle s'appelle *ellipse de gorge*; les deux autres sections sont des hyperboles, la première ayant pour axe réel $2a$=AA′, la seconde $2b$ = BB′.

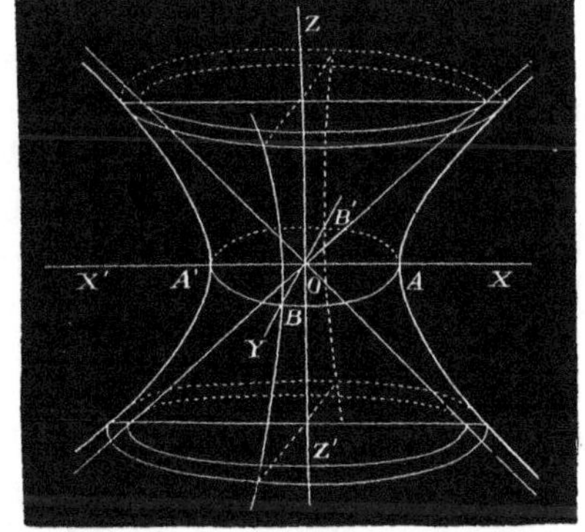

Fig. 26.

199. *Sections planes.* Cherchons d'abord la nature des intersections de la surface par un plan parallèle à xy. Un plan $z = \gamma$ rencontre l'hyperboloïde suivant une courbe déterminée par les équations

$$z = \gamma, \quad \frac{x^2}{a^2} + \frac{y^2}{b^2} = 1 + \frac{\gamma^2}{c^2}\,.$$

L'intersection sera toujours une ellipse réelle quel que soit γ, positif ou négatif; elle augmente indéfiniment à mesure que le plan sécant s'éloigne de l'origine.

Un plan $y = \beta$, parallèle à xz, coupe la surface suivant une courbe dont la projection sur xz est représentée par

$$\frac{x^2}{a^2} - \frac{z^2}{c^2} = 1 - \frac{\beta^2}{b^2}\,.$$

C'est une hyperbole dont l'axe réel est parallèle aux x aussi longtemps que $\beta < b$; elle se réduit à deux droites, si $\beta = b$; l'axe réel de la courbe devient parallèle aux z, si $\beta > b$.

On verrait de même que la section faite par un plan $x = \alpha$, parallèle à yz, est une hyperbole dont l'axe réel est parallèle aux y, si le plan sécant se trouve entre le centre et les sommets A et A' de la surface, et parallèle aux z, si le plan sécant est à une distance plus grande que a de l'origine.

Enfin, considérons l'intersection de l'hyperboloïde par un plan quelconque

$$z = mx + ny + p.$$

La projection de la section sur le plan des xy aura pour équation

$$\frac{x^2}{a^2} + \frac{y^2}{b^2} - \frac{(mx + ny + p)^2}{c^2} = 1\,;$$

en dévoloppant, le binôme caractéristique $B^2 - AC$ se présente sous la forme

$$\frac{m^2n^2}{c^2} - \left(\frac{1}{a^2} - \frac{m^2}{c^2}\right)\left(\frac{1}{b^2} - \frac{n^2}{c^2}\right) = \frac{a^2b^2c^2}{1}(a^2m^2 + b^2n^2 - c^2).$$

L'hyperboloïde peut être rencontré par un plan suivant l'une des trois coniques : une ellipse, si $a^2m^2 + b^2n^2 < c^2$; une hyperbole, si $a^2m^2 + b^2n^2 > c^2$; une parabole, si $a^2m^2 + b^2n^2 = c^2$. On satisfait à cette dernière condition, en posant

$$m = \frac{c}{a}\cos\varphi, \qquad n = \frac{c}{b}\sin\varphi,$$

φ étant un coefficient indéterminé ; il en résulte que tout plan parallèle à celui qui est représenté par l'équation

$$z = \frac{cx}{a}\cos\varphi + \frac{cy}{b}\sin\varphi,$$

ou bien,

$$\frac{z}{c} = \frac{x}{a}\cos\varphi + \frac{y}{b}\sin\varphi,$$

rencontrera la surface suivant une parabole.

200. *Sections circulaires*. On démontre, comme on l'a fait pour l'ellipsoïde, que les plans cycliques de l'hyperboloïde s'obtiennent en exprimant que le cône

$$\left(\frac{1}{a^2}-\frac{1}{r^2}\right)x^2+\left(\frac{1}{b^2}-\frac{1}{r^2}\right)y^2-\left(\frac{1}{c^2}+\frac{1}{r^2}\right)z^2=0,$$

se réduit à deux plans. Posons successivement $r^2=a^2$, $r^2=b^2$, $r^2=-c^2$; il viendra pour les plans des sections circulaires

$$y^2\left(\frac{1}{b^2}-\frac{1}{a^2}\right)-z^2\left(\frac{1}{c^2}+\frac{1}{a^2}\right)=0,$$

$$x^2\left(\frac{1}{a^2}-\frac{1}{b^2}\right)-z^2\left(\frac{1}{c^2}+\frac{1}{b^2}\right)=0,$$

$$x^2\left(\frac{1}{a^2}+\frac{1}{c^2}\right)+y^2\left(\frac{1}{b^2}+\frac{1}{c^2}\right)=0.$$

Supposons $a^2>b^2>c^2$; les deux dernières équations représentent des plans imaginaires; la première peut se ramener à la forme

$$\frac{y}{b}\sqrt{a^2-b^2}=\pm\frac{z}{c}\sqrt{a^2+c^2},$$

et définit deux plans réels parallèles à l'axe des x.

Ainsi *l'hyperboloïde à une nappe admet deux systèmes de plans cycliques parallèles au plus grand des deux axes réels.*

201. *Cône asymptote.* Lorsque le coefficient H est nul, l'équation (2) devient homogène par rapport aux coordonnées et se réduit à

$$\mathrm{L}x^2+\mathrm{M}y^2-\mathrm{N}z^2=0,$$

ou bien,

$$(4)\qquad \frac{x^2}{a^2}+\frac{y^2}{b^2}-\frac{z^2}{c^2}=0.$$

Elle représente une surface conique réelle qui entoure l'axe imaginaire de l'hyperboloïde défini par l'équation, lorsque H est différent de zéro; car tout plan $z=\gamma$, parallèle à xy, rencontre la surface suivant l'ellipse

$$z=\gamma,\qquad \frac{x^2}{a^2}+\frac{y^2}{b^2}=\frac{\gamma^2}{c^2},$$

qui est toujours réelle et qui augmente indéfiniment avec γ. De plus, nous allons montrer que la distance entre l'hyperboloïde et le cône diminue de plus en plus à mesure qu'on s'éloigne sur la surface. Soient M (x, y, z), N (x, y, ζ) deux points situés sur une parallèle aux z, le premier appartenant à l'hyperboloïde, le second au cône. On aura

$$\frac{x^2}{a^2}+\frac{y^2}{b^2}-\frac{z^2}{c^2}=1,$$

$$\frac{x^2}{a^2}+\frac{y^2}{b^2}-\frac{\zeta^2}{c^2}=0,$$

et, en retranchant membre à membre,

$$\frac{\zeta^2-z^2}{c^2}=1; \qquad \text{d'où} \quad \zeta-z=\frac{c^2}{\zeta+z}.$$

Lorsque z augmente indéfiniment, la différence $\zeta - z$ diminue de plus en plus et devient nulle à la limite pour $z=\infty$; ce qui montre que les deux surfaces se rapprochent indéfiniment pour se toucher à l'infini. Cette propriété particulière du cône représenté par l'équation (4) lui a fait donner le nom de cône asymptote.

Le cône asymptote doit être regardé comme un cône circonscrit à l'hyperboloïde ayant son sommet à l'origine, et dont la courbe de contact est dans le plan à l'infini. C'est ce qui résulte d'ailleurs des équations

$$Lx^2+My^2-Nz^2=H, \qquad Lx^2+My^2-Nz^2=0;$$

en les retranchant membre à membre, il vient l'équation $H=0$ d'un plan à l'infini.

Enfin, les coefficients des variables étant les mêmes dans les équations du cône et de l'hyperboloïde, les intersections des deux surfaces par un plan quelconque seront des courbes semblables et concentriques. Donc, un plan qui coupe toutes les arêtes d'une même nappe du cône, rencontrera l'hyperboloïde suivant une ellipse; un plan qui coupe les deux nappes du cône, suivant une hyperbole; un plan tangent au cône, suivant une parabole.

202. La discussion précédente nous apprend que le genre hyperboloïde à une nappe comprend toutes les surfaces du second ordre à deux axes réels, illimitées dans tous les sens et resserrées vers leur milieu dans le voisinage de l'ellipse de gorge. Il est évident, d'après les observations qui précèdent, que les équations

$$Lx^2 - My^2 + Nz^2 = H, \qquad -Lx^2 + My^2 + Nz^2 = H,$$

ou bien,

$$\frac{x^2}{a^2} - \frac{y^2}{b^2} + \frac{z^2}{c^2} = 1, \qquad -\frac{x^2}{a^2} + \frac{y^2}{b^2} + \frac{z^2}{c^2} = 1,$$

définissent la même surface, seulement l'axe imaginaire de la première est dirigé suivant l'axe des y, et celui de la seconde suivant l'axe des x.

Lorsque l'un des coefficients du premier membre est nul dans l'équation (2), il vient

$$Lx^2 - Nz^2 = H, \qquad My^2 - Nz^2 = H, \qquad Lx^2 + My^2 = H$$

ou bien,

$$\frac{x^2}{a^2} - \frac{z^2}{c^2} = 1, \qquad \frac{y^2}{b^2} - \frac{z^2}{c^2} = 1, \qquad \frac{x^2}{a^2} + \frac{y^2}{b^2} = 1\ ;$$

l'hyperboloïde se réduit à un cylindre elliptique ou hyperbolique.

Si $M = N = 0$, on a $Lx^2 = H$, ou deux plans parallèles.

Enfin, lorsque les coefficients L et M sont égaux, l'équation de la surface devient

$$L(x^2 + y^2) - Nz^2 = H,$$

ou bien,

$$\frac{x^2 + y^2}{a^2} - \frac{z^2}{c^2} = 1,$$

et tout plan perpendiculaire à l'axe des z coupera la surface suivant un cercle; l'hyperboloïde est de révolution autour de cet axe.

Ainsi le genre hyperboloïde à une nappe comprend comme variétés, l'hyperboloïde de révolution, le cône, le cylindre elliptique et hyperbolique, deux plans parallèles.

203. *Génératrices rectilignes*. L'hyperboloïde à une nappe peut contenir une droite dans toute son étendue, car nous avons constaté qu'un plan parallèle à xz, mené à l'extrémité de l'axe $2b$, coupe la surface suivant deux droites réelles. Nous allons démontrer l'existence de deux systèmes de droites entièrement contenues dans la surface. On les appelle *génératrices rectilignes* de l'hyberboloïde, parce qu'elles servent à l'engendrer par le mouvement d'une ligne droite.

Soient

$$x = mz + p, \qquad y = nz + q,$$

les équations d'une droite. Pour qu'elle soit entièrement contenue dans la surface

$$\frac{x^2}{a^2} + \frac{y^2}{b^2} - \frac{z^2}{c^2} = 1,$$

il faut que l'équation

$$\frac{(mz + p)^2}{a^2} + \frac{(nz + q)^2}{b^2} - \frac{z^2}{c^2} = 1$$

soit satisfaite quel que soit z; par suite, les paramètres doivent vérifier les relations

$$\frac{m^2}{a^2} + \frac{n^2}{b^2} - \frac{1}{c^2} = 0, \qquad \frac{mp}{a^2} + \frac{nq}{b^2} = 0, \qquad \frac{p^2}{a^2} + \frac{q^2}{b^2} - 1 = 0.$$

La dernière équation montre que la trace de la droite sur xy doit se trouver sur l'ellipse de gorge; la seconde nous donne les égalités

$$\frac{\frac{m}{a}}{\frac{a}{p}} = -\frac{\frac{n}{b}}{\frac{b}{q}} = \pm\frac{\frac{1}{c}}{\sqrt{\frac{a^2}{p^2} + \frac{b^2}{q^2}}} = \pm\frac{pq}{abc}.$$

On en déduit

$$m = \pm\frac{aq}{bc}, \qquad n = \mp\frac{bp}{ac}.$$

Ainsi, p et q étant les coordonnées d'un point de l'ellipse de gorge, ces valeurs indiquent qu'il existe deux systèmes de génératrices, et seulement deux, dont les équations seront de la forme

$$(1) \qquad x = \frac{aq}{bc}z + p, \qquad y = -\frac{bp}{ac}z + q;$$

$$(1') \qquad x = -\frac{aq}{bc}z + p, \qquad y = \frac{bp}{ac}z + q.$$

Si on désigne par φ un angle auxillaire, on peut poser, pour les coordonnées d'un point quelconque de l'élipse de gorge,

$$p = a\cos\varphi, \qquad q = b\sin\varphi\,;$$

et les équations des génératrices rectilignes peuvent se mettre sous la forme

$$(2)\qquad \frac{x}{a} = \frac{z}{c}\sin\varphi + \cos\varphi, \qquad \frac{y}{b} = -\frac{z}{c}\cos\varphi + \sin\varphi\,;$$

$$(2')\qquad \frac{x}{a} = -\frac{z}{c}\sin\varphi + \cos\varphi, \qquad \frac{y}{b} = \frac{z}{c}\cos\varphi + \sin\varphi.$$

On vérifie à posteriori que ces droites sont sur l'hyperboloïde ; car en élevant les équations (2) ou (2′) au carré, et en les ajoutant membre à membre, on retrouve l'équation de la surface. L'équation de l'hyperboloïde conduit encore à une nouvelle forme des équations des génératrices. En effet, on en tire

$$\frac{x^2}{a^2} - \frac{z^2}{c^2} = 1 - \frac{y^2}{b^2},$$

ou bien,

$$\left(\frac{x}{a} + \frac{z}{c}\right)\left(\frac{x}{a} - \frac{z}{c}\right) = \left(1 + \frac{y}{b}\right)\left(1 - \frac{y}{b}\right).$$

Posons les deux systèmes d'équations

$$(3)\qquad \frac{x}{a} + \frac{z}{c} = \lambda\left(1 + \frac{y}{b}\right), \quad \frac{x}{a} - \frac{z}{c} = \frac{1}{\lambda}\left(1 - \frac{y}{b}\right);$$

$$(3')\qquad \frac{x}{a} + \frac{z}{c} = \mu\left(1 - \frac{y}{b}\right), \quad \frac{x}{a} - \frac{z}{c} = \frac{1}{\mu}\left(1 + \frac{y}{b}\right);$$

λ et μ étant deux paramètres arbitraires, elles définissent deux systèmes de droites situées sur l'hyperboloïde ; car en multipliant les égalités (3) ou (3′) membre à membre, on reproduit l'équation de la surface. Si on écrit

$$\alpha = \frac{x}{a} + \frac{z}{c}, \quad \beta = 1 + \frac{y}{b}, \quad \gamma = \frac{x}{a} - \frac{z}{c}, \quad \delta = 1 - \frac{y}{b},$$

les équations précédentes peuvent encore se mettre sous la forme abrégée

$$(4)\quad \alpha - \lambda\beta = 0, \qquad \gamma - \frac{\delta}{\lambda} = 0;$$

$$(4')\quad \alpha - \mu\delta = 0, \qquad \gamma - \frac{\beta}{\mu} = 0;$$

et l'équation de la surface est alors $\alpha\gamma = \beta\delta$.

204. *Par chaque point de l'hyperboloïde, il passe une génératrice de chaque système et une seule.*

Soient $(x_1 y_1 z_1)$ un point de la surface, et α_1, β_1, γ_1, δ_1, les valeurs correspondantes des polynômes α, β, γ, δ. On aura, pour déterminer λ et μ, les équations

$$\alpha_1 - \lambda\beta_1 = 0, \quad \gamma_1 - \frac{\delta_1}{\lambda} = 0 \quad \alpha_1 - \mu\delta_1 = 0, \quad \gamma_1 - \frac{\beta_1}{\mu} = 0,$$

avec la condition $\alpha_1\gamma_1 = \beta_1\delta_1$ ou $\frac{\alpha_1}{\beta_1} = \frac{\delta_1}{\gamma_1}\cdot$ On en déduit

$$\lambda = \frac{\alpha_1}{\beta_1}, \quad \lambda = \frac{\delta_1}{\gamma_1}, \quad \mu = \frac{\alpha_1}{\delta_1}, \quad \mu = \frac{\beta_1}{\gamma_1};$$

mais, d'après l'équation de la surface, les deux valeurs de λ ainsi que les deux valeurs de μ coïncident ; il y aura une droite de chaque système et une seule qui passe par le point donné.

205. *Deux génératrices d'un même système ne se rencontrent pas.*

Considérons deux droites du premier système

$$\alpha - \lambda_1\beta = 0, \qquad \gamma - \frac{\delta}{\lambda_1} = 0,$$

$$\alpha - \lambda_2\beta = 0, \qquad \gamma - \frac{\delta}{\lambda_2} = 0,$$

qui correspondent à deux valeurs distinctes du paramètre λ. Si on retranche membre à membre les équations, il vient

$$(\lambda_1 - \lambda_2)\,\beta = 0, \qquad \left(\frac{1}{\lambda_1} - \frac{1}{\lambda_2}\right)\delta = 0.$$

Ces équations ne peuvent subsister en même temps à moins que $\beta = \delta = 0$, ce qui est impossible.

206. *Deux génératrices de système différent sont dans un même plan.*

L'équation

$$\alpha - \lambda\beta + k\left(\gamma - \frac{\delta}{\lambda}\right) = 0,$$

où k est un coefficient indéterminé, représente un plan quelconque mené par une droite du premier système. Exprimons qu'il passe par la droite (4') : en éliminant α et γ, il vient

$$\left(\mu - \frac{k}{\lambda}\right)\delta + \left(\frac{k}{\mu} - \lambda\right)\beta = 0.$$

Mais, si la seconde droite est dans un même plan avec la première, cette équation doit être satisfaite quels que soient β et δ ; ce qui a lieu si $k = \lambda\mu$. Donc le plan représenté par l'équation.

$$\alpha - \lambda\beta + \lambda\mu\left(\gamma - \frac{\delta}{\lambda}\right) = 0$$

renferme les génératrices de système différent. L'équation précédente en x, y, z peut se ramener à la forme

$$\frac{x}{a}(1 + \lambda\mu) + \frac{y}{b}(\mu - \lambda) + \frac{z}{c}(1 - \lambda\mu) - (\lambda + \mu) = 0.$$

Lorsque les génératrices différentes ont des équations de la forme

$$\frac{x}{a} = \frac{z}{c}\sin\varphi + \cos\varphi, \qquad \frac{y}{b} = -\frac{z}{c}\cos\varphi + \sin\varphi,$$

$$\frac{x}{a} = -\frac{z}{c}\sin\varphi' + \cos\varphi', \qquad \frac{y}{b} = \frac{z}{c}\cos\varphi' + \sin\varphi',$$

on trouve, en exprimant que le plan

$$\left(\frac{x}{a} - \frac{z}{c}\sin\varphi - \cos\varphi\right) + k\left(\frac{y}{b} + \frac{z}{c}\cos\varphi - \sin\varphi\right) = 0$$

passe par la seconde droite,

$$k = \frac{\sin\varphi + \sin\varphi'}{\cos\varphi + \cos\varphi'} = \frac{\sin\frac{1}{2}(\varphi + \varphi')}{\cos\frac{1}{2}(\varphi + \varphi')}.$$

L'équation du plan des génératrices est alors

$$\frac{x}{a}\cos\frac{1}{2}(\varphi+\varphi')+\frac{y}{b}\sin\frac{1}{2}(\varphi+\varphi')+\frac{z}{c}\sin\frac{1}{2}(\varphi'-\varphi)=\cos\frac{1}{2}(\varphi'-\varphi).$$

207. *Génératrices parallèles.* Pour que deux génératrices de système différent

$$\frac{x}{a}=\frac{z}{c}\sin\varphi+\cos\varphi,\qquad \frac{y}{b}=-\frac{z}{c}\cos\varphi+\sin\varphi,$$

$$\frac{x}{a}=-\frac{z}{c}\sin\varphi'+\cos\varphi'\qquad \frac{y}{b}=\frac{z}{c}\cos\varphi'+\sin\varphi'$$

soient parallèles, on doit avoir $\sin\varphi=-\sin\varphi'$, $\cos\varphi=-\cos\varphi'$; par suite, $\varphi'=\varphi+180^\circ$; d'où $\varphi'-\varphi=180^\circ$, et l'équation du plan de deux genératrices parallèles sera

$$\frac{x}{a}\sin\varphi-\frac{y}{b}\cos\varphi-\frac{z}{c}=0.$$

Ainsi, les génératrices parallèles sont dans un plan passant par le centre de la surface.

208. *Génératrices perpendiculaires.* Les deux droites

$$\frac{x}{a}=\frac{z}{c}\sin\varphi+\cos\varphi,\qquad \frac{y}{b}=-\frac{z}{c}\cos\varphi+\sin\varphi,$$

$$\frac{x}{a}=-\frac{z}{c}\sin\varphi'+\cos\varphi',\qquad \frac{y}{b}=\frac{z}{c}\cos\varphi'+\sin\varphi',$$

sont perpendiculaires avec la condition

$$(\alpha)\qquad a^2\sin\varphi\sin\varphi'+b^2\cos\varphi\cos\varphi'-c^2=0.$$

Mais, les équations des génératrices donnent les égalités

$$\left(\frac{x}{a}-\cos\varphi\right)^2=\frac{z^2}{c^2}\sin^2\varphi,\qquad \left(\frac{x}{a}-\cos\varphi'\right)^2=\frac{z^2}{c^2}\sin\varphi';$$

de sorte que $\cos\varphi$ et $\cos\varphi'$ sont les racines de l'équation du second degré

$$\left(\frac{x}{a}-\cos\varphi\right)^2=\frac{z^2}{c^2}(1-\cos^2\varphi),$$

où $\cos\varphi$ désigne l'inconnue. On trouve facilement, pour le produit des racines, l'expression

$$\cos\varphi \cdot \cos\varphi' = \frac{\frac{x^2}{a^2} - \frac{z^2}{c^2}}{1 + \frac{z^2}{c^2}}.$$

De même, $\sin\varphi$ et $\sin\varphi'$ seront les racines de l'équation

$$\left(\frac{y}{b} - \sin\varphi\right)^2 = \frac{z^2}{c^2}(1 - \sin^2\varphi);$$

d'où l'on déduit

$$\sin\varphi \cdot \sin\varphi' = \frac{\frac{y^2}{b^2} - \frac{z^2}{c^2}}{1 + \frac{z^2}{c^2}}.$$

Substituons ces valeurs dans la relation (α); il viendra

$$a^2\left(\frac{y^2}{b^2} - \frac{z^2}{c^2}\right) + b^2\left(\frac{x^2}{a^2} - \frac{z^2}{c^2}\right) = c^2\left(1 + \frac{z^2}{c^2}\right),$$

ou bien

$$\frac{a^2y^2}{b^2} + \frac{b^2x^2}{a^2} - (a^2 + b^2)\left(\frac{x^2}{a^2} + \frac{y^2}{b^2} - 1\right) = c^2 + z^2.$$

En effectuant les réductions, on obtient finalement

$$x^2 + y^2 + z^2 = a^2 + b^2 - c^2.$$

Donc, les points de l'hyperboloïde où les génératrices se coupent à angle droit appartiennent à la ligne d'intersection des surfaces

$$x^2 + y^2 + z^2 = a^2 + b^2 - c^2, \qquad \frac{x^2}{a^2} + \frac{y^2}{b^2} - \frac{z^2}{c^2} = 1.$$

209. *Les projections des génératrices sur le plan des xy sont tangentes à l'ellipse de gorge.*

En effet, si on élimine la variable z entre les équations

$$\frac{x}{a} = \frac{z}{c}\sin\varphi + \cos\varphi, \qquad \frac{y}{b} = -\frac{z}{c}\cos\varphi + \sin\varphi$$

on trouve

$$\left(\frac{x}{a} - \cos\varphi\right)\cos\varphi + \left(\frac{y}{b} - \sin\varphi\right)\sin\varphi = 0,$$

ou bien,

$$\frac{x}{a}\cos\varphi + \frac{y}{b}\sin\varphi = 1:$$

équation qui représente une tangente à l'ellipse

$$\frac{x^2}{a^2} + \frac{y^2}{b^2} = 1.$$

210. *Le lieu des droites menées par le centre parallèlement aux génératrices est le cône asymptote.*

Une droite menée par l'origine parallèlement à la génératrice

$$x = \frac{aq}{bc}z + p, \quad y = -\frac{bp}{ac}z + q$$

est définie par les équations

$$x = \frac{aq}{bc}z, \quad y = -\frac{bp}{ac}z.$$

On en déduit

$$p = -\frac{acy}{bz}, \quad q = \frac{bcx}{az};$$

en substituant ces valeurs dans la relation

$$\frac{p^2}{a^2} + \frac{q^2}{b^2} - 1 = 0,$$

il viendra pour le lieu cherché, l'équation

$$\frac{x^2}{a^2} + \frac{y^2}{b^2} - \frac{z^2}{c^2} =$$

qui représente le cône asymptote.

Corollaire. *Trois génératrices d'un même système ne sont jamais parallèles à un même plan;* car si ce parallélisme existait, les trois arêtes du cône asymptote parallèles aux génératrices seraient dans un même plan, ce qui est impossible.

211. *Le produit des sinus des angles d'une génératrice quelconque avec les plans cycliques est constant.*

Si $a > b$, les plans cycliques sont déterminés par l'équation

$$y^2\left(\frac{1}{b^2}-\frac{1}{a^2}\right)-z^2\left(\frac{1}{a^2}+\frac{1}{c^2}\right)=0.$$

Considérons une arête du cône asymptote passant par un point M de cette surface; elle sera parallèle à une certaine génératrice de l'hyperboloïde. Abaissons du point M les perpendiculaires MP, MP′ sur les plans cycliques. Les coordonnées du point M vérifient l'équation

$$\frac{x^2}{a^2}+\frac{y^2}{b^2}-\frac{z^2}{c^2}=0,$$

qu'on peut mettre sous la forme

$$y^2\left(\frac{1}{b^2}-\frac{1}{a^2}\right)-z^2\left(\frac{1}{a^2}+\frac{1}{c^2}\right)=-\frac{x^2+y^2+z^2}{a^2};$$

le premier membre est alors égal à celui de l'équation des plans cycliques, et si on divise par l'expression

$$\frac{1}{b^2}-\frac{1}{a^2}+\frac{1}{a^2}+\frac{1}{c^2}=\frac{b^2+c^2}{b^2c^2},$$

il devient égal au produit MP · MP′; par suite, l'équation précédente peut s'écrire

$$\text{MP}\cdot\text{MP}'=-\frac{b^2c^2}{b^2+c^2}\cdot\frac{x^2+y^2+z^2}{a^2}=-\frac{b^2c^2}{b^2+c^2}\cdot\frac{\overline{\text{OM}}^2}{a^2};$$

OM est la distance du point M au centre de la surface. Cela étant, soient α et α' les angles de l'arrête OM avec les plans cycliques; on aura $\text{MP}=\text{OM}\sin\alpha$, $\text{MP}'=\text{OM}\sin\alpha'$. En substituant, il vient finalement

$$\sin\alpha\sin\alpha'=-\frac{b^2c^2}{a^2(b^2+c^2)};$$

ce qui démontre la proposition.

212. *Génération rectiligne de l'hyperboloïde.* Le mouvement d'une droite dans l'espace est complétement déterminé, si elle est assujettie à s'appuyer sur trois droites fixes non situées deux à deux dans un même plan; car prenons un point M sur la première et menons par ce point deux plans, l'un passant par la seconde droite, l'autre par la troisième; ces plans sont déterminés, et leur intersection sera la droite unique qui jouit de la propriété de passer par le point M de la première droite et de rencontrer les deux autres. Par chaque point de la première droite fixe, on pourra toujours mener une droite semblable, de sorte que le lieu des différentes positions de la droite mobile sera une surface unique et bien déterminée.

Il résulte des propriétés des génératrices, qu'une droite de chaque système rencontre toutes les droites de l'autre; donc, si on prend trois génératrices du premier système, et si on fait mouvoir une droite qui s'appuie constamment sur ces génératrices, on engendrera l'hyperboloïde; car il ne peut exister deux droites distinctes qui rencontrent les génératrices aux trois mêmes points; la droite mobile doit reproduire par son déplacement toutes les droites du second système.

On peut démontrer directement que *toute surface engendrée par le mouvement d'une droite, qui s'appuie constamment sur trois droites non parallèles à un même plan ni situées deux à deux dans un plan, est un hyperboloïde à une nappe.*

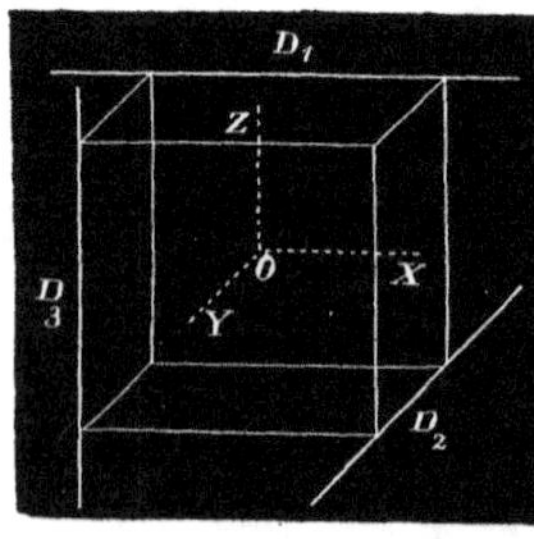

Fig. 27.

Afin de simplifier la démonstration de ce théorème, menons par chaque droite donnée deux plans respectivement parallèles aux deux autres de manière à former un parallélipipède; plaçons l'origine au centre O, et prenons, pour les axes des coordonnées, des droites parallèles aux arêtes. Si on désigne par $2a$, $2b$, $2c$ les longueurs des arêtes, les équations des droites fixes D_1, D_2, D_3 seront

$$(D_1)\quad \begin{cases} y = -b, \\ z = c; \end{cases} \qquad (D_2)\quad \begin{cases} x = a, \\ z = -c; \end{cases} \qquad (D_3)\quad \begin{cases} x = -a, \\ y = b. \end{cases}$$

On peut regarder la ligne mobile comme étant l'intersection de deux plans, l'un passant par la droite D_1, l'autre par la droite D_2; les équations de ces plans peuvent s'écrire sous la forme

$$z - c - \lambda(y + b) = 0,$$
$$z + c - \mu(x - a) = 0.$$

Il faut maintenant exprimer que cette ligne rencontre la droite D_3. Or, si on retranche les équations précédentes membre à membre, il vient

$$2c - \mu(x - a) + \lambda(y + b) = 0;$$

par suite, d'après les égalités (D_3), on aura, pour la condition de rencontre avec D_3, l'équation

$$c + \lambda b + \mu a = 0.$$

Si on remplace λ et μ par leurs valeurs $\dfrac{z-c}{y+b}$, $\dfrac{z+c}{x-a}$, on trouve, après les réductions,

$$ayz + bzx + cxy + abc = 0, \quad \text{ou bien,} \quad \frac{yz}{bc} + \frac{zx}{ca} + \frac{xy}{ab} + 1 = 0.$$

Cette équation étant satisfaite par les coordonnées d'un point quelconque de la ligne mobile pendant son déplacement représente la surface engendrée; elle est du second degré, et donne lieu à l'équation en S

$$4S^3 - (a^2 + b^2 + c^2)S - abc = 0$$

qui admet deux racines négatives et une racine positive. Donc la surface rapportée à ses axes sera de la forme $lx^2 + my^2 - nz^2 = abc$ après avoir changé le signe des deux membres; c'est un hyperboloïde à une nappe.

Pour démontrer le théorème sans faire aucune hypothèse sur les axes des coordonnées, considérons deux droites non situées dans un même plan et définies par les équations

$$(D_1) \qquad \alpha = 0, \qquad \beta = 0;$$
$$(D_2) \qquad \gamma = 0, \qquad \delta = 0;$$

$\alpha, \beta, \gamma, \delta$ sont des fonctions du premier degré en x, y, z. Les équations de la troisième droite D_3 peuvent s'écrire

$$(D_3) \quad \begin{array}{l} l\alpha + n\gamma + p\delta = 0, \\ m\beta + q\gamma + s\delta = 0. \end{array}$$

Une droite qui rencontre les deux premières est représentée par des équations de la forme

$$\alpha - \lambda\beta = 0, \qquad \gamma - \mu\delta = 0.$$

Exprimons qu'elle rencontre la droite D_3 ; on aura

$$l\lambda\beta + n\mu\delta + p\delta = 0,$$
$$m\beta + q\mu\delta + s\delta = 0\,;$$

d'où

$$m\,(n\mu + p) = l\lambda\,(q\mu + s).$$

En éliminant les paramètres λ et μ, on trouvera, pour l'équation de la surface décrite par la ligne mobile,

$$m\beta\,(n\gamma + p\delta) = l\alpha\,(q\gamma + s\delta).$$

213. *Génération de l'hyperboloïde par deux faisceaux homographiques.* Si la surface est représentée par l'équation $\alpha\gamma = \beta\delta$, une génératrice du premier système est définie par

$$\alpha - \lambda\beta = 0, \qquad \delta - \lambda\gamma = 0.$$

Ces équations prises isolément représentent deux faisceaux homographiques, l'un ayant pour arête la droite

$$\alpha = 0, \qquad \beta = 0,$$

l'autre la droite $\delta = 0$, $\gamma = 0$. De là cette propriété : *Si, par deux droites fixes, on mène des plans passant par les génératrices d'un même système de l'hyperboloïde, on obtient deux faisceaux homographiques.*

Réciproquement, *dans deux faisceaux homographiques ayant pour arêtes des droites quelconques, les plans correspondants se coupent suivant les génératrices d'un hyperboloïde.* En effet, soient

$$\alpha = 0, \qquad \beta = 0,$$
$$\gamma = 0, \qquad \delta = 0,$$

deux droites fixes ; les faisceaux homographiques qui ont ces droites pour arêtes sont définis par les équations

$$\alpha - \lambda\beta = 0, \qquad \delta - k\lambda\gamma = 0,$$

où k est une constante et λ un paramètre arbitraire. En éliminant λ, on trouve l'équation

$$k\alpha\gamma = \beta\delta$$

qui représente une surface, lieu des droites d'intersection des plans correspondants des deux faisceaux ; c'est un hyberboloïde à une nappe.

214. *Plan tangent; normale.* Le plan tangent en un point $(x'y'z')$ de l'hyperboloïde

$$\frac{x^2}{a^2}+\frac{y^2}{b^2}-\frac{z^2}{c^2}=1,$$

aura pour équation

$$\frac{xx'}{a^2}+\frac{yy'}{b^2}-\frac{zz'}{c^2}=1.$$

Si on la compare avec l'égalité

$$x\cos\alpha+y\cos\beta+z\cos\gamma=\mathrm{P},$$

on trouve les relations

$$\frac{\cos\alpha}{\mathrm{P}}=\frac{x'}{a^2},\quad \frac{\cos\beta}{\mathrm{P}}=\frac{y'}{b^2},\quad \frac{\cos\gamma}{\mathrm{P}}=-\frac{z'}{c^2};$$

d'où

$$\frac{a^2\cos^2\alpha+b^2\cos^2\beta-c^2\cos^2\gamma}{\mathrm{P}^2}=\frac{x'^2}{a^2}+\frac{y'^2}{b^2}-\frac{z'^2}{c^2}=1;$$

par suite, la perpendiculaire abaissée du centre sur le plan tangent aura pour expression

$$\mathrm{P}^2=a^2\cos^2\alpha+b^2\cos^2\beta-c^2\cos^2\gamma.$$

Les équations de la normale seront de la forme

$$\frac{a^2}{x'}(x-x')=\frac{b^2}{y'}(y-y')=-\frac{c^2}{z'}(z-z').$$

On démontre, comme on l'a fait pour l'ellipsoïde, les théorèmes suivants :

1° *La somme des perpendiculaires abaissées du centre sur trois plans tangents rectangulaires est constante.*

2° *Le lieu du sommet d'un trièdre trirectangle circonscrit à l'hyperboloïde est la sphère représentée par l'équation*

$$x^2+y^2+z^2=a^2+b^2-c^2.$$

3° *Par un point donné, on peut en général mener six normales à la surface et ces droites sont sur un même cône du second ordre.*

215. *Plan diamétral.* L'équation du plan diamétral conjugué d'un diamètre (λ, μ, ν) de l'hyperboloïde

$$\frac{x^2}{a^2}+\frac{y^2}{b^2}-\frac{z^2}{c^2}=1$$

est de la forme

$$\frac{\lambda x}{a^2}+\frac{\mu y}{b^2}-\frac{\nu z}{c^2}=0,$$

ou bien,

$$\frac{xx'}{a^2}+\frac{yy'}{b^2}-\frac{zz'}{c^2}=0,$$

x', y', z' étant les coordonnées de l'extrémité du diamètre.

Lorsque la direction (λ, μ, ν) est intérieure au cône asymptote, les cordes parallèles rencontrent les deux nappes de cette surface ; par suite, le plan diamétral coupera le cône en un point et l'hyperboloïde suivant une ellipse, puisque les intersections sont des courbes semblables. Si la droite (λ, μ, ν) appartient au cône asymptote, le plan diamétral devient tangent au cône, comme l'indique la seconde équation. Enfin, lorsque le diamètre (λ, μ, ν) est en dehors du cône asymptote, les cordes rencontrent une même nappe en deux points ; le plan diamétral coupera le cône suivant deux droites, et l'hyperboloïde suivant une hyperbole.

216. *Diamètres conjugués.* Si on rapporte l'hyperboloïde à une nappe à trois diamètres conjugués, son équation est de la forme

$$Lx^2+My^2-Nz^2=H,$$

ou bien,

$$\frac{x^2}{\frac{H}{L}}+\frac{y^2}{\frac{H}{M}}-\frac{z^2}{\frac{H}{N}}=1.$$

Posons

$$a'=\pm\sqrt{\frac{H}{L}},\quad b'=\pm\sqrt{\frac{H}{M}},\quad c'=\pm\sqrt{\frac{H}{N}};$$

l'équation précédente deviendra

$$\frac{x^2}{a'^2}+\frac{y^2}{b'^2}-\frac{z^2}{c'^2}=1:$$

$2a'$, $2b'$, $2c'$ sont les longueurs des diamètres.

Lorsque le plan $a'b'$ rencontre la surface suivant une ellipse, le diamètre conjugué de ce plan est intérieur au cône asymptote, tandis que si la section du plan $a'b'$ est une hyperbole, le troisième diamètre sera en dehors du cône. Donc, parmi les trois diamètres conjugués, il y en a toujours un qui ne rencontre pas l'hyperboloïde.

Si, par l'extrémité du diamètre réel a', on mène un plan parallèle à celui des deux autres diamètres, il sera tangent à la surface et rencontrera celle-ci suivant deux droites réelles représentées par les équations

$$x = a' \qquad \frac{y^2}{b'^2} - \frac{z^2}{c'^2} = 0.$$

Ainsi, *le plan tangent à l'hyperboloïde à une nappe rencontre la surface suivant deux droites réelles;* ce sont les génératrices qui passent par le point de contact. Les plans tangents aux différents points d'une même génératrice renferment tous cette droite; mais ils seront distincts les uns des autres, car ils doivent passer chacun par une génératrice différente de l'autre système.

217. *Relations entre les longueurs des diamètres conjugués.* Soient $2a'$, $2b'$, $2c'$ trois diamètres conjugués. Supposons que le plan $a'b'$ rencontre la surface suivant une ellipse; il coupera aussi le plan des xy suivant un diamètre que nous appellerons α. Si β est le diamètre conjugué de α dans l'ellipse d'intersection, on aura $a'^2 + b'^2 = \alpha^2 + \beta^2$; par suite $a'^2 + b'^2 - c'^2 = \alpha^2 + \beta^2 - c'^2$. D'un autre côté, désignons par γ le diamètre conjugué de α dans l'ellipse de gorge; le plan diamétral conjugué de la droite α, intersection des plans ab et $a'b'$ rencontrera la surface suivant une hyperbole et renfermera les diamètres γ, c', c, β; γ et c ainsi que c' et β étant conjugués dans la section, on aura la relation $\gamma^2 - c^2 = \beta^2 - c'^2$; par conséquent, $\alpha^2 + \gamma^2 - c^2 = \alpha^2 + \beta^2 - c'^2$. Enfin, en remarquant que $\alpha^2 + \gamma^2 = a^2 + b^2$, il viendra

$$a'^2 + b'^2 - c'^2 = a^2 + b^2 - c^2;$$

c'est la relation correspondante du N° 194.

De plus, en se rappelant que l'aire du parallélogramme construit sur deux diamètres conjugués d'une conique est constante, on aura successivement

$$\text{vol.}\,(a'b'c') = \text{vol.}\,(\alpha\beta c') = \text{vol.}\,(\alpha\gamma c) = \text{vol.}\,(abc).$$

Donc, *le volume du parallélipipède construit sur trois diamètres conjugués de l'hyperboloïde à une nappe est constant et égal au parallélipipède construit sur les axes.*

§ 3. HYPERBOLOÏDE A DEUX NAPPES.

218. L'hyperboloïde à deux nappes est la surface représentée par l'équation

$$Lx^2 + My^2 + Nz^2 = H$$

lorsque deux coefficients sont négatifs dans le premier membre. Soient M et N ces coefficients ; en mettant leur signe en évidence, nous aurons à considérer l'équation

$$Lx^2 - My^2 - Nz^2 = H.$$

La surface rencontre les axes aux points qui correspondent aux égalités

$$y = 0, \quad z = 0, \quad x = \pm\sqrt{\frac{H}{L}};$$

$$z = 0, \quad x = 0, \quad y = \pm\sqrt{\frac{-H}{M}};$$

$$x = 0, \quad y = 0, \quad z = \pm\sqrt{\frac{-H}{N}};$$

par suite, elle rencontre seulement l'axe des x. Posons

$$a = \pm\sqrt{\frac{H}{L}}, \quad b = \pm\sqrt{\frac{H}{M}}, \quad c = \pm\sqrt{\frac{H}{N}};$$

l'équation de l'hyperboloïde pourra se mettre sous la forme

$$\frac{x^2}{a^2} - \frac{y^2}{b^2} - \frac{z^2}{c^2} = 1;$$

$2a$ est la longueur de l'axe réel ; $2b$ et $2c$ celles des axes imaginaires.

Les sections principales sont déterminées par les équations

$$z = 0, \qquad \frac{x^2}{a^2} - \frac{y^2}{b^2} = 1,$$

$$y = 0, \qquad \frac{x^2}{a^2} - \frac{z^2}{c^2} = 1,$$

$$x = 0, \qquad \frac{y^2}{b^2} + \frac{z^2}{c^2} = -1;$$

les deux premières représentent des hyperboles ayant pour axe réel $2a$; la troisième définit une ellipse imaginaire.

219. *Sections planes.* Un plan parallèle à yz rencontre la surface suivant la courbe

$$x = \alpha, \qquad \frac{y^2}{b^2} + \frac{z^2}{c^2} = \frac{\alpha^2}{a^2} - 1;$$

c'est une ellipse imaginaire aussi longtemps que $\alpha < a$, et réelle si $\alpha > a$; elle se réduit à un point, si $\alpha = a$.

Les sections faites par des plans parallèles aux autres plans coordonnés auront des équations de la forme

$$y = \beta, \qquad \frac{x^2}{a^2} - \frac{z^2}{c^2} = 1 + \frac{\beta^2}{c^2};$$

$$z = \gamma, \qquad \frac{x^2}{a^2} - \frac{y^2}{b^2} = 1 + \frac{\gamma^2}{c^2};$$

elles représentent des hyperboles dont l'axe réel est toujours parallèle aux x.

Enfin, soit $x = my + nz + p$ un plan quelconque; il rencontre l'hyperboloïde suivant une conique dont la projection sur yz est déterminée par

$$\frac{(my + nz + p)^2}{a^2} - \frac{y^2}{b^2} - \frac{z^2}{c^2} = 1.$$

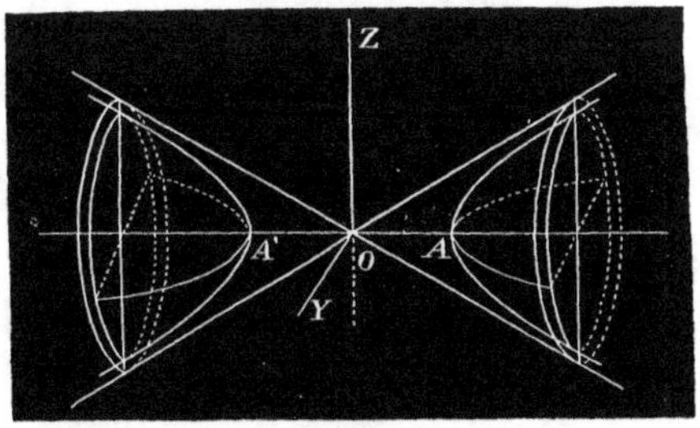

Fig. 28.

En développant, on trouve que le binôme $B^2 - AC$ a pour expression

$$\frac{m^2n^2}{a^4} - \left(\frac{m^2}{a^2} - \frac{1}{b^2}\right)\left(\frac{n^2}{a^2} - \frac{1}{c^2}\right) = \frac{1}{a^2b^2c^2}(b^2m^2 + c^2n^2 - a^2).$$

L'intersection peut être l'une des trois coniques; une ellipse, si $b^2m^2 + c^2n^2 < a^2$; une hyperbole, si $b^2m^2 + c^2n^2 > a^2$; une parabole, si $b^2m^2 + c^2n^2 = a^2$. On satisfait à cette dernière condition en posant $m = \frac{a}{b}\cos\varphi$, $n = \frac{a}{c}\sin\varphi$; il en résulte que tout plan parallèle à celui qui est défini par l'équation

$$\frac{x}{a} = \frac{y}{b}\cos\varphi + \frac{z}{c}\sin\varphi$$

donnera une section parabolique.

220. *Sections circulaires.* Si on retranche membre à membre les équations

$$\frac{x^2}{a^2} - \frac{y^2}{b^2} - \frac{z^2}{c^2} = 1, \qquad \frac{x^2}{r^2} + \frac{y^2}{r^2} + \frac{z^2}{r^2} = 1,$$

il vient

$$x^2\left(\frac{1}{a^2} - \frac{1}{r^2}\right) - y^2\left(\frac{1}{b^2} + \frac{1}{r^2}\right) - z^2\left(\frac{1}{c^2} + \frac{1}{r^2}\right) = 0,$$

qui représentera deux plans en posant successivement $r^2 = a^2$, $r^2 = -b^2$, $r^2 = -c^2$; ce qui donne, pour les équations des plans cycliques,

$$y^2\left(\frac{1}{b^2} + \frac{1}{a^2}\right) + z^2\left(\frac{1}{c^2} + \frac{1}{a^2}\right) = 0,$$

$$z^2\left(\frac{1}{a^2} + \frac{1}{b^2}\right) - z^2\left(\frac{1}{c^2} - \frac{1}{b^2}\right) = 0,$$

$$x^2\left(\frac{1}{a^2} + \frac{1}{c^2}\right) - y^2\left(\frac{1}{b^2} - \frac{1}{c^2}\right) = 0.$$

Supposons $b > c$; la seconde équation peut se ramener à la forme

$$\frac{x}{a}\sqrt{a^2 + b^2} = \pm \frac{z}{c}\sqrt{b^2 - c^2},$$

et représente deux plans réels passant par l'axe des y; les autres plans cycliques sont imaginaires. Donc, *l'hyperboloïde à deux nappes admet deux systèmes de plans cycliques parallèles au plus grand des axes imaginaires.*

On trouvera aussi, comme dans l'ellipsoïde, que les ombilics sont réels et déterminés par les coordonnées

$$y=0, \quad x=\pm a\sqrt{\frac{a^2+b^2}{a^2+c^2}}, \quad z=\pm c\sqrt{\frac{b^2-c^2}{a^2+c^2}}.$$

221. *Cône asymptote*. Lorsque le coefficient H est nul dans l'équation de l'hyperboloïde à deux nappes, on a l'équation homogène

$$Lx^2-My^2-Nz^2=0,$$

ou bien

$$\frac{x^2}{a^2}-\frac{y^2}{b^2}-\frac{z^2}{c^2}=0;$$

elle représente un cône dont le sommet est à l'origine; tout plan perpendiculaire à l'axe des x le rencontre suivant une ellipse réelle

$$x=\alpha, \quad \frac{y^2}{b^2}+\frac{z^2}{c^2}=\frac{\alpha^2}{a^2};$$

ce cône est donc elliptique et entoure l'axe réel de la surface. De plus, il est asymptote à l'hyperboloïde; car si on considère deux points $M(x, y, z)$ $N(x, y, \zeta)$ des deux surfaces situés sur une parallèle à l'axe des z, on aura

$$\frac{x^2}{a^2}-\frac{y^2}{b^2}-\frac{z^2}{c^2}=1, \quad \frac{x^2}{a^2}-\frac{y^2}{b^2}-\frac{\zeta^2}{c^2}=0,$$

et, par soustraction,

$$\frac{\zeta^2-z^2}{c^2}=1; \quad \text{d'où} \quad \zeta-z=\frac{c^2}{\zeta+z}.$$

Il s'ensuit que ζ est plus grand que z, et que la différence $\zeta-z$ tend vers 0 pour des valeurs croissantes de z: les deux surfaces se touchent à l'infini, et le cône est asymptote à l'hyperboloïde.

222. Si on applique la discussion précédente aux équations

$$-Lx^2+My^2-Nz^2=H, \quad -Lx^2-My^2+Nz^2=H,$$

ou bien

$$\frac{x^2}{a^2}-\frac{y^2}{b^2}+\frac{z^2}{c^2}=-1, \quad \frac{x^2}{a^2}+\frac{y^2}{b^2}-\frac{z^2}{c^2}=-1,$$

on verra qu'elles représentent deux hyperboloïdes à deux nappes dont l'un a pour axe réel $2b$, l'autre $2c$.

Lorsque l'un des coefficients est nul dans $Lx^2 - My^2 - Nz^2 = H$, il vient des équations de la forme

$$Lx^2 - Nz^2 = H, \qquad - My^2 - Nz^2 = H,$$

ou bien

$$\frac{x^2}{a^2} - \frac{z^2}{c^2} = 1, \qquad \frac{y^2}{b^2} + \frac{z^2}{c^2} = -1,$$

et l'hyperboloïde se réduit à un cylindre hyperbolique réel ou à un cylindre elliptique imaginaire.

Si $M = N = 0$, il vient l'équation $Lx^2 = H$ qui représente deux plans parallèles.

Enfin, si $M = N$, on a l'équation

$$Lx^2 - M(y^2 + z^2) = H \quad \text{ou} \quad \frac{x^2}{a^2} - \frac{y^2 + z^2}{b^2} = 1,$$

qui définit une hyperboloïde de révolution autour de l'axe des x, car tout plan perpendiculaire à cet axe coupe la surface suivant un cercle.

En résumé, le genre hyperboloïde à deux nappes comprend toutes les surfaces à centre à un axe réel, composées de deux parties illimitées laissant entre elles un espace vide ; elles peuvent être coupées par un plan suivant l'une des trois coniques et admettent des sections circulaires parallèles au plus grand des axes imaginaires ; elles sont toujours enveloppées par un cône elliptique qui leur est asymptote.

Ce genre renferme, comme variétés, l'hyperboloïde de révolution, le cône, le cylindre hyperbolique et deux plans parallèles.

223. *Plan tangent ; normale.* Le plan tangent en un point $M(x'y'z')$ de l'hyperboloïde à deux nappes est représenté par l'équation

$$\frac{xx'}{a^2} - \frac{yy'}{b^2} - \frac{zz'}{c^2} = 1.$$

En identifiant cette équation avec la suivante

$$x \cos\alpha + y \cos\beta + z \cos\gamma = P,$$

il vient les égalités

$$\frac{\cos\alpha}{P}=\frac{x'}{a^2},\quad \frac{\cos\beta}{P}=-\frac{y'}{b^2},\quad \frac{\cos\gamma}{P}=-\frac{z'}{c^2};$$

d'où on tire

$$P^2=a^2\cos^2\alpha-b^2\cos^2\beta-c^2\cos^2\gamma.$$

Les équations de la normale seront de la forme

$$\frac{a^2}{x'}(x-x')=-\frac{b^2}{y'}(y-y')=-\frac{c^2}{z'}(z-z').$$

On démontrera, comme dans l'ellipsoïde, les théorèmes suivants :

1° *La somme des carrés des perpendiculaires abaissées sur trois plans tangents rectangulaires est constante et égale à* $a^2-b^2-c^2$.

2° *Le sommet d'un trièdre trirectangle circonscrit à l'hyperboloïde à deux nappes décrit la sphère* $x^2+y^2+z^2=a^2-b^2-c^2$.

224. *Plan diamétral.* Ce plan a pour équation

$$\frac{\lambda x}{a^2}-\frac{\mu y}{b^2}-\frac{\nu z}{c^2}=0,$$

ou bien,

$$\frac{xx'}{a^2}-\frac{yy'}{b^2}-\frac{zz'}{c^2}=0,$$

si la direction (λ,μ,ν) rencontre la surface au point $(x'y'z')$; il ne coupe jamais l'hyperboloïde suivant une ellipse réelle. En effet, si la droite (λ,μ,ν) menée par le centre est dans l'intérieur du cône asymptote, les cordes parallèles rencontrent les deux nappes de cette surface, et le plan diamétral qui passe par leurs milieux ne rencontre pas l'hyperboloïde ; si la direction (λ,μ,ν) est en dehors du cône, les cordes parallèles traversent une même nappe de cette surface; le plan diamétral rencontrera le cône suivant deux droites et l'hyperboloïde suivant une hyperbole ; enfin, si la droite (λ,μ,ν) appartient au cône, le plan diamétral devient tangent à cette surface.

225. *Diamètres.* L'hyperboloïde à deux nappes rapporté à trois diamètres conjugués $2a', 2b', 2c'$ est représenté par une équation de la forme

$$\frac{x^2}{a'^2}-\frac{y^2}{b'^2}-\frac{z^2}{c'^2}=1.$$

Parmi les trois diamètres, un seul rencontre la surface; c'est ce qui résulte d'ailleurs de cette observation, que le plan diamétral ne rencontre pas l'hyperboloïde, si le diamètre conjugué le rencontre, et il donne pour section une hyperbole, lorsque le diamètre ne rencontre pas la surface.

On voit aussi que le plan tangent $x = a'$ rencontre l'hyperboloïde à deux nappes suivant deux droites imaginaires.

Si on applique la démonstration du N° 217 à l'hyperboloïde à deux nappes, on arrive aux théorèmes suivants :

1° *Les diamètres conjugués a', b', c' vérifient la relation*

$$a'^2 - b'^2 - c'^2 = a^2 - b^2 - c^2.$$

2° *Le volume du parallélipipède construit sur trois diamètres conjugués est constant et égal au parallélipipède construit sur les axes.*

CHAPITRE X.

PROPRIÉTÉS DES SURFACES DÉNUÉES DE CENTRE.

SOMMAIRE. — *Paraboloïde elliptique: sections planes; sections circulaires; propriétés du plan tangent et de la normale. — Paraboloïde hyperbolique: forme de la surface; plan tangent et normale; génératrices rectilignes.*

226. Lorsque l'équation générale du second degré représente une surface dépourvue de centre, elle peut se ramener à la forme

$$(1) \qquad My^2 + Nz^2 = 2Qx;$$

celle-ci définit deux genres de surfaces: le paraboloïde elliptique, si les coefficients M et N sont de même signe; le paraboloïde hyperbolique, s'ils sont de signe différent. Nous allons étudier la forme particulière de chacune de ces surfaces, et démontrer plusieurs propriétés relatives au plan tangent et à la normale; nous suivrons la même marche que dans l'étude des surfaces à centre.

§ 1. PARABOLOÏDE ELLIPTIQUE.

227. Considérons d'abord l'équation

$$My^2 + Nz^2 = 2Qx$$

où tous les coefficients sont positifs, et supposons que les axes des coordonnées soient rectangulaires; alors les plans des xy et des xz sont deux plans principaux de la surface, et ils se coupent suivant l'axe des x qui sera le seul axe du paraboloïde. Il est visible que le paraboloïde passe par l'origine, et que les sections faites par les plans coordonnés auront pour équations

$$x = 0, \quad My^2 + Nz^2 = 0,$$
$$y = 0, \quad Nz^2 = 2Qx,$$
$$z = 0, \quad My^2 = 2Qx;$$

la première se réduit à un point, l'origine des axes, de sorte que la surface touche en ce point le plan des yz; la seconde et la troisième sont des paraboles dont l'axe est dirigé suivant les x positifs. Représentons par $2q$ et $2p$ les paramètres de ces courbes; on aura

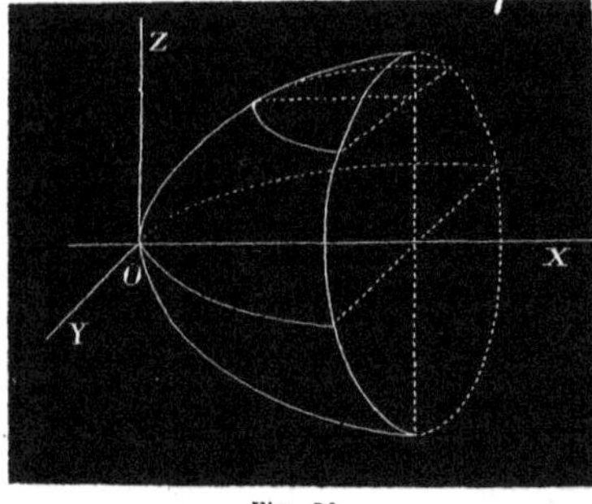

Fig. 29.

$$2p = \frac{2Q}{M}, \quad 2q = \frac{2Q}{M};$$

d'où

$$M = \frac{Q}{p}, \quad N = \frac{Q}{q};$$

en substituant, l'équation du paraboloïde elliptique devient

$$\frac{y^2}{p} + \frac{z^2}{q} = 2x.$$

228. *Sections planes.* Les sections parallèles au plan des yz sont elliptiques; car, pour un plan $x = \alpha$, la projection de l'intersection sur yz est déterminée par l'équation

$$\frac{y^2}{p} + \frac{z^2}{q} = 2\alpha$$

qui représente une ellipse réelle dont les axes augmentent indéfiniment, si α est positif; elle est imaginaire, si la quantité α est négative, et, par conséquent, la surface n'a aucun point situé à gauche du plan des yz.

Un plan parallèle à xy rencontre la surface suivant une parabole dont les équations seront

$$z = \gamma, \quad \frac{y^2}{p} = 2x - \frac{\gamma^2}{q};$$

on voit que le paramètre de cette courbe est le même que celui de la parabole du plan des xy. Il est facile de constater qu'un plan parallèle à xz donne aussi pour section une parabole égale à la section principale de ce plan.

Enfin, soit $z = mx + ny + r$ un plan quelconque; l'intersection de la surface par ce plan va se projeter sur le plan des xy suivant la courbe

$$\frac{y^2}{p} + \frac{(mx + ny + r)^2}{q} - 2x = 0.$$

Cette équation donne, pour $B^2 - AC$, l'expression

$$\frac{m^2n^2}{q^2} - \frac{m^2}{q}\left(\frac{1}{p} + \frac{n^2}{q}\right) = -\frac{m^2}{pq};$$

quantité négative, et, par suite, l'intersection sera toujours elliptique. Cependant, si $m = 0$, la section est une parabole; ce qui aura lieu pour un plan quelconque parallèle à l'axe de la surface, car un tel plan est représenté par une équation de la forme $z = ny + r$.

229. *Sections circulaires.* Menons un plan par l'origine des coordonnées, et supposons qu'il rencontre le paraboloïde suivant un cercle. Imaginons une sphère passant par ce cercle, et touchant à l'origine le plan des yz; elle aura pour centre un point de l'axe des x, et son équation sera de la forme

$$x^2 + y^2 + z^2 - 2rx = 0,$$

ou bien,

$$\frac{x^2}{r} + \frac{y^2}{r} + \frac{z^2}{r} - 2x = 0.$$

En combinant, par soustraction, cette équation avec celle de la surface, il viendra

$$\frac{x^2}{r} + y^2\left(\frac{1}{r} - \frac{1}{p}\right) + z^2\left(\frac{1}{r} - \frac{1}{q}\right) = 0.$$

Cette équation représente une surface conique qui devra se réduire à l'ensemble de deux plans, si le paraboloïde et la sphère ont des sections circulaires communes. Posons $r = p$, $r = q$; on aura, pour les plans cycliques,

$$\frac{x^2}{p} + z^2\left(\frac{1}{p} - \frac{1}{q}\right) = 0,$$

$$\frac{x^2}{q} + y^2\left(\frac{1}{q} - \frac{1}{p}\right) = 0.$$

En admettant l'inégalité $p > q$, la première équation représente deux plans réels passant par l'axe des y, la seconde des plans imaginaires. Donc, *le paraboloïde elliptique admet deux systèmes de plans cycliques parallèles à la tangente au sommet de la section principale qui a le plus grand paramètre.*

230. Si on applique la discussion précédente à l'équation

$$My^2 + Nz^2 = -2Qx,$$

on trouve qu'elle représente la même surface, seulement l'axe du paraboloïde est dirigé suivant les x négatifs.

Lorsque l'un des coefficients du premier membre est nul dans l'équation (1), elle se réduit à l'une des formes

$$My^2 = 2Qx, \qquad Nz^2 = 2Qx,$$

et le paraboloïde se change en un cylindre parabolique.

Si $Q = 0$, il vient

$$My^2 + Nz^2 = 0$$

qui est satisfaite par un point quelconque de l'axe des x ; le paraboloïde se réduit à cette droite.

Enfin, si $M = N$, on a $M(y^2 + z^2) = 2Qx$, et la surface est de révolution autour de l'axe des x.

En résumé, le paraboloïde elliptique est une surface indéfinie dans un sens et à un seul axe; elle est toujours rencontrée par un plan suivant une ellipse, excepté si le plan sécant est parallèle à l'axe, la section est alors parabolique. Ce genre comprend, comme variétés, le paraboloïde de révolution, le cylindre parabolique et la ligne droite.

On peut aussi considérer le paraboloïde elliptique comme la limite d'un ellipsoide

$$\frac{x^2}{a^2} + \frac{y^2}{b^2} + \frac{z^2}{c^2} = 1,$$

lorsque les axes augmentent indéfiniment de manière que lim. $\frac{b^2}{a} = p$, lim. $\frac{c^2}{a} = q$. En effet, l'ellipsoïde rapporté à l'extrémité de l'axe majeur a pour équation

$$\frac{x^2}{a^2} + \frac{y^2}{b^2} + \frac{z^2}{c^2} - \frac{2x}{a} = 0,$$

ou bien

$$\frac{x^2}{a} + \frac{y^2}{\frac{b^2}{a}} + \frac{z^2}{\frac{c^2}{a}} - 2x = 0,$$

et, à la limite, lorsque a devient infini, on a l'équation

$$\frac{y^2}{p} + \frac{z^2}{q} - 2x = 0$$

qui représente le paraboloïde elliptique.

231. *Plan tangent.* Soit M $(x'y'z')$ un point du paraboloïde

$$\frac{y^2}{p} + \frac{z^2}{q} - 2x = 0,$$

le plan tangent en ce point aura pour équation (N° 175)

$$-(x - x') + (y - y')\frac{y'}{p} + (z - z')\frac{z'}{q} = 0,$$

ou

$$\frac{yy'}{p} + \frac{zz'}{q} - x + x' - \left(\frac{y'^2}{p} + \frac{z'^2}{q}\right) = 0.$$

La quantité $\frac{y'^2}{p} + \frac{z'^2}{q}$ étant égale à $2x'$, l'équation précédente peut s'écrire

$$\frac{yy'}{p} + \frac{zz'}{q} - (x + x') = 0.$$

Soit P la perpendiculaire abaissée de l'origine sur ce plan, et α, β, γ les angles qu'elle fait avec les axes; en identifiant l'équation

$$x \cos \alpha + y \cos \beta + z \cos \gamma = \text{P}$$

avec la précédente, on aura les égalités

$$-\frac{1}{\cos\alpha}=\frac{y'}{p\cos\beta}=\frac{z'}{q\cos\gamma}=\frac{x'}{P};$$

d'où

$$x'=-\frac{P}{\cos\alpha},\quad y'=-\frac{p\cos\beta}{\cos\alpha},\quad z'=-\frac{q\cos\gamma}{\cos\alpha}.$$

Substituons ces valeurs dans l'équation de la surface ; on trouvera, pour l'expression de la perpendiculaire abaissée du sommet sur le plan tangent,

$$P=-\frac{p\cos^2\beta+q\cos^2\gamma}{2\cos\alpha};$$

et l'équation d'un plan tangent quelconque au paraboloïde peut se mettre sous la forme

$$x\cos\alpha+y\cos\beta+z\cos\gamma+\frac{p\cos^2\beta+q\cos^2\gamma}{2\cos\alpha}=0.$$

232. *La somme des projections, sur l'axe du paraboloïde, des perpendiculaires abaissées du sommet sur trois plans tangents rectangulaires est constante.*

En effet, si on ajoute membre à membre les équations

$$P_1\cos\alpha_1=-\frac{p}{2}\cos^2\beta_1-\frac{q}{2}\cos^2\gamma_1,$$

$$P_2\cos\alpha_2=-\frac{p}{2}\cos^2\beta_2-\frac{q}{2}\cos^2\gamma_2,$$

$$P_3\cos\alpha_3=-\frac{p}{2}\cos^2\beta_3-\frac{q}{2}\cos^2\gamma_3,$$

on trouve l'égalité

$$P_1\cos\alpha_1+P_2\cos\alpha_2+P_3\cos\alpha_3=-\frac{p+q}{2}$$

qui justifie la proposition énoncée.

233. *Le lieu du sommet d'un trièdre trirectangle circonscrit au paraboloïde est un plan perpendiculaire à l'axe.*

Car, les équations des faces du trièdre sont de la forme

$$x\cos^2\alpha_1 + y\cos\alpha_1\cos\beta_1 + z\cos\alpha_1\cos\gamma_1 + \frac{p}{2}\cos^2\beta_1 + \frac{q}{2}\cos^2\gamma_1 = 0,$$

$$x\cos^2\alpha_2 + y\cos\alpha_2\cos\beta_2 + z\cos\alpha_2\cos\gamma_2 + \frac{p}{2}\cos^2\beta_2 + \frac{q}{2}\cos^2\gamma_2 = 0,$$

$$x\cos^2\alpha_3 + y\cos\alpha_3\cos\beta_3 + z\cos\alpha_3\cos\gamma_3 + \frac{p}{2}\cos^2\beta_3 + \frac{q}{2}\cos^2\gamma_3 = 0;$$

en les ajoutant membre à membre, il viendra

$$x + \frac{p+q}{2} = 0$$

eu égard aux relations qui existent entre les cosinus des angles de trois droites perpendiculaires; cette équation représente un plan perpendiculaire à l'axe des x.

234. *Normale.* Les équations de la normale au point $(x'y'z')$ sont

$$\frac{x-x'}{-1} = \frac{y-y'}{\frac{y'}{p}} = \frac{z-z'}{\frac{z'}{q}}.$$

Afin de déterminer le nombre de normales que l'on peut mener à la surface par un point (α, β, γ) de l'espace, exprimons que les égalités précédentes sont satisfaites par les coordonnées de ce point; on aura

$$\frac{\alpha-x'}{-1} = \frac{\beta-y'}{\frac{y'}{p}} = \frac{\gamma-z'}{\frac{z'}{q}},$$

de sorte que les pieds des normales issues du point (α, β, γ) seront déterminés par les équations

$$\frac{\alpha-x}{-1} = \frac{\beta-y}{\frac{y}{p}} = \frac{\gamma-z}{\frac{z}{q}}, \quad \frac{y^2}{p} + \frac{z^2}{q} = 2x.$$

Si on désigne par k la valeur commune des rapports, on trouvera facilement

$$x = k + \alpha, \quad y = \frac{p\beta}{p+k}, \quad z = \frac{q\gamma}{q+k}.$$

Substituons ces valeurs dans l'équation de la surface; il viendra

$$\frac{p\beta^2}{(p+k)^2}+\frac{q\gamma^2}{(q+k)^2}-2(k+\alpha)=0:$$

équation du cinquième degré en k; par suite, il existe, en général, cinq normales passant par le point donné.

Des égalités précédentes, on tire

$$-(\alpha-x)\frac{y}{p}=\beta-y, \qquad -(\alpha-x)\frac{z}{q}=\gamma-z,$$

ou bien,

$$\frac{xy}{p}-\frac{\alpha y}{p}+y-\beta=0,$$

$$\frac{xz}{q}-\frac{\alpha z}{q}+z-\gamma=0.$$

Multiplions la première par y et la seconde par z; on obtient, en faisant leur somme,

$$x\left(\frac{y^2}{p}+\frac{z^2}{q}\right)-\alpha\left(\frac{y^2}{p}+\frac{z^2}{q}\right)+y^2+z^2-\beta y-\gamma z=0,$$

et, d'après l'équation de la surface, elle se réduit à

$$2x^2+y^2+z^2-2\alpha x-\beta y-\gamma z=0.$$

Comme les coefficients de y^2 et de z^2 sont égaux, cette équation représente une surface de révolution autour d'une droite parallèle aux x. Ainsi, *par un point de l'espace, on peut mener cinq normales au paraboloïde, et les pieds de ces normales appartiennent à une surface de révolution passant par l'origine et dont l'axe est parallèle à celui du paraboloïde.*

235. *Plan diamétral; diamètres.* Le plan diamétral conjugué de la direction (λ, μ, ν) dans le paraboloïde

$$\frac{y^2}{p}+\frac{z^2}{q}=2x$$

est représenté par l'équation

$$\frac{\mu y}{p}+\frac{\nu z}{q}-\lambda=0;$$

donc ce plan est parallèle à l'axe de la surface, quelle que soit la droite (λ, μ, ν).

Un diamètre quelconque étant l'intersection de deux plans diamétraux sera parallèle à l'axe du paraboloïde. Il existera une infinité d'axes de coordonnées pour lesquels l'équation de la surface sera de la forme

$$\frac{y^2}{p'} + \frac{z^2}{q'} = 2x;$$

car, M étant l'extrémité d'un diamètre, si on y place l'origine, en prenant ce diamètre pour axe des x, la tangente en M d'une section parabolique passant le diamètre pour axe des y, et, pour axe des z, la direction conjuguée du plan des xy, l'équation de la surface devra représenter une parabole rapportée à un diamètre et à la tangente à l'extrémité, si on pose $y = 0$, $z = 0$; par conséquent, elle sera de la forme indiquée.

§ 2. PARABOLOÏDE HYPERBOLIQUE.

236. Le paraboloïde hyperbolique est représenté par une équation de la forme

$$My^2 - Nz^2 = 2Qx.$$

Les axes des coordonnées étant rectangulaires, les plans des xy et des xz sont des plans principaux; la surface n'aura qu'un seul axe dirigé suivant l'axe des x.

Les équations des sections faites par les plans coordonnés sont

$$x = 0, \qquad My^2 - Nz^2 = 0;$$
$$y = 0, \qquad Nz^2 = -2Qx;$$
$$z = 0, \qquad My^2 = 2Qx.$$

La première représente deux lignes droites; les deux autres, des paraboles : celle du plan des xz a son axe dirigé suivant les x négatifs, et celle du plan des xy suivant les x positifs. Désignons par $2p$ et $2q$ les paramètres de ces courbes; on aura

$$p = \frac{Q}{M}, \quad q = \frac{Q}{N};$$

d'où

$$M = \frac{Q}{p}, \quad N = \frac{Q}{q},$$

et l'équation du paraboloïde devient, par la substitution,

$$\frac{y^2}{p} - \frac{z^2}{q} = 2x.$$

237. *Sections planes.* Un plan parallèle à xy donne pour section une courbe ayant des équations de la forme

$$z = \gamma, \quad \frac{y^2}{p} = 2x + \frac{\gamma^2}{q};$$

c'est une parabole égale à celle du plan principal des xy.

De plus, un plan parallèle à xz détermine dans la surface une parabole

$$y = \beta, \quad \frac{z^2}{q} = -2x + \frac{\beta^2}{p}$$

de même paramètre que celle du plan des xz.

Un plan parallèle à yz rencontre la surface suivant une hyperbole

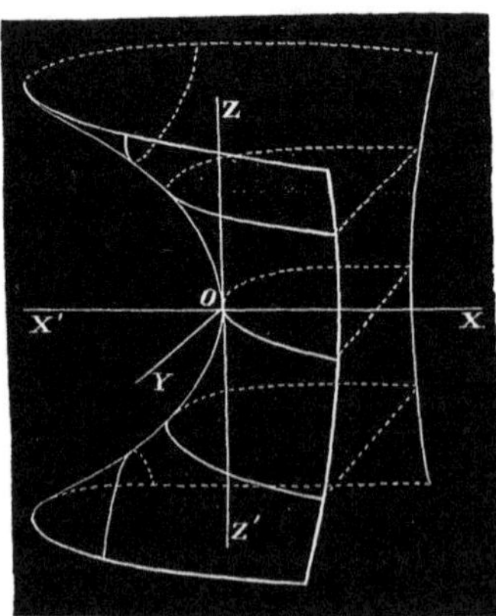

Fig. 30.

$$x = \alpha, \quad \frac{y^2}{p} - \frac{z^2}{q} = 2\alpha,$$

dont l'axe réel est parallèle aux y ou aux z suivant le signe de α.

Enfin, si on élimine la variable z entre l'équation d'un plan quelconque

$$z = mx + ny + r$$

et celle de la surface, on trouve

$$\frac{y^2}{p} - \frac{(mx + ny + r)^2}{q} = 2x$$

où $B^2 - AC = + \frac{m^2}{pq}$; la section sera toujours une hyperbole, excepté si $m = 0$, c'est-à-dire, si le plan sécant est parallèle à l'axe; dans ce cas, la section est parabolique. Le paraboloïde n'admet pas de sections circulaires réelles, puisqu'il ne peut être coupé suivant une courbe fermée, et il ne sera jamais de révolution.

Nous venons de constater que les sections parallèles à xy sont des paraboles égales; il en résulte que le paraboloïde hyperbolique peut être considéré comme une surface engendrée par une parabole qui se déplace parallèlement à elle-même, tandis que son sommet décrit une autre parabole; ce mode de génération indique très bien la forme de la surface illimitée dans les deux sens de l'axe des x et des z.

238. *Génératrices rectilignes.* Le paraboloïde hyperbolique jouit aussi de la propriété de renfermer deux systèmes de droites appelées génératrices rectilignes de la surface. En effet, soient

$$x = mz + r, \qquad y = nz + s$$

les équations d'une droite; si elle est tout entière sur la surface, l'équation

$$\frac{(nz+s)^2}{p} - \frac{z^2}{q} - 2(mz+r) = 0$$

doit être satisfaite, quel que soit z; par suite, les paramètres vérifient les relations

$$\frac{n^2}{p} - \frac{1}{q} = 0, \quad \frac{ns}{p} - m = 0, \quad \frac{s^2}{p} - 2r = 0.$$

La dernière équation revient à $s^2 = 2pr$, et exprime que la trace de la droite sur xy appartient à la parabole principale $y^2 = 2px$; les deux autres donnent

$$n = \pm\frac{\sqrt{p}}{\sqrt{q}}, \quad m = \pm\frac{s}{\sqrt{pq}}.$$

L'un des paramètres reste arbitraire, et comme on a seulement deux valeurs pour m et n, il y aura deux systèmes de génératrices et seulement deux dont les équations peuvent s'écrire

$$(1) \qquad x = \frac{s}{\sqrt{pq}}z + r, \qquad y = \frac{\sqrt{p}}{\sqrt{p}}z + s;$$

$$(2) \qquad x = -\frac{s}{\sqrt{pq}}z + r, \qquad y = -\frac{\sqrt{p}}{\sqrt{q}}z + s;$$

r et s sont les coordonnées d'un point quelconque de la parabole du plan xy; elles sont liées par la relation $s^2 - 2pr = 0$.

Les équations des génératrices rectilignes peuvent aussi se déduire de celle de la surface

$$\frac{y^2}{p}-\frac{z^2}{q}=2x, \quad \text{ou} \quad \left(\frac{y}{\sqrt{p}}+\frac{z}{\sqrt{q}}\right)\left(\frac{y}{\sqrt{p}}-\frac{z}{\sqrt{q}}\right)=2x.$$

Posons les deux systèmes d'équations

$$(1') \qquad \frac{y}{\sqrt{p}}-\frac{z}{\sqrt{q}}=\lambda, \qquad \frac{y}{\sqrt{p}}+\frac{z}{\sqrt{q}}=\frac{2x}{\lambda};$$

$$(2') \qquad \frac{y}{\sqrt{p}}+\frac{z}{\sqrt{q}}=\mu, \qquad \frac{y}{\sqrt{p}}-\frac{z}{\sqrt{q}}=\frac{2x}{\mu};$$

λ et μ étant des paramètres arbitraires, elles définissent deux systèmes de droites distinctes situées sur le paraboloïde, car en multipliant les équations (1′) ou (2′) membre à membre on reproduit celle de la surface.

Enfin, si on écrit pour abréger

$$\alpha=\frac{y}{\sqrt{p}}-\frac{z}{\sqrt{q}}, \qquad \beta=\frac{y}{\sqrt{p}}+\frac{z}{\sqrt{q}}, \qquad \gamma=2x,$$

les équations précédentes deviennent

$$(1'') \qquad \alpha-\lambda=0, \qquad \lambda\beta-\gamma=0;$$

$$(2'') \qquad \beta-\mu=0, \qquad \mu\alpha-\gamma=0.$$

239. *Par chaque point du paraboloïde, il passe une génératrice de chaque système.*

Soient x_1, y_1, z_1 les coordonnées cartésiennes d'un point de la surface, et, α_1, β_1, γ_1 les valeurs correspondantes de α, β, γ; si on exprime que les génératrices passent par ce point, on aura les équations

$$\alpha_1-\lambda=0, \qquad \lambda\beta_1-\gamma_1=0, \qquad \beta_1-\mu=0, \qquad \mu\alpha_1-\gamma_1=0.$$

On en déduit

$$\lambda=\alpha_1, \qquad \lambda=\frac{\gamma_1}{\beta_1}, \qquad \mu=\beta_1, \qquad \mu=\frac{\gamma_1}{\alpha_1};$$

mais, d'après l'équation de la surface, on a la relation $\alpha_1\beta_1=\gamma_1$, et les deux valeurs de λ ainsi que les deux valeurs de μ coïncident; par suite, il n'y a qu'une droite de chaque système qui passe par le point $(x_1y_1z_1)$.

240. *Deux droites d'un même système ne se rencontrent pas, et deux droites de système différent sont dans un même plan.*

Soient deux droites du premier système

$$\alpha - \lambda_1 = 0, \qquad \lambda_1\beta - \gamma = 0;$$
$$\alpha - \lambda_2 = 0, \qquad \lambda_2\beta - \gamma = 0;$$

en retranchant ces équations membre à membre, on trouve $\lambda_1 - \lambda_2 = 0$, relation impossible puisque les droites sont supposées distinctes.

D'un autre côté, un plan mené par une droite du premier système est représenté par l'équation

$$\alpha - \lambda + k(\lambda\beta - \gamma) = 0,$$

et, si on exprime qu'il renferme la droite de l'autre système, on obtient deux conditions qui s'accordent et donnent pour k la valeur unique $\frac{1}{\mu}$; donc, le plan

$$\mu\alpha + \lambda\beta - \gamma - \lambda\mu = 0$$

renferme deux génératrices de système différent. Avec les coordonnées x, y, z, l'équation de ce plan serait

$$(\lambda + \mu)\frac{y}{\sqrt{p}} + (\lambda - \mu)\frac{z}{\sqrt{q}} - 2x - \lambda\mu = 0.$$

241. *Génératrices perpendiculaires.* Si on résoud les équations (1′) et (2′) par rapport à x et y, il vient

$$(3) \qquad x = \frac{\lambda z}{\sqrt{q}} + \frac{\lambda^2}{2} \qquad y = \frac{\sqrt{p}}{\sqrt{q}}z + \lambda\sqrt{p};$$

$$(4) \qquad x = -\frac{\mu z}{\sqrt{q}} + \frac{\mu^2}{2}, \qquad y = -\frac{\sqrt{p}}{\sqrt{q}}z + \mu\sqrt{p}.$$

Sous cette forme, il est visible que les deux génératrices ne peuvent pas être parallèles. La condition de perpendicularité est

$$-\frac{\lambda\mu}{q} - \frac{p}{q} + 1 = 0, \quad \text{ou} \quad \lambda\mu + p - q = 0.$$

En remplaçant λ et μ par leurs valeurs, on trouve l'équation

$$\frac{y^2}{p} - \frac{z^2}{q} + p - q = 0,$$

ou bien,

$$2x + p - q = 0.$$

Donc, le lieu des points où les génératrices sont perpendiculaires est une hyperbole, la courbe d'intersection du plan précédent avec la surface.

242. *Les projections des génératrices sur le plan des xy sont tangentes à la parabole principale de ce plan.*

En effet, éliminons la variable z entre les équations

$$\frac{y}{\sqrt{p}} - \frac{z}{\sqrt{q}} = \lambda, \qquad \frac{y}{\sqrt{p}} + \frac{z}{\sqrt{q}} = \frac{2x}{\lambda};$$

il viendra

$$\frac{2\lambda y}{\sqrt{p}} = \lambda^2 + 2x.$$

Mais, pour un point $(x', y', 0)$ de l'hyperbole $y^2 = 2px$, on a les relations

$$y'^2 = 2px', \qquad \lambda = \frac{y'}{\sqrt{p}};$$

en substituant dans l'égalité précédente, on trouve, pour l'équation de la projection de la génératrice sur xy,

$$yy' = p\,(x + x');$$

c'est celle de la tangente au point $(x'\ y')$ de la parabole principale.

243. *Les génératrices d'un même système sont parallèles à un plan fixe.*

Car, l'équation $\alpha - \lambda = 0$ représente les plans projetants des droites du premier système sur le plan des yz; or, tous ces plans sont parallèles à $\alpha = 0$, et, par suite, les génératrices qu'ils renferment seront parallèles au plan

$$\alpha = 0 \quad \text{ou} \quad \frac{y}{\sqrt{p}} - \frac{z}{\sqrt{q}} = 0.$$

De même, les droites du second système sont parallèles au plan

$$\beta = 0 \quad \text{ou} \quad \frac{y}{\sqrt{p}} + \frac{z}{\sqrt{q}} = 0.$$

Ces deux plans se nomment les *plans directeurs* de la surface.

244. Les propriétés précédentes conduisent à deux modes de génération rectiligne du paraboloïde : *Cette surface peut être engendrée par le déplacement d'une droite du second système qui s'appuie constamment sur trois droites fixes du premier;* ou encore : *Le paraboloïde est la surface engendrée par le mouvement d'une droite du second système qui glisse sur deux droites fixes du premier en restant parallèle au plan* $\beta = 0$.

Réciproquement, *la surface engendrée par une droite mobile qui glisse sur trois droites fixes parallèles à un plan et non situées deux à deux dans un plan est un paraboloïde hyperbolique.*

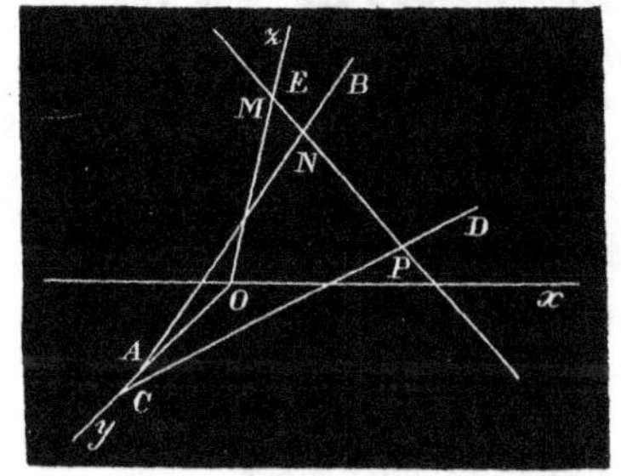

Fig. 31.

En effet, soient trois droites fixes AB, CD, OE parallèles à un plan. Prenons la droite OE pour axe des z, le plan des xz parallèle aux droites données, et pour axe des y, une droite qui rencontre AB et CD. Avec ce système particulier d'axes de coordonnées, les équations des droites fixes seront

$$(\text{AB}) \quad \begin{matrix} y = \beta \\ z = \gamma x ; \end{matrix} \qquad (\text{CD}) \quad \begin{matrix} y = \beta' \\ z = \gamma' x \end{matrix} \qquad (\text{OE}) \quad \begin{matrix} x = 0, \\ y = 0. \end{matrix}$$

La droite mobile étant considérée comme l'intersection de deux plans, l'un passant par AB et l'autre par CD, sera représentée par des équations de la forme

$$z - \gamma x = \lambda (y - \beta), \qquad z - \gamma' x = \mu (y - \beta')$$

où λ et μ sont des constantes arbitraires. Retranchons ces égalités membre à membre ; il viendra

$$(\gamma' - \gamma) x = (\lambda - \mu) y + \mu\beta' - \lambda\beta ;$$

et comme la droite mobile rencontre toujours l'axe des z, on doit avoir

$$\mu\beta' - \lambda\beta = 0.$$

Par l'élimination des paramètres λ et μ, on trouve, pour la surface engendrée, l'équation

$$(\beta - \beta')\,yz - (\beta\gamma - \beta'\gamma')\,xy - \beta\beta'\,(\gamma - \gamma')\,x = 0$$

qui représente une surface du second ordre dénuée de centre ayant des génératrices rectilignes ou un paraboloïde hyperbolique.

De même, *toute surface décrite par une droite mobile qui glisse sur deux droites fixes en restant parallèle à un plan est un paraboloïde hyperbolique.*

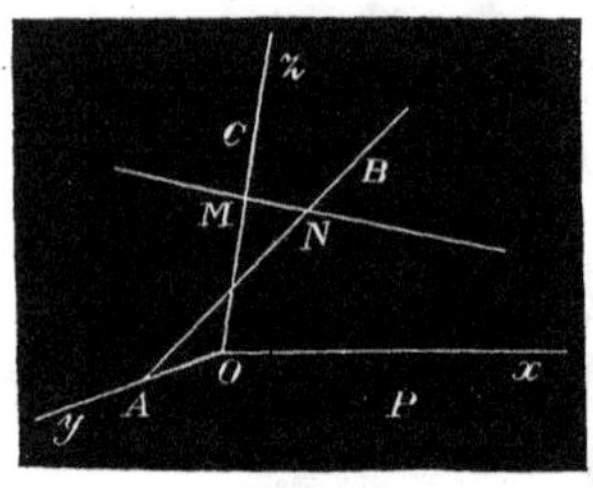

Fig. 32.

Pour le démontrer, soient AB et OC deux droites données, et P un plan fixe ; prenons OC pour axe des z, le plan fixe pour celui des xy ; de plus, choisissons le plan des xz parallèle à AB, et, pour axe des y, une droite qui rencontre AB. Les droites fixes seront représentées par

$$(AB)\quad \begin{cases} y = \beta \\ z = \alpha x \end{cases} \qquad (OC)\quad \begin{cases} x = 0, \\ y = 0\,; \end{cases}$$

la droite mobile étant parallèle à xy et rencontrant l'axe des z aura des équations de la forme

$$z = l, \qquad y = \mu x,$$

où les paramètres l et μ devront satisfaire à la relation

$$\alpha\beta = l\mu$$

si elle s'appuie sur la droite AB. L'élimination de l et de μ conduit à l'équation

$$yz - \alpha\beta x = 0$$

qui définit un paraboloïde hyperbolique.

245. *La surface engendrée par une droite qui glisse sur deux droites fixes en déterminant sur chacune d'elles des segments proportionnels est un paraboloïde hyperbolique.*

Remarquons d'abord que si AB et CD sont deux génératrices du paraboloïde, et AD, MP, BC trois droites de l'autre système, on aura

$$\frac{\mathrm{AM}}{\mathrm{MB}}=\frac{\mathrm{DP}}{\mathrm{PC}};$$

car si on mène par chaque droite AD, MP, BC des plans parallèles au plan directeur, ils seront parallèles entre eux et détermineront sur les deux droites AB et CD des segments proportionnels.

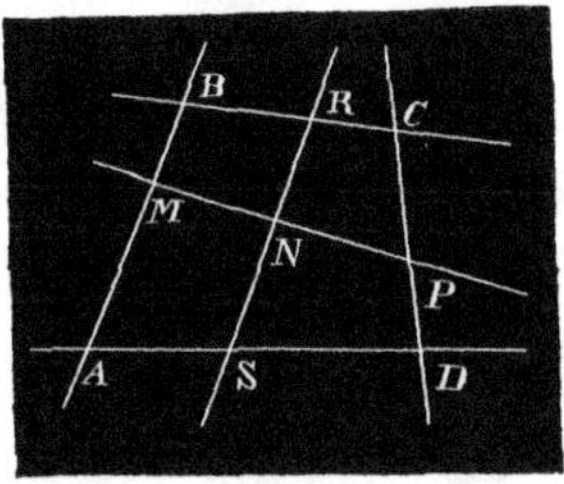

Fig. 33.

Réciproquement, supposons que la ligne MP se déplace en déterminant sur deux droites fixes AB et CD des segments proportionnels. Soit Q un plan parallèle aux droites AD et BC, deux positions de la ligne mobile ; menons par AD et BC deux plans parallèles à Q : le plan mené par le point M parallèlement aux derniers va intercepter sur AB et CD des segments proportionnels, et, par suite, il passera par le point P ; la droite mobile MP reste donc parallèle au plan Q pendant son déplacement et engendre un paraboloïde hyperbolique.

C'est en s'appuyant sur cette propriété que l'on construit des modèles en fil de cette surface. On divise les côtés opposés AB et CD d'un quadrilatère gauche en un même nombre de parties égales; on réunit les points de division par des fils qui représentent les génératrices d'un système du paraboloïde; on fait des divisions semblables sur les deux autres côtés opposés pour obtenir le second système de génératrices de la même surface.

246. *Plan tangent; normale.* L'équation du plan tangent au paraboloïde hyperbolique est de la forme

$$\frac{yy'}{p}-\frac{zz'}{q}-(x+x')=0.$$

Si on identifie cette équation avec celle du plan de deux génératrices

$$(\lambda+\mu)\frac{y}{\sqrt{p}}+(\lambda-\mu)\frac{z}{\sqrt{q}}-2x-\lambda\mu=0,$$

il vient les égalités

$$\frac{\lambda+\mu}{\dfrac{y'}{\sqrt{p}}}=\frac{\lambda-\mu}{-\dfrac{z'}{\sqrt{q}}}=\frac{2}{1};$$

d'où on tire

$$\lambda=\frac{y'}{\sqrt{p}}-\frac{z'}{\sqrt{q}},\quad \mu=\frac{y'}{\sqrt{p}}+\frac{z'}{\sqrt{q}}:$$

ce sont les valeurs de λ et de μ des génératrices qui se coupent au point $(x'y'z')$. Donc, le plan tangent renferme les deux droites du paraboloïde qui passent par le point de contact; les plans tangents le long d'une même génératrice renfermeront tous cette droite, mais ils seront distincts les uns des autres.

En appliquant les formules trouvées précédemment pour le paraboloïde elliptique, on arrivera aux résultats suivants :

1° *La perpendiculaire abaissée du sommet de la surface sur le plan tangent a pour expression*

$$P=-\frac{p\cos^2\beta-q\cos^2\gamma}{2\cos\alpha},$$

de sorte que l'équation

$$x\cos\alpha+y\cos\beta+z\cos\gamma+\frac{p\cos^2\beta-q\cos^2\gamma}{2\cos\alpha}=0$$

représente un plan tangent quelconque au paraboloïque hyperbolique.

2° *La somme des projections, sur l'axe du paraboloïde, des perpendiculaires abaissées du sommet sur trois plans tangents rectangulaires est constante.*

3° *Le lieu du sommet d'un angle solide trirectangle est le plan perpendiculaire à l'axe*

$$x+\frac{p-q}{2}=0.$$

4° *Les équations de la normale sont de la forme*

$$\frac{x-x'}{-1}=\frac{y-y'}{\dfrac{y'}{p}}=\frac{z-z'}{-\dfrac{z'}{q}};$$

par un point de l'espace, on peut, en général, mener cinq normales au paraboloïde hyperbolique dont les pieds appartiennent à une surface de révolution passant par le sommet et ayant son axe parallèle à celui du paraboloïde.

5° *Tous les diamètres sont parallèles, et il existe une infinité d'axes obliques pour lesquels le paraboloïde hyperbolique est représenté par une équation de la forme*

$$\frac{y^2}{p'} - \frac{z^2}{q'} = 2x.$$

CHAPITRE XI.

LIGNES FOCALES ET SURFACES HOMOFOCALES.

SOMMAIRE. — *Foyer d'une surface du second ordre; lieu des foyers dans les surfaces à centre; modes de génération de ces surfaces. — Surfaces homofocales : axes des surfaces homofocales qui passent par un point donné; propriétés diverses; construction des axes d'un ellipsoïde, étant donnés trois diamètres conjugués. — Lignes focales et surfaces homofocales dénuées de centre.*

247. Nous avons interprété, dans la géométrie plane, les équations abrégées $S - LM = 0$, $S - L^2 = 0$, lorsque S représente le premier membre de l'équation d'un cercle, L et M des polynômes du premier degré en x et y; en supposant que le cercle se réduise à un point, nous sommes arrivés à cette notion importante : que le foyer d'une conique est un point-cercle ayant un double contact avec la courbe suivant la directrice.

Cherchons, dans la géométrie de l'espace, la signification de l'équation

$$(s) \qquad S - LM = 0,$$

lorsque S, L, M désignent les fonctions suivantes :

$$S = (x-\alpha)^2 + (y-\beta)^2 + (z-\gamma)^2 - r^2,$$

$$L = lx + my + nz + p, \qquad M = l_1x + m_1y + n_1z + p_1.$$

L'équation (s) est du second degré et définit analytiquement une surface du second ordre dont les sections circulaires sont parallèles aux plans L et M ; car elle est satisfaite en posant simultanément

$$S = 0, \qquad L = 0;$$

$$S = 0; \qquad M = 0;$$

elle passe par les cercles d'intersection des plans L et M avec la sphère S.

De plus, elle est doublement tangente à S suivant la droite d'intersection des plans L et M. En effet, soit $N(x'y'z')$ un point commun des deux surfaces, et $P = 0$ le plan tangent à S en ce point ; d'après la manière de former l'équation du plan tangent à une surface du second ordre, celle du plan qui touche la surface (s) au point $(x'y'z')$ sera

$$P - (LM' + ML') = 0,$$

où L' et M' sont les valeurs des polynômes L et M pour les coordonnées x', y', z'. Mais, si le point $N(x', y', z')$ appartient à la droite commune des plans L et M, on a $L' = 0$, $M' = 0$; par suite, le plan tangent est le même pour les surfaces S et s; donc celles-ci ont un double contact sur la droite d'intersection des plans L et M.

Réciproquement, si une surface du second ordre est doublement tangente à une sphère aux points m et n, elle la rencontre suivant deux cercles. En effet, soient P et Q les plans tangents communs en m et n aux surfaces, et l un troisième point de leur intersection. Le plan mené par l, m, n, rencontrera les surfaces suivant deux coniques doublement tangentes en m et n, et passant par le point l; comme elles satisfont à cinq conditions, ces courbes coïncident. Mais, l'intersection de deux surfaces du second ordre est du quatrième degré, et les autres points communs qui n'appartiennent pas au cercle précédent devront se trouver sur un second cercle. Donc, les surfaces doublement tangentes se rencontrent suivant deux courbes planes, et en désignant par $L = 0$, $M = 0$, les plans des cercles communs, l'équation de la surface du second ordre sera de la forme $S - LM = 0$.

Lorsque la sphère se réduit à un point, c'est-à-dire, lorsque

$$S = (x - \alpha)^2 + (y - \beta)^2 + (z - \gamma)^2,$$

on doit regarder ce point comme ayant un double contact avec la surface du second ordre $S - LM = 0$. Tout point qui jouit de cette propriété se nomme *foyer* de la surface, et la droite des contacts est la *directrice* correspondante. Nous allons voir qu'une surface à centre admet une infinité de foyers formant trois coniques situées dans les plans principaux ; ces coniques se nomment les *lignes focales* de la surface. Nous étudierons ensuite les propriétés des surfaces du second ordre qui ont les mêmes lignes focales.

§ 1. FOYERS DANS LES SURFACES A CENTRE.

248. Considérons une surface à centre rapportée à ses axes, et représentée par l'équation

$$(1) \qquad \frac{x^2}{p} + \frac{y^2}{q} + \frac{z^2}{r} = 1.$$

Si elle admet un foyer (α, β, γ), son équation doit pouvoir se ramener à la forme

$$(x-\alpha)^2 + (y-\beta)^2 + (z-\gamma)^2 = \mathrm{LM};$$

mais les plans L et M étant des plans cycliques, ils sont parallèles à l'un des axes de la surface ; on peut remplacer le produit LM par l'une des expressions

$$\lambda(x-k)^2 + \mu(y-h)^2, \quad \lambda(x-k)^2 + \nu(z-g)^2, \quad \mu(y-h)^2 + \nu(z-g)^2$$

qui, égalées à zéro, représentent des plans se coupant suivant une droite parallèle à l'un des axes. Ces plans sont réels ou imaginaires suivant le signe des constantes λ, μ, ν.

Prenons d'abord l'équation

$$(2) \qquad (x-\alpha)^2 + (y-\beta)^2 + (z-\gamma)^2 = \lambda(x-k)^2 + \mu(y-h)^2,$$

et exprimons qu'elle représente la même surface que l'équation (1). Les équations du centre sont

$$x-\alpha-\lambda(x-k)=0, \quad y-\beta-\mu(y-h)=0, \quad z-\gamma=0;$$

ce point étant l'origine, on doit avoir

$$(3) \qquad \alpha=\lambda k, \quad \beta=\mu h, \quad \gamma=0.$$

Si on développe l'équation (2) en tenant compte des relations (3), on peut la ramener à la forme

$$(4) \qquad (1-\lambda)x^2 + (1-\mu)y^2 + z^2 = \frac{1-\lambda}{\lambda}\alpha^2 + \frac{1-\mu}{\mu}\beta^2,$$

et, en la comparant avec (1), il vient les égalités

$$p(1-\lambda) = q(1-\mu) = r = \frac{1-\lambda}{\lambda}\alpha^2 + \frac{1-\mu}{\mu}\beta^2.$$

On en déduit

$$\lambda = \frac{p - r}{p}, \quad \mu = \frac{q - r}{q}, \quad 1 - \lambda = \frac{r}{p}, \quad 1 - \mu = \frac{r}{q}.$$

Substituons ces valeurs dans l'égalité

$$\frac{1 - \lambda}{\lambda} \alpha^2 + \frac{1 - \mu}{\mu} \beta^2 = r;$$

on trouvera que les coordonnées α, β d'un foyer de la surface satisfont à l'équation

$$\frac{\alpha^2}{p - r} + \frac{\beta^2}{q - r} = 1.$$

Donc il existe, dans le plan principal xy, une infinité de foyers de la surface situés sur la conique

$$\frac{x^2}{p - r} + \frac{y^2}{q - r} = 1.$$

Si on fait subir les mêmes transformations aux équations

$$(x - \alpha)^2 + (y - \beta)^2 + (z - \gamma)^2 = \lambda (x - k)^2 + \nu (z - g)^2,$$
$$(x - \alpha)^2 + (y - \beta)^2 + (z - \gamma)^2 = \mu (y - h)^2 + \nu (z - g)^2,$$

on arrivera au résultat suivant :

Le lieu des foyers d'une surface à centre du second ordre est composé de trois coniques situées dans les plans principaux et représentées par les équations

$$z = 0, \qquad \frac{x^2}{p - r} + \frac{y^2}{q - r} = 1;$$

$$y = 0, \qquad \frac{x^2}{p - q} + \frac{z^2}{r - q} = 1;$$

$$x = 0, \qquad \frac{y^2}{q - p} + \frac{z^2}{r - p} = 1.$$

Parmi les foyers réels de la surface, on distingue les foyers dont la directrice est l'intersection de deux plans réels et ceux dont la directrice est l'intersection de deux plans imaginaires ; on désigne les premiers sous le nom de *foyers de première espèce*, les autres sous le nom de *foyers de seconde espèce*.

Dans chaque cas, la directrice est l'intersection des plans réels ou imaginaires

$$\lambda(x-k)^2+\mu(y-h)^2=0,\qquad \lambda(x-k)^2+\nu(z-g)^2=0,$$
$$\mu(x-h)^2+\nu(z-g)^2=0.$$

Les coordonnées du pied de cette droite sur les plans principaux peuvent s'exprimer en fonction de α, β, γ de la manière suivante :

$$z=0,\qquad k=\frac{p\alpha}{p-r},\qquad h=\frac{q\beta}{q-r};$$

$$y=0,\qquad k=\frac{p\alpha}{p-q},\qquad g=\frac{r\gamma}{r-q};$$

$$x=0,\qquad h=\frac{q\beta}{q-p},\qquad g=\frac{r\gamma}{r-p}.$$

On en tire

$$\frac{k\sqrt{p-r}}{p}=\frac{\alpha}{\sqrt{p-r}},\qquad \frac{h\sqrt{q-r}}{q}=\frac{\beta}{\sqrt{q-r}};$$

en élevant au carré et ajoutant, il viendra, pour l'équation du lieu de la trace de la directrice sur xy,

$$k^2\frac{p-r}{p^2}+h^2\frac{q-r}{q^2}=1.$$

Les directrices formeront une surface cylindrique ayant pour base cette conique; on l'appelle *cylindre directeur*. Il y aura un cylindre analogue pour chaque conique focale.

249. *Les ombilics de la surface appartiennent aux lignes focales.* En effet, nous avons trouvé précédemment, pour les coordonnées des ombilics des surfaces à centre, les expressions

$$y=0,\qquad x=\pm\sqrt{\frac{p(p-q)}{p-r}},\qquad y=\pm\sqrt{\frac{r(q-r)}{p-r}},$$

lorsque $p>q>r$. Il est facile de vérifier qu'elles satisfont à l'équation de la ligne focale du plan des xz

$$\frac{x^2}{p-q}+\frac{z^2}{r-q}=1.$$

250. *Le pied de la directrice d'un foyer* (α, β, γ) *est le pôle de la tangente en ce point à la ligne focale par rapport à la section principale.*

La polaire du point (k, h) par rapport à la courbe principale

$$\frac{x^2}{p} + \frac{y^2}{q} = 1,$$

est représentée par l'équation

$$\frac{kx}{p} + \frac{hy}{q} = 1,$$

ou bien, si on remplace k et h par leurs valeurs,

$$\frac{\alpha x}{p - r} + \frac{\beta y}{q - r} = 1\,;$$

c'est précisément l'équation de la tangente à la ligne focale du plan xy au point (α, β).

251. *La droite qui joint un foyer au pied de la directrice correspondante est normale à la ligne focale.*

Car, l'équation de la droite des points (α, β), (k, h) est de la forme

$$\frac{x - \alpha}{k - \alpha} = \frac{y - \beta}{h - \beta},$$

ou, en remplaçant k et h par leurs valeurs

$$\frac{x - \alpha}{\dfrac{\alpha}{p - r}} = \frac{y - \beta}{\dfrac{\beta}{q - r}}\,;$$

cette équation représente aussi la normale au point (α, β) de la conique focale du plan des xy.

252. *Le plan mené par un foyer et la directrice correspondante rencontre la surface suivant une conique qui a pour foyer et pour directrice ce point et cette droite.*

En effet, si on prend, pour le plan des xy, le plan passant par le foyer (α, β, γ) et sa directrice, l'équation de la surface sera de la forme

$$(x - \alpha)^2 + (y - \beta)^2 + z^2 = \mathrm{PQ}$$

où les fonctions linéaires P et Q doivent se réduire à une même expression

$ax + by + c$ pour $z = 0$, puisque ces plans recontrent le plan xy suivant la même droite. Il s'ensuit que la conique d'intersection dans xy sera déterminée par une équation de la forme

$$(x - \alpha)^2 + (y - \beta)^2 = (ax + by + c)^2$$

qui représente une courbe du second ordre ayant pour foyer (α, β), et pour directrice $ax + by + c = 0$.

253. *Un cône circonscrit à la surface et dont le sommet est un point de la ligne focale est de révolution.*

Pour le démontrer, plaçons l'origine au foyer (α, β, γ) et faisons passer le plan des xy par la directrice correspondante ; l'équation de la surface sera

$$(s) \qquad x^2 + y^2 + z^2 = \mathrm{PQ},$$

où P et Q désignent des polynômes de la forme

$$\mathrm{P} = ax + by + nz + c, \qquad \mathrm{Q} = ax + by + n'z + c.$$

Nous avons vu, précédemment, que l'équation du cône circonscrit à $f(x, y, z, t) = 0$ est de la forme

$$4f(x', y', z', t')f(x, y, z, t) - (x'f'_x + y'f'_y + z'f'_z + t'f'_t)^2 = 0.$$

Si on applique cette équation au cas actuel en posant $x' = y' = z' = 0$, il viendra, pour le cône circonscrit à la surface (s),

$$4c^2(x^2 + y^2 + z^2 - \mathrm{PQ}) + c^2(\mathrm{P} + \mathrm{Q})^2 = 0,$$

ou bien,

$$4(x^2 + y^2 + z^2) + (\mathrm{P} - \mathrm{Q})^2 = 0,$$

et, finalement,

$$4(x^2 + y^2) + 4z^2 + (n - n')^2 z^2 = 0.$$

Cette dernière équation définit un cône de révolution, les coefficients de x^2 et de y^2 étant égaux ; son axe est perpendiculaire au plan passant par le foyer et la directrice correspondante.

254. Appliquons maintenant les équations qui précèdent à la recherche des lignes focales dans chacune des trois surfaces à centre.

1° *Ellipsoïde.* L'équation de cette surface étant

$$\frac{x^2}{a^2}+\frac{y^2}{b^2}+\frac{z^2}{c^2}=1,$$

on trouvera, pour les lignes focales,

$$z=0,\quad \frac{x^2}{a^2-c^2}+\frac{y^2}{b^2-c^2}=1;\quad \lambda=\frac{a^2-c^2}{a^2},\quad \mu=\frac{b^2-c^2}{b^2};$$

$$y=0,\quad \frac{x^2}{a^2-b^2}+\frac{z^2}{c^2-b^2}=1;\quad \lambda=\frac{a^2-b^2}{a^2},\quad \nu=\frac{c^2-b^2}{c^2};$$

$$x=0,\quad \frac{y^2}{b^2-a^2}+\frac{z^2}{c^2-a^2}=1;\quad \mu=\frac{b^2-a^2}{b^2},\quad \nu=\frac{c^2-a^2}{c^2}.$$

Si $a>b>c$, la première est une ellipse réelle dans le plan des xy, et les foyers sont de seconde espèce puisque λ et μ ont le même signe; la seconde est une hyperbole dans le plan des xz, et les foyers sont de première espèce; la troisième est une ellipse imaginaire.

2° *Hyperboloïde à une nappe :* $\dfrac{x^2}{a^2}+\dfrac{y^2}{b^2}-\dfrac{z^2}{c^2}=1.$

Les équations des coniques focales sont :

$$z=0,\quad \frac{x^2}{a^2+c^2}+\frac{y^2}{b^2+c^2}=1;\quad \lambda=\frac{a^2+c^2}{a^2},\quad \mu=\frac{b^2+c^2}{b^2};$$

$$y=0,\quad \frac{x^2}{a^2-b^2}-\frac{z^2}{b^2+c^2}=1;\quad \lambda=\frac{a^2-b^2}{a^2},\quad \nu=\frac{b^2+c^2}{c^2};$$

$$x=0,\quad \frac{y^2}{b^2-a^2}-\frac{z^2}{c^2+a^2}=1;\quad \mu=\frac{b^2-a^2}{b^2},\quad \nu=\frac{a^2+c^2}{c^2}.$$

La première est une ellipse réelle, et les foyers sont de seconde espèce; la seconde est une hyperbole et les foyers sont aussi de seconde espèce; la troisième est une ellipse imaginaire.

3° *Hyperboloïde à deux nappes :* $\dfrac{x^2}{a^2}-\dfrac{y^2}{b^2}-\dfrac{z^2}{c^2}=1.$

On trouvera pour les lignes focales

$$z=0,\quad \frac{x^2}{a^2+c^2}+\frac{y^2}{c^2-b^2}=1;\quad \lambda=\frac{a^2+c^2}{a^2},\quad \mu=-\frac{c^2-b^2}{b^2};$$

$$y = 0, \quad \frac{x^2}{a^2 + b^2} + \frac{z^2}{b^2 - c^2} = 1; \quad \lambda = \frac{a^2 + b^2}{a^2}, \quad \nu = -\frac{b^2 - c^2}{c^2};$$

$$x = 0, \quad \frac{y^2}{a^2 + b^2} + \frac{z^2}{a^2 + c^2} = -1; \quad \mu = \frac{a^2 + b^2}{b^2}, \quad \nu = \frac{a^2 + c^2}{c^2}.$$

Si $b > c$, la première est une hyperbole et les foyers sont de seconde espèce; la seconde est une ellipse et les foyers sont de première espèce; la troisième est une ellipse imaginaire.

On peut remarquer que dans les trois surfaces à centre, il y a toujours une ligne focale qui est imaginaire; l'hyperboloïde à une nappe n'a que des foyers de seconde espèce; dans les deux autres surfaces à centre, les foyers de première espèce appartiennent au plan principal perpendiculaire aux plans cycliques.

255. *Lignes focales du cône.* Soit le cône réel représenté par l'équation

$$\frac{x^2}{a^2} + \frac{y^2}{b^2} - \frac{z^2}{c^2} = 0;$$

ses lignes focales seront

$$z = 0, \quad \frac{x^2}{a^2 + c^2} + \frac{y^2}{b^2 + c^2} = 0; \quad \lambda = \frac{a^2 + c^2}{a^2}, \quad \mu = \frac{b^2 + c^2}{b^2};$$

$$y = 0, \quad \frac{x^2}{a^2 - b^2} - \frac{z^2}{b^2 + c^2} = 0; \quad \lambda = \frac{a^2 - b^2}{a^2}, \quad \nu = \frac{b^2 + c^2}{c^2};$$

$$x = 0, \quad \frac{y^2}{b^2 - a^2} - \frac{z^2}{a^2 + c^2} = 0; \quad \mu = \frac{b^2 - a^2}{b^2}, \quad \nu = \frac{a^2 + c^2}{c^2}.$$

Si $a > b$, on voit que le cône n'admet qu'une conique focale réelle qui se compose de deux droites dans le plan principal des xz, et les foyers correspondants sont de seconde espèce.

On peut démontrer facilement que les lignes focales sont perpendiculaires aux plans cycliques du cône réciproque. On appelle ainsi le cône formé par les perpendiculaires élevées au sommet sur tous les plan tangents au cône donné.

Or, la perpendiculaire au plan tangent au point $(x'y'z')$ de ce dernier est représenté par les équations

$$\frac{x}{\frac{x'}{a^2}} = \frac{y}{\frac{y'}{b^2}} = -\frac{z}{\frac{z'}{c^2}};$$

en désignant par m la valeur commune de ces rapports, on en déduit

$$ax = m\frac{x'}{a}, \quad by = m\frac{y'}{b}, \quad cz = -m\frac{z'}{c};$$

par suite

$$a^2x^2 + b^2y^2 - c^2z^2 = 0$$

sera l'équation du lieu des perpendiculaires, c'est-à-dire du cône réciproque. Les plans cycliques de cette surface ont pour équation

$$x^2(a^2 - b^2) - z^2(b^2 + c^2) = 0;$$

si on la compare avec celle des lignes focales réelles

$$\frac{x^2}{a^2 - b^2} - \frac{z^2}{b^2 + c^2} = 0,$$

il est visible que la condition de perpendicularité est satisfaite.

256. *Génération des surfaces à centre.* Si dans l'équation

$$(x - \alpha)^2 + (y - \beta)^2 + (z - \gamma)^2 = \mathrm{LM}.$$

Les plans L et M sont réels, on peut écrire

$$(x - \alpha)^2 + (y - \beta)^2 + (z - \gamma)^2 = \lambda(x - k)^2 - \mu(y - h)^2.$$

Le premier membre représente la distance d'un point N (x, y, z) de la surface au foyer F (α, β, γ); le second, divisé par $\lambda + \mu$, est égal au produit des perpendiculaires abaissées du point N sur les plans L et M. Si on désigne par NP et NQ ces perpendiculaires, l'équation précédente revient à

$$\overline{\mathrm{NF}}^2 = (\lambda + \mu)\mathrm{NP}\cdot\mathrm{NQ};$$

d'où

$$\frac{\overline{\mathrm{NF}}^2}{\mathrm{NP}\cdot\mathrm{NQ}} = \lambda + \mu = \text{constante}.$$

Ainsi, *la surface peut être considérée comme le lieu des points tels que le carré de la distance de chacun d'eux à un point fixe est dans un rapport constant avec le produit des distances de ce point à deux plans fixes.*

En second lieu, supposons que les plans L et M soient imaginaires et que l'on ait pour l'équation de la surface

$$(x-\alpha)^2+(y-\beta)^2+(z-\gamma)^2=\lambda(x-k)^2+\mu(y-h)^2.$$

Soit N (x', y', z') un point de cette surface. Menons par ce point un plan parallèle à l'axe des y et ayant pour équation

$$(p) \qquad z-z'=m(x-x');$$

il rencontrera la directrice correspondante à un foyer en un point dont les coordonnées seront déterminées par

$$(\mathrm{D}) \qquad x=k, \qquad y=h, \qquad z-z'=m(k-x').$$

Il en résulte que le carré de la distance du point N au précédent aura pour expression

$$\overline{\mathrm{ND}}^2=(x'-k)^2+(y'-h)^2+m^2(x'-k)^2=(1+m^2)(x'-k)^2+(y'-h)^2.$$

En posant $1+m^2=\frac{\lambda}{\mu}$, il viendra

$$\overline{\mathrm{ND}}^2=\frac{\lambda(x'-k)^2+\mu(y'-h)^2}{\mu}.$$

L'équation de la surface peut donc s'écrire sous la forme

$$\overline{\mathrm{NF}}^2=\overline{\mathrm{ND}}^2\cdot\mu;$$

par suite,

$$\frac{\mathrm{NF}}{\mathrm{ND}}=\sqrt{\mu}=\text{constante}.$$

On peut vérifier facilement que la quantité

$$m=\sqrt{\frac{\lambda}{\mu}-1}$$

est réelle pour l'ellipsoïde et l'hyperboloïde à deux nappes, et représente la tangente de l'inclinaison des plans cycliques sur le plan des xy. Ainsi, dans l'ellipsoïde, $\lambda=\frac{a^2-c^2}{a^2}$, $\mu=\frac{b^2-c^2}{b^2}$; par suite,

$$m=\pm\frac{c}{a}\sqrt{\frac{a^2-b^2}{b^2-c^2}}.$$

Il en résulte ce second mode de génération : *La surface peut être considérée comme le lieu des points tels que leur distance à un foyer est dans une raison constante avec leur distance à la directrice, cette distance étant comptée parallèlement à un plan cyclique.*

§ 2. SURFACES HOMOFOCALES A CENTRE.

257. Considérons une surface à centre représentée par

$$(1) \qquad \frac{x^2}{a^2} + \frac{y^2}{b^2} + \frac{z^2}{c^2} = 1.$$

Si on désigne par λ un paramètre arbitraire, l'équation

$$(2) \qquad \frac{x^2}{a^2+\lambda} + \frac{y^2}{b^2+\lambda} + \frac{z^2}{c^2+\lambda} = 1$$

définit un système de surfaces à centre dont les axes sont dirigés suivant les mêmes droites; de plus, elles admettent les mêmes lignes focales, comme on peut facilement s'en convaincre en formant les équations de ces coniques. Les surfaces qui jouissent de ces propriétés se nomment *surfaces homofocales*.

Aussi longtemps que λ est positif, l'équation (2) représente un ellipsoïde réel. Supposons $a > b > c$ et $\lambda = -\mu^2$. Il viendra l'équation

$$(3) \qquad \frac{x^2}{a^2-\mu^2} + \frac{y^2}{b^2-\mu^2} + \frac{z^2}{c^2-\mu^2} = 1$$

qui représentera un ellipsoïde, si $\mu^2 < c^2$; un hyperboloïde à une nappe, si μ^2 est compris entre b^2 et c^2 ; un hyperboloïde à deux nappes, si μ^2 varie entre b^2 et a^2; un ellipsoïde imaginaire, si μ^2 est plus grand que a^2.

Supposons que μ^2 varie en se rapprochant de plus en plus de c^2 ; à la limite, lorsque $\mu^2 = c^2$, un des axes est nul dans la surface homofocale ; celle-ci se réduira à la conique focale

$$\frac{x^2}{a^2-c^2} + \frac{y^2}{b^2-c^2} = 1.$$

De même, si $\mu^2 = b^2$ la surface homofocale se réduit à la ligne focale

$$\frac{x^2}{a^2 - b^2} + \frac{z^2}{c^2 - b^2} = 1$$

située dans le plan des xz. On doit regarder les lignes focales comme étant des surfaces homofocales infiniment aplaties.

258. *Trois surfaces homofocales passent par chaque point de l'espace : un ellipsoïde, un hyperboloïde à une nappe et un hyperboloïde à deux nappes.*

Si on exprime que la surface (3) passe par un point $(x'y'z')$, on aura l'équation

$$\frac{x'^2}{a^2 - \mu^2} + \frac{y'^2}{b^2 - \mu^2} + \frac{z'^2}{c^2 - \mu^2} = 1,$$

ou bien, en développant,

$$(\mu^2-a^2)(\mu^2-b^2)(\mu^2-c^2) + x'^2(\mu^2-b^2)(\mu^2-c^2) + y'^2(\mu^2-a^2)(\mu^2-c^2) \\ + z'^2(\mu^2-b^2)(\mu^2-a^2) = 0.$$

Elle est du troisième degré en μ^2, et admet toujours trois racines réelles; car en substituant à μ^2 les quantités

$$-\infty,\ c^2,\ b^2,\ a^2,$$

les signes des résultats correspondants sont

$$-,\ +,\ -,\ +.$$

Il y a une racine plus petite que c^2 à laquelle correspondra un ellipsoïde; la racine comprise entre c^2 et b^2 donnera un hyperboloïde à une nappe, et la dernière racine un hyperboloïde à deux nappes. Soient μ', μ'', μ''' les racines, et $a'b'c'$, $a''b''c''$, $a'''b'''c'''$, les axes des trois surfaces. On aura les relations

$$(f)\quad \begin{aligned} a'^2 &= a^2 - \mu'^2, & b'^2 &= b^2 - \mu'^2, & c'^2 &= c^2 - \mu'^2; \\ a''^2 &= a^2 - \mu''^2, & b''^2 &= b^2 - \mu''^2, & c''^2 &= c^2 - \mu''^2; \\ a'''^2 &= a^2 - \mu'''^2, & b'''^2 &= b^2 - \mu'''^2, & c'''^2 &= c^2 - \mu'''^2. \end{aligned}$$

259. *Exprimer les coordonnées d'un point $(x'y'z')$ en fonction des axes des surfaces homofocales qui passent par ce point.*

Posons $a^2 - \mu^2 = \xi^2$; on aura

$$b^2 - \mu^2 = \xi^2 + b^2 - a^2, \qquad c^2 - \mu^2 = \xi^2 + c^2 - a^2,$$

et, en désignant par m^2 et n^2 les quantités positives $a^2 - b^2$, $a^2 - c^2$, il viendra finalement

$$a^2 - \mu^2 = \xi^2, \qquad b^2 - \mu^2 = \xi^2 - m^2, \qquad c^2 - \mu^2 = \xi^2 - n^2.$$

Substituons ces valeurs dans l'équation du troisième degré en μ^2 ; on aura

$$\xi^2 (\xi^2 - m^2)(\xi^2 - n^2) - x'^2 (\xi^2 - m^2)(\xi^2 - n^2) - y'^2 (\xi^2 - n^2)\xi^2 \\ - z'^2 (\xi^2 - m^2)\xi^2 = 0,$$

ou bien, en développant,

$$\xi^6 - \xi^4 (m^2 + n^2 + x'^2 + y'^2 + z'^2) + \xi^2 (m^2 n^2 + (m^2 + n^2) x'^2 \\ + n^2 y'^2 + m^2 z'^2) - m^2 n^2 x'^2 = 0.$$

Cette équation du troisième degré donnera trois racines réelles comme la précédente ; ces racines seront les axes a'^2, a''^2, a'''^2 des surfaces homofocales qui se rencontrent au point $(x'y'z')$.

Comme leur produit est égal au dernier terme de l'équation changé de signe, on aura

$$a'^2 a''^2 a'''^2 = m^2 n^2 x'^2, \quad \text{ou} \quad a'^2 a''^2 a'''^2 = (a^2 - b^2)(a^2 - c^2) x'^2.$$

Par une transformation analogue de l'équation en μ^2, on trouverait de la même manière les égalités

$$b'^2 b''^2 b'''^2 = (b^2 - a^2)(b^2 - c^2) y'^2, \quad c'^2 c''^2 c'''^2 = (c^2 - a^2)(c^2 - b^2) z'^2.$$

On en déduit, pour les formules cherchées,

$$x'^2 = \frac{a'^2 a''^2 a'''^2}{(a^2 - b^2)(a^2 - c^2)} = \frac{(a^2 - \mu'^2)(a^2 - \mu''^2)(a^2 - \mu'''^2)}{(a^2 - b^2)(a^2 - c^2)},$$

$$y'^2 = \frac{b'^2 b''^2 b'''^2}{(b^2 - a^2)(b^2 - c^2)} = \frac{(b^2 - \mu'^2)(b^2 - \mu''^2)(b^2 - \mu'''^2)}{(b^2 - a^2)(b^2 - c^2)},$$

$$z'^2 = \frac{c'^2 c''^2 c'''^2}{(c^2 - a^2)(c^2 - b^2)} = \frac{(c^2 - \mu'^2)(c^2 - \mu''^2)(c^2 - \mu'''^2)}{(c^2 - a^2)(c^2 - b^2)}.$$

L'équation en ξ^2 donne aussi l'égalité

$$x'^2 + y'^2 + z'^2 + m^2 + n^2 = a'^2 + a''^2 + a'''^2 ;$$

d'où

$$x'^2 + y'^2 + z'^2 = a'^2 + a^2 - \mu''^2 + a^2 - \mu'''^2 - a^2 + b^2 - a^2 + c^2,$$

ou bien

$$x'^2 + y'^2 + z'^2 = a'^2 + b''^2 + c'''^2.$$

Donc le carré du rayon vecteur du point $(x'y'z')$ est égal à la somme des carrés des trois axes a', b'', c''' appartenant aux trois surfaces homofocales qui passent par ce point.

260. *Deux surfaces homofocales se coupent à angle droit.*

Soient les deux surfaces

$$\frac{x^2}{a^2 - \mu'^2} + \frac{y^2}{b^2 - \mu'^2} + \frac{z^2}{c^2 - \mu'^2} = 1,$$

$$\frac{x^2}{a^2 - \mu''^2} + \frac{y^2}{b^2 - \mu''^2} + \frac{z^2}{c^2 - \mu''^2} = 1.$$

Un point quelconque (x, y, z) de leur intersection satisfait à l'équation

$$(f')\quad \frac{x^2}{(a^2 - \mu'^2)(a^2 - \mu''^2)} + \frac{y^2}{(b^2 - \mu'^2)(b^2 - \mu''^2)} + \frac{z^2}{(c^2 - \mu'^2)(c^2 - \mu''^2)} = 0$$

obtenue en retranchant les précédentes membre à membre. Les équations des plans tangents au point $(x'y'z')$ des deux surfaces sont de la forme

$$\frac{xx'}{a^2 - \mu'^2} + \frac{yy'}{b^2 - \mu'^2} + \frac{zz'}{c^2 - \mu'^2} = 1,$$

$$\frac{xx'}{a^2 - \mu''^2} + \frac{yy'}{b^2 - \mu''^2} + \frac{zz'}{c^2 - \mu''^2} = 1;$$

il seront perpendiculaires avec la condition

$$\frac{x'^2}{(a^2 - \mu'^2)(a^2 - \mu''^2)} + \frac{y'^2}{(b^2 - \mu'^2)(b^2 - \mu''^2)} + \frac{z'^2}{(c^2 - \mu'^2)\,c^2 - \mu''^2)} = 0.$$

Mais, d'après la relation (f'), cette condition est satisfaite; donc les surfaces se coupent à angle droit.

261. *Le lieu du pôle d'un plan fixe par rapport à un système de surfaces homofocales est une droite perpendiculaire à ce plan.*

L'équation du plan polaire d'un point $(x'y'z')$ relativement à la surface

$$\frac{x^2}{a^2-\mu^2}+\frac{y^2}{b^2-\mu^2}+\frac{z^2}{c^2-\mu^2}=1$$

est de la forme

$$\frac{xx'}{a^2-\mu^2}+\frac{yy'}{b^2-\mu^2}+\frac{zz'}{c^2-\mu^2}=1.$$

Identifions cette équation avec celle d'un plan fixe $lx+my+nz=p$: on aura les égalités

$$\frac{l}{p}=\frac{x'}{a^2-\mu^2},\quad \frac{m}{p}=\frac{y'}{b^2-\mu^2},\quad \frac{n}{p}=\frac{z'}{c^2-\mu^2};$$

d'où

$$\frac{px'}{l}=a^2-\mu^2,\qquad \frac{py'}{m}=b^2-\mu^2,\qquad \frac{pz'}{n}=c^2-\mu^2.$$

Il en résulte que les coordonnées du pôle satisfont aux équations

$$\frac{px}{l}-a^2=\frac{py}{m}-b^2=\frac{pz}{n}-c^2$$

qui déterminent une droite perpendiculaire au plan fixe.

Si le plan fixe est tangent à la surface homofocale

$$\frac{x^2}{a^2}+\frac{y^2}{b^2}+\frac{z^2}{c^2}=1,$$

le lieu du pôle de ce plan par rapport à toutes les surfaces du système sera la normale du point de contact.

262. *Trouver les axes d'une section centrale faite dans la surface homofocale (a', b', c') qui passe par le point* M *parallèlement au plan tangent en ce point.*

Les surfaces homofocales qui se coupent au point M sont orthogonales, de sorte que leurs plans tangents en ce point forment un système de trois plans rectangulaires, et le plan tangent en M à la surface (a', b', c') renfermera les normales aux deux autres; nous allons voir que ces normales sont parallèles aux axes de la section centrale parallèle au plan tangent.

En effet, deux directions conjuguées (α, β, γ), $(\alpha', \beta', \gamma')$ satisfont à la relation

$$\frac{\cos\alpha\cos\alpha'}{a'^2}+\frac{\cos\beta\cos\beta'}{b'^2}+\frac{\cos\gamma\cos\gamma'}{c'^2}=0;$$

mais les cosinus directeurs des normales aux surfaces $(a''b''c'')$, $(a'''b'''c''')$ ont pour valeurs

$$p''\frac{x'}{a''^2},\quad p''\frac{y'}{b''^2},\quad p''\frac{z'}{c''^2};$$

$$p'''\frac{x'}{a'''^2},\quad p'''\frac{y'}{b'''^2},\quad p'''\frac{z'}{c'''^2};$$

p'' et p''' sont les perpendiculaires abaissées du centre sur les plans tangents. Substituons ces quantités aux cosinus de la relation précédente : il viendra

$$\frac{x'^2}{a'^2a''^2a'''^2}+\frac{y'^2}{b'^2b''^2b'''^2}+\frac{z'^2}{c'^2c''^2c'''^2}=0,$$

équation qui est satisfaite par les coordonnées du point M, car si on retranche membre à membre les relations (N° 260)

$$\frac{x'^2}{a'^2a''^2}+\frac{y'^2}{b'^2b''^2}+\frac{z'^2}{c'^2c''^2}=0,$$

$$\frac{x'^2}{a'^2a'''^2}+\frac{y'^2}{b'^2b'''^2}+\frac{z'^2}{c'^2c'''^2}=0,$$

on aura

$$\frac{x'^2}{a'^2a''^2a'''^2}+\frac{y'^2}{b'^2b''^2b'''^2}+\frac{z'^2}{c'^2c''^2c'''^2}=0,$$

en observant que $a'''^2-a''^2=b'''^2-b''^2=c'''^2-c''^2$. Il en résulte que les normales sont parallèles à deux diamètres conjugués de la section, et, comme elles sont rectangulaires, elles seront parallèles aux axes.

Cela étant, si on désigne les axes cherchés par A′ et B′, on aura

$$\frac{1}{A'^2}=\frac{\cos^2\alpha}{a'^2}+\frac{\cos^2\beta}{b'^2}+\frac{\cos^2\gamma}{c'^2}=p''^2\left(\frac{x'^2}{a'^2a''^4}+\frac{y'^2}{b'^2b''^4}+\frac{z'^2}{c'^2c''^4}\right).$$

Mais, si on retranche membre à membre les relations

$$\frac{x'^2}{a'^2a''^2}+\frac{y'^2}{b'^2b''^2}+\frac{z'^2}{c'^2c''^2}=0,$$

$$\frac{x'^2}{a''^4}+\frac{y'^2}{b''^4}+\frac{z'^2}{c''^4}=\frac{1}{p''^2},$$

il vient

$$\frac{x'^2}{a'^2a''^4}+\frac{y'^2}{b'^2b''^4}+\frac{z'^2}{c'^2c''^4}=\frac{1}{p''^2(a'^2-a''^2)}.$$

On en déduit, par la comparaison, $A'^2=a'^2-a''^2$. On trouvera semblablement $B'^2=a'^2-a'''^2$.

De même, les axes des sections centrales faites dans les deux autres surfaces parallèlement à leur plan tangent seront

$$A''^2=a''^2-a'''^2,\quad B''^2=a''^2-a'^2;\quad A'''^2=a'''^2-a'^2,\quad B'''^2=a'''^2-a''^2.$$

263. *Trouver les perpendiculaires abaissées du centre sur les plans tangents au point d'intersection de trois surfaces homofocales.*

Le parallépipède construit sur A', B', p' est équivalent au parallélipipède construit sur les axes de la surface $(a'b'c')$. On aura donc l'équation

$$p'A'B'=a'b'c';$$

d'où

$$p'^2(a'^2-a''^2)(a'^2-a'''^2)=a'^2b'^2c'^2;$$

par suite

$$p'^2=\frac{a'^2b'^2c'^2}{(a'^2-a''^2)(a'^2-a'''^2)}.$$

On trouvera aussi

$$p''^2=\frac{a''^2b''^2c''^2}{(a''^2-a'''^2)(a''^2-a'^2)},\quad p'''^2=\frac{a'''^2b'''^2c'''^2}{(a'''^2-a'^2)(a'''^2-a''^2)}.$$

La comparaison de ces valeurs avec les expressions de x'^2, y'^2, z'^2 (N° 295) nous montre que le point M peut être considéré comme le centre d'un système de trois surfaces homofocales rapportées aux plans tangents rectangulaires, et passant par le centre du système primitif; elles sont tangentes aux plans principaux de ce dernier, et leurs axes sont respectivement a', a'', a''' ; b', b'', b'''; c', c'', c'''. Les quantités p', p'', p''' sont les coordonnées du centre des premières surfaces orthogonales par rapport aux plans principaux des trois autres.

264. *Les axes d'un cône circonscrit à une surface homofocale sont les normales aux surfaces homofocales qui passent par le sommet.*

Soient x', y', z' les coordonnées du sommet d'un cône circonscrit à la surface homofocale

$$\frac{x^2}{a^2}+\frac{y^2}{b^2}+\frac{z^2}{c^2}=1,$$

son équation est de la forme

$$\left(\frac{x'^2}{a^2}+\frac{y'^2}{b^2}+\frac{z'^2}{c^2}-1\right)\left(\frac{x^2}{a^2}+\frac{y^2}{b^2}+\frac{z^2}{c^2}-1\right)-\left(\frac{xx'}{a^2}+\frac{yy'}{b^2}+\frac{zz'}{c^2}-1\right)^2=0.$$

Posons, pour abréger,

$$\alpha'=\frac{x'^2}{a^2}+\frac{y'^2}{b^2}+\frac{z'^2}{c^2}-1,$$

et développons l'équation précédente. On aura

$$\frac{x^2}{a^2}\left(\alpha'-\frac{x'^2}{a^2}\right)+\frac{y^2}{b^2}\left(\alpha'-\frac{y'^2}{b^2}\right)+\frac{z^2}{c^2}\left(\alpha'-\frac{z'^2}{c^2}\right)-\frac{2y'z'}{b^2c^2}yz$$
$$-\frac{2x'z'}{a^2c^2}xz-\frac{2x'y'}{a^2b^2}xy+\cdots\cdots=0.$$

D'un autre côté, les cosinus directeurs de la normale à la surface $(a'b'c')$ sont $p'\frac{x'}{a'^2}$, $p'\frac{y'}{b'^2}$, $p'\frac{z'}{c'^2}$; nous allons voir qu'ils satisfont aux égalités (N° 168)

$$(k)\qquad \frac{A\lambda+B''\mu+B'\nu}{\lambda}=\frac{B''\lambda+A'\mu+B\nu}{\mu}=\frac{B'\lambda+B\mu+A''\nu}{\nu}=S$$

qui caractérisent les directions principales. En effet, en substituant, le premier rapport devient

$$S=\frac{a'^2}{x'}\left[\left(\alpha'-\frac{x'^2}{a^2}\right)\frac{x'}{a^2a'^2}-\frac{x'y'}{a^2b^2}\cdot\frac{y'}{b'^2}-\frac{x'z'}{a^2c^2}\cdot\frac{z'}{c'^2}\right],$$

ou

$$S = \frac{a'^2}{a^2}\left[\frac{\alpha'}{a'^2} - \left(\frac{x'^2}{a^2a'^2} + \frac{y'^2}{b^2b'^2} + \frac{z'^2}{c^2c'^2}\right)\right].$$

Mais, si on retranche membre à membre les équations

$$\alpha' = \frac{x'^2}{a^2} + \frac{y'^2}{b^2} + \frac{z'^2}{c^2} - 1,$$

$$0 = \frac{x'^2}{a'^2} + \frac{y'^2}{b'^2} + \frac{z'^2}{c'^2} - 1,$$

on trouve

$$\alpha' = (a'^2 - a^2)\left(\frac{x'^2}{a^2a'^2} + \frac{y'^2}{b^2b'^2} + \frac{z'^2}{c^2c'^2}\right);$$

par suite, la valeur précédente de S deviendra

$$S = \frac{\alpha'}{a^2 - a'^2},$$

et

$$S = -\left(\frac{x'^2}{a^2a'^2} + \frac{y'^2}{b^2b'^2} + \frac{z'^2}{c^2c'^2}\right).$$

Cette expression est symétrique et les autres rapports (k) auront la même valeur. Donc la normale à la surface $(a'b'c')$ sera une direction principale du cône. On verra de même que les normales aux surfaces $(a''b''c'')$, $(a'''b'''c''')$ sont les deux autres directions principales, et on aura aussi

$$S = \frac{\alpha'}{a^2 - a''^2}, \quad S = \frac{\alpha'}{a^2 - a'''^2}.$$

L'équation du cône circonscrit rapporté à ses axes sera de la forme

$$\frac{x^2}{a^2 - a'^2} + \frac{y^2}{a^2 - a''^2} + \frac{z^2}{a^2 - a'''^2} = 0.$$

265. *Deux cônes de même sommet sont circonscrits à deux surfaces homofocales* $(\alpha_1\beta_1\gamma_1)$, $(\alpha_2\beta_2\gamma_2)$; *trouver le segment intercepté sur une arête commune par un plan mené par le centre parallèlement au plan tangent à l'une des surfaces homofocales qui passent par le sommet commun.*

Les cônes rapportés aux normales des surfaces homofocales qui passent par leur sommet sont représentés par les équations

$$\frac{x^2}{a'^2-\alpha_1^2}+\frac{y^2}{a''^2-\alpha_1^2}+\frac{z^2}{a'''^2-\alpha_1^2}=0,$$

$$\frac{x^2}{a'^2-\alpha_2^2}+\frac{y^2}{a''^2-\alpha_2^2}+\frac{z^2}{a'''^2-\alpha_2^2}=0.$$

Soit D′ la distance cherchée, et x, y, z les coordonnées du point où le plan diamétral parallèle au plan tangent à la surface $(a'b'c')$ rencontre une arête commune. On aura

$$D'^2=x^2+y^2+z^2.$$

Mais la distance du sommet du cône au plan diamétral est égale à p', et si on suppose l'axe des x parallèle à p', on aura $x=p'$; par suite, les coordonnées du point (x, y, z) satisfont aux équations

$$\frac{y^2}{a''^2-\alpha_1^2}+\frac{z^2}{a'''^2-\alpha_1^2}=-\frac{p'^2}{a'^2-\alpha_1^2},$$

$$\frac{y^2}{a''^2-\alpha_2^2}+\frac{z^2}{a'''^2-\alpha_2^2}=-\frac{p'^2}{a'^2-\alpha_2^2}.$$

En résolvant ces égalités par rapport à y^2 et z^2, et substituant ensuite leurs valeurs dans l'expression de D'^2, on trouvera

$$D'^2=p'^2\left[\frac{a'^2a''^2(a'^2-a''^2)+a''^2a'''^2(a''^2-a'''^2)+a'''^2a'^2(a'''^2-a'^2)}{(a''^2-a'''^2)(a'^2-\alpha_1^2)(a'^2-\alpha_2^2)}\right].$$

Le numérateur est égal au produit

$$-(a''^2-a'''^2)(a'''^2-a'^2)(a'^2-a''^2),$$

tandis que p' a pour expression

$$p'^2=\frac{a'^2b'^2c'^2}{(a'^2-a''^2)(a'^2-a'''^2)}.$$

Par la substitution, il viendra pour la distance cherchée

$$D'^2=\frac{a'^2b'^2c'^2}{(a'^2-\alpha_1^2)(a'^2-\alpha_2^2)}.$$

De même, les segments D″, D‴ interceptés sur une arête commune des cônes par les plans diamétraux parallèles aux plans tangents aux surfaces homofocales $(a''b''c'')$, $(a'''b'''c''')$ seront déterminés par les formules

$$D''^2 = \frac{a''^2 b''^2 c''^2}{(a''^2 - \alpha_1^2)(a''^2 - \alpha_2^2)}, \quad D'''^2 = \frac{a'''^2 b'''^2 c'''^2}{(a'''^2 - \alpha_1^2)(a'''^2 - \alpha_2^2)}.$$

266. Supposons que les surfaces homofocales $(\alpha_1\beta_1\gamma_1)$, $(\alpha_2\beta_2\gamma_2)$ enveloppées par les cônes se réduisent aux lignes focales réelles de l'ellipsoïde $(a'b'c')$ et dont les équations sont de la forme

$$\frac{x^2}{a'^2 - c'^2} + \frac{y^2}{b'^2 - c'^2} = 1, \qquad \frac{x^2}{a'^2 - b'^2} + \frac{z^2}{c'^2 - b'^2} = 1.$$

On aura $\alpha_1^2 = a'^2 - c'^2$, $\alpha_2^2 = a'^2 - b'^2$; par suite la distance D′ se réduit à a'.

D'où ce théorème : *Si par un point* M *de l'ellipsoïde on mène une droite qui s'appuie sur les lignes focales, le plan diamétral parallèle au plan tangent en* M *à la surface interceptera sur cette droite une longueur égale à l'axe majeur de l'ellipsoïde.*

Les plans menés par le centre parallèlement aux plans tangents des deux autres surfaces homofocales du point M détermineront aussi sur la même droite des longueurs égales à a'' et a'''.

267. *Construction des axes, étant donnés trois diamètres conjugués d'une surface du second ordre.* Soient OA, OB, OC trois demi-diamètres conjugués de la surface

$$\frac{x^2}{a'^2} + \frac{y^2}{b'^2} + \frac{z^2}{c'^2} = 1,$$

dont les demi-axes sont a', b', c'. Par l'extrémité C du troisième diamètre, menons un plan parallèle au plan des deux autres; il sera tangent à la surface. Connaissant les diamètres conjugués OA, OB de la section centrale du plan OAB, on peut déterminer les axes de cette section et, par suite, les valeurs des différences $a'^2 - a''^2$, $a'^2 - a'''^2$ (N° 262). Le point C est le centre de trois surfaces homofocales passant par le point O et tangentes aux plans principaux de la surface $(a'b'c')$. On peut construire les lignes focales de ce système; car on connaît les plans où elles se trouvent, ces plans étant déterminés par la normale en C et les parallèles menées par le point C aux axes de la section centrale; les axes des focales sont déterminés en direction et les carrés des longueurs de ces axes

$$a'^2 - a'''^2, \quad a''^2 - a'''^2; \quad a'^2 - a''^2, \quad a''^2 - a'''^2$$

se déduisent des quantités connues $a'^2 - a''^2$, $a'^2 - a'''^2$. Les cônes ayant pour sommet le centre O, et passant par les lignes focales vont se rencontrer suivant quatre droites; les plans principaux de ces cônes étant les plans tangents aux surfaces homofocales qui passent par le sommet, les directions des axes de la surface $(a'b'c')$ seront les intersections des six plans menés par les arêtes communes et combinés deux à deux; les longueurs des axes seront les segments déterminés sur les arêtes communes par les plans menés par le point C parallèlement aux plans principaux.

§ 3. LIGNES FOCALES ET SURFACES HOMOFOCALES DÉPOURVUES DE CENTRE.

268. Considérons d'abord le paraboloïde elliptique représenté par l'équation

$$(1) \qquad \frac{y^2}{p} + \frac{z^2}{q} - 2x = 0.$$

Si elle admet un foyer, il faut que l'équation de la surface puisse se ramener à l'une des formes

$$(2) \qquad (x-\alpha)^2 + (y-\beta)^2 + (z-\gamma)^2 = \lambda (x-k)^2 + \mu (y-h)^2,$$

$$(3) \qquad (x-\alpha)^2 + (y-\beta)^2 + (z-\gamma)^2 = \lambda (x-k)^2 + \nu (z-g)^2.$$

En développant, l'équation (2) devient

$$(2') \qquad (1-\lambda) x^2 + (1-\mu) y^2 + z^2 - 2(\alpha - \lambda k) x - 2(\beta - \mu h) y - 2\gamma z + \alpha^2 + \beta^2 + \gamma^2 - \lambda k^2 - \mu h^2 = 0.$$

Si on la compare avec (1), on aura les relations

$$1-\lambda = 0, \quad \gamma = 0, \quad \alpha^2 + \beta^2 = \lambda k^2 + \mu h^2,$$
$$p(1-\mu) = q = \alpha - \lambda k, \quad \beta - \mu h = 0.$$

On en tire

$$\lambda = 1, \quad \alpha^2 + \beta^2 = (\alpha - q)^2 + \frac{\beta^2}{\mu}, \quad \mu = \frac{p-q}{p};$$

par suite,

$$\beta^2 \left(1 - \frac{p}{p-q}\right) = -2q\alpha + q^2,$$

ou

$$\beta^2 = 2(p-q)\alpha - q(p-q).$$

Il en résulte que le paraboloïde admet une première ligne focale dans le plan des xy ayant pour équation

$$y^2 = (p-q)(2x-q);$$

c'est une parabole dont l'axe est dirigé suivant les x positifs si $p > q$; les foyers correspondants sont de seconde espèce, car on a

$$\lambda = 1, \quad \mu = \frac{p-q}{p}.$$

L'équation (3) étant développée devient

$$(1-\lambda)x^2 + y^2 + (1-\nu)z^2 - 2x(\alpha - \lambda k) - 2\beta y - 2z(\gamma - \nu g) \\ + \alpha^2 + \beta^2 + \gamma^2 - \lambda k^2 - \nu g^2 = 0,$$

et, par la comparaison avec (1), on trouve les relations

$$1 - \lambda = 0, \quad \beta = 0, \quad \alpha^2 + \gamma^2 = \lambda k^2 + \nu g^2, \\ p = q(1-\nu) = \alpha - \lambda k, \quad \gamma - \nu g = 0.$$

D'où

$$\lambda = 1, \quad \alpha^2 + \gamma^2 = (\alpha - p)^2 + \frac{\gamma^2}{\nu}, \quad \nu = \frac{q-p}{q};$$

par suite,

$$\gamma^2 = 2(q-p)\alpha - p(q-p).$$

Le paraboloïde admet une seconde ligne focale dans le plan principal xz; c'est la parabole représentée par l'équation

$$z^2 = (q-p)(2x-p);$$

les foyers correspondants sont de première espèce, car on a

$$\lambda = 1, \qquad \nu = \frac{q - p}{q},$$

et ces coefficients sont de signe différent si $p > q$.

Par le changement de q en $-q$ dans les équations précédentes, il viendra pour les lignes focales du paraboloïde hyperbolique

$$z = 0, \quad y^2 = (p + q)(2x + q); \quad \lambda = 1, \quad \mu = \frac{p + q}{p};$$

$$y = 0, \quad z^2 = -(p + q)(2x - p); \quad \lambda = 1, \quad \nu = \frac{p + q}{q}.$$

Ce sont deux paraboles et les foyers sont toujours de seconde espèce.

269. Lorsque les plans L et M sont réels dans l'équation

$$(x - \alpha)^2 + (y - \beta)^2 + (z - \gamma)^2 = \text{LM},$$

on peut appliquer au paraboloïde elliptique le même mode de génération qu'aux surfaces à centre. Si les plans sont imaginaires, la quantité m (N° 256) a pour valeur

$$m = \sqrt{\frac{\lambda}{\mu} - 1} = \sqrt{\frac{q}{p - q}};$$

elle est donc réelle si $p > q$; par suite, on peut appliquer au premier paraboloïde le second mode de génération des surfaces à centre.

Il n'en est plus ainsi pour le second paraboloïde, car on a

$$m = \sqrt{\frac{\lambda}{\mu} - 1} = \sqrt{\frac{-q}{p + q}},$$

et la quantité m est imaginaire. Dans ce cas, comptons la distance d'un point N $(x'y'z')$ de la surface à la directrice parallèlement au plan $z = ny$. Le plan

$$z - z' = n(y - y')$$

rencontrera la directrice en un point dont les coordonnées sont déterminées par les relations

$$\text{(D)} \qquad x = k, \quad y = h, \quad z - z' = n(h - y').$$

On aura pour la distance ND,

$$\overline{ND}^2 = (x'-k)^2 + (y'-h)^2 + n^2(y'-h)^2 = (x'-k)^2 + (1+n^2)(y'-h)^2.$$

Posons

$$1 + n^2 = \mu;$$

il viendra

$$\overline{ND}^2 = (x'-k)^2 + \mu(y'-h)^2,$$

et l'équation de la surface peut s'écrire

$$\overline{NF}^2 = \overline{ND}^2;$$

d'où

$$\frac{NF}{ND} = 1.$$

La quantité n est réelle et égale à

$$\sqrt{\mu - 1} = \sqrt{\frac{p+q}{p} - 1} = \sqrt{\frac{q}{p}},$$

et l'équation $z = ny$ devient

$$z = \pm\sqrt{\frac{q}{p}}\,y,$$

ou bien,

$$\frac{y^2}{p} - \frac{z^2}{q} = 0;$$

elle représente les plans directeurs de la surface.

Donc, *le paraboloïde hyperbolique peut être considéré comme le lieu des points tels que leur distance à un foyer est égale à leur distance à la directrice correspondante, cette dernière distance étant comptée parallèlement à un plan directeur.*

270. *Surfaces homofocales.* Soit le paraboloïde

$$(4) \qquad \frac{y^2}{p} + \frac{z^2}{q} - 2x = 0;$$

l'équation

$$(5) \qquad \frac{y^2}{p+\mu} + \frac{z^2}{q+\mu} - 2x - \mu = 0,$$

où μ est un paramètre arbitraire, définit un système de surfaces qui ont les mêmes lignes focales que la proposée ; on peut s'en convaincre en appliquant la méthode précédente. En particulier, les sections principales

$$y^2 = 2(p + \mu)x + \mu(p + \mu),$$
$$z^2 = 2(q + \mu)x + \mu(q + \mu)$$

ont les mêmes foyers que les sections principales du paraboloïde proposé ; car la première a son sommet sur l'axe des x une distance $-\frac{\mu}{2}$ de l'origine, et la distance du foyer à l'origine sera

$$\frac{p+\mu}{2} - \frac{\mu}{2} = \frac{p}{2}.$$

De même, la distance du foyer de la seconde à l'origine est $\frac{q}{2}$; les foyers de ces lignes coïncident donc avec ceux des paraboles principales de la surface proposée.

Les surfaces (5) sont toujours des paraboloïdes elliptiques excepté lorsque le paramètre μ varie entre p et q. Elles se coupent orthogonalement, car les plans tangents en un point $(x'y'z')$ de l'intersection des deux surfaces homofocales

$$\frac{y^2}{p+\mu_1} + \frac{z^2}{q+\mu_1} - 2x - \mu_1 = 0, \qquad \frac{y^2}{p+\mu_2} + \frac{z^2}{q+\mu_2} - 2x - \mu_2 = 0,$$

ayant pour équations

$$\frac{yy'}{p+\mu_1} + \frac{zz'}{q+\mu_1} - (x + x') - \mu_1 = 0,$$
$$\frac{yy'}{p+\mu_2} + \frac{zz'}{q+\mu_2} - (x + x') - \mu_2 = 0,$$

la condition de perpendicularité sera

$$\frac{y'^2}{(p+\mu_1)(p+\mu_2)} + \frac{z'^2}{(q+\mu_1)(q+\mu_2)} + 1 = 0;$$

or, si on retranche membre à membre les équations des surfaces, on obtient

$$\frac{x^2}{(p+\mu_1)(p+\mu_2)}+\frac{z^2}{(q+\mu_1)(q+\mu_2)}+1=0:$$

la condition de perpendicularité des plans tangents est satisfaite et les surfaces sont orthogonales.

Les surfaces homofocales dénuées de centre ont plusieurs propriétés communes avec les surfaces homofocales à centre; nous croyons inutile de répéter ici les démonstrations qui se trouvent au paragraphe précédent.

CHAPITRE XII.

SURFACES DU SECOND ORDRE.

(Coordonnées tétraédriques et tangentielles).

SOMMAIRE. — *Équation du second degré entre les coordonnées tétraédriques; centre, diamètre, plan tangent et plan polaire; cône circonscrit et cône asymptote; genre de la surface représentée par l'équation générale. — Équation du second degré en coordonnées tangentielles; passage de l'équation d'une surface du second ordre en coordonnées tangentielles à l'équation de la même surface en coordonnées cartésiennes, et réciproquement. — Formes particulières de l'équation, lorsque la surface est inscrite ou circonscrite à un tétraèdre, à un quadrilatère gauche; surface conjuguée au tétraèdre de référence.*

§ 1. ÉQUATION DU SECOND DEGRÉ EN COORDONNÉES TÉTRAÉDRIQUES.

271. L'équation générale et homogène du second degré entre les coordonnées tétraédriques est de la forme

$$(1)\quad \begin{aligned} a_{11}A^2 + a_{22}B^2 + a_{33}C^2 + a_{44}D^2 + 2a_{12}AB + 2a_{13}AC + 2a_{14}AD \\ + 2a_{23}BC + 2a_{24}BD + 2a_{34}CD = 0. \end{aligned}$$

Si on remplace les lettres A, B, C, D par les polynômes

$$x \cos \alpha_1 + y \cos \beta_1 + z \cos \gamma_1 - \pi_1 \quad \text{etc.},$$

elle sera aussi du second degré par rapport aux coordonnées cartésiennes; elle représente donc une surface du second ordre qui peut être quelconque puisqu'elle renferme neuf paramètres arbitraires. Réciproquement, les coordonnées d'un point qui se déplace sur une surface du second ordre donnée satisferont à une équation de la forme (1) ; car si on détermine les paramètres de l'équation en exprimant que la surface qu'elle représente satisfait à neuf conditions communes avec la surface donnée, l'équation ainsi obtenue sera la définition analytique de cette surface et, par suite, elle sera vérifiée par les coordonnées tétraédriques de l'un quelconque de ses points.

Afin d'abréger, nous écrirons simplement pour l'équation précédente : $F(A, B, C, D) = 0$; nous désignerons par F'_A, F'_B, F'_C, F'_D les dérivées partielles de F prises par rapport à chaque coordonnée; enfin, les expressions $F(A', B', C', D')$, $F'_{A\prime}$, $F'_{B\prime}$, $F'_{C\prime}$, $F'_{D\prime}$, indiqueront les valeurs de ces fonctions pour les coordonnées d'un point $(A'B'C'D')$ de l'espace.

272. *Trouver les coordonnées du centre de la surface* $F(A, B, C, D) = 0$. Soient A', B', C', D' les coordonnées inconnues du centre. Une droite menée par ce point sera définie par des équations de la forme

$$\frac{A - A'}{\lambda_1} = \frac{B - B'}{\lambda_2} = \frac{C - C'}{\lambda_3} = \frac{D - D'}{\lambda_4} = \rho,$$

les coefficients directeurs étant liés par la relation

$$(\alpha) \qquad a\lambda_1 + b\lambda_2 + c\lambda_3 + d\lambda_4 = 0.$$

On en déduit

$$A = A' + \lambda_1\rho, \quad B = B' + \lambda_2\rho, \quad C = C' + \lambda_3\rho, \quad D = D' + \lambda_4\rho.$$

Substituons ces valeurs dans l'équation de la surface; il viendra, en développant,

$$F(A', B', C', D') + \rho(\lambda_1 F'_{A\prime} + \lambda_2 F'_{B\prime} + \lambda_3 F'_{C\prime} + \lambda_4 F'_{D\prime}) \\ + \rho^2 F(\lambda_1, \lambda_2, \lambda_3, \lambda_4) = 0.$$

Cette équation du second degré détermine les valeurs de ρ qui se rapportent aux points d'intersection de la droite avec la surface ; mais, toute droite menée par le centre y est divisée en deux parties égales; par suite, les racines de l'équation doivent être égales et de signes contraires, et l'on doit avoir la relation

$$\lambda_1 F'_{A\prime} + \lambda_2 F'_{B\prime} + \lambda_3 F'_{C\prime} + \lambda_4 F'_{D\prime} = 0$$

quelle que soit la direction de la droite. En la comparant avec l'égalité (α), on trouve que les coordonnées du centre vérifient les équations

$$\frac{F'_{A'}}{a}=\frac{F'_{B'}}{b}=\frac{F'_{C'}}{c}=\frac{F'_{D'}}{d}.$$

Soit k la valeur commune de ces rapports; on aura les équations

$$\begin{aligned}
a_{11}A' + a_{12}B' + a_{13}C' + a_{14}D' - ka &= 0,\\
a_{21}A' + a_{22}B' + a_{23}C' + a_{24}D' - kb &= 0,\\
a_{31}A' + a_{32}B' + a_{33}C' + a_{34}D' - kc &= 0,\\
a_{41}A' + a_{42}B' + a_{43}C' + a_{44}D' - kd &= 0,\\
aA' + bB' + cC' + dD' &= -3V.
\end{aligned}$$

La surface aura un centre à une distance finie, si le déterminant

$$\begin{vmatrix}
a_{11} & a_{12} & a_{13} & a_{14} & -a\\
a_{21} & a_{22} & a_{23} & a_{24} & -b\\
a_{31} & a_{32} & a_{33} & a_{34} & -c\\
a_{41} & a_{42} & a_{43} & a_{44} & -d\\
a & b & c & d & 0
\end{vmatrix}$$

est plus grand ou plus petit que zéro; dans le cas contraire, le centre sera à l'infini.

Lorsque l'équation représente une surface conique, le centre étant sur la surface, on a $F(A', B', C', D')=0$. Or, des égalités précédentes on tire

$$\frac{F'_{A'}}{a}=\frac{F'_{B'}}{b}=\frac{F'_{C'}}{c}=\frac{F'_{D'}}{d}=\frac{A'F'_{A'}+B'F'_{B'}+C'F'_{C'}+D'F'_{D'}}{aA'+bB'+cC'+dD'}=\frac{2F(A', B', C', D')}{-3V};$$

par suite,

$$F'_{A'}=0,\qquad F'_{B'}=0,\qquad F'_{C'}=0,\qquad F'_{D'}=0.$$

Il en résulte que la condition pour que l'équation générale représente un cône sera

$$\begin{vmatrix}
a_{11} & a_{12} & a_{13} & a_{14}\\
a_{21} & a_{22} & a_{23} & a_{24}\\
a_{31} & a_{32} & a_{33} & a_{34}\\
a_{41} & a_{42} & a_{43} & a_{44}
\end{vmatrix}=0:$$

équation qui est le résultat de l'élimination des coordonnées A', B', C', D' entre les relations précédentes.

273. *Trouver l'équation du plan diamétral conjugué d'une direction donnée* $(\lambda_1 \lambda_2 \lambda_3 \lambda_4)$.

Menons dans la surface une corde MN parallèle à la direction donnée, et soient A', B', C', D' les coordonnées du milieu de la corde. On aura pour un point quelconque de cette droite

$$A = A' + \lambda_1\rho, \quad B = B' + \lambda_2\rho, \quad C = C' + \lambda_3\rho, \quad D = D' + \lambda_4\rho.$$

La substitution de ces valeurs dans $F(A, B, C, D) = 0$ conduit à l'équation

$$F(A', B', C', D') + \rho(\lambda_1 F'_{A'} + \lambda_2 F'_{B'} + \lambda_3 F'_{C'} + \lambda_4 F'_{D'}) + \rho^2 F(\lambda_1, \lambda_2, \lambda_3, \lambda_4) = 0$$

qui doit avoir des racines égales et de signes contraires, puisque le point (A'B'C'D') est le milieu de la corde ; ce qui exige que l'on ait

$$\lambda_1 F'_{A'} + \lambda_2 F'_{B'} + \lambda_3 F'_{C'} + \lambda_4 F'_{D'} = 0.$$

Comme nous avons considéré une corde quelconque, le lieu des milieux de toutes les cordes parallèles à la direction donnée sera le plan défini par l'équation

$$\lambda_1 F'_A + \lambda_2 F'_B + \lambda_3 F'_C + \lambda_4 F'_D = 0.$$

Les valeurs des dérivées pour les coordonnées du centre sont proportionnelles à a, b, c, d ; par suite, le résultat de la substitution de ces coordonnées dans l'équation précédente sera égal à

$$k(a\lambda_1 + b\lambda_2 + c\lambda_3 + d\lambda_4) ;$$

mais cette expression est nulle, en vertu de la relation qui existe entre les coefficients directeurs d'une droite ; donc, le plan diamétral passe par le centre de la surface.

274. *Plan tangent*. Soit M (A'B'C'D') un point de la surface $F(A, B, C, D) = 0$. Menons par ce point une droite ayant pour équations

$$A = A' + \lambda_1\rho, \quad B = B' + \lambda_2\rho, \quad C = C' + \lambda_3\rho, \quad D = D' + \lambda_4\rho.$$

Les points où elle rencontre la surface sont déterminés par

$$F(A', B', C', D') + \rho(\lambda_1 F'_{A'} + \lambda_2 F'_{B'} + \lambda_3 F'_{C'} + \lambda_4 F'_{D'}) + \rho^2 F(\lambda_1, \lambda_2, \lambda_3, \lambda_4) = 0;$$

mais $F(A', B', C', D') = 0$ puisque le point M est sur la surface; de plus, si on suppose que le second point d'intersection se rapproche indéfiniment du premier, à la limite, les deux valeurs de ρ sont nulles; par suite, les coefficients directeurs d'une tangente à la surface au point (A'B'C'D') doivent satisfaire à la relation

$$\lambda_1 F'_{A'} + \lambda_2 F'_{B'} + \lambda_3 F'_{C'} + \lambda_4 F'_{D'} = 0.$$

L'élimination des quantités $\lambda_1, \lambda_2, \lambda_3, \lambda_4$ au moyen des équations de la droite nous donne pour le plan tangent au point (A'B'C'D') de la surface

$$(A - A') F'_{A'} + (B - B') F'_{B'} + (C - C') F'_{C'} + (D - D') F'_{D'} = 0,$$

ou bien,

$$AF'_{A'} + BF'_{B'} + CF'_{C'} + DF'_{D'} = 0;$$

car, on sait que

$$A'F'_{A'} + B'F'_{B'} + C'F'_{C'} + D'F'_{D'} = 2F(A', B', C', D') = 0.$$

Si on identifie cette équation avec celle d'un plan donné

$$lA + mB + nC + pD = 0,$$

on arrive aux égalités

$$\frac{F'_{A'}}{l} = \frac{F'_{B'}}{m} = \frac{F'_{C'}}{n} = \frac{F'_{D'}}{p};$$

en désignant par k la valeur commune de ces rapports, il viendra

$$a_{11}A' + a_{12}B' + a_{13}C' + a_{14}D' - kl = 0,$$
$$a_{21}A' + a_{22}B' + a_{23}C' + a_{24}D' - km = 0,$$
$$a_{31}A' + a_{32}B' + a_{33}C' + a_{34}D' - kn = 0,$$
$$a_{41}A' + a_{42}B' + a_{43}C' + a_{44}D' - kp = 0.$$

De plus, le point de contact devant appartenir au plan donné, on a aussi

$$lA' + mB' + nC' + pD' = 0,$$

Si on élimine entre ces équations les coordonnées du point de contact, on arrivera à la condition pour que le plan donné touche la surface F (A, B, C, D) = 0; ce sera :

$$\begin{vmatrix} a_{11} & a_{12} & a_{13} & a_{14} & l \\ a_{21} & a_{22} & a_{23} & a_{24} & m \\ a_{31} & a_{32} & a_{33} & a_{34} & n \\ a_{41} & a_{42} & a_{43} & a_{44} & p \\ l & m & n & p & 0 \end{vmatrix} = 0.$$

275. *Le plan tangent rencontre la surface suivant deux droites réelles ou imaginaires.* Pour le démontrer, supposons que le sommet du tétraèdre où aboutissent les faces B, C, D appartienne à la surface, et prenons pour la face D le plan tangent en ce point. L'équation générale devant être satisfaite en posant B = C = D = 0, le coefficient a_{11} sera nul. Le plan tangent au point (A', 0, 0, 0) a pour équation

$$F'_A = 0, \quad \text{ou} \quad a_{11}A + a_{12}B + a_{13}C + a_{14}D = 0,$$

et comme il doit coïncider avec le plan D = 0, on aura $a_{12} = 0$, $a_{13} = 0$. Il en résulte que la surface rapportée à ce tétraèdre particulier sera représentée par une équation de la forme

$$a_{22}B^2 + a_{33}C^2 + a_{44}D^2 + a_{14}AD + a_{23}BC + a_{24}BD + a_{34}CD = 0.$$

L'intersection du plan tangent D avec la surface se composera des droites définies par les équations

$$D = 0, \quad a_{22}B^2 + a_{33}C^2 + a_{23}BC = 0.$$

D'après l'étude que nous avons faite des surfaces du second ordre, ces droites sont réelles pour l'hyperboloïde à une nappe et le paraboloïde hyperbolique ainsi que dans le cône et le cylindre où elles coïncident.

276. *Plan polaire.* Soit M (A'B'C'D') un point de l'espace. Menons par ce point une droite quelconque et désignons par A'', B'', C'', D'' les coordonnées d'un second point de la droite; celles d'un point quelconque de la même ligne seront données par les formules

$$A = \frac{A' + \lambda A''}{1 + \lambda}, \quad B = \frac{B' + \lambda B''}{1 + \lambda}, \quad C = \frac{C' + \lambda C''}{1 + \lambda}, \quad D = \frac{D' + \lambda D''}{1 + \lambda}.$$

Afin de déterminer les points où la droite rencontre la surface $F(A, B, C, D) = 0$, substituons ces valeurs dans cette dernière équation. On trouvera, en développant,

$$(h) \quad F(A', B', C', D') + \lambda (A''F'_{A_{\prime}} + B''F'_{B_{\prime}} + C''F'_{C_{\prime}} + D''F'_{D_{\prime}}) + \lambda^2 F(A'', B'', C'', D'') = 0.$$

Or, si le point $(A''B''C''D'')$ est le conjugué harmonique du point $(A'B'C'D')$ par rapport aux points d'intersection de la droite avec la surface, l'équation précédente doit donner des valeurs égales et de signes contraires pour λ ; par conséquent, on aura la relation

$$A''F'_{A_{\prime}} + B''F'_{B_{\prime}} + C''F'_{C_{\prime}} + D''F'_{D_{\prime}} = 0.$$

Comme la droite considérée est quelconque, le lieu du conjugué harmonique du point $(A'B'C'D')$ ou le plan polaire de ce point par rapport à la surface $F(A, B, C, D) = 0$ sera representé par l'équation

$$AF'_{A_{\prime}} + BF'_{B_{\prime}} + CF'_{C_{\prime}} + DF'_{D_{\prime}} = 0,$$

ou bien,

$$A'F'_{A} + B'F'_{B} + C'F'_{C} + D'F'_{D} = 0.$$

Il en résulte que le pôle d'un plan ayant pour équation

$$lA + mB + nC + pD = 0$$

sera déterminé par les égalités

$$\frac{F'_{A_{\prime}}}{l} = \frac{F'_{B_{\prime}}}{m} = \frac{F'_{C_{\prime}}}{n} = \frac{F'_{D_{\prime}}}{p}$$

auxquelles il faut joindre la relation $aA' + bB' + cC' + dD' = -3V$.

277. *Cône circonscrit.* Lorsque la droite menée du point $(A'B'C'D')$ est tangente à la surface $F(A, B, C, D) = 0$, l'équation (h) doit avoir des racines égales ; ce qui exige que l'on ait

$$(A''F'_{A_{\prime}} + B''F'_{B_{\prime}} + C''F'_{C_{\prime}} + D''F'_{D_{\prime}})^2 - 4F(A', B', C', D')\,F(A'', B'', C'', D'') = 0.$$

Cette équation sera satisfaite par les coordonnées d'un point variable d'une tangente quelconque issue du point (A'B'C'D'); le lieu de toutes les tangentes ou le cône circonscrit à la surface ayant pour sommet ce point sera défini par l'équation

$$(AF'_{A'} + BF'_{B'} + CF'_{C'} + DF'_{D'})^2 - 4F(A, B, C, D) F(A', B', C', D') = 0.$$

Si on remplace les quantités A', B', C', D' par les coordonnées du centre, elle représentera le cône asymptote qui sera réel ou imaginaire suivant le genre de la surface déterminée par l'équation.

On voit que la courbe de contact du cône circonscrit est la conique d'intersection du plan polaire $AF'_{A'} + BF'_{B'} + CF'_{C'} + DF'_{D'} = 0$ avec la surface $F(A, B, C, D) = 0$.

278. Pour déterminer l'espèce de surface représentée par une équation du second degré en coordonnées tétraédriques, on vérifiera d'abord si la surface admet un centre à une distance finie ou si le centre est à l'infini. Dans le premier cas, l'équation représentera un ellipsoïde, si le cône asymptote est imaginaire et l'un des deux hyperboloïdes si ce cône est réel; ce sera un hyperboloïde à une nappe ou à deux nappes suivant que les droites d'intersection du plan tangent avec la surface seront réelles ou imaginaires. Lorsque le centre est à l'infini, l'équation définit un paraboloïde elliptique ou hyperbolique suivant la nature de l'intersection du plan tangent.

Si l'équation du second degré ne renferme que trois coordonnées et se présente sous la forme

$$a_{22}B^2 + a_{33}C^2 + a_{44}D^2 + a_{23}BC + a_{24}BD + a_{34}CD = 0,$$

elle représente un cône dont le sommet coïncide avec le point d'intersection des faces B, C, D du tétraèdre; car la condition du N° 272 est satisfaite.

Toute équation à deux coordonnées, par exemple,

$$a_{22}B^2 + a_{33}C^2 + a_{23}BC = 0$$

représentera deux plans réels ou imaginaires passant par une arête du tétraèdre de référence.

§ 2. ÉQUATION DU SECOND DEGRÉ EN COORDONNÉES TANGENTIELLES.

279. Considérons d'abord l'équation générale du second degré en u, v et w qu'on peut écrire

$$(1)\quad f(u, v, w) = Au^2 + A'v^2 + A''w^2 + 2Bvw + 2B'wu + 2B''uv \\ + 2Bu + 2C'v + 2C''w + F = 0.$$

Nous allons démontrer qu'elle définit une surface à laquelle on peut mener deux plans tangents par une droite donnée. Soient $(u'v'w')$, $(u''v''w'')$ deux plans fixes qui se coupent suivant une certaine droite D ; un plan quelconque passant par D aura des coordonnées de la forme

$$u = \frac{u' + \lambda u''}{1 + \lambda}, \quad v = \frac{v' + \lambda v''}{1 + \lambda}, \quad w = \frac{w' + \lambda w''}{1 + \lambda}.$$

Substituons ces valeurs dans l'équation (1) : il viendra, en développant,

$$(\alpha)\quad f(u', v', w') + \lambda [u''f'_{u'} + v''f'_{v'} + w''f'_{w'} + 2(Cu' + C'v' \\ + C''w' + F)] + \lambda^2 f(u'' v'' w'') = 0.$$

Cette équation est du second degré en λ et ses racines correspondent aux plans tangents à la surface passant par l'intersection des plans fixes.

Ainsi, par une droite quelconque D on peut mener deux plans tangents. Une surface qui jouit de cette propriété est dite *de seconde classe;* l'équation (1) est la définition analytique des surfaces de seconde classe. En général, la classe d'une surface est donnée par le degré de son équation en coordonnées tangentielles.

L'équation (1) renferme neuf paramètres distincts; il faudra neuf conditions géométriques simples pour que la surface qu'elle représente soit complétement déterminée. Ainsi, une surface de seconde classe est déterminée par neuf plans tangents; car on aura, pour calculer les paramètres neuf équations du premier degré de la forme

$$Au_1^2 + A'v_1^2 + A''w_1^2 + 2Bv_1w_1 + 2B'u_1w_1 + 2B''u_1v_1 + 2Cu_1 \\ + 2C'v_1 + 2C''w_1 + F = 0;$$

elles donneront, en général, un seul système de valeurs finies et déterminées pour les inconnues $\frac{A}{F}$, $\frac{A'}{F'}$ etc.

280. *Équation du point de contact*. Si, parmi les deux plans $(u'v'w')$, $(u''v''w'')$, le premier est tangent à la surface, on a $f(u',v',w')=0$, et l'équation (α) s'abaisse au premier degré relativement à λ; ce qui veut dire qu'on ne peut plus mener par la droite D qu'un seul plan tangent à la surface distinct du plan $(u'v'w')$. Supposons que le plan $(u''v''w'')$ passe par le point de contact de $(u'v'w')$; leur droite d'intersection sera tangente à la surface et le second plan tangent coïncidera avec $(u'v'w')$; donc la seconde racine est nulle, et on doit avoir la relation

$$u''f'_{u'} + v''f'_{v'} + w''f'_{w'} + 2(\mathrm{C}u' + \mathrm{C}'v' + \mathrm{C}''w' + \mathrm{F}) = 0.$$

Cette équation sera satisfaite par les coordonnées d'un plan quelconque passant par le point de contact du plan tangent $(u'v'w')$; l'équation de ce point sera donc

$$uf'_{u'} + vf'_{v'} + wf'_{w'} + 2(\mathrm{C}u' + \mathrm{C}'v' + \mathrm{C}''w' + \mathrm{F}) = 0.$$

Afin d'introduire plus de symétrie dans les formules, on rend souvent l'équation (1) homogène en remplaçant les variables par les rapports $\frac{u}{r}$, $\frac{v}{r}$, $\frac{w}{r}$; il vient alors, en multipliant par r^2,

$$\begin{aligned} f(u, v, w, r) = \mathrm{A}u^2 + \mathrm{A}'v^2 + \mathrm{A}''w^2 + 2\mathrm{B}vw + 2\mathrm{B}'wu + 2\mathrm{B}''uv \\ + 2\mathrm{C}ur + 2\mathrm{C}'vr + 2\mathrm{C}''wr + \mathrm{F}r^2 = 0. \end{aligned}$$

Le point de contact, dans cette hypothèse, est représenté par l'équation

$$uf'_{u'} + vf'_{v'} + wf'_{w'} + rf'_{r'} = 0,$$

ou bien,

$$u'f'_u + v'f'_v + w'f'_w + r'f'_r = 0.$$

De même, l'équation homogène d'un point ayant pour coordonnées cartésiennes x, y, z, t sera de la forme

$$ux + vy + wz + rt = 0.$$

On passe des équations précédentes aux équations non homogènes en posant $r = t = 1$.

281. *Trouver la condition pour qu'une surface de seconde classe se réduise à une conique plane.*

L'équation du point de contact d'un plan tangent $(u'v'w't')$ à la surface $f(u\,v\,w\,r)=0$ peut s'écrire

$$u'(Au + B''v + B'w + Cr) + v'(B''u + A'v + Bw + C'r)$$
$$+ w'(B'u + Bv + A''w + C'') + t'(Cu + C'v + C''w + Fr) = 0,$$

avec la condition $f(u'.\,v', w', r')=0$. Mais, si on désigne par u_1, v_1, w_1, r_1 les coordonnées du plan de la conique, on aura la relation

$$u'(Au_1 + B''v_1 + B'w_1 + Cr_1) + v'(B''u_1 + A'v_1 + Bw_1 + C'r_1)$$
$$+ w'(B'u_1 + Bv_1 + A''w_1 + C''r_1) + t'(Cu_1 + C'v_1 + C''w_1 + Fr_1)=0;$$

elle sera satisfaite par toutes les valeurs de u', v', w', r' qui vérifient l'équation $f(u, v, w, r)=0$; ce qui exige que les coefficients de ces quantités soient nuls; par suite, on aura

$$Au_1 + B''v_1 + B'w_1 + Cr_1 = 0,$$
$$B''u_1 + A'v_1 + Bw_1 + C'r_1 = 0,$$
$$B'u_1 + Bv_1 + A''w_1 + C''r_1 = 0,$$
$$Cu_1 + C'v_1 + C''w_1 + Fr_1 = 0.$$

En éliminant u_1, v_1, w_1, r_1, il viendra, pour la condition cherchée,

$$\begin{vmatrix} A & B'' & B' & C \\ B'' & A' & B & C' \\ B' & B & A'' & C'' \\ C & C' & C'' & F \end{vmatrix} = 0.$$

282. *Trouver, en coordonnées cartésiennes, l'équation de la surface* $f(u, v, w, r)=0$.

Soit (u', v', w', r') un plan tangent dont le point de contact est représenté par

$$uf'_{u'} + vf'_{v'} + wf'_{w'} + rf'_{r'} = 0.$$

Si on désigne par x, y, z, t les coordonnées cartésiennes de ce point, on a aussi

$$ux + vy + wz + rt = 0.$$

En identifiant ces équations, ont arrive aux égalités

$$\frac{f'_{u'}}{x}=\frac{f'_{v'}}{y}=\frac{f'_{w'}}{z}=\frac{f'_{r'}}{t};$$

d'où on tire, en représentant par k la valeur commune de ces rapports,

$$\begin{aligned}
Au' + B''v' + B'w' + Cr' - kx &= 0,\\
B''u' + A'v' + Bw' + C'r' - ky &= 0,\\
B'u' + Bv' + A''w' + C''r' - kz &= 0,\\
Cu' + C'v' + C''w' + Fr' - kt &= 0.
\end{aligned}$$

De plus, le plan $(u'v'w'r')$ passe par le point $ux + vy + wz + rt = 0$, et, par conséquent, on doit avoir

$$u'x + v'y + w'z + r't = 0.$$

Éliminons u', v', w', r', k ; on trouvera l'équation

$$\begin{vmatrix} A & B'' & B' & C & x \\ B'' & A' & B & C' & y \\ B' & B & A'' & C'' & z \\ C & C' & C'' & F & t \\ x & y & z & t & 0 \end{vmatrix} = 0,$$

qui sera satifaite par les coordonnées cartésiennes d'un point quelconque de la surface de seconde classe; c'est l'équation demandée. Comme elle est du second degré, les surfaces de seconde classe sont aussi du second ordre.

Il s'ensuit que le point $lu + mv + nw + pr = 0$ appartiendra à la surface $f(u, v, w, r) = 0$, si on a la condition

$$\begin{vmatrix} A & B'' & B' & C & l \\ B'' & A' & B & C' & m \\ B' & B & A'' & C'' & n \\ C & C' & C'' & F & p \\ l & m & n & p & 0 \end{vmatrix} = 0.$$

283. *Étant donnée l'équation en coordonnées cartésiennes $f(x,y,z,t)=0$ d'une surface du second ordre, trouver l'équation de la même surface en coordonnées tangentielles.*

Si on exprime que les équations

$$xf'_{x'} + yf'_{y'} + zf'_{z'} + tf'_{t'} = 0,$$
$$ux + vy + wz + rt = 0,$$

représentent le même plan, on trouve les égalités

$$\frac{f'_{x'}}{u} = \frac{f'_{y'}}{v} = \frac{f'_{z'}}{w} = \frac{f'_{t'}}{r};$$

d'où on déduit

$$\begin{aligned} &Ax' + B''y' + B'z' + Ct' - ku = 0, \\ &B''x' + A'y' + Bz' + C't' - kv = 0, \\ &B'x' + By' + A''z' + C''t' - kw = 0, \\ &Cx' + C'y' + C''z' + Ft' - kr = 0. \end{aligned}$$

On arrive à l'équation demandée, en éliminant x', y', z', t', k entre ces équations et $ux' + vy' + wz' + rt' = 0$; ce qui donne

$$\begin{vmatrix} A & B'' & B' & C & u \\ B'' & A' & B & C' & v \\ B' & B & A'' & C'' & w \\ C & C' & C'' & F & r \\ u & v & w & r & 0 \end{vmatrix} = 0.$$

Il en résulte qu'un plan représenté par $lx + my + nz + pt = 0$ touchera la surface $f(x, y, z, t) = 0$, si on a la relation

$$\begin{vmatrix} A & B'' & B' & C & l \\ B'' & A' & B & C' & m \\ B' & B & A'' & C'' & n \\ C & C' & C'' & F & p \\ l & m & n & p & 0 \end{vmatrix} = 0.$$

284. *Trouver l'équation du pôle d'un plan $(u'v'w'r')$ par rapport à la surface $f(u, v, w, r) = 0$.*

Soit $(u''v''w''r'')$ un plan qui rencontre le premier suivant une certaine droite D. Les plans tangents à la surface menés par cette droite sont déterminés par l'équation

$$f(u', v', w', r') + \lambda(u''f'_{u'} + v''f'_{v'} + w''f'_{w'} + r''f'_{r'})$$
$$+ \lambda^2 f(u'', v'', w'', r'') = 0.$$

Supposons que la droite D soit tangente à la courbe d'intersection du plan $(u'v'w'r')$ avec la surface; les plans tangents qui passent par cette droite vont coïncider, et l'équation précédente admettant des racines égales, on aura la relation

$$(u''f'_{u'} + v''f'_{v'} + w''f'_{w'} + r''f'_{r'})^2 - 4f(u', v', w', r') \cdot f(u'', v'', w'', r'') = 0.$$

Il en résulte que les coordonnées d'un plan quelconque passant par une tangente à la conique d'intersection du plan $(u'v'w'r')$ vérifient l'équation

$$(uf'_{u'} + vf'_{v'} + wf'_{w'} + rf'_{r'})^2 - 4f(u, v, w, r) \cdot f(u', v', w', r') = 0.$$

Parmi ces plans, il y en a qui sont tangents à la surface et pour lesquels $f(u, v, w, r) = 0$; donc, ils passent par le point représenté par l'équation

$$uf'_{u'} + vf'_{v'} + wf'_{w'} + rf'_{r'} = 0.$$

Ainsi, les plans tangents à la surface suivant les points de la conique d'intersection du plan fixe $(u'v'w'r')$ passent par un même point; c'est le pôle de ce plan par rapport à la surface ou le sommet du cône circonscrit ayant pour base le plan donné.

Si on ordonne par rapport à u', v', w', r', l'équation du pôle peut encore s'écrire

$$u'f'_u + v'f'_v + w'f'_w + r'f'_r = 0.$$

285. *Trouver l'équation du centre de la surface* $f(u, v, w, r) = 0$.

Le centre d'une surface du second ordre est le pôle du plan à l'infini; or, si un plan $u'x + v'y + w'z + r't = 0$ rencontre les axes à l'infini, on a : $u' = 0$, $v' = 0$, $w' = 0$; l'équation du pôle de ce plan se réduit à

$$f'_r = 0, \text{ ou bien, } Cu + C'v + C''w + F = 0.$$

Il s'ensuit que les coordonnées cartésiennes du centre de la surface $f(u, v, w) = 0$ sont les coefficients de u, v et w divisés par $-2F$,

Lorsque $C=0$, $C'=0$, $C''=0$, le centre coïncide avec l'origine; par suite, l'équation tangentielle des surfaces de seconde classe rapportées à leur centre sera de la forme

$$Au^2+A'v^2+A''w^2+2Bvw+2B'uw+2B''uv+F=0.$$

Si $F=0$, le centre est à l'infini, et l'équation

$$Au^2+A'v^2+A''w^2+2Bvw+2B'wu+2B''uv+2Cu+2C'v+2C''w=0$$

représentera une surface dénuée de centre.

L'équation homogène

$$Au^2+A'v^2+A''w^2+2Bvw+2B'wu+2B''uv=0$$

définit une surface de seconde classe qui se réduit à une conique plane; car la condition du N° 281 est satisfaite.

286. Considérons maintenant l'équation générale du second degré entre les coordonnées tangentielles tétraédriques

$$F(A,B,C,D)=a_{11}A^2+a_{22}B^2+a_{33}C^2+a_{44}D^2+2a_{12}AB+2a_{13}AC$$
$$+2a_{14}AD+2a_{23}BC+2a_{24}BD+2a_{34}CD=0.$$

On sait que A, B, C, D représentent les distances d'un plan mobile à quatre points fixes

$$U=0,\quad V=0,\quad W=0,\quad T=0;$$

elles sont respectivement égales aux polynômes U, V, W, T divisés par $\sqrt{u^2+v^2+w^2}$. Il s'ensuit qu'en substituant aux coordonnées leurs valeurs, la fonction F sera du second degré en u, v et w; l'équation précédente détermine donc une surface de seconde classe qui peut être quelconque puisqu'elle renferme neuf paramètres arbitraires.

En répétant les raisonnements qui précèdent, on verra facilement que le point de contact d'un plan tangent (A'B'C'D') est réprésenté par l'équation

$$AF'_{A'}+BF'_{B'}+CF'_{C'}+DF'_{D'}=0$$

ou bien,

$$A'F'_A+B'F'_B+C'F'_C+D'F'_D=0.$$

Lorsque le plan est quelconque, la même équation représente le pôle de ce plan par rapport à la surface.

287. *Étant donnée l'équation tangentielle* F(A, B, C, D) = 0 *d'une surface de seconde classe, trouver son équation en coordonnées tétraédriques.*

Rappelons-nous que l'équation d'un point dont les coordonnées distances sont A_0, B_0, C_0, D_0 est de la forme

$$\frac{A_0}{h_1}A + \frac{B_0}{h_2}B + \frac{C_0}{h_3}C + \frac{D_0}{h_4}D = 0.$$

Exprimons que ce point coïncide avec le point de contact represcnté par

$$AF'_{A'} + BF'_{B'} + CF'_{C'} + DF'_{D'} = 0$$

il viendra les égalités

$$\frac{F'_{A'}}{\frac{A_0}{h_1}} = \frac{F'_{B'}}{\frac{B_0}{h_2}} = \frac{F'_{C'}}{\frac{C_0}{h_3}} = \frac{F'_{D'}}{\frac{D_0}{h_4}}.$$

D'où on tire, en remplaçant les dérivées par leurs valeurs et en égalant chaque rapport à k,

$$a_{11}A' + a_{12}B' + a_{13}C' + a_{14}D' - k\frac{A_0}{h_1} = 0,$$

$$a_{21}A' + a_{22}B' + a_{23}C' + a_{24}D' - k\frac{B_0}{h_2} = 0,$$

$$a_{31}A' + a_{32}B' + a_{33}C' + a_{34}D' - k\frac{C_0}{h_3} = 0,$$

$$a_{41}A' + a_{42}B' + a_{43}C' + a_{44}D' - k\frac{D_0}{h_4} = 0.$$

De plus, on a aussi

$$\frac{A_0}{h_1}A' + \frac{B_0}{h_2}B' + \frac{C_0}{h_3}C' + \frac{D_0}{h_4}D' = 0.$$

Éliminons A', B', C', D', k entre ces équations, et remplaçons les coordonnées distances A_0, B_0, C_0, D_0 par A, B, C, D. On aura pour l'équation demandée

$$\begin{vmatrix} a_{11} & a_{12} & a_{13} & a_{14} & \frac{A}{h_1} \\ a_{21} & a_{22} & a_{23} & a_{24} & \frac{B}{h_2} \\ a_{31} & a_{32} & a_{33} & a_{34} & \frac{C}{h_3} \\ a_{41} & a_{42} & a_{43} & a_{44} & \frac{D}{h_4} \\ \frac{A}{h_1} & \frac{B}{h_2} & \frac{C}{h_3} & \frac{D}{h_4} & 0 \end{vmatrix} = 0.$$

288. *Étant donnée l'équation* $F(A, B, C, D) = 0$ *d'une surface du second ordre en coordonnées distances, trouver son équation en coordonnées tangentielles.*

Le plan tangent en un point (A'B'C'D') de la surface est représenté par

$$AF'_{A'} + BF'_{B'} + CF'_{C'} + DF'_{D'} = 0.$$

D'un autre côté, si on désigne par A_0, B_0, C_0, D_0 les coordonnées tangentielles de ce plan, son équation peut s'écrire

$$\frac{A_0}{h_1}A + \frac{B_0}{h_2}B + \frac{C_0}{h_3}C + \frac{D_0}{h_4}D = 0.$$

En identifiant, on trouve les relations

$$\frac{F'_{A'}}{\frac{A_0}{h_1}} = \frac{F'_{B'}}{\frac{B_0}{h_2}} = \frac{F'_{C'}}{\frac{C_0}{h_3}} = \frac{F'_{D'}}{\frac{D_0}{h_4}};$$

d'où on déduit

$$a_{11}A' + a_{12}B' + a_{13}C' + a_{14}D' - k\frac{A_0}{h_1} = 0,$$

$$a_{21}A' + a_{22}B' + a_{23}C' + a_{24}D' - k\frac{B_0}{h_2} = 0,$$

$$a_{31}A' + a_{32}B' + a_{33}C' + a_{34}D' - k\frac{C_0}{h_3} = 0,$$

$$a_{41}A' + a_{42}B' + a_{43}C' + a_{44}D' - k\frac{D_0}{h_4} = 0.$$

De plus, on a aussi

$$\frac{A_0}{h_1}A' + \frac{B_0}{h_2}B' + \frac{C_0}{h_3}C' + \frac{D_0}{h_4}D' = 0.$$

Si on supprime l'indice aux coordonnées tangentielles, on trouve, en éliminant A′, B′, C′, D′, k, l'équation

$$\begin{vmatrix} a_{11} & a_{12} & a_{13} & a_{14} & \frac{A}{h_1} \\ a_{21} & a_{22} & a_{23} & a_{24} & \frac{B}{h_2} \\ a_{31} & a_{32} & a_{33} & a_{34} & \frac{C}{h_3} \\ a_{41} & a_{42} & a_{43} & a_{44} & \frac{D}{h_4} \\ \frac{A}{h_1} & \frac{B}{h_2} & \frac{C}{h_3} & \frac{D}{h_4} & 0 \end{vmatrix} = 0.$$

289. *Trouver l'équation du centre de la surface de seconde classe* F (A, B, C, D) = 0.

Soient A′, B′, C′, D′ les coordonnées d'un plan passant par le centre de la surface; menons deux plans tangents parallèlement au plan (A′B′C′D′). Si h est la distance de l'un d'eux au centre, les coordonnées $A' + h$, $B' + h$, $C' + h$, $D' + h$ doivent satisfaire à l'équation tangentielle F (A, B, C, D) = 0. On aura donc

$$F(A' + h,\quad B' + h,\quad C' + h,\quad D' + h) = 0,$$

ou bien, en développant,

$$F(A', B', C', D') + h(F'_{A'} + F'_{B'} + F'_{C'} + F'_{D'}) + h^2 F(1, 1, 1, 1) = 0.$$

Cette équation du second degré détermine les distances au centre des plans tangents parallèles à (A′B′C′D′); or, ces distances sont égales et de signes contraires; par suite, on doit avoir

$$F'_{A'} + F'_{B'} + F'_{C'} + F'_{D'} = 0.$$

Le plan (A′B′C′D′) mené par le centre étant quelconque, l'équation de ce point sera

$$F'_A + F'_B + F'_C + F'_D = 0.$$

§ 3. SURFACE INSCRITE ET CIRCONSCRITE A UN TÉTRAÈDRE, A UN QUADRILATÈRE GAUCHE; SURFACE CONJUGUÉE A UN TÉTRAÈDRE.

290. *Surface circonscrite au tétraèdre.* Si l'équation générale $F(A, B, C, D) = 0$ représente une surface passant par le sommet où aboutissent les faces B, C, D, elle doit être satisfaite en posant $B = 0$, $C = 0$, $D = 0$; par suite, le coefficient a_{11} sera nul. De même, si elle passe par les autres sommets, on aura aussi $a_{22} = 0$, $a_{33} = 0$, $a_{44} = 0$. L'équation de la surface circonscrite au tétraèdre ne renfermera que les produits des coordonnées et sera de la forme

$$a_{12}AB + a_{13}AC + a_{14}AD + a_{23}BC + a_{24}BD + a_{34}CD = 0.$$

L'équation en coordonnées tangentielles de la même surface sera (N° 288)

$$\begin{vmatrix} 0 & a_{12} & a_{13} & a_{14} & \frac{A}{h_1} \\ a_{21} & 0 & a_{23} & a_{24} & \frac{B}{h_2} \\ a_{31} & a_{32} & 0 & a_{34} & \frac{C}{h_3} \\ a_{41} & a_{42} & a_{43} & 0 & \frac{D}{h_4} \\ \frac{A}{h_1} & \frac{B}{h_2} & \frac{C}{h_3} & \frac{D}{h_4} & 0 \end{vmatrix} = 0.$$

Si on applique l'équation générale du plan tangent, on trouvera facilement pour les plans tangents à la surface aux sommets du tétraèdre

$$F'_A = 0, \quad F'_B = 0, \quad F'_C = 0, \quad F'_D = 0.$$

On peut démontrer qu'ils rencontrent les faces opposées du tétraèdre suivant quatre droites qui appartiennent à un même hyperboloïde. En effet, ces droites sont représentées par les équations

$$(1) \qquad A = 0, \qquad a_{12}B + a_{13}C + a_{14}D = 0;$$

$$(2) \qquad B = 0, \qquad a_{21}A + a_{23}C + a_{24}D = 0;$$

$$(3) \qquad C = 0, \qquad a_{31}A + a_{32}B + a_{34}D = 0;$$

$$(4) \qquad D = 0, \qquad a_{41}A + a_{42}B + a_{43}C = 0;$$

nous allons voir que toute droite qui rencontre trois d'entre elles rencontre aussi la quatrième. Les équations simultanées

$$(5) \qquad \begin{aligned} a_{12}B + a_{13}C + a_{14}D - \lambda A = 0, \\ a_{21}A + a_{23}C + a_{24}D - \mu B = 0, \end{aligned}$$

où λ et μ sont des coefficients indéterminés, définissent une droite quelconque qui rencontre les deux premières. Exprimons qu'elle rencontre la troisième, en égalant à zéro le déterminant des équations (5) et (3); il viendra

$$\begin{vmatrix} -\lambda & a_{12} & a_{13} & a_{14} \\ a_{21} & -\mu & a_{23} & a_{24} \\ a_{31} & a_{32} & 0 & a_{34} \\ 0 & 0 & 1 & 0 \end{vmatrix} = 0, \quad \text{ou} \quad \begin{vmatrix} -\lambda & a_{12} & a_{14} \\ a_{21} & -\mu & a_{24} \\ a_{31} & a_{32} & a_{34} \end{vmatrix} = 0.$$

Mais cette équation exprime aussi que la droite (5) rencontre la droite (4), comme il est facile de s'en assurer en égalant à zéro le déterminant des équations (4) et (5). Il en résulte que l'hyperboloïde engendré par une droite qui glisse sur (1), (2), (3) renfermera la droite (4).

291. *Surface inscrite au tétraèdre.* Si les faces du tétraèdre de référence sont tangentes à la surface de seconde classe $F(A, B, C, D) = 0$, cette équation doit être vérifiée par les coordonnées de chacune d'elles, c'est-à-dire, lorsque trois des quantités A, B, C, D sont nulles; ce qui exige que les coefficients $a_{11}, a_{22}, a_{33}, a_{44}$ des carrés des variables soient égaux à zéro; par conséquent, l'équation tangentielle de la surface inscrite au tétraèdre sera

$$a_{12}AB + a_{13}AC + a_{14}AD + a_{23}BC + a_{24}BD + a_{34}CD = 0.$$

La même surface sera représentée en coordonnées distances par l'équation (N° 287)

$$\begin{vmatrix} 0 & a_{12} & a_{13} & a_{14} & \frac{A}{h_1} \\ a_{21} & 0 & a_{23} & a_{24} & \frac{B}{h_2} \\ a_{31} & a_{32} & 0 & a_{34} & \frac{C}{h_3} \\ a_{41} & a_{42} & a_{43} & 0 & \frac{D}{h_4} \\ \frac{A}{h_1} & \frac{B}{h_2} & \frac{C}{h_3} & \frac{D}{h_4} & 0 \end{vmatrix} = 0.$$

Les points de contact des faces sur la surface auront pour équations

$$F'_A = 0, \quad F'_B = 0, \quad F'_C = 0, \quad F'_D = 0;$$

de sorte que les droites qui joignent ces points aux sommets opposés du tétraèdre seront définies par les équations

$$(1') \qquad A = 0, \qquad a_{12}B + a_{13}C + a_{14}D = 0;$$

$$(2') \qquad B = 0, \qquad a_{21}A + a_{23}C + a_{24}D = 0;$$

$$(3') \qquad C = 0, \qquad a_{31}A + a_{32}B + a_{34}D = 0;$$

$$(4') \qquad D = 0, \qquad a_{41}A + a_{42}B + a_{43}C = 0.$$

Si on reprend la démonstration du numéro précédent, on arrivera à ce résultat, que les quatre droites (1'), (2'), (3'), (4') appartiennent à un même hyperboloïde.

292. *Surface circonscrite à un quadrilatère.* Soit $\alpha\beta\gamma\delta$ unquadrilatère gauche dont les plans des angles sont représentés par

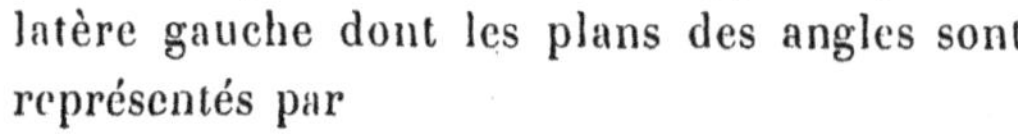

$$A = 0, \quad B = 0, \quad C = 0, \quad D = 0.$$

Fig. 36.

Ces plans forment un tétraèdre dont les arêtes différentes des côtés sont les diagonales du quadrilatère. L'équation générale des surfaces du second ordre passant par les côtés du quadrilatère gauche sera de la forme

$$AC + \lambda BD = 0$$

où λ est un paramètre arbitraire. En effet, elle est satisfaite en posant

$$A = 0, \quad B = 0;$$

$$A = 0, \quad D = 0;$$

$$C = 0, \quad B = 0;$$

$$C = 0, \quad D = 0;$$

par suite, les droites d'intersection de ces plans ou les côtés du quadrilatère appartiennent à la surface. Il n'en est pas ainsi pour les arêtes $\alpha\gamma$, $\beta\delta$ qui proviennent de l'intersection des plans A et C, B et D; car l'équation n'est pas satisfaite en posant

$$A = 0, \quad C = 0;$$

$$B = 0, \quad D = 0.$$

D'ailleurs, assujettir une surface à passer par ces droites, c'est l'assujettir à passer par les sommets du quadrilatère et un autre point de chaque côté afin que les droites aient trois points communs avec elle; il en résulte que la surface satisfait à huit conditions et l'équation précédente, qui renferme un coefficient indéterminé, sera l'équation la plus générale des surfaces passant par les côtés du quadrilatère.

Les équations du centre de la surface sont

$$\frac{C}{a} = \frac{\lambda D}{b} = \frac{A}{c} = \frac{\lambda B}{d};$$

d'où on tire

$$cC - aA = 0, \qquad dD - bB = 0,$$

ou bien,

$$\frac{A}{h_1} - \frac{C}{h_3} = 0, \qquad \frac{B}{h_2} - \frac{D}{h_4} = 0.$$

Ces deux équations sont satisfaites par les coordonnées des milieux des diagonales et représentent la droite qui joint ces points. Donc, *le lieu des centres des surfaces du second ordre circonscrites à un quadrilatère gauche est la droite qui passe par les milieux des diagonales.*

Si $A = 0$, $B = 0$, $C = 0$, $D = 0$ représentent les sommets du quadrilatère $\alpha\beta\gamma\delta$, l'équation tangentielle

$$AC + \lambda BD = 0$$

définit un système de surfaces passant par les côtés du quadrilatère; car tout plan mené par les points $A = 0$, $B = 0$ est un plan tangent, et, par suite, la droite $\alpha\beta$ est sur la surface; de même pour les autres côtés.

L'équation du centre est de la forme

$$C + A + \lambda(B + D) = 0;$$

quel que soit λ, il appartiendra à la droite des points $C + A = 0$, $B + D = 0$, c'est-à-dire, à la ligne qui réunit les milieux des diagonales.

293. *Surface conjuguée au tétraèdre.* On dit qu'un tétraèdre est conjugué à une surface du second ordre, lorsque chacun de ses sommets est le pôle de la face opposée par rapport à la surface. Supposons que la surface représentée par l'équation $F(A, B, C, D) = 0$ soit conjuguée au tétraèdre de référence; on sait que l'équation du plan polaire d'un point $(A'B'C'D')$ est de la forme

$$A'F'_A + B'F'_B + C'F'_C + D'F'_D = 0;$$

si le point coïncide avec le sommet $(A', 0, 0, 0)$, elle se réduit à

$$F'_A = 0, \quad \text{ou} \quad a_{11}A + a_{12}B + a_{13}C + a_{14}D = 0.$$

Mais, le tétraèdre étant conjugué à la surface, ce plan doit coïncider avec la face $A = 0$; par suite, on aura $a_{12} = 0$, $a_{13} = 0$, $a_{14} = 0$. En exprimant que les plans polaires des autres sommets sont les faces opposées, on trouvera $a_{23} = 0$, $a_{24} = 0$, $a_{34} = 0$. Il en résulte que l'équation de la surface rapportée à un tétraèdre conjugué sera de la forme

$$a_{11}A^2 + a_{22}B^2 + a_{33}C^2 + a_{44}D^2 = 0.$$

Le plan tangent en un point $(A'B'C'D')$ sera représenté par

$$a_{11}AA' + a_{22}BB' + a_{33}CC' + a_{44}DD' = 0.$$

Soient p_1, p_2, p_3, p_4 les coordonnées tangentielles de ce plan, on aura aussi

$$ap_1A + bp_2B + cp_3C + dp_4D = 0.$$

Si on exprime que ces équations représentent le même plan, il viendra les égalités

$$\frac{a_{11}A'}{ap_1} = \frac{a_{22}B'}{bp_2} = \frac{a_{33}C'}{cp_3} = \frac{a_{44}D'}{dp_4}.$$

En y ajoutant la relation

$$ap_1A' + bp_2B' + cp_3C' + dp_4D' = 0,$$

et en éliminant A', B', C', D', on trouve

$$\frac{a^2p_1^2}{a_{11}} + \frac{b^2p_2^2}{a_{22}} + \frac{c^2p_3^2}{a_{33}} + \frac{d^2p_4^2}{a_{44}} = 0.$$

Ainsi, l'équation en coordonnées tangentielles de la surface conjuguée au tétraèdre de référence sera de la forme

$$\alpha_{11}A^2 + \alpha_{22}B^2 + \alpha_{33}C^2 + \alpha_{44}D^2 = 0,$$

les coefficients α_{11}, α_{22}, α_{33}, α_{44} étant déterminés par les équations

$$a_{11}\alpha_{11} = a^2, \quad a_{22}\alpha_{22} = b^2, \quad a_{33}\alpha_{33} = c^2, \quad a_{44}\alpha_{44} = d^2.$$

294. *Déterminer le genre de la surface représentée par l'équation* $a_{11}A^2 + a_{22}B^2 + a_{33}C^2 + a_{44}D^2 = 0$.

Formons d'abord les équations du centre ; ce sont :

$$\frac{a_{11}A}{a} = \frac{a_{22}B}{b} = \frac{a_{33}C}{c} = \frac{a_{44}D}{d};$$

d'où

$$\frac{A}{\frac{a}{a_{11}}} = \frac{B}{\frac{b}{a_{22}}} = \frac{C}{\frac{c}{a_{33}}} = \frac{D}{\frac{d}{a_{44}}} = \frac{-3V}{\frac{a^2}{a_{11}} + \frac{b^2}{a_{22}} + \frac{c^2}{a_{33}} + \frac{d^2}{a_{44}}}.$$

Supposons d'abord que l'on ait :

$$\frac{a^2}{a_{11}} + \frac{b^2}{a_{22}} + \frac{c^2}{a_{33}} + \frac{d^2}{a_{44}} \lessgtr 0;$$

la surface aura un centre à une distance finie. Si deux coefficients sont négatifs, comme dans l'équation,

$$a_1^2A^2 - a_2^2B^2 + a_3^2C^2 - a_4^2D^2 = 0,$$

on peut écrire

$$(a_1A + a_2B)(a_1A - a_2B) + (a_3C + a_4D)(a_3C - a_4D) = 0.$$

Posons

$$T_1 = a_1A + a_2B, \qquad T_2 = a_1A - a_2B,$$
$$T_3 = a_3C + a_4D, \qquad T_4 = a_3C - a_4D;$$

l'équation précédente deviendra

$$T_1T_2 + T_3T_4 = 0.$$

On y satisfait par les deux systèmes suivants :

$$(g) \quad \begin{cases} T_1 = -\mu T_3; \\ T_4 = \mu T_2, \end{cases} \qquad (g') \quad \begin{cases} T_3 = -\nu T_2, \\ T_1 = \nu T_4. \end{cases}$$

Ces équations définissent deux systèmes de droites qui appartiennent à la surface. Il en résulte que l'équation proposée représentera toujours un hyperboloïde à une nappe, si deux coefficients sont négatifs. Les génératrices sont imaginaires, lorsque l'équation renferme un ou trois termes négatifs; la surface est alors un ellipsoïde ou un hyperboloïde à deux nappes suivant que le plan à l'infini donne une section imaginaire ou réelle.

La surface est dénuée de centre, si $\frac{a^2}{a_{11}} + \frac{b^2}{a_{22}} + \frac{c^2}{a_{33}} + \frac{d^2}{a_{44}} = 0$; ce sera un paraboloïde hyperbolique, lorsque deux coefficients seront négatifs, et un paraboloïde elliptique dans tous les autres cas.

Enfin, si l'un des coefficients est nul, on a une équation de la forme

$$a_{11}A^2 + a_{22}B^2 + a_{33}C^2 = 0;$$

la condition du N° 272 est satisfaite et la surface sera un cône dont le sommet coïncide avec le point d'intersection des faces A, B, C du tétraèdre.

295. *Lorsque deux tétraèdres sont conjugués à une même surface du second ordre, toute surface du second degré passant par sept sommets passera nécessairement par le huitième.*

Soient a, b, c, d; a', b', c', d', les sommets de deux tétraèdres conjugués à la surface

$$lA^2 + mB^2 + nC^2 + pD^2 = 0,$$

$A = 0$, $B = 0$, $C = 0$, $D = 0$, étant les faces opposées aux sommets

a, b, c, d. Si on désigne par $\alpha_1\alpha_2\alpha_3\alpha_4$, $\beta_1\beta_2\beta_3\beta_4$, $\gamma_1\gamma_2\gamma_3\gamma_4$, $\delta_1\delta_2\delta_3\delta_4$ les coordonnées des points a', b', c', d', les équations des faces du second tétraèdre ou les plans polaires des sommets seront de la forme

$$\begin{aligned}
A' &= lA\alpha_1 + mB\alpha_2 + nC\alpha_3 + pD\alpha_4 = 0,\\
B' &= lA\beta_1 + mB\beta_2 + nC\beta_3 + pD\beta_4 = 0,\\
C' &= lA\gamma_1 + mB\gamma_2 + nC\gamma_3 + pD\gamma_4 = 0,\\
D' &= lA\delta_1 + mB\delta_2 + nC\delta_3 + pD\delta_4 = 0,
\end{aligned}$$

avec les conditions

$$(k)\quad \begin{aligned}
&l\alpha_1\beta_1 + m\alpha_2\beta_2 + n\alpha_3\beta_3 + p\alpha_4\beta_4 = 0,\\
&l\alpha_1\gamma_1 + m\alpha_2\gamma_2 + n\alpha_3\gamma_3 + p\alpha_4\gamma_4 = 0,\\
&l\alpha_1\delta_1 + m\alpha_2\delta_2 + n\alpha_3\delta_3 + p\alpha_4\delta_4 = 0,\\
&l\beta_1\gamma_1 + m\beta_2\gamma_2 + n\beta_3\gamma_3 + p\beta_4\gamma_4 = 0,\\
&l\beta_1\delta_1 + m\beta_2\delta_2 + n\beta_3\delta_3 + p\beta_4\delta_4 = 0,\\
&l\gamma_1\delta_1 + m\gamma_2\delta_2 + n\gamma_3\delta_3 + p\gamma_4\delta_4 = 0,
\end{aligned}$$

qui expriment que le plan polaire d'un sommet passe par les trois autres.

Considérons une surface du second ordre circonscrite au tétraèdre $a'b'c'd'$ et représentée par l'équation

$$a_1A'B' + a_2A'C' + a_3A'D' + a_4B'C' + a_5B'D' + a_6C'D' = 0.$$

En substituant à A', B', C', D' leurs valeurs, les coefficients des carrés des variables A, B, C, D dans la nouvelle équation seront

$$\begin{aligned}
&l^2(a_1\alpha_1\beta_1 + a_2\alpha_1\gamma_1 + a_3\alpha_1\delta_1 + a_4\beta_1\gamma_1 + a_5\beta_1\delta_1 + a_6\gamma_1\delta_1),\\
&m^2(a_1\alpha_2\beta_2 + a_2\alpha_2\gamma_2 + a_3\alpha_2\delta_2 + a_4\beta_2\gamma_2 + a_5\beta_2\delta_2 + a_6\gamma_2\delta_2),\\
&n^2(a_1\alpha_3\beta_3 + a_2\alpha_3\gamma_3 + a_3\alpha_3\delta_3 + a_4\beta_3\gamma_3 + a_5\beta_3\delta_3 + a_6\gamma_3\delta_3),\\
&p^2(a_1\alpha_4\beta_4 + a_2\alpha_4\gamma_4 + a_3\alpha_4\delta_4 + a_4\beta_4\gamma_4 + a_5\beta_4\delta_4 + a_6\gamma_4\delta_4).
\end{aligned}$$

Pour simplifier, nous représenterons par S_1, S_2, S_3, S_4 les polynômes des parenthèses. Si on multiplie les équations (k) respectivement par $a_1, a_2, a_3, a_4, a_5, a_6$ et si on les ajoute membre à membre, il vient

$$(k')\quad lS_1 + mS_2 + nS_3 + pS_4 = 0.$$

Or, dans l'hypothèse où la surface circonscrite à $a'b'c'd'$ passe par trois sommets du premier, trois des coefficients S_1, S_2, S_3, S_4 sont nuls; la relation précédente montre que le quatrième sera aussi égal à zéro; donc, la surface renferme le huitième sommet.

Réciproquement, si on a l'identité (k'), c'est-à-dire, si toute surface du second ordre passant par sept sommets des deux tétraèdres $abcd$, $a'b'c'd'$ passe nécessairement par le huitième, ces tétraèdres seront conjugués à une même surface du second ordre; car, si on ordonne la relation (k') par rapport aux paramètres $a_1, a_2, a_3, a_4, a_5, a_6$, les coefficients de ces quantités seront nuls, puisqu'elle est satisfaite quels que soient les paramètres. On retrouve ainsi les équations (k) qui expriment que le plan polaire de l'un des sommets a', b', c', d' par rapport à la surface $lA^2 + mB^2 + nC^2 + pD^2 = 0$ renferme les trois autres; donc les deux tétraèdres sont conjugués à cette surface. Ainsi, *lorsque huit points sont tels que les surfaces du second ordre menées par sept d'entre eux passent nécessairement par le huitième, ces points partagés en deux groupes abcd, a'b'c'd' sont les sommets de deux tétraèdres conjugués à une même surface du second ordre* (Hesse).

296. Si on suppose que les équations précédentes renferment les coordonnées tangentielles, on arrive aux théorèmes suivants :

Toute surface du second ordre tangente à sept faces de deux tétraèdres conjugués à une même surface du second ordre touche nécessairement la huitième.

Réciproquement, *si huit plans, tels que toute surface du second ordre tangente à sept d'entre eux touche le huitième, sont partagés en deux groupes de quatre plans, ils formeront deux tétraèdres conjugués à une même surface du second ordre.*

CHAPITRE XIII.

THÉORÈMES ET EXERCICES SUR LES SURFACES DU SECOND ORDRE; LIEUX GÉOMÉTRIQUES.

§ 1. THÉORÈMES ET PROBLÈMES (COORDONNÉES CARTÉSIENNES).

1. Trouver la condition pour que le plan $lx + my + nz + p = 0$ touche la surface $\frac{x^2}{a^2} + \frac{y^2}{b^2} + \frac{z^2}{c^2} = 1$.

R. $$p^2 = a^2l^2 + b^2m^2 + c^2n^2.$$

2. Quelle est la longueur de la normale à l'ellipsoïde comprise entre son pied et le plan des xy?

Les équations de la normale sont

$$\frac{x - x'}{\frac{x'}{a^2}} = \frac{y - y'}{\frac{y'}{b^2}} = \frac{z - z'}{\frac{z'}{c^2}} = \lambda;$$

pour le point où elle rencontre le plan des xy, $z = 0$ et $\lambda = -c^2$; par suite

$$x - x' = -\frac{c^2x'}{a^2}, \quad y - y' = -\frac{c^2y'}{b^2}, \quad z' = \frac{c^2z'}{c^2}.$$

En élevant au carré et ajoutant, il vient pour la longueur cherchée

$$\mathrm{N} = \frac{c^2}{\mathrm{P}}.$$

3. Trouver un point de l'ellipsoïde tel que le plan tangent en ce point intercepte des longueurs égales sur les axes.

R. $$\frac{x}{a^2} = \frac{y}{b^2} = \frac{z}{c^2} = \frac{1}{\sqrt{a^2 + b^2 + c^2}}.$$

4. Trouver l'équation du plan mené par la normale au point $(x'y'z')$ et le centre de l'ellipsoïde.

R. $$a^2(b^2 - c^2)\frac{x}{x'} + b^2(c^2 - a^2)\frac{y}{y'} + c^2(a^2 - b^2)\frac{z}{z'} = 0.$$

5. Lieu du pied de la perpendiculaire abaissée du centre sur le plan tangent à l'ellipsoïde.

Soient x, y, z, les coordonnées du pied de la perpendiculaire P. On aura

$$x = P^2 \frac{x'}{a^2}, \quad y = P^2 \frac{y'}{b^2}, \quad z = P^2 \frac{z'}{c^2}, \quad P^2 = x^2 + y^2 + z^2;$$

d'où on déduit pour le lieu cherché

$$a^2x^2 + b^2y^2 + c^2z^2 = (x^2 + y^2 + z^2)^2.$$

6. Trois droites rectangulaires issues d'un même point restent tangentes à une surface du second ordre; trouver le lieu de leur point d'intersection.

Soient

$$\frac{x-x'}{\lambda} = \frac{y-y'}{\mu} = \frac{z-z'}{\nu}, \quad \frac{x-x'}{\lambda'} = \frac{y-y'}{\mu'} = \frac{z-z'}{\nu'}, \quad \frac{x-x'}{\lambda''} = \frac{y-y'}{\mu''} = \frac{z-z'}{\nu''}$$

trois droites rectangulaires issues du point $(x'y'z')$. Si on substitue dans l'équation

$$\frac{x^2}{a^2} + \frac{y^2}{b^2} + \frac{z^2}{c^2} = 1$$

les expressions $x = x' + \lambda\rho$, $y = y' + \mu\rho$, $z = z' + \nu\rho$, on trouve

$$\frac{x'^2}{a^2} + \frac{y'^2}{b^2} + \frac{z'^2}{c^2} - 1 + 2\rho\left(\frac{\lambda x'}{a^2} + \frac{\mu y'}{b^2} + \frac{\nu z'}{c^2}\right) + \rho^2\left(\frac{\lambda^2}{a^2} + \frac{\mu^2}{b^2} + \frac{\nu^2}{c^2}\right) = 0.$$

La condition pour que la première droite soit tangente à la surface sera

$$\left(\frac{\lambda x'}{a^2} + \frac{\mu y'}{b^2} + \frac{\nu z'}{c^2}\right)^2 = \left(\frac{x'^2}{a^2} + \frac{y'^2}{b^2} + \frac{z'^2}{c^2} - 1\right)\left(\frac{\lambda^2}{a^2} + \frac{\mu^2}{b^2} + \frac{\nu^2}{c^2}\right).$$

On aura aussi pour les deux autres droites

$$\left(\frac{\lambda' x'}{a^2} + \frac{\mu' y'}{b^2} + \frac{\nu' z'}{c^2}\right)^2 = \left(\frac{x'^2}{a^2} + \frac{y'^2}{b^2} + \frac{z'^2}{c^2} - 1\right)\left(\frac{\lambda'^2}{a^2} + \frac{\mu'^2}{b^2} + \frac{\nu'^2}{c^2}\right);$$

$$\left(\frac{\lambda'' x'}{a^2} + \frac{\mu'' y'}{b^2} + \frac{\nu'' z'}{c^2}\right)^2 = \left(\frac{x'^2}{a^2} + \frac{y'^2}{b^2} + \frac{z'^2}{c^2} - 1\right)\left(\frac{\lambda''^2}{a^2} + \frac{\mu''^2}{b^2} + \frac{\nu''^2}{c^2}\right).$$

En ajoutant membre à membre ces équations, il viendra pour le lieu cherché

$$\frac{x'^2}{a^4} + \frac{y'^2}{b^4} + \frac{z'^2}{c^4} = \left(\frac{x'^2}{a^2} + \frac{y'^2}{b^2} + \frac{z'^2}{c^2} - 1\right)\left(\frac{1}{a^2} + \frac{1}{b^2} + \frac{1}{c^2}\right),$$

ou bien

$$(b^2 + c^2)\,x'^2 + (a^2 + c^2)\,y'^2 + (a^2 + b^2)\,z'^2 = a^2b^2 + a^2c^2 + b^2c^2.$$

C'est un ellipsoïde concentrique à l'ellipsoïde donné.

Si la surface proposée est le paraboloïde

$$\frac{y^2}{p}+\frac{z^2}{q}-2x=0,$$

on trouve pour le même lieu un paraboloïde de révolution représenté par l'équation

$$y^2+z^2=2(p+q)\,x+pq.$$

7. Trois droites rectangulaires issues d'un point se déplacent en s'appuyant sur une conique donnée; trouver le lieu de leur point commun.

Soient

$$z=0,\quad \frac{x^2}{a^2}+\frac{y^2}{b^2}-1=0,$$

les équations de la conique donnée. Si on exprime que la droite

$$x=x'+\lambda\rho,\quad y=y'+\mu\rho,\quad z=z'+\nu\rho$$

rencontre la conique, on trouve l'équation

$$\left(\frac{x'^2}{a^2}+\frac{y'^2}{b^2}-1\right)+2\rho\left(\frac{\lambda x'}{a^2}+\frac{\mu y'}{b^2}\right)+\rho^2\left(\frac{\lambda^2}{a^2}+\frac{\mu^2}{b^2}\right)=0.$$

Mais, pour la rencontre de la droite et de la courbe, $z=0$ et $\rho=-\frac{z'}{\nu}$. Si on remplace ρ par cette valeur, l'équation précédente devient

$$\nu^2\left(\frac{x'^2}{a^2}+\frac{y'^2}{b^2}-1\right)-2z'\left(\frac{\lambda\nu x'}{a^2}+\frac{\mu\nu y'}{b^2}\right)+z'^2\left(\frac{\lambda^2}{a^2}+\frac{\mu^2}{b^2}\right)=0.$$

On aura aussi pour les deux autres droites

$$\nu'^2\left(\frac{x'^2}{a^2}+\frac{y'^2}{b^2}-1\right)-2z'\left(\frac{\lambda'\nu'x'}{a^2}+\frac{\mu'\nu'y'}{b^2}\right)+z'^2\left(\frac{\lambda'^2}{a^2}+\frac{\mu'^2}{b^2}\right)=0,$$

$$\nu''^2\left(\frac{x'^2}{a^2}+\frac{y'^2}{b^2}-1\right)-2z'\left(\frac{\lambda''\nu''x'}{a^2}+\frac{\mu''\nu''y'}{b^2}\right)+z'^2\left(\frac{\lambda''^2}{a^2}+\frac{\mu''^2}{b^2}\right)=0.$$

Si on ajoute ces égalités membre à membre, on arrive à l'équation

$$b^2x'^2+a^2y'^2+(a^2+b^2)\,z'^2=a^2b^2.$$

Le lieu demandé sera un ellipsoïde, si la conique est une ellipse; ce sera un hyperboloïde à une nappe ou à deux nappes, si la conique est une hyperbole ; enfin, quant la courbe donnée est la parabole $y^2-2px=0$, le lieu est le paraboloïde de révolution

$$y^2+z^2=2px.$$

8. Trois plans rectangulaires touchent le périmètre d'une conique ; trouver le lieu de leur point d'intersection.

Soient

$$z=0,\quad \frac{x^2}{a^2}+\frac{y^2}{b^2}-1=0,$$

$$(x-x')\cos\alpha+(y-y')\cos\beta+(z-z')\cos\gamma=0,$$

les équations de la conique et de l'un des plans passant par le point $(x'y'z')$. La trace de ce dernier sur xy ou la droite

$$x\cos\alpha+y\cos\beta-(x'\cos\alpha+y'\cos\beta+z'\cos\gamma)=0$$

doit coïncider avec la tangente $\frac{xx_1}{a^2}+\frac{yy_1}{b^2}-1=0$; par suite, on aura les relations

$$a\cos\alpha=(x'\cos\alpha+y'\cos\beta+z'\cos\gamma)\frac{x_1}{a},\quad b\cos\beta=(x'\cos\alpha+y'\cos\beta+z'\cos\gamma)\frac{y_1}{b}.$$

On en déduit

$$(x'\cos\alpha+y'\cos\beta+z'\cos\gamma)^2=a^2\cos^2\alpha+b^2\cos^2\beta.$$

On aura aussi pour les deux autres plans rectangulaires passant par le point $(x'y'z')$ et s'appuyant sur la courbe

$$(x'\cos\alpha'+y'\cos\beta'+z'\cos\gamma')^2=a^2\cos^2\alpha'+b^2\cos^2\beta',$$
$$(x'\cos\alpha''+y'\cos\beta''+z'\cos\gamma'')^2=a^2\cos^2\alpha''+b^2\cos^2\beta''.$$

En ajoutant ces équations membre à membre, on trouve que le lieu demandé est la sphère représentée par l'équation

$$x'^2+y'^2+z'^2=a^2+b^2.$$

Si la courbe donnée était la parabole $y^2-2px=0$, le lieu serait un plan passant par la directrice et perpendiculaire au plan des xy.

9. Le plan polaire d'un point $(x'y'z')$ par rapport à la surface $\frac{x^2}{a^2}+\frac{y^2}{b^2}+\frac{z^2}{c^2}=1$ reste tangent à une autre surface $\frac{x^2}{a'^2}+\frac{y^2}{b'^2}+\frac{z^2}{z'^2}=1$; trouver le lieu du pôle $(x'y'z')$.

En identifiant les équations

$$\frac{xx'}{a^2}+\frac{yy'}{b^2}+\frac{zz'}{c^2}=1,\quad \frac{xx_1}{a'^2}+\frac{yy_1}{b'^2}+\frac{zz_1}{c'^2}=1,$$

on arrive aux égalités

$$\frac{x'}{a^2}=\frac{x_1}{a'^2},\quad \frac{y'}{b^2}=\frac{y_1}{b'^2},\quad \frac{z'}{c^2}=\frac{z_1}{c'^2};$$

en éliminant x_1, y_1, z_1, il viendra pour le lieu cherché

$$\frac{a'^2}{a^4}x'^2+\frac{b'^2}{b^4}y'^2+\frac{c'^2}{c^4}z'^2=1.$$

10. Lieu des centres des sections faites dans une surface du second ordre par les plans menés à une distance p de l'origine.

Soient

$$x \cos \alpha + y \cos \beta + z \cos \gamma = p, \quad \frac{x^2}{a^2}+\frac{y^2}{b^2}+\frac{z^2}{c^2}=1$$

les équations du plan sécant et de la surface. Le centre de la section appartient au plan et au diamètre qui lui est conjugué ; les équations de ce dernier sont

$$\frac{x}{a^2 \cos \alpha}=\frac{y}{b^2 \cos \beta}=\frac{z}{c^2 \cos \gamma}.$$

L'élimination des cosinus entre ces égalités et l'équation du plan sécant nous donne pour le lieu cherché

$$\left(\frac{x^2}{a^2}+\frac{y^2}{b^2}+\frac{z^2}{c^2}\right)^2 = p^2\left(\frac{x^2}{a^4}+\frac{y^2}{b^4}+\frac{z^2}{c^4}\right).$$

11. Lieu des centres des sections faites dans une surface à centre par des plans passant par un point fixe.

R. $$\frac{x}{a^2}(x-\alpha)+\frac{y}{b^2}(y-\beta)+\frac{z}{c^2}(z-\gamma)=0;$$

α, β, γ sont les coordonnées du point fixe.

12. Si on désigne par α, β, γ les angles avec les axes d'une normale à un plan passant par le centre de l'ellipsoïde, l'aire de la section faite par ce plan aura pour expression $\dfrac{\pi abc}{\sqrt{a^2 \cos^2 \alpha + b^2 \cos^2 \beta + c^2 \cos^2 \gamma}}$.

En effet, a' et b' étant les axes de la section, et P la perpendiculaire abaissée du centre sur le plan tangent parallèle au plan sécant, on aura

$$a'b' \cdot \mathrm{P} = abc;$$

d'où

$$\pi a'b' = \frac{\pi abc}{\sqrt{a^2 \cos^2 \alpha + b^2 \cos^2 \beta + c^2 \cos^2 \gamma}}.$$

13. Si par un point de l'ellipsoïde on mène trois droites rectangulaires quelconques, le plan qui passe par les points où les droites rencontrent la surface coupe la normale relative à ce point en un point fixe.

L'équation des surfaces du second ordre, lorsque l'axe des z coïncide avec la normale à l'origine, est de la forme

$$lx^2 + my^2 + nz^2 + 2pxy + qz = 0;$$

car en posant $z=0$, elle doit représenter deux droites réelles ou imaginaires, le plan des xy étant tangent à la surface. Si on passe à un autre système d'axes de même origine, l'équation précédente deviendra

$$l\,(ax'+by'+cz')^2+m\,(a'x'+b'y'+c'z')^2+n\,(a''x'+b''y'+c''z')^2$$
$$+p\,(ax'+by'+cz')\,(a'x'+b'y'+c'z')+q\,(a''x'+b''y'+c''z')=0.$$

Soient f, g, h les longueurs interceptées sur les axes nouveaux par la surface ; on aura

$$(\alpha)\qquad \begin{aligned} f\,(la^2+ma'^2+na''^2+aa'p)+a''q&=0,\\ g\,(lb^2+mb'^2+nb''^2+bb'p)+b''q&=0,\\ h\,(lc^2+mc'^2+nc''^2+cc'p)+c''q&=0. \end{aligned}$$

Le plan mené par les extrémités des longueurs f, g, h sera représenté par

$$\frac{x'}{f}+\frac{y'}{g}+\frac{z'}{h}=1,$$

ou bien, avec les coordonnées primitives, par

$$\frac{ax+a'y+a''z}{f}+\frac{bx+b'y+b''z}{g}+\frac{cx+c'y+c''z}{h}=1.$$

En posant $y=0$, $x=0$, il vient

$$z\left(\frac{a''}{f}+\frac{b''}{g}+\frac{c''}{h}\right)=1,\quad \text{ou}\quad z\,(l+m+n)=-q,$$

eu égard aux relations (α). Donc le plan rencontre la normale en un point fixe.

14. La somme des carrés des aires des parallélogrammes construits sur trois diamètres conjugués pris deux à deux est constante.

Soient (α, β, γ), $(\alpha', \beta', \gamma')$, $(\alpha'', \beta'', \gamma'')$ les angles d'un système de diamètres conjugués (a', b', c') avec les axes. On a

$$\sin^2(b'c')=(\cos\beta'\cos\gamma''-\cos\beta''\cos\gamma')^2+(\cos\gamma'\cos\alpha''-\cos\gamma''\cos\alpha')^2$$
$$+(\cos\alpha'\cos\beta''-\cos\alpha''\cos\beta')^2.$$

Mais, si on désigne par x'', y'', z'' les coordonnées de l'extrémité du diamètre b', on sait que

$$x''=b'\cos\alpha'=a\cos\lambda',\quad y''=b'\cos\beta'=b\cos\mu',\quad x''=b'\cos\gamma'=c\cos\nu';$$

d'où

$$\cos\alpha'=\frac{a}{b'}\cos\lambda',\quad \cos\beta'=\frac{b}{b'}\cos\mu',\quad \cos\gamma'=\frac{c}{b'}\cos\nu'.$$

On aura aussi

$$\cos\alpha=\frac{a}{a'}\cos\lambda,\quad \cos\beta=\frac{b}{a'}\cos\mu,\quad \cos\gamma=\frac{c}{a'}\cos\nu;$$

$$\cos\alpha''=\frac{a}{c'}\cos\lambda'',\quad \cos\beta''=\frac{b}{c'}\cos\mu''\quad \cos\gamma''=\frac{c}{c'}\cos\nu''.$$

Ces différentes relations conduisent aux égalités

$$[b'c' \sin(b'c')]^2 = b^2c^2(\cos\mu'\cos\nu'' - \cos\mu''\cos\nu')^2 + a^2c^2(\cos\nu'\cos\lambda'' - \cos\nu''\cos\lambda')^2 + a^2b^2(\cos\lambda'\cos\mu'' - \cos\lambda''\cos\mu')^2;$$

$$[a'c' \sin(a'c')]^2 = b^2c^2(\cos\mu''\cos\nu - \cos\mu\cos\nu'')^2 + a^2c^2(\cos\nu''\cos\lambda - \cos\nu\cos\lambda'')^2 + a^2b^2(\cos\lambda''\cos\mu - \cos\mu''\cos\lambda)^2;$$

$$[a'b' \sin(a'b')]^2 = b^2c^2(\cos\mu'\cos\nu - \cos\mu\cos\nu')^2 + a^2c^2(\cos\nu\cos\lambda' - \cos\nu'\cos\lambda)^2 + a^2b^2(\cos\lambda\cos\mu' - \cos\lambda'\cos\mu)^2.$$

Si on ajoute ces équations membre à membre, on verra facilement que les coefficients de b^2c^2, a^2c^2, a^2b^2 dans le second membre sont les carrés des sinus des angles des directions (λ, μ, ν) ; ils ont pour valeur l'unité puisque ces directions sont perpendiculaires. Donc, il viendra

$$[b'c' \sin(b'c')]^2 + [a'c' \sin(a'c')]^2 + [a'b' \sin(a'b')]^2 = b^2c^2 + a^2c^2 + a^2b^2.$$

15. La somme des carrés des projections de trois diamètres conjugués sur une ligne fixe est constante.

Représentons par α, β, γ les angles d'une droite fixe avec les axes, et par x', y', z' les coordonnées de l'extrémité du premier diamètre a'. La projection de a' sur la droite est $x'\cos\alpha + y'\cos\beta + z'\cos\gamma$, ou bien

$$a\cos\lambda\cos\alpha + b\cos\mu\cos\beta + c\cos\nu\cos\gamma.$$

On aura également pour les projections de b' et c' sur la droite fixe

$$a\cos\lambda'\cos\alpha + b\cos\mu'\cos\beta + c\cos\nu'\cos\gamma,$$
$$a\cos\lambda''\cos\alpha + b\cos\mu''\cos\beta + c\cos\nu''\cos\gamma.$$

Élevons ces expressions au carré et faisons ensuite leur somme : il viendra

$$a^2\cos^2\alpha + b^2\cos^2\beta + c^2\cos^2\gamma,$$

quantité constante.

16. La somme des carrés des projections de trois diamètres conjugués sur un plan est constante.

Soient A, B, C les projections de a', b', c' sur une perpendiculaire au plan fixe, et A_1, B_1, C_1, leurs projections sur ce plan ; il viendra

$$a'^2 = A^2 + A_1^2, \quad b'^2 = B^2 + B_1^2, \quad c'^2 = C^2 + C_1^2;$$

par suite,

$$a'^2 + b'^2 + c'^2 = a^2 + b^2 + c^2 = A^2 + B^2 + C^2 + A_1^2 + B_1^2 + C_1^2.$$

On en déduit

$$A_1^2 + B_1^2 + C_1^2 = a^2 + b^2 + c^2 - (a^2\cos^2\alpha + b^2\cos^2\beta + c^2\cos^2\gamma) = a^2\sin^2\alpha + b^2\sin^2\beta + c^2\sin^2\gamma;$$

α, β, γ sont les angles de la normale au plan avec les axes.

17. Lieu du point d'intersection de trois plans tangents à l'ellipsoïde aux extrémités de trois diamètres conjugués.

$$\text{R.}\qquad \frac{x^2}{a^2}+\frac{y^2}{b^2}+\frac{z^2}{c^2}=3.$$

18. Équation du cône circonscrit à l'ellipsoïde.

$$\text{R.}\qquad \left(\frac{x^2}{a^2}+\frac{y^2}{b^2}+\frac{z^2}{c^2}-1\right)\left(\frac{x'^2}{a^2}+\frac{y'^2}{b^2}+\frac{z'^2}{c^2}-1\right)-\left(\frac{xx'}{a^2}+\frac{yy'}{b^2}+\frac{zz'}{c^2}-1\right)^2=0.$$

19. Les cônes qui ont pour sommets les extrémités des axes de l'ellipsoide, et qui s'appuient sur les sections principales sont représentés par les équations

$$\frac{(x-a)^2}{a^2}-\frac{y^2}{b^2}-\frac{z^2}{c^2}=0,\qquad \frac{(y-b)^2}{b^2}-\frac{x^2}{a^2}-\frac{z^2}{c^2}=0,\qquad \frac{(z-c)^2}{c^2}-\frac{x^2}{a^2}-\frac{y^2}{b^2}=0.$$

20 Trouver l'équation du cône qui a son sommet au centre de l'ellipsoide, et, pour base, la courbe d'intersection du plan polaire du point (x', y', z') avec la surface.

Si on désigne par x_1, y_1, z_1, les coordonnées d'un point de la courbe d'intersection du plan polaire avec la surface, il faudra éliminer ces quantités entre les équations

$$\frac{x}{x_1}=\frac{y}{y_1}=\frac{z}{z_1},\qquad \frac{x_1x'}{a^2}+\frac{y_1y'}{b^2}+\frac{z_1z'}{c^2}=1.$$

On trouvera pour l'équation du cône

$$\frac{x^2}{a^2}+\frac{y^2}{b^2}+\frac{z^2}{c^2}=\left(\frac{xx'}{a^2}+\frac{yy'}{b^2}+\frac{zz'}{c^2}\right)^2.$$

21. Les surfaces

$$Ax^2+By^2+Cz^2=1,\qquad (A+k)\,x^2+(B+k)\,y^2+(C+k)\,z^2=1$$

ont les mêmes plans cycliques.

Ces surfaces sont représentées en coordonnées polaires par les équations

$$\frac{1}{r^2}=A\cos^2\alpha+B\cos^2\beta+C\cos^2\gamma,\qquad \frac{1}{R^2}=A\cos^2\alpha+B\cos^2\beta+C\cos^2\gamma+k.$$

Or, pour les points d'une section circulaire de la première, la quantité

$$A\cos^2\alpha+B\cos^2\beta+C\cos^2\gamma$$

est constante puisque r conserve la même valeur; par conséquent, R est aussi constant, et le plan cyclique est commun aux deux surfaces.

22. Deux cercles appartenant aux deux systèmes de plans cycliques se trouvent sur une même sphère.

Dans l'ellipsoïde, deux plans parallèles aux sections circulaires ont des équations de la forme

$$x\sqrt{\frac{1}{b^2}-\frac{1}{a^2}}+z\sqrt{\frac{1}{c^2}-\frac{1}{b^2}}=h,\qquad x\sqrt{\frac{1}{b^2}-\frac{1}{a^2}}-z\sqrt{\frac{1}{c^2}-\frac{1}{b^2}}=g;$$

en multipliant membre à membre, on trouve

$$x^2\left(\frac{1}{b^2}-\frac{1}{a^2}\right)-z^2\left(\frac{1}{c^2}-\frac{1}{b^2}\right)=gh,\quad \text{ou}\quad \frac{x^2}{b^2}+\frac{z^2}{b^2}-\frac{x^2}{a^2}-\frac{z^2}{c^2}=gh.$$

Mais, d'après l'équation de la surface, on a $\frac{x^2}{a^2}+\frac{z^2}{c^2}=1-\frac{y^2}{b^2}$; par suite, l'égalité précédente devient

$$\frac{x^2+y^2+z^2}{b^2}=1+gh,$$

et les sections circulaires se trouvent sur cette sphère.

23. Par le centre de l'ellipsoïde, on mène des plans qui coupent la surface suivant des ellipses d'aire constante; trouver le lieu des normales à ces plans menées par l'origine.

On sait que l'aire d'une section centrale a pour expression

$$\frac{\pi abc}{\sqrt{a^2\cos^2\alpha+b^2\cos^2\beta+c^2\cos^2\gamma}},$$

α, β, γ étant les angles directeurs de la normale au plan de la section. Si l'aire est constante, on doit avoir

$$a^2\cos^2\alpha+b^2\cos^2\beta+c^2\cos^2\gamma=f^2 \text{ (const.)}$$

D'un autre côté, les équations de la normale sont

$$\frac{x}{\cos\alpha}=\frac{y}{\cos\beta}=\frac{z}{\cos\gamma};$$

le lieu cherché sera défini par l'équation obtenue en éliminant les cosinus. On trouvera

$$(a^2-f^2)x^2+(b^2-f^2)y^2+(c^2-f^2)z^2=0.$$

24. La somme des carrés des réciproques des aires des sections faites dans l'ellipsoïde par trois plans diamétraux rectangulaires est constante.

En effet, on a

$$\frac{\pi^2a^2b^2c^2}{S_1^2}=a^2\cos^2\alpha_1+b^2\cos^2\beta_1+c^2\cos^2\gamma_1,$$

$$\frac{\pi^2a^2b^2c^2}{S_2^2}=a^2\cos^2\alpha_2+b^2\cos^2\beta_2+c^2\cos^2\gamma_2,$$

$$\frac{\pi^2a^2b^2c^2}{S_3^2}=a^2\cos^2\alpha_3+b^2\cos^2\beta_3+c^2\cos^2\gamma_3,$$

En faisant la somme de ces équations, on trouve

$$\frac{1}{S_1^2}+\frac{1}{S_2^2}+\frac{1}{S_3^2}=\frac{a^2+b^2+c^2}{\pi^2a^2b^2c^2}.$$

25. Trouver le lieu des intersections, avec le plan des xy, des normales menées aux points où le plan $z=k$ rencontre l'ellipsoïde.

Il faut éliminer x' et y' entre les équations

$$\frac{x-x'}{\frac{x'}{a^2}}=\frac{y-y'}{\frac{y'}{b^2}}=-c^2,\qquad \frac{x'^2}{a^2}+\frac{y'^2}{b^2}=1-\frac{k^2}{c^2}.$$

Le lieu sera l'ellipse représentée par

$$\frac{a^2x^2}{(a^2-c^2)^2}+\frac{b^2y^2}{(b^2-c^2)^2}=1-\frac{k^2}{c^2}.$$

26. Lieu du point d'intersection de trois plans rectangulaires tangents aux surfaces

$$\frac{x^2}{a^2}+\frac{y^2}{b^2}+\frac{z^2}{c^2}=1,\quad \frac{x^2}{a^2+k^2}+\frac{y^2}{b^2+k^2}+\frac{z^2}{c^2+k^2}=1,\quad \frac{x^2}{a^2+h^2}+\frac{y^2}{b^2+h^2}+\frac{z^2}{c^2+h^2}=1.$$

R. $\quad x^2+y^2+z^2=a^2+b^2+c^2+k^2+h^2.$

27. Lieu des points d'intersection des sphères décrites sur trois demi-diamètres conjugués.

Soient $x_1y_1z_1$, $x_2y_2z_2$, $x_3y_3z_3$ les coordonnées des extrémités des diamètres ; la première sphère sera définie par l'équation

$$\left(x-\frac{x_1}{2}\right)^2+\left(y-\frac{y_1}{2}\right)^2+\left(z-\frac{z_1}{2}\right)^2=\frac{a'^2}{4}$$

ou bien

$$x^2+y^2+z^2=xx_1+yy_1+zz_1=a\cos\lambda_1\cdot x+b\cos\mu_1\cdot y+c\cos\nu_1\cdot z.$$

Les équations des deux autres sphères seront aussi

$$x^2+y^2+z^2=a\cos\lambda_2\cdot x+b\cos\mu_2\cdot y+c\cos\nu_2\cdot z,$$
$$x^2+y^2+z^2=a\cos\lambda_3\cdot x+b\cos\mu_3\cdot y+c\cos\nu_3\cdot z.$$

Si on élève ces égalités au carré, il viendra, en les ajoutant membre à membre,

$$3(x^2+y^2+z^2)^2=a^2x^2+b^2y^2+c^2z^2.$$

28. Trouver la distance entre le point de contact d'un plan tangent et son pôle par rapport à une surface homofocale.

Considérons les surfaces homofocales

$$\frac{x^2}{a^2}+\frac{y^2}{b^2}+\frac{z^2}{c^2}=1,\qquad \frac{x^2}{a^2+\lambda}+\frac{y^2}{b^2+\lambda}+\frac{z^2}{c^2+\lambda}=1,$$

et identifions les équations

$$\frac{xx'}{a^2}+\frac{yy'}{b^2}+\frac{zz'}{c^2}=1, \qquad \frac{xx_1}{a^2+\lambda}+\frac{yy_1}{b^2+\lambda}+\frac{zz_1}{c^2+\lambda}=1.$$

On aura les égalités

$$\frac{x'}{a^2}=\frac{x_1}{a^2+\lambda}, \quad \frac{y'}{b^2}=\frac{y_1}{b^2+\lambda}, \quad \frac{z'}{c^2}=\frac{z_1}{c^2+\lambda}.$$

On en déduit

$$x_1-x'=\frac{\lambda x'}{a^2}, \qquad y_1-y'=\frac{\lambda y'}{b^2}, \qquad z_1-z'=\frac{\lambda z'}{c^2},$$

d'où on tire pour la distance cherchée $D=\frac{\lambda}{P}$.

29. Trouver l'équation de la surface

$$\frac{x^2}{a^2}+\frac{y^2}{b^2}+\frac{z^2}{c^2}=1$$

rapportée aux trois normales des surfaces homofocales qui passent par un point $(x'y'z')$.

Si on transporte d'abord l'origine au point $(x'y'z')$; et si on pose

$$S=\frac{x'^2}{a^2}+\frac{y'^2}{b^2}+\frac{z'^2}{c^2}-1,$$

l'équation proposée deviendra

$$\frac{x^2}{a^2}+\frac{y^2}{b^2}+\frac{z^2}{c^2}+2\left(\frac{xx'}{a^2}+\frac{yy'}{b^2}+\frac{zz'}{c^2}\right)+S=0.$$

Afin de passer au système d'axes formés par les normales, remplaçons x, y, z par les expressions

$$\frac{p'x'}{a'^2}x+\frac{p''x'}{a''^2}y+\frac{p'''x'}{a'''^2}z, \qquad \frac{p'y'}{b'^2}x+\frac{p''y'}{b''^2}y+\frac{p'''y'}{b'''^2}z, \qquad \frac{p'z'}{c'^2}x+\frac{p''z'}{c''^2}y+\frac{p'''z'}{c'''^2}z.$$

En substituant et tenant compte des relations

$$\frac{x'^2}{a^2a'^2}+\frac{y'^2}{b^2b'^2}+\frac{z'^2}{c^2c'^2}=\frac{S}{a'^2-a^2},$$

$$\frac{x'^2}{a^2a'^2a''^2}+\frac{y'^2}{b^2b'^2b''^2}+\frac{z'^2}{c^2c'^2c''^2}=\frac{S}{(a'^2-a^2)(a''^2-a^2)},$$

$$\frac{x'^2}{a^2a'^4}+\frac{y'^2}{b^2b'^4}+\frac{z'^2}{c^2c'^4}=\frac{S}{(a'^2-a^2)^2}-\frac{1}{p'^2(a'^2-a^2)},$$

on trouvera

$$\frac{x^2}{a'^2-a^2}+\frac{y^2}{a''^2-a^2}+\frac{z^2}{a'''^2-a^2}-S\left(\frac{p'x}{a'^2-a^2}+\frac{p''y}{a''^2-a^2}+\frac{p'''z}{a'''^2-a^2}+1\right)^2=0,$$

30. Le lieu des points de contact des plans tangents à un système de surfaces homofocales et parallèles à un plan fixe est une hyperbole.

31. Les sections d'un ellipsoïde par les plans tangents du cône asymptote d'un hyperboloïde homofocal ont même aire.

32. Les lignes focales du cône asymptote d'un hyperholoïde sont les asymptotes de l'hyperbole focale.

33. La somme des angles d'une génératrice quelconque d'un cône avec les lignes focales est constante.

34. Les plans menés par les lignes focales d'un cône et une génératrice quelconque sont également inclinés sur le plan tangent suivant cette génératrice.

35. La différence des distances d'un point quelconque d'une conique focale à deux points fixes d'une autre conique focale est constante.

36. Si par une droite on mène des plans tangents à un système de surfaces homofocales, le lieu des normales correspondantes est un paraboloïde hyperbolique.

37. On peut mener deux surfaces homofocales tangentes à une droite et les deux plans tangents aux points de contact sont rectangulaires.

38. Étant données deux surfaces homofocales (a, b, c), (a', b', c'), on dit que deux points (x, y, z), (x', y', z') de ces surfaces sont correspondants, si on a les égalités

$$\frac{x}{a}=\frac{x'}{a'}, \quad \frac{y}{b}=\frac{y'}{b'}, \quad \frac{z}{c}=\frac{z'}{c'}.$$

Cela étant, 1° La différence des carrés des rayons qui joignent le centre à deux points correspondants est constante; 2° La distance de deux points situés sur les deux ellipsoïdes est égale à la distance des points correspondants.

§ 2. THÉORÈMES ET PROBLÈMES (COORDONNÉES TÉTRAÉDRIQUES ET TANGENTIELLES).

1. Trouver les équations en u, v et w des surfaces du second ordre rapportées à leur centre et à leurs axes.

Soit d'abord l'ellipsoïde

$$\frac{x^2}{a^2}+\frac{y^2}{b^2}+\frac{z^2}{c^2}=1.$$

Le plan tangent en un point $(x'y'z')$ est représenté par l'équation

$$\frac{xx'}{a^2}+\frac{yy'}{b^2}+\frac{zz'}{c^2}=1.$$

Désignons par u, v et w les coordonnées tangentielles de ce plan : on aura

$$u=\frac{x'}{a^2}, \quad v=\frac{y'}{b^2}, \quad w=\frac{z'}{c^2}.$$

On en déduit

$$au = \frac{x'}{a}, \quad bv = \frac{y'}{b}, \quad cw = \frac{z'}{c};$$

en élevant au carré et ajoutant, il viendra pour l'équation de l'ellipsoïde en coordonnées tangentielles

$$a^2u^2 + b^2v^2 + c^2w^2 = 1.$$

On trouverait semblablement, pour l'hyperboloïde à une nappe et l'hyperboloïde à deux nappes, les équations

$$a^2u^2 + b^2v^2 - c^2w^2 = 1,$$
$$a^2u^2 - b^2v^2 - c^2w^2 = 1.$$

2. Trouver les équations en coordonnées tangentielles des deux paraboloïdes.

Le paraboloïde elliptique ayant pour équation

$$\frac{y^2}{p} + \frac{z^2}{q} = 2x,$$

celle du plan tangent sera

$$\frac{yy'}{p} + \frac{zz'}{q} - (x + x') = 0;$$

par suite

$$u = -\frac{1}{x'}, \quad v = \frac{y'}{px'}, \quad w = \frac{z'}{qx'}.$$

On en tire

$$pv^2 + qw^2 = \frac{1}{x'^2}\left(\frac{y'^2}{p} + \frac{z'^2}{q}\right) = \frac{2}{x'};$$

l'équation demandée sera

$$pv^2 + qw^2 = -2u.$$

Le paraboloïde hyperbolique sera représenté en coordonnées u, v et w par l'équation

$$pv^2 - qw^2 = -2u.$$

3. Équation d'un point quelconque de la normale relative au point de contact d'un plan tangent $(u'v'w')$ à la surface $a^2u^2 + b^2v^2 + c^2w^2 = 1$

R. $a^2uu' + b^2vv' + c^2ww' + \lambda(uu' + vv' + ww') = 0,$

où λ est un paramètre arbitraire.

4. Condition pour que trois plans $(u_0v_0w_0)$, $(u_1v_1w_1)$, $(u_2v_2w_2)$ soient parallèles à trois plans diamétraux conjugués de la surface $a^2u^2 + b^2v^2 + c^2w^2 = 1$.

R.
$$a^2u_1u_2 + b^2v_1v_2 + c^2w_1w_2 = 0,$$
$$a^2u_0u_2 + b^2v_0v_2 + c^2w_0w_2 = 0,$$
$$a^2u_0u_1 + b^2v_0v_1 + c^2w_0w_1 = 0.$$

5. Trouver l'expression de la distance entre le pied de la perpendiculaire abaissée du centre sur le plan tangent de la surface

$$Au^2 + A'v^2 + A''w^2 + 2Bvw + 2B'uw + 2B''uv = H,$$

et le point de contact de ce plan.

En appelant x', y', z' les coordonnées cartésiennes du point de contact et P la longueur de la perpendiculaire abaissée du centre sur le plan tangent, on aura évidemment

$$D^2 = x'^2 + y'^2 + z'^2 - P^2 = x'^2 + y'^2 + z'^2 - \frac{1}{w'^2 + v'^2 + w'^2}.$$

Mais, le point de contact est représenté par l'équation

$$uf_{u_,} + vf_{v_,} + wf_{w_,} - (u'f'_{u_,} + v'f'_{v_,} + w'f'_{w_,}) = 0;$$

par suite, il viendra en posant $\Delta = u'f'_{u_,} + v'f'_{v_,} + w'f'_{w_,}$,

$$x' = \frac{f'_{u_,}}{\Delta}, \quad y' = \frac{f'_{v_,}}{\Delta}, \quad z' = \frac{f'_{w_,}}{\Delta}.$$

Substituons ces valeurs dans l'expression de D^2 ; on trouvera, en supprinant les accents,

$$D^2 = \frac{(vf'_u - uf'_v)^2 + (wf'_v - vf'_w)^2 + (uf'_w - wf_u)^2}{\Delta^2 (u^2 + v^2 + w^2)}.$$

Dans le cas particulier où la surface à centre serait l'ellipsoïde $\frac{x^2}{a^2} + \frac{y^2}{b^2} + \frac{z^2}{c^2} = 1$, cette expression se réduit à

$$D^2 = \frac{(a^2 - b^2)^2 u^2 v^2 + (b^2 - c^2)^2 v^2 w^2 + (a^2 - c^2)^2 u^2 w^2}{u^2 + v^2 + w^2}.$$

6. Trouver l'équation qui détermine les axes de la surface

$$Au^2 + A'v^2 + A''w^2 + 2Bvw + 2B'uw + 2B''uv = H.$$

Lorsqu'une droite menée du centre au point de contact d'un plan tangent est perpendiculaire à ce plan, elle coïncide avec l'un des axes de la surface. Dans ce cas, les coordonnées du plan tangent satisferont aux équations

$$vf'_u - uf'_v = 0, \quad wf'_v - vf'_w = 0, \quad uf'_w - wf'_u = 0,$$

puisque D est égal à zéro. Soit r la longueur de l'axe ou la droite qui joint le centre au point de contact de ce plan tangent. On aura

$$f'_u = \Delta x' = 2Hx', \qquad x' = r \cos \lambda, \qquad \cos \lambda = ru,$$

λ étant l'angle d'inclinaison de r sur l'axe des x ; on en déduit $f'_u = 2Hr^2 u$. On aura aussi $f'_v = 2Hr^2 v$, $f'_w = 2Hr^2 w$.

Si on égale ces quantités aux dérivées du premier membre de l'équation proposée, il vient

$$(k)\quad \begin{aligned} &(A - r^2H)\, u + B''v + B'w = 0, \\ &B''u + (A' - r^2H)\, v + Bw = 0, \\ &B'u + Bv + (A'' - r^2H)\, w = 0. \end{aligned}$$

En éliminant les variables, on obtient finalement pour déterminer les axes, l'équation du troisième degré relativement à r^2

$$\begin{vmatrix} A - r^2H, & B'', & B' \\ B'', & A' - r^2H, & B \\ B' & B, & A'' - r^2H \end{vmatrix} = 0.$$

Afin de déterminer les angles des directions principales avec les axes coordonnés, posons $r^2H = s$; il viendra, en développant,

$$(s)\quad (A - s)\,(A' - s)\,(A'' - s) - B^2\,(A - s) - B'^2\,(A' - s) - B''^2\,(A'' - s) + 2BB'B'' = 0$$

Désignons par s_1, s_2, s_3 les racines de l'équation, et posons

$$A - s_1 = a, \qquad A' - s_1 = a', \qquad A'' - s_1 = a''.$$

Soit $w = mu$, $v = nu$; les équations (k) peuvent s'écrire

$$\begin{aligned} &a + B''n + B'm = 0, \\ &B'' + a'n + Bm = 0, \\ &B' + Bn + a''m = 0. \end{aligned}$$

On en tire

$$n = \frac{BB' - a''B''}{a'a'' - B^2}, \qquad m = \frac{BB'' - a'B'}{a'a'' - B^2}.$$

En tenant compte de l'équation (s) qui peut s'écrire

$$aa'a'' - aB^2 - a'B'^2 - a''B''^2 + 2BB'B'' = 0,$$

on trouvera pour l'expression $m^2 + n^2 + 1$,

$$m^2 + n^2 + 1 = \frac{(B^2 - a'a'') + (B'^2 - aa'') + (B''^2 - aa')}{B^2 - a'a''}.$$

D'un autre côté, les égalités $w = mu$, $v = nu$ donnent

$$m^2 + n^2 + 1 = \frac{u^2 + v^2 + w^2}{u^2} = \frac{1}{r^2u^2} = \frac{1}{\cos^2\lambda} ;$$

par suite, il viendra finalement

$$\cos^2\lambda = \frac{B^2 - a'a''}{(B^2 - a'a'') + (B'^2 - aa'') + (B''^2 - aa')}.$$

De même, on aura

$$\cos^2 \mu = \frac{B'^2 - aa''}{(B^2 - a'a'') + (B'^2 - aa'') + (B''^2 - aa')},$$

$$\cos^2 \nu = \frac{B''^2 - aa'}{(B^2 - a'a'') + (B'^2 - aa'') + (B''^2 - aa')}.$$

Ce sont les cosinus des angles que fait l'un des axes de la surface avec les axes coordonnés. On aurait des expressions analogues pour les autres axes.

Les valeurs précédentes sont indéterminées, si on a

$$B^2 - a'a'' = 0 \qquad B'^2 - aa'' = 0, \qquad B''^2 - aa' = 0;$$

et la surface est alors de révolution.

7. La somme des perpendiculaires abaissées de n point fixes sur un plan variable est constante et égale à nk; trouver la surface enveloppe du plan.

Si les points sont représentés par des équations de la forme

$$p_1u + q_1v + r_1w - 1 = 0, \qquad p_2u + q_2v + r_2w - 1 = 0, \text{ etc.},$$

l'équation de la surface sera

$$\frac{p_1u + q_1v + r_1w - 1}{\sqrt{u^2 + v^2 + w^2}} + \frac{p_2u + q_2v + r_2w - 1}{\sqrt{u^2 + v^2 + w^2}} + \cdots\cdots = nk.$$

En appelant, a, b, c les coordonnées du centre de gravité des n points fixes, elle peut se ramener à la forme

$$(k^2 - a^2)u^2 + (k^2 - b^2)v^2 + (k^2 - c^2)w^2$$
$$- 2abuw - 2acuw - 2bcvw + 2au + 2bv + 2cw = 1.$$

C'est l'équation tangentielle d'une sphère.

8. Si la somme des carrés des perpendiculaires abaissées de n points fixes sur un plan variable est constante, ce plan enveloppe une surface du second ordre.

9. Un plan variable détermine sur trois axes rectangulaires des segments dont la somme multipliée par une aire constante est égale au volume du tétraèdre formé par les plans coordonnés et ce plan; ce dernier enveloppe une surface du second ordre.

En effet, u, v et w étant les coordonnées du plan, le volune du tétraèdre sera $\dfrac{1}{6uvw}$, et si a^2 est l'aire constante, l'équation tangentielle de la surface enveloppe sera

$$\left(\frac{1}{u} + \frac{1}{v} + \frac{1}{w}\right) a^2 = \frac{1}{6uvw},$$

ou bien

$$6a^2(uv + vw + wu) = 1.$$

10. Un plan variable retranche du cône représenté par l'équation

$$\frac{x^2}{a^2} + \frac{y^2}{b^2} - \frac{z^2}{c^2} = 0$$

un volume constant; montrer que ce plan reste tangent à un hyperboloïde à deux nappes.

On sait que l'aire d'une ellipse est égale à πab, a et b étant ses axes; de plus, lorsque la courbe est représentée par l'équation $Ax^2 + 2Bxy + Cy^2 = 1$, le produit ab a pour valeur $\frac{1}{AC - B^2}$. Si elle était définie par l'équation générale

$$Ax^2 + 2Byx + Cy^2 + 2Dx + 2Ey = 1,$$

on transporterait les axes au centre, et on trouverait avec l'équation transformée que l'aire de la conique a pour expression

$$S = \frac{\pi [(A + D^2)(C + E^2) - (B + DE)^2]}{(AC - B^2)^{\frac{3}{2}}}.$$

Soit maintenant $ux + vy + wz = 1$ l'équation du plan sécant; éliminons la variable z entre cette équation et celle du cône; il viendra

$$\left(\frac{c^2w^2}{a^2} - u^2\right)x^2 + \left(\frac{c^2w^2}{b^2} - v^2\right)y^2 - 2uvxy + 2ux + 2vy = 1.$$

C'est l'équation de la projection de l'intersection sur le plan des xy. Par l'application de la formule précédente, l'aire de cette conique sera

$$S = \frac{\pi abcw}{[c^2w^2 - a^2u^2 - b^2v^2]^{\frac{3}{2}}}.$$

Désignons par p la perpendiculaire abaissée du centre sur le plan sécant, par θ l'angle qu'elle fait avec l'axe des z, et par S′ l'aire de la section sur le cône. On aura

$$S = S' \cos\theta, \quad p = \frac{\cos\theta}{w};$$

d'où $\frac{S}{w} = S'p$; mais $S'p$ est le triple du volume du cône retranché par le plan sécant; ce volume est constant, et on peut supposer $\frac{S}{w}$ égal à πabc. Si on remplace, dans l'équation précédente, $\frac{S}{w}$ par πabc, on trouve

$$c^2w^2 - a^2u^2 - b^2v^2 = 1$$

qui définit un hyperboloïde à deux nappes.

11. Que représente l'équation

$$\frac{u^2}{a^2 + \lambda} + \frac{v^2}{a^2 + \lambda} + \frac{w^2}{a^2 + \lambda} = 1?$$

Un système de surfaces qui ont les mêmes plans cycliques; car l'équation de ces surfaces en coordonnées cartésiennes est de la forme

$$(a^2 + \lambda)x^2 + (b^2 + \lambda)y^2 + (c^2 + \lambda)z^2 = 1,$$

et elle représente des surfaces qui admettent les mêmes sections circulaires.

On les appelle *surfaces concycliques*.

12. Trois surfaces concycliques sont tangentes à un même plan de l'espace, et les droites qui joignent le centre aux points de contact sont perpendiculaires entre elles.

En effet, soient u', v', w' les coordonnées d'un plan. Exprimons que l'équation des surfaces concycliques est satisfaite par ces coordonnées ; on aura

$$\frac{u'^2}{a^2+\lambda}+\frac{v'^2}{b^2+\lambda}+\frac{w'^2}{c^2+\lambda}=1.$$

En chassant les dénominateurs, on arrivera à une équation du troisième degré en λ qui a toujours ses racines réelles.

Soient λ_1, λ_2 deux racines de cette équation ; les surfaces

$$\frac{u^2}{a^2+\lambda_1}+\frac{v^2}{b^2+\lambda_1}+\frac{w^2}{c^2+\lambda_1}=1,\quad \frac{u^2}{a^2+\lambda_2}+\frac{v^2}{b^2+\lambda_2}+\frac{w^2}{c^2+\lambda_2}=1,$$

touchent le plan $(u'v'w')$. Les équations des points de contact seront

$$\frac{uu'}{a^2+\lambda_1}+\frac{vv'}{b^2+\lambda_1}+\frac{ww'}{c^2+\lambda_1}=1,\qquad \frac{uu'}{a^2+\lambda_2}+\frac{vv'}{b^2+\lambda_2}+\frac{ww'}{c^2+\lambda_2}=1.$$

Les coordonnées cartésiennes de ces points étant

$$x'=\frac{u'}{a^2+\lambda_1},\quad y'=\frac{v'}{b^2+\lambda_1},\quad z'=\frac{w'}{c^2+\lambda_1},$$

$$x''=\frac{u'}{a^2+\lambda_2},\quad y''=\frac{v'}{b^2+\lambda_2},\quad z''=\frac{w'}{c^2+\lambda_2},$$

les cosinus directeurs des rayons r' et r'' qui joignent ces points au centre auront pour expressions

$$\cos\alpha'=\frac{u'}{r'(a^2+\lambda_1)},\qquad \cos\beta'=\frac{v'}{r'(b^2+\lambda_1)},\qquad \cos\gamma'=\frac{w'}{r'(c^2+\lambda_1)};$$

$$\cos\alpha''=\frac{u'}{r''(a^2+\lambda_2)},\qquad \cos\beta''=\frac{v'}{r''(b^2+\lambda_2)},\qquad \cos\gamma''=\frac{w'}{r''(c^2+\lambda_2)}.$$

D'où on tire

$$\cos\alpha'\cos\alpha''+\cos\beta'\cos\beta''+\cos\gamma'\cos\gamma''=\frac{1}{r'r''}\left[\frac{u'^2}{(a^2+\lambda_1)(a^2+\lambda_2)}+\frac{v'^2}{(b^2+\lambda_1)(b^2+\lambda_2)}+\frac{w'^2}{(c^2+\lambda_1)(c^2+\lambda_2)}\right]$$

Or, si on retranche membre à membre les équations des deux surfaces, on verra que le second membre est nul, donc les rayons r' et r'' sont perpendiculaires.

13. Trouver le lieu du pôle d'un plan fixe par rapport aux surfaces conjuguées à un tétraèdre et passant par un point fixe $(A_1B_1C_1D_1)$.

Soit $lA+mB+nC+pD=0$ le plan donné, et

$$a_{11}A^2+a_{22}B^2+a_{33}C^2+a_{44}D^2=0,$$

l'équation des surfaces conjuguées au tétraèdre de référence. Si on identifie les équations

$$a_{11}AA' + a_{22}BB' + a_{33}CC' + a_{44}DD' = 0, \quad lA + mB + nC + pD = 0,$$

on arrive aux égalités

$$\frac{a_{11}A'}{l} = \frac{a_{22}B'}{n} = \frac{a_{33}C'}{m} = \frac{a_{44}D'}{p};$$

de plus, on a aussi la relation

$$a_{11}A_1^2 + a_{22}B_1^2 + a_{33}C_1^2 + a_{44}D_1^2 = 0.$$

En éliminant les coefficients a_{11}, a_{22}, a_{33}, a_{44}, on trouve pour le lieu demandé

$$\frac{lA_1^2}{A} + \frac{mB_1^2}{B} + \frac{nC_1^2}{C} + \frac{pA_1^2}{D} = 0.$$

C'est une surface du troisième ordre.

14. Le plan polaire d'un point fixe, par rapport aux surfaces conjuguées à un tétraèdre et tangentes à un plan donné, enveloppe une snrface de troisième classe.

15. Le lieu du pôle d'un plan fixe par rapport aux surfaces circonscrites à un quadrilatère gauche est une ligne droite.

L'équation tangentielle de ces surfaces étant $AC + \lambda BD = 0$, celle du pôle d'un plan $(A'B'C'D')$ est de la forme

$$AC' + CA' + \lambda(BD' + DB') = 0.$$

Quelle que soit la valeur de λ, le pôle se trouve sur la droite des points

$$AC' + CA' = 0, \quad BD' + DB' = 0.$$

16. Le plan polaire d'un point fixe par rapport aux surfaces circonscrites à un quadrilatère gauche tourne autour d'une droite fixe.

17. Trouver l'équation d'une surface du second ordre tangente aux arêtes d'un tétraèdre.

Si on pose $C = D = 0$ dans l'équation générale $F(A, B, C, D) = 0$, on trouve qu'elle se réduit à

$$a_{11}A^2 + a_{22}B^2 + 2a_{12}AB = 0;$$

celle-ci représente deux plans passant par l'arête $A = B = 0$ et les points où l'arête $C = D = 0$ rencontre la surface. Mais, si elle est tangente à la droite $C = D = 0$, on doit avoir $a^2_{12} = a_{11}a_{22}$. On trouverait semblablement les relations

$$a^2_{13} = a_{11}a_{33}, \quad a^2_{14} = a_{11}a_{44}, \quad a^2_{23} = a_{22}a_{33}, \quad a^2_{24} = a_{22}a_{44}, \quad a^2_{34} = a_{33}a_{44},$$

Posons $a_{11} = p^2$, $a_{22} = q^2$, $a_{33} = r^2$, $a_{44} = s^2$; on aura

$$a_{12} = \pm pq, \quad a_{13} = \pm pr, \quad a_{14} = \pm ps, \quad a_{23} = \pm qr, \quad a_{24} = \pm qs, \quad a_{34} = \pm rs.$$

En substituant, l'équation demandée sera

$$p^2A^2+q^2B^2+r^2C^2+s^2D^2\pm 2pqAB\pm 2prAC\pm 2psAD\pm 2qrBC\pm 2qsBD\pm 2rsCD=0.$$

Il est facile de vérifier, en formant les équations du centre, que l'équation précédente ne représente qu'un cas particulier d'une surface du second ordre, si on prend le signe $+$; de sorte que les surfaces du second degré proprement dites qui touchent les arêtes du tétraèdre seront définies par l'équation

$$p^2A^2+q^2B^2+r^2C^2+s^2D^2-2pqAB-2prAC-2psAD-2qrBC-2qsBD-2rsCD=0.$$

18. Montrer que les droites suivantes

$$(1)\quad \frac{B}{a_{12}}=\frac{C}{a_{13}}=\frac{D}{a_{14}},$$

$$(2)\quad \frac{A}{a_{21}}=\frac{C}{a_{23}}=\frac{D}{a_{24}},$$

$$(3)\quad \frac{A}{a_{31}}=\frac{B}{a_{32}}=\frac{D}{a_{34}},$$

$$(4)\quad \frac{A}{a_{41}}=\frac{B}{a_{42}}=\frac{C}{a_{43}},$$

appartiennent à un même hyperboloïde, ainsi que les droites représentées par les équations

$$(1')\quad a_{34}B=a_{42}C=a_{32}D,$$

$$(2')\quad a_{43}A=a_{41}C=a_{13}D,$$

$$(3')\quad a_{24}A=a_{14}B=a_{12}D,$$

$$(4')\quad a_{23}A=a_{31}B=a_{21}C.$$

19. Quand on rapporte une surface du second degré aux différents tétraèdres conjugués par rapport à une même surface du second ordre, la somme des coefficients des carrés des variables est constante.

Considérons la surface du second ordre représentée par l'équation

$$A^2+B^2+C^2+D^2=0$$

et conjuguée au tétraèdre $ABCD=0$. Si elle est conjuguée à un second tétraèdre $A'B'C'D'=0$, on aura aussi

$$A'^2+B'^2+C'^2+D'^2=0$$

où les variables A', B', C', D' sont des expressions de la forme

$$(\alpha)\quad \begin{aligned} A'&=a_1A+a_2B+a_3C+a_4D,\\ B'&=b_1A+b_2B+b_3C+b_4D,\\ C'&=c_1A+c_2B+c_3C+c_4D,\\ D'&=d_1A+d_2B+d_3C+d_4D.\end{aligned}$$

Par la substitution de ces expressions dans l'équation précédente, on arrive aux relations

$$a_1^2+b_1^2+c_1^2+d_1^2=1,$$
$$a_2^2+b_2^2+c_2^2+d_2^2=1,$$
$$a_3^2+b_3^2+c_3^2+d_3^2=1,$$
$$a_4^2+b_4^2+c_4^2+d_4^2=1;$$

$$a_1a_2+b_1b_2+c_1c_2+d_1d_2=0,$$
$$a_1a_3+b_1b_3+c_1c_3+d_1d_3=0,$$
$$a_1a_4+b_1b_4+c_1c_4+d_1d_4=0,$$
$$a_2a_3+b_2b_3+c_2c_3+d_2d_3=0,$$
$$a_2a_4+b_2b_4+c_2c_4+d_2d_4=0,$$
$$a_3a_4+b_3b_4+c_3c_4+d_3d_4=0.$$

Cela étant, soit

$$(\beta)\qquad a_{11}A^2+a_{22}B^2+a_{33}C^2+a_{44}D^2+2a_{12}AB+\cdots\cdots=0$$

l'équation d'une surface du second ordre rapportée au premier tétraèdre; cherchons l'équation de la même surface par rapport au second. Si on multiplie les équations (α) respectivement par a_1, b_1, c_1, d_1, et si on les ajoute, il viendra en vertu des relations précédentes,

$$A=a_1A'+b_1B'+c_1C'+d_1D'.$$

On aura de même

$$B=a_2A'+b_2B'+c_2C'+d_2D',$$
$$C=a_3A'+b_3B'+c_3C'+d_3D',$$
$$D=a_4A'+b_4B'+c_4C'+d_4D'.$$

En substituant, l'équation (β) devient

$$\begin{aligned}&(a_{11}a_1^2+a_{22}a_2^2+a_{33}a_3^2+a_{44}a_4^2+2a_{12}a_1a_2+\cdots)A'^2\\+&(a_{11}b_1^2+a_{22}b_2^2+a_{33}b_3^2+a_{44}b_4^2+2a_{12}b_1b_2+\cdots)B'^2\\+&(a_{11}c_1^2+a_{22}c_2^2+a_{33}c_3^2+a_{44}c_4^2+2a_{12}c_1c_2+\cdots)C'^2\\+&(a_{11}d_1^2+a_{22}d_2^2+a_{33}d_3^2+a_{44}d_4^2+2a_{12}d_1d_2+\cdots)D'^2\\+&\ldots\ldots\ldots\ldots\ldots\ldots\\&\ldots\ldots\ldots\ldots\ldots\ldots=0.\end{aligned}$$

Si on fait la somme des coefficients des carrés des variables on trouve

$$a_{11}+a_{22}+a_{33}+a_{44},$$

c'est-à-dire, la somme des coefficients analogues de l'équation (β); donc, etc.

20. Les arêtes d'un tétraèdre rencontrent une surface du second ordre en douze points; on mène des plans par les points d'intersection situés sur les arêtes d'un même sommet; les quatre plans ainsi obtenus rencontrent les faces opposées du tétraèdre suivant quatre droites d'un même hyperboloïde (Chasles).

On le démontre facilement, en considérant l'équation particulière du second degré

$$A^2 + B^2 + C^2 + D^2 - \left(a_{12} + \frac{1}{a_{12}}\right) AB - \left(a_{13} + \frac{1}{a_{13}}\right) AC - \left(a_{14} + \frac{1}{a_{14}}\right) AC$$

$$- \left(a_{23} + \frac{1}{a_{23}}\right) BC - \left(a_{24} + \frac{1}{a_{24}}\right) BD - \left(a_{34} + \frac{1}{a_{34}}\right) CD = 0.$$

On trouvera pour les équations des quatre plans

$$(1) \qquad A = a_{12}B + a_{13}C + a_{14}D,$$

$$(2) \qquad B = a_{21}A + a_{23}C + a_{24}D,$$

$$(3) \qquad C = a_{31}A + a_{32}B + a_{34}D,$$

$$(4) \qquad D = a_{41}A + a_{42}B + a_{43}C.$$

On a vu précédemment que les droites représentées par les équations

$$A = 0, \qquad a_{12}B + a_{13}C + a_{14}D = 0.$$

$$B = 0, \qquad a_{21}A + a_{23}C + a_{24}D = 0,$$

$$C = 0, \qquad a_{31}A + a_{32}B + a_{34}D = 0,$$

$$D = 0, \qquad a_{41}A + a_{42}B + a_{43}C = 0,$$

appartiennent à un même hyperboloïde.

21. Par les arêtes d'un tétraèdre quelconque on mène douze plans tangents à une surface du second ordre; ces plans se rencontrent trois à trois en quatre points; si l'on combine ceux qui passent par les côtés d'une même face du tétraèdre, les droites qui réunissent ces points aux sommets du tétraèdre opposés aux faces sont quatre génératrices d'un même hyperboloïde.

§ 3. LIEUX GÉOMÉTRIQUES.

1. Une droite se déplace en ayant toujours les trois mêmes points dans trois plans fixes et perpendiculaires entre eux; trouver le lieu décrit par un point de cette droite.

Les plans fixes étant pris pour les plans coordonnés, soient A, B, C les points de la droite mobile qui sont dans les plans yz, xz et xy. Prenons sur la droite un point M (x, y, z), et posons $MA = a$, $MB = b$, $MC = c$. On aura

$$x = a \cos \alpha, \qquad y = b \cos \beta, \qquad z = c \cos \gamma,$$

α, β, γ étant les angles de la droite avec les axes. Par l'élimination de ces angles variables, on trouve pour l'équation du lieu

$$\frac{x^2}{a^2}+\frac{y^2}{b^2}+\frac{z^2}{c^2}=1.$$

2. Étant données deux droites fixes, touver le lieu de la ligne d'intersection de deux plans rectangulaires passant respectivement par ces droites.

Les équations des plans sont de la forme

$$x-az-p=\lambda(y-bz-q), \qquad x-a'z-p'=\mu(y-b'z-q'),$$

avec la condition

$$1+\lambda\mu+(\lambda b-a)(\mu b'-a')=0,$$

ou

$$1+aa'-ab'\mu-a'b\lambda+(1+bb')\lambda\mu=0.$$

Si on remplace les paramètres variables λ et μ par leurs valeurs, on arrive à une équation du second degré.

Afin de mieux déterminer la nature de la surface, rapportons les droites à un système d'axes particuliers. Soit $AB=2d$ la plus courte distance des droites fixes. Plaçons l'origine au milieu de AB et prenons le plan des xy perpendiculaire à AB. Enfin, nous supposerons que l'axe des x coïncide avec la bissectrice de l'angle des projections des droites sur xy. Les équations des lignes fixes seront

$$\begin{cases} z=d, \\ y=mx; \end{cases} \qquad \begin{cases} z=-d, \\ y=-mx; \end{cases}$$

par suite, celle des plans passant par ces droites peuvent s'écrire

$$z-d=\lambda(y-mx), \qquad z+d=\mu(y+mx),$$

et on aura la condition

$$1+(1-m^2)\lambda\mu=0$$

qui exprime que les plans sont perpendiculaires. En éliminant λ et μ, il vient pour le lieu cherché

$$y^2-m^2x^2+(1-m^2)z^2=d^2(1-m^2):$$

équation qui représente toujours un hyperboloïde à une nappe.

3. Trouver le lieu des points à égale distance de deux droites fixes.

Avec le même système d'axes et les mêmes notations que dans l'exemple précédent, on trouvera

$$mxy+(1+m^2)dz=0.$$

C'est un paraboloïde hyperbolique.

4. Trouver le lieu d'un point dont la distance à un point fixe est égal à n fois sa distance à une droite donnée.

Soit H le point fixe; prenons, pour axe des x, la perpendiculaire abaissée de ce point sur la droite D; plaçons l'origine en un point O, à une distance a du point H; enfin, prenons l'axe des z parallèle à D. L'équation du lieu sera de la forme

$$(x-a)^2+y^2+z^2=n^2[y^2+(d-x)^2],$$

d désigne la distance de la droite D à l'origine. En développant elle devient

$$(1-n^2)x^2+(1-n^2)y^2+z^2-2ax+2n^2dx=n^2d^2-a^2,$$

et représente une surface de révolution.

5. Trouver le lieu d'un point, tel que le produit de ses distances aux faces d'un parallélipipède qui aboutissent à un sommet soit égal à celui de ses distances aux faces qui passent par le sommet opposé.

Soient $2a$, $2b$, $2c$ les longueurs des arêtes du parallélipipède oblique. Plaçons l'origine au centre et prenons les axes parallèles aux arêtes. Les équations des faces seront

$$x=a, \quad y=b, \quad z=c;$$
$$x=-a, \quad y=-b, \quad z=-c.$$

Désignons par λ, μ, ν les cosinus des angles des axes, et posons

$$k=\sqrt{1+2\lambda\mu\nu-\lambda^2-\mu^2-\nu^2}.$$

Les distances du point mobile aux faces du parallélipipède seront :

$$k\frac{x-a}{\sqrt{1-\lambda^2}}, \quad k\frac{y-b}{\sqrt{1-\mu^2}}, \quad k\frac{z-c}{\sqrt{1-\nu^2}};$$

$$k\frac{x+a}{\sqrt{1-\lambda^2}}, \quad k\frac{y+b}{\sqrt{1-\mu^2}}, \quad k\frac{z+c}{\sqrt{1-\nu^2}}.$$

L'équation du lieu s'en déduit immédiatement; on trouvera

$$(x-a)(y-b)(z-c)=(x+a)(y+b)(z+c),$$

ou bien

$$ayz+bxz+cxy+abc=0;$$

elle définit un hyperboloïde à une nappe dont le centre est l'origine des coordonnées.

6. Trouver le lieu des sommets des cônes de révolution circonscrits à une surface à centre du second ordre.

Considérons l'ellipsoïde

$$\frac{x^2}{a^2}+\frac{y^2}{b^2}+\frac{z^2}{c^2}=1.$$

On sait que le cône circonscrit ayant pour sommet le point $(x'y'z')$ est représenté par l'équation

$$\left(\frac{x'^2}{a^2}+\frac{y'^2}{b^2}+\frac{z'^2}{c^2}-1\right)\left(\frac{x^2}{a^2}+\frac{y^2}{b^2}+\frac{z^2}{c^2}-1\right)-\left(\frac{xx'}{a^2}+\frac{yy'}{b^2}+\frac{zz'}{c^2}-1\right)^2=0,$$

ou bien

$$\frac{x^2}{a^2}\left(\frac{y'^2}{b^2}+\frac{z'^2}{c^2}-1\right)+\frac{y^2}{b^2}\left(\frac{x'^2}{a^2}+\frac{z'^2}{c^2}-1\right)+\frac{z^2}{c^2}\left(\frac{x'^2}{a^2}+\frac{y'^2}{b^2}-1\right)$$

$$-2\frac{y'z'}{b^2c^2}yz-2\frac{x'z'}{a^2c^2}xz-2\frac{x'y'}{a^2b^2}xy+\cdots\cdots=0.$$

Pour que la surface soit de révolution, il faut que l'on ait

$$\mathrm{A}-\frac{\mathrm{B'B''}}{\mathrm{B}}=\mathrm{A'}-\frac{\mathrm{BB''}}{\mathrm{B'}}=\mathrm{A''}-\frac{\mathrm{BB'}}{\mathrm{B''}}.$$

Or, si on remplace les coefficients par leurs valeurs, on trouve

$$\frac{1}{a^2}\left(\frac{x'^2}{a^2}+\frac{y'^2}{b^2}+\frac{z'^2}{c^2}-1\right)=\frac{1}{b^2}\left(\frac{x'^2}{a^2}+\frac{y'^2}{b^2}+\frac{z'^2}{c^2}-1\right)=\frac{1}{c^2}\left(\frac{x'^2}{a^2}+\frac{y'^2}{b^2}+\frac{z'^2}{c^2}-1\right):$$

égalités impossibles et, pour que la surface soit de révolution, l'une des coordonnées x', y', z' devra être nulle afin que deux des trois coefficients B, B', B'' soient égaux à zéro.

Supposons d'abord $z'=0$; dans cette hypothèse, l'équation du cône circonscrit se réduit à

$$\frac{x^2}{a^2}\left(\frac{y'^2}{b^2}-1\right)+\frac{y^2}{b^2}\left(\frac{x'^2}{a^2}-1\right)+\frac{z^2}{c^2}\left(\frac{x'^2}{a^2}+\frac{y'^2}{b^2}-1\right)-2\frac{x'y'}{a^2b^2}xy+\cdots\cdots=0.$$

Puisque B et B' sont nuls, il faut et il suffit pour que la surface soit de révolution que l'on ait

$$(\mathrm{A}-\mathrm{A''})(\mathrm{A'}-\mathrm{A''})=\mathrm{B''}^2,\quad \text{ou}\quad \mathrm{A''}(\mathrm{A''}-\mathrm{A}-\mathrm{A'})+\mathrm{AA'}=\mathrm{B''}^2.$$

Si on substitue aux coefficients leurs valeurs et si on pose $k=\frac{x'^2}{a^2}+\frac{y'^2}{b^2}-1$, on trouve

$$\frac{k}{c^2}\left[\frac{k}{c^2}-\frac{1}{a^2}\left(\frac{y'^2}{b^2}-1\right)-\frac{1}{b^2}\left(\frac{x'^2}{a^2}-1\right)\right]+\frac{1}{a^2b^2}\left(\frac{y'^2}{b^2}-1\right)\left(\frac{x'^2}{a^2}-1\right)=\frac{x'^2y'^2}{a^4b^4},$$

ou bien

$$\frac{k}{c^2}-\frac{1}{a^2}\left(\frac{y'^2}{b^2}-1\right)-\frac{1}{b^2}\left(\frac{x'^2}{a^2}-1\right)-\frac{c^2}{a^2b^2}=0.$$

Enfin, en remplaçant k par sa valeur et faisant les réductions, on trouve, pour le lieu du sommet du cône de révolution dans xy, l'équation

$$\frac{x'^2}{a^2-c^2}+\frac{y'^2}{b^2-c^2}=1.$$

Si on pose successivement $y'=0$, $x'=0$, on arrive, par des calculs semblables, aux équations

$$\frac{x'^2}{a^2-b^2}+\frac{z'^2}{c^2-b^2}=1,\ \frac{y'^2}{b^2-a^2}+\frac{z'^2}{c^2-a^2}=1.$$

On voit donc que le lieu des sommets des cônes circonscrits et de révolution se compose des trois coniques focales.

Si la surface donnée est le paraboloïde elliptique

$$\frac{y^2}{p}+\frac{z^2}{q}-2x=0,$$

le cône circonscrit est représenté par l'équation

$$\left(\frac{y'^2}{p}+\frac{z'^2}{q}-2x'\right)\left(\frac{y^2}{p}+\frac{z^2}{q}-2x\right)-\left(\frac{yy'}{p}+\frac{zz'}{q}-x-x'\right)^2=0,$$

ou bien

$$-x^2+\frac{y^2}{p}\left(\frac{z'^2}{q}-2x'\right)+\frac{z^2}{q}\left(\frac{y'^2}{p}-2x'\right)-\frac{2z'y'}{pq}yz+2\frac{z'}{q}xz+2\frac{y'}{p}xy+\cdots\cdots=0.$$

On verra que le cône ne peut être de révolution à moins que son sommet ne se trouve dans l'un des plans principaux. En posant $z'=0$ et appliquant la condition

$$A''(A''-A'-A)+AA'=B''^2,$$

on arrive à l'équation

$$y'^2=(p-q)(2x'-q).$$

Enfin, dans le cas où $y'=0$, on trouvera

$$z'^2=(q-p)(2x'-p).$$

Ce sont les lignes focales du paraboloïde.

7. Trouver le lieu des centres des surfaces du second ordre tangentes à sept plans donnés.

Soient

$$A_1=l_1x+m_1y+n_1z-p_1=0,\qquad A_2=l_2x+m_2y+n_2z-p_2=0,$$
$$A_3=0,\quad A_4=0,\quad A_5=0,\quad A_6=0,\quad A_7=0,$$

les plans donnés; x, y, z les coordonnées du centre et a, b, c les demi-axes de la surface. On sait que le carré de la perpendiculaire abaissée du centre sur le plan tangent à l'ellipsoïde $\frac{x^2}{a^2}+\frac{y^2}{b^2}+\frac{z^2}{c^2}=1$ a pour expression

$$a^2\cos^2\alpha+b^2\cos^2\beta+c^2\cos^2\gamma,$$

α, β, γ sont les angles de la normale au plan avec les axes.

Si on désigne par $\alpha_1\beta_1\gamma_1$, $\alpha_2\beta_2\gamma_2$, $\alpha_3\beta_3\gamma_3$ les angles directeurs des axes de la surface tangente aux plans donnés, on aura

$$\cos\alpha=l_1\alpha_1+m_1\beta_1+n_1\gamma_1,$$
$$\cos\beta=l_1\alpha_2+m_1\beta_2+n_1\gamma_2,$$
$$\cos\gamma=l_1\alpha_3+m_1\beta_3+n_1\gamma_3;$$

par suite, l'expression du carré de la perpendiculaire abaissée du centre sur le premier plan sera

$$a^2 (l_1\alpha_1 + m_1\beta_1 + n_1\gamma_1)^2 + b^2 (l_1\alpha_2 + m_1\beta_2 + n_1\gamma_2)^2 + c^2 (l_1\alpha_3 + m_1\beta_3 + n_1\gamma_3)^2.$$

De sorte que les coordonnées du centre devront vérifier les égalités

$$(l_1x + m_1y + n_1z - p_1)^2 = a^2 (l_1\alpha_1 + m_1\beta_1 + n_1\gamma_1)^2 + b^2 (l_1\alpha_2 + m_1\beta_2 + n_1\gamma_2)^2 + c^2 (l_1\alpha_3 + m_1\beta_3 + n_1\gamma_3)^2,$$

$$(l_2x + m_2y + n_2z - p_2)^2 = a^2 (l_2\alpha_1 + m_2\beta_1 + n_2\gamma_1)^2 + b^2 (l_2\alpha_2 + m_2\beta_2 + n_2\gamma_2)^2 + c^2 (l_2\alpha_2 + m_2\beta_2 + n_2\gamma_2)^2,$$

. . . .

. . . .

$$(l_7x + m_7y + n_7z - p_7)^2 = a^2 (l_7\alpha_1 + m_7\beta_1 + n_7\gamma_1)^2 + b^2 (l_7\alpha_2 + m_7\beta_2 + n_7\gamma_2)^2 + c^2 (l_7\alpha_3 + m_7\beta_3 + n_7\gamma_3)^2.$$

Il faut éliminer a, b, c et les neuf cosinus directeurs des axes. On y parvient facilement en désignant par $\lambda_1, \lambda_2 \cdots\cdots \lambda_7$ des coefficients dont les rapports sont déterminés par les équations

$$\begin{aligned}
&\lambda_1 l_1^2 + \lambda_2 l_2^2 + \quad . \ . \ . \ . \ . \ + \lambda_7 l_7^2 = 0,\\
&\lambda_1 m_1^2 + . \ . \ . \ . \ . \ . \ . \ . \ . \ . \ . = 0,\\
&\lambda_1 n_1^2 + . \ . \ . \ . \ . \ . \ . \ . \ . \ . \ . = 0,\\
&\lambda_1 l_1 m_1 + \lambda_2 l_2 m_2 + \ . \ . \ . \ + \lambda_7 l_7 m_7 = 0,\\
&\lambda_1 l_1 n_1 + . \ . \ . \ . \ . \ . \ . \ . \ . \ . = 0,\\
&\lambda_1 m_1 n_1 + \ . \ . \ . \ . \ . \ . \ . \ . \ . \ . = 0.
\end{aligned}$$

Si on multiplie les équations précédentes respectivement par $\lambda_1, \lambda_2 \cdots\cdots \lambda_7$, et si on les ajoute membre à membre, il viendra une équation du premier degré qui représente le lieu des centres des surfaces tangentes aux plans donnés. Le lieu cherché est donc un plan.

8. Trouver le lieu des centres des surfaces tangentes à six plans et dont la somme des carrés des demi-axes est constante.

En conservant les mêmes notations que dans l'exemple précédent, il faudra éliminer a, b, c et les cosinus directeurs des axes entre les équations

$$(l_1x + m_1y + n_1z - p_1)^2 = a^2 (l_1\alpha_1 + m_1\beta_1 + n_1\gamma_1)^2 + b^2 (l_1\alpha_2 + m_1\beta_2 + n_1\gamma_2)^2 + c^2 (l_1\alpha_3 + m_1\beta_3 + n_1\gamma_3)^2,$$

. . . .

. . . .

$$(l_6x + m_6y + n_6z - p_6)^2 = a^2(l_6\alpha_1 + m_6\beta_1 + n_6\gamma_1)^2 + b^2(l_6\alpha_2 + m_6\beta_2 + n_6\gamma_2)^2$$
$$+ c^2(l_6\alpha_3 + m_6\beta_3 + n_6\gamma_3)^2,$$
$$a^2 + b^2 + c^2 = k^2.$$

Si on pose

$$\lambda_1 l_1^2 + \ldots\ldots\ldots \lambda_6 l_6^2 = 1,$$
$$\lambda_1 m_1^2 + \ldots\ldots\ldots = 1,$$
$$\lambda_1 n_1^2 + \ldots\ldots\ldots = 1,$$
$$\lambda_1 l_1 m_1 + \ldots\ldots + \lambda_6 l_6 m_6 = 0,$$
$$\lambda_1 l_1 n_1 + \ldots\ldots\ldots = 0,$$
$$\lambda_1 m_1 n_1 + \ldots\ldots\ldots = 0,$$

les équations précédentes, multipliées respectivement par $\lambda_1, \lambda_2 \ldots\ldots \lambda_6$ et ajoutées membre à membre, conduisent à une égalité où le premier membre est une fonction du second degré ne renfermant pas les rectangles yz, xz, xy; de plus, les coefficients des carrés x^2, y^2, z^2 sont égaux et le second membre se réduit à $a^2 + b^2 + c^2 = k^2$. Le lieu des centres est donc une sphère.

9. Le lieu des sommets des trièdres dont les faces sont parallèles à un système de plans diamétraux conjugués d'un ellipsoïde (a, b, c) et tangentes à un autre ellipsoïde (a', b', c') est la surface représentée par l'équation

$$\frac{x^2}{a^2} + \frac{y^2}{b^2} + \frac{z^2}{c^2} = a'^2\left(\frac{\alpha^2}{a^2} + \frac{\beta^2}{b^2} + \frac{\gamma^2}{c^2}\right) + b'^2\left(\frac{\alpha'^2}{a^2} + \frac{\beta'^2}{b^2} + \frac{\gamma'^2}{c^2}\right)$$
$$+ c'^2\left(\frac{\alpha''^2}{a^2} + \frac{\beta''^2}{b^2} + \frac{\gamma''^2}{c^2}\right);$$

$\alpha\beta\gamma$, $\alpha'\beta'\gamma'$, $\alpha''\beta''\gamma''$ sont les angles des axes a', b', c' avec les axes a, b, c.

10. Trouver le lieu d'un point dont les distances à deux droites fixes non situées dans un même plan sont dans un rapport constant.

11. Trouver le lieu d'une droite qui reste tangente à une surface du second ordre et qui glisse sur deux autres droites fixes tangentes à la même surface.

12. Étant donnés un point et deux plans rectangulaires, trouver le lieu des points tels que la distance de chacun d'eux au point fixe soit moyenne proportionnelle entre ses distances aux plans fixes.

13. Trois droites rectangulaires issues d'un même point rencontrent une surface du second degré en trois points; le plan qui passe par ces points enveloppe une surface de révolution lorsque les droites tournent autour du point fixe.

14. Par un point fixe on mène trois droites parallèles à trois diamètres conjugués quelconques d'une surface à centre, et, aux points où elles rencontrent une autre surface du second ordre, des plans tangents à cette surface; trouver le lieu du point d'intersection de ces plans.

15. Trouver l'enveloppe du plan passant par les extrémités de trois diamètres conjugués de l'ellipsoïde.

16. Trouver le lieu des centres des surfaces représentées par l'équation

$$x^2 + y^2 - z^2 + 2pxz + 2qyz - 2ax - 2by + 2cz = 0$$

dans laquelle a, b, c sont des constantes données, p et q des paramètres arbitraires.

17. Quel est le lieu des intersections des plans tangents à un cône du second ordre suivant deux génératrices rectangulaires ?

18. Trouver le lieu des intersections des plans tangents à un cône du second ordre et perpendiculaires entre eux.

19. On donne trois points fixes A, B, C; trouver le lieu d'un point P de l'espace tel que l'on ait $PA^2 + PB^2 = PC^2$.

20. Une sphère mobile reste tangente à deux lignes droites rectangulaires qui ne se rencontrent pas; montrer que le centre de la sphère décrit un paraboloïde hyperbolique.

21. Trouver le lieu des sommets des cônes circonscrits à l'ellipsoïde suivant des ellipses d'aire constante.

22. On mène un plan par les extrémités d'un système de diamètres conjugués d'une surface à centre; trouver le lieu du pied de la perpendiculaire abaissée du centre sur ce plan.

23. Montrer que le lieu des diamètres de l'ellipsoïde

$$\frac{x^2}{a^2} + \frac{y^2}{b^2} + \frac{z^2}{c^2} = 1$$

qui sont parallèles aux cordes divisées en deux parties égales par les plans tangents du cône $\frac{x^2}{\alpha^2} + \frac{y^2}{\beta^2} - \frac{z^2}{\gamma^2} = 0$, est le cône représenté par l'équation

$$\frac{\alpha^2 x^2}{a^2} + \frac{\beta^2 y^2}{b^2} - \frac{\gamma^2 z^2}{c^2} = 0.$$

24. Trouver le lieu des perpendiculaires abaissées de l'origine sur les plans tangents au cône

$$ax^2 + by^2 + cz^2 + 2a'yz + 2b'zx + 2c'xy = 0.$$

25. Sur chaque rayon d'un ellipsoïde de centre C, on prend un point M tel que $\pi k \mathrm{CM}$ est l'aire de la section centrale perpendiculaire à CM; montrer que le lieu du point M est représenté par l'équation

$$a^2x^2 + b^2y^2 + c^2z^2 = \frac{a^2b^2c^2}{k^2}.$$

CHAPITRE XIV.

PROPRIÉTÉS GÉNÉRALES DES SURFACES DU SECOND ORDRE.

Méthode de la notation abrégée (coordonnées cartésiennes).

Sommaire. — *Surfaces du second ordre assujetties à certaines conditions : surfaces passant par huit points, par sept points ; surfaces doublement tangentes et circonscrites ; théorèmes divers. — Cônes passant par l'intersection de deux surfaces du second ordre ; propriété d'une courbe gauche du troisième ordre. — Relation analytique entre dix points d'une surface du second ordre, entre dix couples de points conjugués à une telle surface.*

§ 1. SURFACES DU SECOND ORDRE ASSUJETTIES A CERTAINES CONDITIONS.

297. L'équation générale du second degré renfermant neuf paramètres, il faut en général neuf conditions géométriques pour qu'une surface du second ordre soit complétement déterminée, en admettant que chaque condition donne lieu à une relation unique entre les paramètres. Lorsqu'il s'agit d'un ellipsoïde ou d'un hyperboloïde, ces neuf conditions sont indispensables ; mais ce nombre se réduit d'une unité pour un paraboloïde, puisque les paramètres de l'équation satisfont à la condition

$$\begin{vmatrix} A & B'' & B' \\ B'' & A' & B \\ B' & B & A'' \end{vmatrix} = 0.$$

Il en est de même pour une surface conique ; car, dans ce cas, les coefficients vérifient la relation

$$\begin{vmatrix} A & B'' & B' & C \\ B'' & A' & B & C' \\ B' & B & A'' & C'' \\ C & C' & C'' & F \end{vmatrix} = 0.$$

Un cylindre elliptique ou hyperbolique est déterminé par sept conditions. En effet, si on exprime que les plans du centre passent par une même droite en identifiant les équations

$$f'_x + \lambda f'_y = 0, \qquad f'_z = 0,$$

on arrive aux égalités

$$\frac{A + \lambda B''}{B'} = \frac{B'' + \lambda A'}{B} = \frac{B' + \lambda B}{A''} = \frac{C + \lambda C'}{C''};$$

par l'élimination de λ, on trouvera deux relations distinctes entre les coefficients.

Dans le cas où l'équation générale représente un cylindre parabolique, les plans du centre sont parallèles et doivent se rencontrer suivant une droite à l'infini; mais pour que les plans

$$f'_x = 0, \quad f'_y = 0, \quad f'_z = 0$$

soient parallèles, il faut que l'on ait les égalités

$$\frac{A}{B''} = \frac{B''}{A'} = \frac{B'}{B}, \quad \frac{A}{B'} = \frac{B''}{B} = \frac{B'}{A''};$$

d'où on tire les trois relations distinctes

$$AA' = B''^2, \qquad AA'' = B'^2, \qquad AB = B'B''.$$

Ainsi, un cylindre parabolique exige six conditions pour être complétement déterminé.

298. Parmi les conditions diverses auxquelles on peut assujettir une surface du second ordre, nous citerons les suivantes :

1° Un point ou un plan tangent vaut une condition simple donnant lieu à une relation de la forme

$$f(x', y', z') = 0, \qquad f(u', v', w') = 0,$$

2° Une droite équivaut à trois conditions; car elle ne peut être entièrement située sur la surface sans avoir trois points communs avec elle. Autrement, si on combine les équations

$$x = az + p, \qquad y = bz + q$$

avec $f(x, y, z) = 0$ pour éliminer x et y, on arrivera à une équation du second degré en z, par exemple,

$$Pz^2 + 2Qz + R = 0$$

qui doit être vérifiée quel que soit z; ce qui exige que l'on ait $P = 0$, $Q = 0$, $R = 0$, et, par conséquent, on a trois équations distinctes entre les coefficients de l'équation du second degré.

3° Si la surface est assujettie à avoir pour centre le point (x_1, y_1, z_1), on aura

$$f_x'(x_1, y_1, z_1) = 0, \qquad f_y'(x_1, y_1, z_1) = 0, \qquad f_z'(x_1, y_1, z_1) = 0\,;$$

par suite, le centre équivaut à trois conditions simples.

4° Un plan tangent en un point donné, un plan avec son pôle équivaut à trois conditions; car, en identifiant les équations

$$ax + by + cz + d = 0. \qquad xf_{x'}' + yf_{y'}' + zf_{z'}' + tf_{t'}' = 0,$$

il vient les égalités

$$\frac{f_{x'}'}{a} = \frac{f_{y'}'}{b} = \frac{f_{z'}'}{c} = \frac{f_{t'}'}{d}\,;$$

elles donneront trois relations distinctes entre les paramètres.

5° Assujettir une surface à passer par une conique équivaut à cinq conditions, puisqu'il faut cinq points pour déterminer cette courbe. Il en est de même, si la conique est un cercle. En effet, soit

$$z = 0, \quad a(x^2 + y^2) + bx + cy + f = 0$$

les équations du cercle; celle d'une surface quelconque qui passe par cette ligne peut s'écrire

$$k\,[a(x^2 + y^2) + bx + cy + f] + A''z^2 + B'xz + Byz + C''z = 0;$$

elle ne renferme plus que quatre coefficients indéterminés.

6° Une surface qui passe par deux coniques qui ont une corde commune satisfait à huit conditions; car chaque conique est déterminée par les points communs et trois autres points; la surface passe donc par huit points distincts. En général, il n'est pas possible de mener une surface du second ordre par deux coniques qui ne se rencontrent pas, puisque cinq points étant nécessaires à la détermination de chacune d'elles, la surface devrait passer par dix points distincts choisis à volonté sur les coniques; ce qui est impossible.

299. *Surfaces passant par huit points.* Lorsque la surface du second ordre représentée par l'équation générale $f(x, y, z) = 0$ est assujettie à passer par huit points, on a huit relations linéaires entre les paramètres de la forme $f(x_1, y_1, z_1) = 0$; elles permettront d'exprimer tous les paramètres moins un en fonction du neuvième. Soient $a + \lambda b$, $a' + \lambda b'$, $a'' + \lambda b''$ etc., ces fonctions, où a, b, a'.... sont des quantités connues et λ un coefficient indéterminé : l'équation de la surface qui passe par les huit points pourra s'écrire

$$(a + \lambda b)x^2 + (a' + \lambda b')y^2 + \cdot \cdot \cdot \cdot \cdot \cdot \cdot = 0,$$

ou bien

$$(1) \qquad S + \lambda S' = 0,$$

S et S' étant deux polynômes du second degré en x, y, z. Cette équation définit un système de surfaces qui jouissent de la propriété de passer par les huit points; elle est satisfaite quel que soit λ en posant $S = 0$, $S' = 0$, et les points communs à ces deux surfaces déterminées appartiennent aussi à une surface quelconque du système. Comme deux surfaces du second degré se rencontrent suivant une courbe gauche du quatrième ordre, nous pouvons énoncer le théorème suivant :

Toutes les surfaces du second ordre qui passent par huit points donnés ont en commun une même courbe gauche du 4ᵉ ordre passant par ces points.

Les surfaces $S = 0$, $S' = 0$ correspondent aux valeurs $\lambda = 0$, $\lambda = \infty$, et passent par les huit points donnés. Il en résulte qu'une courbe gauche du 4ᵉ ordre sera complètement déterminée, si elle est assujettie à passer par huit points de l'espace; car on pourra trouver deux surfaces du second ordre qui passent par cette ligne et qui la déterminent de forme et de position.

Nous avons vu (Nº 157) que neuf points de l'espace déterminent en général une surface du second ordre et une seule. Cependant, si les points appartenaient à une même courbe gauche du quatrième ordre, toute surface menée par huit de ces points passera nécessairement par le neuvième : il y aurait une infinité de surfaces du second ordre qui satisferaient à la condition de renfermer les neuf points donnés. Il en est encore ainsi, lorsque six points appartiennent à une même conique plane; car ils ne forment que cinq points distincts, nombre suffisant pour déterminer la conique; par suite, la surface menée par les neuf points ne satisferait plus qu'à huit conditions.

THÉORÈME **1**. *Les plans polaires d'un point fixe par rapport aux surfaces qui ont huit points communs passent par une droite fixe.*

En effet, soient $P=0$, $Q=0$ les équations des plans polaires d'un point (x', y', z') par rapport aux surfaces S et S' qui passent par les huit points. D'après la manière de former les équations $P=0$, $Q=0$, le plan polaire du même point relativement à une surface quelconque du système $S+\lambda S'=0$ sera représenté par l'équation

$$P+\lambda Q=0;$$

elle est satisfaite en posant $P=0$, $Q=0$ quel que soit λ, et tous les plans qu'elle définit passeront par la droite d'intersection des plans P et Q.

On sait que si le pôle (x', y', z') s'éloigne à l'infini sur une droite D, le plan polaire devient le plan diamétral conjugué de cette direction. On en déduit ce théorème :

Les plans diamétraux conjugués d'une même droite dans les surfaces du second ordre qui passent par huit points se coupent suivant une droite fixe (Lamé).

2. *Les droites conjuguées d'une droite fixe par rapport aux surfaces du second ordre qui ont en commun une même courbe gauche du quatrième ordre appartiennent à un même hyperboloïde à une nappe.*

Soient

$$P+\lambda Q=0, \quad R+\lambda S=0$$

les équations des plans polaires de deux points de la droite fixe; l'intersection de ces plans est la droite conjuguée de la précédente; mais, si on élimine le paramètre λ, il vient l'équation du second degré

$$PS-QR=0$$

qui représentera le lieu des diverses positions de la droite conjuguée; c'est un hyperboloïde à une nappe.

3. *Le pôle d'un plan fixe par rapport aux surfaces qui passent par huit points décrit une courbe du troisième ordre, intersection de deux hyperboloïdes à une nappe qui ont une génératrice commune.*

Considérons les équations

$$P+\lambda Q=0, \quad R+\lambda S=0, \quad T+\lambda U=0$$

des plans polaires de trois points choisis dans le plan fixe ; ces plans se coupent en un point qui sera le pôle du plan donné. Le lieu du pôle s'obtiendra en éliminant λ; ce qui donne les équations

$$PS - RQ = 0, \quad PU - QT = 0, \quad RU - ST = 0$$

qui représentent trois hyperboloïdes à une nappe ; les deux premiers ont une génératrice commune, la droite d'intersection des plans P et Q ; comme l'intersection de deux surfaces du second degré est une courbe du 4e ordre, tous les autres points communs aux deux hyperboloïdes devront appartenir à une courbe gauche du troisième ordre : ce sera le lieu du pôle du plan fixe, en négligeant la génératrice commune qui ne se trouve pas sur le troisième hyperboloïde.

Si le plan fixe s'éloigne à l'infini, son pôle coïncide avec le centre de la surface, et le théorème précédent devient :

Les centres des surfaces du second ordre qui ont huit points communs sont sur une courbe gauche du troisième ordre.

300. *Surfaces passant par sept points.* Si on exprime que la surface $f(x, y, z) = 0$ passe par sept points donnés, on obtient un nombre d'équations suffisantes pour exprimer sept paramètres en fonction des deux autres, et mettre leurs valeurs sous la forme $a + b\lambda + c\mu$, $a' + b'\lambda + c'\mu$ etc. où λ et μ sont deux coefficients indéterminés et $a, b, c...$ des nombres connus. Il en résulte que l'équation générale des surfaces qui passent par sept points sera de la forme

$$S + \lambda S' + \mu S'' = 0,$$

S, S', S'' étant des fonctions du second degré en x, y, z. Or elle est toujours satisfaite par les valeurs des variables déterminées par les équations

$$S = 0, \quad S' = 0, \quad S'' = 0$$

qui ont en général huit solutions communes. Donc, *toutes les surfaces du second ordre qui passent par sept points passent par un huitième point fixe.*

D'après un théorème démontré précédemment (N° 295), les huit points d'intersection de trois surfaces du second ordre étant partagés en deux groupes seront les sommets de deux tétraèdres conjugués à une même surface du second degré.

THÉORÈME **1.** *Les plans polaires d'un point fixe par rapport aux surfaces du second ordre qui passent par sept points donnés passent par un point fixe.*

Soient $P=0$, $Q=0$, $R=0$ les plans polaires d'un point (x', y', z') par rapport aux surfaces $S=0$, $S'=0$, $S''=0$. L'équation du plan polaire du même point par rapport à une surface du système $S+\lambda S'+\mu S''=0$ sera de la forme

$$P+\lambda Q+\mu R=0;$$

quels que soient λ et μ, elle définit des plans qui passent par le point d'intersection de P, Q, R.

Si le point fixe s'éloigne à l'infini sur une droite D, les plans polaires deviennent les plans diamétraux conjugués de cette droite. Donc, *les plans diamétraux conjugués d'une droite fixe dans les surfaces du second ordre qui passent par sept points donnés passent par un point fixe* (Lamé).

2. *Le pôle d'un plan fixe par rapport aux surfaces du second ordre qui passent par sept points décrit une surface du troisième ordre.*

Prenons dans le plan fixe les points (x', y', z'), (x'', y'', z''), (x''', y''', z'''), et soient

$$P'+\lambda Q'+\mu R'=0, \qquad P''+\lambda Q''+\mu R''=0, \qquad P'''+\lambda Q'''+\mu R'''=0$$

leurs plans polaires qui se rencontrent suivant le pôle du plan donné. Si on élimine les paramètres, on trouve, pour le lieu du pôle, l'équation du troisième degré

$$\begin{vmatrix} P' & Q' & R' \\ P'' & Q'' & R'' \\ P''' & Q''' & R''' \end{vmatrix} = 0.$$

Quand le plan fixe est à l'infini, le pôle devient le centre de la surface; donc, *les centres des surfaces du second ordre qui passent par sept points appartiennent à une surface du troisième ordre.*

301. *Construction du huitième point.* Cette construction découle du théorème suivant : *Étant donnés huit points a, b, c, d et a', b', c', d' tels que toute surface du second ordre qui renferme les sept premiers passe par le huitième, si on mène par les points d et d' les droites* eE *f*F, *g*G *et e'*E', *f'*F', *g'*G' *qui s'appuient sur les côtés opposés de l'hexagone abca'b'c', elles détermineront les sommets de deux hexagones*

*efg*EFG, *e'f'g'*E'F'G'

dont les côtés sont les génératrices d'un même hyperboloïde.

Les diagonales des deux hexagones se coupant en un même point, les côtés opposés sont dans un même plan; par suite, une droite qui glisse sur les côtés pairs de l'un d'eux engendrera un hyperboloïde passant par les côtés impairs, puisque chacun de ces derniers rencontre les trois autres. Les côtés du premier hexagone sont donc sur un certain hyperboloïde (H) et les côtés du second sur un hyperboloïde (H′). Nous allons voir que ces deux surfaces coïncident, en prouvant que chaque côté de l'un des polygones rencontre les côtés pairs de l'autre ou ses côtés impairs. Considérons d'abord le côté $e'f'$ du second hexagone et montrons qu'il rencontre les côtés impairs ef, gE, FG du premier. Il est visible que les droites ef, $e'f'$ se rencontrent dans le plan de l'angle $\hat{b}$; le côté $e'f'$ rencontre aussi FG comme nous allons l'établir, en montrant que les points e', f', F, G sont dans un même plan.

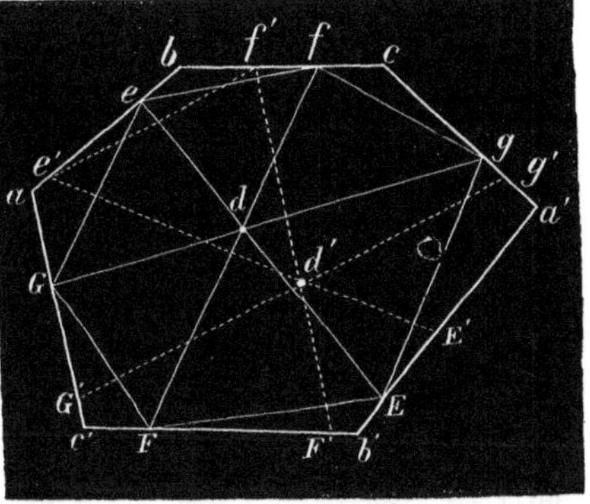

Fig. 35.

Soit

$$lA^2 + mB^2 + nC^2 + pD^2 = 0$$

l'équation de la surface conjuguée aux deux tétraèdres $abcd$, $a'b'c'd'$, $A = 0$, $B = 0$, $C = 0$, $D = 0$ étant les équations des faces opposées aux sommets a, b, c, d. Désignons par $\alpha_1\alpha_2\alpha_3\alpha_4$, $\beta_1\beta_2\beta_3\beta_4$, $\gamma_1\gamma_2\gamma_3\gamma_4$, $\delta_1\delta_2\delta_3\delta_4$ les coordonnées des sommets du second tétraèdre; les équations des faces respectivement opposées à a', b', c', d' seront (N° 295)

$$A' = l\alpha_1 A + m\alpha_2 B + n\alpha_3 C + p\alpha_4 D = 0,$$
$$B' = l\beta_1 A + m\beta_2 B + n\beta_3 C + p\beta_4 D = 0,$$
$$C' = l\gamma_1 A + m\gamma_2 B + n\gamma_3 C + p\gamma_4 D = 0,$$
$$D' = l\delta_1 A + m\delta_2 B + n\delta_3 C + p\delta_4 D = 0,$$

avec les conditions

$$l\alpha_1\beta_1 + m\alpha_2\beta_2 + n\alpha_3\beta_3 + p\alpha_4\beta_4 = 0,$$
$$(\alpha) \qquad l\alpha_1\gamma_1 + m\alpha_2\gamma_2 + m\alpha_3\gamma_3 + p\alpha_4\gamma_4 = 0,$$

. . . .

. . . .

Le plan polaire du point e' qui se trouve sur l'arête ab passera par cd; de plus, ce point est sur une droite du plan $a'b'd'$ et le plan polaire devra renfermer le point c', pôle de la face $a'b'd'$. Avec ces conditions, l'équation du plan polaire du point e' par rapport à la surface sera

$$(e') \qquad \gamma_2 A - \gamma_1 B = 0.$$

On trouvera de même, pour le plan polaire du point f', l'équation

$$(f') \qquad \alpha_3 B - \alpha_2 C = 0.$$

Le point F étant sur l'arête $b'c'$, le plan polaire correspondant aura une équation de la forme

$$B' - \lambda C' = 0;$$

mais ce point est dans le plan bcd, et le plan polaire doit passer par le point a; cette condition donne $\lambda = \frac{\beta_1}{\gamma_1}$; par suite, l'équation précédente devient

$$(F) \qquad m(\beta_2\gamma_1 - \beta_1\gamma_2)B + n(\beta_3\gamma_1 - \beta_1\gamma_3)C + p(\beta_4\gamma_1 - \beta_1\gamma_4)D = 0.$$

Enfin, le plan polaire du point G renferme la droite d'intersection des plans $A = 0$, $C' = 0$, et son équation peut s'écrire

$$A - \lambda C' = 0.$$

En exprimant qu'il passe par le pôle du plan $da'c$ qui renferme le point G, l'équation précédente se présente sous la forme

$$(G) \qquad l\alpha_1\gamma_2 A + \alpha_2(m\gamma_2 B + n\gamma_3 C + p\gamma_4 D) = 0.$$

Les quatre plans (e'), (f'), (F), (G) passent par un même point; car si on substitue dans les équations (F) et (G) les valeurs de A et C tirées des égalités (e') et (f'), on trouve

$$[m\alpha_2(\beta_2\gamma_1 - \beta_1\gamma_2) + n\alpha_3(\beta_3\gamma_1 - \beta_1\gamma_3)]B + p\alpha_2(\beta_4\gamma_1 - \gamma_4\beta_1)D = 0,$$
$$(l\alpha_1\gamma_1 + m\alpha_2\gamma_2 + n\alpha_3\gamma_3)B + p\alpha_2\gamma_4 D = 0;$$

mais, en éliminant l entre les relations (α), on obtient

$$m\alpha_2(\beta_2\gamma_1 - \beta_1\gamma_2) + n\alpha_3(\beta_3\gamma_1 - \beta_1\gamma_3) + p\alpha_4(\beta_4\gamma_1 - \beta_1\gamma_4) = 0,$$

et les équations précédentes peuvent s'écrire

$$-\alpha_4 B + \alpha_2 D = 0, \qquad \alpha_4 B - \alpha_2 D = 0;$$

on voit qu'elles sont identiques.

Puisque les plans polaires passent par un même point, les pôles e', f', F, G sont dans un même plan, et la droite $e'f'$ rencontre FG. On verrait semblablement qu'elle rencontre aussi le côté gE du second hexagone. On peut donc considérer comme établi que les deux hyperboloïdes coïncident, puisqu'un côté quelconque du second hexagone rencontre les côtés pairs du premier.

De là cette construction : étant donnés les sept points a, b, c, d, a', b', c', on mènera par l'un d'eux d des droites qui rencontrent les côtés opposés de l'hexagone gauche formé par les autres : on trouvera ainsi l'hexagone efgEFG dont les côtés sont les génératrices de l'hyperboloïde H ; les plans des angles $\hat{a}$, $\hat{b}$.... détermineront par leur intersection avec la surface les différents côtés du second hexagone $e'f'g'$E'F'G' dont les diagonales se couperont suivant le huitième point cherché.

302. Cette construction due à M. Hesse est en défaut lorsque l'hexagone efgEFG est plan, car l'hyperboloïde se réduit alors à deux plans, le plan du polygone et un autre qui est inconnu. Cette circonstance se présente lorsque le point d est le sommet d'un cône du second ordre qui passe par les autres points a, b, c, a', b', c'. Imaginons, en effet, un tel cône et coupons-le par un plan P ; les arêtes qui aboutissent aux sommets de l'hexagone $abca'b'c'$ vont déterminer sur ce plan un hexagone $\alpha\beta\gamma\alpha'\beta'\gamma'$ inscrit dans la conique d'intersection ; le point de concours des côtés $\alpha\beta$, $\alpha'\beta'$ doit appartenir à la droite d'intersection des plans dab, $da'b'$, et, par conséquent, il se trouve sur la ligne eE. Ainsi, les trois droites eE, fF, gG aboutissent aux points de concours des côtés opposés de l'hexagone $\alpha\beta\gamma\alpha'\beta'\gamma'$ et seront situées dans un même plan avec l'hexagone efgEFG.

Il y a une infinité de cônes du second ordre qui jouissent de la propriété de passer par les six points a, b, c, a', b', c', et leurs sommets sont sur une surface du quatrième ordre. En effet, soient $R = 0$, $S = 0$, $T = 0$, $U = 0$ les équations de quatre surfaces du second ordre qui passent par ces points : l'équation

$$\lambda R + \mu S + \nu T + \rho U = 0$$

définit une surface quelconque du second degré jouissant de la même propriété. Si elle représente un cône, les coordonnées du sommet doivent vérifier les équations

$$\lambda R'_x + \mu S'_x + \nu T'_x + \rho U'_x = 0,$$
$$\lambda R'_y + \mu S'_y + \nu T'_y + \rho U'_y = 0,$$
$$\lambda R'_z + \mu S'_z + \nu T'_z + \rho U'_z = 0,$$
$$\lambda R'_t + \mu S'_t + \nu T'_t + \rho U'_t = 0.$$

Par l'élimination des paramètres, on arrive à l'équation du quatrième degré

$$\begin{vmatrix} R'_x & S'_x & T'_x & U'_x \\ R'_y & S'_y & T'_y & U'_y \\ R'_z & S'_z & T'_z & U'_z \\ R'_t & S'_t & T'_t & U'_t \end{vmatrix} = 0$$

qui représente le lieu des sommets des cônes passant par les points a, b, c, a', b', c'. Chaque fois que le septième point se trouve sur cette surface, la construction de M. Hesse n'est plus applicable. M. P. Serret, *Géométrie de direction*, p. 332, complète le théorème du géomètre allemand.

303. *Surfaces doublement tangentes.* Considérons deux surfaces du second ordre

$$S = 0, \quad S' = 0$$

qui se touchent en deux points m et n. Menons un plan par la droite mn et un troisième point p de l'intersection des surfaces : il coupera celles-ci suivant deux coniques doublement tangentes en m et n, et passant par un autre point p ; ces courbes satisfont à cinq conditions identiques et doivent coïncider. Mais, deux surfaces du second ordre qui ont en commun une même conique, ne peuvent plus se rencontrer que suivant une courbe du second degré puisque leur intersection est une courbe du 4e ordre. Par conséquent, les deux surfaces doublement tangentes se rencontrent suivant deux courbes planes. Si on représente par $A = 0$, $B = 0$ les équations des plans des coniques d'intersection, l'équation

$$S + \lambda AB = 0,$$

où λ est un paramètre arbitraire, définit un système de surfaces du second ordre doublement tangentes à $S = 0$.

Nous avons vu, en géométrie plane, que deux coniques sont homothétiques lorsque les coefficients des carrés des variables sont proportionnels; on peut étendre facilement ce résultat aux surfaces du second ordre. Cela étant, si $S = 0$ représente une surface du second degré, l'équation

$$S + kA = 0$$

définit un système de surfaces homothétiques à la proposée : c'est un cas particulier de l'équation $S + \lambda AB = 0$, celui où le polynôme B se réduit à une constante. Les surfaces homothétiques se rencontrent donc suivant deux coniques planes, l'une située à une distance finie dans le plan $A = 0$, l'autre à l'infini dans le plan $k = 0$. En particulier, deux sphères quelconques doivent être considérées comme ayant en commun un cercle imaginaire à l'infini.

THÉORÈME 1. *Lorsque trois surfaces du second ordre passent par une même conique, les plans des autres coniques d'intersection de ces surfaces prises deux à deux passent par une droite fixe.*

Ce théorème découle des équations

$$S = 0, \quad S + \lambda AB = 0, \quad S + \mu AC = 0;$$

en les combinant par soustraction, on verra que les coniques d'intersection se trouvent dans les plans

$$B = 0, \quad C = 0, \quad \lambda B - \mu C = 0.$$

2. *Étant donnée une surface du second ordre doublement tangente à une sphère, le carré de la tangente à la sphère menée d'un point de la surface est dans un rapport constant avec le produit des distances du même point aux plans des coniques d'intersection.*

Ce théorème est la traduction de l'équation $S + \lambda AB = 0$, lorsque S représente le premier membre de l'équation d'une sphère.

3. *Le lieu d'un point tel que le carré de la tangente menée par ce point à une sphère est dans un rapport constant avec le produit de ses distances à deux plans fixes $A = 0$, $B = 0$ est une surface du second ordre ayant un double contact avec la sphère.*

En effet, l'équation du lieu sera de la forme

$$\frac{S}{AB} = k \text{ (const.)}, \quad \text{ou } S - kAB = 0.$$

Si la sphère se réduit à un point, on a ce théorème : *Le lieu d'un point tel que le carré de sa distance à un point fixe est dans un rapport constant avec le produit de ses distances à deux plans $A = 0$, $B = 0$ est une surface du second ordre ayant un double contact avec le point fixe.*

Ce point-sphère aura deux sections planes communes avec la surface; c'est ce point que nous avons appelé *foyer* d'une surface du second ordre.

304. *Surfaces circonscrites.* Si, dans l'équation $S + \lambda AB = 0$, on pose $A = B$, elle devient

$$S + \lambda A^2 = 0.$$

Celle-ci représentera un système de surfaces du second ordre dont les sections planes communes coïncident; elles se touchent en tous les points de la conique du plan $A = 0$; car l'équation du plan tangent à la surface en un point (x', y', z') de cette courbe est de la forme

$$P + \lambda AA' = 0,$$

$P = 0$ étant le plan tangent à S, et A' la valeur du polynôme A pour les coordonnées x', y', z'; mais le point de contact étant dans le plan A, on a $A' = 0$, et le plan tangent $P = 0$ sera commun à toutes les surfaces de la série. On dit alors que les surfaces se raccordent tout le long de cette conique ou qu'elles sont *circonscrites* l'une à l'autre.

Les surfaces homothétiques et concentriques à une surface du second ordre $S = 0$ sont représentées par une équation de la forme

$$S + k = 0;$$

c'est un cas particulier de la précédente, celui où le polynôme A se réduit à une constante. Il en résulte que l'on doit considérer les surfaces homothétiques et concentriques, comme se raccordant suivant une conique dans le plan à l'infini $k = 0$.

Il faut remarquer qu'un plan sécant rencontre les surfaces circonscrites suivant des coniques qui ont un double contact. En particulier, lorsqu'un plan sera tangent en un point ombilic de la surface $S = 0$, il rencontrera la surface $S + \lambda A^2 = 0$ suivant une conique qui aura un double contact avec ce point, et, par conséquent, l'ombilic sera l'un des foyers de cette conique.

Donc, *si deux surfaces du second ordre sont circonscrites l'une à l'autre, les plans tangents aux ombilics de l'une des surfaces rencontre l'autre suivant des coniques qui ont ces points pour foyers.*

Lorsque l'une des deux surfaces est une sphère, *tout plan tangent à la sphère déterminera par son intersection avec la surface du second ordre une conique dont l'un des foyers sera le point de contact.*

Théorème **1**. *Deux surfaces du second ordre circonscrites à une troisième se coupent suivant deux courbes planes.*

En retranchant membre à membre les équations

$$S + \lambda A^2 = 0, \qquad S + \mu B^2 = 0$$

il vient $\lambda A^2 - \mu B^2 = 0$ qui définit deux plans passant par les points communs aux surfaces.

2. *Quand trois surfaces du second ordre sont circonscrites à une quatrième, elles se coupent suivant des courbes planes et les six plans de ces courbes passent trois à trois par une même droite.*

Les équations des surfaces circonscrites à S étant

$$S + A^2 = 0, \qquad S + B^2 = 0 \qquad S + C^2 = 0,$$

les six plans des coniques d'intersection seront représentés par

$$A^2 - B^2 = 0, \qquad A^2 - C^2 = 0, \qquad B^2 - C^2 = 0;$$

ils formeront quatre groupes de trois plans passant par une même droite.

3. *Lorsqu'une surface du second ordre est circonscrite à une sphère, le rapport de la tangente à la sphère issue d'un point de la surface à la distance de ce point au plan de raccordement est constant.*

Ce théorème est la traduction de l'équation de $S + \lambda A^2 = 0$, quand $S = 0$ représente une surface sphérique.

4. *Le lieu d'un point, tel que le rapport de la tangente issue de ce point à une sphère S à sa distance à un plan fixe $A = 0$ est constant, est une surface du second ordre circonscrite à la sphère suivant le plan fixe.*

En effet, l'équation du lieu est de la forme $\dfrac{S}{A^2} = k$, ou $S - kA^2 = 0$.

305. *Quand une surface du second ordre est circonscrite à un quadrilatère, toute transversale rencontre la surface et les plans des angles opposés du quadrilatère en six points en involution.* (Folie, *Mémoires de l'Académie de Belgique,* tome XXXIX).

Soient $A = 0$ et $C = 0$, $B = 0$ et $D = 0$ les plans des angles opposés d'un quadrilatère gauche. L'équation d'une surface quelconque du second ordre circonscrite à ce polygone est de la forme

$$AC - \lambda BD = 0.$$

Supposons que les équations des plans A, B, C, D soient ramenées à la forme

$$\text{(A)} \qquad z + a_1 x + a_2 y - a = 0,$$

$$\text{(B)} \qquad z + b_1 x + b_2 y - b = 0,$$

$$\text{(C)} \qquad z + c_1 x + c_2 y - c = 0,$$

$$\text{(D)} \qquad z + d_1 x + d_2 y - d = 0;$$

a, b, c, d désignent les distances à l'origine o des points où les plans rencontrent l'axe des z. Appelons α, β, α', β' ces points, m et m' ceux où le même axe perce la surface. Si on pose $x = y = 0$ dans l'équation $AC - \lambda BD = 0$, elle se réduit à

$$(z - a)(z - c) = \lambda (z - b)(z - d).$$

En remplaçant successivement z par les segments om, om' il viendra les égalités

$$\frac{(om - a)(om - c)}{(om - b)(om - d)} = \lambda = \frac{(om' - a)(om' - c)}{(om' - b)(om' - d)},$$

ou bien

$$\frac{m\alpha \cdot m\alpha'}{m\beta \cdot m\beta'} = \lambda = \frac{m'\alpha \cdot m'\alpha'}{m'\beta \cdot m'\beta'},$$

et, par conséquent, les six points α et α', β et β', m et m' forment une involution.

306. *Si un hexagone gauche inscrit à une surface du second ordre est formé de six génératrices dont trois appartiennent à un même système, les plans des angles opposés se coupent suivant trois droites situées dans un même plan* (Folie).

Soit un hexagone gauche 123456 inscrit à une surface du second ordre dont les côtés $\overline{12}$, $\overline{34}$, $\overline{56}$ sont des génératrices d'un même système et les côtés $\overline{23}$, $\overline{45}$, $\overline{61}$ des génératrices du second système. Si

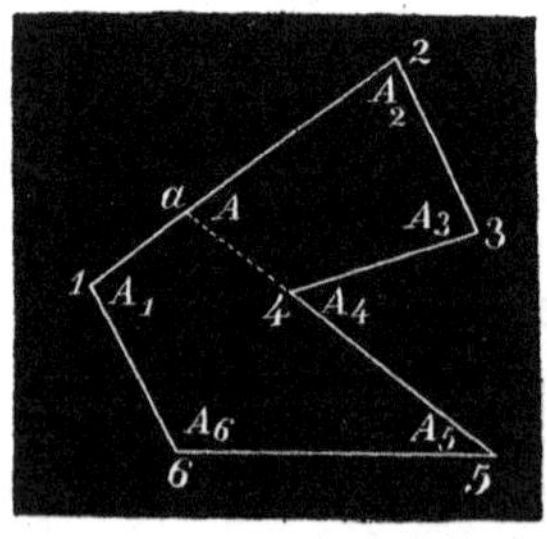

Fig 36.

$$A_1 = 0,\quad A_2 = 0,\quad A_3 = 0,\quad A_4 = 0,\quad A_5 = 0,\quad A_6 = 0$$

sont les équations des plans des angles $\hat{1}, \hat{2}$, etc., les plans opposés seront A_1 et A_4, A_2 et A_5, A_3 et A_6. Soit a le point de rencontre des côtés 45 et 12 ; les deux quadrilatères $165a$, $234a$ sont inscrits dans la surface et ont une face commune $A = 0$. Il en résulte que la surface peut être représentée par l'une ou l'autre des équations

$$\lambda AA_6 - \mu A_1A_5 = 0, \quad \lambda_1 AA_3 - \mu_1 A_2A_4 = 0 ;$$

d'où on déduit l'identité

$$\lambda AA_6 - \mu A_1A_5 \equiv \lambda_1 AA_3 - \mu_1 A_2A_4;$$

par suite, les équations équivalentes

$$A(\lambda A_6 - \lambda_1 A_3) = 0, \quad \mu A_1A_5 - \mu_1 A_2A_4 = 0$$

représentent le même lieu. La seconde est satisfaite en posant

$$A_1 = 0, \quad A_2 = 0;$$

$$A_5 = 0, \quad A_4 = 0;$$

ces équations donnent les droites $\overline{12}$, $\overline{45}$ qui déterminent le plan A. De plus, elle est encore satisfaite en posant

$$A_1 = 0, \quad A_4 = 0;$$

$$A_5 = 0, \quad A_2 = 0;$$

et les droites d'intersection de ces plans opposés devront appartenir au plan $\lambda A_6 - \lambda_1 A_3 = 0$ donné par l'autre équation; comme ce dernier passe par l'intersection des plans A_6 et A_3, le théorème est démontré.

307. *On a trois surfaces du second ordre* S, S_1, S_2; *on mène deux surfaces du second degré* s_1 *et* s_2, *la première par l'intersection de* S *et* S_1, *la seconde par l'intersection de* S *et* S_2; *la courbe d'intersection des surfaces* s_1 *et* s_2 *se trouve sur une même surface du second degré avec la ligne d'intersection de* S_1 *et* S_2.

En effet, les équations des surfaces (s_1) et (s_2) étant de la forme

$$S - k_1S_1 = 0, \qquad S - k_2S_2 = 0,$$

on trouve, en les retranchant membre à membre,

$$k_1S_1 - k_2S_2 = 0.$$

Cette équation du second degré représente une surface du second ordre passant par la ligne d'intersection de S_1 et S_2; comme elle provient des précédentes, elle renfermera aussi la courbe gauche du 4e ordre suivant laquelle les surfaces s_1 et s_2 se rencontrent.

308. *Étant données trois surfaces du second ordre* S, S_1 *et* $S - kS_1$ *qui passent par la même courbe gauche du* 4e *ordre, et une autre surface déterminée* s, *on mène par les lignes d'intersection de* s *et* S, *s et S_1 deux surfaces s_1 et s_2; la courbe d'intersection de s_1 et s_2 ainsi que l'intersection de s et $S - kS_1$ appartiennent à une même surface du second ordre.*

En effet, si on retranche membre à membre les équations

$$(s_1) \qquad S - k_1 s = 0, \qquad S_1 - k_2 s = 0,$$

après avoir multiplié la seconde par k, on trouve

$$S - kS_1 - (k_1 - kk_2)\, s = 0;$$

équation qui définit une surface du second ordre passant par l'intersection de s et $S - kS_1$ ainsi que par l'intersection de s_1 et s_2.

309. *Étant données deux sphères C_1, C_2 et une surface du second ordre S, par les lignes d'intersection de S et C_1, S et C_2 on mène deux surfaces du second degré s_1 et s_2; la courbe d'intersection de s_1 et s_2 se trouve sur une sphère passant par le cercle d'intersection des sphères C_1 et C_2.*

Les équations des surfaces s_1 et s_2 sont de la forme

$$(s_1) \qquad S - k_1 C_1 = 0, \qquad (s_2) \qquad S - k_2 C_2 = 0;$$

on en déduit par soustraction

$$k_1 C_1 - k_2 C_2 = 0.$$

Cette dernière équation représente une sphère passant par l'intersection de C_1 et C_2 ainsi que par la courbe gauche du 4e ordre suivant laquelle se rencontrent les surfaces s_1 et s_2.

§ 2. INTERSECTION DE DEUX SURFACES DU SECOND ORDRE.

310. Considérons deux surfaces du second ordre représentées par les équations

$$(1)\quad \begin{aligned} R &= Ax^2 + A'y^2 + A''z^2 + 2Byz + 2B'xz + 2B''xy + 2Cxt + 2C'yt + 2C''zt + Ft^2;\\ S &= ax^2 + a'y^2 + a''z^2 + 2byz + 2b'xz + 2b''xy + 2cxt + 2c'yt + 2c''zt + ft^2 \end{aligned}$$

Elles se rencontrent suivant une courbe gauche du quatrième ordre, et nous avons vu qu'il existe une infinité de surfaces du second ordre définies par l'équation

$$(2) \qquad R - \lambda S = 0$$

jouissant de la propriété de passer par cette ligne. Nous allons démontrer que, parmi ces surfaces, il existe en général quatre surfaces coniques. Si l'équation (2) représente un cône, les coordonnées du sommet vérifient les égalités

$$R'_x - \lambda S'_x = 0, \quad R'_y - \lambda S'_y = 0, \quad R'_z - \lambda S'_z = 0, \quad R'_t - \lambda S'_t = 0.$$

En remplaçant les dérivées par leurs valeurs et éliminant x, y, z, on arrive à l'équation

$$\begin{vmatrix} A - \lambda a, & B'' - \lambda b'', & B' - \lambda b', & C - \lambda c \\ B'' - \lambda b'', & A' - \lambda a', & B - \lambda b, & C' - \lambda c' \\ B' - \lambda b', & B - \lambda b, & A'' - \lambda a'' & C'' - \lambda c'' \\ C - \lambda c, & C' - \lambda c', & C'' - \lambda c'', & F - \lambda f \end{vmatrix} = 0.$$

Elle est du quatrième degré en λ, et, par conséquent, il y a en général quatre cônes passant par l'intersection des surfaces R et S. Si on désigne par λ_1 l'une des racines de cette équation, le sommet du cône correspondant sera déterminé par

$$R'_x - \lambda_1 S'_x = 0, \quad R'_y - \lambda_1 S'_y = 0, \quad R'_z - \lambda_1 S'_z = 0, \quad R'_t - \lambda_1 S'_t = 0;$$

ce sont les équations de quatre plans qui se rencontrent en un même point.

311. *Le tétraèdre dont les sommets coïncident avec les sommets des cônes passant par l'intersection de deux surfaces du second ordre est conjugué par rapport à toutes les surfaces qui passent par cette courbe.*

En effet, le plan polaire d'un point (x', y', z', t') par rapport à la surface $R - \lambda S = 0$ est représenté par l'équation

$$(P) \quad x(R'_{x_i} - \lambda S'_{x_i}) + y(R'_{y_i} - \lambda S'_{y_i}) + z(R'_{z_i} - \lambda S'_{z_i}) + t(R'_{t_i} - \lambda S'_{t_i}) = 0.$$

Mais, si le pôle coïncide avec le sommet du cône qui correspond à la racine λ_1, on a les relations

$$R'_{x_i} = \lambda_1 S'_{x_i}, \quad R'_{y_i} = \lambda_1 S'_{y_i}, \quad R'_{z_i} = \lambda_1 S'_{z_i}, \quad R'_{t_i} = \lambda_1 S'_{t_i};$$

par suite, l'équation précédente se réduit à

$$(\lambda_1 - \lambda)(xS'_{x_i} + yS'_{y_i} + zS'_{z_i} + tS'_{t_i}) = 0,$$

ou

$$xS'_{x_i} + yS'_{y_i} + zS'_{z_i} + tS'_{t_i} = 0.$$

Cette dernière équation définit un plan fixe; c'est le plan polaire du sommet du cône par rapport à la surface S; ce sera en même temps le plan polaire du même point par rapport à toutes les surfaces du système. Les autres sommets des cônes jouiront évidemment de la même propriété.

Réciproquement, si un point de l'espace a le même plan polaire relativement aux surfaces $R - \lambda S = 0$, il doit coïncider avec l'un des sommets des quatre cônes passant par l'intersection de R et S. Car, pour que l'équation (P) représente le même plan quel que soit λ, on doit avoir

$$R'_{x_i} = kS'_{x_i}, \quad R'_{y_i} = kS'_{y_i}, \quad R'_{z_i} = kS'_{z_i}, \quad R'_{t_i} = kS'_{t_i}.$$

Mais, si on élimine x', y', z', t' entre ces équations, on trouve que la quantité k doit vérifier l'équation du quatrième degré en λ, et, par suite, le point (x', y', z', t') sera l'un des sommets des quatre cônes dont on a démontré l'existence.

Enfin, nous allons voir que le plan polaire du point (x', y', z', t') est celui qui passe par les sommets des autres cônes. En effet, multiplions les égalités

$$R'_{x_i} = \lambda_1 S'_{x_i}, \quad R'_{y_i} = \lambda_1 S'_{y_i}, \quad R'_{z_i} = \lambda_1 S'_{z_i}, \quad R'_{t_i} = \lambda_1 S'_{t_i}$$

par x'', y'', z'', t'' et faisons leur somme; multiplions de même les équations

$$R'_{x_{ii}} = \lambda_2 S'_{x_{ii}}, \quad R'_{y_{ii}} = \lambda_2 S'_{y_{ii}}, \quad R'_{z_{ii}} = \lambda_2 S'_{z_{ii}}, \quad R'_{t_{ii}} = \lambda_2 S'_{t_{ii}}$$

par x', y', z', t' et ajoutons-les membre à membre; en retranchant les sommes ainsi obtenues, il viendra

$$0 = (\lambda_1 - \lambda_2)(x''S'_{x_i} + y''S'_{y_i} + z''S'_{z_i} + t''S'_{t_i}),$$

en observant que l'on a toujours la relation

$$x''R'_{x_i} + y''R'_{y_i} + z''R'_{z_i} + t''R'_{t} = x'R'_{x_{ii}} + y'R'_{y_{ii}} + z'R'_{z_{ii}} + t'R'_{t_{ii}};$$

par suite, si λ_1 et λ_2 sont des racines différentes, le sommet $(x''y''z''t'')$ se trouve dans le plan polaire du point $(x'y'z't')$. On verrait de la même manière que les deux autres sommets des cônes appartiennent au même plan. Donc le sommet $(x'y'z't')$ a pour plan polaire la face opposée du tétraèdre et ce dernier est conjugué à toutes les surfaces du système.

312. Si on désigne par

$$A = 0, \quad B = 0, \quad C = 0, \quad D = 0$$

les équations des faces du tétraèdre conjugué à toutes les surfaces $R - \lambda S$, celles des deux surfaces R et S rapportées à ce tétraèdre seront de la forme

$$(s) \quad \begin{aligned} &lA^2 + mB^2 + nC^2 + pD^2 = 0, \\ &l'A^2 + m'B^2 + n'C^2 + p'D^2 = 0. \end{aligned}$$

On peut d'ailleurs se convaincre facilement qu'il est toujours possible de ramener les équations des surfaces R et S à la forme précédente. En effet, les poynômes A, B, C, D renferment chacun trois constantes indéterminées de sorte que les équations (s) contiennent dix-huit paramètres arbitraires, autant qu'il y en a dans les équations R et S; d'où résultent la possilibité de ramener celles-ci à la forme (s) et l'existence d'un tétraèdre conjugué aux deux surfaces. De plus, l'équation

$$lA^2 + mB^2 + nC^2 + pD^2 - \lambda(l'A^2 + m'B^2 + n'C^2 + p'D^2) = 0,$$

ou

$$(l - \lambda l')\, A^2 + (m - \lambda m')\, B^2 + (n - \lambda n')\, C^2 + (p - \lambda p')\, D^2 = 0,$$

qui représente toutes les surfaces qui passent par la courbe d'intersection des deux premières, montre que le même tétraèdre est conjugué à chacune d'elles.

Enfin, si on élimine A entre les équations (s), il viendra

$$(ml' - lm')\, B^2 + (nl' - ln')\, C^2 + (pl' - lp')\, D^2 = 0:$$

équation qui représente un cône passant par les points communs aux deux surfaces et dont le sommet coïncide avec celui du tétraèdre où aboutissent les faces B, C, D. Il est évident que les autres sommets du tétraèdre jouiront de la même propriété.

313. *Deux surfaces du second ordre qui ont une génératrice commune se rencontrent suivant une courbe gauche du troisième ordre et se touchent en deux points de cette génératrice.*

Lorsque deux surfaces ont une génératrice commune, un plan qui rencontre cette droite en un point, ne peut plus rencontrer leur courbe d'intersection qu'en trois points; donc celle-ci sera du troisième ordre. On donne souvent le nom de *cubique gauche* à la courbe d'intersection des surfaces qui ont une génératrice commune.

Soient $A = 0$, $B = 0$ les équations d'une droite. Deux surfaces passant par cette ligne auront des équations de la forme

$$AC - \lambda BD = 0,$$

$$A(lA + mB + nC + pD) - \mu B(l'A + m'B + n'C + p'D) = 0;$$

par suite, celles des plans tangents en un point $(0, 0, C', D')$ de la génératrice commune peuvent s'écrire

$$AC' - \lambda BD' = 0,$$

$$A(nC' + pD') - \mu B(n'C' + p'D') = 0.$$

Pour qu'ils coïncident, il faut que l'on ait l'égalité

$$\frac{C'}{nC' + pD'} = \frac{\lambda D'}{\mu(n'C' + p'D')}.$$

Cette équation étant du second degré, il existe deux points de la génératrice où les surfaces auront même plan tangent.

Une cubique gauche provient de l'intersection de deux hyperboloïdes, de deux paraboloïdes, etc., qui ont une génératrice commune. Elle sera représentée d'une manière générale par deux équations du second degré qui renferment six paramètres; car les surfaces du second ordre qui passent par une droite satisfont à trois conditions distinctes et elles ne peuvent plus être assujetties qu'à six conditions nouvelles. Il s'ensuit qu'*une cubique gauche est complétement définie par six de ses points.*

Deux plans ou toute surface du second ordre ne peuvent rencontrer une cubique gauche en plus de six points; par suite, une surface du second degré qui passe par sept points de cette courbe doit la renfermer entièrement. Nous avons vu précédemment que les surfaces du second ordre menées par sept points de l'espace passent par un huitième point fixe ; mais si les points appartiennent à une cubique gauche, le huitième point sera indéterminé et pourra occuper une position quelconque sur cette courbe. Il résulte de cette remarque que *huit points d'une cubique gauche sont tels, que toute surface passant par les sept premiers passera par le huitième, et deux tétraèdres inscrits dans une cubique gauche seront conjugués à une même surface du second ordre.*

§ 3. RELATION ANALYTIQUE ENTRE DIX POINTS D'UNE SURFACE DU SECOND ORDRE, ENTRE DIX POINTS CONJUGUÉS A UNE MÊME SURFACE. APPLICATIONS.

314. *Lorsque dix points représentés par les équations*

$$P_1 = ux_1 + vy_1 + wz_1 - 1 = 0, \qquad P_2 = 0, \ldots\ldots, P_{10} = 0$$

appartiennent à une même surface du second ordre, on peut déterminer des constantes $\lambda_1, \lambda_2 \ldots\ldots \lambda_{10}$ *de manière à avoir l'identité*

$$\Sigma_1^{10}\lambda_1 P_1^2 \equiv 0.$$

Réciproquement, *si dix points de l'espace donnent lieu à cette relation identique, ils seront situés sur une même surface du second ordre.*

Supposons que les dix points $(x_1y_1z_1)$, $(x_2y_2z_2)$,........ appartiennent à la surface

$$ax^2 + a'y^2 + a''z^2 + 2byz + \cdots\cdots\cdots 2c''z = 1\,;$$

on aura les dix égalités

$$(h)\quad \begin{array}{l} ax_1^2 + a'y_1^2 + a''z_1^2 + 2by_1z_1 + \cdots\cdots + 2c''z_1 = 1, \\ ax_2^2 + a'y_2^2 + a''z_2^2 + 2by_2z_2 + \cdots\cdots + 2c''z_2 = 1, \\ ax_3^2 + a'y_3^2 + a''z_3^2 + 2by_3z_3 + \cdots\cdots + 2c''z_3 = 1, \\ \cdots\cdots\cdots\cdots\cdots\cdots\cdots\cdots \\ \cdots\cdots\cdots\cdots\cdots\cdots\cdots\cdots \\ ax_{10}^2 + a'y_{10}^2 + a''z_{10}^2 + 2by_{10}z_{10} + \cdots\cdots + 2c''z_{10} = 1. \end{array}$$

Pour que ces équations admettent un système de valeurs déterminées pour les paramètres, on doit avoir

$$(s)\quad \begin{vmatrix} x_1^2 & y_1^2 & z_1^2 & y_1z_1 & \dots\dots\dots & z_1 & 1 \\ x_2^2 & y_2^2 & z_2^2 & y_2z_2 & \dots\dots\dots & z_2 & 1 \\ x_3^2 & y_3^2 & z_3^2 & y_3z_3 & \dots\dots\dots & z_3 & 1 \\ . & . & . & . & \dots\dots\dots & & . \\ . & . & . & . & \dots\dots\dots & & 1 \\ x_{10}^2 & y_{10}^2 & . & . & \dots\dots\dots & z_{10} & 1 \end{vmatrix} = 0.$$

D'un autre côté, si on a l'identité

$$\Sigma_1^{10}\lambda_1 (ux_1 + vy_1 + wz_1 - 1)^2 \equiv 0,$$

il faut que les coefficients des diverses puissances des variables u, v, w soient nuls séparément ainsi que le terme indépendant; on aura aussi les dix conditions

$$(k)\quad \begin{cases} \lambda_1 x_1^2 + \lambda_2 x_2^2 + \lambda_3 x_3^2 + \dots\dots \lambda_{10} x_{10}^2 = 0. \\ \lambda_1 y_1^2 + \dots\dots\dots\dots = 0, \\ \lambda_1 z_1^2 + \dots\dots\dots\dots = 0, \\ \lambda_1 z_1 y_1 + \lambda_2 z_2 y_2 + \dots\dots + \lambda_{10} z_{10} y_{10} = 0, \\ \lambda_1 x_1 z_1 + \dots\dots\dots\dots = 0, \\ \lambda_1 y_1 x_1 + \dots\dots\dots\dots = 0, \\ \lambda_1 x_1 + \lambda_2 x_2 + \dots\dots + \lambda_{10} x_{10} = 0, \\ \lambda_1 y_1 + \dots\dots\dots\dots = 0, \\ \lambda_1 z_1 + \dots\dots\dots\dots = 0, \\ \lambda_1 + \lambda_2 + \dots\dots\dots\dots = 0. \end{cases}$$

Ces équations admettront un système de valeurs déterminées pour les rapports $\lambda_1 : \lambda_2 : \lambda_3, \dots$ avec la condition

$$(s')\quad \begin{vmatrix} x_1^2 & x_2^2 & x_3^2 & \dots\dots\dots & x_{10}^2 \\ y_1^2 & y_2^2 & y_3^2 & \dots\dots\dots & y_{10}^2 \\ z_1^2 & . & . & \dots\dots\dots & z_{10}^2 \\ y_1z_1 & . & . & \dots\dots\dots & y_{10}z_{10} \\ . & . & . & \dots\dots\dots & . \\ . & . & . & \dots\dots\dots & . \\ 1 & 1 & 1 & \dots\dots\dots & 1 \end{vmatrix} = 0.$$

Cela étant, si les dix points appartiennent à une surface du second ordre, la condition (s) est satifaite puisque les équations (h) sont vérifiées par un seul système de valeurs des paramètres ; mais, la condition (s) est la même que (s'), et, par conséquent, il sera possible de déterminer des coefficients λ_1, λ_2..... qui donnent l'indentité $\Sigma_1^{10}\lambda_1 P_1{}^2 \equiv 0$.

Réciproquement, si l'identité précédente existe, la condition (s') sera vérifiée ainsi que la condition (s); donc les équations (h) donneront un seul système de valeurs pour les paramètres et il existera une surface du second ordre passant par les dix points.

D'après la signification du premier membre de l'équation d'un point, le théorème précédent revient à dire que *la condition nécessaire et suffisante pour que dix points de l'espace appartiennent à une même surface du second ordre*, c'est que *les carrés de leur distance à un plan quelconque soient liés par une relation linéaire et homogène* $\Sigma_1^{10}\lambda_1 P_1{}^2 \equiv 0$ (P. Serret).

315. L'identité

$$\Sigma_1^{9}\lambda_1 P_1{}^2 \equiv 0$$

exprimera que toute surface du second ordre passant par les huit premiers points passera par le neuvième. En effet, on a les dix conditions

$$(\alpha)\quad \begin{array}{l} \lambda_1 x_1{}^2 + \lambda_2 x_2{}^2 + \cdots\cdots \lambda_9 x_9{}^2 = 0, \\ \lambda_1 y_1{}^2 + \cdots\cdots\cdots = 0, \\ \cdots\cdots\cdots\cdots \\ \lambda_1 y_1 z_1 + \cdots\cdots \lambda_9 y_9 x_9 = 0, \\ \cdots\cdots\cdots\cdots \\ \cdots\cdots\cdots\cdots \\ \lambda_1 + \lambda_2 + \cdots\cdots + \lambda_9 = 0. \end{array}$$

Si on exprime que la surface renferme les neuf points, on a les neuf égalités

$$(\alpha')\quad \begin{array}{l} a x_1{}^2 + a' y_1{}^2 + \cdots\cdots - 1 = 0, \\ a x_2{}^2 + \cdots\cdots\cdots - 1 = 0, \\ \cdots\cdots\cdots\cdots \\ \cdots\cdots\cdots\cdots \\ a x_9{}^2 + a' y_9{}^2 + \cdots\cdots - 1 = 0. \end{array}$$

Multiplions les équations (α) respectivement par a, a', a'', $2b$,...., -1, et ajoutons-les membre à membre; il viendra

$$(\beta)\quad \lambda_1(ax_1^2 + a'y_1^2 + \cdots - 1) + \lambda_2(ax_2^2 + a'y_2^2 + \cdots - 1) + \cdots \\ \cdots + \lambda_9(az_9^2 + a'y_9^2 + \cdots - 1) = 0.$$

En supposant que les quantités a, a'..... soient les coefficients de l'équation d'une surface du second ordre quelconque qui passe par les huit premiers points, la relation précédente montre qu'elle passera aussi par le neuvième; donc, etc.

Réciproquement, si neuf points de l'espace sont tels que toute surface du second ordre menée par les huit premiers passe par le neuvième, on aura les équations (α') et aussi la relation (β) quelles que soient les valeurs des paramètres; en égalant à zéro les coefficients de a, a' etc., on retrouve les conditions (α) qui expriment que l'identité $\Sigma_1^9 \lambda P_1^2 \equiv 0$ a lieu.

On démontrera de la même manière que, si on a l'identité

$$\Sigma_1^8 \lambda_1 P_1^2 \equiv 0$$

entre huit points de l'espace, toute surface du second ordre menée par sept de ces points passera par le huitième; réciproquement, si huit points sont tels que toute surface du second ordre menée par sept d'entre eux passe par le dernier, on aura l'identité précédente.

316. *Lorsque dix couples de points*

$$P_1P'_1 = 0, \quad P_2P'_2 = 0, \quad \ldots\ldots, \quad P_{10}P'_{10} = 0$$

sont conjugués à une même surface du second ordre, il est toujours possible de déterminer des constantes λ_1, λ_2..... *de manière à avoir l'identité* $\Sigma_1^{10} \lambda_1 P_1 P'_1 \equiv 0$.

Réciproquement, *si on a l'identité précédente entre dix couples de points de l'espace, ils seront conjugués à une même surface du second ordre* (P. Serret).

En effet, si on exprime que dix couples de points $(x_1y_1z_1)$, $(x'_1y'_1z'_1)$, etc., sont conjugués par rapport à la surface

$$ax^2 + a'y^2 + a''z^2 + 2byz + \cdots\cdots = 1,$$

il vient les dix égalités

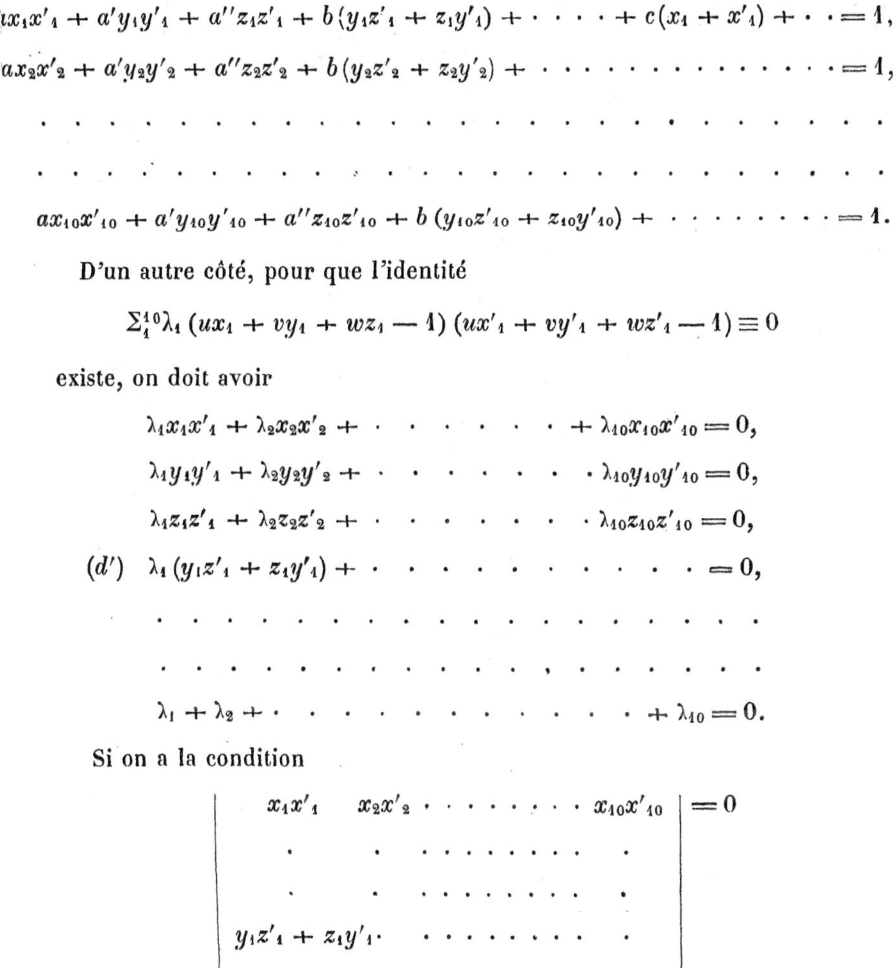

$$ax_1x'_1 + a'y_1y'_1 + a''z_1z'_1 + b(y_1z'_1 + z_1y'_1) + \cdots + c(x_1 + x'_1) + \cdots = 1,$$

$$ax_2x'_2 + a'y_2y'_2 + a''z_2z'_2 + b(y_2z'_2 + z_2y'_2) + \cdots\cdots = 1,$$

$$\cdots\cdots\cdots\cdots\cdots\cdots$$

$$\cdots\cdots\cdots\cdots\cdots\cdots$$

$$ax_{10}x'_{10} + a'y_{10}y'_{10} + a''z_{10}z'_{10} + b(y_{10}z'_{10} + z_{10}y'_{10}) + \cdots\cdots = 1.$$

D'un autre côté, pour que l'identité

$$\Sigma_1^{10}\lambda_1 (ux_1 + vy_1 + wz_1 - 1)(ux'_1 + vy'_1 + wz'_1 - 1) \equiv 0$$

existe, on doit avoir

$$\begin{array}{ll}
 & \lambda_1x_1x'_1 + \lambda_2x_2x'_2 + \cdots\cdots + \lambda_{10}x_{10}x'_{10} = 0, \\
 & \lambda_1y_1y'_1 + \lambda_2y_2y'_2 + \cdots\cdots \lambda_{10}y_{10}y'_{10} = 0, \\
 & \lambda_1z_1z'_1 + \lambda_2z_2z'_2 + \cdots\cdots \lambda_{10}z_{10}z'_{10} = 0, \\
(d') & \lambda_1(y_1z'_1 + z_1y'_1) + \cdots\cdots = 0, \\
 & \cdots\cdots\cdots\cdots \\
 & \cdots\cdots\cdots\cdots \\
 & \lambda_1 + \lambda_2 + \cdots\cdots + \lambda_{10} = 0.
\end{array}$$

Si on a la condition

$$\begin{vmatrix}
x_1x'_1 & x_2x'_2 & \cdots\cdots & x_{10}x'_{10} \\
\cdot & \cdot & \cdots\cdots & \cdot \\
\cdot & \cdot & \cdots\cdots & \cdot \\
y_1z'_1 + z_1y'_1 & \cdot & \cdots\cdots & \cdot \\
\cdot & \cdot & \cdots\cdots & \cdot \\
1 & 1 & \cdots\cdots & 1
\end{vmatrix} = 0$$

le système d'équations (d) donnera des valeurs déterminées pour les coefficients a, a', a'' etc., et le système (d') admettra aussi une solution commune pour les constantes $\lambda_1 : \lambda_2 : \lambda_3 \ldots\ldots$ Il en résulte que si les points sont conjugués à une même surface, il existera un système de valeurs pour $\lambda_1 : \lambda_2 \ldots : \lambda_{10}$ donnant l'identité $\Sigma_1^{10}\lambda_1 P_1 P'_1 \equiv 0$, et réciproquement.

317. Les théorèmes qui précèdent conduisent à des conséquences nombreuses et importantes; elles ont été développées par M. P. Serret dans un ouvrage remarquable : *Géométrie de direction*. Nous allons en donner quelques applications, afin de montrer avec quelle facilité on peut déduire plusieurs théorèmes des identités fondamentales. D'abord, si on décompose la relation identique $\Sigma_1^8 \lambda_1 P_1^2 \equiv 0$ en deux équations équivalentes

$$\Sigma_1^4 \lambda_1 P_1^2 = 0, \qquad \Sigma_5^8 \lambda_5 P_5^2 = 0,$$

elles doivent représenter la même surface du second ordre qui sera conjuguée à la fois aux deux tétraèdres $P_1P_2P_3P_4 = 0$, $P_5P_6P_7P_8 = 0$. Donc, *huit points de l'espace, tels que toute surface du second ordre menée par sept de ces points passe par le huitième, étant partagés en deux groupes de quatre points, seront les sommets de deux tétraèdres conjugués à une même surface du second ordre.*

Réciproquement, étant données les deux dernières équations, on en déduit l'identité primitive; par suite, *si deux tétraèdres sont conjugués à une même surface du second ordre, toute surface menée par sept sommets passera par le huitième.*

Si les sommets 1 et 5 des deux tétraèdres 1234, 5678 coïncident, on aura six droites 12, 13, 14, 16, 17, 18 issues d'un même point; cinq d'entre elles suffisent à la détermination d'un cône du second ordre ayant pour sommet le point 1, car un plan rencontrera ces droites en cinq points qui déterminent une conique appartenant au cône mené par les cinq droites. Il en résulte que *si deux tétraèdres ont un sommet commun et sont conjugués à une même surface du second ordre, les six arêtes qui aboutissent au sommet commun appartiennent à un même cône du second ordre.*

Ce dernier théorème a lieu si le sommet commun est au centre de la surface, et si les six arêtes forment deux systèmes de diamètres conjugués. Quand la surface est une sphère, trois droites rectangulaires quelconques issues du centre forment un système de diamètres conjugués. Donc, *deux systèmes de droites rectangulaires issues d'un même point appartiennent toujours à un cône du second ordre.*

318. L'identité $\Sigma_1^8 \lambda_1 P_1^2 \equiv 0$ conduit encore aux équations

$$\Sigma_1^5 \lambda_1 P_1^2 = 0, \qquad \lambda_6 P_6^2 + \lambda_7 P_7^2 + \lambda_8 P_8^2 = 0$$

qui définissent le même lieu. La seconde représente une conique dans le plan 678 et conjuguée au triangle qui a ces points pour sommets; la première indique que cette même courbe doit être conjuguée au pentagone plan formé par les traces du plan 678 sur les plans des angles du polygone gauche 12345. D'après une propriété d'une cubique gauche, huit points de cette courbe donnant lieu à l'identité

$$\Sigma_1^8 \lambda_1 P_1^2 \equiv 0,$$

on peut énoncer le théorème suivant : *Le triangle ayant pour sommets les traces d'un plan sur une cubique gauche et le pentagone formé par les intersections de ce plan avec les plans des angles d'un pentagone gauche inscrit dans la courbe sont conjugués à une même conique.*

La conique étant déterminée par la condition d'être conjuguée à un pentagone, la troisième trace d'un plan qui passe par deux points *a* et *b* d'une cubique gauche s'obtiendra en déterminant le pôle de la droite *ab* par rapport à la conique.

319. *Les sommets des douze cônes passant par les intersections de trois surfaces du second degré appartiennent à une même surface du second ordre.*

Soient S, S′, S″ les trois surfaces ; $P_1P_2P_3P_4 = 0$, les sommets des cônes passant par la courbe d'intersection de S et S′ ; $P_5P_6P_7P_8 = 0$, $P_9P_{10}P_{11}P_{12} = 0$, les sommets des cônes passant par l'intersection de S et S″, S′ et S″. La surface S étant conjuguée aux deux premiers tétraèdres, on aura

$$(d) \qquad \Sigma_1^8 \lambda_1 P_1^2 \equiv 0.$$

De même, la surface S′ étant conjuguée au premier et au troisième tétraèdre, on peut écrire l'identité

$$(e) \qquad \Sigma_1^4 \mu_1 P_1^2 + \Sigma_9^{12} \mu_9 P_9^2 \equiv 0.$$

Enfin, on aura aussi la relation

$$(f) \qquad \Sigma_5^{12} \nu_5 P_5^2 \equiv 0,$$

qui exprime que la surface S″ est conjuguée au second et au troisième tétraèdre. Eliminons P_8 et P_{12} entre (*d*), (*e*), (*f*) : il viendra une nouvelle identité renfermant les points 1234, 567, 9, 10 et 11 ; donc ces dix points sont sur une même surface du second ordre. Mais toute surface qui passe par les sommets 1234567, 1234, 9, 10, 11 de deux tétraèdres respectivement conjugués à une même surface du second ordre renferme le huitième ; par suite, les points 8 et 12 doivent appartenir à la même surface du second ordre que les autres sommets.

CHAPITRE XV.

PROPRIÉTÉS GÉNÉRALES DES SURFACES DU SECOND ORDRE. (SUITE.)

Méthode de la notation abrégée (coordonnées tangentielles).

SOMMAIRE. *Surfaces de seconde classe tangentes à huit plans, à sept plans; surfaces doublement tangentes et circonscrites ; théorèmes divers. — Coniques inscrites dans la développable circonscrite à deux surfaces de seconde classe. — Relation analytique entre dix plans tangents, dix plans conjugués à une surface de seconde classe.*

§ 1. SURFACES DE SECONDE CLASSE ASSUJETTIES A CERTAINES CONDITIONS.

320. Considérons deux surfaces de seconde classe définies par les équations tangentielles

$$S = 0, \qquad S' = 0.$$

Les plans tangents communs à ces surfaces se rencontrent successivement suivant des droites dont le lieu est une nouvelle surface qui les enveloppe complétement et qu'on appelle surface *développable circonscrite* aux premières. Nous étudierons plus loin les propriétés des surfaces développables ; il nous suffit, pour le moment, de savoir que la classe d'une telle surface se désigne par le nombre de plans tangents qu'on peut lui mener par un point de l'espace. Or, si on élimine entre les équations S et S′ et celle d'un point $A = 0$, les variables u et v, on arrivera à une équation du 4e degré en w dont les racines correspondent aux plans tangents communs passant par le point A. Donc, *la développable circonscrite à deux surfaces du second ordre est généralement de la quatrième classe.*

Nous verrons bientôt que la classe de la développable peut s'abaisser d'une unité dans certains cas; c'est ce qui arrive quand les surfaces de seconde classe sont des hyperboloïdes, des paraboloïdes ou des cônes qui ont une génératrice commune.

321. *Surfaces tangentes à huit plans.* Si on désigne par $S = 0$, $S' = 0$ les équations de deux surfaces déterminées et tangentes à huit plans donnés, l'équation du second degré

$$S + \lambda S' = 0,$$

où λ est un paramètre arbitraire, définit une surface quelconque de seconde classe jouissant de la même propriété de toucher les plans donnés; car les coordonnées de ces plans annulent S et S' et vérifient l'équation. De plus, les surfaces S et S' sont tangentes à une même développable de la 4e classe et tout plan tangent commun à S et S' touchera aussi une surface quelconque du système. Donc, *toutes les surfaces de seconde classe tangentes à huit plans sont inscrites dans une même développable.*

Nous avons vu (N° 279) qu'en général neuf plans tangents déterminent une surface de seconde classe et une seule. Cependant, si les plans donnés étaient tangents à une même développable de la 4e classe, circonscrite à deux surfaces S et S', il y aurait une infinité de surfaces de seconde classe renfermées dans l'équation $S + \lambda S' = 0$ qui satisferaient à la condition de toucher les neuf plans donnés; on dit alors que ces plans ne sont pas *distincts*.

Théorème **1**. *Le pôle d'un plan fixe par rapport aux surfaces de seconde classe tangentes à huit plans décrit une ligne droite.*

Car, l'équation du pôle d'un plan par rapport à la surface $S + \lambda S' = 0$ est de la forme

$$P + \lambda P' = 0,$$

et, quel que soit λ, il se trouvera sur la ligne qui joint les points $P = 0$, $P' = 0$.

Si le plan fixe est à l'infini, son pôle coïncide avec le centre de la surface; donc, *les centres des surfaces de seconde classe tangentes à huit plans sont sur une même droite.*

2. *Les droites conjuguées d'une droite fixe par rapport aux surfaces de seconde classe tangentes à huit plans sont sur un même hyperboloïde.*

En effet, les pôles de deux plans passant par la droite donnée ayant pour équations

$$P + \lambda P' = 0, \quad Q + \lambda Q' = 0,$$

la droite qui les joint engendrera la surface $PQ' - QP' = 0$.

3. *Le plan polaire d'un point fixe par rapport aux surfaces tangentes à huit plans enveloppe une surface développable de la 3e classe.*

4. *Les plans diamétraux conjugués d'une même direction dans les surfaces tangentes à huit plans enveloppent une surface développable de la 3e classe.*

322. *Surfaces tangentes à sept plans.* Soient

$$S = 0, \quad S' = 0, \quad S'' = 0$$

les équations de trois surfaces tangentes à sept plans donnés. L'équation

$$S + \lambda S' + \mu S'' = 0$$

où λ et μ sont des coefficients indéterminés représentera d'une manière générale toutes les surfaces de seconde classe tangentes aux mêmes plans, puisque leurs coordonnées annulent les polynômes S, S' et S'' quels que soient λ et μ. Mais les équations du second degré

$$S = 0, \quad S' = 0, \quad S'' = 0$$

donnent en général huit solutions communes; il en résulte que toutes les surfaces du système ne touchent pas seulement les sept plans donnés, mais encore un huitième plan fixe. Donc, *toutes les surfaces de seconde classe tangentes à sept plans touchent un huitième plan fixe.*

D'après un théorème démontré précédemment (N° 296), les huit plans étant partagés en deux groupes seront les faces de deux tétraèdres conjugués à une même surface du second ordre.

Théorème **1.** *Le pôle d'un plan fixe par rapport aux surfaces de seconde classe tangentes à sept plans décrit un plan fixe.*

Car l'équation du pôle est de la forme

$$P + \lambda Q + \mu R = 0,$$

et, quelles que soient les valeurs des paramètres, ce point reste dans le plan passant par les points $P = 0$, $Q = 0$, $R = 0$.

2. *Les centres des surfaces de seconde classe tangentes à sept plans sont dans un même plan.*

3. *Le plan polaire d'un point fixe par rapport aux surfaces de seconde classe tangentes à sept plans enveloppe une surface de 3e classe.*

En effet, si on élimine λ et μ entre les équations

$$P' + \lambda Q' + \mu R' = 0, \quad P'' + \lambda Q'' + \mu R'' = 0, \quad P''' + \lambda Q''' + \mu R''' = 0$$

qui représentent les pôles de trois plans passant par le point fixe, on arrive à l'équation du troisième degré

$$\begin{vmatrix} P' & Q' & R' \\ P'' & Q'' & R'' \\ P''' & Q''' & R''' \end{vmatrix} = 0.$$

4. *Les plans diamétraux conjugués d'une même direction dans les surfaces de seconde classe tangentes à sept plans enveloppent une surface de troisième classe.*

323. Si dans l'équation $S + \lambda S' = 0$, la surface S' se réduit à l'ensemble de deux points $AB = 0$, il vient

$$S + \lambda AB = 0.$$

Dans cette hypothèse, la développable circonscrite à S et S' se réduit au système de deux cônes circonscrits et ayant leurs sommets aux points $A = 0$, $B = 0$. L'équation précédente est satisfaite quel que soit λ par les coordonnées des plans tangents à S passant par les deux points A et B; elle définit une série de surfaces de seconde classe inscrites dans les deux cônes. Les plans tangents à S et passant par les sommets A et B seront communs aux deux cônes et toucheront toutes les surfaces du système. Celles-ci sont donc doublement tangentes et devront se couper suivant deux courbes planes; chacune d'elles satisfait à huit conditions, et, par conséquent, on doit regarder l'équation précédente comme représentant en coordonnées tangentielles une surface quelconque de seconde classe doublement tangente à S. Les surfaces représentées par les équations

$$S = 0, \quad S + \lambda AB = 0, \quad S + \mu AC = 0$$

sont inscrites dans un même cône du second ordre dont le sommet est $A = 0$; en les retranchant membre à membre, il viendra pour les sommets des autres cônes circonscrits aux surfaces prises deux à deux,

$$B = 0, \quad C = 0, \quad \lambda B - \mu C = 0.$$

On voit que ces trois points sont sur une même droite.

324. Lorsque les sommets des cônes circonscrits aux surfaces $S + \lambda AB = 0$ coïncident, on a l'équation

$$S + \lambda A^2 = 0\,;$$

elle représentera une série de surfaces qui se touchent tout le long de la courbe de contact du cône avec S; c'est l'équation générale en coordonnées tangentielles des surfaces de seconde classe circonscrites à S, $A = 0$ étant le pôle du plan de raccordement.

Les équations

$$S + \lambda A^2 = 0, \qquad S + \mu B^2 = 0$$

définissent deux surfaces circonscrites à S suivant les coniques d'intersection avec cette surface des plans polaires des points $A = 0$, $B = 0$. En les retranchant membre à membre, on trouve

$$\lambda A^2 - \mu B^2 = 0.$$

Cette équation représente les sommets de deux cônes circonscrits aux deux surfaces; ces sommets jouissent de la propriété de se trouver sur la droite des points A et B, et de former avec eux un système harmonique.

325. *Lorsqu'une surface de seconde classe est circonscrite à un quadrilatère, les plans tangents menés par une droite à la surface et les plans passant par cette droite et les sommets opposés forment un faisceau de six plans en involution* (Folie).

Soit 0123 un quadrilatère gauche dont les sommets ont pour équations

$$A_0 = 0, \qquad A_1 = 0, \qquad A_2 = 0, \qquad A_3 = 0.$$

La surface circonscrite est représentée en coordonnées tangentielles par l'équation

$$A_0A_2 - \lambda A_1A_3 = 0.$$

Menons par une droite d un plan P tangent à la surface; désignons par p_0 la perpendiculaire abaissée du sommet 0 sur la droite d, et par $\widehat{0,P}$ l'angle d'un plan mené par d et le point 0 avec le plan P. On aura

$$\frac{A_0}{\sqrt{u^2 + v^2 + w^2}} = p_0 \sin \widehat{0,P}.$$

De même,

$$\frac{A_1}{\sqrt{u^2+v^2+w^2}} = p_1 \sin \widehat{1,P}, \quad \frac{A_2}{\sqrt{u^2+v^2+w^2}} = p_2 \sin \widehat{2,P}, \quad \frac{A_3}{\sqrt{u^2+v^2+w^2}} = p_3 \sin \widehat{3,P}$$

En substituant dans l'équation de la surface, il viendra

$$\frac{p_0 p_2 \sin \widehat{0,P} \sin \widehat{2,P}}{p_1 p_3 \sin \widehat{1,P} \sin \widehat{3,P}} = \lambda.$$

On aura aussi pour le second plan tangent P′ passant par la droite d

$$\frac{p_0 p_2 \sin \widehat{0,P'} \sin \widehat{2,P'}}{p_1 p_3 \sin \widehat{1,P'} \sin \widehat{3,P'}} = \lambda.$$

On on déduit

$$\frac{\sin \widehat{0,P} \sin \widehat{2,P}}{\sin \widehat{1,P} \sin \widehat{3,P}} = \frac{\sin \widehat{0,P'} \sin \widehat{2,P'}}{\sin \widehat{1,P'} \sin \widehat{3,P'}},$$

et, par conséquent, les six plans forment une involution.

326. *Si un hexagone gauche formé de six génératrices appartenant trois à trois aux deux systèmes est inscrit dans une surface de seconde classe, les droites qui joignent les sommets opposés concourent en un même point* (Folie).

Soit 123456 (Fig. 36) l'hexagone gauche, et

$$A_1 = 0, \quad A_2 = 0, \quad A_3 = 0, \quad A_4 = 0, \quad A_5 = 0, \quad A_6 = 0$$

les équations des sommets. Si on prolonge le côté $\overline{45}$ jusqu'à sa rencontre en a avec le côté $\overline{12}$, on obtient deux quadrilatères inscrits $156a$, $234a$ qui ont un sommet commun $A = 0$. L'équation tangentielle de la surface sera

$$\lambda A A_6 - \mu A_1 A_5 = 0 \quad \text{ou} \quad \lambda_1 A A_3 - \mu_1 A_2 A_4 = 0;$$

d'où on déduit l'identité

$$\lambda A A_6 - \mu A_1 A_5 \equiv \lambda_1 A A_3 - \mu_1 A_2 A_4.$$

Il en résulte que les équations

$$A(\lambda A_6 - \lambda_1 A_5) = 0, \quad \mu A_1 A_3 - \mu_1 A_2 A_4 = 0$$

représentent le même lieu ; la seconde est satisfaite en posant

$$A_1 = 0, \quad A_2 = 0;$$

$$A_3 = 0, \quad A_4 = 0;$$

ces équations déterminent le point a, intersection des lignes A_1A_2, A_4A_3 ; elle est encore vérifiée en posant

$$A_1 = 0, \quad A_4 = 0;$$

$$A_3 = 0, \quad A_2 = 0;$$

ces équations définissent le point d'intersection des diagonales $\overline{14}$, $\overline{25}$, et comme il doit coïncider avec le point $\lambda A_6 - \lambda_1 A_5 = 0$ de la première équation, on voit que les diagonales ont un même point commun.

327. *Étant données trois surfaces de seconde classe* S, S_1, S_2, *on mène une surface* s_1 *inscrite dans la développable circonscrite à* S *et* S_1*; une surface* s_2 *inscrite dans la développable circonscrite à* S *et* S_2*; les développables respectivement circonscrites aux surfaces* s_1 *et* s_2, S_1 *et* S_2 *sont tangentes à une même surface de seconde classe.*

En effet, les équations tangentielles de s_1 et s_2 sont de la forme

$$S - k_1 S_1 = 0, \quad S - k_2 S_2 = 0;$$

on en tire par soustraction

$$k_1 S_1 - k_2 S_2 = 0:$$

équation qui représente une surface de seconde classe inscrite dans la développable circonscrite à S_1 et S_2, ainsi que dans la développable circonscrite à s_1 et s_2, puisqu'elle est satisfaite en même temps que les précédentes.

328. *Etant données trois surfaces de seconde classe* S, S_1, $S - kS_1$ *inscrites dans une même développable, et une autre surface déterminée* $s = 0$, *on mène deux surfaces* s_1 *et* s_2, *l'une inscrite dans la développable circonscrite à* s *et* S, *l'autre dans la développable circonscrite à* s *et* S_1, *les développables respectivement circonscrites à* s_1 *et* s_2, s *et* $S - kS_1$, *touchent une même surface du second ordre.*

En effet, si on retranche membre à membre les équations des surfaces s_1 et s_2

$$S - k_1 s = 0, \qquad S_1 - k_2 s = 0,$$

après avoir multiplié la seconde par k, il vient

$$S - kS_1 - (k_1 - kk_2)\, s = 0.$$

Donc, etc.

§ 2. CONIQUES INSCRITES DANS LA DÉVELOPPABLE CIRCONSCRITE A DEUX SURFACES DE SECONDE CLASSE.

329. Soient deux surfaces de seconde classe R et S représentées par les équations

$$R = Au^2 + A'v^2 + A''w^2 + 2Bvw + 2B'uw + 2B''uv + 2Cur + 2C'vr + 2C''wr + Fr^2 = 0$$

$$S = au^2 + a'v^2 + a''w^2 + 2bvw + 2b'uw + 2b''uv + 2cur + 2c'vr + 2c''wr + fr^2 = 0$$

L'équation

$$R - \lambda S = 0$$

définit toutes les surfaces de seconde classe inscrites dans la développable circonscrite à R et S. Si l'une d'elles se réduit à une conique plane, les coordonnées du plan de cette courbe vérifient les égalités (N° 281).

$$R'_u - \lambda S'_u = 0, \quad R'_v - \lambda S'_v = 0, \quad R'_w - \lambda S'_w = 0, \quad R'_r - \lambda S'_r = 0,$$

et, en éliminant les variables, on arrive à l'équation du 4e degré en λ

$$\begin{vmatrix} A - \lambda a, & B'' - \lambda b'', & B' - \lambda b', & C - \lambda c \\ B'' - \lambda b'', & A' - \lambda a', & B - \lambda b, & C' - \lambda c' \\ B' - \lambda b', & B - \lambda b, & A'' - \lambda a'' & C'' - \lambda c'' \\ C - \lambda c, & C' - \lambda c', & C'' - \lambda c'', & F - \lambda f \end{vmatrix} = 0.$$

C'est la condition pour que les équations précédentes aient une solution commune ou pour que la surface se réduise à une conique. On aura donc quatre valeurs réelles ou imaginaires pour λ ; par suite, *il existe en général quatre coniques inscrites dans la développable circonscrite à deux surfaces de seconde classe.*

Si on désigne par λ_1 l'une des racines de l'equation du 4e degré, les coordonnées du plan de la conique qui correspond à cette racine seront déterminées par les équations

$$R'_u - \lambda_1 S'_u = 0, \quad R'_v - \lambda_1 S'_v = 0, \quad R'_w - \lambda_1 S'_w = 0, \quad R'_r - \lambda_1 S'_r = 0$$

elles définissent quatre points situés dans un même plan.

330. *Les plans des coniques inscrites dans la dévoloppable forment un tétraèdre conjugué à toutes les surfaces du système.*

L'équation du pôle d'un plan $(u'v'w'r')$ par rapport à la surface $R - \lambda S = 0$ est de la forme

$$(p) \quad u(R'_{u_1} - \lambda S'_{u_1}) + v(R'_{v_1} - \lambda S'_{v_1}) + w(R'_{w_1} - \lambda S'_{w_1}) + r(R'_{r_1} - \lambda S'_{r_1}) = 0.$$

Or, si le plan $(u'v'w'r')$ coïncide avec celui de la conique qui correspond à la racine λ_1, on a les égalités

$$R'_{u_1} = \lambda_1 S'_{u_1}, \quad R'_{\ 1} = \lambda_1 S'_{v_1}, \quad R'_{w_1} = \lambda_1 S'_{w_1}, \quad R'_{r_1} = \lambda_1 S'_{r_1},$$

et l'équation (p) se réduit à

$$uS'_{u_1} + vS'_{\ 1} + wS'_{w_1} + rS'_{r_1} = 0.$$

On voit qu'elle est indépendante de λ et qu'elle définit un point fixe.

Réciproquement, si un plan a pour pôle un point fixe par rapport à toutes les surfaces du système $R - \lambda S$, il coïncidera avec l'un des plans des coniques inscrites dans la développable; car, si l'équation (p) représente le même point quel que soit λ, on doit avoir

$$R'_{u_1} = kS'_{u_1}, \quad R'_{v_1} = kS'_{v_1}, \quad R'_{w_1} = kS'_{w_1}, \quad R'_{r_1} = kS'_{r_1};$$

en éliminant u', v', w', r' entre ces égalités, on trouve que la quantité k sera l'une des racines de l'équation du 4e degré en λ.

Enfin, si on multiplie les égalités

$$R'_{u_1} = \lambda_1 S'_{u_1}, \quad R'_{v_1} = \lambda_1 S'_{v_1}, \quad R'_{w_1} = \lambda_1 S'_{w_1}, \quad R'_{r_1} = \lambda_1 S\ ,$$

par u'', v'', w'', r'', et les égalités

$$R'_{u_{11}} = \lambda_2 S'_{u_{11}}, \quad R'_{v_{11}} = \lambda_2 S'_{v_{11}}, \quad R'_{w_{11}} = \lambda_2 S'_{w_{11}}, \quad R'_{r_{11}} = \lambda_2 S'_{r_{11}}$$

par u', v', w', r', il viendra, en retranchant les deux sommes de ces deux systèmes d'équations,

$$0 = (\lambda_1 - \lambda_2)(u''S'_{u_1} + v''S'_{v_1} + w''S'_{w_1} + r''S'_{r_1});$$

car on a toujours la relation

$$u''R'_{u_i} + v''R'_{v_i} + w''R'_{w_i} + r''R'_{r_i} = u'R'_{u_{ii}} + v'R'_{v_{ii}} + w'R'_{w_{ii}} + r'R'_{r_{ii}}.$$

En admettant que les racines λ sont différentes, il viendra

$$u''S'_{u_i} + v''S'_{v_i} + w''S'_{w_i} + r''S'_{r_i} = 0,$$

et, par suite, le pôle du plan $(u'v'w'r')$ se trouve dans le plan $(u''v''w''r'')$. On verrait de même qu'il appartient aux autres plans des coniques; par conséquent, la face $(u'v'w'r')$ du tétraèdre formé par ces plans a pour pôle le sommet opposé et ce tétraèdre sera conjugué à toutes les surfaces du système.

331. Si on rapporte les deux surfaces R et S au tétraèdre des plans des coniques inscrites dans la développable, leurs équations seront de la forme

$$lA^2 + mB^2 + nC^2 + pD^2 = 0.$$
$$l'A^2 + m'B^2 + n'C^2 + p'D^2 = 0.$$

En regardant les polynômes A, B, C, D comme quelconques, ces équations renferment dix-huit constantes arbitraires qu'on pourra généralement déterminer de manière à ramener les équations R et S à la forme précédente; ce qui démontre d'une autre manière l'existence d'un tétraèdre conjugué à la fois à R et S ainsi qu'à toutes les surfaces inscrites dans la développable de la 4e classe. De plus, en éliminant D, on trouve l'équation

$$(lp' - l'p)\,A^2 + (mp' - m'p)\,B^2 + (np' - n'p)\,C^2 = 0$$

qui représente une conique située dans le plan des trois points $A = 0$, $B = 0$, $C = 0$.

332. Lorsque deux surfaces de seconde classe ont une génératrice commune, la classe de la développable circonscrite s'abaisse d'une unité. En effet, imaginons deux cônes ayant un sommet commun M et circonscrits aux surfaces du second ordre; ils auront en général quatre génératrices communes et les plans tangents suivant ces droites touchent la surface développable circonscrite.

Mais, si les surfaces ont une génératrice commune, il ne reste plus que trois plans tangents à la développable, en laissant de côté le plan passant par le sommet du cône et la droite commune. Donc la développable circonscrite sera de la troisième classe.

Deux surfaces qui ont en commun la droite des points $A = 0$, $B = 0$ sont représentées par des équations de la forme

$$A(lA + mB + nC + pD) - B(l'A + m'B + n'C + p'D) = 0,$$
$$A(l_1A + m_1B + n_1C + p_1D) - B(l'_1A + m'_1B + n'_1C + p'_1D) = 0;$$

elles ne renferment plus que six paramètres arbitraires et chacune des surfaces sera complétement définie par six de ses plans tangents. Il en résulte qu'une développable de troisième classe doit être regardée comme déterminée par six plans tangents.

Par deux points de l'espace, on peut en général mener six plans tangents à une développable de la troisième classe, de sorte qu'une telle surface ne peut avoir plus de six plans tangents communs avec une surface du second ordre. Ainsi, toute surface de seconde classe tangente à sept plans d'une développable de la 3e classe sera inscrite dans celle-ci. Nous avons vu précédemment que toutes les surfaces de seconde classe tangentes à sept plans touchent un huitième plan fixe; dans le cas particulier où les sept plans sont tangents à une surface développable de la troisième classe, le huitième plan sera indéterminé et pourra coïncider avec tout autre plan tangent à la développable.

Donc, *huit plans tangents quelconques d'une surface développable de la 3e classe sont tels que toute surface du second ordre tangente à sept de ces plans touche nécessairement le huitième, et, partagés en deux groupes, ils forment deux tétraèdres conjugués à une même surface de seconde classe.*

§ 3. RELATION ANALYTIQUE ENTRE DIX PLANS TANGENTS, DIX PLANS CONJUGUÉS A UNE SURFACE DE SECONDE CLASSE.

333. *Si dix plans*

$$P_1 = u_1x + v_1y + w_1z - 1 = 0, \quad P_2 = 0, \quad \ldots\ldots\ldots, \quad P_{10} = 0$$

sont tangents à une même surface de seconde classe, il existe des constantes $\lambda_1, \lambda_2 \ldots.$ *qui donnent la relation identique* $\Sigma_1^{10}\lambda_1 P_1^2 \equiv 0.$

Réciproquement, *si on a, entre dix plans de l'espace, l'identité*

$$\Sigma_1^{10}\lambda_1 P_1^2 \equiv 0,$$

ces plans sont tangents à une même surface du second ordre.

Considérons la surface de seconde classe représentée par

$$au^2 + a'v^2 + a''w^2 + 2bvw + 2b'uw + 2b''uv + 2cu + 2c'v + 2c''w = 1,$$

et exprimons qu'elle est tangente aux dix plans $(u_1v_1w_1)$, $(u_2v_2w_2)$...... Il viendra les dix relations

$$(h)\quad \begin{array}{l} au_1^2 + a'v_1^2 + \cdots\cdots = 1, \\ au_2^2 + \cdots\cdots = 1, \\ \cdots\cdots\cdots \\ \cdots\cdots\cdots \\ au_{10}^2 + \cdots\cdots = 1. \end{array}$$

La condition nécessaire et suffisante pour que ce système ait une solution commune pour les paramètres sera

$$(s)\quad \begin{vmatrix} u_1^2 & v_1^2 & w_1^2 & v_1w_1 & \cdots & 1 \\ \cdot & \cdot & \cdot & \cdot & \cdots & \cdot \\ \cdot & \cdot & \cdot & \cdot & \cdots & \cdot \\ \cdot & \cdot & \cdot & \cdot & \cdots & \cdot \\ u_{10}^2 & v_{10}^2 & w_{10}^2 & v_{10}w_{10} & \cdots & 1 \end{vmatrix} = 0.$$

D'un autre côté, pour que l'on ait l'identité

$$\Sigma_1^{10}\lambda_1 (u_1x + v_1y + w_1z - 1)^2 \equiv 0,$$

il faut que les coefficients des différentes puissances des variables soient nuls ainsi que le terme indépendant; on aura donc les dix équations

$$(k)\quad \begin{array}{l} \lambda_1u_1^2 + \lambda_2u_2^2 + \cdots\cdots = 0, \\ \lambda_1v_1^2 + \lambda_2v_2^2 + \cdots\cdots = 0, \\ \lambda_1w_1^2 + \lambda_2w_2^2 + \cdots\cdots = 0, \\ \lambda_1v_1w_1 + \lambda_2v_2w_2 + \cdots\cdots = 0, \\ \cdots\cdots\cdots \\ \cdots\cdots\cdots \\ \lambda_1 + \lambda_2 + \cdots\cdots = 0. \end{array}$$

Elles admettront une solution commune pour les rapports

$$\lambda_1 : \lambda_2 : \lambda_3 \ldots\ldots : \lambda_{10},$$

si la condition (s) est satisfaite, c'est-à-dire, si les plans sont tangents à une même surface de seconde classe ; réciproquement, si les dernières équations sont vérifiées par un système de valeurs déterminées des rapports $\lambda_1 : \lambda_2 : \lambda_3 \ldots\ldots \lambda_{10}$, la condition ($s$) aura lieu et les équations (h) admettront un système de valeurs communes pour les paramètres, a, a' etc.; donc, les plans seront tangents à une même surface de seconde classe.

D'après la signification du premier membre de l'équation d'un plan, le théorème précédent revient à dire que *la condition nécessaire et suffisante, pour que dix plans soient tangents à une surface de seconde classe, est qu'il existe une relation linéaire et homogène*

$$\Sigma_1^{10}\lambda_1 P_1^2 \equiv 0$$

entre les carrés des distances de ces plans à un point quelconque de l'espace (P. SERRET).

334. *Lorsque dix couples de plans*

$$P_1P'_1 = 0, \quad P_2P'_2 = 0, \quad \ldots\ldots, \quad P_{10}P'_{10} = 0$$

sont conjugués à une même surface de seconde classe, on a l'identité $\Sigma_1^{10}\lambda_1 P_1 P'_1 \equiv 0$.

Réciproquement, *si on a l'identité précédente, les dix couples de plans sont conjugués à une même surface de seconde classe* (P. SERRET).

En effet, si on exprime que dix couples de plans $(u_1v_1w_1)$, $(u'_1v'_1w'_1)$, etc. sont conjugués à la surface

$$au^2 + a'v^2 + a''w^2 + 2bvw \cdots\cdots = 1,$$

on obtient les dix égalités

$$(h') \quad \begin{array}{l} au_1u'_1 + a'v_1v'_1 + a''w_1w'_1 + b\,(v_1w'_1 + w_1v'_1) + \cdots = 1, \\ au_2u'_2 + \cdots\cdots = 1, \\ \cdots\cdots\cdots\cdots \\ \cdots\cdots\cdots\cdots \\ au_{10}u'_{10} + \cdots\cdots = 1; \end{array}$$

et pour que l'on ait l'identité

$$\Sigma_1^{10}\lambda_1(u_1x+v_1y+w_1z-1)(u'_1x+v'_1y+w'_1z-1)\equiv 0,$$

on doit avoir les équations

$$
\begin{array}{ll}
 & \lambda_1u_1u'_1+\lambda_2u_2u'_2+\lambda_3u_3u'_3+\ldots\ldots\ldots=0,\\
 & \lambda_1v_1v'_1+\ldots\ldots\ldots=0,\\
 & \lambda_1w_1w'_1+\ldots\ldots\ldots=0,\\
(k') & \lambda_1(v_1w'_1+w_1v'_1)+\ldots\ldots\ldots=0,\\
 & \ldots\ldots\ldots\ldots\ldots\ldots\\
 & \ldots\ldots\ldots\ldots\ldots\ldots\\
 & \lambda_1+\lambda_2+\ldots\ldots\ldots=0.
\end{array}
$$

Or, il est facile de vérifier que la condition pour que ces deux systèmes d'équations admettent un système de valeurs communes pour $a, a'\ldots\ldots, \lambda_1:\lambda_2\ \ldots\ldots:\lambda_{10}$ est la même des deux côtés; il en résulte que, les équations (h') étant satisfaites, il en sera de même des équations (k'), et réciproquement.

335. On démontrera facilement (N° 315) que les identités

$$\Sigma_1^9\lambda_1P_1^2\equiv 0,\qquad \Sigma_1^8\lambda_1P_1^2\equiv 0$$

expriment que toute surface de seconde classe qui est tangente à tous les plans moins un, touchera aussi le dernier, et réciproquement. La seconde étant décomposée en deux équations équivalentes

$$\Sigma_1^4\lambda_1P_1^2=0,\qquad \Sigma_5^8\lambda_5P_5^2=0$$

conduit immédiament au théorème suivant : *Huit plans de l'espace, tels que toute surface de seconde classe tangente à sept de ces plans touche le huitième, étant partagés en deux groupes égaux, seront les faces de deux tétraèdres conjugués à une même surface du second ordre.*

Réciproquement, *si deux tétraèdres sont conjugués à une même surface du second ordre, toute surface de seconde classe tangente à sept faces touchera nécessairement la huitième.*

Si on suppose que deux faces des tétraèdres soient dans un même plan, on a ce théorème: *Lorsque deux tétraèdres conjugués à une même surface du second ordre ont deux faces dans un même plan, les six plans passant par le pôle commun sont tangents à un même cône du second ordre.*

Si les faces communes sont à l'infini, on aura que *les six plans de deux systèmes de diamètres conjugués d'une surface de seconde classe touchent un même cône du second ordre.*

Enfin, si la surface est une sphère, trois plans tangents rectangulaires passant par le centre forment un système de plans diamétraux conjugués ; par suite, *deux systèmes de trois plans rectangulaires menés par un point quelconque de l'espace sont tangents à un même cône de second ordre.*

336. *Les douze plans des coniques inscrites dans les développables circonscrites à trois surfaces du second ordre sont tangents à une même surface de seconde classe.*

La démonstration de ce théorème est identique à celle du N° 322.

337. Il résulte de l'identité fondamentale

$$\Sigma_1^{10}\lambda_1 P_1^2 \equiv 0,$$

à laquelle donnent lieu dix plans tangents à une surface de seconde classe, que les équations

$$\lambda_1 P_1^2 + \lambda_2 P_2^2 + \lambda_3 P_3^2 + \lambda_4 P_4^2 = 0,$$
$$\lambda_5 P_5^2 + \lambda_6 P_6^2 + \lambda_7 P_7^2 + \lambda_8 P_8^2 + \lambda_9 P_9^2 + \lambda_{10} P_{10}^2 = 0$$

représentent la même surface. Supposons que les plans P_1, P_2, P_3, P_4 passent par un même point. La première définira un cône conjugué à l'angle solide formé par les plans P_1, P_2, P_3, P_4, de telle sorte que les arêtes opposées sont des droites conjuguées par rapport au cône ; car, on vérifiera facilement que le plan polaire d'un point d'une arête passe par l'arête opposée. La seconde équation exprime que ce cône est conjugué à l'hexaèdre formé par les autres plans, c'est-à-dire, que les sommets opposés de ce solide sont conjugués par rapport au cône. On en déduit ce théorème :

Un hexaèdre et un angle solide tétraèdre étant circonscrits à une surface du second ordre, les arêtes opposées de l'angle solide et les quatre couples de droites qui joignent son sommet aux sommets opposés de l'hexaèdre font six couples de droites conjuguées à un certain cône du second ordre dont le sommet coïncide avec celui de l'angle solide (P. SERRET).

Dans l'hypothèse où $P_1 = 0$, $P_2 = 0$, etc., représentent des points dont les quatre premiers sont dans un même plan, la même décomposition de l'identité fondamentale conduit au théorème suivant :

Un quadrangle plan et un octaèdre étant inscrits à une surface du second ordre, les côtés opposés du quadrangle et les traces de son plan sur les faces opposées de l'octaèdre font six couples de droites conjuguées à une certaine conique située dans le plan du quadrangle (P. SERRET).

M. P. SERRET a déduit de ces théorèmes la détermination des éléments principaux d'une surface du second ordre définie par neuf points ou neuf plans tangents, lorsque quatre de ces points sont dans un plan et lorsque quatre des plans tangents passent par un même point.

CHAPITRE XVI.

PROPRIÉTÉS GÉNÉRALES DES SURFACES DU SECOND ORDRE. (SUITE.)

Méthodes de la transformation des figures.

SOMMAIRE. *Théorie des polaires réciproques : surface polaire réciproque d'une sphère, d'une surface de révolution du second ordre; application à la recherche des propriétés descriptives et métriques d'une surface du second degré. — Formules de la transformation homographique et homologique : exemples.*

§ 1. THÉORIE DES POLAIRES RÉCIPROQUES.

338. Lorsque deux figures sont telles qu'à un point de la première correspond un plan dans la seconde, et réciproquement, à un point de la seconde un plan de la première, on dit qu'elles sont *corrélatives*. Les principes de la théorie des pôles et des plans polaires permettent de construire une figure corrélative d'une figure donnée. Considérons d'abord une figure F composée de points, de droites et de plans. Déterminons les plans polaires, les droites conjuguées et les pôles des plans par rapport à une surface du second degré auxiliaire Σ : nous obtiendrons une nouvelle figure F′ composée de plans, de droites et de points qui correspondent respectivement aux points, aux droites et aux plans de la figure proposée. Un système de points en ligne droite de la figure F donnera un système de plans passant par une même droite dans la figure F′, et réciproquement. Enfin, d'après la théorie des pôles et des plans polaires, il est visible que si on cherche les pôles des plans, les droites conjuguées et les plans polaires des points de la nouvelle figure F′, on retrouvera la première. Deux figures qui jouissent de cette propriété ont été appelées par Poncelet, *figures polaires réciproques*.

Supposons que la figure F renferme une surface courbe S de l'ordre m. Menons un plan tangent P à S, et déterminons son pôle p par rapport à la surface auxiliaire Σ. Si le plan P se déplace en restant tangent à S, son pôle p décrira une certaine surface S′ qui sera le lieu géométrique des pôles de tous les plans tangents à S. Réciproquement, un plan tangent quelconque à S′ aura son pôle sur la première surface. En effet, soient a, b, c trois points de S et π le point d'intersection des plans tangents à S en ces points; a', b', c' étant les pôles de ces derniers sur la surface S′, le plan $a'b'c'$ aura pour pôle le point π. Supposons que les trois plans tangents viennent se confondre en un seul touchant la surface S au point π; les pôles a', b', c' vont se rapprocher de plus en plus pour se confondre en un seul, tandis que leur plan deviendra tangent à S′, et, à cette limite, le pôle de ce dernier sera toujours le point de contact π des trois plans tangents à S qui coïncident. Donc, on doit aussi regarder la surface proposée comme étant le lieu des pôles des plans tangents à S′ par rapport à la surface auxiliaire. Les surfaces S et S′ qui peuvent se déduire l'une de l'autre par le même procédé se nomment *surfaces polaires réciproques*.

La surface S peut être rencontrée par une droite en m points; par suite, la surface S′ aura m plans tangents passant par une même droite et sera de la classe m. L'ordre de la surface réciproque S′ sera égal au nombre de plans tangents que l'on peut mener par une droite à la surface S; car, à ces plans tangents, correspondent dans S′ autant de points situés sur une même droite. C'est ce nombre de points qui détermine l'ordre d'une surface. Or, si $f(x, y, z, t) = 0$ est l'équation de la surface du degré m, le plan tangent est représenté par

$$xf'_{x'} + yf'_{y'} + zf'_{z'} + tf'_{t'} = 0,$$

comme nous le verrons plus tard. En exprimant qu'il renferme une droite $x = az + p$, $y = bz + q$, il vient les équations

$$af'_{x'} + bf'_{y'} + f'_{z'} = 0, \qquad pf'_{x'} + qf'_{y'} + f'_{t'} = 0.$$

Si on ajoute la condition $f(x', y', z', t') = 0$, on a trois équations pour déterminer les points de contact des plans tangents à S passant par la droite; les deux premières étant du degré $m - 1$ et la troisième du degré m, on aura en général $m(m - 1)^2$ valeurs pour les inconnues.

Ainsi, *la polaire réciproque d'une surface de l'ordre m est en général de la classe m et au plus de l'ordre* $m(m - 1)^2$.

Enfin, considérons une courbe C, intersection de deux surfaces S et s. Le plan polaire d'un point de cette ligne sera à la fois tangent aux polaires réciproques S′ et s' des surfaces S et s; il en résulte que si un point se déplace pour décrire la courbe C, le plan polaire se meut en restant tangent aux surfaces S′ et s'; il engendrera par ses intersections successives une surface développable circonscrite à S′ et s'. Lorsque les surfaces proposées sont respectivement de l'ordre m et n, leur courbe d'intersection peut être rencontrée par un plan en mn points; par suite, la surface développable aura autant de plans tangents passant par un même point. Donc, *la polaire réciproque d'une courbe de l'ordre mn est en général une surface développable de la classe mn.*

339. La surface du second degré Σ qui sert d'instrument à la transformation est quelconque; on peut choisir, de préférence, une sphère sans nuire aux résultats auxquels elle conduit. Soit O le centre d'une sphère de rayon quelconque r; abaissons du point O une perpendiculaire sur un plan P. Si q est le pied de cette perpendiculaire et p le pôle de P par rapport à la sphère, on aura la relation

$$Op \cdot Oq = r^2.$$

On peut même faire abstraction de la surface sphérique pour ne conserver qu'un point fixe O. La surface réciproque s'obtiendra en abaissant du point O des perpendiculaires sur les plans de la figure donnée, et en appliquant la relation précédente à la détermination des points p de la surface dérivée; on connaît Oq, et, r étant une constante donnée, on peut déterminer Op.

Avec un peu d'attention, on se rendra compte facilement du tableau suivant où l'on a mis en regard les changements apportés par la transformation avec une sphère auxiliaire.

Un point.	Un plan.
Un plan.	Un point.
Une ligne droite.	Une ligne droite.

Un système de n droites dans un plan.	Un système de n droites passant par un point.
Le point d'intersection d'une droite et d'un plan.	Un plan passant par un point et une droite.
Une courbe plane.	Un cône.
Une section plane d'une surface donnée.	Un cône circonscrit à la surface réciproque.
Un système de surfaces passant par une même courbe.	Un système de surfaces inscrites dans une même développable.
Une corde qui réunit deux points d'une surface.	L'intersection de deux plans tangents à la réciproque.
Un polyèdre de n faces inscrit dans une surface.	Un polyèdre de n angles solides circonscrit à la surface réciproque.
Une surface passant par n points.	Une surface tangente à n plans.
Une courbe dans un plan passant par le centre de la sphère.	Un cylindre dont les arêtes sont perpendiculaires au plan de la courbe.
Un système de lignes droites dans un plan passant par le centre de la sphère.	Un système de lignes parallèles perpendiculaires au plan.
Une ligne droite à l'infini.	Une ligne droite passant par le centre de la sphère.
Les points communs à deux courbes gauches.	Les plans tangents communs à deux surfaces développables.
Une surface qui admet des génératrices rectilignes.	Une surface qui admet des génératrices rectilignes.

340. *Étant donnée l'équation d'une surface, trouver celle de la polaire réciproque par rapport à la sphère* $x^2+y^2+z^2-r^2=0$.

Soit $f(x, y, z)=0$ l'équation de la surface donnée, et x_1, y_1, z_1 les coordonnées de l'un de ses points. L'équation

$$xx_1+yy_1+zz_1-r^2=0$$

représente le plan polaire de ce point par rapport à la sphère auxiliaire.

Si on la compare avec l'équation

$$ux+vy+wz-1=0,$$

il viendra les relations

$$u=\frac{x_1}{r^2},\quad v=\frac{y_1}{r^2},\quad w=\frac{z_1}{r^2};$$

u, v, w sont les coordonnées d'un plan tangent à la surface réciproque. On en tire

$$x_1=r^2u,\quad y_1=r^2v,\quad z_1=r^2w,$$

et, comme les coordonnées x_1, y_1, z_1 doivent vérifier $f(x, y, z) = 0$, on aura l'équation

$$f(r^2u, r^2v, r^2w) = 0$$

qui représentera, en coordonnées tangentielles, la polaire réciproque de la surface donnée.

De même, si on donne l'équation tangentielle $F(u, v, w) = 0$ d'une surface, celle de sa polaire réciproque en coordonnées cartésiennes sera de la forme

$$F\left(\frac{x}{r^2}, \frac{y}{r^2}, \frac{z}{r^2}\right) = 0.$$

Si on suppose $r = 1$, on arrive à la règle suivante : *Une surface étant représentée par* $f(x, y, z) = 0$ *ou* $F(u, v, w) = 0$, *l'équation de sa polaire réciproque s'obtient immédiatement en changeant* x, y, z *en* u, v, w, *ou* u, v, w *en* x, y, z.

Comme application, soit la surface du second ordre définie par l'équation générale

$$Ax^2 + A'y^2 + A''z^2 + 2Byz + 2B'zx + 2B''xy + 2Cx + 2C'y + 2C''z + F = 0 ;$$

la polaire réciproque sera représentée en coordonnées tangentielles par

$$Au^2 + A'v^2 + A''w^2 + 2Bvw + 2B'uw + 2B''uv + 2Cu + 2C'v + 2C''w + F = 0,$$

ou bien, en coordonnées cartésiennes (N° 282),

$$\begin{vmatrix} A & B'' & B' & C & x \\ B'' & A' & B & C' & y \\ B' & B & A'' & C'' & z \\ C & C' & C'' & F & 1 \\ x & y & z & 1 & 0 \end{vmatrix} = 0.$$

Dans le cas d'une surface rapportée à son centre et à ses axes

$$\frac{x^2}{a^2} + \frac{y^2}{b^2} + \frac{z^2}{c^2} = 1,$$

on aurait pour la polaire réciproque

$$\frac{u^2}{a^2} + \frac{v^2}{b^2} + \frac{w^2}{c^2} = 1,$$

ou bien,

$$a^2x^2 + b^2y^2 + c^2z^2 = 1.$$

On voit que c'est une surface concentrique à la proposée et dont les axes sont les réciproques de ceux de cette surface.

341. *La surface réciproque d'une sphère est une surface de révolution dont l'un des foyers coïncide avec le centre de la sphère auxiliaire.*

Considérons une sphère de rayon R dont le centre se trouve sur l'axe des x à une distance $-d$ de l'origine O. Son équation sera de la forme

$$(x + d)^2 + y^2 + z^2 - R^2 = 0,$$

et, l'on aura pour la polaire réciproque,

$$(d + u)^2 + v^2 + w^2 - R^2 = 0.$$

Cherchons l'équation de cette dernière surface en coordonnées cartésiennes. Si on identifie les égalités

$$(d + u)(d + u_1) + vv_1 + ww_1 = R^2,$$

$$ux + vy + wz - 1 = 0,$$

on trouve

$$x = -\frac{u_1 + d}{du_1 + d^2 - R^2}, \quad y = -\frac{v_1}{du_1 + d^2 - R^2}, \quad z = -\frac{w_1}{du_1 + d^2 - R^2};$$

d'où on tire

$$u_1 = -\frac{d + (d^2 - R^2)x}{dx + 1}, \quad v_1 = \frac{R^2 y}{dx + 1}, \quad w_1 = \frac{R^2 z}{dx + 1}, \quad u_1 + d = -\frac{R^2 x}{dx + 1}.$$

En substituant ces valeurs dans l'équation en u, v, w de la polaire réciproque, il viendra

$$R^2(x^2 + y^2 + z^2) - (dx + 1)^2 = 0,$$

ou

$$(R^2 - d^2)x^2 + R^2(y^2 + z^2) - 2dx - 1 = 0.$$

Cette équation définit une surface de révolution autour de l'axe des x : elle exprime que la distance d'un point de la surface au centre O est dans un rapport constant avec sa distance au plan fixe $dx + 1 = 0$.

Le point O est le *foyer*, et le plan fixe, le *plan directeur* correspondant. Ce dernier est le plan polaire du centre de la sphère donnée par rapport à la sphère auxiliaire.

La polaire réciproque est un ellipsoïde de révolution, si $R^2 - d^2 > 0$; un paraboloïde elliptique, si $R^2 - d^2 = 0$; un hyperboloïde, si $R^2 - d^2 < 0$. Dans le premier cas, les plans tangents menés du centre O à la sphère donnée sont imaginaires et la polaire réciproque n'a aucun point réel à l'infini; si $R^2 - d^2 = 0$, le point O étant sur la sphère proposée, il n'y a qu'un plan tangent à celle-ci passant par le centre O, et la surface réciproque, ayant un point réel à l'infini, doit être le paraboloïde elliptique; enfin, dans le dernier cas, le centre O se trouve à l'extérieur de la sphère donnée, et il y a une infinité de plans tangents réels passant par ce point : la polaire réciproque renfermera une conique réelle à l'infini et sera un hyperboloïde.

342. *La polaire réciproque d'une surface de révolution est une surface du second ordre à trois axes inégaux, et dont les sections circulaires sont parallèles aux plans polaires des foyers de la surface donnée par rapport à la sphère auxiliaire.*

Soit O le centre de la sphère auxiliaire et l'origine d'un système d'axes rectangulaires. Une surface de révolution autour d'une droite parallèle aux z et dont le centre O' est sur l'axe des x aura une équation de la forme

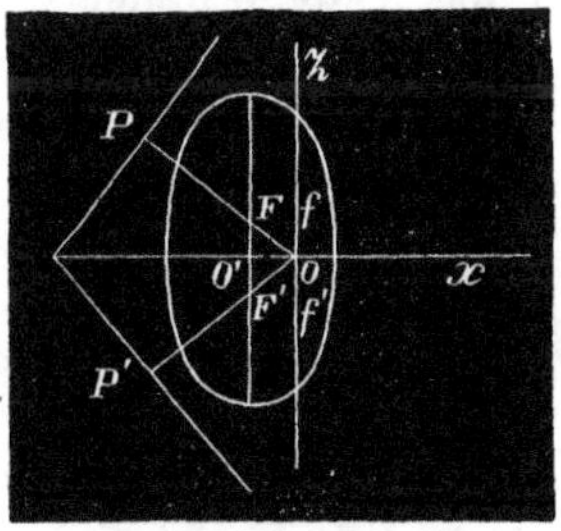

$$C^2(x^2 + y^2) + A^2z^2 + 2C^2dx - C^2(A^2 - d^2) = 0,$$

d étant la distance OO'. Il est facile de vérifier que la surface représentée par cette équation rencontre le plan des xy suivant un cercle de rayon A, et le plan des xz suivant une ellipse ayant pour demi-axes A et C et dont les foyers F et F' sont ceux de la surface.

Fig. 37.

La polaire réciproque est représentée en coordonnées tangentielles par l'équation

$$C^2(u^2 + v^2) + A^2w^2 + 2C^2du - C^2(A^2 - d^2) = 0.$$

Afin de trouver l'équation de la même surface en coordonnées cartésiennes, écrivons l'équation du point de contact d'un plan tangent $(u_1v_1w_1)$

$$C^2(uu_1 + vv_1) + A^2ww_1 + C^2d(u + u_1) - C^2(A^2 - d^2) = 0.$$

On en déduit, pour les coordonnées cartésiennes de ce point,

$$x = -\frac{u_1 + d}{du_1 - (A^2 - d^2)}, \quad y = -\frac{v_1}{du_1 - (A^2 - d^2)}, \quad z = -\frac{A^2 w_1}{C^2[du_1 - (A^2 - d^2)]};$$

par suite

$$u_1 = \frac{-d + (A^2 - d^2)x}{dx + 1}, \quad v_1 = \frac{A^2 y}{dx + 1}, \quad w_1 = \frac{C^2 z}{dx + 1}, \quad u_1 + d = \frac{A^2 x}{dx + 1}.$$

En substituant dans l'équation de la surface mise sous la forme

$$C^2 (u + d)^2 + C^2 v^2 + A^2 w^2 - A^2 C^2 = 0,$$

on trouve, après les réductions,

$$(s) \qquad (A^2 - d^2)\, x^2 + A^2 y^2 + C^2 z^2 - 2dx - 1 = 0.$$

Cette équation représente une surface du second ordre dont le centre est sur l'axe des x à une distance de l'origine égale à $\frac{d}{A^2 - d^2}$. Si on y transporte l'origine, elle devient

$$(s') \qquad (A^2 - d^2)\, x^2 + A^2 y^2 + C^2 z^2 - \frac{A^2}{A^2 - d^2} = 0;$$

d'où on tire pour les longueurs des demi-axes a, b, c de la surface polaire réciproque

$$a = \frac{A}{A^2 - d^2}, \quad b = \frac{1}{\sqrt{A^2 - d^2}}, \quad c = \frac{A}{C\sqrt{A^2 - d^2}}.$$

Lorsque $A > d$, le centre O de la sphère auxiliaire est à l'intérieur de la surface de révolution et la polaire réciproque sera un ellipsoïde; si $A = d$, la polaire réciproque (s) est un paraboloïde elliptique; enfin, si $A < d$, le point O est en dehors de la surface donnée et la polaire réciproque est un hyperboloïde à deux nappes. Dans le cas où la surface de révolution serait un hyperboloïde à une nappe, il faudrait changer C^2 en $-C^2$, et la polaire réciproque deviendrait un hyperboloïde à une nappe ou un paraboloïde hyperbolique. Toutes ces conséquences découlent directement des équations (s) et (s').

Si on cherche les équations des plans polaires des points

$$F\,(-d, 0, \sqrt{C^2 - A^2}), \qquad F'\,(-d, 0, -\sqrt{C^2 - A^2}),$$

par rapport à la sphère auxiliaire, on trouve

$$z\sqrt{C^2-A^2}-(dx+1)=0, \qquad z\sqrt{C^2-A^2}+(dx+1)=0.$$

On en déduit pour l'inclinaison du premier de ces plans sur xy

$$\text{tang}^2\varphi' = \frac{d^2}{C^2-A^2}.$$

Or, si on applique la formule

$$\text{tang}^2\varphi = \frac{\frac{1}{b^2}-\frac{1}{a^2}}{\frac{1}{c^2}-\frac{1}{b^2}}$$

à l'équation (s') afin de déterminer l'angle d'une section circulaire de la surface avec xy, on obtient aussi

$$\text{tang}^2\varphi = \frac{d^2}{C^2-A^2}.$$

Donc $\varphi' = \varphi$, et les plans cycliques de la polaire réciproque sont parallèles aux plans polaires des foyers F et F′. Ces derniers plans reviennent souvent dans la transformation par polaires réciproques; nous les désignerons par P et P′ et nous les appellerons avec J. Booth, *plans ombilicaux directeurs*.

343. L'équation de la surface (s) peut s'écrire

$$A^2(x^2+y^2+z^2)+(C^2-A^2)z^2-(dx+1)^2=0,$$

ou bien, en posant

$$P = z\sqrt{C^2-A^2}-(dx+1), \qquad P' = z\sqrt{C^2-A^2}+(dx+1),$$

$$A^2(x^2+y^2+z^2)-PP'=0.$$

Elle exprime que le rapport du carré de la distance d'un point de la surface au point O est dans un rapport constant avec le produit des distances du même point aux plans ombilicaux directeurs P et P′; par suite, le point O est un foyer de la polaire réciproque. Il est facile de vérifier que c'est le foyer de la section principale de la surface dans le plan des xy. Nous appellerons le point O *foyer principal* de la surface réciproque ; de même, la droite d'intersection des plans P et P', qui est la directrice correspondante au foyer O, sera la directrice principale.

Cherchons les pôles des plans P et P' par rapport à la polaire réciproque. On les détermine en comparant l'équation

$$xx'(A^2 - d^2) + A^2yy' + C^2zz' - d(x + x') - 1 = 0$$

du plan polaire d'un point $(x'y'z')$ par rapport à (s) avec l'équation du plan P

$$z\sqrt{C^2 - A^2} - (dx + 1) = 0.$$

On trouve ainsi

$$x' = 0, \quad y' = 0, \quad z' = \frac{\sqrt{C^2 - A^2}}{C^2}.$$

Il est visible que les coordonnées du pôle du plan P' par rapport à la même surface seront

$$x' = 0, \quad y' = 0, \quad z' = -\frac{\sqrt{C^2 - A^2}}{C^2}.$$

Ce sont deux points f et f' qui appartiendront à la fois à l'axe des z et aux diamètres de la surface passant par les points ombilicaux.

Dans le passage d'une propriété d'une surface de révolution à la propriété correspondante d'une surface à trois axes inégaux, comme nous l'indiquerons plus loin, il faudra toujours se représenter la polaire réciproque avec ses plans ombilicaux directeurs P et P', et les points f et f' ou les pôles de ces plans par rapport à la surface. Nous ferons encore remarquer que toute surface du second ordre doit avoir quatre plans P et quatre points f comme l'exige la symétrie de la surface.

344. Il résulte des principes précédents que la polaire réciproque d'une surface du second ordre par rapport à une surface auxiliaire du même ordre est aussi du second degré. La dépendance entre deux surfaces polaires réciproques du second ordre est donc telle, qu'à une propriété de l'une correspond une propriété dans l'autre, différente de la première. La méthode des polaires réciproques permet de doubler les théorèmes connus sur ces surfaces. Nous allons d'abord indiquer quelques exemples où il s'agit de passer d'une propriété descriptive d'une surface donnée à la propriété correspondante dans la polaire réciproque.

Les plans polaires d'un point fixe par rapport aux surfaces du second ordre qui ont huit points communs passent par une droite fixe.

Les pôles d'un plan fixe par rapport aux surfaces du second ordre tangentes à huit plans sont situés sur une droite fixe.

Le pôle d'un plan fixe par rapport aux surfaces qui passent par huit points décrit une courbe du 3e ordre.

Le plan polaire d'un point fixe par rapport aux surfaces tangentes à huit plans enveloppe une développable de la 3e classe.

Les surfaces du second ordre qui passent par sept points ont en commun un huitième point fixe.

Les surfaces du second ordre tangentes à sept plans ont en commun un huitième plan tangent.

Les plans polaires d'un point fixe par rapport à toutes les surfaces du second ordre menées par sept points passent par un point fixe.

Les pôles d'un plan fixe par rapport à toutes les surfaces tangentes à sept plans sont situés dans un même plan.

Deux surfaces du second ordre qui se touchent en deux points se coupent suivant deux courbes plans.

Deux surfaces du second ordre qui se touchent en deux points sont enveloppées par deux cônes du second ordre.

345. On voit, par les exemples qui précèdent, que la méthode de Poncelet conduit aux théorèmes corrélatifs déjà démontrés précédemment par l'application des coordonnées tangentielles. Elle permet aussi de transformer une propriété métrique de la sphère en une propriété d'une surface de révolution en faisant usage des principes suivants :

1° *Les droites qui joignent le centre de la sphère auxiliaire aux pôles de deux plans font entre elles un angle égal ou supplémentaire à l'angle de ces plans.*

2° *Étant données deux droites* D *et* D' *et leurs conjuguées* d *et* d', *les plans menés par le centre et les lignes* d *et* d' *sont respectivement perpendiculaires à* D *et* D', *et font entre eux un angle égal ou supplémentaire à celui de ces droites.*

3° *Étant donnés un plan et une droite, le plan mené par le centre de la sphère et la conjuguée de la droite fait avec le rayon passant par le pôle du plan un angle égal ou supplémentaire à celui du plan et de la droite donnés.*

Toutes ces propriétés résultent de ce que, par rapport à une sphère, le plan polaire est perpendiculaire au rayon qui passe par le pôle, et deux droites conjuguées sont perpendiculaires entre elles. Nous allons donner quelques exemples du passage d'une propriété métrique de la sphère à la surface de révolution. Afin de bien s'en rendre compte, il faut toujours avoir présent à l'esprit que la sphère, par la transformation, devient une surface de révolution ayant l'un de ses foyers au centre de la sphère auxiliaire, et pour plan directeur, le plan polaire du centre de la sphère donnée.

Deux plans tangents à une sphère font des angles égaux avec le plan mené par le centre et leur droite d'intersection.	Dans une surface de révolution, la droite qui réunit le foyer au point d'intersection d'une corde avec le plan directeur est bissectrice de l'angle des rayons vecteurs des extrémités de cette corde.
Un plan tangent à une sphère est perpendiculaire au rayon mené au point de contact.	Le plan mené par le foyer d'une surface de révolution et l'intersection d'un plan tangent avec le plan directeur est perpendiculaire au rayon du point de contact du plan tangent.
Les rayons menés aux extrémités d'une corde dans la sphère sont également inclinés sur cette corde.	Les plans menés par le foyer et les droites d'intersection de deux plans tangents à une surface de révolution avec le plan directeur sont également inclinés sur le plan passant par le foyer et la droite d'intersection des plans tangents.
Deux droites conjuguées par rapport à une sphère sont perpendiculaires.	Deux droites conjuguées à une surface de révolution sont telles que les plans passant par le foyer et ces droites sont perpendiculaires.
Les plans tangents à une sphère menés par les extrémités d'un diamètre sont parallèles.	Les plans tangents à une surface de révolution qui se coupent dans le plan directeur sont tels que la droite de leurs points de contact passe par le foyer.
Les droites menées des extrémités d'un diamètre quelconque à un point de la sphère forment entre elles un angle droit.	Dans une surface de révolution, les plans tangents aux extrémités d'une corde passant par le foyer sont rencontrés par un plan tangent quelconque suivant deux droites d et d' ; les plans passant par le foyer et les droites d et d' sont perpendiculaires.

Les plans tangents à un cône circonscrit à la sphère sont également inclinés sur le plan de contact.

Les rayons vecteurs menés aux différents points d'une section plane d'une surface de révolution sont également inclinés sur la droite qui réunit le foyer au pôle du plan de la section par rapport à la surface.

Un cylindre étant circonscrit à une sphère, le plan de contact est perpendiculaire aux arêtes et passe par le centre.

Un cône circonscrit à une surface de révolution et dont le plan de contact passe par le foyer a son sommet dans le plan directeur, et la droite qui réunit le sommet au foyer est perpendiculaire au plan de la base.

Deux sphères sont enveloppées par deux cônes de révolution ayant leurs sommets sur la droite des centres.

Deux surfaces de révolution qui ont un foyer commun se coupent suivant deux coniques dont les plans passent par la droite d'intersection des plans directeurs.

Le sommet d'un trièdre trirectangle circonscrit à une sphère décrit une sphère concentrique.

Si, par le foyer d'une surface de révolution, on mène trois droites rectangulaires qui la rencontrent aux points a, b, c, le plan abc enveloppe une surface de révolution ayant un foyer commun avec la première.

Dans une sphère, les extrémités d'un diamètre, le centre et le point à l'infini forment un système de quatre points harmoniques.

Dans une surface de révolution, le plan directeur, les plans tangents qui se rencontrent dans ce plan, le plan mené par le foyer et la droite d'intersection de ces plans, forment un faisceau harmonique.

346. Par le théorème du N° 342, on peut transformer une propriété d'une surface de révolution en une propriété d'une surface du second ordre à trois axes inégaux. Pour opérer cette transformation, nous supposerons que la surface de révolution a son grand axe vertical et pour foyers les points F et F′. On sait que la polaire réciproque est accompagnée de plans ombilicaux directeurs qui sont les plans polaires des foyers F et F′ relativement à la sphère auxiliaire; le centre O de celle-ci est le foyer principal, et les points que nous avons appelés f et f' sont les pôles des plans ombilicaux directeurs par rapport à la surface réciproque. Il est facile de vérifier que ces points sont aussi les pôles des plans directeurs de la surface de révolution par rapport au point O.

Si, dans une surface de révolution, on mène un plan tangent quelconque qui

Si, dans une surface du second degré, on mène par les extrémités de la corde rencontre les plans tangents aux extrémités du grand axe suivant les droites d et d_1, les plans passant par le foyer F et les lignes d et d_1, sont perpendiculaires.

Par une même droite D on mène deux plans tangents T et T′ à une surface de révolution ainsi que deux plans π et π' par les foyers F et F′; les plans tangents sont également inclinés sur les plans π et π'.

Lorsqu'on mène un plan π par le foyer F d'une surface de révolution et la droite d'intersection du plan directeur avec un plan tangent quelconque, ce plan est perpendiculaire au rayon vecteur du point de contact.

Un cône circonscrit à une surface de révolution dont le plan de contact passe par le foyer F a son sommet dans le plan directeur, et la droite qui réunit le foyer F au sommet du cône est perpendiculaire au plan de la base.

verticale passant par le foyer O deux droites qui se coupent sur la surface, les lignes qui joignent le point O et leurs points de rencontre avec les plans ombilicaux directeurs sont perpendiculaires.

Si, dans une surface du second ordre, on mène une droite qui rencontre la surface en deux points a et b, et les plans ombilicaux directeurs en c et d, les angles aOc et bOd seront égaux.

Par un point a d'une surface du second ordre, on mène un plan tangent qui rencontre le plan ombilical directeur suivant une droite d; si on désigne par b le point où la droite af rencontre le plan ombilical directeur, la droite Ob sera perpendiculaire au plan mené par la droite d et le foyer principal O.

Un cône étant circonscrit à une surface du second ordre et ayant son sommet dans le plan ombilical directeur, le plan de contact passe par le point f et rencontre le plan ombilical directeur suivant une droite d; le plan mené par cette droite et le point O sera perpendiculaire à la ligne qui joint le point O au sommet du cône.

§ 2. TRANSFORMATION HOMOGRAPHIQUE.

347. Considérons une figure F avec sa polaire réciproque f par rapport à une surface du second ordre Σ, et déterminons la figure corrélative de f par rapport à une nouvelle surface du second degré s. Nous obtiendrons une troisième figure F′ telle qu'à chacun de ses points correspond un plan dans f, et, par conséquent, un point de la première figure; de même, chaque plan de F′ aura son correspondant dans F. Il résulte de cette double transformation que les figures F et F′ jouiront de cette propriété qu'à des points en ligne droite, à des plans passant par une même droite de l'une, correspondent des points en ligne droite, des plans passant par une même droite dans l'autre, et les rapports anharmoniques de ces points et de ces plans auront la même valeur; elles possèdent donc les mêmes propriétés descriptives. On les désigne sous le nom de *figures homographiques.*

Soient X, Y, Z les coordonnées d'un point M, et x, y, z celles du point correspondant. Deux figures se correspondront point par point, plan par plan, si on a les relations

$$(H)\qquad \begin{aligned} X &= \frac{a_1x + b_1y + c_1z + d_1}{a_4x + b_4y + c_4z + d_4}, \\ Y &= \frac{a_2x + b_2y + c_2z + d_2}{a_4x + b_4y + c_4z + d_4}, \\ Z &= \frac{a_3x + b_3y + c_3z + d_3}{a_4x + b_4y + c_4z + d_4}. \end{aligned}$$

En effet, pour chaque système de valeurs attribuées à X, Y, Z, on aura un seul système de valeurs pour les coordonnées du point correspondant (x, y, z), et réciproquement. De plus, un plan de la première figure représenté par l'équation

$$\alpha_1 X + \beta_1 Y + \gamma_1 Z + \delta_1 = 0,$$

aura pour correspondant dans la seconde, le plan

$$\alpha_1 (a_1x + b_1y + c_1z + d_1) + \beta_1 (a_2x + b_2y + c_2z + d_2)$$
$$+ \gamma_1 (a_3x + b_3y + c_3z + d_3) + \delta_1 (a_4x + b_4y + c_4z + d_4) = 0.$$

Enfin, on vérifie facilement que deux figures construites à l'aide des formules précédentes seront telles que des points en ligne droite, des plans passant par une même droite auront pour correspondants des points en ligne droite, et des plans passant par une même droite. Les relations (H) renferment quinze constantes arbitraires en supposant $d_4 = 1$, ce qui ne change rien à leur généralité; on peut donc en général faire correspondre cinq points quelconques de la seconde figure à cinq points de la première, car assujettir deux points $M(X_1Y_1Z_1)$, $m(x_1y_1z_1)$ à se correspondre revient à donner trois relations distinctes entre les constantes.

348. Soient

$$A = 0, \quad B = 0, \quad C = 0, \quad D = 0$$

quatre points de la première figure, et

$$\alpha = 0, \quad \beta = 0, \quad \gamma = 0, \quad \delta = 0$$

les points correspondants de la seconde. Si on rapporte les deux figures respectivement aux tétraèdres formés par ces deux systèmes de points, les formules de la transformation homographique seront de la forme

$$(h) \qquad \frac{A}{m\alpha} = \frac{B}{n\beta} = \frac{C}{p\gamma} = \frac{D}{\delta}.$$

Elles renferment encore trois constantes arbitraires m, n, p afin que l'on puisse faire correspondre deux autres points quelconques des figures.

En effet, considérons quatre points de la première figure représentés par

$$A = 0, \quad B = 0, \quad A - kB = 0, \quad A - k'B = 0;$$

leur rapport anharmonique a pour valeur $\frac{k}{k'}$. Les points correspondants seront définis par les équations

$$\alpha = 0, \quad \beta = 0, \quad m\alpha - kn\beta = 0, \quad m\alpha - k'n\beta = 0,$$

et on voit immédiatement que leur rapport anharmonique est aussi égal à $\frac{k}{k'}$.

On arriverait au même résultat, si $A = 0$, $B = 0$, etc. représentaient les faces de deux tétraèdres correspondants.

Les deux figures dont les points sont liés entre eux par les formules (h) jouissent de cette propriété que le rapport anharmonique de quatre points ou de quatre plans de l'une d'elles est égal au rapport anharmonique des quatre points ou des quatre plans correspondants de l'autre. Ces figures sont donc *homographiques*.

349. Les points à l'infini de la première figure auront pour correspondants dans la seconde des points situés dans un plan représenté par l'équation

$$(I) \qquad a_4x + b_4y + c_4z + d_4 = 0;$$

de sorte qu'un système de plans parallèles dans la première figure donnera lieu dans la seconde à un système de plans qui se rencontrent suivant une droite du plan (I).

Afin de trouver les points qui se correspondent à eux-mêmes, posons $X = x$, $Y = y$, $Z = z$ dans les formules (H). Il viendra les trois équations du second degré

$$x(a_4x + b_4y + c_4z + d_4) = a_1x + b_1y + c_1z + d_1,$$
$$y(a_4x + b_4y + c_4z + d_4) = a_2x + b_2y + c_2z + d_2,$$
$$z(a_4x + b_4y + c_4z + d_4) = a_3x + b_3y + c_3z + d_3;$$

elles admettent au plus huit solutions. Ainsi deux figures homographiques ont au plus huit points qui se correspondent à eux-mêmes. Les points qui jouissent de cette propriété se nomment *points doubles*; ils peuvent être réels, imaginaires ou situés à l'infini.

350. *Dans deux figures homographiques, le rapport des distances de deux points fixes de la première figure à un plan quelconque, est dans une raison constante avec le rapport des distances des points correspondants dans la seconde figure au plan homologue.*

Soient

$$A = 0, \qquad B = 0$$

deux points fixes de la première figure et u, v, w les coordonnées d'un plan quelconque passant par le point

$$(C) \qquad A - kB = 0.$$

On aura

$$\frac{p}{q} = k,$$

p et q étant les perpendiculaires abaissées des points A et B sur le plan (u, v, w). Le point correspondant de C a pour équation

$$(c) \qquad m\alpha - nk\beta = 0,$$

et, si p', q' sont les perpendiculaires abaissées des points α et β sur le plan homologue qui passe par c, on doit avoir

$$\frac{p'}{q'} = \frac{nk}{m}.$$

On en déduit

$$\frac{p}{q} : \frac{p'}{q'} = \frac{m}{n} = \text{constante}.$$

Le rapport précédent est indépendant de k; il conserve la même valeur quelles que soient les positions des points C et c sur les lignes AB et $\alpha\beta$, c'est-à-dire pour deux plans homologues quelconques.

351. *Dans deux figures homographiques, le rapport des distances d'un point quelconque de la première à deux plans fixes, est dans une raison constante avec le rapport des distances du point homologue aux plans fixes correspondants de la seconde.*

Soient

$$A = 0, \qquad B = 0$$

les plans fixes de la première figure, et

$$(C) \qquad A - kB = 0,$$

un plan passant par leur intersection. Si on désigne par x, y, z les coordonnées d'un point quelconque du plan C, on aura

$$\frac{p}{q} = k,$$

p et q étant les perpendiculaires abaissées de ce point sur les plans A et B. Le plan correspondant de C dans la seconde figure ayant pour équation

$$(c) \qquad m\alpha - kn\beta = 0,$$

il viendra.

$$\frac{p'}{q'} = \frac{nk}{m};$$

p' et q' sont les perpendiculaires abaissées du point homologue qui appartient au plan (c) sur les plans correspondants α et β.

On tire des relations précédentes,

$$\frac{p}{q} : \frac{p'}{q'} = \frac{m}{n} = \text{constante}.$$

Le rapport du premier membre est indépendant de k et sera constant pour un point quelconque pris dans un plan quelconque passant par la droite d'intersection des plans A et B; donc le théorème est démontré.

352. Les formules de la transformation homographique substituées dans une équation du degré m

$$f(X, Y, Z) = 0$$

donneront une nouvelle équation qui sera aussi du degré m par rapport à x, y, z. Il en résulte que la transformation homographique ne change pas l'ordre d'une surface. Ainsi toute surface homographique d'une surface du second ordre, et en particulier d'une sphère, sera aussi du second degré. On peut profiter des constantes arbitraires pour changer une surface d'un certain ordre en une autre plus simple. Si l'on veut, par exemple, transformer l'ellipsoïde

$$\frac{X^2}{A^2} + \frac{Y^2}{B^2} + \frac{Z^2}{C^2} = 1$$

en une sphère, il faudra prendre pour les formules homographiques

$$X = Ax, \quad Y = By, \quad Z = Cz;$$

car, en substituant, on trouve pour la surface dérivée, l'équation

$$x^2 + y^2 + z^2 = 1.$$

Réciproquement, la transformation homographique permet de passer d'une surface particulière à une autre surface plus générale et du même ordre; elle peut donc être utile pour généraliser les propriétés de l'étendue. L'un de ses avantages est de pouvoir représenter dans un plan à une distance finie les éléments d'une figure qui sont à l'infini et qu'il est difficile de bien saisir.

§ 3. FIGURES HOMOLOGIQUES.

353. Les *figures homologiques* sont des figures homographiques où deux points correspondants quelconques sont sur une droite passant par un point fixe; elles jouissent de cette propriété que les droites et les plans correspondants se rencontrent dans un plan fixe. Le point et le plan fixes sont le *centre* et le *plan* d'homologie.

Il résulte de la définition que les formules de la transformation homologique seront de la forme

$$(k)\qquad \frac{X-x_0}{x-x_0}=\frac{Y-y_0}{y-y_0}=\frac{Z-z_0}{z-z_0}=\frac{1}{lx+my+nz+p};$$

(X, Y, Z), (x, y, z) sont les points correspondants, et (x_0, y_0, z_0) un point fixe. En effet, si les points correspondants doivent être en ligne droite avec un point fixe (x_0, y_0, z_0) il faut que l'on ait

$$\frac{X-x_0}{Z-z_0}=\frac{x-x_0}{z-z_0},\quad \frac{Y-y_0}{Z-z_0}=\frac{y-y_0}{z-z_0};$$

d'où on tire

$$\frac{X-x_0}{x-x_0}=\frac{Y-y_0}{y-y_0}=\frac{Z-z_0}{z-z_0}.$$

De plus, si un plan de la première figure a pour correspondant un plan dans la seconde, chacun de ses rapports doit être égal à une fraction ayant pour numérateur une constante et dont le dénominateur peut être un polynôme quelconque du premier degré en x, y, z.

Un plan de la première figure étant représenté par l'équation

$$\alpha_1 X+\beta_1 Y+\gamma_1 Z+\delta_1=0,$$

ou bien

$$\alpha_1(X-x_0)+\beta_1(Y-y_0)+\gamma_1(Z-z_0)+\delta_1+\alpha_1 x_0+\beta_1 y_0+\delta_1 z_0=($$

le plan correspondant dans la seconde figure sera défini par

$$\alpha_1(x-x_0)+\beta_1(y-y_0)+\gamma_1(z-z_0)+(\delta_1+\alpha_1 x_0+\beta_1 y_0+\gamma_1 z_0)$$
$$(lx+my+nz+p)=0.$$

Les points communs à ces deux plans devront vérifier l'équation

$$(\delta_1+\alpha_1 x_0+\beta_1 y_0+\gamma_1 z_0)(lx+my+nz+p-1)=0$$

obtenue en retranchant les équations membre à membre, et en posan $X=x$, $Y=y$, $Z=z$. Il en résulte que deux plans homologues s coupent dans le plan fixe

$$(P)\qquad lx+my+nz+p-1=0.$$

Les formules (k) définissent d'une manière générale l'homologie, le point (x_0, y_0, z_0) étant le centre d'homologie, et le plan d'homologie, celui qui est représenté par l'équation obtenue en égalant le dénominateur du dernier rapport à l'unité. Elles sont moins générales que les formules de la transformation homographique. Dans le cas particulier où le centre d'homologie coïncide avec l'origine, elles se réduisent à

$$\frac{X}{x} = \frac{Y}{y} = \frac{Z}{z} = \frac{1}{lx + my + nz + p}.$$

Les points doubles dans les deux figures homologiques seront déterminés par les équations

$$x(lx + my + nz + p) = x,$$
$$y(lx + my + nz + p) = y,$$
$$z(lx + my + nz + p) = z;$$

l'origine et les points du plan $lx + my + nz + p - 1 = 0$ se correspondent à eux-mêmes dans les deux figures. Donc les figures homologiques sont des figures homographiques qui ont une infinité de points doubles dont le lieu est le centre et le plan d'homologie.

354. Soient

$$A = 0, \quad B = 0, \quad C = 0$$

trois plans passant par le centre d'homologie de deux figures, et $D = 0$ le plan d'homologie; ces quatre plans forment un tétraèdre dont les sommets sont des points doubles. Rapportons les figures à ce tétraèdre, et soit

$$\lambda A + \mu B + \nu C = 0$$

un plan passant par le centre d'homologie. Si on cherche le plan correspondant par les formules (h) de l'homographie (N° 348), on trouve

$$\lambda m\alpha + \mu n\beta + \nu p\gamma = 0.$$

Mais tout plan passant par le centre d'homologie est un plan double; par suite, il faut que l'on ait

$$m = n = p$$

afin que cette équation représente le même plan que la précédente.

Il en résulte que les formules de la transformation homologique seront de la forme

$$(k) \qquad \frac{A}{\alpha}=\frac{B}{\beta}=\frac{C}{\gamma}=\frac{D}{l\delta},$$

A, B, C, D, et α, β, γ, δ sont les coordonnées de deux points homologues par rapport au tétraèdre tandis que l est une constante arbitraire. Dans cette hypothèse les équations de deux plans homologues seront de la forme

$$\lambda A+\mu B+\nu C+\pi D=0, \qquad \lambda\alpha+\mu\beta+\nu\gamma+l\pi\delta=0,$$

et l'on voit immédiatement qu'ils se coupent dans le plan d'homologie $D=0$.

355. *Dans deux figures homologiques, le rapport des distances de deux points homologues au plan d'homologie, est au rapport des distances de ces points au centre dans une raison constante.*

En effet, des égalités (k) on tire

$$\frac{\lambda A+\mu B+\nu C}{\lambda\alpha+\mu\beta+\nu\gamma}=\frac{D}{l\delta}.$$

Or, le premier membre est le rapport des perpendiculaires abaissées des points homologues (A, B, C, D) (α, β, γ, δ) sur le plan double $\lambda A+\mu B+\nu C=0$; comme ce rapport est égal à celui des distances R et r de ces points au centre d'homologie, on aura

$$\frac{R}{r}=\frac{D}{l\delta},$$

et, par conséquent,

$$\frac{D}{\delta}:\frac{R}{r}=l=\text{constante}.$$

Ce qui démontre le théorème énoncé.

356. *Dans deux figures homologiques, le rapport des distances de deux points homologues au centre d'homologie est au rapport des distances de ces points à deux plans homologues fixes dans une raison constante.*

Les formules (k) conduisent à l'égalité

$$\frac{\lambda A + \mu B + \nu C + \pi D}{\lambda\alpha + \mu\beta + \nu\gamma + l\pi\delta} = \frac{D}{l\delta}.$$

D'après le théorème précédent, le second membre est égal à R : r; les deux termes de la fraction du premier membre sont proportionnels aux perpendiculaires abaissées des points (A, B, C, D), (α, β, γ, δ) sur les plans fixes homologues

$$\lambda A + \mu B + \nu C + \pi D = 0, \qquad \lambda A + \mu B + \nu C + l\pi D = 0.$$

Si on désigne par P et p ces perpendiculaires, on aura donc

$$k\frac{P}{p} = \frac{R}{r},$$

k étant une constante déterminée. On en déduit

$$\frac{R}{r} : \frac{P}{p} = \text{constante},$$

et le théorème est démontré.

357. *Deux surfaces du second ordre homologiques se coupent suivant deux courbes planes dont l'une est située dans le plan d'homologie.*

Remarquons que l'équation d'une surface du second degré en coordonnées tétraédriques peut se mettre sous la forme

$$S + D(\lambda A + \mu B + \nu C + \pi D) = 0;$$

S désigne une fonction homogène des coordonnées A, B, C. Cela étant, une surface du même ordre homologique à la précédente sera représentée par

$$S + lD(\lambda A + \mu B + \nu C + l\pi D) = 0.$$

En retranchant ces équations membre à membre, il viendra

$$D[\lambda A + \mu B + \nu C + \pi(1 + l)D] = 0.$$

Cette équation définit deux plans passant par l'intersection des deux surfaces; celles-ci se rencontrent donc suivant deux coniques dont l'une est dans le plan d'homologie D = 0.

Les surfaces homologiques seront enveloppées par un cône ayant son sommet au centre d'homologie ; car les droites menées de ce dernier point tangentiellement à la première surface toucheront la seconde, afin qu'il n'y ait qu'un seul point correspondant sur les deux surfaces.

358. *Deux surfaces du second degré inscrites dans un même cône du second ordre sont homologiques.*

Nous savons que deux surfaces du second degré inscrites dans une surface de même ordre se rencontrent suivant deux coniques dont les plans passent par la droite d'intersection des plans de contact. Soient $D = 0$, $D' = 0$ les plans des coniques d'intersection, et $A = 0$, $B = 0$, $C = 0$ trois plans passant par le sommet du cône. Si on rapporte les surfaces au tétraèdre ABCD, les plans de contact seront représentés par des équations de la forme

$$\lambda A + \mu B + \nu C + \pi D = 0, \qquad \lambda A + \mu B + \nu C + \pi' D = 0$$

puisqu'ils se coupent dans le plan $D = 0$; par suite, les équations des surfaces inscrites au cône peuvent s'écrire

$$S - (\lambda A + \mu B + \nu C + \pi D)^2 = 0,$$

$$S - (\lambda A + \mu B + \nu C + \pi' D)^2 = 0,$$

où S est une fonction homogène en A, B, C, qui, égalée à zéro, représente le cône circonscrit. Il est visible qu'on passe de la première équation à la seconde en posant

$$\frac{A}{\alpha} = \frac{B}{\beta} = \frac{C}{\gamma} = \frac{\pi D}{\pi' \delta};$$

par conséquent, les surfaces sont homologiques.

Il faut observer que si les surfaces inscrites étaient l'une un ellipsoïde, l'autre un hyperboloïde à une nappe, elles ne pourraient pas être homologiques; car cette dernière admettant des génératrices rectilignes, il en devrait être de même pour la première. Si l'une des surfaces était un hyperboloïde à deux nappes tangent extérieurement au cône, et l'autre un ellipsoïde tangent intérieurement, toute droite menée par le sommet du cône ne rencontrerait qu'une seule surface; dans ces conditions les surfaces ne sauraient être homologiques.

359. Si on applique à l'équation de la sphère.

$$X^2 + Y^2 + Z^2 = R^2$$

les formules de la transformation homologique dans le cas où le centre d'homologie est à l'origine, il vient

$$x^2 + y^2 + z^2 - R^2 (lx + my + nz + p)^2 = 0.$$

Cette équation exprime que la distance d'un point de la surface qu'elle représente à l'origine est dans un rapport constant avec sa distance au plan $lx + my + nz + p = 0$; il en résulte qu'elle définit une surface de révolution dont l'un des foyers est le centre de la sphère, et dont le plan directeur coïncide avec le plan

$$lx + my + nz + p = 0.$$

On vérifiera facilement qu'une surface de révolution représentée par l'équation

$$X^2 + Y^2 + Z^2 - (\lambda X + \mu Y + \nu Z + \pi)^2 = 0$$

admet, pour surfaces homologiques, des surfaces de révolution ayant un foyer commun à l'origine des coordonnées.

On voit que l'homologie permettrait d'étendre les propriétés de la sphère à une surface de révolution du second ordre, et de démontrer plusieurs propriétés des surfaces de révolution qui ont un foyer commun. Plus généralement, l'homologie peut servir comme l'homographie à généraliser et à mettre en évidence une propriété descriptive ou métrique d'une figure en s'appuyant sur les théorèmes qui précèdent.

CHAPITRE XVII.

GÉNÉRATION DES SURFACES.

SOMMAIRE. — *Equation d'une surface engendrée par une ligne mobile dont les équations renferment un ou plusieurs paramètres; cas où la ligne mobile s'appuie sur des lignes fixes; surfaces de révolution; surfaces réglées. — Surfaces développables : génération de ces surfaces; plan tangent; surfaces cylindriques et coniques. — Surfaces gauches : conoïdes; plan tangent et propriétés.*

360. Conformément à la méthode cartésienne, nous avons discuté jusqu'ici les équations générales du premier et du second degré, afin de reconnaître la forme et la nature des surfaces dont elles sont la définition analytique. De plus, par la combinaison des équations abrégées, nous avons démontré plusieurs propriétés générales des surfaces du second ordre assujetties à certaines conditions géométriques. Dans ce chapitre, nous nous proposons de considérer une surface quelconque comme engendrée par une ligne mobile appelée *génératrice*, et dont le déplacement est soumis à une loi déterminée; nous indiquerons le moyen d'arriver à l'équation de la surface décrite. Cette équation représentera d'une manière générale les surfaces qui admettent le même mode de génération ou, comme on a coutume de dire, une même *famille de surfaces*. Nous étudierons ensuite plus spécialement les surfaces engendrées par une ligne droite et qu'on appelle *surfaces réglées*.

§ 1. ÉQUATION D'UNE SURFACE ENGENDRÉE PAR UNE LIGNE MOBILE.

361. Considérons d'abord le cas le plus simple, celui où la génératrice est définie par deux équations de la forme

$$f(x, y, z, a_1) = 0, \qquad F(x, y, z, a_1) = 0$$

ne renfermant qu'un seul paramètre. A chaque valeur attribuée à la constante arbitraire a_1, correspond une position déterminée de la génératrice; si on fait varier a_1 par degrés insensibles, la ligne mobile va se déplacer d'une manière continue et décrire une surface bien déterminée dont l'équation s'obtiendra en éliminant le paramètre a_1 entre les équations données. En effet, cette équation finale sera satisfaite en même temps que les précédentes, et, comme elle ne renferme plus la constante indéterminée a_1, elle exprimera analytiquement la relation qui existe entre les coordonnées d'un point de la ligne mobile considérée dans l'une quelconque de ces positions; ce sera l'équation de la surface décrite par cette ligne.

Supposons, en second lieu, que la génératrice soit représentée par les équations

$$f(x, y, z, a_1, a_2) = 0, \qquad F(x, y, z, a_1, a_2) = 0,$$

où a_1 et a_2 sont des coefficients indéterminés. Si on donne au paramètre a_2 une valeur particulière a'_2, et si on fait varier a_1 d'une manière continue, la ligne mobile va décrire une certaine surface déterminée. Mais, comme on peut de la même manière attribuer à la constante arbitraire a_2 autant de valeurs que l'on veut, on aurait ainsi une infinité de surfaces dont l'ensemble formerait un solide. Pour que la ligne mobile engendre une surface déterminée, il est indispensable que les paramètres ne soient pas tout-à-fait indépendants, mais liés par une certaine relation $\varphi(a_1, a_2) = 0$. Dans cette hypothèse, on ne peut plus donner aux constantes que les valeurs qui vérifient cette équation : le déplacement de la ligne génératrice est bien déterminé, et elle engendrera une surface unique dont l'équation s'obtiendra en éliminant les paramètres entre les trois équations précédentes.

Enfin, si la génératrice est représentée par des équations renfermant n paramètres

$$f(x, y, z, a_1, a_2, \ldots\ldots, a_n) = 0, \qquad F(x, y, z, a_1, a_2, \ldots\ldots, a_n) = 0,$$

avec les $(n - 1)$ relations

$$\begin{aligned} &\varphi_1(a_1, a_2, \ldots\ldots, a_n) = 0, \\ &\varphi_2(a_1, a_2, \ldots\ldots, a_n) = 0, \\ &\cdots\cdots\cdots \\ &\varphi_{n-1}(a_1, a_2, \ldots, a_n) = 0, \end{aligned}$$

son mouvement est bien défini, car ses équations ne renferment en réalité qu'un seul paramètre arbitraire, les $n-1$ relations permettant d'exprimer tous les paramètres moins un en fonction du dernier. L'élimination des coefficients indéterminés $a_1, a_2, \ldots. a_n$, entre les $(n+1)$ équations précédentes conduira à l'équation en x, y, z de la surface décrite.

362. Au lieu de déterminer le mode de déplacement de la génératrice par un nombre suffisant de relations entre les paramètres qui entrent dans ses équations, on peut assujettir cette ligne variable à s'appuyer sur des lignes fixes qui règlent son mouvement dans l'espace et qu'on appelle *directrices*. Dans ce cas, on arrive à l'équation de la surface comme nous allons l'indiquer.

Supposons d'abord que la ligne mobile représentée par les équations

$$F(x, y, z, a_1, a_2) = 0, \qquad F_1(x, y, z, a_1, a_2) = 0$$

se déplace en glissant sur la courbe fixe donnée

$$\varphi(x, y, z) = 0, \qquad \psi(x, y, z) = 0.$$

Les équations précédentes devront être satisfaites en même temps par les coordonnées des points communs aux deux lignes, et l'élimination des variables x, y, z donnera une relation entre les paramètres

$$f_1(a_1, a_2) = 0$$

qui exprimera que la rencontre a lieu dans chaque position de la génératrice. Il restera à éliminer les paramètres entre cette équation et celles de la ligne mobile pour obtenir l'équation de la surface engendrée.

Considérons maintenant le cas général où la génératrice est représentée par les équations

$$F(x, y, z, a_1, a_2, \ldots.., a_n) = 0, \qquad F_1(x, y, z, a_1, a_2, \ldots.., a_n) = 0.$$

Pour qu'elle décrive une surface unique, elle doit s'appuyer sur $(n-1)$ lignes fixes données

$$\varphi_1(x, y, z) = 0, \qquad \psi_1(x, y, z) = 0;$$
$$\varphi_2(x, y, z) = 0, \qquad \psi_2(x, y, z) = 0;$$
$$\cdots\cdots\cdots\cdots$$
$$\varphi_{n-1}(x, y, z) = 0, \qquad \psi_{n-1}(x, y, z) = 0.$$

En éliminant les variables x, y, z entre les équations de chaque groupe et celles de la génératrice, on arrivera à $n-1$ relations entre les paramètres

$$f_1(a_1, a_2, \ldots\ldots, a_n) = 0,$$
$$f_2(a_1, a_2, \ldots\ldots, a_n) = 0,$$
$$\cdots\cdots\cdots$$
$$f_{n-1}(a_1, a_2, \ldots, a_n) = 0,$$

qui expriment que la ligne mobile rencontre chaque directrice. L'équation de la surface décrite sera le résultat de l'élimination des paramètres entre ces équations et celles de la génératrice.

363. Comme application de la théorie générale, supposons que la génératrice soit un cercle de rayon variable, dont le centre parcoure une droite fixe, et dont le plan reste perpendiculaire à cette droite pendant qu'il se déplace en s'appuyant sur une ligne donnée. La surface ainsi engendrée est dite *de révolution*, car on l'obtiendrait aussi par la rotation de la directrice autour de la droite fixe appelée *axe de révolution* de la surface. Désignons par x_0, y_0, z_0 les coordonnées d'un point de la droite fixe; celle-ci sera représentée par des équations de la forme

$$\frac{x-x_0}{l} = \frac{y-y_0}{m} = \frac{z-z_0}{n}.$$

Le cercle générateur peut être considéré comme étant, à chaque instant, l'intersection d'un plan perpendiculaire à l'axe avec une sphère de rayon variable ayant pour centre le point (x_0, y_0, z_0); par suite, ses équations peuvent s'écrire

$$(x-x_0)^2 + (y-y_0)^2 + (z-z_0)^2 = \alpha, \qquad lx + my + nz + d = \beta,$$

α et β étant deux paramètres arbitraires. Soit

$$\beta = \varphi(\alpha)$$

l'équation qui exprime la rencontre du cercle avec une directrice donnée

$$f(x, y, z) = 0, \qquad f_1(x, y, z) = 0,$$

ou la relation qui provient de l'élimination de x, y, z entre ces dernières équations et celles du cercle mobile. Si on remplace α et β par leurs valeurs, il viendra

$$(r) \qquad lx + my + nz + d = \varphi\,[(x - x_0)^2 + (y - y_0)^2 + (z - z_0)^2].$$

C'est l'équation générale des surfaces de révolution autour de la droite fixe donnée.

Quand l'axe passe par l'origine, on peut supposer que le point (x_0, y_0, z_0) coïncide avec elle, et l'équation précédente se réduit à

$$lx + my + nz + d = \varphi\,(x^2 + y^2 + z^2).$$

Enfin, si l'axe de révolution coïncide avec l'axe des z, le cercle peut être considéré comme l'intersection d'un cylindre de rayon variable avec un plan perpendiculaire à l'axe, et ses équations seront

$$z = \beta, \qquad x^2 + y^2 = \alpha.$$

L'équation d'une surface de révolution prend alors sa forme la plus simple

$$z = \varphi\,(x^2 + y^2).$$

Réciproquement, toute équation de la forme (r) définit une surface de révolution. Posons, en effet,

$$(k) \qquad \begin{aligned} lx + my + nz + d &= \beta, \\ (x - x_0)^2 + (y - y_0)^2 + (z - z_0)^2 &= \alpha; \end{aligned}$$

elle devient,

$$\beta = \varphi\,(\alpha).$$

Or, si on fait varier α et β de manière à satisfaire à cette relation, les équations (k) représentent une ligne située sur la surface ; mais cette ligne est l'intersection d'un plan qui se meut parallèlement avec une sphère de centre fixe ; c'est un cercle dont le centre décrit une droite fixe, la perpendiculaire abaissée du point fixe sur le plan sécant. Donc cette surface est nécessairement de révolution.

La surface de révolution engendrée par une ligne donnée tournant autour d'une droite fixe est telle, qu'un plan perpendiculaire à l'axe donne une section circulaire appelée *parallèle*. Si l'axe et la ligne fixe sont dans un même plan, la section d'un plan mené par l'axe sera la même ligne : toutes les sections analogues se désignent sous le nom de *méridiens* de la surface. Le plan tangent en chaque point renfermera les tangentes au méridien et au parallèle qui se coupent en ce point ; comme la tangente au parallèle est à la fois perpendiculaire à l'axe et au rayon de ce cercle passant par le point de contact, le plan tangent est perpendiculaire au méridien. Il en résulte que, dans une surface de révolution, la normale rencontre toujours l'axe.

364. Il est encore une classe de surfaces remarquables appelées *surfaces réglées ;* ce sont les surfaces engendrées par une ligne droite assujettie à certaines conditions. On sait que les équations d'une droite quelconque

$$x = az + p, \qquad y = bz + q$$

renferment quatre constantes indéterminées; par suite, son mouvement dans l'espace sera complétement défini et elle engendrera une surface unique, si elle rencontre à chaque instant trois directrices données. Cette rencontre sera exprimée par trois relations entre les paramètres obtenues comme on l'a indiqué précédemment. Supposons qu'elles soient de la forme

$$b = \pi(a), \qquad p = \varphi(a), \qquad q = \psi(a);$$

les équations de la génératrice seront alors

$$x = az + \varphi(a),$$
$$y = \pi(a) \cdot z + \psi(a).$$

Il suffira d'éliminer le paramètre a entre ces équations, lorsqu'on connaîtra les fonctions π, φ et ψ, pour arriver à l'équation de la surface.

Quand une droite se meut dans l'espace pour engendrer une surface, il peut arriver que deux de ses positions consécutives soient toujours dans un même plan; dans ce cas, on dit que la surface réglée est *développable;* dans le cas contraire, la surface réglée est *gauche.* Nous ferons connaître, dans ce qui suit, les caractères particuliers de ces surfaces remarquables.

§ 2. SURFACES DÉVELOPPABLES.

365. Supposons qu'une droite se déplace dans l'espace de manière à ce que dans deux positions consécutives elle soit dans un même plan. Considérons différentes positions 1, 2, 3.... très rapprochées de la génératrice; elles se rencontrent successivement aux points m_1, m_2, m_3.... qui seront les sommets d'un polygone gauche. Si on imagine que ces droites se rapprochent de plus en plus, le polygone $m_1m_2m_3$..... deviendra à la limite une courbe gauche à laquelle seront tangentes les différentes positions de la droite mobile. Il en résulte qu'*une surface développable peut être considérée comme le lieu d'une droite qui se meut dans l'espace en restant tangente à une courbe gauche.* Cette courbe a été appelée par Monge *arête de rebroussement* de la surface. La raison en est que, si on suppose les tangentes prolongées indéfiniment de chaque côté de leur point de contact, la surface développable sera composée de deux nappes qui viennent se rejoindre sur la courbe; pour passer d'une nappe à l'autre, sans suivre la direction d'une génératrice, on doit parcourir un chemin curviligne qui présente un point de rebroussement à la séparation des deux nappes.

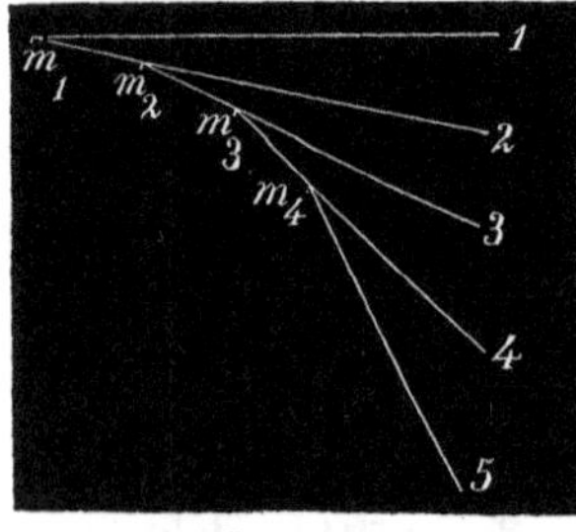

Fig. 37.

Une surface développable jouit de la propriété de pouvoir être étendue sur un plan sans se déchirer. En effet, les différentes génératrices 1, 2, 3... comprennent entre elles un élément plan infiniment étroit et indéfini en longueur; on peut faire tourner le second élément autour de la droite qui le sépare du premier, jusqu'à ce qu'il se trouve dans son plan; on ramènera semblablement le troisième élément dans le plan des deux autres, et ainsi de suite. Cette propriété a lieu quelque rapprochées que soient les génératrices et elle ne cessera pas d'exister à la limite pour la surface développable.

Lorsqu'on étend une portion de surface développable sur un plan, il est évident qu'elle conserve la même superficie; les différentes parties des génératrices ainsi que les arcs de courbes tracées sur la surface conserveront aussi les mêmes longueurs. Ainsi, pour ne citer qu'un exemple, si on prend un cône à base circulaire qui est une surface développable puisque les génératrices se coupent en un même point, et si on l'ouvre suivant l'une de ses arêtes, on pourra étendre la surface du cône sur un plan sans faire de plis ; après l'opération, les longueurs des arêtes, ainsi que celles des arcs de courbes qui se trouvaient sur le cône auparavant n'auront pas changé.

366. *Étant données les équations d'une courbe gauche, trouver celle de la surface développable qui a cette courbe pour arête de rebrousement.*

Supposons que la courbe donnée soit définie par les équations

$$\varphi(x, y) = 0, \qquad \psi(z, x) = 0$$

qui déterminent ses projections sur les plans des xy et des xz. On sait qu'en projetant une courbe avec sa tangente sur un plan, la projection de la droite est tangente à la projection de la courbe. Il en résulte que les équations d'une tangente au point (a, b, c) de la ligne donnée seront

$$(x - a)\varphi'_a + (y - b)\varphi'_b = 0, \quad (x - a)\psi'_a + (z - c)\psi'_c = 0.$$

De plus, on a aussi les relations

$$\varphi(a, b) = 0, \quad \psi(a, c) = 0.$$

L'élimination des coordonnées a, b, c conduira à une équation en x, y, z qui sera vérifiée par un point d'une tangente quelconque de la courbe donnée : ce sera l'équation demandée.

367. Une surface développable peut encore être regardée comme engendrée par les intersections successives d'un plan défini par une équation de la forme

$$x\pi(\alpha) + y\varphi(\alpha) + z\psi(\alpha) - 1 = 0$$

où les coefficients des variables ne dépendent que d'un seul paramètre α. En effet, si on désigne par u, v, w les coordonnées tangentielles de ce plan, on a

$$u = \pi(\alpha), \quad v = \varphi(\alpha), \quad w = \psi(\alpha),$$

et l'élimination du paramètre α entre ces égalités donnera deux équations en u, v, w de la forme

$$F(u, v, w) = 0, \quad f(u, v, w) = 0$$

qui représentent deux surfaces. Il en résulte que le plan mobile, pendant son déplacement, reste constamment tangent à ces surfaces. Le lieu des intersections successives des plans tangents communs est évidemment une surface développable circonscrite aux deux autres.

368. *Le plan tangent en un point d'une surface développable renferme la génératrice qui passe par ce point et touche la surface tout le long de cette droite.*

Afin de démontrer cette propriété, prenons pour axe des z une génératrice de la surface; celle-ci sera représentée par une équation qui doit être satisfaite, quelle que soit la valeur de z, en posant $x=0$, $y=0$, et qu'on peut écrire sous la forme

$$u_{m-1}x + v_{m-1}y + u_{m-2}x^2 + 2w_{m-2}xy + v_{m-2}y^2 + w_{m-3}x^3 + \cdots\cdots = 0,$$

u_{m-1}, v_{m-1} étant des fonctions de z du degré $m-1$; u_{m-2}, v_{m-2}, w_{m-2}, des fonctions de z du degré $m-2$, et ainsi de suite. Soit

$$x = az + p, \quad y = bz + q$$

une génératrice infiniment voisine de l'axe des z, de sorte que les quantités a, b, p, q ont pour limite zéro. Si on exprime qu'elle se trouve sur la surface, on aura l'équation

$$u_{m-1}(az+p) + v_{m-1}(bz+q) + u_{m-2}(az+p)^2 + 2w_{m-2}(az+p)$$
$$(bz+q) + \cdot\cdot\cdot\cdot\cdot = 0.$$

Lorsque la seconde génératrice se rapproche de plus en plus de l'axe des z, les quantités a, b, p, q sont variables et tendent vers 0. On peut supposer qu'elles dépendent d'un même paramètre α, et désigner par a_1, b_1, p_1, q_1 les limites des rapports de a, b, p, q à l'accroissement de α lorsque la droite tend vers sa position limite. Cela étant, divisons l'équation précédente par l'accroissement de α et passons à la limite : il viendra l'identité

$$u_{m-1}(a_1z + p_1) + v_{m-1}(b_1z + q_1) = 0.$$

On en déduit

$$\frac{u_{m-1}}{b_1z + q_1} = -\frac{v_{m-1}}{a_1z + p_1},$$

et chacun de ces rapports étant une fonction de l'ordre $m-2$ en z

nous pouvons poser identiquement

$$u_{m-1} = \varphi_{m-2}(b_1 z + q_1), \qquad v_{m-1} = -\varphi_{m-2}(a_1 z + p_1).$$

En substituant, on trouve que l'équation de la surface développable peut s'écrire sous la forme

$$\varphi_{m-2}[x(b_1 z + q_1) - y(a_1 z + p_1)] + u_{m-2}x^2 + 2w_{m-2}xy + \cdot \cdot \cdot \cdot \cdot = 0.$$

Mais, il sera démontré plus tard que le plan tangent en un point (x', y', z') d'une surface quelconque $F(x, y, z) = 0$ est de la forme

$$(x - x')F'_{x_1} + (y - y')F'_{y_1} + (z - z')F'_{z_1} = 0.$$

Appliquons cette équation au cas qui nous occupe pour trouver l'équation du plan tangent en un point $(0, 0, z')$ de l'axe des z : il viendra

$$x(b_1 z' + q_1) - y(a_1 z' + p_1) = 0;$$

c'est l'équation d'un plan qui passe par l'axe des z. Pour qu'il soit tangent à la surface tout le long de la génératrice, l'équation précédente doit représenter le même plan quel que soit z'; par suite, le rapport

$$\frac{a_1 z' + p_1}{b_1 z' + q_1}$$

doit avoir une valeur constante pour tous les points de l'axe des z; ce qui aura lieu si $\frac{a_1}{b_1} = \frac{p_1}{q_1}$. Or, dans une surface développable, deux génératrices consécutives

$$\begin{cases} x = 0, \\ y = 0, \end{cases} \qquad \begin{cases} x = az + p, \\ y = bz + q, \end{cases}$$

se rencontrent, et l'on a la condition $\frac{a}{b} = \frac{p}{q}$ ou, à la limite, $\frac{a_1}{b_1} = \frac{p_1}{q_1}$. Il s'ensuit que, dans une surface développable, le rapport précédent est indépendant de z', et le plan tangent sera le même pour tous les points d'une même génératrice.

369. Il résulte de la propriété caractéristique du plan tangent qu'il n'est pas possible en général de mener un plan tangent à une surface développable par une droite donnée; car, si m_1, m_2, m_3 etc., désignent les points où la droite rencontre la surface, les plans menés par les génératrices qui passent par ces points et la droite donnée ne touchent pas nécessairement la surface bien qu'ils renferment une génératrice ; ce qui aurait lieu si tout plan passant par une génératrice était tangent quelque part en un point de cette droite ; mais, dans une surface développable, il n'y a qu'un seul plan tangent pour tous les points d'une même génératrice.

Par un point donné, on pourra en général mener un nombre limité de plans tangents à une surface développable. En effet, reprenons l'équation du plan mobile

$$x\pi(\alpha) + y\varphi(\alpha) + z\psi(\alpha) - 1 = 0$$

qui engendre par ses intersections successives une telle surface, et exprimons qu'il passe par un point (x', y', z'). On aura l'équation

$$x'\pi(\alpha) + y'\varphi(\alpha) + z'\psi(\alpha) - 1 = 0 :$$

elle donnera un certain nombre de valeurs pour le paramètre α qui correspondent aux plans tangents passant par le point donné. Le nombre de ces plans indique la *classe* de la surface.

370. *Surfaces cylindriques.* On désigne, sous ce nom, les surfaces développables engendrées par une droite qui glisse sur une courbe fixe en restant parallèle à une direction donnée. Il suit de cette définition que la rencontre des génératrices et, par conséquent, l'arête de rebroussement est à l'infini.

Afin de trouver l'équation générale des surfaces cylindriques, observons d'abord que dans les équations de la génératrice

$$x = mz + p, \qquad y = nz + q$$

les coefficients m et n seront constants tandis que p et q varient avec la position de la droite mobile. Soient

$$F(x, y, z) = 0, \qquad F_1(x, y, z) = 0$$

les équations de la directrice ; par l'élimination des variables x, y, z, on arrivera à une certaine relation

$$f(p, q) = 0$$

entre les paramètres variables. Mais, d'après les équations de la génératrice, on a

$$p = x - mz, \qquad q = y - nz ;$$

donc, l'équation générale des surfaces cylindriques sera

$$f(x - mz, \quad y - nz) = 0.$$

Quand la droite mobile est définie par deux équations de la forme

$$ax + by + cz + d = p, \qquad a'x + b'y + c'z + d' = q$$

où tous les coefficients sont constants exceptés p et q, l'équation des surfaces cylindriques est de la forme

$$f(ax + by + cz + d, \quad a'x + b'y + c'z + d') = 0.$$

Réciproquement, toute équation de cette forme représente une surface cylindrique; car si on pose

$$ax + by + cz + d = p, \qquad a'x + b'y + c'z + d' = q,$$

elle devient $f(p, q) = 0$, et, en faisant varier p et q de manière à satisfaire à cette relation, les équations précédentes représentent des plans qui se rencontrent suivant des droites de la surface; mais ces plans restant parallèles à eux-mêmes déterminent une série de droites parallèles formant une surface cylindrique.

Ex. 1. Trouver les équations des cylindres qui ont pour directrices les lignes

(1) $z = 0, \quad F(x, y) = 0;$

(2) $z = 0, \quad y^2 = 2px;$

(3) $z = 0, \quad y = e^x.$

R. (1) $F(x - mz, \quad y - nz) = 0;$

(2) $(y - nz)^2 = 2p(x - mz);$

(3) $y - nz = e^{x - mz}.$

Ex. 2. Montrer que l'équation

$$x^2 + y^2 + 2z^2 - 2xz + 2yz - 1 = 0$$

représente un cylindre.

L'intersection de la surface avec le plan des xy est le cercle $x^2 + y^2 = 1$. Un cylindre ayant ce cercle pour directrice est représenté par

$$(x - mz)^2 + (y - nz)^2 = 1.$$

En développant, et comparant cette équation avec la proposée, on trouve des valeurs déterminées pour m et n. L'équation donnée représente un cylindre dont les génératrices sont parallèles à la droite $x = z$, $y = -z$.

Ex. 3. Trouver l'équation du cylindre circonscrit à la surface $f(x, y, z) = 0$, la direction des génératrices étant $x = mz$, $y = nz$.

Désignons par x', y', z', les coordonnées d'un point de la courbe de contact inconnue des deux surfaces, et menons par ce point la droite

$$x - x' = m(z - z') \qquad y - y' = n(z - z'),$$

parallèlement aux arêtes du cylindre. Si on exprime que cette droite est dans le plan tangent au point (x', y', z')

$$(x - x') f'_{x'} + (y - y') f'_{y'} + (z - z') f'_{z'} = 0$$

de la surface donnée, il vient la condition

$$mf'_{x'} + nf'_{y'} + f'_{z'} = 0.$$

Il en résulte que la courbe de contact du cylindre avec la surface sera représentée par les équations

$$f(x, y, z) = 0, \qquad mf'_x + nf'_y + f'_z = 0.$$

Connaissant la directrice du cylindre cherché, le problème s'achèvera comme précédemment. En appliquant la méthode à la recherche du cylindre circonscrit à la sphère $x^2 + y^2 + z^2 = r^2$, on trouvera

$$(n^2 + 1)x^2 + (m^2 + 1)y^2 + (m^2 + n^2)z^2 - 2mnxy - 2mxz - 2nyz = r^2(m^2 + n^2 + 1).$$

371. *Surfaces coniques.* On appelle surface conique, la surface développable engendrée par une droite qui tourne autour d'un point fixe en s'appuyant sur une directrice donnée. Dans une telle surface, l'arête de rebroussement se réduit à un point.

Les équations de la génératrice seront de la forme

$$x - \alpha = m(z - \gamma), \qquad y - \beta = m(z - \gamma),$$

m et n étant deux paramètres variables avec la direction de cette droite. L'élimination des variables entre ces équations et celles de la courbe donnée comme directrice conduira à une relation entre les paramètres qu'on peut ecrire

$$\varphi(m, n) = 0.$$

Enfin, si on remplace m et n par leurs valeurs tirées des équations de la génératrice, on arrive à l'équation générale des surfaces coniques qui sera de la forme

$$(s) \qquad \varphi\left(\frac{x - \alpha}{z - \gamma}, \frac{y - \beta}{z - \gamma}\right) = 0.$$

Dans le cas particulier où le sommet du cône est à l'origine, elle se réduit à

$$\varphi\left(\frac{x}{z}, \frac{y}{z}\right) = 0.$$

Ces équations sont homogènes, la première par rapport à $x - \alpha$, $y - \beta$, $z - \gamma$, la seconde par rapport à x, y, z.

Réciproquement, toute équation homogène de la forme (s) définit une surface conique. En effet, posons

$$\frac{x - \alpha}{z - \gamma} = m, \quad \frac{y - \beta}{z - \gamma} = n,$$

elle devient $\varphi(m, n) = 0$; en attribuant aux constantes indéterminées m et n des valeurs qui vérifient cette relation, les équations précédentes donnent des droites issues du point fixe (α, β, γ) et appartenant à la surface. Donc celle-ci sera un cône ayant son sommet au point fixe.

Plus généralement, une équation homogène telle que

$$\varphi(X, Y, Z) = 0,$$

où X, Y, Z désignent des polynômes du premier degré de la forme $ax + by + cz + d$, représente une surface conique ayant pour sommet le point d'intersection des plans X, Y, Z. Afin de le démontrer, prenons ces derniers pour plans coordonnés et plaçons l'origine à leur point d'intersection. On sait que les polynômes X, Y, Z sont proportionnels aux distances d'un point (x, y, z) aux plans $X = 0$, $Y = 0$, $Z = 0$; d'un autre côté, les nouvelles coordonnées x', y', z' du même point sont égales à ces distances multipliées respectivement par des constantes. On peut donc poser

$$X = ax', \quad Y = by', \quad Z = cz',$$

x', y', z' étant les nouvelles coordonnées du point (x, y, z). Il en résulte que l'équation proposée devient avec les axes nouveaux

$$\varphi(ax', by', cz') = 0:$$

elle est homogène par rapport à x', y', z' et représente un cône qui a son sommet à l'origine.

Ex. 1. Trouver l'équation du cône engendré par une ligne passant par l'origine et s'appuyant sur la courbe $z = k$, $f(x, y) = 0$.

R. $$f\left(\frac{kx}{z}, \frac{ky}{z}\right) = 0,$$

Ex. 2. Équation du cône qui a son sommet au point (α, β, γ) et dont la directrice est une courbe du plan des xy représentée par $f(x, y) = 0$.

$$\text{R.} \qquad f\left(\frac{\gamma x - \alpha z}{z - \gamma}, \frac{\gamma y - \beta z}{z - \gamma}\right) = 0.$$

Ex. 3. Reconnaître si une équation donnée représente une surface conique.

Si elle n'est pas homogène par rapport à x, y, z, il faut pouvoir la rendre telle en plaçant l'origine des axes en un certain point de l'espace (α, β, γ). Lorsque cette transformation est possible, l'équation représentera un cône réel ou imaginaire suivant la nature de la section faite par un plan quelconque dans la surface. Ainsi, on vérifiera facilement que l'équation

$$3x^2 + 2y^2 - 2xz + 4yz - 4x - 8z - 8 = 0$$

devient homogène en plaçant l'origine au point $(0, 2, -2)$ et qu'elle définit un cône réel.

Ex. 4. Trouver l'équation du cône circonscrit à la surface $f(x, y, z, t) = 0$ ayant son sommet au point (x', y', z', t').

Appelons x'', y'', z'', t'' les coordonnées d'un point de la courbe de contact; le plan tangent à la surface donnée en ce point est

$$xf'_{x''} + yf'_{y''} + zf'_{z''} + tf'_{t''} = 0.$$

En exprimant qu'il passe par le point (x', y', z', t'), on obtient la relation

$$x'f'_{x''} + y'f'_{y''} + z'f'_{z''} + t'f'_{t''} = 0$$

qui sera vérifiée par les coordonnées d'un point quelconque de la courbe de contact. Il s'ensuit que les équations

$$f(x, y, z, t) = 0, \quad x'f'_x + y'f'_y + z'f'_z + t'f'_t = 0$$

représentent cette ligne. On connaît ainsi la directrice du cône et son sommet; on arrivera à son équation par la méthode indiquée précédemment.

§ 2. SURFACES GAUCHES.

372. Une surface réglée est gauche lorsque deux positions consécutives de la droite mobile ne se trouvent pas dans un même plan. L'hyperboloïde à une nappe est une surface gauche, car nous savons qu'elle est engendrée par le déplacement d'une droite qui glisse sur trois autres et que deux positions consécutives de la génératrice ne se rencontrent pas. Il en est de même pour le paraboloïde hyperbolique;

dans cette surface, la génératrice s'appuie sur deux droites fixes en restant parallèle à un plan déterminé qu'on appelle *plan directeur*. En général, toute surface réglée à plan directeur, c'est-à-dire toute surface engendrée par une droite qui se meut en restant parallèle à un plan fixe, est toujours une surface gauche. En effet, prenons pour axe des z une position particulière de la droite mobile, et, le plan des yz parallèle au plan directeur : les équations de la génératrice seront de la forme

$$x = p, \qquad y = bz + q.$$

Nous avons vu, précédemment, que la condition de rencontre de deux génératrices infiniment voisines est exprimée par l'équation

$$\frac{a_1}{b_1} = \frac{p_1}{q_1} \quad \text{ou} \quad a_1 q_1 - b_1 p_1 = 0.$$

Or, dans le cas présent, $a_1 = 0$, et pour que la relation précédente ait lieu, il faut que b_1 ou p_1 soit nul. Mais, si $b_1 = 0$, la génératrice reste toujours parallèle à elle-même et engendrera un cylindre ; si $p_1 = 0$, la droite mobile serait constamment dans un plan. Donc, en négligeant ces cas particuliers, la surface décrite par une droite qui reste parallèle à un plan sera gauche.

Parmi les surfaces gauches à plan directeur, nous citerons, en particulier, les surfaces appelées *conoïdes*. On appelle ainsi toute surface engendrée par une droite qui glisse sur une droite et une courbe fixes en restant parallèle à un plan. Si on prend la droite fixe pour axe des z et le plan des xy parallèle au plan directeur, on aura, pour les équations de la génératrice

$$z = m, \qquad y = nx.$$

Soit $\varphi(m, n) = 0$, la relation qui doit exister entre les paramètres pour qu'elle rencontre la courbe fixe. L'équation générale des conoïdes se présentera sous la forme

$$\varphi\left(z, \frac{y}{x}\right) = 0.$$

373. Dans une surface gauche, les génératrices consécutives ne se rencontrent pas et, par conséquent, elles ne peuvent être tangentes à une même courbe comme dans les surfaces développables. L'arête de rebroussement est remplacée par une autre ligne que nous allons définir.

Soient 1 et 2 deux génératrices consécutives et infiniment rapprochées, et AB leur perpendiculaire commune. Lorsque la droite 2 se rapproche de plus en plus de la droite 1, la perpendiculaire AB prendra une certaine position limite ab : le point a, position limite du pied de la perpendiculaire commune sur la droite 1, a été nommé par CHASLES *point central* relatif à cette génératrice. Le lieu des points limites des pieds des perpendiculaires communes considérés sur toutes les génératrices forme une courbe appelée *ligne de striction* de la surface gauche. D'après la dénomination de Chasles, on peut dire que la ligne de striction est le lieu des points centraux pris sur chaque génératrice.

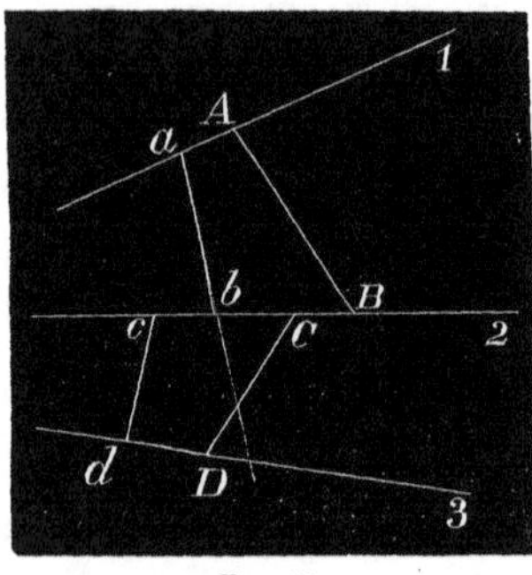

Fig. 39.

Il est important de remarquer qu'à la limite les perpendiculaires communes ne seront pas tangentes à la ligne de striction; car le point c étant le point central relativement à la seconde génératrice, et le point b la position limite du pied B de la première perpendiculaire commune, ces points sont généralement distincts; l'élément de la courbe de striction ac diffère de l'élément ab, et, par conséquent, le prolongement de ab ne peut constituer une tangente à cette courbe.

374. *Plan tangent.* Si on prend pour l'axe des z d'un système d'axes rectangulaires une génératrice de la surface gauche, son équation se présentera sous la forme (N° 368)

$$\varphi_{m-2}[(Az+A_1)x+(Bz+B_1)y]+u_{m-2}y^2+2w_{m-2}xy+\cdots\cdots=0.$$

On trouvera aussi, comme pour une surface développable, que le plan tangent en un point $(0, 0, z')$ est représenté par l'équation

$$(Az'+A_1)x+(Bz'+B_1)y=0;$$

ce qui montre que le plan tangent passe par l'axe des z ou la génératrice du point de contact. Mais, comme la surface est gauche, nous n'avons plus de relation entre les coefficients A, A_1, B, B_1, et l'équation précédente représentera un plan variable avec z'. Ainsi lorsque le point de contact se déplace sur une génératrice d'une surface gauche, le plan tangent varie et tourne autour de cette droite.

Réciproquement, un plan quelconque mené par une génératrice touchera la surface quelque part en un point de cette droite; car si on identifie l'équation d'un tel plan

$$lx + my = 0$$

avec celle du plan tangent, on a l'égalité

$$\frac{l}{Az' + A_1} = \frac{m}{Bz' + B_1}.$$

On en déduit une valeur unique et déterminée pour la coordonnée z' du point où il y aura contact entre le plan et la surface; ce même plan sera sécant en tous les autres points de la génératrice.

375. *Le lieu des normales aux différents points d'une génératrice d'une surface gauche et un paraboloïde hyperbolique.*

En effet, la normale au point $(0, 0, z')$ ou la perpendiculaire élevée en ce point au plan tangent est représentée par les équations

$$z = z', \quad (Bz' + B_1)x - (Az' + A_1)y = 0.$$

En éliminant z', il viendra pour le lieu des normales aux différents points de l'axe des z

$$Ayz - Bxz + A_1y - B_1x = 0:$$

équation qui définit un paraboloïde. Il est évident que toutes les normales sont parallèles au plan des xy; par suite, le plan directeur du paraboloïde des normales le long d'une même génératrice est perpendiculaire à cette droite.

376. *Le rapport anharmonique de quatre plans tangents est égal à celui de leurs points de contact.*

Posons

$$P = A_1x + B_1y, \quad P' = -(Ax + By);$$

l'équation du plan tangent peut se mettre sous la forme

$$P - z'P' = 0.$$

Le rapport anharmonique de quatre plans tangents qui correspondent aux valeurs z', z'', z''', z^{IV} aura pour expression

$$\frac{z' - z'''}{z' - z^{IV}} : \frac{z'' - z'''}{z'' - z^{IV}}.$$

Mais, si on désigne par a, b, c, d les points de contact, on vérifie facilement que le rapport précédent est égal à

$$\frac{ac}{ad} : \frac{bc}{bd}$$

qui est le rapport anharmonique des points de contact.

377. *Par une droite donnée, on peut mener m plans tangents à une surface gauche de l'ordre m.*

Une droite quelconque rencontrera en général la surface en m points. Soit m_1 l'un de ces points : le plan mené par la droite donnée et la génératrice qui passe par le point m_1 doit toucher la surface quelque part en un point de la génératrice; puisqu'il y a m points d'intersection, il y aura aussi m plans tangents à la surface passant par la droite donnée. On en conclut que *la classe d'une surface gauche de l'ordre m est égale à m.*

378. *Par une génératrice d'une surface gauche on peut toujours mener un paraboloïde ou un hyperboloïde tel que tout plan tangent en chaque point de la génératrice est le même dans les deux surfaces.*

En effet, soit la surface gauche de l'ordre m ayant pour équation

$$\varphi_{m-2}\left[(Az + A_1)x + (Bz + B_1)y\right] + u_{m-2}x^2 + 2w_{m-2}xy + \cdots\cdots = 0.$$

Le paraboloïde défini par l'équation

$$(Az + A_1)x + (Bz + B_1)y = 0$$

a le même plan tangent en chaque point de l'axe des z ; c'est le plan

$$(Az' + A_1)x + (Bz' + B_1)y = 0,$$

La surface du second ordre représentée par l'équation

$$(Az + A_1)x + (Bz + B_1)y + Px^2 + 2Qxy + Ry^2 = 0$$

jouira de la même propriété quelles que soient les valeurs des coefficients P, Q, R. Il y a donc une infinité de surfaces du second ordre qui peuvent avoir le même plan tangent avec la surface gauche tout le long d'une génératrice, c'est-à-dire, qui se raccordent avec la surface en tous les points de cette droite. La surface gauche peut être regardée comme composée d'éléments indéfinis en longueur et infiniment étroits, ces éléments étant des portions de paraboloïde ou d'hyperboloïde.

Exercices.

Ex. 1. Trouver l'équation d'un conoïde qui a pour directrices une droite perpendiculaire au plan directeur et un cercle dont le plan est perpendiculaire à ce dernier.

Prenons la droite fixe comme axe des z et faisons passer l'axe des x par le centre du cercle. En supposant le plan YOZ parallèle à celui du cercle, ce dernier aura des équations de la forme

$$x = a, \qquad y^2 + z^2 = r^2.$$

Si on les combine avec celles de la génératrice $z = m$, $y = nx$, on arrivera à la relation

$$n^2a^2 + m^2 = r^2.$$

On trouvera finalement pour l'équation demandée

$$a^2y^2 + x^2z^2 - r^2x^2 = 0.$$

Ex. 2. Equation de la surface engendrée par une droite qui se meut parallèlement à xy en glissant sur l'axe des z et sur la courbe représentée par

$$\frac{x^2}{a^2} + \frac{y^2}{b^2} + \frac{z^2}{c^2} = 1, \qquad \frac{x}{a} + \frac{y}{b} = 1.$$

R. $$\frac{x^2}{a^2} + \frac{y^2}{b^2} = \left(1 - \frac{z^2}{c^2}\right)\left(\frac{x}{a} + \frac{y}{b}\right)^2.$$

Ex. 3. Equation de la surface décrite par une droite qui se déplace parallèlement au plan des xy et qui rencontre les courbes

$$y = 0, \qquad \frac{x^2}{a^2} + \frac{z^2}{c^2} = 1;$$

$$x = 0, \qquad \frac{y^2}{b^2} + \frac{z^2}{c^2} = 1.$$

R. $$\left(\frac{x}{a} \pm \frac{y}{b}\right)^2 + \frac{z^2}{c^2} = 1.$$

Ex. 4. On donne deux demi-cercles verticaux parallèles décrits sur les côtés opposés d'un parallélogramme avec une droite fixe menée par le centre du parallélogramme perpendiculairement aux plans des cercles; trouver l'équation de la surface engendrée par une droite qui glisse à la fois sur les cercles et la droite fixe.

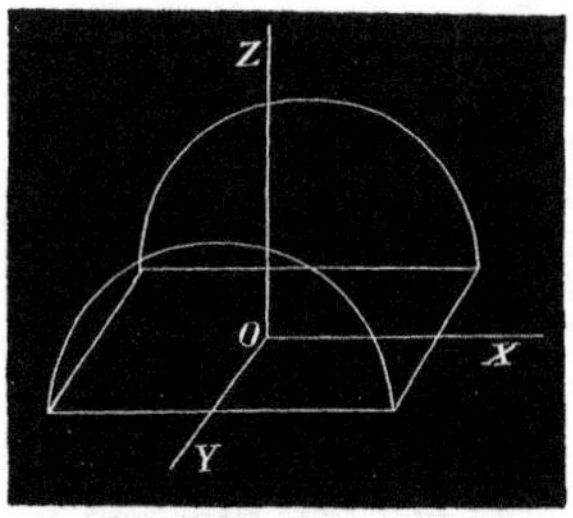

Fig. 40.

Prenons la droite fixe pour axe des y et la verticale en O pour axe des z. Les équations des cercles directeurs seront de la forme

$$y = -\beta, \qquad (x - \alpha)^2 + z^2 = r^2,$$

$$y = +\beta, \qquad (x + \alpha)^2 + z^2 = r^2;$$

celles de la droite mobile peuvent s'écrire

$$x = m(y - n), \qquad z = p(y - n)$$

puisqu'elle rencontre toujours l'axe des y. Si on exprime que la génératrice rencontre les cercles, il vient

$$[m(\beta+n)+\alpha]^2+p^2(\beta+n)^2=r^2,$$
$$[m(\beta-n)+\alpha]^2+p^2(\beta-n)^2=r^2;$$

ces équations retranchées membre à membre conduisent à la relation

$$m^2+p^2+\frac{\alpha}{\beta}m=0.$$

Après l'élimination des paramètres m, n, p entre ces différentes égalités, on arrive à l'équation

$$[\alpha xy+\beta(x^2+z^2)]^2=\beta^2r^2x^2+\beta^2z^2(r^2-\alpha^2)$$

qui est celle de la surface décrite dans les conditions indiquées. Cette surface se nomme *Biais passé* dit *Corne de vache;* elle est employée quelquefois à voûter un passage biais compris entre deux plans verticaux parallèles.

Ex. **5.** Trouver l'équation de l'hélicoïde gauche à plan directeur.

Définissons d'abord la courbe appelée *hélice*. Considérons un rectangle ABCP tournant uniformément autour de AB et dont le plan, à l'origine du mouvement, coïncidait avec celui des xz. Le côté CP décrit une portion de cylindre dont la base circulaire est tracée par le point P. Pendant ce mouvement, un point M, qui se meut uniformément sur le côté CP, va décrire une courbe sur le cylindre appelée hélice. Afin de trouver les équations de cette ligne, désignons par r le rayon du cylindre et supposons que le mouvement vertical du point M soit m fois plus rapide que celui du point P pour décrire la base du cylindre. On aura

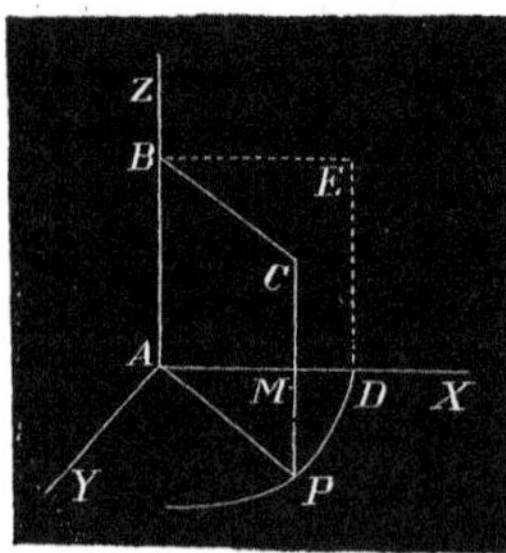

Fig. 41.

$$z=\text{MP}=m\,\text{arc DP},$$

$$x=r\cos\frac{\text{PD}}{r}=r\cos\frac{z}{mr},$$

$$y=r\sin\frac{\text{PD}}{r}=r\sin\frac{z}{mr}.$$

Il s'ensuit que les projections de l'hélice sur les plans coordonnés seront représentées par

$$x^2+y^2=r^2,\qquad x=r\cos\frac{z}{mr},\qquad y=r\sin\frac{z}{mr}.$$

Cela étant, on nomme *hélicoïde gauche* à plan directeur, la surface engendrée par une droite horizontale qui s'appuie à la fois sur l'hélice et l'axe du cylindre. Les équations de la droite qui engendre cette surface seront de la forme

$$z=p,\qquad y=nx.$$

Exprimons qu'elle rencontre l'hélice : il viendra la relation

$$\cos^2 \frac{p}{mr} = \frac{1}{1+n^2}.$$

On en déduit pour l'équation de l'hélicoïde gauche à plan directeur

$$\cos^2 \frac{z}{mr} = \frac{x^2}{x^2+y^2} \quad \text{ou} \quad \operatorname{tang} \frac{z}{mr} = \frac{y}{x}.$$

C'est la surface d'un escalier tournant autour d'un axe vertical ou celle de la vis à filet rectangulaire. Elle n'est qu'un cas particulier de l'hélicoïde gauche en général, c'est-à-dire, de la surface engendrée par une droite qui se meut en faisant un angle constant avec l'axe du cylindre et en s'appuyant sur l'hélice.

Il y a aussi l'hélicoïde développable qui est le lieu des tangentes à l'hélice.

Ex. 6. Trouver les équations de la ligne de striction du paraboloïde

$$\frac{y^2}{p} - \frac{z^2}{q} = 2x.$$

Soient deux génératrices d'un même système

$$(1) \quad \begin{cases} \dfrac{y}{\sqrt{p}} - \dfrac{z}{\sqrt{q}} = \lambda, \\[2mm] \dfrac{y}{\sqrt{p}} + \dfrac{z}{\sqrt{q}} = \dfrac{2x}{\lambda}; \end{cases} \qquad (2) \quad \begin{cases} \dfrac{y}{\sqrt{p}} - \dfrac{z}{\sqrt{q}} = \lambda_1, \\[2mm] \dfrac{y}{\sqrt{p}} + \dfrac{z}{\sqrt{q}} = \dfrac{2x}{\lambda_1}; \end{cases}$$

elles sont parallèles au plan directeur représenté par l'équation

$$\frac{y}{\sqrt{p}} - \frac{z}{\sqrt{q}} = 0.$$

Il s'ensuit que la perpendiculaire commune sera perpendiculaire à ce plan. L'équation du plan mené par la seconde génératrice perpendiculairement au plan directeur est de la forme

$$(p-q)\left[\frac{y}{\sqrt{p}} - \frac{z}{\sqrt{q}} - \lambda_1\right] + (p+q)\left[\frac{y}{\sqrt{p}} + \frac{z}{\sqrt{q}} - \frac{2x}{\lambda_1}\right] = 0.$$

On aura aussi pour le plan passant par la première et perpendiculaire au même plan

$$(p-q)\left[\frac{y}{\sqrt{p}} - \frac{z}{\sqrt{q}} - \lambda\right] + (p+q)\left[\frac{y}{\sqrt{p}} + \frac{z}{\sqrt{q}} - \frac{2x}{\lambda}\right] = 0.$$

Ces deux équations retranchées membre à membre donnent l'égalité

$$\lambda\lambda_1 = \frac{(p+q)\,2x}{p-q}.$$

Posons $\lambda = \lambda_1$; il viendra

$$\lambda^2 = \frac{p+q}{p-q} 2x.$$

et, par suite,

$$2x = \frac{\lambda^2(p-q)}{p+q}.$$

En substituant dans la seconde équation (1), on trouve

$$\frac{y}{\sqrt{p}} + \frac{z}{\sqrt{q}} = \frac{\lambda(p-q)}{p+q} = \frac{p-q}{p+q}\left(\frac{y}{\sqrt{p}} - \frac{z}{\sqrt{q}}\right).$$

D'où l'on tire

$$\frac{y}{p\sqrt{p}} + \frac{z}{q\sqrt{q}} = 0.$$

En considérant deux génératrices de l'autre système parallèles au plan directeur

$$\frac{y}{\sqrt{p}} + \frac{z}{\sqrt{q}} = 0,$$

on arriverait aussi à l'équation

$$\frac{y}{p\sqrt{p}} - \frac{z}{q\sqrt{q}} = 0.$$

Donc la ligne de striction se composera de deux paraboles définies par les équations

$$\frac{y^2}{p} - \frac{z^2}{q} = 2x, \quad \frac{y}{p\sqrt{p}} \pm \frac{z}{q\sqrt{q}} = 0.$$

CHAPITRE XVIII.

SURFACES ALGÉBRIQUES.

SOMMAIRE. *Théorèmes généraux sur les surfaces algébriques; plan tangent, normale; polaire d'un point par rapport à une surface de l'ordre m; points multiples. — Équations de quelques surfaces remarquables : surface des centres ; surface des contacts; surface des ondes; surfaces apsidales; surfaces podaires; surface de Jacobi. — Forme spéciale de l'équation du 3e degré.*

§ 1. THÉORÈMES SUR LES SURFACES ALGÉBRIQUES.

379. Si on désigne par u_0, u_1, u_2, u_3, ..., u_m des fonctions homogènes en x, y, z respectivement des degrés 0, 1, 2, 3, ..., m, l'équation générale du degré m est de la forme (N° 21)

$$(1) \qquad u_0 + u_1 + u_2 + u_3 + \cdots\cdots + u_m = 0.$$

Par l'introduction d'une nouvelle variable t, on peut la rendre homogène et écrire

$$(2) \qquad u_0 t^m + u_1 t^{m-1} + u_2 t^{m-2} + \cdots\cdots + u_m = 0.$$

Lorsque l'origine est un point de la surface, le terme u_0 doit manquer, et l'équation de cette surface est alors

$$\varphi_1 + \varphi_2 + \varphi_3 + \cdots + \varphi_m = 0,$$

ou bien

$$\varphi_1 t^{m-1} + \varphi_2 t^{m-2} + \cdots + \varphi_m = 0;$$

φ_1, φ_2, φ_3,.... sont des fonctions homogènes en x, y, z des degrés respectifs 1, 2, 3, ..., m.

Le nombre de termes de l'équation (1) est égal à

$$\frac{(m+1)(m+2)(m+3)}{1 \cdot 2 \cdot 3}.$$

Posons

$$\mu = \frac{(m+1)(m+2)(m+3)}{1 \cdot 2 \cdot 3} - 1;$$

ce sera le nombre de conditions nécessaires et suffisantes pour qu'une surface de l'ordre m soit complétement déterminée. Ainsi, on peut généralement faire passer une surface de l'ordre m et une seule par μ points de l'espace; car en exprimant que l'équation est vérifiée par les coordonnées des points donnés, on aura un système de μ équations linéaires pour déterminer les μ paramètres inconnus. Dans certains cas, il pourra se faire qu'il y ait indétermination ou que la surface de l'ordre m se réduise à deux surfaces d'un ordre moins élevé.

380. *Toutes les surfaces de l'ordre m qui passent par $\mu - 1$ points arbitraires ont en commun une courbe gauche de l'ordre m^2.*

En effet, soient

$$S_m = 0, \qquad S'_m = 0$$

deux surfaces de l'ordre m renfermant les points donnés, l'équation

$$S_m + \lambda S'_m = 0,$$

où λ est indéterminé, définit un système de surfaces du même ordre qui passent par les mêmes points puisqu'elle est satisfaite par les coordonnées qui annulent à la fois S_m et S'_m; chacune d'elles ne peut plus être assujettie qu'à une seule condition; par conséquent, cette équation représente d'une manière générale toutes les surfaces de l'ordre m qui jouissent de la propriété de passer par les $\mu - 1$ points donnés. Or, elle est vérifiée par les coordonnées d'un point quelconque de l'intersection des surfaces S_m et S'_m; cette intersection, qui est une courbe de l'ordre m^2, sera donc commune à toutes les surfaces du système.

Il résulte de ce théorème, que le problème de mener une surface de l'ordre m par μ points donnés devient indéterminé, si ces points appartiennent à une courbe gauche de l'ordre m^2, intersection de deux surfaces de l'ordre m.

381. *Toutes les surfaces de l'ordre m qui passent par $\mu - 2$ points fixes ont m^3 points communs et passent par conséquent par $m^3 - \mu + 2$ autres points fixes.*

Soient $S_m = 0$, $S'_m = 0$, $S''_m = 0$ trois surfaces de l'ordre m menées par $\mu - 2$ points de l'espace. Une surface quelconque du même ordre qui jouira de cette propriété n'exige plus que deux nouvelles conditions pour être déterminée, et son équation sera de la forme

$$S_m + \lambda S'_m + \mu S''_m = 0.$$

Mais les m^3 points communs aux surfaces S_m, S'_m, S''_m ont des coordonnées qui vérifient cette équation quelles que soient les valeurs de λ et μ; donc toutes les surfaces qu'elle représente, c'est-à-dire, toutes les surfaces de l'ordre m qui renferment $\mu - 2$ points de l'espace passent par $m^3 - (\mu - 2) = m^3 - \mu + 2$ autres points fixes.

382. *Si deux surfaces de l'ordre m ont en commun une ligne d'ordre mn située sur une surface d'ordre n, elles auront aussi en commun une autre courbe d'ordre $m(m - n)$ située sur une surface d'ordre $m - n$.*

Considérons les surfaces représentées par les équations du degré m

$$S_m = 0, \qquad S'_m = 0, \qquad S_m + \lambda S'_m = 0.$$

L'intersection des deux premières surfaces est la même que l'intersection de l'une d'elles avec une surface quelconque définie par la troisième équation. Si cette intersection se compose en partie d'une ligne d'ordre mn provenant de l'intersection des surfaces $S_m = 0$ et $S_n = 0$, il doit exister une valeur du coefficient indéterminé λ pour laquelle le premier membre de l'équation (3) se réduit à un produit de deux facteurs, l'un du degré n, l'autre du degré $m - n$, de sorte qu'elle prendra la forme

$$S_n \cdot S_{m-n} = 0;$$

car, c'est seulement dans ce cas, que les surfaces S_m et $S_m + \lambda S'_m$ peuvent avoir une ligne d'ordre mn commune. L'autre partie de l'intersection sera une ligne d'ordre $m(m - n)$ provenant de la combinaison des équations $S_m = 0$ et $S_{m-n} = 0$.

Ce théorème général donne lieu à des corollaires remarquables parmi lequels nous citerons les suivants :

Corollaire 1. *Étant donnés deux systèmes de m plans, si mn droites d'intersection de ces plans sont sur une surface de l'ordre n, les $m(m - n)$ droites restantes appartiendront à une surface de l'ordre $m - n$.*

2. *Étant donnés deux systèmes de m plans, si $2m$ droites sont sur*

une surface du second ordre, les $m(m-2)$ droites restantes appartiendront à une surface de l'ordre $m-2$.

3. *Un polygone de $2m$ côtés étant inscrit dans une surface du second ordre et tel que les m côtés pairs soient des génératrices d'un même système, et les m côtés impairs des génératrices de l'autre système, les plans des faces paires couperont les plans des faces impaires non adjacentes suivant $m(m-2)$ droites appartenant à une surface de l'ordre $m-2$.*

Dans le cas particulier où $m=3$, on a ce théorème déjà démontré : *Un hexagone étant inscrit à une surface du second ordre et tel que les côtés consécutifs sont des génératrices de système différent, les plans des faces opposées se rencontrent suivant des droites situées dans un même plan.*

383. *Etant données p relations linéaires entre les coefficients de l'équation du degré m, toutes les surfaces définies par cette équation et passant par $\mu-(p+1)$ points fixes ont en commun une même ligne à double courbure.*

Car chacune de ces surfaces est assujettie à un nombre de conditions égal à

$$p+\mu-(p+1)=\mu-1,$$

et l'équation de l'une d'elles pourra se ramener à la forme

$$S+\lambda S'=0;$$

car les $\mu-1$ équations de condition permettent de calculer tous les paramètres moins un en fonction du dernier.

384. *Étant données p relations linéaires entre les coefficients de l'équation générale du degré m, toutes les surfaces définies par l'équation et passant par $\mu-(p+2)$ points fixes se rencontrent en $m^3-\mu+p+2$ autres points fixes.*

En effet, les $\mu-2$ relations entre les paramètres qui correspondent aux conditions données permettront d'exprimer tous les paramètres moins deux sous la forme $a+\lambda a'+\mu a''$, $b+\lambda b'+\mu b''$ etc., λ et μ étant les seuls coefficients indéterminés. L'équation générale des surfaces qui satisfont aux conditions imposées sera de la forme

$$S+\lambda S'+\mu S''=0:$$

elles auront m^3 points communs, et en retranchant les points donnés, on voit qu'elles passent par $m^3 - \mu + p + 2$ autres points fixes.

385. *La somme des $m^{\text{ièmes}}$ puissances des distances de $\mu + 1$ points situés sur une surface d'ordre m à un plan quelconque sont liées par l'identité*

$$\Sigma_1^{\mu+1} \lambda_1 P_1^m \equiv 0.$$

Réciproquement, *si $\mu + 1$ points de l'espace donnent lieu à une telle identité, ils appartiennent à une même surface de l'ordre m* (P. Serret).

Lorsque $\mu - p$ points de l'espace sont tels que toute surface de l'ordre m passant par $\mu - p - 1$ points du groupe passe nécessairement par le dernier, on a l'identité

$$\Sigma_1^{\mu-p} \lambda_1 P_1^m \equiv 0,$$

Réciproquement, *si $\mu - p$ points de l'espace donnent lieu à cette identité, toute surface passant par $\mu - p - 1$ de ces points passera par le dernier* (P. Serret).

La démonstration de ces différents théorèmes est identique à celle qui a été donnée pour les surfaces du second ordre (N° 317); nous croyons inutile de la reproduire.

386. *Plan tangent et normale.* Soient x', y', z' les coordonnées d'un point de la surface de l'ordre m $F(x, y, z) = 0$. Menons, par ce point, une droite ayant pour équations

$$\frac{x - x'}{\lambda} = \frac{y - y'}{\mu} = \frac{z - z'}{\nu} = \rho.$$

On en déduit

$$x = x' + \lambda\rho, \qquad y = y' + \mu\rho, \qquad z = z' + \nu\rho.$$

Substituons ces valeurs dans l'équation de la surface : il viendra, par l'application du théorème de Taylor,

$$F(x', y', z') + \rho(\lambda F'_{x_{\prime}} + \mu F'_{y_{\prime}} + \nu F_{z_{\prime}}) + \frac{\rho^2}{1 \cdot 2}(\lambda^2 F''_{x_{\prime}x_{\prime}} + \mu^2 F''_{y_{\prime}y_{\prime}} + \nu^2 F''_{z_{\prime}z_{\prime}}$$
$$+ 2\lambda\mu F''_{x_{\prime}y_{\prime}} + 2\lambda\nu F''_{x_{\prime}z_{\prime}} + 2\mu\nu F''_{y_{\prime}z_{\prime}}) + \cdots\cdots = 0.$$

Le point $(x', y', z',)$ étant sur la surface, $F(x', y', z') = 0$, et l'équation admet pour ρ une racine égale à zéro; mais si la droite issue de ce point est tangente à la surface, deux de ses points d'intersection coïncident et l'équation précédente doit avoir deux racines nulles; il en résulte que les coefficients directeurs d'une tangente à la surface vérifient la relation

$$\lambda F'_{x'} + \mu F'_{y'} + \nu F'_{z'} = 0.$$

L'élimination de λ, μ, ν entre les équations de la droite et la précédente conduit à l'équation

$$(x - x') F'_{x'} + (y - y') F'_{y'} + (z - z') F'_{z'} = 0$$

qui représentera le lieu des tangentes à la surface ou le plan tangent au point (x', y', z').

Lorsque l'équation proposée est rendue homogène par l'introduction d'une quatrième variable t, on sait que

$$x'F'_{x'} + y'F'_{y'} + z'F'_{z'} = - t'F'_{t'};$$

par suite, l'équation du plan tangent devient

$$xF'_{x'} + yF'_{y'} + zF'_{z'} + tF'_{t'} = 0.$$

On trouverait semblablement que l'équation du plan tangent au point (A', B', C', D') d'une surface de l'ordre m représentée en coordonnées tétraédriques par $F(A, B, C, D) = 0$ est de la forme

$$AF'_{A'} + BF'_{B'} + CF'_{C'} + DF'_{D'} = 0.$$

Enfin, il est utile de remarquer que, si l'équation

$$\varphi_1 + \varphi_2 + \varphi_3 + \cdots\cdots = 0$$

représente une surface du degré m, l'origine des coordonnées étant l'un de ses points, l'équation du plan tangent à l'origine sera

$$\varphi_1 = 0.$$

Car, si on pose $x = \lambda\rho$, $y = \mu\rho$, $z = \nu\rho$, elle se présentera sous la forme

$$\rho(a_1\lambda + a_2\mu + a_3\nu) + \rho^2(a_{22}\lambda^2 + \cdots\cdots) + \cdots\cdots = 0,$$

et l'on voit que $a_1\lambda + a_2\mu + a_3\nu = 0$ est la condition pour que la droite issue de l'origine ait deux points communs avec la surface. Donc,

$$\varphi_1 = a_1x + a_2y + a_3z = 0$$

définit le plan tangent à l'origine.

La *normale* au point (x', y', z') d'une surface de l'ordre m, étant la perpendiculaire élevée en ce point au plan tangent, aura des équations de la forme

$$\frac{x - x'}{F'_{x_1}} = \frac{y - y'}{F'_{y_1}} = \frac{z - z'}{F'_{z_1}}.$$

387. *Tangentes inflexionnelles.* Si l'on avait en même temps

$$\lambda F'_{x_1} + \mu F'_{y_1} + \nu F'_{z_1} = 0,$$

$$\lambda^2 F''_{x_1x_1} + \mu^2 F''_{y_1y_1} + \nu^2 F''_{z_1z_1} + 2\lambda\mu F''_{x_1y_1} + 2\lambda\nu F''_{x_1z_1} + 2\mu\nu F''_{y_1z_1} = 0,$$

l'équation en ρ admettrait trois racines nulles : les droites dont les directions sont déterminées par ces deux relations jouiront de la propriété de toucher la surface en trois points qui coïncident. En éliminant les quantitées λ, μ, ν, les équations précédentes deviennent

$$(x - x')\,F'_{x_1} + (y - y')\,F'_{y_1} + (z - z')\,F'_{z_1} = 0$$

$$(x - x')^2\,F''_{x_1x_1} + (y - y')^2\,F''_{y_1y_1} + \cdots\cdots + 2(y - y')(z - z')\,F''_{y_1z_1} = 0.$$

La première représente le plan tangent; la seconde un cône ayant pour sommet le point (x', y', z'). Il en résulte que, par chaque point d'une surface de l'ordre m, on peut mener deux droites qui ont trois points communs et coïncidents avec elle; ce sont les intersections du plan tangent avec un cône du second ordre ayant son sommet au point de contact. Ces tangentes spéciales ont reçu le nom de *tangentes inflexionnelles.*

La courbe d'intersection du plan tangent avec la surface devra présenter un point double au point de contact, puisque toute droite passant par ce point dans le plan tangent rencontre la surface et, par suite, la courbe en deux points coïncidents. Les tangentes inflexionnelles qui ont au point de contact trois points communs avec ligne d'intersection seront tangentes à la section en ce point.

388. On partage les différents points d'une surface en *points ellip-*

tiques, *hyperboliques* et *paraboliques* suivant que les tangentes inflexionnelles sont imaginaires, réelles ou coïncidentes. Ces dénominations ont été introduites par Dupin pour distinguer les trois espèces de contact d'un plan tangent. Lorsqu'on prend le plan tangent pour celui des xy, l'équation de la surface est de la forme

$$z + ax^2 + by^2 + cz^2 + 2dxy + 2exz + 2fyz + gx^3 + \cdot \cdot \cdot \cdot = 0,$$

et les tangentes inflexionnelles seront définies par

$$z = 0, \quad ax^2 + by^2 + 2dxy = 0.$$

L'origine, qui est le point de contact, sera un point elliptique si $d^2 - ab < 0$; un point hyperbolique, si $d^2 - ab > 0$; un point parabolique, si $d^2 - ab = 0$.

Afin de mieux se rendre compte des expressions précédentes, portons notre attention sur les points de la surface voisins de l'origine ; les coordonnées x, y, z ont des valeurs très-petites et, en négligeant les puissances supérieures à la seconde, on peut regarder la section faite dans la surface de l'ordre m par un plan très-voisin et parallèle au plan tangent à l'origine comme identique à celle du même plan avec la surface du second ordre

$$z + ax^2 + by^2 + cz^2 + 2dxy + 2exz + 2fyz = 0.$$

Suivant que la section dans cette dernière surface est une ellipse, une hyperbole ou une parabole, on considère le point de contact du plan tangent parallèle comme elliptique, hyperbolique ou parabolique.

389. *Trouver le lieu des points paraboliques d'une surface de l'ordre m.*

Soit $F(x, y, z, t) = 0$, l'équation d'une surface de l'ordre m. Si on transporte l'origine au point (x', y', z') de la surface, les tangentes inflexionnelles de ce point seront les intersections des surfaces représentées par les équations

$$xF'_{x_i} + yF'_{y_i} + zF'_{z_i} = 0,$$
$$x^2F''_{x_i x_i} + y^2F''_{y_i y_i} + z^2F''_{z_i z_i} + 2xyF''_{x_i y_i} + 2xzF''_{x_i z_i} + 2yzF''_{y_i z_i} = 0.$$

Lorsque le point (x', y', z') est parabolique, les tangentes inflexionnelles coïncident et le plan défini par la première équation doit toucher le cône représenté par l'autre; par suite, on aura la condition (N° 283)

$$\begin{vmatrix} F''_{x_1x_1} & F''_{x_1y_1} & F''_{x_1z_1} & F'_{x_1} \\ F''_{y_1x_1} & F''_{y_1y_1} & F''_{y_1z_1} & F'_{y_1} \\ F''_{z_1x_1} & F''_{z_1y_1} & F''_{z_1z_1} & F''_{z_1} \\ F'_{x_1} & F'_{y_1} & F'_{z_1} & 0 \end{vmatrix} = 0.$$

Eu égard aux relations

$$xF''_{xx} + yF''_{yx} + zF''_{zx} + tF''_{tx} = (m-1)\,F'_x,$$
$$xF''_{xy} + yF''_{yy} + zF''_{zy} + tF''_{ty} = (m-1)\,F'_y,$$
$$xF''_{xz} + yF''_{yz} + zF''_{zz} + tF''_{tz} = (m-1)\,F'_z,$$
$$xF''_{xt} + yF''_{yt} + zF''_{zt} + tF''_{tt} = (m-1)\,F'_t,$$
$$xF'_x + yF'_y + zF'_z + tF'_t = mF(x, y, z, t),$$

le déterminant qui précède peut s'écrire

$$(\text{H}) \qquad \begin{vmatrix} F''_{x_1x_1} & F''_{x_1y_1} & F''_{x_1z_1} & F''_{x_1t_1} \\ F''_{y_1x_1} & F''_{y_1y_1} & F''_{y_1z_1} & F''_{y_1t_1} \\ F''_{z_1x_1} & F''_{z_1y_1} & F''_{z_1z_1} & F''_{z_1t_1} \\ F''_{t_1x_1} & F''_{t_1y_1} & F''_{t_1z_1} & F''_{t_1t_1} \end{vmatrix} = 0.$$

Le premier membre de l'équation précédente se nomme le *Hessien* de la fonction F. Le lieu des points paraboliques sera la courbe d'intersection des surfaces H et F. Le degré du déterminant H est égal à $4m-8$ puisque chaque élément est du degré $m-2$; il s'ensuit que la courbe parabolique sera en général de l'ordre $4m(m-2)$.

390. *Polaires d'un point.* Soient x', y', z', t' les coordonnées d'un point de l'espace, et x'', y'', z'', t'' celles du point de contact d'un plan tangent quelconque à la surface $F(x, y, z, t) = 0$ passant par le premier. L'équation de ce plan tangent est de la forme

$$xF'_{x_{11}} + yF'_{y_{11}} + zF'_{z_{11}} + tF'_{t_{11}} = 0;$$

mais, comme il passe par le point (x', y', z', t'), on doit avoir la relation

$$x'F'_{x_{11}} + y'F'_{y_{11}} + z'F'_{z_{11}} + t'F'_{t_{11}} = 0.$$

Ainsi les coordonnées du point de contact d'un plan tangent quelconque mené par le point donné vérifient l'équation

$$(s_{n-1}) \qquad x'F'_x + y'F'_y + z'F'_z + t'F'_t = 0$$

qui est du degré $m - 1$ par rapport à x, y, z.

Donc, les points de contact des plans tangents menés d'un point de l'espace à une surface de l'ordre m appartiennent à une surface de l'ordre $m - 1$. Cette surface s'appelle la *première polaire* du point donné par rapport à la surface de l'ordre m.

Si on prend la première polaire du même point par rapport à la surface s_{m-1}, on aura une surface s_{m-2} de l'ordre $m - 2$, appelée la *seconde polaire* de ce point par rapport à la surface de l'ordre m. De même, la première polaire de s_{m-2} sera la troisième polaire par rapport à la surface proposée, et ainsi de suite. L'ordre des polaires diminue chaque fois d'une unité de sorte que la $(m - 1)^{ième}$ polaire sera un plan appelé plan polaire du point donné par rapport à la surface de l'ordre m.

En supposant que la surface de l'ordre m soit définie par l'équation

$$u_0t^m + u_1t^{m-1} + u_2t^{m-2} + \cdot \cdot \cdot \cdot \cdot \cdot \cdot + u_m = 0,$$

la première polaire de l'origine sera

$$F'_t = 0, \text{ ou } mu_0t^{m-1} + (m - 1)u_1t^{m-2} + (m - 2)u_3t^{m-3} + \cdots + u_{m-1} = 0.$$

La seconde polaire du même point aura pour équation

$$F''_t = 0 \text{ ou } m(m - 1)u_0t^{m-2} + (m - 1)(m - 2)u_1t^{m-3} + \cdots\cdots + u_{m-2} = 0.$$

Enfin, la $(m - 2)^{ième}$ polaire et le plan polaire de l'origine seront représentés par

$$m(m - 1)\,u_0t^2 + 2(m - 1)\,u_1t + 2u_2 = 0$$
$$mu_0t + u_1 = 0.$$

Dans le cas particulier où l'origine est un point de la surface, on a $u_0 = 0$; toutes les équations précédentes renfermant u_1 au premier terme définissent des surfaces qui passent par ce point, et qui ont pour plan tangent commun $u_1 = 0$. Donc, *toutes les polaires d'un point de la surface passent par ce point et touchent le plan tangent au même point.*

391. *Points multiples.* On appelle *point multiple* d'ordre n d'une surface, un point tel que toute droite qui le traverse y rencontre la surface en n points coïncidents. Afin de déterminer les conditions d'un point multiple d'une surface, considérons l'équation du degré m

$$F(x, y, z) = 0,$$

et transportons l'origine en un point (x', y', z') de la surface, en remplaçant x, y, z par $x + x'$, $y + y'$, $z + z'$. Il viendra l'équation

$$\varphi_1 + \varphi_2 + \varphi_3 + \cdots\cdots + \varphi_m = 0$$

dans laquelle

$$\varphi_1 = xF'_{x_\prime} + yF'_{y_\prime} + zF'_{z_\prime}$$

$$\varphi_2 = x^2F''_{x_\prime x_\prime} + y^2F''_{y_\prime y_\prime} + z^2F''_{z_\prime z_\prime} + 2xyF''_{x_\prime y_\prime} + 2xzF''_{x_\prime z_\prime} + 2yzF''_{y_\prime z_\prime},$$

et ainsi de suite. Menons, par l'origine, la droite

$$x = \lambda\rho, \quad y = \mu\rho, \quad z = \nu\rho.$$

Si l'on substitue ces valeurs dans l'équation précédente, on voit facilement qu'avec la condition

$$\lambda F'_{x_\prime} + \mu F'_{y_\prime} + \nu F'_{z_\prime} = 0,$$

elle renferme ρ^2 comme facteur commun et admettra deux racines nulles. Donc, si le point (x', y', z') est un point double, la relation précédente devant avoir lieu quels que soient λ, μ, ν, on aura

$$F'_{x_\prime} = 0, \quad F'_{y_\prime} = 0, \quad F'_{z_\prime} = 0.$$

De même les conditions nécessaires et suffisantes pour que le point (x', y', z') soit un point triple seront

$$F'_{x_\prime} = 0, \quad F'_{y_\prime} = 0, \quad F'_{z_\prime} = 0;$$

$$F''_{x_\prime x_\prime} = 0,\ F''_{y_\prime y_\prime} = 0,\ F''_{z_\prime z_\prime} = 0,\ F''_{x_\prime y_\prime} = 0,\ F''_{x_\prime z_\prime} = 0,\ F''_{y_\prime z_\prime} = 0.$$

En général, pour un point multiple de l'ordre n, on doit avoir

$$F(x', y', z') = 0;$$

$$F'_{x_\prime} = 0, \quad F'_{y_\prime} = 0, \quad F'_{z_\prime} = 0;$$

$$F''_{x_\prime x_\prime} = 0,\ F''_{y_\prime y_\prime} = 0,\ F''_{z_\prime z_\prime} = 0,\ F''_{x_\prime y_\prime} = 0;\ F''_{x_\prime z_\prime} = 0,\ F''_{y_\prime z_\prime} = 0;$$

. . . .

. . . .

$$F^{(n-1)}_{x_\prime x_\prime \cdots x_\prime} = 0, \cdots\cdots\cdots F^{(n-1)}_{z_\prime z_\prime \cdots z_\prime} = 0.$$

Dans ce dernier cas, l'équation de la surface se réduit à

$$\varphi_n + \varphi_{n+1} + \varphi_{n+2} + \cdot \cdot \cdot \cdot \cdot \cdot \cdot + \varphi_m = 0.$$

Les droites dont les coefficients directeurs satisfont à la relation

$$\varphi_n (\lambda, \mu, \nu) = 0$$

rencontreront la surface à l'origine en $n + 1$ points; ce sont les tangentes à la surface au point multiple d'ordre n : le lieu géométrique de ces tangentes sera une surface conique de l'ordre n représentée par l'équation

$$\varphi_n (x, y, z) = 0.$$

Enfin, les droites issues du point (x', y', z') qui satisfont aux conditions

$$\varphi_n (\lambda, \mu, \nu) = 0, \qquad \varphi_{n+1} (\lambda, \mu, \nu) = 0,$$

rencontreront la surface en $n + 2$ points qui se confondent avec le point multiple : ce sont les *tangentes inflexionnelles* de ce point. Elles seront déterminées par les génératrices communes aux deux cônes

$$\varphi_n (x, y, z) = 0, \qquad \varphi_{n+1} (x, y, z) = 0,$$

et leur nombre sera égal à $n(n + 1)$.

392. Nous n'avons considéré jusqu'ici que l'équation du degré m en x, y, z. Il sera facile de déduire les théorèmes correspondants lorsqu'on fait usage de l'équation du degré m en u, v, w; ils indiqueront autant de propriétés d'une surface de la $m^{ième}$ classe. Ainsi,

1° *Il faut un nombre de plans tangents égal à*

$$\mu = \frac{(m + 1)(m + 2)(m + 3)}{1 \cdot 2 \cdot 3} - 1$$

pour déterminer une surface de la classe m;

2° *Étant donnés $\mu - 1$ plans, on peut mener une infinité de surfaces de la classe m tangentes à ces plans, et toutes ces surfaces sont inscrites dans une développable de la classe m^2;*

3° *Toutes les surfaces de la $m^{ième}$ classe tangentes à $\mu - 2$ plans donnés touchent en même temps m^3 plans fixes.*

Nous laissons au lecteur le soin d'interpréter les équations que nous avons considérées, dans le cas où elles renferment les coordonnées tangentielles. En particulier, nous ferons remarquer que le point de contact d'un plan tangent $(u_1 v_1 w_1)$ à la surface

$$F(u, v, w) = 0$$

sera représenté par

$$(u - u_1) F'_{u1} + (v - v_1) F'_{v1} + (w - w_1) F'_{w1} = 0.$$

§ 2. ÉQUATIONS DE QUELQUES SURFACES REMARQUABLES.

393. *Surface des centres*. Considérons l'ellipsoïde

$$\text{(F)} \qquad \frac{x^2}{a^2} + \frac{y^2}{b^2} + \frac{z^2}{c^2} = 1,$$

et menons par l'un de ses points (x', y', z') les deux hyperboloïdes homofocaux ayant pour équations

$$\text{(H)} \qquad \frac{x^2}{a^2 - \lambda^2} + \frac{y^2}{b^2 - \lambda^2} + \frac{z^2}{c^2 - \lambda^2} = 1.$$

$$(\text{H}_1) \qquad \frac{x^2}{a^2 - \lambda_1^2} + \frac{y^2}{b^2 - \lambda_1^2} + \frac{z^2}{c^2 - \lambda_1^2} = 1.$$

Nous nous proposons de trouver l'équation de la surface enveloppe du plan tangent en (x', y', z') à l'un de ces hyperboloïdes, lorsque ce point se déplace pour décrire l'ellipsoïde F. Le plan tangent à H au point (x', y', z') est représenté par l'équation

$$\frac{xx'}{a^2 - \lambda^2} + \frac{yy'}{b^2 - \lambda^2} + \frac{zz'}{c^2 - \lambda^2} = 1,$$

et les coordonnées du point de contact satisfont aux relations

$$(k) \qquad \begin{cases} \dfrac{x'^2}{a^2 - \lambda^2} + \dfrac{y'^2}{b^2 - \lambda^2} + \dfrac{z'^2}{c^2 - \lambda^2} = 1, \\[2ex] \dfrac{x'^2}{a^2 (a^2 - \lambda^2)} + \dfrac{y'^2}{b^2 (b^2 - \lambda^2)} + \dfrac{z'^2}{c^2 (c^2 - \lambda^2)} = 0. \end{cases}$$

Désignons par u, v, w les coordonnées tangentielles du plan tangent. On aura

$$u = \frac{x'}{a^2 - \lambda^2}, \quad v = \frac{y'}{b^2 - \lambda^2}, \quad w = \frac{z'}{c^2 - \lambda^2}.$$

On en tire

$$x' = u(a^2 - \lambda^2), \qquad y' = v(b^2 - \lambda^2), \qquad z' = w(c^2 - \lambda^2),$$

et, en substituant ces valeurs dans les relations (k), on trouve

$$a^2u^2 + b^2v^2 + c^2w^2 - 1 = \lambda^2(u^2 + v^2 + w^2),$$

$$u^2 + v^2 + w^2 = \lambda^2\left(\frac{u^2}{a^2} + \frac{v^2}{b^2} + \frac{w^2}{c^2}\right).$$

Lorsque le point (x', y', z') se meut sur la ligne d'intersection C des surfaces H et F, λ est constant; par suite, les coordonnées tangentielles étant liées par deux relations distinctes, les coefficients de l'équation du plan mobile sont des fonctions d'un même paramètre. Il en résulte que, pendant le mouvement du point (x', y', z') sur la courbe C, le plan tangent à l'hyperboloïde, qui passe constamment par la normale à l'ellipsoïde, engendrera une surface développable dont l'arête de rebroussement sera la ligne formée des intersections des normales à F le long de cette courbe. Nous supposons connue cette propriété : que les normales déterminent par leurs intersections successives une courbe appelée *ligne des centres de courbure principaux* de l'ellipsoïde pour les différents points de la courbe C.

Si le point (x', y', z') se déplace d'une manière quelconque en restant toujours sur l'ellipsoïde, le paramètre λ varie et le plan mobile enveloppe une surface dont l'équation s'obtient en éliminant λ^2 entre les deux dernières égalités. On trouve ainsi

$$(u^2 + v^2 + w^2)^2 = \left(\frac{u^2}{a^2} + \frac{v^2}{b^2} + \frac{w^2}{c^2}\right)(a^2u^2 + b^2v^2 + c^2w^2 - 1),$$

ou, en développant,

$$\text{(S)} \qquad b^2c^2u^2 + a^2c^2v^2 + a^2b^2w^2 = (b^2 - c^2)^2a^2v^2w^2 + (a^2 - b^2)^2c^2u^2v^2 + (a^2 - c^2)^2b^2u^2w^2.$$

Cette équation représente en coordonnées tangentielles la *surface des centres de courbure* de l'ellipsoïde.

On serait évidemment arrivé à la même équation, en cherchant l'enveloppe du plan tangent en (x', y', z') au second hyperboloïde. La surface des centres est donc formée de deux nappes : l'une déterminée par les intersections successives des normales à l'ellipsoïde le long de la courbe d'intersection de H avec F; l'autre, par les intersections des normales relatives à la courbe d'intersection du second hyperboloïde avec F.

Égalons successivement à zéro et à l'infini chacune des cordonnées dans l'équation (S) il viendra

$$(yz)\quad \begin{cases} c^2v^2 + b^2w^2 = (b^2 - c^2)^2\, v^2w^2, \\ (a^2 - b^2)^2\, c^2v^2 + (a^2 - c^2)^2\, b^2w^2 = b^2c^2; \end{cases}$$

$$(xz)\quad \begin{cases} c^2u^2 + a^2w^2 = (a^2 - c^2)^2\, u^2w^2, \\ (b^2 - c^2)^2\, a^2w^2 + (a^2 - b^2)^2\, c^2u^2 = a^2c^2; \end{cases}$$

$$(xy)\quad \begin{cases} b^2u^2 + a^2v^2 = (a^2 - b^2)^2\, u^2v^2, \\ (b - c^2)^2\, a^2v^2 + (a^2 - c^2)^2\, b^2u^2 = a^2b^2. \end{cases}$$

Ces équations représentent respectivement les intersections de la surface avec les plans coordonnés; on voit que chacun de ces plans rencontre la surface suivant deux courbes, dont l'une est une ellipse, l'autre la développée d'une ellipse.

Cherchons l'équation de la surface des centres en coordonnées cartésiennes. Désignons par u_1, v_1, w_1 les coordonnées d'un plan tangent à la surface : l'équation du point de contact sera de la forme

$$(u - u_1)\, F'_{u1} + (v - v_1)\, F'_{v1} + (w - w_1)\, F'_{w1} = 0,$$

ou bien,

$$uF'_{u1} + vF'_{v1} + wF'_{w1} - (u_1F'_{u1} + v_1F'_{v1} + w_1F'_{w1}) = 0.$$

Soient x, y, z les coordonnées cartésiennes de ce point. On aura, en désignant par L l'expression $u_1F'_{u1} + v_1F'_{v1} + w_1F'_{w1}$,

$$x = \frac{F'_{u1}}{L}, \quad y = \frac{F'_{v1}}{L}, \quad z = \frac{F'_{w1}}{L}.$$

Si on pose, pour abréger,

$$A = \frac{u^2}{a^2} + \frac{v^2}{b^2} + \frac{w^2}{c^2}, \qquad C = u^2 + v^2 + w^2,$$

$$B = a^2u^2 + b^2v^2 + c^2w^2 - 1,$$

l'équation de la surface devient $AB = C^2$, et l'on trouvera pour les dérivées

$$F'_u = 2u\left(\frac{B}{a^2} + Aa^2 - 2C\right);$$

$$F'_v = 2v\left(\frac{B}{b^2} + Ab^2 - 2C\right);$$

$$F'_w = 2w\left(\frac{B}{c^2} + Ac^2 - 2C\right);$$

par suite

$$uF'_u + vF'_v + wF'_w = 2\left[B\left(\frac{u^2}{a^2} + \frac{v^2}{b^2} + \frac{w^2}{c^2}\right) + A(a^2u^2 + b^2v^2 + c^2w^2) - 2C^2\right]$$

$$= 2[2AB + A - 2C^2] = 2A.$$

En substituant, il viendra

$$x = \frac{u\left(\frac{B}{a^2} + Aa^2 - 2C\right)}{A},$$

ou, en remplaçant A, B, C par leurs valeurs,

$$x = \frac{u\left[\left(\frac{a}{b} - \frac{b}{a}\right)^2 v^2 + \left(\frac{a}{c} - \frac{c}{a}\right)^2 w^2 - \frac{1}{a^2}\right]}{\frac{u^2}{a^2} + \frac{v^2}{b^2} + \frac{w^2}{c^2}}.$$

On trouvera semblablement

$$y = \frac{v\left[\left(\frac{b}{c} - \frac{c}{b}\right)^2 w^2 + \left(\frac{b}{a} - \frac{a}{b}\right)^2 u^2 - \frac{1}{b^2}\right]}{\frac{u^2}{a^2} + \frac{v^2}{b^2} + \frac{w^2}{c^2}}$$

$$z = \frac{w\left[\left(\frac{c}{a} - \frac{a}{c}\right)^2 u^2 + \left(\frac{c}{b} - \frac{b}{c}\right)^2 v^2 - \frac{1}{c^2}\right]}{\frac{u^2}{a^2} + \frac{v^2}{b^2} + \frac{w^2}{c^2}}.$$

Ces formules donnent une relation entre les coordonnées d'un plan tangent et les coordonnées cartésiennes de son point de contact. Pour arriver à l'équation de la surface des centres en x, y, z, il faudrait éliminer u, v, w entre ces équations et celle de la surface. On trouverait ainsi une équation du douzième degré renfermant quatre-vingt-trois termes. Elle a été donnée par SALMON (*Quaterly Journal*, 1858). La méthode précédente pour arriver à l'équation tangentielle de la surface des centres a été indiquée par J. BOOTH, *New geometrical Methods, London*, 1875.

394. *Surface des contacts.* Soit l'ellipsoïde représenté en coordonnées tangentielles par l'équation

$$\text{(E)} \qquad \frac{u^2}{a^2} + \frac{v^2}{b^2} + \frac{w^2}{c^2} = 1,$$

et u_1, v_1, w_1 les coordonnées d'un plan tangent à la surface. On peut mener deux surfaces du second ordre concycliques tangentes à ce plan, c'est-à-dire deux surfaces ayant les mêmes sections circulaires (Ex. 12, p. 384). L'une d'elles étant représentée par l'équation

$$\text{(H)} \qquad \frac{u^2}{a^2 - \lambda^2} + \frac{v^2}{b^2 - \lambda^2} + \frac{w^2}{c^2 - \lambda^2} = 1,$$

cherchons le lieu du point de contact de cette surface avec le plan (u_1, v_1, w_1), lorsque ce dernier se déplace en restant tangent à l'ellipsoïde. On sait que le point de contact d'un plan tangent (u_1, v_1, w_1) à H est défini par l'équation

$$\frac{uu_1}{a^2 - \lambda^2} + \frac{vv_1}{b^2 - \lambda^2} + \frac{ww_1}{c^2 - \lambda^2} = 1,$$

avec les relations

$$\frac{u_1^2}{a^2 - \lambda^2} + \frac{v_1^2}{b^2 - \lambda^2} + \frac{w_1^2}{c^2 - \lambda^2} = 1,$$

$$\frac{u_1^2}{a^2 (a^2 - \lambda^2)} + \frac{v_1^2}{b^2 (b^2 - \lambda^2)} + \frac{w_1^2}{c^2 (c^2 - \lambda^2)} = 0.$$

Désignons par x, y z, les coordonnécs de ce point : il viendra

$$x = \frac{u_1}{a_2 - \lambda^2}, \quad y = \frac{v_1}{b^2 - \lambda^2}, \quad z = \frac{w_1}{c^2 - \lambda^2};$$

par suite,

$$u_1 = x(a^2 - \lambda^2), \quad v_1 = y(b^2 - \lambda^2), \quad w_1 = z(c^2 - \lambda^2).$$

En substituant ces valeurs dans les deux égalités précédentes, on trouve

$$(x^2 + y^2 + z^2)\lambda^2 = a^2x^2 + b^2y^2 + c^2z^2 - 1$$

$$\left(\frac{x^2}{a^2} + \frac{y^2}{b^2} + \frac{z^2}{c^2}\right)\lambda^2 = x^2 + y^2 + z^2.$$

Enfin, l'élimination de λ^2 conduit à l'équation

$$(x^2 + y^2 + z^2)^2 = \left(\frac{x^2}{a^2} + \frac{y^2}{b^2} + \frac{z^2}{c^2}\right)(a^2x^2 + b^2y^2 + c^2z^2 - 1),$$

ou, en développant,

$$b^2c^2x^2 + a^2c^2y^2 + a^2b^2z^2 = (b^2 - c^2)^2a^2z^2y^2 + (a^2 - b^2)^2c^2y^2x^2 + (a^2 - c^2)^2b^2z^2x^2.$$

Elle représente le lieu du point de contact de la surface variable H avec un plan tangent qui roule sur l'ellipsoïde donné. C'est une surface du 4ᵉ ordre appelée par J. Booth, *surface des contacts*. On pourrait en déduire comme précédemment les formules propres à trouver l'équation de la même surface en coordonnées tangentielles.

395. *Surfaces des ondes.* Étant donné l'ellipsoïde

$$\frac{x^2}{a^2} + \frac{y^2}{b^2} + \frac{z^2}{c^2} = 1,$$

on mène un plan par le centre qui rencontre la surface suivant une conique. Désignons par ρ_1, ρ_2 les axes de cette courbe ou les rayons maximum et minimum de la section, et portons, sur une perpendiculaire élevée par le centre au plan sécant, des longueurs OM_1 et OM_2 égales à ρ_1, ρ_2 : le lieu des points M_1 et M_2 lorsque le plan tourne autour du centre est une surface du quatrième ordre appelée *surface des ondes*. Elle a été étudiée par Fresnel dans la théorie de la propagation des ondes lumineuses dans les milieux cristallisés.

Afin d'arriver à l'équation de la surface que l'on vient de définir, imaginons une sphère concentrique à l'ellipsoïde et représentée par

$$\frac{x^2}{r^2} + \frac{y^2}{r^2} + \frac{z^2}{r^2} = 1.$$

En retranchant membre à membre les équations des deux surfaces, il vient

$$x^2\left(\frac{1}{a^2}-\frac{1}{r^2}\right)+y^2\left(\frac{1}{b^2}-\frac{1}{r^2}\right)+z^2\left(\frac{1}{c^2}-\frac{1}{r^2}\right)=0,$$

ou bien,

$$\frac{a^2-r^2}{a^2}x^2+\frac{b^2-r^2}{b^2}y^2+\frac{c^2-r^2}{c^2}z^2=0.$$

Cette équation définit une surface conique passant par l'intersection de la sphère et de l'ellipsoïde. Menons un plan tangent P à ce cône suivant un rayon OR; la tangente à l'extrémité de OR à la conique d'intersection du plan P avec l'ellipsoïde appartient au plan tangent à la sphère au même point, et sera perpendiculaire au rayon; il s'ensuit que OR est un rayon maximum ou minimum dans la section du plan P, ou l'un des deux axes. Tout plan tangent au cône donnera lieu à une remarque analogue. Il en résulte que le cône réciproque du précédent, c'est-à-dire le cône formé par les perpendiculaires menées par le centre aux plans tangents du premier, rencontrera la sphère de rayon r suivant une courbe qui appartiendra à la surface des ondes. Il suffit donc de combiner l'équation du cône réciproque

$$\frac{a^2x^2}{a^2-r^2}+\frac{b^2y^2}{b^2-r^2}+\frac{c^2z^2}{c^2-r^2}=0$$

avec celle de la sphère pour éliminer r^2, et l'on arrivera à l'équation de la surface des ondes qui sera de la forme

$$\frac{a^2x^2}{a^2-(x^2+y^2+z^2)}+\frac{b^2y^2}{b^2-(x^2+y^2+z^2)}+\frac{c^2z^2}{c^2-(x^2+y^2+z^2)}=0.$$

En multipliant et faisant les réductions, elle devient

$$(x^2+y^2+z^2)(a^2x^2+b^2y^2+c^2z^2)-a^2(b^2+c^2)x^2-b^2(a^2+c^2)y^2$$
$$-c^2(a^2+b^2)z^2+a^2b^2c^2=0.$$

On en déduit pour les sections de la surface avec les plans coordonnés

$$(x^2+y^2-c^2)(a^2x^2+b^2y^2-a^2b^2)=0$$
$$(x^2+z^2-b^2)(a^2x^2+c^2z^2-a^2c^2)=0,$$
$$(y^2+z^2-a^2)(c^2z^2+b^2y^2-b^2c^2)=0.$$

Chacune de ces sections se compose d'un cercle et d'une ellipse; les points communs à ces lignes dans un même plan seront des points doubles, c'est-à-dire, des points où les deux parties de la surface se rejoignent puisque les deux rayons correspondants sont égaux. Il est visible, en supposant $a > b > c$, que le cercle est intérieur à l'ellipse dans le plan des xy, et extérieur dans le plan des yz; par suite, les points doubles sont imaginaires dans ces plans. La surface admettra seulement quatre points doubles réels dans le plan des xz.

On sait qu'il n'existe dans l'ellipsoïde que deux séries de sections circulaires réelles, parallèles à l'axe moyen; de sorte que les points de la surface des ondes où les rayons sont égaux doivent se trouver sur les perpendiculaires aux plans des sections circulaires centrales, et, par conséquent, dans le plan des xz.

La surface des ondes rencontre le plan des xy suivant un cercle de rayon c et suivant l'ellipse

$$a^2x^2 + b^2y^2 - a^2b^2 = 0.$$

On peut s'en rendre compte facilement en observant qu'un plan passant par l'axe des z donne pour section une ellipse dont l'un des axes est c, et l'autre un rayon de l'ellipse du plan des xy; si le plan sécant tourne autour de l'axe des z, les points de la surface des ondes situés sur la perpendiculaire au plan doivent décrire : l'un, un cercle de rayon c, et l'autre l'ellipse principale du plan des xy tournée d'un angle de 90°.

396. *Surfaces apsidales.* La surface des ondes n'est qu'un cas particulier d'un genre de surfaces qui admettent le même mode de génération et qu'on appelle surfaces apsidales. Considérons une surface quelconque S et un point fixe O; menons, par ce dernier, un plan qui rencontre la surface S suivant une certaine courbe C; on prend, sur une perpendiculaire au plan sécant issue du point O, des longueurs égales aux rayons maximum et minimum de la section : le lieu des extrémités de ces longueurs est la surface apsidale de la surface donnée.

Pour trouver son équation, on écrira d'abord celle d'un cône ayant son sommet au point O et passant par l'intersection d'une sphère variable de centre O avec la surface proposée. On verrait, comme précédemment, que tout plan tangent à ce cône suivant un rayon OR détermine dans la surface une section où le rayon OR est maximum ou minimum. Il s'ensuit que les points d'intersection du cône réciproque avec la sphère appartiennent à la surface apsidale dont l'équation s'obtiendra en éliminant r^2 entre les équations de la sphère et de ce cône.

397. *Surfaces podaires.* Soient S une surface quelconque et O un point fixe; on abaisse de ce point une perpendiculaire sur le plan tangent P à S : le lieu du pied p de la perpendiculaire, considéré sur tous les plans tangents à S, est une surface dérivée de la première à laquelle on a donné le nom de *podaire*.

Prenons le point fixe pour l'origine d'un système d'axes rectangulaires, et soient u, v, w les coordonnées tangentielles du plan P : son équation peut s'écrire

$$(\mathrm{P}) \qquad ux + vy + wz = 1.$$

Mais, nous savons que les cosinus directeurs de la normale à un plan, et, par suite, les coordonnées cartésiennes du pied de la perpendiculaire, sont proportionnels aux coefficients u, v et w; on aura donc

$$\frac{x}{u} = \frac{y}{v} = \frac{z}{w}.$$

On en déduit

$$\frac{x}{u} = \frac{y}{v} = \frac{z}{w} = \frac{x^2 + y^2 + z^2}{ux + vy + wz} = \frac{x^2 + y^2 + z^2}{1};$$

d'où

$$u = \frac{x}{x^2 + y^2 + z^2}, \quad v = \frac{y}{x^2 + y^2 + z^2}, \quad w = \frac{z}{x^2 + y^2 + z^2}.$$

Inversement, on aura aussi

$$\frac{x}{u} = \frac{y}{v} = \frac{z}{w} = \frac{ux + vy + wz}{u^2 + v^2 + w^2} = \frac{1}{u^2 + v^2 + w^2};$$

par suite,

$$x = \frac{u}{u^2 + v^2 + w^2}, \quad y = \frac{v}{u^2 + v^2 + w^2}, \quad z = \frac{w}{u^2 + v^2 + w^2}.$$

Il résulte des formules précédentes que, si la surface proposée est définie en coordonnées tangentielles par l'équation $F(u, v, w) = 0$, celle de la podaire en x, y, z sera

$$F\left(\frac{x}{x^2+y^2+z^2}, \frac{y}{x^2+y^2+z^2}, \frac{z}{x^2+y^2+z^2}\right)=0.$$

Réciproquement, si le pied p décrit une certaine surface ayant pour équation $f(x, y, z)=0$, le plan P, mené perpendiculairement à l'extrémité du rayon variable Op, enveloppera une surface qui sera représentée en coordonnées tangentielles par l'équation

$$f\left(\frac{u}{u^2+v^2+w^2}, \frac{v}{u^2+v^2+w^2}, \frac{w}{u^2+v^2+w^2}\right)=0.$$

Si on applique la règle précédente à l'ellipsoïde

$$\frac{x^2}{a^2}+\frac{y^2}{b^2}+\frac{z^2}{c^2}=1 \quad \text{ou} \quad a^2u^2+b^2v^2+c^2w^2=1,$$

lorsque le point O est le centre de la surface, on trouve pour l'équation de la podaire

$$a^2x^2+b^2y^2+c^2z^2=(x^2+y^2+z^2)^2.$$

Réciproquement, si l'extrémité du rayon Op décrit la surface

$$\frac{x^2}{a^2}+\frac{y^2}{b^2}+\frac{z^2}{c^2}=1,$$

le plan P enveloppera une autre surface représentée par l'équation

$$\frac{u^2}{a^2}+\frac{v^2}{b^2}+\frac{w^2}{c^2}=(u^2+v^2+w^2)^2.$$

Quand la surface proposée se réduit à un point ayant pour équation $lu+mv+nw=1$, la podaire est une sphère représentée par

$$lx+my+nz=x^2+y^2+z^2;$$

et lorsque l'extrémité du rayon Op décrit un plan $lx+my+nz=1$, le plan perpendiculaire P enveloppera la surface

$$lu+mv+nw=u^2+v^2+w^2.$$

Étant donnée une surface S, on peut en déduire plusieurs podaires successives; car en appliquant les règles précédentes à la première podaire obtenue, on aura une nouvelle surface appelée seconde podaire de la proposée; et ainsi de suite. On donne le nom de *podaire négative* à la surface enveloppe des plans perpendiculaires aux extrémités des rayons vecteurs d'une surface donnée; en appliquant le même procédé à la première podaire négative, on obtiendra une nouvelle surface qui sera la seconde podaire négative de la proposée, etc.

398. *Surface de Jacobi.* Considérons le système de quatre surfaces du second ordre définies par les équations

$$L = 0, \quad M = 0, \quad N = 0, \quad P = 0.$$

Soient $L_1 L_2 L_3 L_4$, $M_1 M_2 M_3 M_4$, $N_1 N_2 N_3 N_4$, $P_1 P_2 P_3 P_4$ les premières dérivées des fonctions L, M, N, P prises respectivement par rapport aux variables x, y, z, t. Le déterminant

$$\begin{vmatrix} L_1 & L_2 & L_3 & L_4 \\ M_1 & M_2 & M_3 & M_4 \\ N_1 & N_2 & N_3 & N_4 \\ P_1 & P_2 & P_3 & P_4 \end{vmatrix}$$

se nomme le *Jacobien* des équations données, et, en l'égalant à zéro, on a l'équation d'une surface du 4e ordre qu'on peut appeler la *Jacobienne* du système des surfaces données.

Cette surface est le lieu des points de l'espace tels que les plans polaires de l'un d'eux par rapport aux surfaces données passent par un même point. Car, les équations des plans polaires d'un point (x', y', z', t') sont de la forme

$$\begin{aligned} xL'_1 + yL'_2 + zL'_3 + tL'_4 &= 0, \\ xM'_1 + yM'_2 + zM'_3 + tM'_4 &= 0, \\ zN'_1 + yN'_2 + zN'_3 + tN'_4 &= 0, \\ xP'_1 + yP'_2 + zP'_3 + tP'_4 &= 0, \end{aligned}$$

et ces plans passeront par un même point, si les coordonnées x', y', z', t' satisfont à l'équation

$$\begin{vmatrix} L_1 & L_2 & L_3 & L_4 \\ M_1 & M_2 & M_3 & M_4 \\ N_1 & N_2 & N_3 & N_4 \\ P_1 & P_2 & P_3 & P_4 \end{vmatrix} = 0.$$

La surface de Jacobi peut encore être regardée comme le lieu géométrique des sommets des cônes du second ordre renfermés dans l'équation

$$(s) \qquad \lambda L + \mu M + \nu N + \pi P = 0$$

qui définit des surfaces du second degré susceptibles de trois nouvelles conditions. En effet, si l'équation représente un cône, les coordonnées du sommet vérifient les égalités

$$\lambda L_1 + \mu M_1 + \nu N_1 + \pi P_1 = 0,$$
$$\lambda L_2 + \mu M_2 + \nu N_2 + \pi P_2 = 0,$$
$$\lambda L_3 + \mu M_3 + \nu N_3 + \pi P_3 = 0,$$
$$\lambda L_4 + \mu M_4 + \nu N_4 + \pi P_4 = 0.$$

Le lieu de tous les sommets des cônes représentés par l'équation (s) s'obtiendra en éliminant les paramètres λ, μ, ν, π; ce qui revient à égaler à zéro le Jacobien des fonctions L, M, N, P.

Plus généralement, si les surfaces données L, M, N, P sont respectivement des degrés l, m, n, p, le Jacobien du système est toujours le déterminant que nous venons de considérer; dans ce cas, les éléments des différentes suites étant respectivement des degrés $l - 1$, $m - 1$, $n - 1$, $p - 1$, la Jacobienne sera une surface de l'ordre

$$l + m + n + p - 4.$$

399. *Forme particulière de l'équation du troisième degré.* L'équation générale du troisième degré

$$u_0 + u_1 + u_2 = 0$$

renferme 20 termes, et, par suite, dix-neuf constantes arbitraires, de sorte qu'il faut dix-neuf points de l'espace pour déterminer une surface du troisième ordre. Soient

$$A = 0, \qquad B = 0, \qquad C = 0,$$
$$A' = 0, \qquad B' = 0, \qquad C' = 0,$$

les équations de six plans renfermant chacune trois paramètres arbitraires. L'équation du troisième degré

$$(s) \qquad ABC - \lambda A'B'C' = 0,$$

où λ est un coefficient indéterminé, aura dix-neuf constantes arbitraires, et il sera généralement possible de ramener toute équation du troisième degré à cette forme. Il en résulte qu'on peut regarder cette dernière équation comme représentant une surface du troisième degré quelconque.

On voit immédiatement que les neuf droites

$$AA' \quad AB', \quad AC',$$
$$BA', \quad BB', \quad BC',$$
$$CA', \quad CB', \quad CC',$$

appartiennent à la surface du troisième ordre.

Ces droites ne sont pas les seules que l'on peut tracer sur la surface. En effet, considérons un hyperboloïde passant par quatre droites dont on vient de prouver l'existence et représenté par l'équation

$$AB - kA'B' = 0.$$

En la combinant avec celle de la surface pour éliminer le produit AB, on trouve l'équation

$$A'B'(\lambda C' - kC) = 0.$$

L'hyperboloïde ayant quatre génératrices communes avec la surface du troisième ordre, rencontrera encore celle-ci suivant une conique située dans le plan $\lambda C' - kC = 0$, puisque la courbe d'intersection des surfaces est en général du sixième degré. Mais on peut déterminer k de manière à ce que la conique se réduise à deux droites, et, l'hyperboloïde coupera la surface du troisième ordre suivant deux droites nouvelles. Comme ce raisonnement est applicable aux hyperboloïdes circonscrits aux neuf quadrilatères

$$(AB\,A'B'), \quad (AB\,A'C'), \quad (AB\,B'C'),$$
$$(AC\,A'C'), \quad (AC\,A'B'), \quad (AC\,B'C'),$$
$$(BC\,B'C'), \quad (BC\,A'C'), \quad (BC\,A'B'),$$

on aura dix-huit droites situées sur la surface et distinctes des premières, et on arrive à ce théorème : *Une surface du troisième ordre renferme en général vingt-sept droites distinctes.*

Théorèmes et exercices sur les surfaces algébriques.

Ex. 1 Les normales abaissées des différents points d'une droite sur une surface de l'ordre m appartiennent à une surface d'ordre m^3 (MANNHEIM).

Si on exprime que la normale représentée par les équations

$$(\alpha) \qquad \frac{x - x'}{F'_{x'}} = \frac{y - y'}{F'_{y'}} = \frac{z - z'}{F'_{z'}}$$

rencontre la droite $x = az + p$, $y = bz + q$, ou

$$x - x' = a(z - z') - (x' - az' - p),$$
$$y - y' = b(z - z') - (y' - bz' - q),$$

on trouve la condition

$$(\alpha') \quad (y' - bz' - q) F'_{x'} - (x' - az' - p) F'_{y'} + [a(q - y') - b(p - x')] F'_{z'} = 0.$$

De plus, on a $F(x', y', z') = 0$. Si on élimine x', y', z' entre les équations (α), (α') et F qui sont du degré m par rapport à ces variables, on arrivera à une équation du degré m^3 par rapport à x, y, z.

2. Un plan quelconque coupant une surface de l'ordre m renferme en général $m(m-1)$ normales à la surface (MANNHEIM).

Exprimons que la normale

$$\frac{x - x'}{F'_{x'}} = \frac{y - y'}{F'_{y'}} = \frac{z - z'}{F'_{z'}}$$

se trouve dans un plan donné $Ax + By + Cz + D = 0$ ou

$$A(x - x') + B(y - y') + C(z - z') + Ax' + By' + Cz' + D = 0.$$

Il viendra les conditions

$$AF'_{x'} + BF'_{y'} + CF'_{z'} = 0, \qquad Ax' + By' + Cz' + D = 0.$$

Si on y joint la relation $F(x', y', z') = 0$, on a trois équations des degrés $m - 1$, 1, m par rapport à x', y', z' ; le nombre des solutions communes sera égal à $m(m-1)$.

3. Toute surface de l'ordre m, qui passe par m génératrices d'un même système d'une surface du second ordre, renferme nécessairement m génératrices de l'autre système.

Assujettir une surface de l'ordre m à passer par les m génératrices revient à donner m^2 relations entre les coefficients de son équation ; car si on exprime que la droite $x = az + p$, $y = bz + q$ est sur les deux surfaces, on arrive à $m + 4$ conditions renfermant a, b, p, q ; en éliminant ces derniers coefficients, il restera m relations entre les coefficients de l'équation générale du degré m. On ne peut plus assujettir la surface, qui passe par les m génératrices d'une surface déterminée du second ordre

$S_2 = 0$, qu'à un nombre de conditions égal à

$$\frac{(m+1)(m+2)(m+3)}{6} - m^2 - 1.$$

Or, si $P_1 = 0$, $P_2 = 0, \ldots, P_m = 0$ sont m plans tangents à S_2, chacun des polynômes $P_1 . P_2 \ldots$ ne contient que deux paramètres variables, et on vérifiera facilement que l'équation

$$\lambda P_1 P_2 \ldots\ldots P_m + S_2 \cdot \varphi_{m-2}(x, y, z) = 0,$$

où φ_{m-2} est une fonction du degré $m-2$, renferme un nombre de constantes arbitraires égal au précédent; ce sera l'équation générale des surfaces de l'ordre m qui satisfont à ces conditions. Il en résulte qu'on pourra ramener l'équation de la surface qui renferme m génératrices à cette forme, et, comme chaque plan tangent à S_2 rencontre cette surface suivant deux droites, la surface de l'ordre m doit renfermer m génératrices de l'autre système.

4. Une surface de l'ordre m est en général de la classe $m(m-1)^2$.

5. La polaire du second ordre d'un point parabolique est un cône.

6. L'équation

$$u\varphi + y\psi = 0$$

représente une surface qui passe par l'axe des z et dont le plan tangent est variable aux différents points de cet axe.

7. L'équation

$$x\varphi + y^2\psi = 0$$

représente une surface qui passe par l'axe des z et dont le plan tangent est le même pour tous les points de cet axe.

8. Pour qu'une surface algébrique ait un centre, il faut et il suffit qu'en y plaçant l'origine, l'équation de la surface ne renferme que des termes de même parité ; en exprimant qu'il en est ainsi, on trouve

$$\frac{m(m+2)(2m+5)}{3 \cdot 2^3} - 3$$

relations entre les coefficients de l'équation, si m est pair, et

$$\frac{(m+1)(m+3)(2m+1)}{3 \cdot 2^3} - 3,$$

si m est impair. En général, une surface d'ordre supérieur au second n'a pas de centre.

9. Si φ_m et φ_n sont des surfaces des degrés m et n, n étant plus petit que m, l'équation générale des surfaces d'ordre m passant par leur courbe d'intersection sera

$$\varphi_m + \varphi_n \cdot \varphi_{m-n} = 0,$$

φ_{m-n} étant une fonction arbitraire du degré $m-n$.

10. L'enveloppe d'un plan dont les points polaires par rapport à quatre surfaces appartiennent à un même plan est une surface de la classe

$$(l + m + n + p - 4),$$

l, m, n, p étant les classes des quatre surfaces.

11. La polaire réciproque de l'apsidale d'une surface relativement au pôle de transformation est l'apsidale de la polaire réciproque de cette surface.

12 La surface apsidale d'un plan est un cylindre de révolution ; celle d'une sphère, un tore ; celle d'une surface de révolution, une surface de révolution.

13. Si la polaire du second ordre d'un point A par rapport à une surface du troisième ordre est un cône de sommet B, la polaire du second ordre du point B est un cône qui a son sommet au point A.

14. Le nombre des normales que l'on peut mener d'un point à une surface algébrique d'ordre m est égal à $[m^3 - m(m-1)]$.

15. Étant donné un système de surfaces de l'ordre m passant par une même courbe à double courbure, 1° Les polaires d'un point quelconque de l'espace par rapport à toutes les surfaces du système se rencontrent suivant une même courbe à double courbure ; 2° Si ce point parcoure une droite, la courbe gauche se déplace et engendre une surface de l'ordre $2(m-1)$; 3° Si cette droite décrit un plan, toutes les surfaces de l'ordre $2(m-1)$ passent par une même courbe à double courbure. (Bobillier).

16. Étant données autant de surfaces de l'ordre m que l'on voudra passant par les m^3 mêmes point fixes, 1° Les surfaces polaires d'un point quelconque par rapport à ces surfaces passent toutes par $(m-1)^3$ mêmes points fixes ; 2° Si ce point décrit une droite, les $(m-1)^3$ points fixes se déplacent et engendrent une courbe à double courbure ; 3° Si cette droite décrit un plan, la courbe à double courbure engendre une surface de l'ordre $3(m-1)$. (Bobillier).

FIN DE LA GÉOMÉTRIE DE L'ESPACE.

www.ingramcontent.com/pod-product-compliance
Lightning Source LLC
LaVergne TN
LVHW011254110826
845149LV00001B/129

* 9 7 8 1 4 1 8 1 8 5 0 8 4 *